합격Easy

2025

대기환경
기사·산업기사 실기

- ✓ 기출문제 완벽정리: 중복 소거한 계산형&서술형 문제 모음
- ✓ 2025년 대비 최신 기출복원문제 제공
- ✓ 문제의 출제빈도 분석으로 효율적인 학습 달성
- ✓ 최신 출제기준 완벽 반영! 문제와 해설의 새로운 기준

신은상 저

기출복원문제 해설
동영상 강의 무료 제공

과년도 기출문제
무료 제공

저자가 직접 답변하는
학습지원센터 운영

학습지원센터
https://cafe.naver.com/sandangi
네이버 카페 산단기

도서출판 건기원

대기환경기사·산업기사 실기 합격을 위한 Easy 가이드

STEP 1 | 합격이지 대기환경기사·산업기사 실기 교재 인증

① QR 코드로 [도서인증 | 대기환경] 빠른 이동
② [글쓰기] 클릭
③ 양식에 맞춰 글 작성

STEP 2 | 합격이지 대기환경기사·산업기사 실기 무료 강의

① QR 코드로 [대기환경 실기(해설 강의)] 빠른 이동
② 합격이지 대기환경기사·산업기사 실기의 **무료 강의**로 모두 다함께 학습!

STEP 3 | 대기환경기사·산업기사 과년도 기출문제 PDF

① QR 코드로 [대기환경 과년도 기출(실기)] 빠른 이동
② 원하시는 년도를 클릭하여 문제를 다운받으세요.
③ 풀이 후 궁금한 점이 있으면, [STEP 4]의 저자 즉문즉답에 질문 남기기

STEP 4 | 합격이지 저자의 즉문즉답

① QR 코드로 [대기(Q&A)] 빠른 이동
② 학습지원센터에서 저자가 답변하는 즉문즉답
③ 저자가 참여하는 오픈 카카오톡으로 정보 공유 및 실시간 답변
 ※ 카카오톡에 '합격이지 대기환경' 검색

합격Easy
대기환경기사·산업기사 실기

🔒 교재 인증[등업] 방법

01 산단기 학습지원센터 카페에 가입
(https://cafe.naver.com/sandangi)

02 아래 공란에 닉네임 기입 후 QR 코드 촬영

03 글 양식에 맞춰 게시글 작성하고 이후 등업 확인

- 중고도서 지운 흔적 등 중복기입(인증) 불가
- 볼펜, 네임펜 등 지워지지 않는 펜으로 크게 기입

📌 주의 사항

✅ 교재 인증 시 글 양식에 맞춰야 등업이 가능하니 꼭 글 양식에 맞춰 작성해 주세요.

✅ 카페 내 공지사항은 반드시 필독해 주세요!

✅ 카페 닉네임 변경 시 등급 변경에 대한 불이익을 받을 수 있습니다.

✅ 등업은 교재인증 게시판에 작성 순서대로 진행합니다.

　대기환경기사·산업기사 실기에 대한 출제기준의 직무 내용은 대기 분야에서 측정망을 설치하고 그 지역의 대기오염 상태를 측정하여 다각적인 연구와 실험분석을 통해 대기오염에 대한 대책을 강구하고, 대기오염 물질을 제거 또는 감소시키기 위한 오염방지시설을 설계, 시공, 운영하는 업무라고 정의합니다. 또한, 대기오염에 대한 전문적 지식을 토대로 하여 대기오염 현황을 정확히 측정 및 분석하고 난 후 대기오염의 측정자료를 갖고 대기질을 평가 및 예측할 수 있는 능력을 키웁니다. 이를 바탕으로 최종적으로 대기오염 대책을 수립하여 방지시설을 적절하게 설계, 시공, 관리할 수 있는 수행 준거를 갖춘 사람을 양성하는 것입니다.

　이와 같은 실기 과목의 출제기준에 입각한 직무 내용에 따라 실기문제집을 준비하면서 어려웠던 점은 산업인력공단에서 실시하는 대기환경기사·산업기사 실기문제는 원칙적으로 공개가 되지 않으므로 수험생의 기억에 의존하여 작성하였다는 것입니다. 저자의 판단에 따라 기존에 나와 있는 문제집과의 차별화를 위해 수험생의 준비과정에 좀 더 적극적으로 도움을 주고자 문제형식을 서술형과 계산형으로 구분하여 적중률을 높이겠다는 마음가짐으로 다음과 같이 작성하였습니다.

▶ PART I. 서술형 문제

　실기문제집에 적용된 서술형 문제의 특징은 수험생의 학습효율을 높이고자 출제빈도와 난이도를 첨부하였습니다. 서술형 문제는 배점에 따른 부분 점수가 부여되기 때문에 가장 확실한 정답 순으로 답안지를 작성하여야 합니다. 그리고 출제된 문제는 다시 출제되는 경향이 짙어 문제 하나하나를 꼼꼼히 파악하고 외워야 한다는 것입니다. 이 문제집의 해답에 나오는 내용을 그대로 쓰는 것도 중요하지만 키워드를 중심으로 작성하거나 흡사한 단어로 작성하여도 정답인정이 되어 부분 점수가 부여되기 때문에 해당 문제의 가장 적절한 정답을 찾아내어 작성하는 것이 키 포인트입니다.

▶ PART II. 계산형 문제

　계산형 문제의 특징은 부여된 점수를 받든지 아니면 0점이기 때문에 확실한 점수획득을 하여야 한다는 것입니다. 또한, 대부분 문제가 질문 자체에 단위를 부여하고 있기 때문에 문제에 따른 공식, 풀이 과정, 정답 순으로 작성하고 최종적으로 단위를 반드시 확인하면서 계산 과정을 다시 한번 반드시 검산하여야 하는 과정을 수행하여야 실수를 방지할 수 있습니다.

　계산문제의 학습 방법은 대부분 같은 공식을 이용하여 풀이하면서 단순 숫자만 변경하여 출제되는 경향이 많으므로 빈도가 높고 중요한 공식은 반드시 알아 두어야 한다는 점입니다.

▶ **PART Ⅲ. 기출복원문제**

　최근 3년간의 기사 기출문제를 중심으로 수험생의 기억에 의존하여 복원해야 한다는 한계점이 있었지만, 최대한 출제 문제에 가깝게 복원하여 게재하였고, 가장 최신의 문제를 빠르게 제공하는 데 초점을 두었습니다. 문제집에 게재하지 않은 문제는 네이버 카페 '산단기(https://cafe.naver.com/sandangi)'를 통하여 제공해 드리겠습니다.

　최종적으로 저자가 본서의 편집 과정에서 꼼꼼히 살핀 것은 문제집에 적시된 문항마다 기출된 기사·산업기사 대비 문제를 표기하였으며 아울러 출제빈도에 별표(☆)를 하여 최다 출제 경향이 있는 문제는 5개(☆☆☆☆☆), 출제 경향이 다소 떨어지는 문제는 최소 1개(☆)로 정리하여 수록하였습니다.
　지난 15년간(2010년~2024년)의 기출문제를 살펴본 결과 유형별로 유사한 문제가 자주 나타나 수험생의 반복연습을 통한 이해도가 높아질 것으로 예상되어 완전히 겹치지 않는 한 문제화시켰다는 것입니다.

　끝으로 문제집이 발간되기까지 물심양면으로 도움을 주신 '미디어몬'의 정재철 대표님과 도서출판 건기원 관계자분께 진심에서 우러나오는 감사의 말씀을 전해드립니다.

저자 신은상 씀

차례

PART I 서술형 문제

CHAPTER 1 대기오염방지기술
1. 오염물질 확산 및 예측하기 ··· 10
2. 연소이론, 연소계산, 연소설비 이해하기 ································· 20

CHAPTER 2 가스 처리
1. 유체역학적 원리와 가스 처리 및 반응 이해하기 ····················· 36
2. 처리장치설계와 환기 및 통풍장치 이해하기 ··························· 42

CHAPTER 3 입자 처리
1. 입자의 기본이론 및 집진원리 이해하기 ································· 66
2. 집진기술 및 집진장치 설계 이해하기 ···································· 78

CHAPTER 4 대기오염 측정 및 관리
1. 시료채취방법 이해하기 ·· 104
2. 대기오염관리 실무 파악하기 및 기타 오염원 관리 이해하기 ··· 113

PART II 계산형 문제

CHAPTER 1 대기오염방지기술
1. 오염물질 확산 및 예측하기 ·· 118
2. 연소이론, 연소계산, 연소설비 이해하기 ······························· 144

CHAPTER 2 가스 처리

1. 유체역학적 원리와 가스 처리 및 반응 이해하기 ······················ 240
2. 처리장치설계와 환기 및 통풍장치 이해하기 ·························· 313

CHAPTER 3 입자 처리

1. 입자의 기본이론 및 집진원리 이해하기 ································ 366
2. 집진기술 및 집진장치 설계 이해하기 ··································· 381

CHAPTER 4 대기오염 측정 및 관리

1. 시료채취방법 이해하기 ·· 486
2. 대기오염관리 실무 파악하기 및 기타 오염원 관리 이해하기 ··· 528

PART III 기출복원문제 (대기환경기사)

- 2022년 제1회 기출복원문제 ·· 534
- 2022년 제2회 기출복원문제 ·· 543
- 2022년 제4회 기출복원문제 ·· 554
- 2023년 제1회 기출복원문제 ·· 565
- 2023년 제2회 기출복원문제 ·· 576
- 2023년 제4회 기출복원문제 ·· 588
- 2024년 제1회 기출복원문제 ·· 598

대기환경
기사·산업기사 실기
기출 및 예상문제집

PART I 서술형 문제

- **CHAPTER 1** 대기오염방지기술
- **CHAPTER 2** 가스 처리
- **CHAPTER 3** 입자 처리
- **CHAPTER 4** 대기오염 측정 및 관리

대기오염방지기술

CHAPTER 1

대기환경기사·산업기사 실기

1 오염물질 확산 및 예측하기

학습 개요 | 기사·산업기사 공통

1. 확산이론, 안정도에 따른 연기확산, 바람과 대기오염의 관계, 오염도를 예측하고 파악할 수 있다.

산업 출제빈도 ★★

001 산성우에 대한 설명이다. 다음 괄호 안에 들어갈 말로 옳은 것은?

> 산성우는 pH (㉮) 이하의 강우를 말하는데 이는 대기 중의 (㉯) 가스와 강우가 평형을 이룰 때 갖는 산도이다. 보통 온도가 (㉰)질수록 강우에 흡수되는 가스상 대기오염물질의 양이 많아진다.

해답
㉮ 5.6   ㉯ 이산화탄소(CO_2)   ㉰ 낮아

기사 출제빈도 ★★

002 광학 스모그에 대한 설명이다. 다음 괄호 안에 들어갈 말로 옳은 것은?

> 광화학 스모그는 여러 가지 대기오염물질이 햇빛과 반응할 때 일어나는 도시 대기오염의 한 형태로 도시 인구집중과 자동차의 급증으로 인해 우려되는 대기오염 현상 중 하나이다. 지표 부근에서 오존은 NO_2의 (㉮)에 의해 생성되는데, NO_2는 반응성 가스로 짧은 자외선을 흡수하여 NO와 (㉯)를(을) 생성하며, (㉰)는 O_2와 반응하여 오존을 형성시킨다. 다시 오존은 NO를 산화시켜, NO_2를 만든다. 그러나 대기 중에 HC가 존재하면 반응은 더욱 복잡해져 산소 원자가 이 탄화수소를 산화하여, 산화된 화합물과 (㉱)는 NO와 반응하여 NO_2를 더 많이 생성시킨다. 따라서, 오존과 반응하는 NO의 양은 (㉲)하여 결과적으로 NO에 의한 오존 농도가 증가하게 된다.

📝 **이산화질소의 광분해(photodissociation) 반응**
대기 중의 이산화질소가 광자에 의해 분해되는 화학 반응을 가리키는 말로 대류권 오존 오염의 핵심 반응으로 다음과 같다.
$NO_2 + h\nu(자외선) \rightarrow NO + O$
$O_2 + O \rightarrow O_3$

> [해답] ㉮ 광분해 순환 ㉯ O(산소 원자) ㉰ O(산소 원자) ㉱ 자유기(自由基) ㉲ 감소

📝 자유기 또는 유리기 (free radical)
자유라디칼이라고도 하며 비공유 홀전자(짝 없는 전자)를 가진 독립적으로 존재하는 화학종을 말한다. 보통 분자에서는 회전 방향이 반대인 2개의 전자가 1개의 전자쌍을 만들어 안정한 상태로 존재하나, 유리기는 비공유 활성 전자를 가지고 있어서 일반적으로 불안정하고 이로 인해 큰 반응성을 가지며 수명이 짧다.

[기사] 출제빈도 ★★★

003 대도시에서 탄화수소(HC) 화합물, NO_2, NO, O_3 농도가 하루 중, 즉 오전 4시부터 오후 6시까지 시간 변화에 대해서 대기 중에서 어떠한 농도변화 경향을 나타내는지 아래에 주어진 그래프에 표시하시오. (단, 위에서 언급한 물질 중 가장 농도가 높은 물질에 대하여 상대적으로 나타내 주어야 한다.)

> [해답] **표시방법**
> 하루 중 최고 피크가 NO → NO_2 → O_3 순으로 그려져야 하고, 이 중 탄화수소 화합물의 농도가 가장 높아야 한다.

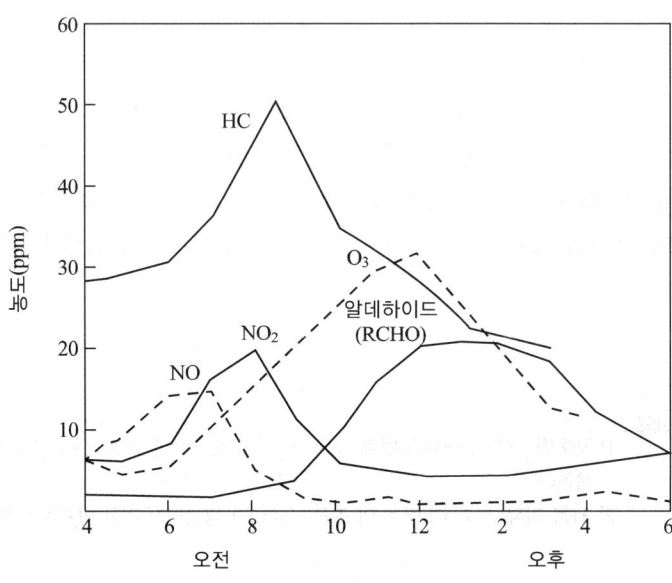

자동차의 배출가스
자동차 엔진 배출가스 중의 주요 측정대상 성분은 일산화탄소(CO), 이산화탄소(CO_2), 질소산화물(NO_X), 탄화수소류(HC, Hydrocarbon), 산소(O_2) 및 입자상물질(PM, Particulate Matter)이다.

염화불화탄소 또는 염화플루오르화탄소(CFCs)
프레온 가스로 널리 알려져 있는 오존층 파괴 기체로 냉장고의 냉매, 분사제, 세정제 등으로 사용되었으나, 오존층 파괴의 원인 물질로 규제되면서 오늘날에는 사용이 금지된 물질이다. CFC는 인체에 독성이 거의 없고 불연성을 지닌 이상적 화합물이긴 하지만 태양의 자외선에 의해 염소 원자로 분해돼 지구 온난화의 원인 물질이자 오존층을 파괴하는 주범으로 밝혀져 몬트리올 의정서에서 이의 사용을 규제하고 있다.

데포짓 게이지 (deposition gauge)
대기 중의 입자상물질 중에 입자의 지름이 10[μm] 이상으로 무거워 곧장 지상으로 강하하는 강하먼지를 채취하는 측정도구이다.

조류(algae)
물속에서 동화 색소를 가지고 독립 영양 생활을 하는 생물의 총칭으로 거의가 광합성 색소를 가지고 독립영양 생활을 하여 강하먼지를 데포짓 게이지로 채취할 경우 물속에서 증식하여 실제 대기 중 강하먼지의 질량을 높일 수 있으므로 제거하여야 한다.

산업 출제빈도 ★★

004 자동차에서 배출되는 가장 대표적인 대기오염물질 3가지를 쓰시오.

해답
1) HC 2) CO 3) NO_X

기사·산업 출제빈도 ★★

005 최근 성층권에서의 오존층 파괴가 심각하게 이루어지고 있다. 그 원인 물질로 CFC가 주된 역할을 담당하고 있는데, 이 CFC의 주된 사용처 3가지를 적으시오.

해답
1) 냉동기 냉매
2) 스프레이의 분사제
3) 전자 정밀부품의 세정제
4) 플라스틱 거품(스티로폼)의 발포제

참고 CFC는 염화불화탄소이며, 상품명은 프레온이다.

기사 출제빈도 ★

006 대기 중 강하분진을 측정하기 위해 영국식 데포짓 게이지(deposition gauge)를 사용하였다. 이 게이지는 깔때기, 방조망(防鳥網) 및 병(bottle)으로 구성되어 있다. 우기(雨期)를 대비하여 병 속에 화학약품을 넣는 데 들어가는 약품명과 주입하는 이유를 밝히시오.

해답
1) 약품명: 제조류제(除藻類劑, algicide)인 약품으로 주로 황산구리($CuSO_4$)를 사용한다.
2) 사용 이유: 우기 때 병 속의 조류(algae)가 생성하는 것을 방지하기 위함이다.

007 대기오염물질의 분산은 평균풍속과 대기의 난류의 2가지 주요한 대기 순환에 의해 달성된다. 여기서 대기 난류는 다시 두 종류의 특별한 효과에 의해 발생하는데 이는 자연적인 대류를 일으키는 대기의 가열과 바람의 전단효과에 의해 발생하는 기계적인 난류이다. 이 대류 난류와 기계적인 난류 중 어느 것이 더 지배적인 가를 판단하는 근거는 리차드슨 수(Richardson number, R_i)로 추정할 수 있다. 이 리차드슨 수 공식과 리차드슨 수 크기와 대기의 혼합 간의 관계를 다음에 주어진 값에 따라 판단하시오.

1) $0.25 < R_i$일 경우
2) $0 < R_i < 0.25$일 경우
3) $R_i = 0$일 경우
4) $-0.03 < R_i < 0$일 경우
5) $R_i < -0.04$일 경우

리차드슨 수
무차원수로서 대류 난류를 기계적인 난류로 전환시키는 비율을 측정한 것이다. 이를 산정하기 위한 인자는 그 지역의 중력가속도, 잠재온도, 풍속, 고도 등이다.

해답

1) 리차드슨 수의 공식

$$R_i = \frac{g\left(\dfrac{\Delta T}{\Delta z}\right)}{T\left(\dfrac{\Delta \overline{u}}{\Delta z}\right)^2}$$

여기서, $\dfrac{\Delta T}{\Delta z}$: 수직 방향 온도경사(자유 대류)

$\dfrac{\Delta \overline{u}}{\Delta z}$: 수직 방향 속도경사(강제 대류)

2) 리차드슨 수 크기와 대기의 혼합 간의 관계
   (1) $0.25 < R_i$일 경우: 수직 방향의 혼합이 없다(대기안정도는 안정).
   (2) $0 < R_i < 0.25$일 경우: 성층에 의해 약화된 기계적 난류가 존재한다(대기안정도는 중립).
   (3) $R_i = 0$일 경우: 기계적 난류만 존재한다.
   (4) $-0.03 < R_i < 0$일 경우: 대류 난류와 기계적인 난류가 존재하지만 기계적 난류가 혼합을 주로 일으킨다.
   (5) $R_i < -0.04$일 경우: 대류에 의한 혼합이 지배적이다(대기안정도는 불안정).

대기안정도 (atmospheric stability)
역학적 평형상태에 있는 대기를 약간 흐트러지게 놓았을 때 원래의 상태로 되돌아가려고 하거나 그것을 계기로 대기의 상태가 크게 변하려고 하는 정도를 말한다. 평형상태에 놓인 대기 중에 작은 요란이 발생하여 그것이 점차 발달해 갈 경우 대기는 불안정하다고 하며, 반대로 그 요란이 점차 감쇠되어 대기가 원래의 평형상태에 가까워지면 그 대기는 안정하다고 한다.

방사성 역전
(radiational inversion)
복사역전이라고도 하며 맑게 갠 날 밤에 지면은 하늘로 열을 방사하여 표면 온도가 떨어지게 되고, 바람이 약할 때 공기는 열전도에 의해 밑에서부터 냉각되어 상공으로 올라갈수록 온도가 높아져 지표 200[m] 이하에서 형성되는 역전층이다. 방사성 역전은 바람이 약하고 구름이 없는 고기압권 내에서 발생하기 쉽고, 겨울철이 여름에 비해 일어나기 쉽다(런던 스모그 사건 시 발생함).

침강성 역전
(subsidual inversion)
고기압 중심부에서 공기가 침강하여 압축을 받아 따뜻한 공기층을 형성하는 것으로 보통 1,000[m] 내외의 고도에서 발생한다(LA 스모그 사건 시 발생함).

산업 출제빈도 ★★

008 방사성 역전이 발생하는 원인에 대하여 설명하시오.

해답
밤사이 지표가 복사에 의해 쉽게 냉각됨으로써 지표 부근의 공기가 상층부의 공기보다 기온이 낮게 되어 생기는 기온역전 현상이다.

기사 출제빈도 ★★

009 공중역전의 3가지 종류와 발생 원인에 대하여 적으시오.

해답
1) 침강성 역전
   고도 1,000[m] ~ 2,000[m]의 고기압 중심 부분에서 기층이 서서히 침강하면서 기온이 단열변화로 승온되어 발생한다. 이 침강성 역전으로 장기간의 오염물질이 축적되어 L.A 스모그와 같은 대기오염사건이 발생하였다.
2) 전선성 역전
   찬 공기 위를 이동하는 따뜻한 공기의 전이층에서 발생되는 역전층으로 따뜻한 공기와 차가운 공기가 부딪쳐 따뜻한 공기는 찬 공기 위를 타고 상승하면서 전선을 이룬다.
3) 난류성 역전
   난류가 형성되면 혼합층이 만들어지며 그때의 기온분포는 건조단열감률에 가까워져 상단 부분에서 발생되는 역전층이다.
4) 해풍 역전
   육지 위에 있는 따뜻한 기층 바로 아래로 한랭한 해풍이 불어와 생기는 역전층으로 이동성이므로 오염물질을 오랫동안 정체시키지는 않는다.

기사 출제빈도 ★★

010 Coh 계수(연무계수)에 대해서 설명하시오.

해답
Coh는 Cofficient of haze의 약자이며 빛 전달률을 측정했을 때 광화학적 밀도가 0.01이 되도록 하는 여과지 상의 빛을 분산시키는 고형물의 양을 의미하며 그 식은 다음과 같다.

$$\text{Coh} = \frac{\log\left(\frac{1}{\text{빛 전달률}}\right) \times 100}{\text{여과속도[m/s]} \times \text{시간[h]} \times 3{,}600} \times 1{,}000[\text{m}]$$

011 온위와 건조단열감률에 대하여 설명하시오.

해답

1) **온위**: 건조공기가 상승하면 온도가 낮아지고 하강하면 온도가 높아지므로, 어떤 고도에 위치해 있는 공기 온도를 다른 고도의 공기 온도와 비교하려면 고도를 맞추는 것이 바람직하다. 어느 고도의 공기를 1,000[hPa] 고도까지 가져갔을 때 나타나는 온도를 온위라고 한다.
2) **건조단열감률**: 고도가 높아짐에 따라 온도가 낮아지는 것을 기온체감률이라고 하는데 이 중 이론적인 기온체감률을 건조단열체감률이라 부른다. 이 건조단열체감률은 건조공기가 100[m] 상승할 때마다 약 1[℃]씩 하강함을 나타낸다.

기압의 단위
: hPa(hectopascal)
1hPa = 100Pa, 1Pa은 $1m^2$의 면적에 1N의 힘을 받을 때의 압력단위이다. 하지만 Pa는 그 단위 크기가 너무 작기 때문에 대기 기상에서는 그 100배의 단위인 헥토파스칼을 사용한다.

012 가우시안 분포를 사용하여 대기오염물질 확산 모델의 해법을 구하려고 한다. 이 해법을 구하기 위한 가정 6가지를 제시하시오.

해답

1) 전반적인 확산 과정은 정상상태이다.
2) 지표면에 닿은 가스상물질은 모두 반사한다.
3) 대기오염물질 농도는 물질의 배출량에 비례한다.
4) 대기오염물질은 연속하는 점배출원에서 배출된다.
5) 연기기둥(plume)의 전단면에 걸쳐 동일한 풍속을 적용한다.
6) 바람에 의한 주된 수송방향은 x축 방향이고, y축과는 수평이다.
7) 횡 방향(x축 방향)의 대기오염물질 평균농도 분포는 정규분포이다.
8) 수직 방향(y축 방향)의 대기오염물질 평균농도 분포는 정규분포이다.
9) 풍속은 x축, y축 방향에 따라 변하지 않으나 z축 방향으로는 변한다.
10) x축 방향에서 바람에 의한 물질수송이 난류확산보다 지배적이며, 농도는 풍속에 반비례한다.
11) 연기기둥(plume)은 전단면에 걸쳐, 특히 z축 방향의 위치에 따라 동일한 수준의 대기안정도를 유지한다.

📝 가우시안 모델

장기 대기확산이 대기 중에 난류로 인한 임의의 혼합과정이라는 개념을 기초로 한 가장 널리 이용되고 있는 확산 모델로 방출원의 바람 방향에 있는 모든 장소에서의 농도는 수직면 및 수평면 모두에서 가우시안 농도분포(정규분포)로 근사화된다. 다음과 같은 가정하에 확산식의 해를 구한다.
1) 지표면은 평탄하다.
2) 확산계수가 시공간적으로 일정하다.
3) 풍향, 풍속이 시공간적으로 일정하다.
4) 대기오염물질은 지표면에서 모두 반사된다.
5) 난류에 의한 확산은 플륨(plume) 중앙선에 대칭으로 가우시안 정규분포를 따른다.
6) 대기오염물질의 방출속도는 일정하며 방출된 오염물질은 대기 중에서 생성, 소멸되지 않는다.

📝 분산 모델

복잡한 대기 분산현상을 단순화하거나, 또는 가상의 조건하에서 배출원과 수용체 사이의 인과관계를 규명하는 것이다. 이러한 대기분산 모델링은 물리 모델(physical model)과 수식 모델(mathematical model)로 크게 구분된다.

📝 수용 모델

대기오염물질의 실측된 결과를 바탕으로 오염물질의 확산, 배출된 화학종의 분포, 다른 오염원의 간섭 등을 분석하는 과정을 규명하는 것을 수용 모델이라 한다.

기사·산업 출제빈도 ★★★

013 가우시안 모델(Gaussian model)에 의한 대기오염물질 농도의 예측 조건을 4가지만 서술하시오.

해답
1) 대기오염물질은 x축 방향에 직각하여 정규분포를 유지한다.
2) 대기오염물질 분포의 표준편차 대푯값은 약 10분간의 값이다.
3) 배출원에서 대기오염물질이 연속해서 풍하 방향으로 확산되는 것은 무시한다.
4) 가스상 대기오염물질과 입경 20[μm] 이하의 미세먼지가 대기 중에 장기간 부유하고 있다.

기사 출제빈도 ★★

014 대기오염물질의 농도를 예측하는 분산 모델과 수용 모델의 특징을 각각 3가지만 쓰시오. (예시: "2차 오염원의 확인이 가능하다." 등으로 서술하되 예시는 정답에서 제외한다.)

해답
1) 분산 모델
  (1) 단기간 분석 시 문제점이 발견된다.
  (2) 점, 선, 면 오염원의 영향을 평가할 수 있다.
  (3) 지형 및 오염원의 조업 조건에 영향을 받는다.
  (4) 대기오염물질 제어 정책의 입안에 도움을 줄 수 있다.
  (5) 새로운 오염원이 지역 내에 신설될 경우 매번 재평가를 해야 한다.
  (6) 미래의 대기질 예측이 가능하며, 이로 인한 시나리오를 작성할 수 있다.
  (7) 대기오염물질 발생원의 운영 및 방지시설의 설계 특성을 평가할 수 있다.
  (8) 분진에 대한 영향평가는 기상의 불확실성과 오염원이 미확인될 경우에는 문제점을 지닌다.

2) 수용 모델
  (1) 지형과 기상학적인 정보가 없어도 사용이 가능하다.
  (2) 수용체 입장에서 영향평가가 현실적으로 이루어질 수 있다.
  (3) 측정자료를 입력자료로 사용하므로 시나리오의 작성이 곤란하다.
  (4) 오염원의 조업 및 운영 상태에 대한 정보가 없어도 사용이 가능하다.
  (5) 입자상 및 가스상물질, 가시거리 문제 등 환경과학 분야의 전반에 응용할 수 있다.
  (6) 새롭고 불확실한 오염원과 불법 배출오염원을 정량적으로 확인하여 평가할 수 있다.
  (7) 현재나 과거에 발생했던 일들을 추정하고, 미래에 대한 전략을 세울 수는 있으나, 예측은 어렵다.

015 굴뚝에서 배출되는 가스의 확산이 잘되게 하기 위해 유효굴뚝높이를 높일 수 있는 가장 바람직한 방법을 쓰시오.

해답
1) 배출가스량을 많게 한다.
2) 굴뚝의 직경을 작게 한다.
3) 배출가스의 온도를 높인다.
4) 굴뚝의 실제 높이를 높인다.
5) 배출가스의 토출속도를 크게 하여 배출한다.

유효굴뚝높이 (effective stack height)
굴뚝에서 배출되는 연기의 온도는 주변 대기의 온도보다는 높기 때문에 열부력이 발생한다. 또한, 배출가스속도에 의한 관성력에 의해 실제굴뚝높이보다 더 높게 상승하게 된다. 이때 최종적으로 연기가 상승한 높이를 유효굴뚝높이(H_e)라고 한다. 이러한 개념은 실제굴뚝높이(H_s)와 연기상승높이(Δh)의 합으로 표시된다.

016 바람의 종류 중 산곡풍, 해륙풍, 경도풍에 대하여 정의, 발생원인, 특성(밤과 낮에 바람 방향이 달라지는 경우에는 비교를 포함) 등을 중심으로 각각을 설명하시오.

해답
1) 산곡풍
평지와 계곡 및 분지 지역의 일사량 차이로 인하여 발생하고, 낮에는 햇빛에 의해 산 비탈면이 다른 곳에 비해 쉽게 가열되기 때문에 따뜻해진 공기는 밀도가 낮아져 부양력이 생겨서 비탈면을 따라 상승하는 바람이 불게 된다. 밤에는 복사 및 냉각에 의해 산꼭대기가 골짜기보다 빨리 냉각되어 산꼭대기의 공기 밀도가 커져 침강력이 생기면서 골짜기로 하강하는 바람이 분다.

2) 해륙풍
임해 지역의 바다와 육지의 비열차에 의해 발생하는데 낮에는 햇빛에 의해 더워진 육지 쪽의 공기가 저기압이 되어 바다로부터 육지 쪽으로 풍속 5~6[m/s] 정도의 바람이 불게 된다. 밤에는 바다가 육지보다 온도 냉각률이 적기 때문에 바다 쪽이 저기압이 되어 육지로부터 바다를 향해 풍속 2~3[m/s] 정도의 바람이 불게 된다.

3) 경도풍
고기압의 중심부나 저기압의 중심부와 같이 등압선이 곡선을 이루고 있을 때, 바람이 원심력이 발생하게 되는데, 이 원심력은 전향력과 합해 져서 경도력과 평형을 유지한다. 이때 등압선을 가로지르는 바람이 불게 되는데 이를 경도풍이라고 한다.

📝 **down wash(세류현상)**
굴뚝 아래로 오염물질이 휘날리어 굴뚝 밑부분에 오염물질의 농도가 높아지는 현상으로 이러한 현상이다.

📝 **down draft(역류현상)**
굴뚝의 높이가 건물 높이보다 낮은 경우 건물 뒤편에 공동현상이 생기고, 이 공동에 대기오염물질의 농도가 높아지는 현상이다.

기사·산업 출제빈도 ★★★

017 굴뚝에서 배출되는 연기의 다운 워시(down wash)와 다운 드래프트(down draft) 현상을 방지하기 위한 주변 건물에 대한 굴뚝높이와 최적 토출속도(m/s)는?

해답
1) 다운 워시(down wash)와 다운 드래프트(down draft)를 방지하기 위한 굴뚝높이는 주변 건물 높이의 2.5배 정도가 양호하다.
2) 굴뚝에서 배출되는 연기의 최적 토출속도는 6[m/s] 이상이 바람직하다.

기사·산업 출제빈도 ★★

018 굴뚝에서 배출되는 연기가 풍하 측에서 다운 워시(down wash) 현상을 일으키는 조건과 이 현상을 방지할 수 있는 방법 3가지를 쓰시오.

해답
1) 다운 워시(down wash) 현상을 일으키는 조건
   굴뚝에서 배출되는 연기의 토출속도가 굴뚝 주변의 풍속보다 적을 경우 다운 워시 현상이 발생한다.
2) 다운 워시 현상을 방지하는 방법
   (1) 굴뚝의 단면적을 줄여서 상대유속을 상승시킨다.
   (2) 연기의 배출 온도를 높여 배출가스의 부력을 증가시킨다.
   (3) 굴뚝 하단에 송풍장치를 설치하여 토출속도를 6[m/s] 이상으로 한다.

기사·산업 출제빈도 ★★★★

019 굴뚝에서 배출되는 연기가 풍하 측에서 발생하는 하향날림(down wash or creeping) 현상과 풍상 측까지도 영향을 미치는 다운 드래프트(down draught)를 일으키는 조건과 이 현상을 방지할 수 있는 방법을 쓰시오.

해답
1) 다운 워시(down wash) 현상 방지대책
   굴뚝에서 나가는 연기의 배출속도를 굴뚝높이에서 부는 수평 풍속보다 2배 이상 크게 한다.
2) 다운 드래프트(down draught) 현상 방지대책
   굴뚝의 높이를 굴뚝 주위에 있는 건물의 높이보다 2.5배 높게 설치한다.

020 도시의 열섬현상효과(heat island effect)에 대하여 설명하시오.

해답

열섬현상효과(heat island effect) 또는 어번 히트 아일랜드(UHI, Urban Heat Island)는 주위 지역보다 주목할 정도로 따뜻한 대도시 지역에 나타나는 현상이다. 온도 차이는 보통 낮보다는 밤에, 여름보다는 겨울에 더 크고, 바람이 약할 때 가장 두드러진다. 도시 열섬이 발생하는 주원인은 먼저 도시화로 인한 불규칙적인 지표 때문에 공기의 이동이 적어 바람이 적은 대신, 공장, 화력발전소, 주택 등에서 에너지 사용으로 발생한 열방출량이 크고, 또한 태양복사열도 도로나 지붕 등에서 반사되는 율이 큰 것이 두 번째 원인이다. 주위의 시골보다 인구 밀집도가 높아지면서 더 넓은 면적의 토지를 개발하게 되는데, 이로 인해 평균 온도가 상승하고 비가 많이 오며, 안개가 자주 생기게 된다. 또한, 도시에서 대량으로 배출된 먼지는 도시 상공에 머물면서 지표면에 도달하는 태양복사열을 감소시켜서 결국 공기의 수직운동을 방해한다. 그 결과 바람이 없는 날 먼지 지붕 밑에 위치하는 도시의 공기는 계속 오염이 증가하게 되어 먼지지붕효과(dust dome effect)라고도 부른다.

참고 미국 환경 보호청(EPA)에서 말하는 도시 열섬현상의 원인

열섬현상은 인구가 늘어나서 녹지가 도로, 건물, 기타 구조물의 아스팔트나 콘크리트로 바뀌면서 생겨나는데 그 이유는 아스팔트나 콘크리트 표면은 태양열을 반사하기보다는 흡수하게 되며, 이로 인해 표면 온도와 그 주변의 전체 온도를 상승시키기 때문이다.

열섬현상효과의 발생 원인
1) 직경 10[km] 이상의 도시에 잘 나타난다.
2) 바람이 없는 맑은 날 야간에 잘 발생한다.
3) 도시지역 표면의 열적 성질의 차이 및 지표면에서의 증발 잠열의 차이 등으로 발생한다.
4) 도시의 지표면은 시골보다 열용량이 크고 열전도율이 낮아 열섬효과의 원인이 된다.
5) 태양의 복사열에 의해 도시에 축적된 열이 주변 지역에 비해 크기 때문에 형성된다.
6) 대도시에서 발생하며 발생 시 온도가 높고, 비가 많이 오고, 안개가 자주 발생한다.

021 온실효과 기본원리 및 온실기체의 대표물질 6가지를 쓰시오.

해답

1) **온실효과**
   대기 중의 수증기와 이산화탄소 등이 온실의 유리처럼 작용하여 지구 표면의 온도를 높게 유지하는 효과로 단파장인 복사에너지는 통과시키고 장파장인 지구복사 에너지를 통과시키지 못해 그 열이 갇혀 지구 내부의 온도가 상승하는 것이다.

2) **온실기체**
   지구 온난화를 유발하는 이산화탄소(CO_2), 메테인(CH_4), 아산화질소(N_2O), 수소불화탄소(HFCs), 과불화탄소(PFCs), 육불화황(SF_6) 등의 가스이다.

2 연소이론, 연소계산, 연소설비 이해하기

학습 개요 기사·산업기사 공통

1. 연소이론의 이해와 연소 생성물의 계산 및 연소설비를 파악할 수 있다.

기사·산업 출제빈도 ★★★

001 연소관리의 고려사항 중 연료의 선택 시 중요한 사항을 4가지 쓰시오.

해답
1) 연소장치에 적합할 것
2) 연료의 대체방법에 따를 것
3) 부하(load)의 상태에 상응할 것
4) 가격이 저렴하고 구입이 쉬울 것
5) 매연 및 황산화물 발생이 적을 것
6) 열량이 사용 목적에 맞고 열효율이 높을 것

기사·산업 출제빈도 ★★★

002 다음 각 연소의 종류에 대해 간단하게 설명하시오. (단, 연소별로 해당하는 연료를 반드시 1가지 이상 적으시오.)

1) 증발연소
2) 분해연소
3) 표면연소
4) 확산연소
5) 내부연소(자기연소)

해답
1) **증발연소**: 액체연료인 휘발유, 등유, 알코올, 벤젠 등이 기화하여 증기가 되면서 연소하는 반응을 말한다.
2) **분해연소**: 석탄, 목재, 타르 등이 열분해하여 발생한 증기와 함께 연소 초기에 불꽃을 내면서 반응하는 연소를 말한다.

3) **표면연소**: 고체연료인 목탄, 코크스 등이 고온 연소 시 고체표면이 빨갛게 빛을 내면서 반응하는 연소를 말한다.
4) **확산연소**: 기체연료인 프로페인가스, LPG 등이 공기의 확산에 의해 반응하는 연소를 말한다.
5) **내부연소(자기연소)**: 나이트로글리세린 등이 공기 중 산소를 필요로 하지 않고, 분자 자신 안의 산소에 의한 연소를 말한다.

003 연료의 불완전 연소 시 검댕(soot) 발생 원인을 4가지만 기술하시오.

> **검댕**
> 연소할 때 생기는 유리 탄소가 응결하여 입자의 지름이 1[μm] 이상이 되는 입자상물질을 말한다.

해답
1) 공기 공급이 부족할 때
2) 연료 점화 시 연소 구성이 불충분할 때
3) 저질연료 및 C/H 비가 클수록 다량 발생
4) 연료 중 휘발성분이 많은 연료를 사용할 경우
5) 연소실에서 열 발생률 값 이상으로 중유를 연소할 경우

004 다음 보기 중 석탄의 탄화도가 증가하면 증가하는 것과 감소하는 것을 각각 2가지씩 적으시오.

[보기]
휘발분, 매연 발생률, 발열량, 비열, 착화온도

1) 증가하는 것: (   ), (   )
2) 감소하는 것: (   ), (   )

> **석탄의 탄화도(炭化度)**
> 석탄에서 수분과 회분을 뺀 나머지 성분 중에서 탄소(C)가 차지하는 비율을 질량 백분율로 나타낸 값으로 석탄의 오래된 정도를 말한다. 석탄은 탄화도에 따라 탄소분이 60[%]인 이탄, 70[%]인 아탄 및 갈탄, 80~90[%]인 역청탄, 95[%]인 무연탄으로 나뉜다.

해답
1) 증가하는 것: 매연 발생률, 착화온도
2) 감소하는 것: 휘발분, 비열

기사·산업 출제빈도 ★★

005 어떤 연소장치 내에서 NO_x 생성이 화염 온도에 민감한 이유는?

해답
연소 시 NO_x을 생성하는 화학 반응이 높은 활성화 에너지를 갖고 있기 때문이다.

참고 활성화 에너지
화학 반응이 진행되기 위해 필요한 최소한의 에너지로 화학 반응의 속도에 영향을 미친다.

기사·산업 출제빈도 ★★★

006 미분탄 연소의 장·단점을 각각 2가지씩 서술하시오.

해답
1) 장점
   (1) 적은 공기량으로 완전 연소가 가능하다.
   (2) 연소조절 및 점화 및 소화가 용이하다.
   (3) 대용량 연소시설이나 화력발전소에서 사용한다.
2) 단점
   (1) 역화의 위험성이 있다.
   (2) 설비나 유지비가 고가이다.
   (3) 재나 회분의 비산이 심하여 집진설비가 필요하다.

> **미분탄(微粉炭)**
> 보통 75[μm] 이하(200메시(mesh) 이하)의 입도까지 미분화시킨 석탄을 말한다. 이러한 미분탄으로 연소하는 방식은 발전용 대형 보일러에서 가장 많이 채용하고 있다.

기사 출제빈도 ★★

007 COM(Coal Oil Mixture)에 대하여 설명하시오.

해답
COM(Coal Oil Mixture)
석탄(미분탄) – 기름(중유 C유) 혼합체로 석탄 슬러리(slurry)의 한 종류로써 고체의 석탄을 액체 상태로 만들어 수송 및 저장을 용이하게 하고 사전에 대기오염 유발물질은 황 성분을 제거하여 고급 연료화시킨 것이다. 즉, 미분탄의 석탄과 벙커C유를 혼합하여 연소시킴으로써 열에너지를 효율적으로 회수하는 연료이다.

008 액체연료인 중유의 연소를 위해 사용하는 첨가제를 3가지 이상 쓰고, 해당 첨가제를 사용하는 목적을 설명하시오.

해답
1) **연소 촉진제(조연제)**: 중유 버너의 불완전 연소로 발생하는 카본질을 줄이기 위해 산화 촉진제로 사용하며 Cr, Co, Cu 등의 나프텐산염, 술폰산염, 고급 알코올의 질산에스테르를 사용한다.
2) **슬러지 안정제(분산제)**: 중유 중 슬러지 생성을 방지하여 중유의 유동성과 분무성을 양호하게 한다. 계면활성제를 사용한다.
3) **탈수제**: 중유 속의 수분을 분리한다.
4) **회분 개질제**: 중유 연소 시 회분 속에 V, Na 등이 많이 있으면 융점이 강하되고 금속면에 융착되어 부식시키므로 회분(재)의 융점을 높여 연소실 고온 부식을 방지한다. 마그네슘 화합물이나 알루미나 등을 사용한다.
5) **응고점 강하제**: 일정한 압력에서 액체나 기체가 굳을 때의 온도를 응고점이라 하는데, 보통 액체의 응고점은 그 물질의 녹는점과 같고, 기체의 응고점은 승화점과 같다. 즉, 이 응고점 온도를 낮추는 물질을 말한다.

009 화학적 완전 연소가 이루어지는 연소장치에서 공기의 조성을 변화시켜서 O_2의 몰분율을 낮추었다. 즉, N_2의 몰분율(mole fraction)을 증가시켰다. 이 공기의 유량을 적절히 조절하여서, 화학적 연소가 일어나도록 하였을 때, 화염 온도는 어떻게 변화되는가? (단, 증가, 감소, 변화없다 등의 한 가지 이유를 선택하여 적고 그 이유를 밝히시오.)

해답 감소된다. 왜냐하면 반응 기회가 적어지고, 불완전 연소가 되므로 연소실 온도가 낮아져 NO_x 생성이 적어진다.

기사 출제빈도 ☆☆

010 C_7H_{16}의 액체연료가 화학양론적으로 이상(理想) 연소를 하였다. 배출된 연소가스는 화학적 평형상태였으며, 연소온도는 2,000[K]이었다. 화학적 평형상태를 유지하면서 연소온도를 1,500[K]로 낮출 경우, 다음 〈보기〉에 제시된 화학물질별 농도에 대한 증가, 감소 여부를 예측하고, 그 이유를 간략히 쓰시오.

(a) CO   (b) CO_2 (c) NO   (d) OH

해답 연소온도가 낮아지면 결합이 이루어져서 CO, NO, OH 농도는 감소하게 되고, CO_2 농도는 증가한다.

기사·산업 출제빈도 ☆☆☆

011 연료를 연소시킬 때, 공기비가 클 경우 미치는 영향 3가지를 적으시오.

해답
1) 통풍력이 강하여 배출가스에 의한 열손실이 증대된다.
2) 연소실 내의 연소온도가 낮아져 연소가스에 의한 열손실이 증가한다.
3) 연소가스 중 산화물질(주로 SO_2, NO_2 등)의 함량이 높아져서 연소실의 부식촉진이 일어난다.

참고 공기비가 적을 경우의 영향
1) 불완전 연소로 연소가스의 폭발위험이 높아진다.
2) 발열량이 적어져서 열손실에 큰 영향이 발생한다.

012 분자식이 C_mH_n인 탄화수소 가스 $1[Sm^3]$의 연소에 필요한 이론공기량을 계산하는 식을 유도하시오.

해답 C_mH_n의 연소반응식

$$C_mH_n + \left(m + \frac{n}{4}\right)O_2 \rightarrow mCO_2 + \frac{n}{2}H_2O \text{에서}$$

$$A_o = \frac{O_o}{0.21} = \frac{1}{0.21} \times \left(m + \frac{n}{4}\right) = 4.76m + 1.19n [Sm^3/Sm^3]$$

013 어떤 연료의 연소가스 중 질소(N_2), 산소(O_2)의 용량비(%)를 각각 (N_2), (O_2)라고 표시할 경우 공기비 m을 구하는 식을 유도하시오.

해답 연소가스 중 산소(O_2)는 과잉공기량의 21[%]에 상응하므로
$0.21(A - A_o) = 0.21(m-1)A_o$
연소가스 중 질소(N_2)는 과잉공기량의 79[%]에 상응하므로
$0.79A = 0.79\,mA_o$

$$\frac{(O_2)}{(N_2)} = \frac{0.21(m-1)A_o}{0.79\,mA_o},\ \frac{m-1}{m} = \frac{79(O_2)}{21(N_2)},\ 1 - \frac{1}{m} = \frac{79(O_2)}{21(N_2)}$$

$$\therefore m = \frac{21(N_2)}{21(N_2) - 79(O_2)} = \frac{(N_2)}{(N_2) - 3.76(O_2)}$$

014 고체 및 액체의 공기과잉계수(공기비, m)는 연료 중 질소 성분을 무시할 경우 $(CO_2)_{max}$와 실제 연소가스의 성분분석의 결과로부터 다음 식을 구할 수 있다.

$$m = \frac{\{100-(CO_2)\}}{\left[\left\{\dfrac{100-(CO_2)_{max}}{0.79}\right\}\left\{\dfrac{(CO_2)}{(CO_2)_{max}}\right\}\right]} + 0.21$$

위의 식에서 다음 항들이 의미하는 것을 설명하시오.

1) $100-(CO_2)$

2) $\dfrac{\{100-(CO_2)_{max}\}}{0.79}$

3) $\dfrac{(CO_2)}{(CO_2)_{max}}$

4) 0.21

해답

1) $100-(CO_2)$: 실제 연소 시 건연소가스 1[Sm³]에 남아있는 O_2 및 N_2의 양

2) $\dfrac{\{100-(CO_2)_{max}\}}{0.79}$: 이 항은 이론공기량을 나타낸다.
왜냐하면 $100-(CO_2)_{max}$의 항이 이론적으로 완전 연소일 경우 N_2의 양이기 때문이다.

3) $\dfrac{(CO_2)}{(CO_2)_{max}}$: 이론연소에 대한 실제연소를 나타내기 위한 환산계수이다.

4) 0.21 : 이론공기량에 대하여 소비된 O_2의 부피, 즉 이론산소량을 나타낸다.

연료 등가비

일정량의 이론적인 연료와 공기의 혼합비에 대하여 실제 연소되는 연료와 공기의 혼합비를 말한다.

등가비(ϕ)

$$= \frac{\left(\dfrac{\text{실제 연료량}}{\text{산화제}}\right)}{\left(\dfrac{\text{완전연소되는}}{\text{산화제}}\right)}$$

- $\phi = 1$인 경우: 완전 연소로 연료와 산화제의 혼합이 이상적이다.
- $\phi < 1$인 경우: 연료가 이상적인 경우보다 적고 공기가 과잉인 경우로 완전 연소가 발생한다.
- $\phi > 1$인 경우: 연료가 과잉인 경우로 불완전 연소가 발생한다.

015 실제공연비에 대한 이론공연비를 나타낼 때 "연료 등가비(fuel equivalence ratio)"라고 표현한다. 연료 등가비(equivalence ratio)가 1인 연소기의 등가비를 1.1로 높일 경우, 연소가스 중 CO와 NO는 어떻게 변화하는지 예측하고 그 이유를 간단히 설명하시오.

해답

등가비가 1에서 1.1로 높아지면 불완전 연소가 되므로 CO가 증가하고, 화염 온도를 낮추게 되므로 NO는 감소하게 된다.

016 기체연료의 검댕 방지법을 설명하시오.

해답
1) 확산연소를 하여 불꽃이 직접 저온 물체에 닿지 않도록 할 것
2) 기체연료와 공기를 미리 혼합하는 예혼합 연소를 하여 연소할 것

017 액체연료의 검댕 방지법을 설명하시오.

해답
1) 버너 노즐의 분무를 양호하게 하여 연소할 것이다.
2) 불꽃의 모양과 연소실의 연소효율을 적정하게 하여 연소한다.
3) 연소용 공기의 공급방법, 즉 예혼합 연소를 하면 검댕 발생이 저감된다.

참고
- 검댕의 생성 조건
  C/H 비가 클수록, 천연가스보다는 타르(tar) 연소 시, 연료의 분자량이 클수록
- 검댕이 많이 발생하는 연료의 순서
  타르 > 역청탄 > 중유 > 코크스 > 경유 > LPG > LNG > 나프탈렌계 > 벤젠계 > 올레핀계 > 파라핀계

018 굴뚝으로 배출되는 연소가스 중 NO_x의 저감 대책 5가지 방법을 쓰시오.

해답
1) 2단연소법
2) 유동상연소법
3) 저과잉공기연소법
4) 배출가스재순환법
5) 연소기기 변형법(버너개량법)

📝 탄수소비(C/H 비)
연료의 구성성분 중 탄소와 수소의 중량비를 탄수소비라 하며 일반적으로 탄수소비가 클수록 이론공연비(AFR)는 감소하고 매연이 발생하기 쉬우며 휘도와 방사율이 커지고 화염은 장염이 된다. 연료의 일반적인 C/H 비는 다음과 같다.
1) 고체연료의 탄수소비는 15~20, 액체연료의 탄수소비는 5~10, 기체연료의 탄수소비는 1~3이며, 석탄은 10~30, 중유는 7~8, 경유는 5~6, 메테인은 3 정도이다.
2) 액체연료의 경우 탄수소비는 중유가 가장 크며 경유, 등유, 휘발유순이다.
3) 기체연료는 올레핀계가 가장 크며 나프틴계, 아세틸계, 프로필계, 메테인 순이다.

📝 2단연소
질소산화물의 발생을 저감하는 연소 방법으로 석유를 연료로 사용할 때 발생하는 오염물질인 질소산화물의 배출량을 줄이기 위하여 연소할 때 필요한 공기를 두 차례에 걸쳐 공급하여 연소하는 방법을 말한다.

기사·산업 출제빈도 ☆☆☆

019 고 연소열(higher heat of combustion)과 저 연소열(lower heat of combustion)의 정의를 설명하시오.

해답

1) 고 연소열(higher heat of combustion, H_h) 또는 고발열량
   연료 연소 시 발생하는 총 발열량으로 연소가스 중 기상(氣相)의 H_2O가 액상(液相)의 H_2O로 상변화를 할 때, 발생하는 응축잠열을 포함한 열량이다.
2) 저 연소열(lower heat of combustion, H_L) 또는 저발열량
   고발열량에서 연소가스 중에 발생되는 수증기의 증발 잠열을 뺀 것으로 H_2O가 수증기 상태로 되어 있는 발열량을 말한다.

기사·산업 출제빈도 ☆☆☆

020 연료를 연소시킬 때, 연소온도에 영향을 미치는 인자 3가지를 적으시오.

해답

1) 연소반응물질의 주위 압력
2) 공기비(m)와 연료의 저발열량(H_L)
3) 연소용 공기의 온도와 공기 중 함유된 산소 농도

기사·산업 출제빈도 ☆☆☆

021 연소용 기기의 구비조건을 4가지 적으시오.

해답

1) 소음 발생이 적어야 한다.
2) 장시간 운전에 견뎌야 한다.
3) 부하 범위가 넓어야 하고, 연료유의 미립화가 가능하여야 한다.
4) 점도가 높은 연료도 적은 동력비로 미립화가 가능하게 하여 연소시킨다.

022 대기오염방지를 위한 연소관리 대책 3가지를 적으시오.

해답
1) 공연비(AFR)를 적정하게 유지하면서 연료를 연소시킨다.
2) 완전 연소가 되는 범위 내에서 과잉공기량을 최대한 줄인다.
3) 연소실 온도는 최대 열효율을 유지하면서 저온을 유지하도록 한다.

023 가솔린 엔진과 디젤 엔진을 대기오염물질 배출량으로 비교할 경우, 디젤 엔진의 장·단점을 기술하시오.

해답
1) 장점
   (1) HC와 CO의 배출농도가 낮다.
   (2) 배출가스량에 TEL, TML 등의 유해물질이 없다.
2) 단점
   (1) 냄새와 소음이 심하다.
   (2) 분진과 NO_2가 많이 발생한다.
   (3) HC 중 3-4 벤조파이렌(benzopyrene) 등의 발암물질이 배출될 수도 있다.

가솔린 엔진과 디젤 엔진의 차이

가솔린 엔진	4행정	디젤엔진
가솔린 + 공기 흡입	흡입	공기 흡입
가솔린 : 공기 10 : 1로 압축	압축	공기를 20 : 1로 압축
압축된 가솔린과 공기를 전기불꽃으로 점화	폭발	압축된 공기에 경유를 분사, 자연발화 시킴
연소가스 배출	배기	연소가스 배출

TEL(Tetraethyllead)
4에틸납(($CH_3CH_2)_4Pb$)

TML(Tetramethyllead)
4메틸납(($CH_3)_4Pb$)

024 액체연료의 연소장치 중 유압분무식 버너의 특징을 5가지 적으시오.

해답
1) 분무 각도가 40° ~ 90°로 크다.
2) 대용량 버너 제작이 용이하다.
3) 구조가 간단하여 유지 및 보수가 용이하다.
4) 연료분사 범위는 15[L/h] ~ 2,000[L/h] 정도이다.
5) 유량 조절범위가 좁아 부하변동에 적응하기 어렵다.
6) 연료의 점도가 크거나 유압이 5[kg/cm^2](5기압) 이하가 되면 분무화가 불량하다.

025 대기오염물질은 연료의 연소, 화학공정, 폐기물의 소각과정 등에서 발생한다. 다음에 제시한 연소물질의 연소나 소각과정에서 발생되는 대표적인 오염물질을 각각 보기에서 선택하고 발생되는 이유를 간단히 피력하시오. (단, 석탄의 경우는 2가지를 선택하시오.)

[보기] SO_X, NO_X, HCl, Cl_2

1) 폴리염화바이닐(PVC)
2) 폐타이어
3) 석탄
4) 도시가스

해답

1) 폴리염화바이닐(PVC)
   (1) 대기오염물질: HCl, Cl_2
   (2) 발생 이유: PVC는 vinyl chloride가 모노머(monomer)로 구성된 합성수지이므로 CH_2CHCl에서 HCl, Cl_2가 발생된다.
2) 폐타이어
   (1) 대기오염물질: SO_X
   (2) 발생 이유: 타이어는 천연고무 등에 강도를 증가시키기 위해 vulcanization process(加黃 工程)을 이용하여 황(S)을 첨가시키기 때문이다.
3) 석탄
   (1) 대기오염물질: SO_X, NO_X
   (2) 발생 이유: 석탄은 그 조성으로 질소(N)와 황(S)을 함유하고 있기 때문이다.
4) 도시가스
   (1) 대기오염물질: NO_X
   (2) 발생 이유: 도시가스(CNG)는 청정연료로 불순물이 거의 없다고 생각되나 고온 연소에서는 공기 중의 질소 분자를 산화하여 질소산화물을 생성한다.

026 화석 연료의 연소로부터 생성되는 황산화물로 인한 주변 대기 중 아황산가스 농도를 저감하기 위한 일반적인 대책을 4가지 적으시오.

해답

1) 저유황 성분을 지닌 연료를 사용한다.
2) 탈황기술로 아황산가스 농도를 낮춘다.

3) 태양열, 수력, LNG 등의 대체 연료를 사용한다.
4) 높은 굴뚝을 이용하여 배출가스를 넓은 지역에 확산하여 아황산가스 농도를 낮춘다.

027 원유의 가격을 결정하는 중요한 기준으로서 미국석유협회가 제정한 비중 표시방식인 API도에 대하여 설명하고, 15.6[℃] 또는 60[℉]에서 비중이 0.9인 원유의 API도는?

해답

1) API도란 원유의 비중을 나타내는 기준으로 미국 석유협회(API, American Petroleum Institute)의 비중 측정단위이다. API도 34 이상을 경질유(輕質油), 30~33 사이인 경우 중질유(中質油), 29 이하인 경우 중질유(重質油)로 구분한다.

2) $API = \dfrac{141.5}{비중} - 131.5 = \dfrac{141.5}{0.9} - 131.5 = 25.72$

[중질유(重質油)에 속한다.]

028 반응속도론과 관련하여 다음 물음에 답하시오.
1) 반응속도의 의미
2) 1차 반응(시간과 농도의 관계식 포함할 것)
3) 2차 반응(시간과 농도의 관계식을 포함할 것)

해답

1) **반응속도**: 화학 반응의 빠르기를 나타내는 정도로 단위 시간 동안 생성물질의 변화량 또는 단위 시간 동안 반응물질의 변화량으로 나타낸다.

2) **1차 반응**: 반응속도가 반응물질의 농도에 영향을 받지 않는 반응
   단, (A)의 초기농도, $C_o = 0(t=0)$, t시간 반응 후 잔류하는 농도, $C_t(t=t)$
   $-\dfrac{d(A)}{dt} = k$, $C_t - C_o = -k \cdot t$

3) **2차 반응**: 반응속도가 반응물질의 농도에 비례하는 반응
   $-\dfrac{d(A)}{dt} = k(A)$, $\ln\left(\dfrac{C_t}{C_o}\right) = -k \cdot t$

기사 출제빈도 ☆

029 천연 방사성물질로서 라돈(Rn)은 실내 대기오염에 심각한 영향을 미치고 있다. 방사성 원소의 붕괴반응이 1차 반응이라고 할 경우, 반응속도상수의 단위 또는 차원을 SI 단위로 나타내시오.

해답

1차 반응식, $\dfrac{dC_A}{dt} = k\, C_A$ → 이 1차 반응식은 양변의 농도 단위가 같다.

∴ 반응속도상수, k의 단위는 $\dfrac{1}{s}$ 또는 s^{-1}이다.

기사 출제빈도 ☆

030 어떤 오염물질의 반응 또는 연소 현상은 시작(initiation) → 연쇄(chain) → 종결(termination)로 이루어진다. 다음 반응이 모두 1차 반응으로 이루어질 때, A, B, C 화합물 농도의 합이 일정함을 나타내시오. 즉, $A + B + C = $ 일정(constant)함을 증명하시오.

$$A \xrightarrow{k_A} B,\ B \xrightarrow{k_B} C$$

해답

$\dfrac{d(A)}{dt} = -k_A(A)$, $\dfrac{d(B)}{dt} = k_A(A) - k_B(B)$, $\dfrac{d(C)}{dt} = k_B(B)$ 에서

$$\dfrac{d(A)}{dt} + \dfrac{d(B)}{dt} + \dfrac{d(C)}{dt} = \dfrac{d}{dt}(A+B+C)$$
$$= -k_A(A) + k_A(A) - k_B(B) + k_B(B) = 0$$

$\dfrac{d}{dt}(A+B+C) = 0$

∴ $A + B + C = $ 일정(constant)

다른 풀이

$A = A_0\, e^{-k_A \cdot t}$

$B = \dfrac{k_A \cdot A_0}{k_B - k_A}\left(e^{-k_A \cdot t} - e^{-k_B \cdot t}\right)$

$C = A_0(1 - e^{-k_A \cdot t}) - \left\{\dfrac{k_A \cdot A_0}{k_B - k_A}(e^{-k_A \cdot t} - e^{-k_B \cdot t})\right\}$

$A + B + C = A_0\, e^{-k_A \cdot t} + \dfrac{k_A \cdot A_0}{k_B - k_A}\left(e^{-k_A \cdot t} - e^{-k_B \cdot t}\right)$
$\qquad\qquad + A_0(1 - e^{-k_A \cdot t}) - \left\{\dfrac{k_A \cdot A_0}{k_B - k_A}(e^{-k_A \cdot t} - e^{-k_B \cdot t})\right\}$

$\qquad\quad = A_0$ (초기농도)

∴ $A + B + C = $ 일정(constant)

031 대기 중에 있는 오염물질의 농도를 나타내는 단위로 $\mu g/m^3$과 ppm(parts per million)이 일반적으로 사용되고 있다. 어떤 오염물질 i의 질량농도, $m_i[\mu g/m^3]$를 알고 있을 때, 이 값을 ppm으로 환산하는 공식을 유도하시오. 즉, i의 ppm 농도 $= \dfrac{C_i(i \text{의 몰농도})}{C(\text{전체 몰농도})} \times 10^6 = \dfrac{RT}{PM_i} \times m_i$임을 나타내시오. (단, 공기는 이상기체상태 방정식을 따르고 있으며, 식 중 M_i는 i의 분자량이다.)

> **이상기체(ideal gas)**
> 분자가 서로 무한히 떨어져 있어서 기체의 종류와 관계없이 분자 간 인력이 없고 기체분자의 부피도 완전히 무시하며 보일-샤를의 법칙을 정확히 따르는 가상적인 기체로 이상기체의 열팽창계수 α 값은 1/273.16, 절대 0도(−273.16[℃])에서 기체의 부피는 0이다. 이상기체 상태방정식은 $PV = nRT$로 나타낸다.

[해답]

i의 ppm 농도 $= \dfrac{C_i(i \text{의 몰농도})}{C(\text{전체 몰농도})} \times 10^6 = \dfrac{RT}{PM_i} \times m_i$ ··· (식 1)

$C_i = \dfrac{m_i(i \text{의 질량농도})}{M_i(i \text{의 분자량})} \times 10^{-6} \left(\dfrac{\text{mole}}{m^3}\right)$ ··············· (식 2)

위 두 식에서 C를 구하기 위해 이상기체상태 방정식을 사용하면

$PV = nRT$, $P = \dfrac{n}{V}RT = CRT$

$\therefore C = \dfrac{P}{RT}$ ·· (식 3)

(식 2)와 (식 3)의 C_i와 C를 (식 1)에 대입하면

i의 ppm 농도 $= \dfrac{C_i(i \text{의 몰농도})}{C(\text{전체 몰농도})} \times 10^6 = \left[\dfrac{\left(\dfrac{m_i}{M_i} \times 10^{-6}\right)}{\left(\dfrac{P}{RT}\right)}\right] \times 10^6$

$= \dfrac{RT}{PM_i} \times m_i [\mu g/m^3]$

032 도시건설 시 대기오염의 입장에서 고려해야 할 인자 3가지를 적으시오.

[해답]
① 고연돌화(주어진 여건 하에 굴뚝높이를 최대화함)
② 저유황유 사용(황(S) 함유량이 최소인 연료를 사용함)
③ 대체연료 전환(고체연료보다는 기체연료로 전환함)

033 분진 발생량을 저감시키기 위한 대책으로 산업공정에서 배출되는 분진과 비산분진을 대상으로 나누어 각각의 대책을 3가지씩 설명하시오.

해답

1) 산업공정에서 배출되는 분진의 저감 대책
   ① 연료대체
   ② 연소시설 또는 연소방법의 개선
   ③ 공정의 시설개선
   ④ 방지시설의 신설 및 노후 방지시설의 교체
   ⑤ 배출시설에 대한 배출허용기준의 강화
   ⑥ 지도단속의 강화

2) 산업공정에서 배출되는 비산분진의 저감 대책
   ① 작업방법의 개선
   ② 살수, 피복 또는 표면 경화제에 위한 비산방지
   ③ 주기적인 청소 실시
   ④ 적정 방지시설의 설치를 위한 홍보(계몽)
   ⑤ 방진망의 설치

가스 처리

1 유체역학적 원리와 가스 처리 및 반응 이해하기

학습 개요 기사·산업기사 공통

1. 유체의 흐름과 입자동력학을 이해할 수 있다.
2. 유해가스의 처리이론 및 처리기술과 장치를 파악할 수 있다.

> **헨리의 법칙(Henry's law)**
> 동일한 온도에서, 같은 양의 액체에 용해 될 수 있는 기체의 양은 기체의 부분압과 정비례한다. 여기서 기체의 종류는 액체에 소량이 녹는 것(대체로 무극성 기체)이어야 한다. 예를 들어 메테인, 산소, 이산화탄소 등이 이 법칙이 적용되지만, 암모니아와 같이 물속에 대량으로 녹아서 이온화되거나 산-염기 반응을 하는 기체(즉, 일부 극성 기체 분자)들은 이 법칙이 적용되지 않는다.

기사·산업 출제빈도 ★★★★★

001 혼합물 중 용질의 몰분율(X_i)이 (①)에 접근하여 희석용액이 생성될 경우, (②) 용액의 기동과 (③) 용액의 기동이 일치하기 때문에 기체가 용매 속에 흡수되는 경우, 평형 용해도는 일반적으로 헨리의 법칙(Henry's law)으로 설명될 수 있다. ( ) 안에 들어갈 적당한 단어 또는 숫자를 적으시오.

해답
① 용매 ② 용질 ③ 용매

기사·산업 출제빈도 ★★★★★

002 Cl₂, HCl, O₂, SO₂의 4가지 가스가 상온에서 물에 잘 용해되는 순서대로 나열하시오.

해답
HCl 〉 SO₂ 〉 Cl₂ 〉 O₂

기사·산업 출제빈도 ★★★★☆

003 유해가스를 용액흡수법으로 제거하는 공정에서 가스 흡수에 대한 가스상, 액상의 물질이동계수를 각각 k_G, k_L이라고 하고, 헨리상수를 H, 가스상, 액상의 총괄 경막계수를 각각 K_G, K_L라고 할 때, 유해가스 물질의 용해도 증감에 따른 처리장치의 관계에 대해 설명하시오. (단, 여기서 각 인자 간의 관계식은 아래와 같다.)

$$\frac{1}{K_G} = \frac{1}{k_G} + \frac{H}{k_L}$$

$$\frac{1}{K_L} = \frac{1}{k_L} + \frac{1}{H \cdot k_G}$$

해답

1) 용해도가 큰 유해가스일 경우

헨리상수 H가 적으므로 위의 식에서 $\frac{H}{k_L}$는 무시할 수 있다. 따라서, $K_G \rightleftharpoons k_G$가 되어 가스 측 저항이 지배적이 된다. 이때 처리장치는 "액분산형 흡수장치"가 필요하게 된다.

2) 용해도가 적은 유해가스일 경우

헨리상수 H가 크게 되므로 위의 식에서 $K_G \rightleftharpoons \frac{k_L}{H}$ 및 $K_L \rightleftharpoons k_L$이 되어 액측 저항이 지배적이 된다. 이때 처리장치는 "가스분산형 흡수장치"가 필요하게 된다.

📝 흡수장치

- 액분산형 흡수장치: 분무탑, 충전탑, 벤튜리 스크러버, 제트 스크러버, 싸이클론 스크러버
- 가스분산형 흡수장치: 단탑, 기포탑, 포종탑, 다공판 탑

기사·산업 출제빈도 ★★★★★

004 유해가스를 흡수법으로 처리할 시 흡수액의 구비조건을 4가지 쓰시오.

해답

1) 용해도가 클 것
2) 부식성이 없을 것
3) 휘발성이 낮을 것
4) 점성이 낮고 화학적으로 안정하며 독성이 없을 것
5) 가격이 저렴하고 용매의 화학적 성질과 유사할 것

기사·산업 출제빈도 ★★★★

005 흡수이론에서 대기오염물질의 기상총괄 이동단위수(N_{OG}) 값의 크기와 흡수율의 관계를 나타내시오.

해답

- 기상총괄 이동단위수

$$N_{OG} = \int_{y_2}^{y_1} \frac{dy}{y - y_e}$$ 에서 $y_e = 0$ 이므로, $N_{OG} = \int_{y_2}^{y_1} \frac{dy}{y} = \ln \frac{y_1}{y_2}$

여기서, y_1: 흡수탑 입구의 대기오염물질 농도
y_2: 흡수탑 출구의 대기오염물질 농도

- 흡수율

$$E = \frac{y_1 - y_2}{y_1} = 1 - \frac{y_2}{y_1}$$

$$\therefore \frac{y_1}{y_2} = \frac{1}{1-E}$$

N_{OG}에 $\frac{y_1}{y_2}$를 대입하면, $N_{OG} = \ln \frac{y_1}{y_2} = \ln \frac{1}{1-E}$ 가 된다.

∴ 기상총괄 이동단위수가 크면 흡수율도 크다.

기사·산업 출제빈도 ★★★

006 N_2/O_2 비가 4/1인 경우에 평형상태에서 온도에 따른 NO의 몰분율을 다음 표에 나타내었다. 실제적으로 연소기에서 배출되는 가스를 대상으로 실험하여 보니 배출가스 중 NO의 몰분율은 제시된 표에 나타낸 값보다 적었고, 온도에 따른 NO의 증가율은 크게 나타났는데 그 이유를 설명하시오.

$T[℃]$	X_{NO}
1,000	3.4×10^{-5}
1,500	1.3×10^{-3}
20,000	7.8×10^{-3}

해답 NO의 생성속도가 느려 평형치보다도 낮게 나타나고, 반응속도는 온도에 따라 크게 빨라지기 때문에 온도에 따른 증가율이 평형계산치보다 크게 나타난다.

007 연소 시에 발생하는 질소산화물(NO_x)은 연소물질에 의한 질소 기원(origin)과 이 질소를 산화시키는 연소반응에 의해 분류할 수 있다. 질소산화물의 3가지 생성 기구(mechanism)에 대하여 그 종류를 나열하고 간단히 설명하시오.

해답

1) Thermal NO_x
연소용 공기 중 산소가 고온에서 유리되어 공기 중의 질소 분자(N_2)를 산화시킴으로써 생성된 질소산화물, 즉 공기 중 질소를 기원으로 하며, 1,800[K] 이상의 고온에서 생성된다. 이 반응을 Zeldovich mechanism이라고 한다.

2) Fuel NO_x
연료 중에 화학적으로 결합된 질소 성분이 연소과정에서 산화되어 생성되는 질소 산화물이다.

3) Prompt NO_x
연소 시 연료에서 발생하는 탄화수소기(基)가 공기 중의 질소와 반응하여 생성되는 질소산화물로써 공기 중의 질소를 기원으로 하지만 Zeldovich mechanism 이외의 경로로 급속히 생성된다.

참고 질소산화물의 생성 및 파괴

1) 공기 중의 질소와 산소는 연료의 연소온도 영역의 고온에서는 $N_2 + O_2 \rightarrow 2NO$, 저온에서는 $2NO + O_2 \rightarrow 2NO_2$로 반응한다.
2) 대기 중에 존재하는 질소산화물로는 NO, NO_2, N_2O, NO_3, N_2O_3, N_2O_4, N_2O_5 등이 있고, 그 중에 NO_2는 0.25[ppm] 정도 대류권에 존재한다. 대류권에서는 비교적 안정된 상태이지만 성층권 내에서는 파괴된다.
3) 연료의 연소 시 대부분의 질소산화물은 NO 가스가 90[%]를 차지하고 나머지는 NO_2이다.

008 연소과정에서 유입되는 공기를 예열하여 온도를 높이면 NO_x의 생성량이 증가하는지 감소하는지를 밝히고 그 이유를 쓰시오.

해답
공기를 예열하여 온도를 높이면 화염 온도가 증가하므로 NO_x는 증가한다.

배출가스 중 질소산화물(NOx) 건식처리공법의 종류
1) 촉매산화법 (catalytic decomposition)
2) 선택적 촉매산화법 (SCR, Selective Catalytic Reduction)
3) 선택적 비촉매환원법 (SNCR, Selective Non-Catalytic Reduction)
4) 비선택적 촉매환원법 (NSCR, Non-Selective Catalytic Reduction)

기사·산업 출제빈도 ☆☆☆☆☆

009 배출가스 중 NOx을 제거하기 위한 과정에는 전처리와 후처리 과정이 있다. 후처리 과정으로는 유해가스 처리장치 설치 및 사용 약품 운영비 등으로 경비면에서도 상당한 어려움이 있어 전처리 과정을 많이 이용하는데, 이 전처리 과정의 처리 요령 3가지를 기술하시오.

해답
1) 저온으로 연소시킨다.
2) 저공기로 연소시킨다.
3) 버너 및 연소실의 구조를 개선(연소구역 냉각법 등)한다.
4) 배출가스를 재순환하여 연소시킨다. 가장 실용적인 방법으로 연소용 공기에 일반 냉각된 배출 가스를 혼합하여 연소실로 보내어 연소한다.
5) 2단연소를 행한다. 먼저 버너에 이론공기량의 88～95[%]의 공기를 넣어 불완전 연소하고 이를 다시 다른 연소실로 보내어 에어포트로 10～15[%]의 공기를 넣어 2단연소한다.

기사·산업 출제빈도 ☆☆☆

010 NOx의 생성량을 줄이는 방법으로 2단연소법이 있는데 이 방법은 1단계에서 이론적 산소요구량의 95[%]만 공급함으로써 NOx의 생성량을 줄인다는 것이다. 이와 같이 산소 부족 상태에서 NOx의 생성이 감소하는 이유는?

해답
산소 부족 상태에서는 화염 온도가 낮아지기 때문에 NOx의 생성량을 줄어든다. 즉, NOx의 생성은 온도에 상당히 민감하다.

기사·산업 출제빈도 ☆☆☆☆☆

011 접촉환원법에서 NO를 N_2로 제거하기 위한 반응식을 서술하시오. (단, 환원제는 H_2, CO, NH_3, H_2S이다.)

해답
1) $2NO + 2H_2 \rightarrow N_2 + 2H_2O$
2) $2NO + 2CO \rightarrow N_2 + 2CO_2$
3) $6NO + 4NH_3 \rightarrow 5N_2 + 6H_2O$
4) $6NO + 2H_2S \rightarrow 3N_2 + 2H_2O + 2SO_2$

012 덕트 내에 흐르는 유체에 발생하는 정압, 속도압(동압), 전압을 정의하고, 피토관(pitot tube)을 이용한 유속의 측정원리를 설명하시오.

해답

1) **속도압(동압)**: 덕트 내에서 어떤 속도로 운동하는 유체는 그 흐르는 속도에 의해 결정되는 압력이 나타나는데 이것을 속도압(동압, VP, Velocity Pressure)이라 한다. 속도압과 유체의 속도 사이에는 다음과 같은 관계식이 성립하며, 속도압은 유체가 흘러오는 쪽에서 가해진다고 하는 특징이 있다.

$$v = C\sqrt{\frac{2 \times g \times h}{\gamma}}$$

여기서, v: 유속(m/s), C: 피토관 계수
h: 피토관에 의한 속도압 측정값(mmH$_2$O), g: 중력가속도(9.8m/s^2)
γ: 관(덕트) 내에 흐르는 유체의 밀도(kg/m^3)

2) **정압**: 덕트 내에 있는 유체는 그것이 움직이든지 정지해 있든지 간에 관의 벽에 수직으로 작용하는 또 다른 형태의 압력을 나타낸다. 이 압력을 정압(SP, Static Pressure)이라 하며, 보통 유체의 속도에는 관계없는 독립적인 성질이다. 정압이 대기압보다 낮을 때 음(-)의 값을 갖고, 대기압보다 높을 때 양(+)의 값을 갖는다.

3) **전압**: 전압(TP, Total Pressure)은 정압과 속도압의 합으로 나타낸다. 다음 그림은 배출가스의 유속을 측정하는 장치로 관(덕트) 내부의 피토관은 전압과 정압의 차인 속도압을 측정하는 장치이다. 마노미터의 안쪽에 있는 관(입구가 전압공)은 배출가스의 흐름에 평행하게 향하도록 하여, 마노미터에 전압이 작용하도록 하고, 바깥쪽에 있는 관(입구가 정압공)은 배출가스의 흐름에 수직하게 향하도록 하여, 정압을 작용하게 한다. 이렇게 하여 마노미터(manometer)에는 전압과 정압의 차(h)인 속도압이 나타나 측정하게 된다. 측정된 속도압을 위의 식에 대입하여 배출가스의 속도가 얻어진다.

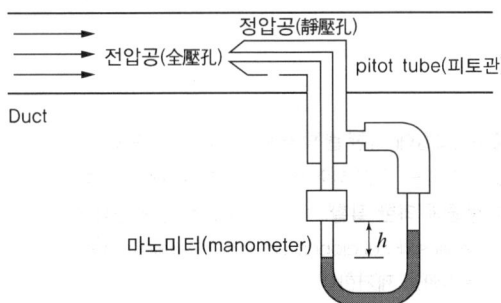

마노미터의 안쪽에 있는 관(입구가 전압공)은 배출가스의 흐름에 평행하게 향하도록 하여, 마노미터에 전압이 작용하도록 하고, 바깥쪽에 있는 관(입구가 정압공)은 배출가스의 흐름에 수직하게 향하도록 하여, 정압을 작용하게 한다. 이렇게 하여 마노미터(manometer)에는 전압과 정압의 차(h)인 속도압이 나타나 측정하게 된다. 측정된 속도압을 위의 식에 대입하여 배출가스의 속도가 얻어진다.

2 처리장치설계와 환기 및 통풍장치 이해하기

학습 개요 — 기사·산업기사 공통

1. 흡수장치, 흡착장치 및 기타 처리장치의 설계를 이해할 수 있다.
2. 환기장치 및 통풍장치에 관한 사항을 이해할 수 있다.

기사·산업 출제빈도 ★★★

001 연소장치 등에서 배출되는 배출가스의 탈황법의 종류를 크게 3가지로 나누어 열거하고 각각에 대하여 아는 바를 기술하시오.

해답

1) 건식탈황법
   (1) 기류수송 방식: 활성산화망가니즈법, 석회석 주입법, 알칼리성 알루미나법
   (2) 고정상 또는 이동상 방식: 활성탄법(수세탈착식), 활성탄법(가스탈착식), 접촉산화법
2) 습식 탈황법
   (1) 용액을 사용하는 방법: 가성소다(NaOH)법(습식과 반습식), 아황산포타슘법, 암모니아법
   (2) 슬러리를 이용하는 방법: 석회 슬러리법, 석회석 주입법
3) 촉매산화법
   V_2O_5, K_2SO_4 등의 촉매를 사용하여 SO_2를 산화하여 H_2SO_4로 회수하는 방법

기사·산업 출제빈도 ★★

002 중유의 탈황법 종류를 4가지 적으시오.

해답

1) **금속산화물에 의한 흡착 탈황**: 직접 탈황법으로 전처리 없이 내독성 촉매를 이용하여 고온, 고압 하에서 수소와 반응시켜 H_2S로 제거한다.
2) **미생물에 의한 탈황**: 석탄의 연소 전 탈황공정에 박테리아(thiobacillus ferrooxidans와 sulfolobus acidocaldarius)를 이용하여 황철광의 제거와 무기 및 유기황을 제거한다.
3) **방사선 화학에 의한 탈황**: 배출가스에 방사선을 조사할 경우 수분은 방사선에 의하여 라디칼 생성 반응을 일으키며, SOx는 산생성반응, 중화반응, 분해반응 등을 거쳐 최종적으로 처리된다.
4) **접촉 수소화 탈황**: 중간 탈황법으로 전처리를 이용하는데, 반응온도 350~420[℃]에서 수소에 의한 압력 50~220[kg/cm²]으로 반응이 진행되며 탈황 효과는 대단히 좋다.

003 다음은 배출가스 중 황산화물(SO$_x$)의 탈황방법들을 설명한 것이다. 괄호 속을 채우시오.

1) 흡수법은 습식과 건식으로 나뉘며, 습식법으로는 석회세정법, NH$_4$OH에 의한 흡수법, NaOH 및 Na$_2$SO$_2$ 수용액에 의한 흡수법, Mg(OH)$_2$ 슬러리에 의한 흡수법 등이 사용되는데, 이 방법은 (①)이 높지만, 습식 세정과정 때문에 배출가스의 온도가 (②)[℃]로 저하된다는 단점이 지적되고 있다. 이에 비해 건식법 중 석회석 주입법은 배출가스 온도가 (③)[℃] 정도에서 반응하여 굴뚝에 의한 배출가스의 확산이 양호하지만, 흡수제의 재생이 문제점으로 지적된다.

2) 미국의 Monsanto 사에서 개발된 촉매산화법은 촉매로 (①), Pt, K$_2$SO$_4$ 등을 사용하며, 약 (②)[℃]에서 산화반응을 행한다. 전반적인 반응식은 SO$_2$ → SO$_3$ → (③)으로 농축 회수된다.

3) 흡착법으로는 10[mm] 정도의 활성탄 입자에 SO$_2$ 가스를 수증기와 함께 (①)로 흡착 제거하며, 흡착 시의 온도는 약 (②)[℃]이다.

> **배출가스 탈황법에서 사용되는 Ca(칼슘)이 함유된 화학물질 명칭**
> - CaO(생석회, lime)
> - CaCO$_3$(석회석, limestone)
> - Ca(OH)$_2$(소석회, calcium hydroxide)
> - Ca(HCO$_3$)$_2$(중탄산칼슘, calcium bicarbonate)
> - CaSO$_4$·2H$_2$O(석고, gypsum)

[해답]
1) ① 탈황률, ② 40~60, ③ 1,050
2) ① V$_2$O$_5$, ② 450~470, ③ H$_2$SO$_4$
3) ① H$_2$SO$_4$, ② 100

004 다음에 제시한 배연탈황법의 각 반응온도를 적으시오.
1) 석회 슬러리에 의한 습식 흡수법
2) 활성탄에 의한 활성탄 흡착법
3) 활성산화망가니즈에 의한 건식 흡수법
4) 접촉산화법
5) 석회석 분말에 의한 건식 흡수법

> **활성산화망가니즈법**
> SO$_2$ + MnO$_2$ → MnSO$_4$
>
> MnSO$_4$ + 2NH$_3$ + H$_2$O
> → MnO + (NH$_4$)$_2$SO$_4$

[해답]
1) 40 ~ 60[℃]
2) 100 ~ 105[℃]
3) 300 ~ 350[℃]
4) 400 ~ 480[℃]
5) 950 ~ 1,100[℃]

기사·산업 출제빈도 ★★★★

005 아황산가스 제거공법은 습식 탈황법과 건식 탈황법이 있다. 두 방법의 특징을 설명하시오.

해답

1) 습식 탈황법의 특징
   (1) 탈황률이 건식에 비해 좋다.
   (2) 배출가스 온도 저하에 의한 가스 확산이 안 좋다.
   (3) 부식성과 피흡수액에 대한 평형분압에 유의해야 한다.
   (4) SO_2 흡수반응이 빠르므로 접촉시간을 짧게 해야 한다.
2) 건식 탈황법의 특징
   (1) 반응속도가 습식에 비해 늦다.
   (2) 탈황률이 습식에 비해 떨어진다.
   (3) 다량의 배출가스를 처리할 수 있다.
   (4) 배출가스 온도 저하가 적어 부력의 감소가 적으므로 확산성이 좋다.

기사·산업 출제빈도 ★★★★★

006 배출가스 중 SO_x를 처리하는 방법은 크게 석회석 주입법, 알칼리 금속법, 산화·환원법 등으로 나눌 수 있다. 각 방법의 장·단점을 적으시오.

📝 석회석($CaCO_3$) 주입법

$$SO_2 + CaCO_3 + \frac{1}{2}O_2 +$$
$$2H_2O \rightarrow CaSO_4 \cdot 2H_2O$$
$$(석고) + CO_2$$

📝 가성소다(NaOH)법

$$SO_2 + 2NaOH$$
$$\rightarrow Na_2SO_3 + H_2O$$

📝 암모니아, 암모니아수법

$$SO_2 + 2NH_3 + \frac{1}{2}O_2 + H_2O$$
$$\rightarrow (NH_4)_2SO_4$$

$$SO_2 + 2NH_4OH$$
$$\rightarrow (NH_4)_2SO_3 + H_2O$$

해답

1) 석회석 주입법
   (1) 장점
      ① 배출가스의 온도가 떨어지지 않는다.
      ② 소규모 및 노후 보일러에 많이 사용된다.
      ③ 석회석 구입비용이 상대적으로 저렴하고 재생 부대시설이 필요 없다.
   (2) 단점
      ① 미반응된 석회석 가루가 전기저항의 효율을 감소시킨다.
      ② 석회석과 배출가스 중 회분이 응결하여 설비의 압력손실 증가와 열전달을 낮춘다.
      ③ 연소로에서 짧은 접촉시간으로 SO_2가 석회석 가루 표면에 침투가 어려워 제거율이 낮다.
2) 알칼리 금속법
   (1) SO_2와 알칼리가 잘 반응하여 제거율이 높다.
   (2) 반응물이 거의 용액이므로 찌꺼기나 퇴적물이 없다.
   (3) 대부분의 반응이 배출가스의 배출온도에서 가능하다.
   (4) 흡수와 재생이 같은 온도, 같은 시간 동안에 이루어진다.

3) 산화 · 환원법

이 방법은 SO_2를 배출가스 중에서 직접 환원하여 S로 얻거나, SO_3로 산화시킨 후, H_2SO_4를 만들어 회수하는 방법이다.

(1) 건식 산화법: 접촉식 황산 공정에서 산화시키므로 효율이 나쁘다.
(2) 습식 산화법: 수용액 중에서 산화하기 때문에 간단하게 반응하지만 배출가스의 복잡한 조성으로 문제점이 많이 발생한다.
(3) 환원법: 배출가스 중 SO_2를 그대로 H_2S, CO 코크스인 환원제로 환원하여 제거하는 방법으로 문제점이 많다.
  ① NO_2를 촉매로 하여 SO_2를 H_2SO_4로 제거하는 방법
  ② 배출가스 중 SO_2만을 선택하여 액막에 투과하여 제거하는 방법
  ③ 배출가스 중 SO_2에 CS_2나 H_2S를 반응시켜 S성분을 생성시키는 방법

참고 유해가스 중 황산화물 처리에 대한 각 장치의 장 · 단점 비교

처리방법	장점	단점
석회석 주입법	① 저렴한 석회석 비용으로 재생 부대 시설이 필요하지 않음 ② 소규모 보일러 및 노후 보일러에 주로 사용 ③ 배출가스의 온도 저하가 없음	① 미반응 석회석 분진이 집진기의 효율을 감소시킴 ② 석회석과 회분이 응결하여 압력손실을 높이고 열전달은 낮춤 ③ 노에서의 짧은 접촉시간으로 SO_2가 석회석 가루 표면에 침투되지 않아 제거율이 낮아짐
석회석 세정법	① SO_2의 흡수효율이 좋음	① 장치의 부식으로 탑 내의 심각한 압력강하가 일어남 ② 장치 내 결정질의 퇴적과 배출가스의 냉각이 문제
금속 산화물에 의한 방법	① 부산물을 생성하지 않음 ② 대부분 배출가스의 배출온도에서 반응이 가능함 ③ 흡수제의 기능과 효율이 장시간 지속됨 ④ 흡수와 재생이 같은 온도, 같은 시간 동안에 이루어짐	원리: SO_2를 Fe, Cu, Mn, Zn 등의 산화물에 반응시켜 회수하는 방법
흡착법	원리: 10[mm] 정도의 흡착 입자에 SO_2를 H_2SO_4로 제거하는 데 활성탄을 이용할 시는 100[℃]에서 흡착이 이루어짐	
촉매 산화법	원리: V_2O_5, K_2SO_4 등을 이용하여 $SO_2 \rightarrow SO_3 \rightarrow H_2SO_4$(80%)로 회수하는 방식으로 450~470[℃]의 온도에서 반응이 행해진다.	

촉매(catalyst)
반응과정에서 소모되지 않으면서 반응속도를 변화시키는 물질을 말한다. 촉매는 소량만 있어도 반응속도에 영향을 미칠 수 있다. 일반적으로 촉매가 있으면 반응은 더 빠르게 발생하는데, 그 이유는 더 적은 활성화 에너지를 필요로 하기 때문이다.

기사 · 산업 출제빈도 ★★☆

007 배출가스 중 SO_x를 촉매를 사용하여 80[%] 이상의 황산으로 직접 회수할 수 있는 방법과 그 반응식을 적으시오.

해답
1) **방법**: 산화법(촉매산화법으로 사용 촉매는 주로 V_2O_5를 사용한다.)
2) **반응식**: $SO_2 + \frac{1}{2}O_2 \rightarrow SO_3 + H_2O \rightarrow H_2SO_4$

다공판탑
(perforated plate tower)
생산시설에서 나오는 배출가스를 흡수하는 시설로 탑 안에 여러 개의 다공판을 계단식으로 설치한 다음 배출가스는 아래에서 위로 다공판을 통과시키고 동시에 다공판 위에서는 액체를 수평으로 흘려 하단으로 보내면서 배출가스 중 유해물질을 흡수한다.

008 배출가스 중 유해가스를 처리할 경우, 충전탑보다 다공판탑(단탑)이 좋은 점 3가지를 쓰시오.

해답
1) 장치의 가격이 충전탑에 비해 저렴하다.
2) 비교적 소량의 액량으로도 조작이 가능하다.
3) 깨끗한 물 이외의 현탁액으로도 처리가 가능하다.
4) 단(stage) 수를 증가시키므로 고농도의 배출가스도 1회의 처리로 처리가 가능하다.

009 배출가스 중 SO_2를 활성탄 흡착법으로 제거할 경우, 활성탄 재생방법 2가지를 쓰시오.

해답
1) 수세에 의해 20[%] 정도의 황산으로 회수가 가능하다.
2) 공기를 함유하지 않은 고온가스를 통해 350~400[℃]로 가열하면 H_2SO_4가 환원 분해하여 진한 농도의 SO_2로 탈착된다.

유동층 흡착장치
(fluidizing adsorber)
흡착제의 유동층에서 흡착을 행하는 방식으로 가스의 유속을 크게 할 수 있고 상대적으로 압력손실이 적다. 또한, 고체와 기체의 접촉도 잘 된다는 장점이 있으나 흡착제 입자의 유동으로 마모가 크다는 단점이 있다. CS_2를 회수할 때 이 방식을 이용한다. 회수율은 90~95[%] 정도이다.

010 배출가스 중 유해가스를 제거하는 유동층 흡착장치의 장·단점을 설명하시오.

해답
1) **장점**: 고정층과 이동층 흡착장치를 병용한 방식으로 고체와 기체의 접촉을 좋게 한다.
2) **단점**: 흡착제의 유동과 수송으로 인한 마모 및 조업 중 교체 등의 융통성이 적다.

011 가스상태의 오염물질을 흡착방법으로 제거할 경우, 활성탄 등의 흡착물질의 온도가 상승하게 되면 제거효율이 감소하게 되는데 그 이유는?

해답 활성탄이 가열되면 가스체의 산화와 분해과정에서 촉매제 역할을 하게 되어 제거 효율이 감소하게 된다.

012 현재 상업적으로 사용되고 있는 배연탈황(FGD) 공정 중 석회석 세정법(limestone scrubbing)의 총괄 화학양론식과 장·단점을 1가지씩 적으시오.

해답
1) $CaCO_{3(s)} + H_2O + 2SO_2 \rightarrow Ca^{2+} + 2HSO_3^- + CO_{2(g)}$
   $CaCO_{3(s)} + 2HSO_3^- + Ca^{2+} \rightarrow 2CaSO_3 + CO_2 + H_2O$
2) • 장점: 흡수제가 풍부함, 비용이 저렴함, 상업적 활용도가 큼
   • 단점: 세정탑 내에 물때가 생성됨, 장치 내에 막힘 현상이 자주 발생함, 부식 가능성이 높음

013 충전탑은 대기오염물질 중 유해가스를 처리하는 데 많이 사용되고 있다. 충전탑에 충전되는 충전물질(packing material)이 갖추어야 할 조건을 중요한 것부터 3가지를 쓰시오.

해답
1) 탑 내에서 공극이 커야 한다.
2) 액가스의 분포가 균일해야 한다.
3) 액의 홀드업(hold up)이 적어야 한다.

참고 홀드업
충전물질의 흡수액 보유량을 말하는데, 보유량이 클수록 압력손실이 커진다.

014
충전탑에서 단위 길이당 가스의 압력손실은 충전물의 종류나 크기 이외에 액 및 가스의 유량이 관계되는데 이와 관련된 용어로 홀드업(hold up), 로딩(loading), 플러딩(flooding) 등이 등장한다. 이에 대한 각각의 의미를 설명하시오.

해답

1) 홀드업(hold up): 충전탑 내에 흡수액을 통과시키면서 흡수액 유량을 증가하면 충전층 내의 액보유량이 증가한다. 이것을 홀드업이라고 하고 홀드업이 증가되면 가스의 압력손실이 커진다.

2) 로딩(loading): 충전탑 내의 가스 유속을 지속적으로 증가시킬 경우, 액의 홀드업이 현저하게 증가되는 상태를 로딩이라고 하는데, 이러한 파괴점(break point)이 2군데에서 나타나는데, 그 첫 번째 파괴점을 부하점(loading point)이라고 한다.

3) 플러딩(flooding): 부하점을 초과하도록 가스 유속을 증가시키면 홀드업이 급격히 증가하여 가스가 액 중으로 분산하면서 상승하게 되는 이 현상을 플러딩이라고 하며, 이 점을 두 번째 파괴점으로 범람점(flooding point)이라고 한다. 범람점에서 가스 속도는 충전제를 불규칙하게 쌓았을 때보다 규칙적으로 쌓았을 때가 더 크다. 이러한 상태에서는 충전탑의 조작이 불가능하기 때문에 보통 충전탑의 가스 유속은 플러딩 속도의 40 ~ 70[%] 범위에서 선정되고 있다.

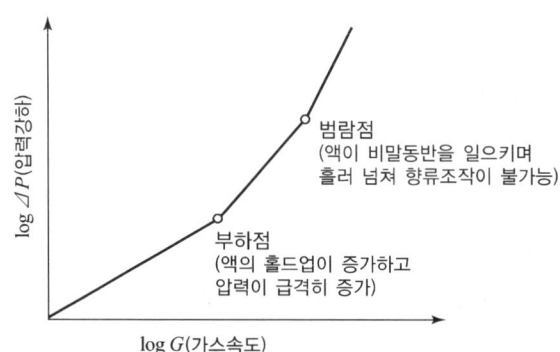

📝 플러딩(flooding) 현상

플러딩은 운전용량이 설계용량을 초과함으로써, 다단탑이 기능을 발휘하지 못하게 되어 내부 증기와 액체 유량을 처리할 수 없는 상태를 의미하며 원인에 따라서 제트 플러딩(jet flooding), 강수관 플러딩(downcomer flooding), 한계용량에 의한 플러딩(system limitation flooding)으로 나타날 수 있다.

1) 제트 플러딩: 단위를 통과하는 증기가 과도한 비말 동반을 생성할 때 발생하며 급격한 압력강하를 일으키게 된다. 제트 플러딩에 영향을 주는 인자로는 증기 밀도, 단 간극, 기포발생 면적, 기포 안정도 등이며 주로 낮은 압력에서 운전되는 증류탑에서 발생한다.

2) 강수관 플러딩: 강수관 내에 포말과 기포로 인한 과도한 압력강하에 의하여 강수관 내의 액체가 역류되면서 발생되는 플러딩 현상을 말한다.

3) 한계용량으로 인한 플러딩: 처리용량이 설계범위를 초과할 경우 발생하며, 단 간극을 늘리거나 단의 배치를 변화시켜도 개선되지 않는다. 이러한 현상은 주로 단 위를 흐르는 액 가스비(주수율)에 관련이 되므로 단의 설계시 운전용량을 신중히 고려할 필요가 있다.

015
어떤 충전탑의 배출가스 중 유해가스를 제거하기 위해 사용하는 흡수용액이 갖추어야 할 조건을 3가지만 적으시오. (예시: 『재생이 용이해야 한다』 등으로 기재하되, 예시는 정답에서 제외시킴)

해답
1) 용해도가 커야 한다.
2) 독성에 강해야 한다.
3) 흡수 능력이 커야 한다.
4) 선택성이 좋아야 한다.
5) 증기압이 낮아야 한다.
6) 부식성에 강해야 한다.
7) 비용이 적게 들어야 한다.
8) 열적 안정도가 좋아야 한다.
9) 액체 잔류성이 낮아야 한다.
10) 최소의 무게를 유지해야 한다.
11) 충분한 화학적 저항력이 있어야 한다.
12) 단위체적당 넓은 표면적을 가져야 한다.

기사·산업 출제빈도 ★★★☆☆

016 충전탑을 사용하여 유해가스 처리를 행할 경우, 높은 집진효율을 얻기 위한 방법 3가지를 쓰시오.

해답
1) 처리할 배출가스의 온도는 가급적 낮아야 한다.
2) 충전부의 겉보기 가스 속도는 1[m/s] 이하로 한다.
3) 충전제는 표면적이 크고, 수막 형성이 좋은 것을 사용한다.
4) 충전층은 유해가스의 편류 현상(channeling effect)을 피하고, 체류 시간을 충분하게 한다.

📝 **편류 현상**
충전탑에서 흡수액의 최소유량으로 충전물에 충분히 분배시키기에는 액의 양이 부족해 한쪽으로만 흡수액이 흐르게 되는 현상을 말한다.

기사·산업 출제빈도 ★★★☆☆

017 유해가스 처리를 행하는 액분산형 흡수장치 4가지를 적으시오.

해답
액분산형 흡수장치를 가압수식 흡수장치라고도 한다.
1) 분무탑 또는 살수탑(spray tower)
2) 충전탑(packed tower)
3) 스크러버(scrubber): 벤튜리(venturi), 사이클론(cyclone), 제트(jet)
4) 하이드로필터(hydro filter) 또는 TCA(Turblent Contact Absorber)

참고
- 유해가스 처리를 행하는 흡수장치의 3가지 형태
  1) 액분산형(가압수식)
  2) 가스분산형(유수식): S 임펠러형, 로터형, 분수형, 나선가이드 베인형
  3) 회전식: 타이젠 워셔(Theisen washer), 임펄스 스크러버(impulse scrubber)

▼ 유해가스 처리에 사용되는 각종 흡수장치의 특성

명칭	특성
충전탑 (packed tower)	① 가스 겉보기 속도: 0.3 ~ 1[m/s] ② 액가스비: 1 ~ 10[L/m^3] ③ 압력손실: 50[mmH$_2$O] ④ 처리가스유량: 15 ~ 25[m/m · h]
다공판탑 또는 단탑 (plate tower)	① 가스 겉보기 속도: 0.3 ~ 1[m/s] ② 액가스비: 0.3 ~ 5[L/m^3] ③ 압력손실: 100 ~ 200[mmH$_2$O] ④ 판의 간격: 40[cm]
분무탑 (spray tower)	① 가스 겉보기 속도: 0.2 ~ 1[m/s] ② 액가스비: 0.1 ~ 1[L/m^3] ③ 압력손실: 2 ~ 20[mmH$_2$O]
분사탑 (jet tower)	① 목(throat)부 유속: 20 ~ 50[m/s] ② 액가스비: 10 ~ 100[L/m^3] ③ 압력손실: 0 ~ 200[mmH$_2$O]
벤튜리 스크러버 (venturi scrubber)	① 목(throat)부 유속: 60 ~ 90[m/s] ② 액가스비: 친수성 0.3[L/m^3], 소수성 1.5[L/m^3] ③ 압력손실: 300 ~ 800[mmH$_2$O]
제트 스크러버 (jet scrubber)	① 가스 겉보기 속도: 10 ~ 20[m/s] ② 액가스비: 10 ~ 50[L/m^3] ③ 압력손실: -100 ~ -300[mmH$_2$O]
사이클론 스크러버 (cyclone scrubber)	① 가스 겉보기 속도: 15 ~ 35[m/s] ② 액가스비: 0.5 ~ 1.5[L/m^3] ③ 압력손실: 120 ~ 150[mmH$_2$O]

기사·산업 출제빈도 ☆☆

018 다음 주어진 문장에서 괄호 안에 들어갈 단어는?

> 활성산화망니즈를 흡수제로 사용한 배연탈황법이 개발되고 있다. 이 방법에서 사용되는 흡수제의 상태는 (①)이며, 이 흡수제를 (②) 방식의 흡수탑에서 배출가스와 접촉시켜 탈황을 행한다. 이 탈황법의 반응식은 활성산화망니즈와 SO$_2$를 반응시켜 황산망니즈(MnSO$_4$)을 생성하고, 여기에 다시 (③)가스를 가하면 (④)가(이) 생성되는 반응이다.

해답
① 분말(상)
② 기류수송
③ 암모니아(NH_3)
④ 황산암모늄(($NH_4)_2SO_4$)

019 충전탑의 장·단점을 2가지씩 적으시오.

해답
1) 장점
   (1) 유해물질의 처리효율이 크다.
   (2) 침전물이 발생하는 유해가스의 처리에 적합하다.
2) 단점
   (1) 충전층의 공극이 폐색될 우려가 있다.
   (2) 충전물이 고가여서 초기 설치비용이 많이 든다.
   (3) 가스 유속이 과대할 경우 범람(flooding)이 발생할 가능성이 높다.

020 배출가스 중 용해성이 좋은 유해가스를 충전탑과 다공판탑(또는 단탑)으로 처리할 경우, 충전탑보다 다공판탑이 좋은 점 3가지를 열거하시오.

해답
1) 소량의 흡수액으로 처리가 가능하다.
2) 장치에 유입되는 가스의 유속이 높아도 조작이 가능하다.
3) 판(plate)의 수를 증가시키면 고농도 가스도 일시에 처리가 가능하다.
4) 고체 부유물이 포함되어 있거나 잘 흡수되지 않는 가스에 효과적이다.
5) 액가스비(주수율)가 충전탑에 비해 절반 정도이다.
   (예: 충전탑 액가스비 1 ~ 10[L/m^3], 다공판탑 0.3 ~ 0.5[L/m^3])

021 다음은 선택적, 비선택적 환원제에 관한 내용이다. 괄호를 채우시오.

1) 선택적 환원제를 이용하여 NO_x을 NH_3 등으로 접촉 환원하는 경우, 반응온도는 약 (①)[℃]가 적정한데, 이는 (②)[℃] 이하에서는 아질산암모늄이 생성되고, (③)[℃] 이상에서는 암모니아가 분해되기 때문이다.
2) 비선택적 환원제를 이용해 NO_x을 H_2, CH_4 등으로 환원하여 제거할 경우, 이 반응은 심한 (①)을 행하므로 백금(Pt)이나 팔라듐(Pd) 같은 귀금속 촉매를 사용하여 (②)[℃] 정도에서 반응시킨다.

해답
1) ① 200~300, ② 200, ③ 300
2) ① 발열반응, ② 450

022 배출가스 중 NO_x을 제거하기 위한 처리기술 중 선택적 촉매환원법(SCR)에 대하여 설명하시오.

1) SCR에 사용되는 환원가스 중 NH_3를 제외하고 2가지를 적으시오.
2) SCR에 사용되는 촉매의 구성 성분을 쓰시오.
3) NH_3를 사용한 SCR에서의 NO와 NO_2의 제거 반응식을 적으시오.
4) SCR을 운전하기 위한 최적온도(℃)는?

해답
1) H_2, CO, H_2S
2) 타이타늄(Ti)과 바나듐(V) 산화물의 혼합물, TiO_2, V_2O_5 등
3) $4NO + 4NH_3 + O_2 \rightarrow 4N_2 + 6H_2O$
   $6NO_2 + 8NH_3 \rightarrow 7N_2 + 12H_2O$
4) 300 ~ 400[℃]

023 배출가스 중 NO_x을 제거하기 위한 처리기술 중 선택적 촉매환원법(SCR)에서 환원제 중 그 자체가 오염물질인 3가지를 열거하시오.

해답
1) NH_3
2) CO
3) H_2S

참고 비선택적 환원제: H_2, CH_4

024 배출가스 중 NO_x을 제거하기 위한 처리기술 중 선택적 촉매환원법(SCR)에 사용하는 환원가스 중 NH_3를 주입하여 NO_x을 N_2로 환원하는 방법이 있다. 이때 SCR을 운전하기 위한 최적온도(℃)와 탈질과정을 화학반응식을 제시하면서 설명하시오.

해답
1) 반응 최적온도
   210~450[℃](거의 205~316[℃] 범위에서 운전되고 있음)
   만약 이 온도보다 높게 반응하면 안 되는데, 그 이유는 NH_3 또는 질소화합물이 NO_x로 산화되기 때문이다.
2) 환원반응식
   $6\,NO + 4\,NH_3 \to 5\,N_2 + 6\,H_2O$, $6\,NO_2 + 8\,NH_3 \to 7\,N_2 + 12\,H_2O$
   환원 시 백금 촉매제를 사용할 경우는 황 성분에 의해 피해를 입게 되므로 배출가스 중 황 성분의 농도가 1[ppm] 이하이어야 한다.

기사 출제빈도 ★★

025 중유의 연소 시 배출가스 중 NOx을 제거하기 위한 처리기술 중 선택적 촉매환원법(SCR)에 사용하는 환원가스 중 NH_3를 주입하여 NOx을 N_2로 환원하는 방법을 적용할 경우, 열교환기의 부식에 가장 심한 화학 반응을 일으키는 반응식을 적고 그 이유를 설명하시오.

해답

반응식은 $SO_3 + NH_3 + H_2O \rightarrow (NH_4)HSO_4$ 이다.
이 반응식에서 첨가된 NH_3 몰비가 1을 초과하게 되면 탈질반응기를 통과한 배출가스 중 NH_3가 남게 되는데, 가스의 온도가 약 250[℃] 이하가 되면 SO_3와 반응하여 $(NH_4)HSO_4$가 생성되어 이 물질이 열교환기에 부착하여 부식을 일으키게 되고, 또한 통풍 저항을 증대시킨다.

기사·산업 출제빈도 ★★★

026 염소(Cl_2) 가스를 제거하여 무공해화 시키는 제조방법이 있다. 다음에 제시한 각 제조 방법의 화학반응식과 부산물을 쓰시오.
1) 소석회($Ca(OH)_2$)와 반응할 경우
2) 알칼리(NaOH)에 흡수시킬 경우
3) 중유 중 S와 반응할 경우
4) 철(Fe)과 반응할 경우
5) 흡착제로 흡착한 후 가열하여 농염소를 액화하여 회수할 경우

해답

1) 반응식: $2Ca(OH)_2 + Cl_2 \rightarrow CaCl_2 + Ca(OCl)_2 + 2H_2O$
   부산물: $Ca(OCl)_2$
2) 반응식: $2NaOH + Cl_2 \rightarrow NaCl + NaOCl + H_2O$
   부산물: $NaOCl$
3) 반응식: $S + Cl_2 \rightarrow SCl_2$
   부산물: SCl_2
4) 반응식: $Fe + Cl_2 \rightarrow FeCl_2$
   부산물: $FeCl_2$
5) 흡착반응으로 반응식은 없고, 부산물은 액체 Cl_2이다.

산업 출제빈도 ☆☆☆

027 HCl 증기를 처리하는 방법을 설명한 것이다. 괄호 안을 채우시오.

> HCl 증기 농도가 높은 경우에 사용하는 처리장치는 (①)을 이용하고, 반면에 HCl 증기농도가 낮은 경우에는 (②)을 이용한다.

해답

① 단탑(plate tower) 또는 젖은 벽탑(wetted column)
② 충전탑(packed tower)

기사 출제빈도 ☆☆

028 물을 흡수액으로 하여 사플루오르화규소(SiF_4)를 제거할 경우, 물로 흡수하는 장치 3가지와 충전탑을 사용하지 못하는데 그 이유를 적으시오.

해답

1) **장치:** 스프레이탑(spray tower), 사이클론 스크러버(cyclone scrubber), 제트 스크러버(jet scrubber)
2) **충전탑을 사용하지 못하는 이유:** 사플루오르화규소(SiF_4)가 물과 반응하는 반응식은 $3SiF_4 + 4H_2O \rightarrow Si(OH)_4 + 2H_2SiF_6$이다. 여기서 생성되는 플루오르화규소산과 콜로이드 형태의 규산($Si(OH)_4$)이 발생되는데, 이중 플루오르화규소산은 충전탑을 부식시키고, 규산은 침전물질이 충전탑 내에 쌓여있는 충전제의 기공을 막히게 하여 플러딩(flooding) 현상을 초래할 우려성이 있기 때문이다.

기사·산업 출제빈도 ☆☆☆

029 배출가스 중 CO 가스 생성을 방지하는 방법 3가지를 쓰시오.

해답

1) 세정법
2) 완전연소법
3) 촉매산화법

기사 출제빈도 ★★

030 배출가스 중 HC 가스 생성을 방지하는 방법 2가지를 쓰시오.

해답
1) HC를 직접 회수하는 방법
2) 재연소를 실시하여 CO_2와 H_2O로 분해 연소하는 방법

기사·산업 출제빈도 ★★★★★

031 유해가스를 처리하는 대표적인 액분산형 흡수장치 3가지를 기술하시오.

해답
1) 벤튜리 스크러버
2) 제트 스크러버
3) 사이클론 스크러버
4) 분무탑
5) 충전탑

기사·산업 출제빈도 ★★★★★

032 유해가스 흡착 시 사용되는 등온흡착식에 대하여 설명하시오.

1) Freundlich 등온흡착식을 제시하시오.
2) 흡착식 중 각 상수의 의미를 설명하시오.

📝 등온흡착식

일정한 온도에서 흡착제에 부착되어 제거되는 양을 농도의 함수로 표시한 식을 말한다. 등온흡착식이 많이 사용되는 종류로는 Freundlich, Langmuir, BET (Brunauer, Emmet, Teller) 모델 순이 일반적이다.

해답
1) Freundlich 등온흡착식

$$a = \frac{X}{M} = k \times P_p^{\frac{1}{n}}$$

여기서, a: 흡착제의 단위질량당 피흡착물의 질량(kg/kg)
X: 피흡착물의 양(kg)
M: 흡착제의 양(kg)
P_p: 흡착제의 분압
k, n: 상수

2) 상수 k: 흡착제에 대한 피흡착물의 흡착용량
상수 n: 흡착제에 흡착된 피흡착물의 흡착강도

033 Freundlich 등온흡착식의 상수 $\frac{1}{n}$, K를 구하는 방법을 log 좌표를 이용하여 설명하시오. (단, $\frac{X}{M} = KC^{\frac{1}{n}}$ 이다.)

해답

식 $\frac{x}{M} = KC^{\frac{1}{n}}$ 의 양변에 대수를 취하면 $\log \frac{X}{M} = \log K + \frac{1}{n} \log C$ 이다.
log-log 그래프에 농도와 평형 흡착량의 관계를 나타내기 위해 종축(y축)에 $\log \frac{X}{M}$, 횡축(x축)에 $\log C$ 로 놓고 plot하면 직선이 얻어진다.

C=1인 점에서 $\frac{X}{M}$ 로부터 K가, 또 직선의 구배(기울기)에서 정수 $\frac{1}{n}$ 이 구해진다. 여기서, $\frac{1}{n}$ 을 흡착지수라고도 한다.

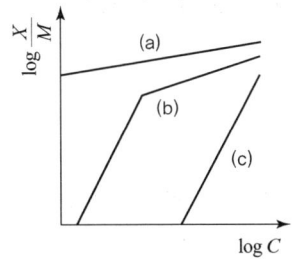

▲ 등온흡착선

위 그림에서
(a): 직선의 구배가 적은 경우, 저농도로부터 고농도에 걸쳐 흡착이 잘 이루어진다.
(b): 중간에 꺾여진 등온흡착선이 구해질 수도 있다
(c): 고농도에서 흡착량이 커지는 반면에 저농도 영역에서는 흡착량이 현저하게 적어진다.

일반적으로 $\frac{1}{n}$ 이 0.1 ~ 0.5일 경우 흡착은 용이하고, $\frac{1}{n}$ 이 2 이상인 물질은 난흡착성이다.

물리적 흡착과 화학적 흡착

흡착력에 따라 물리적 흡착과 화학적 흡착으로 분류하는데 물리적 흡착을 지배하는 힘은 비교적 약한 반데르바알스(van der Waals)의 힘이고 화학적 흡착을 지배하는 것은 강한 이온결합 또는 공유 결합 등의 화학 결합이다.

1) **물리적 흡착**
   흡착제 표면과 흡착질 간에 전자의 공유를 갖지 않기 때문에 흡착질은 분자간 인력에 의해 흡착제의 표면 가까이 일시적으로 붙잡힌 상태에 놓여져 있다. 이렇게 약하게 흡착된 분자는 용액의 농도 변화나 그다지 높지 않은 온도(약 150[℃])와 저압에서 수증기 등으로 쉽게 짧은 시간에 탈착, 재생될 수 있기 때문에 가역적이라고 보며 대부분의 기상 흡착이 이에 해당한다.

2) **화학적 흡착**
   흡착제와 흡착질 간에 전자의 이동이 일어나며 그 결과 화학적 화합물이 형성되기 때문에 비가역적이라고 보는데 탈착시키기 위해서는 고온(850[℃])에서 장시간 수성가스 등과 접촉시켜야 하며 대부분의 액상 흡착이 이에 해당한다.

기사·산업 출제빈도 ★★★★★

034 물리적 흡착법의 특징을 4가지만 쓰시오. (예시: 『기체와 분자 간의 인력(van der Waals force)에 의해 서로 달라붙는다.』 등으로 기재하되, 예시는 정답에서 제외함)

해답
1) 흡착열은 발생하지 않는다.
2) 흡착량은 분자량이 클수록 잘 흡착된다.
3) 흡착량은 대체로 용질의 분압이 높을수록 증가한다.
4) 가역적이므로 흡착제의 재생이나 유해가스의 회수에 편리하다.
5) 흡착량은 온도의 영향이 크다. 즉 온도가 낮을수록 흡착량은 많으며, 임계 온도 이상에서는 거의 흡착되지 않는다. 즉, 온도 상승에 따라 흡착량이 줄어든다.

기사·산업 출제빈도 ★★★

035 유해가스를 흡착한 흡착제를 재생하기 위한 일반적인 탈착법을 5가지 기술하시오.

해답
1) 산화법
2) 가열재생법
3) 진공탈착 재생법
4) 스트리핑(stripping)
5) 가압회전 순환 재생법

참고
1) **가열재생법**: 흡착질(adsorbent)이 인화성이 없다면 공기를 사용, 즉 가열하여 탈착시킴
2) **진공탈착 재생법**: 배출가스 중 흡착질(오염물질)의 분압을 낮춤으로써 탈착을 유도하거나, 또는 배출가스 자체의 압력을 낮춤으로써 분압을 낮출 수 있음. 비교적 비경제적인 방법이지만 고가의 물질을 고농도로 회수할 때는 효과적임
3) **스트리핑(stripping)**: 가열은 가열이지만 가열매체로 스팀을 이용하는 것. 불활성 가스(inert gas) 접촉법보다 효과적이지만, 스팀에 의하여 재생성분의 화학변화가 일어나거나 스팀과 재생가스의 분리가 어려우면 불활성 가스를 운반가스(carrier gas)로 이용하는 편이 유리함

036 유해가스 흡착 시 흡착능과 관련된 것 중 10[%] 파과점(break point) 처리란 무엇을 뜻하는 말인지 설명하시오.

해답
흡착장치의 출구에서 측정되는 유해물질의 농도가 입구농도의 10[%]에 상당하는 양이 제거되지 않고 나오는 양을 말하며, 10[%] 파과점에 도달하는 데 걸리는 시간(min)을 t_{10}으로 표시된다.

참고 t_{10}을 구하는 식은 다음과 같다.

$$t_{10} = \frac{1}{4} \times \frac{10^7 \times W_c \times (a+b \times t)}{C^{\frac{2}{3}} \times M \times Q}$$

여기서, W_c : 유해 오염물질 농도 제거에 사용되는 물질의 무게(kg)
  a, b : 각종 물질의 등급에 따른 계수
  t : 유해 오염물질의 비등점(℃)
  C : 유해 오염물질의 농도(ppm)
  M : 유해 오염물질의 분자량
  Q : 장치로 유입되는 유해가스의 유량(m³/min)

037 유해가스 처리법 중 흡착법에서 흡착제에 흡착된 산 성분을 제거하는 방법 3가지를 쓰시오.

해답
1) 물로 씻어내는 방법
2) 환원제와 반응시켜 황 성분을 생성물질로 취하는 방법
3) 흡착제를 가열하여 SO_2를 생성시켜 황산생산 공정으로 보내는 방법

기사·산업 출제빈도 ★★★

038 악취처리기술로 현재 흡착에 의한 유해가스 처리방법이 널리 이용되고 있지만, 이 경우에 사용되는 흡착제의 특성에 따라 흡착성능이 크게 변화된다. 흡착성능에 중요한 인자가 되는 흡착제의 특성을 나타내는 인자 3가지를 쓰시오.

해답
1) 흡착제의 표면적
2) 흡착제의 기공율
3) 흡착제의 화학적 성분
4) 흡착제의 불순물 함유 정도

참고 • 흡착제의 특성
1) 분자량이 클수록 흡착률이 높다.
2) 온도가 낮을수록 흡착량은 많다.
3) 분압이 높을수록 흡착량은 증가한다.

▼ 유해가스 처리방식의 장·단점 비교

처리방식	장점	단점
흡수법	① 장치 소형, 처리비 저렴 ② HCl, Cl₂, HF 등의 처리에 적합 ③ 가스상 및 고체상이 공존하는 경우 동일 장치로 처리가능	① 장치의 부식이 심하여 보수문제가 발생 ② 굴뚝의 통풍력 약화로 가스확산이 악화됨 ③ 흡수액을 순환하여 사용 시 피흡수액의 평형분압을 측정해 두어야 함
흡착법	① 흡수법보다 장치의 관리가 용이 ② 저농도의 가스도 제거가 잘됨 ③ 굴뚝의 가스확산에 문제가 없음	① 고가의 흡착제 ② 처리 경비가 많이 듦 ③ 고농도 시 탈착효과가 저하와 탈착가스 처리가 문제가 됨
연소법 (촉매 산화법)	① 높은 제거효율 ② 처리경비가 저렴 ③ 저농도의 유해가스도 적합	① 처리가스 중 무기물의 처리가 제한적임 ② 배출가스의 온도를 높이지 않아도 됨 ③ 반응속도가 낮은 경우 장치의 대형화로 부식 등의 관리문제가 발생

기사·산업 출제빈도 ★★★

039 배출가스 중 악취 유발물질을 처리하는 악취 처리방법 3가지를 열거하고 간단히 설명하시오.

해답
1) **흡수법**: 흡수탑을 이용하여 물 또는 흡수제를 이용하여 세정처리한다.
2) **흡착법**: 악취물질의 양이 적을 경우 활성탄, 실리카겔 등의 흡착제를 이용하여 흡착한다.
3) **통풍 및 희석법**: 굴뚝을 통하여 통풍시키거나 희석한다.
4) **고온연소법**: 악취물질을 600~800[℃]에서 완전 연소시켜 제거한다.
5) **촉매산화법**: 촉매를 사용하여 250~450[℃]의 온도에서 처리하는데, 이 경우는 촉매표면 손실과 촉매독이 문제가 될 수 있다.
6) **화학적 산화법**: 강산화제인 O_3, $KMnO_4$, $NaOCl$, Cl_2 등으로 악취물질을 산화시켜 제거한다.
7) **중화 및 위장법**: 2가지 물질을 적당한 비율로 섞어 화학 반응을 일으키거나 강한 향료를 이용하여 냄새를 위장(masking)시킨다.

040 악취처리에서 최소 감지농도의 정의를 쓰시오.

해답
악취처리의 정도를 측정하는 척도로서 어떤 악취물질의 냄새가 사람의 후각에 감지되는 농도를 말한다.

041 자동차 배출가스의 방지대책 중 행정적인 대책과 기술적인 대책을 각각 3가지씩 적으시오.

해답
1) 행정적인 대책
   (1) 배출가스 규제 및 단속강화
   (2) 교통 도로망 및 도로상태의 정비
   (3) 연료 대책과 디젤차 촉매장치 부착 여부 확인
   (4) 자동차 배출가스(특히, 공회전 시)에 대한 교육 및 계몽
2) 기술적인 대책
   (1) 자동차 배출가스 정화장치
   (2) 연료의 조성 및 대체 연료개발
   (3) 자동차 엔진의 개량 및 하이브리드 기술

042 환기시설(ventilation system) 내에서 발생하는 송풍공기의 중요한 압력손실원(major source of pressure loss)을 3가지 쓰고, 각각을 설명하시오.

해답
1) 가속 손실(acceleration): 실내 공기를 덕트 내 속도로 가속 시키는 데 필요한 에너지 손실
2) 후드 유입손실(hood entry loss): 후드나 덕트로 유입되는 공기의 난류로 인해 발생하는 손실
3) 마찰손실(duct friction loss): 흐르는 공기와 덕트 내벽의 마찰로 인해 발생하는 손실
4) 난류손실(turbulence loss): 흐르는 공기의 속도와 방향의 전환으로 인해 발생하는 손실
5) 공기정화설비(집진장치, 유해가스 처리장치)에 의한 손실

043 굴뚝에서 공기의 속도수두(velocity head)는 $H = \dfrac{V^2}{2g}$ (V: 유속, g: 중력가속도)로 구할 수 있다. 이때, 공기의 속도수두가 나타내는 의미는?

해답
속도수두는 속도압(동압)이라고도 하고, 이는 공기가 이동하는 방향으로 작용하는 압력이 유체의 흐르는 방향과 관계가 있다. 즉, 국소배기시설에서의 모든 운동에너지(kinetic energy)를 대표한다.

044 후드를 이용한 배출가스의 흡입요령 5가지 열거하시오.

해답
1) 후드의 개구면을 적게 한다.
2) 충분한 제어풍속을 유지한다.
3) 국부적인 흡입방식을 택한다.
4) 후드를 오염물질 발생원에 근접시킨다.
5) 송풍기 선정 시에는 여유율을 충분히 둔다.

기사·산업 출제빈도 ★★☆

045 후드 선택 시 가열로나 회전 연마기같이 오염물질이 운동성을 가질 경우 사용 가능한 후드의 종류를 서술하시오.

해답
리시버식 후드(receiving hood, 수형(受型) 후드)
배출되는 방향으로 후드를 설치하여 오염물질을 받을 수 있도록 설치한 후드
1) 연삭기용 후드: 연삭기 회전방향으로 비산되는 분진을 받도록 설치한 후드
2) 캐노피 후드(canopy hood): 열기류에 의한 상승 오염물질을 받도록 설치한 후드

기사·산업 출제빈도 ★★☆

046 후드를 설치할 경우 송풍기의 용량에 충분한 여유를 주어서 제어풍속(control velocity or capture velocity)을 충분히 설정하여야 한다. 이 경우 제어풍속의 정의와 이 제어풍속에 영향을 미치는 인자를 적으시오.

해답
1) 제어풍속
제어속도 또는 포착속도라고도 하며 오염원에서 배출되는 오염물질을 후드쪽으로 흡입하기 위하여 필요한 최소속도를 말한다. Hemeon은 이때 '요구되는 제어풍속은 오염원에서뿐만 아니라 오염원을 넘어서 처음 배출속도가 거의 감소되어 후드에 의한 제어풍속이 오염물질을 포집할 수 있는 점까지 확장된다'고 하는 이른바 null point(평행점, 무효점) 이론을 발표하였다.
2) 제어풍속에 영향을 미치는 인자
분진의 성상, 확산조건, 발생원 주위의 기류(실내의 공기 이동), 후드의 모양 및 크기, 환기시설의 유무 등이 있다.

기사·산업 출제빈도 ✩✩✩✩✩

047 송풍기의 종류 중 원심력 송풍기의 유형을 회전날개 형태에 따라 3가지를 제시하고, 각각의 장·단점을 2가지씩 기술하시오.

📝 **일반적인 송풍기 유형에 따른 효율과 풍압 비교**
- 효율면: 터보형 〉 평판형 〉 다익형
- 풍압면: 다익형 〉 평판형 〉 터보형

해답

1) 방사날개형(radial blade) 또는 평판형, 플레이트형
  (1) 장점
    ① 강도가 높다.
    ② 구조가 간단하고 보수가 용이하다.
    ③ 고장이 적다.
    ④ 마모성 분진이 다량 포함된 가스의 처리가 가능하다.
    ⑤ 깃의 구조가 분진을 자체적으로 정화할 수 있다.
    ⑥ 고농도의 분진이 함유된 가스나 부식성이 강한 가스를 이송할 수 있다.
  (2) 단점
    ① 정압의 변동에 대한 송풍량의 변화가 커서, 정압이 감소되면 송풍량, 축동력 모두 증가한다.
    ② 가격이 비싸고 효율이 낮다.

2) 전향날개형(forward curved) 또는 다익형, 시로코(sirocco)
  (1) 장점
    ① 비교적 저회전으로 가동되어 소음이 적다.
    ② 많은 부하량의 처리가 가능하다.
    ③ 많은 송풍량을 요하는 시설에 이용이 가능하다.
    ④ 낮은 비용으로 제작이 가능하다.
    ⑤ 송풍기 가격이 저렴하다.
    ⑥ 운전비용이 적다.
    ⑦ 소요 전력량이 낮다.
  (2) 단점
    ① 날개에 분진의 퇴적과 마모가 생기기 쉽다.
    ② 날개의 청소가 어렵다.
    ③ 큰 압력손실에서 송풍량이 급격하게 떨어진다.

3) 후향날개형(backward inclined) 또는 터보형
  (1) 장점
    ① 효율이 높다.
    ② 장소의 제약이 비교적 없다.
    ③ 토출력이 가장 강하다(송풍능력이 가장 뛰어나다).
    ④ 가장 강한 원심력을 갖는다.
    ⑤ 풍압이 가장 강하다.
    ⑥ 처리 유량에 따라 압력변동이 적다.
  (2) 단점
    ① 고농도 분진이 함유된 공기를 이송시킬 경우, 깃 뒷면에 분진이 퇴적되어 효율이 떨어진다.
    ② 소음이 크다.

048 송풍기의 크기와 유체의 밀도가 일정할 경우, 송풍기의 상사법칙을 회전수와 연관하여 송풍량, 정압, 마력에 대하여 설명하시오.

해답

1) 송풍량은 회전수에 비례한다.
$$Q_2 = Q_1 \times \left(\frac{N_2}{N_1}\right)$$

2) 송풍기의 정압은 회전수의 제곱에 비례한다.
$$FSP_2 = FSP_1 \times \left(\frac{N_2}{N_1}\right)^2$$

3) 송풍기의 마력은 회전수의 세제곱에 비례한다.
$$HP_2 = HP_1 \times \left(\frac{N_2}{N_1}\right)^3$$

049 동일 송풍기에서 동력(P)은 송풍기의 크기(D), 송풍기의 회전수(N) 및 가스밀도(ρ)의 함수이다. 그러면 P에 대한 D, N, ρ의 관계를 무차원 해석하여 서로 간의 관계식으로 설명하시오.

해답

- 송풍량은 회전수(N)에 비례하고, 송풍기 날개(impeller) 직경의 3승에 비례한다.
- 송풍 압력은 회전수(N)의 제곱에 비례하고, 송풍기 날개 직경의 2승에 비례한다.
- 송풍 동력은 회전수(N)에 3승에 비례하고, 송풍기 날개 직경의 5승에 비례한다.
$$\therefore P = N^3 \times D^5 \times \rho^{-3} \ (\because P \propto Q^3, \ Q \propto \rho^{-1})$$

050 굴뚝에서 배출되는 가스의 강제통풍 방법 3가지를 쓰고 설명하시오.

해답

1) **압입통풍**: 압입 송풍기(fan)와 댐퍼(damper) 및 굴뚝에 의한 통풍방식
2) **흡입통풍**: 흡입 송풍기와 댐퍼 및 굴뚝에 의한 통풍방식
3) **평형통풍**: 압입통풍과 흡입통풍을 병행하여 통풍시키는 방식

> **댐퍼**
> 덕트 또는 공기조화장치 내에서 유동하는 공기의 양을 조절하거나 차단하는 기능을 갖거나 유동 방향을 바꾸어 주는 기능을 가진 덕트의 중간에 설치하는 움직이는 날개를 가진 기구를 말한다.

CHAPTER 3 입자 처리

1 입자의 기본이론 및 집진원리 이해하기

학습 개요 기사·산업기사 공통

1. 입자의 기초이론 및 입자상물질의 종류 및 특징을 파악할 수 있다.
2. 집진의 기초이론을 이해하고 집진장치별 집진율 등을 산정할 수 있다.

기사·산업 출제빈도 ★★★★

001 공기 중에 떠 있는 부유분진의 종류를 5가지 제시하고 설명하시오.

해답
1) **입자상물질(particulate)**: 공기 중에 가스 상태에서 수분을 포함한 고체 또는 액체 상태로 존재하는 모든 물질
2) **에어로졸(에어로솔, aerosol)**: 가스 내에 존재하는 미세한 고체 또는 액체 입자가 분산된 물질
3) **먼지(dust)**: 콜로이드보다 커서 공기나 가스 내에서 일시적으로 부유할 수 있는 고체 입자
4) **흄(fume)**: 응집, 동화, 화학 반응에 의해 생긴 1[μm] 이하의 고체 입자
5) **스모크(smoke)**: 연소 시 발생하는 0.01~3[μm] 크기의 작은 입자
6) **미스트(mist)**: 0.01~10[μm] 크기의 작은 액적 분산체
7) **안개(fog)**: 눈으로 볼 수 있는 에어로졸
8) **재(ash)**: 연소 시 발생하는 1~100[μm] 크기의 미세한 입자로 주로 불완전 연소로 발생한다.
9) **검댕(soot)**: 크기가 1[μm] 이상인 타르(tar)에 젖은 탄소 원자가 뭉친 것
10) **분진**: 고체 또는 액체 물질의 독립된 입자

002 산업장에서 분진 발생량을 저감시키기 위한 대책을 산업공정에서 배출되는 분진의 경우와 비산분진의 경우로 나누어 각각 3가지씩 나열하시오.

해답
1) 산업공정에서 배출되는 분진
   (1) 연료 대체
   (2) 배출원 폐쇄
   (3) 배출가스의 정화
   (4) 생산공정의 변환
   (5) 운영방법의 개선
   (6) 배출원 위치의 재조정
2) 비산분진
   (1) 대기오염 예보제를 실시한다.
   (2) 공장밀집 지역에 대한 총량 규제를 실시한다.
   (3) 산재되어 있는 공정을 한 곳으로 집약시킨다.

📝 **대기오염 예보제**
대기오염으로 인한 국민 건강 피해를 최소화하기 위해 대기오염 농도를 예보하여 미리 알리는 제도
- 시행기관: 환경부(국립환경과학원)
- 예보대상: 미세먼지(PM_{10}, $PM_{2.5}$), 오존(O_3)
- 예보기간: 연중(오존인 경우는 매년 4월 15일부터 10월 15일까지)
- 예보권역: 18개 광역시·도별
- 예보주기: 매일 4회(오전 5시, 오전 11시, 오후 5시, 오후 11시)

003 대기 중에서 입자가 침강할 때, 작용하는 힘 사이의 평형 관계로부터 종말속도(terminal velocity)를 설명할 수 있다. Stokes 영역에서 입경 d_p, 밀도 ρ_p인 입자의 종말속도(V_t)를 나타내시오. (단, 공기의 점성계수는 μ_g, 중력가속도 g이고 기체의 밀도는 무시한다.)

해답 침강속도(종말속도)는 입자가 등속 침강할 경우, F_g(입자의 침강력) $= F_d$(공기의 저항력)이다.

$$\therefore \frac{\pi}{6} d_p^3 \rho_g g = 3\pi \mu_g d_p V_t, \quad V_t = \frac{d_p^2 \times g \times \rho_p}{18 \times \mu_g}$$

기사·산업 출제빈도 ★★★★★

004 입자의 크기를 결정하는 방법으로 입자에 빛을 투영하여 생기는 그림자를 통해 그 크기를 결정하는 방법과 입자를 낙하시켜 떨어지는 침강속도를 구하여 측정하는 방법이 있다. 이 중 후자에 의한 입자의 크기를 결정하는 방법으로 공기역학적 직경(aerodynamic diameter)와 스토크 직경(Stoke's diameter)이 있는데, 이 2가지 입자의 직경을 비교 정의하시오.

해답
1) 공기역학적 직경(공기역학경)
   측정하고자 하는 입자상물질과 동일한 공기역학적 성질, 즉 침강속도를 가지며, 이는 단위밀도(1[g/cm³])를 가진 구형 입자상물질의 직경을 말한다. 입자상물질의 형태가 다르더라도 침강속도가 같으면 동일한 공기역학적 직경을 갖는다는 것을 의미한다.
2) 스토크 직경(Stokes경)
   측정하고자 하는 입자상물질과 동일한 밀도와 침강속도를 갖는 입자상물질의 직경을 말한다. 스토크 직경이 대상 입자의 밀도와 침강속도를 동시에 고려하여 측정하는 데 반하여, 공기역학적 직경은 침강속도만을 고려하여 측정한다.

참고 입자상물질이 낙하하여 그 침강속도에 의해 입경을 측정하는 방법은 형상에 관계없이 직경을 알고 있는 구형 입자와 같은 속도로 낙하하면 그 구형 입자와 같은 크기로 간주한다.

기사·산업 출제빈도 ★★★

005 입자의 침강속도를 결정함에 있어 사용되는 커닝험(Cunningham) 보정계수(C_C) 또는 커닝험 수정인자(correction factor)란 무엇인가?

해답 입자의 크기가 감소하여 가스 분자의 평균자유행로와 유사한 크기를 갖게 되면, 입자와 가스 사이에 미끄러짐 현상이 발생하여 입자에 미치는 항력이 감소하게 된다. 따라서 항력의 감소분만큼을 보정하여야 하는데, 이때 사용하는 보정인자가 커닝험 수정계수(Cunningham correction factor)이다.

기사·산업 출제빈도 ★★★★★

006 고체상태의 입자를 체(sieve)로 분석한 중량분포 자료로부터 임의의 좁은 입경 범위에 속하는 입자들의 중량분포를 추정하는 방법, 즉 어떤 입경보다 큰 입경이 전체 입자에 대하여 몇 [%]인가를 나타내는 입경 측정자료를 해석하는 방법 3가지에 대하여 간단히 설명하시오.

> **먼지의 입경분포**
> 1) 빈도분포(frequency distribution): 히스토그램(histogram), 빈도누적곡선, 빈도분포곡선 등으로 표시된다.
> 2) 체상누적분포(cumulative oversize distribution): 임의 직경보다 큰 입자가 전체에 대해 차지하는 비율 표시 방법으로 잔류율(R, wt%)의 기호를 사용한다.
> 3) 로진람러 분포: 먼지 입자의 크기별 분포 양상을 나타내는 적산분포식으로 기준 입자의 크기보다 더 큰 입자가 전체의 몇 퍼센트를 차지하는가를 나타내며, 미세한 크기의 입자 분포도를 나타내므로 입경 분포를 이용하여 집진시설을 선정할 경우 사용한다.

해답
1) 빈도분포
  어떤 입경 x와 $(x+\Delta x)$ 사이에 있는 입자가 전체 입자에 차지하는 개수 및 중량분포율(%) 또는 분율을 ΔR이라 할 때, x의 단위 폭 1[μm]당 분포율, 즉 $\dfrac{\Delta R}{\Delta x}$[%/$\mu$m]을 빈도하고 한다. 즉, $f = \dfrac{\Delta R}{\Delta x}$[%/$\mu$m] 또는 $f = -\dfrac{dR}{dx}$이다.
2) 적산분포(체(sieve) 거름망 분포)
  임의의 입경 x보다 큰 입자의 분진량이 전체 분진량에 대한 질량 또는 중량 백분율로 표시한다.
3) 로진람러(Rosin-Rammler) 분포
  $R(\%) = 100 \times e^{(-\beta d_p^n)}$으로 나타낸다.
  여기서, R: 체상누적분포(%), β: 입경계수, n: 입경지수이다.

기사·산업 출제빈도 ★★★★★

007 어떤 배출가스 내 분진의 입경분포를 대수확률지에 plot한 결과 체하누적빈도(D)[%]가 50[%] 입경과 84.13[%] 입경이 각각 10.5[μm]와 5.5[μm] 이었다. 이 분진의 기하평균입경(μm)과 기하표준편차는?

1) 기하평균입경은 누적치가 50[%]에 해당하는 입경이므로 10.5[μm]
2) 기하표준편차 $= \dfrac{D\text{가 }84.13[\%]\text{인 분진 입경}}{D\text{가 }50[\%]\text{인 분진 입경}} = \dfrac{10.5}{5.5} = 1.91$

기사·산업 출제빈도 ★★★

008 대부분의 대기오염 발생원에서 배출되는 분진의 입경분포를 나타내는 빈도분포곡선은 그림과 같이 한 쪽으로 치우친 분포를 나타낸다. 이것은 상대적으로 미세입자가 많이 존재하는 것을 의미하며 이때 자료의 요약치는 입경분포에 대한 자료의 대푯값(average)을 설명한 것으로 산술평균($\overline{d_p}$, arithmetic mean), 최빈값(M_o, mode), 중앙값(M_d, median) 등이 있는데 이 중 평균값을 큰 순서대로 나타내시오.

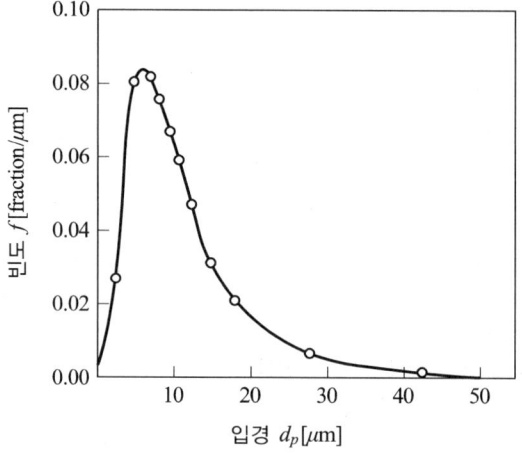

▲ 입자의 빈도분포곡선

해답

산술평균($\overline{d_p}$) 〉 중앙값(= 중위경, M_d) 〉 최빈값(= 최빈경, M_o)

기사 출제빈도 ★★★

009 분진의 입도 분포 특성 중 로진람러(Rosin-Rammler) 분포식은 체상 적산값 $R[\%] = 100 \times e^{(-\beta d_p^n)}$ 이다. 여기서, 입경계수(β)가 클수록 시료 분진은 미세한 입자로 구성되어 있음을 의미하는데 이 사실을 증명하시오.

해답

$R[\%] = 100 \times e^{(-\beta d_p^n)}$ 에서 양변에 log를 취하면

$\log R = \log 100 - \beta d_p^n \times \log 10 = 2 - \beta d_p^n$, $\beta d_p^n = 2 - \log R$

다시 양변에 log를 취하면 $n \log d_p + \log \beta = \log(2 - \log R)$

이 식에서 $\log d_p$를 횡축에, $\log(2 - \log R)$을 종축에 두면 이 로진람러 분포식은 직선으로 나타난다.

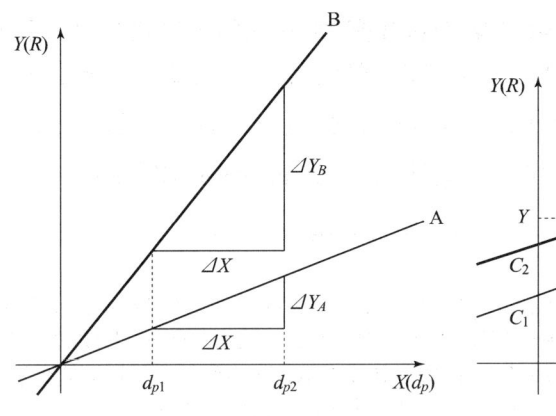

▲ 기울기인 입경지수(n)와 Y의 관계

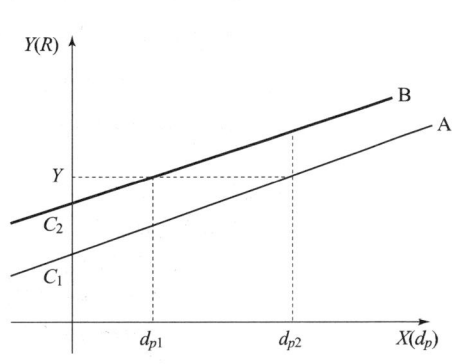

▲ 절편인 입경계수(β)와 Y의 관계

직선에서 절편인 계수 β가 클수록 분진의 입경이 작아지고 미세하며, 기울기인 계수 n이 클수록 직선이 직립하게 되어 입경분포가 좁은 범위가 된다. 즉, 로진람러 분포식에서 계수 β가 클수록 직선이 좌측으로 기울어져 처리할 수 있는 입경도 작아지고, 지수 n이 클수록 직선이 직립되어 입경분포가 좁아짐을 뜻한다. 따라서 β가 적을수록 입경 d_p가 커지므로 집진율이 증가한다.

010 분쇄된 석탄의 입경을 나타낼 때 사용하였던 로진람러(Rosin-Rammler) 분포는 현재 대기오염원에서 배출되는 분진의 입경분포에 대한 자료해석에 사용되며, 그 식은 $R[\%] = 100 \times e^{(-\beta x^n)}$로 나타난다. 이 식에 대해, β와 n 값들이 크고 적을 때 입경분포에 미치는 영향을 설명하시오.

해답

1) $R[\%]$는 입경 x보다 큰 분진이 차지하고 있는 분진의 부피%, 즉 체상누적분포(%)를 말한다.
2) 식에서 β는 입경계수, n은 입경지수를 나타내는데,
   (1) 입경계수 β가 커지면 임의의 누적분포율을 갖는 입경(d_p)이 작아져서 시료 분진이 미세한 분진으로 구성되어 있음을 나타내고,
   (2) 입경지수 n이 커지면 일정한 입경분포 내에 많은 입자가 존재하게 되어 입경 분포의 폭이 좁아져 시료분진이 비슷한 크기의 입자로 구성되어 있음을 나타낸다.

기사·산업 출제빈도 ★★★★★

011 입자의 입경측정 방법을 직접측정법과 간접측정법으로 구분하여 2가지씩 쓰고, 각각에 대하여 설명하시오.

해답

1) 직접측정법

(1) 현미경법: 광학현미경 또는 전자현미경을 사용하여 입자의 투영 면적을 관찰하고, 그 투영 면적으로부터 먼지의 입경을 측정하는 방법이다. 장축경, 단축경, 마틴경 등이 대표적인 단일 측정 직경이며, 0.5 ~ 100[μm] 정도의 입자측정이 가능하며, 측정자에 따라 근소한 차이를 가진다.

① 마틴 직경(Martin's diameter): 입자상물질의 면적을 2등분하는 선의 길이로 과소평가할 수 있는 단점이 있다.

② 페렛 직경(Feret's diameter): 입자상물질의 한쪽 끝 가장자리와 다른 쪽 끝 가장자리 사이의 거리로 과대평가할 가능성이 있다.

③ 등면적 직경(projected area diameter): 입자상물질의 면적과 동일한 면적을 가진 원의 직경으로서 가장 정확한 직경으로 인정된다.

④ 질량중위경: X축은 입자 크기, Y축은 질량의 누적분포인 그래프에서 50[%]의 누적량에 해당하는 입자 크기

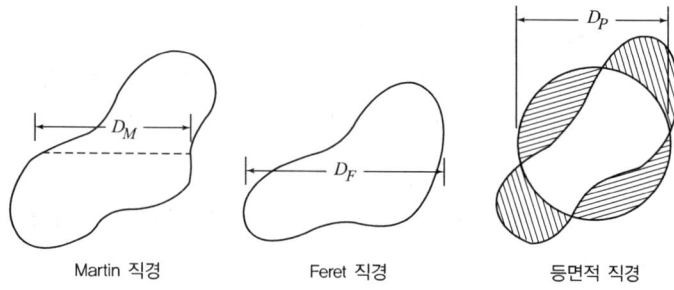

▲ 입자상물질의 물리적 직경

(2) 표준체(standards sieve) 측정법: 측정 입경은 질량기준의 입도를 얻을 수 있으며, 입경 범위는 주로 44[μm](325mesh) 이상의 조대입자(coarse particle)를 대상으로 한다.

2) 간접측정법

(1) 광학분진계법(광산란법, 광투과법): 광산란식 분진계라고도 하며, 일정 광원에서의 강도로 조사(照射)되는 광속을 분산시켜 입자에 통과시키면 각 입자의 크기에 따라 빛의 분산량이 달라진다. 이를 측정하여 전기적으로 분급시킴으로써 각각의 크기를 환산한다.

📝 메시(mesh)

체 그물망 구멍의 치수를 가리키는 단위로 1inch(25.4mm) 안의 구멍 숫자를 말한다.

(2) 관성충돌법(cascade impactor): 입자가 지니는 동력학적인 특성을 이용하여 다단식의 임팩터(앤더슨샘플러, 케스캐이드 임펙터)에 입자를 관성충돌시켜 분급한다. 보통 9단계의 단(stage)을 가지고 있으며 굴뚝용(stack sampler)과 대기측정용으로 구분된다.

(3) 액상침강법: 액상 중에 입자를 분산시켜 종말침강속도로부터 입경을 측정하는 방법으로 주로 1[μm] 이상인 먼지의 입경측정에 사용되며, 그 장치로는 앤더슨 파이펫, 침강천칭, 광투과장치 등이 있다.

(4) Bahco 원심기체 침강법: 축류 사이클론의 일종으로 축상 입구, 몸통 입구 및 출구 등으로 구성된다. 축상 입구를 통하여 질소 가스와 먼지가 흡입하게 되면 선회류가 생겨, 선회류 내의 입자는 원심력과 항력을 받게 된다. 입경이 큰 입자는 Bahco 몸통 내벽에 충돌, 분리되지만, 미세한 입자는 질소 가스와 함께 출구로 배출된다. 분리 효율이 좋지 않은 단점이 있다.

(5) 공기투과법: 뷰렛(Burette) 장치 등을 사용하여 가스 중에서 입자의 단위 체적당 표면적을 측정해서 입자의 비표면적경을 구하는 방법이다.

012 공업적으로 널리 사용하는 입경분포 측정방법을 나타내었다. [보기]와 같이 괄호 안에 들어갈 내용을 쓰시오.

[보기]
1) 체거름망법: 표준체(standard sieve)를 이용하여 입경분포를 측정
   - 입경 (①)[μm] 이상의 입자 측정에 사용
2) 침강법: (②)를 이용하여 입경분포를 측정 - 입경 (③)[μm]의 입자 측정에 사용
3) 현미경법: (④)를 이용하여 입경분포를 측정 - 입경 (⑤)[μm] 이하의 입자 측정에 사용

해답
① 44
② 입자의 침강속도
③ 1~44
④ 입자의 계수(計數)
⑤ 1

CHAPTER 3

기사·산업 출제빈도 ★★★★

013 다음은 입자에 미치는 힘에 대한 설명이다. ( ) 안에 들어갈 알맞은 단어를 적으시오.

> 침강실에서 침강하는 입자의 분리속도는 함진가스 중 입자의 침강력과 이 힘에 대항하는 함진가스의 저항력으로 구할 수 있다. 이 침강력은 (①)와(과) (②)의 차를 나타내고, 함진가스의 저항력은 (③)와(과) (④) 힘의 합을 표시한 것으로써 이러한 사실은 (⑤)의 법칙에 근거를 둔 것이다. (단, 침강실에서 침강하는 입경은 3~100[μm] 범위에 있다.)

해답
① (입자에 작용하는) 중력 ② (함진가스에 의한) 부력 ③ 마찰력 ④ 저항
⑤ 스토크스(Stokes)

기사 출제빈도 ★★★

014 집진장치에서 집진율에 영향을 주는 입자의 부착과 응집 현상을 지배하는 요인을 설명하시오.

해답
1) **입자의 부착력**: 입자의 부착력은 입자의 성분, 전기저항, 입경에 따라 차이가 난다.
   (1) 항력: 함진가스 분자에 위한 저항이 운동하는 입자에 작용하는 힘
   (2) 중력: 입자가 지구의 중력을 받는 힘
   (3) 부력: 입자의 부력은 입자가 함유된 함진가스 중 입자가 배제된 체적에 의한 중력
   (4) 종말속도: 입자에 작용하는 모든 힘이 균형상태에 있을 때 입자의 침강속도
2) 입자의 응집
   (1) 브라운 운동(제멋대로 운동)에 의한 응집: 입자끼리의 충돌로 쇄상으로 뭉쳐져 응집한다.
   (2) 기체 진동에 의한 응집: 입자가 기체의 진동으로 서로 충돌하여 응집한다.
   (3) 기체역학적 응집: 압력 차에 의한 입자의 작용으로 서로를 끌어 잡아당겨서 충돌 응집한다.

015 다음 괄호 안에 알맞은 말을 써넣으시오.

대부분 집진장치의 공통적인 메커니즘은 (①), (②), (③), (④), (⑤), (⑥)과 같은 물리적인 효과에 의하여 이루어진다.

해답
① 중력에 의한 침강 ② 관성력에 의한 충돌 ③ 원심력에 의한 충돌
④ 직접차단 ⑤ 확산 ⑥ 정전기력

참고 각 집진장치의 특성

집진장치 종류	대표적인 장치	처리입경 (μm)	압력손실 (mmH_2O)	집진율 (%)	초기 시설비용	운전비용
중력	침강실(setling chamber)	1,000~50	10~15	40~60	소	소
관성력	루버(louver)	100~10	30~70	50~70	소	소
원심력	사이클론(cyclone)	100~3	50~150	85~95	중	중
세정	벤튜리 스크러버 (venturi scrubber)	100~0.1	300~800	85~95	중	대
여과	백필터(bag filter)	20~0.1	100~200	90~99	중 이상	중 이상
전기	코트렐(Cottrell)	20~0.05	10~20	80~99.9	대	소~중
음파	음파집진장치 (Sonic Precipitator)	100~0.1	60~100	80~95	중 이상	중

016 다음은 각종 집진장치의 실용성능을 나타낸 표이다. 빈칸을 채우시오.

집진장치 명칭	적용 입경 (μm)	압력손실 (mmH_2O)	집진율 (%)	설비비 (대·중·소)
Settling chamber	1,000~50	10~15	40~60	소
Cyclone	100~3	50~150	70~85	(①)
Venturi scrubber	100~0.1	300~800	(②)	(③)
Bag filter	20~0.1	(④)	90~99	중 이상
ESP	20~0.05	10~20	(⑤)	소~중

📝 ESP(Electrostatic Precipitator)
전기집진장치

해답
① 중 ② 80~95 ③ 중 ④ 100~200 ⑤ 80~99.9

017 층류 영역에서 구형 입자에 작용하는 항력(F_d)은 $3\pi\mu_g d_p v_s$이다. 힘의 평형 관계식으로부터 Stokes 침강속도식을 유도하시오. (단, d_p: 구형 입자의 직경, μ_g: 배출가스의 점성계수, v_s: 입자의 침강속도이다.)

해답

층류 영역에서 구형 입자에 작용하는 힘의 평형식은
$F_g(중력) = F_b(부력) + F_d(항력)$

여기서, $d_p = 3 \sim 100[\mu m]$의 미립자로서 $N_{Re} < 2$일 경우이다.

$$\therefore \frac{\pi}{6}d_p^3 \times \rho_p \times g = \frac{\pi}{6}d_p^3 \times \rho_g \times g + 3\pi \times \mu_g \times d_p \times v_s$$

구형 입자의 표면에서 가스의 상대속도 = 0, 즉 함진가스 중 입자가 분리될 때까지 분리속도가 등속 침강한다고 가정하면, $F_g - F_b = F_d$이므로

$$\therefore v_s = \frac{d_p^2 \times (\rho_p - \rho_g) \times g}{18\mu_g}[\text{m/s}]$$

018 층류 영역에서 구형 입자에 작용하는 항력(F_d)은 $C_D \times \dfrac{\rho_p \times A_p \times v_s^2}{2}$ 이다. 여기서, 항력계수(C_D)가 $\dfrac{24}{N_{Re}}$ 일 경우, 이 입자의 종말침강속도(v_s)를 유도하시오. (단, A_p: 입자의 투영면적, d_p: 구형 입자의 직경, μ_g: 배출가스의 점성계수, v_s: 입자의 종말침강속도, N_{Re}: 레이놀즈수이다.)

해답

입자가 침강하려는 힘(중력)을 F_g라 하면,

$$F_g = m \times g = V \times (\rho_p - \rho_g) \times g \left(\because \rho = \dfrac{m}{V} \right)$$

입자의 침강 시 마찰 저항력, $F_d = C_D \times \dfrac{\rho_p \times A_p \times v_s^2}{2}$

평형상태에서 $F_g = F_d$이므로, $V \times (\rho_p - \rho_g) \times g = C_D \times \dfrac{\rho_p \times A_p \times v_s^2}{2}$

$$\therefore v_s = \left(\dfrac{2 \, V \times (\rho_p - \rho_g) \times g}{C_D \times A_p \times \rho_p} \right)^{\frac{1}{2}}$$

구형 입자이므로 $A_p = \dfrac{\pi}{4} \times d_p^2$, $V = \dfrac{\pi}{6} \times d_p^3$

$C_D = \dfrac{24}{N_{Re}} = \dfrac{24}{\dfrac{d_p \times v_s \times \rho_p}{\mu_g}} = \dfrac{24 \times \mu_g}{d_p \times v_s \times \rho_p}$ 를 대입하면

$$v_s = \left(\dfrac{2 \times \dfrac{\pi}{6} \times d_p^3 \times (\rho_p - \rho_g) \times g}{\dfrac{24 \times \mu_g}{d_p \times v_s \times \rho_p} \times \dfrac{\pi}{4} \times d_p^2 \times \rho_p} \right)^{\frac{1}{2}} = \left(\dfrac{v_s \times (\rho_p - \rho_g) \times d_p^2 \times g}{18 \times \mu_g} \right)^{\frac{1}{2}}$$

$\therefore$ 양변을 제곱하여 v_s를 구하면, $v_s = \dfrac{d_p^2 \times g \times (\rho_p - \rho_g)}{18 \times \mu_g}$

2 집진기술 및 집진장치 설계 이해하기

학습 개요 기사·산업기사 공통

1. 집진기 연결형태에 따른 집진기술 파악과 통과율 및 집진효율 등을 계산할 수 있다.
2. 중력식집진장치, 관성력집진장치, 원심력집진장치, 세정집진장치, 여과집진장치, 전기집진장치의 설계를 이해할 수 있다.

기사·산업 출제빈도 ★★★★

001 2가지의 집진장치가 그림과 같이 직렬로 연결되어 있을 경우, 각 집진장치의 효율은 η_1과 η_2이고, C는 농도를 의미한다. 전집진율(η_t)의 식을 η_1, η_2만의 함수로 나타내시오.

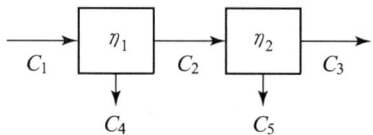

해답

- 집진장치 1: $C_4 = C_2\,\eta_1$ ············ (1)

  $C_2 = (1-\eta_1)C_1$ ········ (2)

- 집진장치 2: $C_3 = (1-\eta_2)C_2$ ········ (3)

$$\eta_t = \frac{C_1 - C_3}{C_1} = \frac{C_1 - (1-\eta_1)(1-\eta_2)C_1}{C_1} = 1 - (1-\eta_1)(1-\eta_2)$$
$$= \eta_1 + \eta_2 - \eta_1 \times \eta_2 = \eta_1 + \eta_2(1-\eta_1)$$

기사·산업 출제빈도 ★★★★

002 중력집진장치의 장·단점을 각각 2가지씩 서술하시오.

해답

1) 장점
   (1) 구조가 간단하고 운전비 및 설치비용이 적게 든다.
   (2) 집진장치 중에서 압력손실이 10 ~ 15[mmH₂O]로 가장 적다.
2) 단점
   (1) 유량 변동에 대한 적응성이 나쁘다.
   (2) 미세한 입자의 집진이 어렵고 효율이 낮다.

003 Howard 중력집진장치(침강실)의 특성을 설명하시오.

해답
Howard 중력집진장치(침강실)란 침강실 내에 선반 형태의 침강면을 여러 단으로 설치한 다단 침강실을 말하는데, 이는 재래식 단단 침강실에 비해 효율을 높일 수 있다는 장점이 있다. 즉, 침강실의 효율, $\eta = \dfrac{L \times V_g}{H \times u}$ 에서 H가 $\dfrac{H}{n}$으로 작아지므로 효율, η은 증가된다. 그러나 개개의 선반에 침강된 분진을 완전히 제거하기가 힘들다는 단점이 있다.

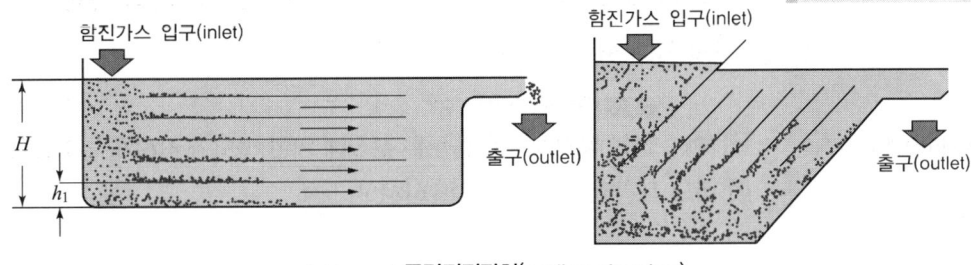

▲ Howard 중력집진장치(settling chamber)

004 중력 침강실을 사용하여 입자상물질을 제거할 경우, 침강실의 높이를 H, 기체 진행 방향의 길이를 L, 단면적을 A라고 할 때, 이론적으로 100[%] 제거되는 입자의 최소 입경을 구하시오. (단, 처리대상 배출가스의 유량을 Q, 최종 침강속도를 $\dfrac{d_p^2 \times \rho_p \times g}{18\,\mu_g}$라고 하고, 주어진 인자를 모두 사용하여 입경을 나타내도록 한다.)

해답
중력 침강실의 치수로부터

$$\frac{v_s}{u} = \frac{H}{L} \text{에서 } v_s = \frac{u \times H}{L} = \frac{\dfrac{Q}{A} \times H}{L} = \frac{d_p^2 \times \rho_p \times g}{18\,\mu_g}$$

$$\therefore\ d_p = \left(\frac{18 \times Q \times \mu_g \times H}{A \times L \times g \times \rho_p}\right)^{\frac{1}{2}} = \left(\frac{18 \times Q \times \mu_g \times H}{w \times H \times L \times g \times \rho_p}\right)^{\frac{1}{2}} = \left(\frac{18 \times Q \times \mu_g}{w \times L \times g \times \rho_p}\right)^{\frac{1}{2}}$$

기사·산업 출제빈도 ★★★

005 관성력집진장치에서 집진율을 높이기 위한 방법 3가지를 쓰시오.

해답
1) 함진가스 기류의 방향 전환 회수를 가능한 많게 한다.
2) 함진가스 기류의 방향 전환 각도를 가능한 한 작게 한다.
3) 분진이 장치 내 방해판(baffle)에 충돌한 후, 출구 가스의 속도를 낮춘다.
4) 장치 내 방해판(baffle)에 충돌하기 직전의 입자속도를 가능한 크게 한다.

📝 접선 유입식 사이클론의 집진형태

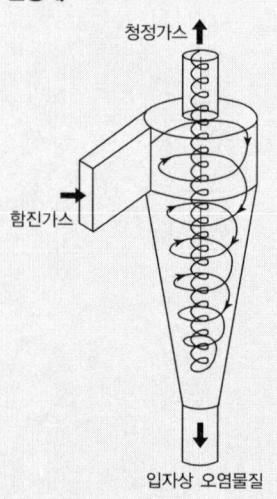

기사·산업 출제빈도 ★★★

006 접선 유입식 사이클론은 분진에 의한 마모가 강하게 일어난다. 이 마모 대책을 3가지만 기술하시오.

해답
1) 외통경을 크게 한다.
2) 사이클론 내면에 내마모성 재질로 라이닝(lining)을 한다.
3) 함진가스 유입구를 마모를 고려하여 가능한 두꺼운 강판으로 제작한다.
4) 집진 성능이 저하되지 않는 범위 내에서 될 수 있는 한 저속운전을 행한다.

기사 출제빈도 ★★★

007 원심력집진기인 사이클론에서 50[%] 효율을 나타내는 입경, 즉 절단입경($d_{p,50}$)을 결정하는 식은 $d_{p,50} = \left(\dfrac{9\,\mu_g\,W}{2\,\pi\,N_e\,(\rho_p - \rho_g)\,v_i} \right)^{\frac{1}{2}}$ 이다. 여기서, μ_g: 점성계수, W: 가스 입구부의 폭, N_e: 사이클론 내에서 기류의 겉보기 회전수, ρ_p 및 ρ_g: 각각 입자와 가스의 밀도, v_i: 입구부에서 가스의 유입속도이다. 다른 조건은 모두 동일한 조건에서 분진을 함유한 가스 온도가 올라간다면 집진효율은 어떻게 변화할 것인가에 대한 이유와 결과를 적으시오.

해답 집진효율은 감소한다. 왜냐하면 가스 온도가 높아지면 점성계수(μ_g)가 증가하고, ρ_g는 감소하며 ρ_p는 일정하지만, ρ_p에 비해 ρ_g는 비교가 되지 않을 정도로 적기 때문에 ($\rho_p - \rho_g$) 항은 거의 일정하다. 따라서, $d_{p,50}$이 커지고 그 결과 집진효율이 감소한다.

기사·산업 출제빈도 ★★★☆☆

008 사이클론의 유입속도와 입구 폭을 2배로 증가시킬 경우 절단입경(50[%] 분리한계입경)은 처음의 몇 배가 되는가?

해답 사이클론에서 50[%] 효율을 나타내는 입경, 즉 절단입경($d_{p,50}$)을 결정하는 식은
$$d_{p,50} = \left(\frac{9\,\mu_g\,W}{2\,\pi\,N_e\,(\rho_p - \rho_g)\,v_i} \right)^{\frac{1}{2}}$$ 이다.
여기서, μ_g : 점성계수, W : 가스 입구부의 폭, N_e : 사이클론 내에서 기류의 겉보기 회전수, ρ_p 및 ρ_g : 각각 입자와 가스의 밀도, v_i : 입구부에서 가스의 유입속도이다.
따라서 유입속도와 입구 폭을 2배로 증가시킬 경우 절단입경은 변화가 없다.

기사·산업 출제빈도 ★★★☆☆

009 원심력집진기의 초기의 집진효율(η_1)은 운전변수가 변하면 달라진다. 입구유속(v_i), 가스의 점성계수(μ_g), 입자와 가스의 밀도차 ($\rho_p - \rho_g$) 등, 3가지 변수에 대하여 개별적으로 변화된 나중의 집진효율 (η_2)의 변화를 정량적으로 기술하시오.

해답 Lapple의 효율식
$$\eta_f = \frac{\pi \times N_e \times d_p^2 \times (\rho_p - \rho_g) \times v_i}{9 \times \mu_g \times W}$$ 에서
1) 입구유속이 증가하면 효율은 증가한다.
2) 가스의 점성계수가 증가하면 효율은 감소한다.
3) 입자와 가스의 밀도차가 증가하면 효율은 증가한다.

원심력집진장치(cyclone)의 이론적 사양

한계입경 (μm)	3[μm] 이상
집진효율	85~95[%]
압력손실 (ΔP)	50~150[mmHg]
유입속도 (v)	7~15[m/s]

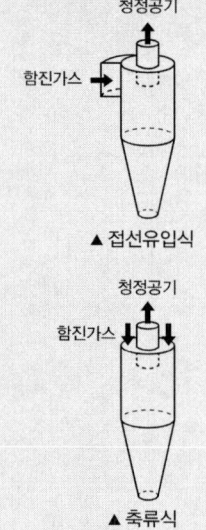

▲ 접선유입식

▲ 축류식

기사·산업 출제빈도 ☆☆☆☆

010 원심력집진기인 사이클론에서 집진효율을 높이는 방법으로 다음에 제시한 조건을 대상으로 효율의 변화로 설명하시오.

1) 사이클론의 높이
2) 사이클론의 직경
3) 처리가스의 온도 (단, 사이클론의 집진효율을 구하는 Lapple의 식은 다음과 같다.)

$$\eta_f = \frac{\pi \times N_e \times d_p^2 \times (\rho_p - \rho_g) \times v_i}{9 \times \mu_g \times W}$$

해답

집진효율을 높이는 조건
1) 사이클론의 높이를 올린다.
2) 사이클론의 직경을 적게 한다.
3) 처리가스의 온도를 낮춘다.

기사 출제빈도 ☆☆

011 원심력집진기에서 제거되는 분진의 크기와 50[%] 집진효율을 갖는 절단입경 사이에는 $d_p = \frac{1}{\sqrt{2}} \times d_{p,50}$의 관계식이 성립한다. 그러나 실측 결과, 실제로 제거되는 분진은 이론적으로 유도된 분진보다 입경이 작은 분진이 제거될 수도 있으며, 이론적으로 유도된 분진보다 큰 입경도 제거되지 않는 경우가 있음을 보여 주는데 그 이유는 무엇인가?

해답

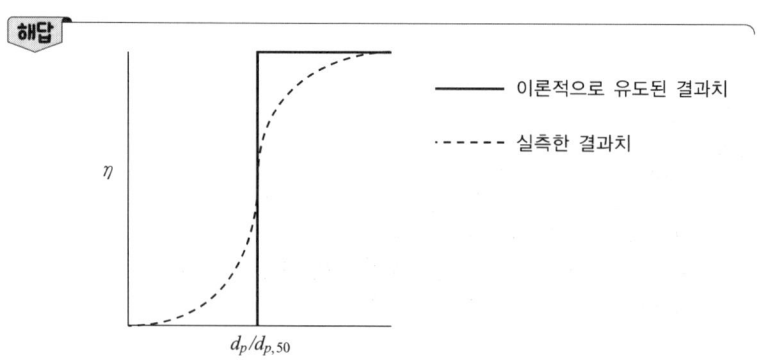

이론적으로 유도된 분진보다 큰 입자가 집진되지 않는 것은 입자가 사이클론의 벽면에 부딪혀 튕겨 나가는 재비산이 일어나기 때문이고, 이론적으로 유도된 분진보다 작은 입자가 집진되는 것은 유입 덕트 내로 도입되는 가스 내에 함유된 분진 중에 작은 입자인 경우, 사이클론 벽면에 가깝게 도입되면 제거하기 위해서 움직여야 하는 이동 거리가 짧아져 집진될 수 있기 때문이다.

기사·산업 출제빈도 ★★★★☆

012 원심력집진기에서 블로우다운(blow-down) 효과의 정의와 이의 적용으로 기대할 수 있는 효과 3가지를 적으시오.

해답

1) 블로우다운 효과의 정의
  사이클론의 호퍼(dust box) 또는 멀티사이클론의 호퍼로부터 처리가스량의 5~10[%]를 흡인하여 줌으로써 사이클론 내부에서 발생하는 난류현상을 억제시켜 유효 원심력을 증대시키고 집진된 분진의 재비산을 방지한다.

2) 블로우다운의 적용 효과
  (1) 선회기류의 난류를 억제시킨다.
  (2) 집진효율과 유효 원심력을 증대시킨다.
  (3) 분진의 장치 내벽 부착으로 인한 장치의 폐쇄를 방지한다.
  (4) 집진된 분진의 재비산을 방지하여 집진효율을 증대시킨다.
  (5) 구조가 간단하여 시설비가 저렴하고, 유지관리도 편하므로 단독 집진이나 고효율 집진장치의 전처리용으로 광범위하게 이용된다.

기사·산업 출제빈도 ★★★★★

013 사이클론의 집진율 향상을 위한 조건 3가지를 쓰시오.(예시: "블로우다운 방식을 사용한다" 등으로 적되, 예시는 정답에서 제외한다.)

해답

1) 분진 박스(호퍼)의 모양은 적당한 크기와 형상을 갖춘다.
2) 프라그 효과(에디현상)를 방지하기 위해 돌출핀 및 스키머를 부착한다.
3) 배기 덕트의 직경이 작을수록 집진효율이 증가하고, 압력손실은 커진다.
4) 입구 유속이 적절하게 빠를수록 유효 원심력이 증가하여 효율이 증가한다.
5) 침강 분진과 미세분진의 재비산을 방지하기 위해 스키머, 회전깃, 살수설비 등을 이용한다.

기사·산업 출제빈도 ☆☆☆

014 사이클론 또는 멀티사이클론 운전 중에 압력손실이 감소하고 집진율이 저하되었다. 그 원인을 3가지 이상 적으시오.

해답
1) 집진기 내로 공기가 새어 들어온다.
2) 마찰 또는 부식에 의해 사이클론에 구멍이 뚫렸기 때문이다.
3) 베인(vain, 사이클론 입구에서 원심력을 일으키게 하기 위한 안내 날개)의 마모가 발생하였다.

기사·산업 출제빈도 ☆☆☆☆☆

015 입자상물질이 여과 섬유와 같은 고정된 물체에 접근할 경우, 분진입자의 집진메커니즘을 5가지 제시하고, 각각에 대하여 설명하시오.

해답
1) 관성충돌(inertial impaction)
   입자의 크기와 배출가스의 속도가 크면 배출가스의 흐름(유선)을 따라 움직이던 입자가 여과 섬유에 의해 흐름의 방향이 변함으로써 생기는 관성력으로 유선과 같이 발산하지 않고, 그대로 직진하면서 여과 섬유와 충돌하여 부착·제거된다.
2) 직접차단(direct impaction)
   입자의 입경이 비교적 작아서 그 질량이 무시할 정도이고, 처리가스의 유속이 느려 입자에 작용하는 관성력이 상대적으로 적을 경우 입자를 분리·집진한다. 이때, 입자는 처리가스의 유선을 따라 움직이다가, 즉 처리가스의 유선과 같이 발산하다가 여과 섬유에 부딪혀 제거된다.
3) 확산(diffusion)
   입경이 0.1[μm] 이하로 아주 작은 입자인 경우, 배출가스 중 분리·집진을 설명한다. 이때, 입자는 가스분자와 같이 브라운 운동을 하므로 처리가스의 유선을 따라 움직이지 않고, 확산에 의해 불규칙적으로 움직이다가 여과 섬유에 부착·제거된다.
4) 정전기적인 인력(Coulomb's force)
   입자와 여재(부착력이 작용) 또는 입자끼리(응집력이 작용)의 정전기적인 인력에 의해 여과섬유에 부착·제거된다.
5) 중력
   입자가 아주 클 경우 입자에 작용하는 중력에 의해 자유침강하여 여재에 부착·제거되거나 분진퇴적함(dust box 또는 hopper)에 퇴적되어 직접 제거된다.

016 아래 그림은 여과집진기의 여과재에 의한 분진의 주요 집진기 전을 나타낸 것이다. (1), (2), (3)에 대한 메커니즘을 쓰고 설명하시오.

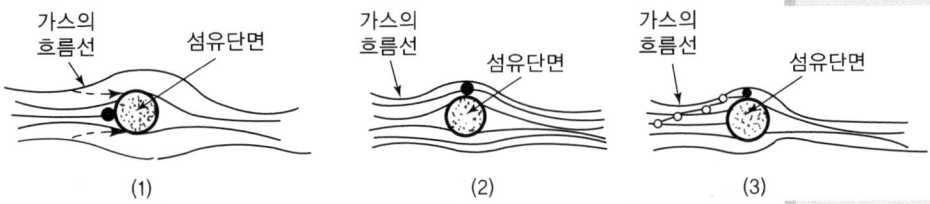

해답

(1) 관성충돌
함진가스 중 입자의 크기와 처리가스의 속도가 크게 되면 함진가스의 흐름(유선)을 따라 움직이던 입자가 여과 섬유에 의해 흐름의 방향이 바뀌면서 생기는 관성력으로 유선과 같이 움직이지 않고 그대로 직진한 후, 여과 섬유와 충돌하여 부착·제거된다(1[μm] 이상의 입자).

(2) 직접차단
입자는 처리가스의 유선을 따라 움직이다가 여과 섬유에 부딪혀 부착·제거된다(50[μm] 정도의 입자).

(3) 확산
입자가 아주 작은 경우, 입자는 가스분자처럼 브라운 운동(Brown motion)을 하므로 처리가스의 유선을 따라 움직이지 않고 확산에 의해 불규칙적으로 움직이다가 여과섬유에 부착·제거된다(0.1[μm] 이하의 입자).

017 다음은 백필터(Bag Filter)에 관한 내용이다. 괄호 안에 적당한 말을 써넣으시오.

백필터에서는 0.001~1[μm]의 입자는 (①)과 (②)의 집진원리에 의해서 제거되고, 필터에 집진된 분진의 탈리방식으로는 (③), (④) 및 (⑤) 방식이 있다. 전체적으로 여포에 발생되는 압력손실의 원인으로는 (⑥)에 의한 압력손실과 (⑦)에 의한 압력손실을 들 수가 있다.

해답
① 확산력 ② 정전기력 ③ 진동식(shaking) ④ 역기류식(reverse air)
⑤ 펄스 제트식(pulse jet) ⑥ 여과포(필터) ⑦ 분진층

018 여과집진기(fabric filters)의 장점 및 단점을 각각 2가지씩 제시하시오.

1) 장점
   (1) 다양한 용량을 처리할 수 있다.
   (2) 미세입자에 대한 집진효율이 높다.
   (3) 분진의 탈착이 가능하여 재사용할 수 있다.
   (4) 다양한 여과재의 사용이 가능하여 설계 시 융통성이 있다.
   (5) 설계는 모듈방식으로 이루어지고, 각 모듈은 공장에서 조립이 가능하다.
   (6) 여러 가지 형태의 분진을 집진할 수 있다(다양한 크기의 분진 집진이 가능).
2) 단점
   (1) 화염과 폭발의 위험성이 있다.
   (2) 고농도의 분진은 처리가 불가하다.
   (3) 여과재 교환으로 유지비가 많이 든다.
   (4) 수분이나 여과속도에 대한 적응성이 낮다.
   (5) 부착성(점착성)이 높은 가스는 처리가 불가하다.
   (6) 장치의 넓은 설치 공간이 필요하여 설치비와 유지비가 과다하다.
   (7) 여과재의 공극 폐색 우려가 있어 습한 환경에서는 사용할 수 없다.
   (8) 여과재는 높은 온도(가스의 온도에 따라 여과재 사용이 제한적이다.), 부식성 화학물질에 손상될 수 있다.

▲ 아스팔트 공장의 여과집진기

019 여과집진기에서 사용하는 여과재의 종류별 최고사용온도 기준과 그 재질의 특성에 따른 사유를 적으시오.

해답
1) 여과재 종류별 최고사용온도 기준
   (1) 목면, 양면, 사란: 80[℃] 이하
   (2) 바이닐론, 카네칼론: 100[℃] 이하
   (3) 나일론 아마이드계: 120[℃] 이하
   (4) 나일론 에스터계, 테트론, 올론: 150[℃] 이하
   (5) 유리섬유, 테플론: 250[℃] 이하
2) 재질 특성에 따른 사유
   각종 여과재의 종류별로 재질에 따라 내열성, 내산성, 내알칼리성, 강도, 흡습성이 다른데 이러한 화학적 특성을 지키지 않으면 여과재의 손상(타거나 찢어짐)과 함께 여과포의 눈이 막히거나 부식의 원인이 된다.

📝 **사란(saran)**
플라스틱 계통의 화학 섬유 중 하나이다.

📝 **테플론(PTFE, polyte-trafluoroethylene)**
많은 작은 분자(단위체)들을 사슬이나 그물 형태로 화학 결합시켜 만드는 커다란 분자로 이루어진, 유기 중합체 계열에 속하는 비가연성 불소수지이다. 열에 강하고, 마찰 계수가 극히 낮으며, 내화학성이 좋다.

020 충격 분출식 여과집진기에서 여과포의 길이가 길어지는 경우, 여과포에서 탈진이 잘 이루어지지 않는다. 이 현상을 해결하기 위해 도입된 장치는 무엇이며, 그 원리를 간단히 설명하시오.

해답
1) 도입된 장치: 확산관(diffuser)
2) 확산관의 원리: 원통형 관에 일정한 간격으로 구멍을 뚫어서 상단에 가해진 압축 유체의 압력 손실의 급격한 감소를 막아줌으로써 충격이 여과백의 하부에까지 도달하도록 고안된 장치임

021 백필터를 사용하여 분진을 집진할 경우, 여재에 발생하는 블라인딩(blinding) 현상에 대하여 설명하시오.

해답
여재의 공극이 막혀서 함진가스의 여재 통과 저항, 즉 압력손실이 영구적으로 과도하게 커지는 현상을 말한다.

022 여과집진기에서 여과재에 붙어 있는 케이크층에 대한 압력손실은 케이크층의 투과율과 두께의 함수이다. 여과집진기의 표면속도가 V, 여과집진기의 단면을 A, 분진농도를 C, 운전시간을 t, 그리고 케이크층의 밀도를 ρ라고 할 경우, 케이크층의 두께(X, m)를 주어진 인자를 사용하여 나타내시오.

$$X[\mathrm{m}] = \frac{\rho[\mathrm{kg/m^3}] \times A[\mathrm{m^2}]}{C[\mathrm{kg/m^3}] \times V[\mathrm{m/s}] \times t[\mathrm{s}]} = \frac{\mathrm{kg/m}}{\mathrm{kg/m^2}} = m$$

023 세정집진장치의 집진원리 4가지를 쓰시오.

1) 액적 등에 입자가 충돌하여 부착된다.
2) 액막 기포에 입자가 접촉하여 부착된다.
3) 가스의 증습에 의하여 액적과의 접촉을 좋게 한다.
4) 미세입자의 확산에 의하여 액적과의 접촉을 좋게 한다.
5) 입자를 핵으로 한 증기의 응결에 의하여 응집성을 증가시킨다.

024 세정집진장치의 집진율 향상방안 2가지를 쓰시오.

1) 기액 분리 기능을 높인다.
2) 다량의 액적, 액막, 기포를 형성시켜 함진가스와의 접촉을 좋게 한다.

025 세정집진장치에 대한 설명이다. 질문에 답하시고, 괄호 안에 알맞은 말을 써넣으시오.

1) 사이클론 스크러버의 집진원리는 원심력과 (①) 및 부착력에 의한 세정을 이용한 것이다. 이 장치는 (②) 분진의 집진에 아주 효과적이고, 압력손실은 (③)[mmH$_2$O], 액가스비는 (④)[L/m^3]이며, S형 임펠러가 부착된 것은 (⑤)이 증가하지만 집진율은 향상된다.
2) 세정집진장치의 단점 3가지를 적으시오.
3) 세정액의 미립화 측면에서 살펴보면, 가압수식 세정집진장치는 목부의 가스속도가 (①)수록, 또한 회전식 세정집진장치는 회전원판의 주속도가 (②)수록 집진율이 높아진다.
4) 충전탑에서는 장치 내 함진가스의 유입속도는 (①)수록 좋은데 보통 (②)[m/s] 이하이다. 그리고 분무액의 압력은 (③)수록 액적의 직경은 적게 된다. 또한 액량이 많고, 액적, 액막의 표면적이 (④)수록 집진율은 떨어지며, 기액분리 기능이 (⑤)수록 세정집진장치의 성능은 높아진다.

해답

1) ① 확산
　② 수용성
　③ 100~200
　④ 0.5~1.5
　⑤ 압력손실
2) ① 세정된 폐수처리가 뒤따른다.
　② 함진가스의 온도저하로 확산효과가 떨어진다.
　③ 배출가스의 미스트(mist) 강하 문제가 발생한다.
3) ① 클
　② 클
4) ① 적을
　② 1
　③ 높을
　④ 클
　⑤ 클

기사·산업 출제빈도 ★★★★

026 다음은 가압수식 세정집진장치의 특성을 비교한 표이다. 괄호 안에 들어갈 수치를 적으시오.

장치명	압력손실 (mmH₂O)	액가스비 (L/m³)
벤튜리 스크러버	(①)	입경 10[μm] 이하 또는 소수성 입자: 1.5 입경 10[μm] 이상 또는 친수성 입자: (③)
제트 스크러버	−100~−300	(④)
사이클론 스크러버	(②)	0.5~1.5
충전탑	100~250	(⑤)

해답
① 300~800
② 120~150
③ 0.3
④ 10~50
⑤ 2~3

기사·산업 출제빈도 ★★★★

027 세정집진장치인 벤튜리 스크러버의 여러 가지 장치 인자에 대하여 올바르게 작성하시오.

1) 액가스비[L/m³] (친수성 입경 10[μm] 이상과 소수성 입경 10[μm] 이하로 구분하여)
2) 압력손실[mmH₂O]
3) 목(throat)부 속도[m/s]
4) 함진가스 중 분진농도 범위[g/Sm³]

해답
1) 친수성 입경 10[μm] 이상: 0.3[L/m³] 정도
   소수성 입경 10[μm] 이하: 1.5[L/m³] 정도
2) 300~800[mmH₂O]
3) 60~90[m/s]
4) 10[g/Sm³] 이하

028 벤튜리 스크러버를 이용하여 분진을 집진하는 원리를 간단히 적고, 액가스비(주수율, L/m³)를 크게 하는 요인을 4가지 적으시오.

해답

1) 집진원리

함진가스를 벤튜리관의 목(throat)부에서 유속 60~90[m/s]로 빠르게 통과시키면서, 목부 주변의 노즐을 통하여 세정액을 흡입 분사시킴으로써 이때, 발생된 액적과 입자가 충돌하여 함진가스의 흐름으로부터 분진을 집진한다. 적용 범위는 분진농도 10[g/Sm³] 이하, 액가스비는 입경 10[μm] 이상, 친수성 입자는 0.3[L/m³], 입경 10[μm] 이하, 소수성 입자는 1.5[L/m³]이다.

2) 액가스비를 크게 하는 요인

    (1) 분진 입경이 작을 때
    (2) 분진의 농도가 높을 때
    (3) 분진의 점착성이 클 때
    (4) 처리 함진가스의 온도가 높을 때
    (5) 친수성이 아닌 소수성 입자일 경우

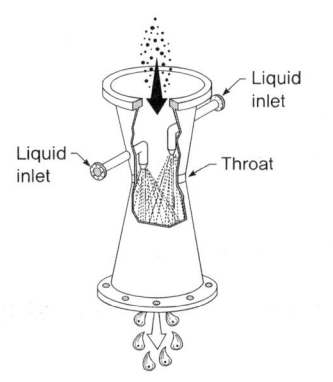

▲ 건식 목부 벤튜리 스크러버
(non-wetted throat venturi scrubber)

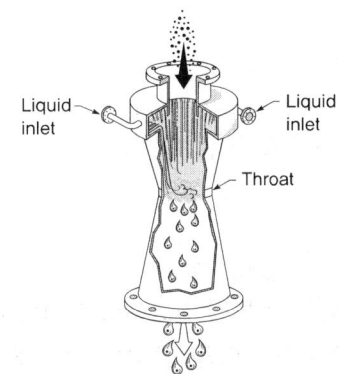

▲ 습식 목부 벤튜리 스크러버
(wetted throat venturi scrubber)

029 다음 그림에 해당하는 장치명을 보기에서 선택하여 쓰시오.

[보기] 사이클론 스크러버, 이젝트 스크러버, 오리피스 스크러버

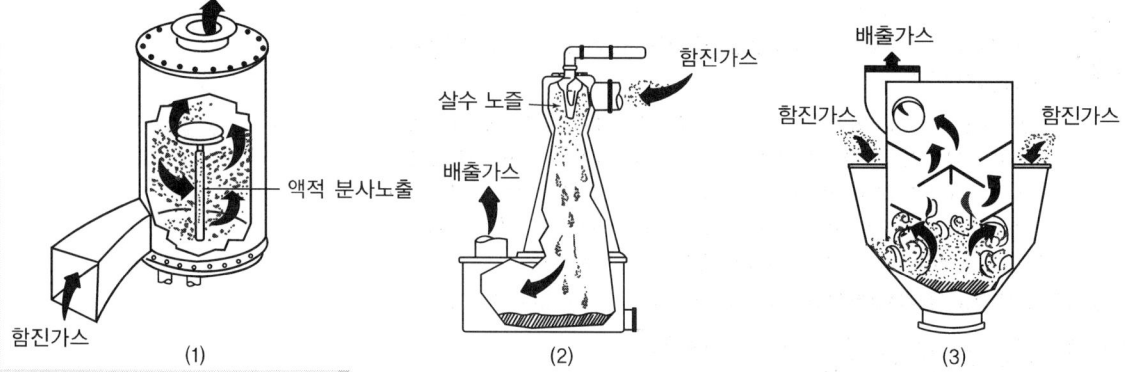

해답
(1) 사이클론 스크러버
(2) 이젝트 스크러버
(3) 오리피스 스크러버

030 벤튜리 스크러버를 가동시킬 경우, 시동 시, 운전 중 및 정지 시의 관리사항을 간략히 적으시오.

해답
1) **시동 시**: 목부에 분무수를 급수한 후, 함진가스를 도입한다. 단, 점착성 분진이나 고온 함진 가스의 처리 시에는 충분한 수량을 먼저 분사시킨다.
2) **운전 중**: 발생하는 압력손실은 액가스비와 목부 가스 유속과 비례관계가 있는데, 따라서 액가스비가 일정할 때, 압력손실을 주시하면 목부의 마모, 가스속도의 저하, 집진율의 저하 원인을 알 수 있다.
3) **정지 시**: 급수 노즐과 벤튜리 목부에 분진이 부착되어 있으면 다음에 정상적인 운전이 불가능하므로 정지 시에 미리 잘 청소해 두어야 한다. 또한 목부는 가스 속도가 클수록 마모가 되기 쉬우므로 목부 직경을 정지 시 점검해야 한다.

031 사이클론 스크러버의 분진 포집원리를 간단히 쓰시오.

해답 입자와 액적의 충돌, 확산, 부착력과 원심력을 이용하여 함진가스 중 입자상물질을 집진하는 장치이다.

032 1~5[μm]의 미세입자를 제거하기 위한 습식 충전탑에서 충전물을 충전할 경우 탑 내의 함진가스 유속(m/s)은?

해답 충전탑 내의 함진가스 유속은 0.3~1[m/s]이다.

참고 만약 충전물의 공극률이 53[%]라면 함진가스 유속은
$$\frac{가스유속}{공극률} = \frac{0.3 \sim 1.0}{0.53} = 0.57 \sim 1.89 [\text{m/s}]\text{가 된다.}$$

033 여과집진장치의 장·단점을 각각 2가지씩 적으시오.

해답
1) 장점
   (1) 집진효율이 우수하다.
   (2) 배출가스량이 많아도 집진이 가능하다.
2) 단점
   (1) 폭발성 및 접착성 분진의 제거가 곤란하다.
   (2) 함진가스의 온도에 따라 여재(bag filter)의 제한을 받는다.

기사·산업 출제빈도 ★★★★

034 세정집진장치인 충전탑(packed tower)에서 발생하는 플러딩(flooding) 현상이란?

해답
함진가스 유속을 증가시킬 때, 탑 내의 홀드업(hold up)이 급격히 증가하여 함진가스가 세정액 중으로 분산하여 상승하는 현상으로 집진율이 급격히 감소되는 현상으로, 이를 방지하기 위해서는 플러딩 유속의 40 ~ 70[%] 범위로 함진가스 유속을 설정하면 좋다.

참고 홀드업
충전물의 흡수액 보유량을 말하며, 보유량이 클수록 압력손실이 커져 소요전력이 커지며 장치에 부하가 심해진다.

기사·산업 출제빈도 ★★★

035 세정집진장치인 충전탑(packed tower)과 단탑(plate tower)의 차이점 3가지를 기술하시오.

해답
1) 충전탑의 액가스비는 1~10[L/m^3]이나, 단탑은 0.3~5[L/m^3]로 낮다.
2) 충전탑은 거품이 발생하는 유체에 적합하고, 단탑은 부유입자가 있는 유체에 적합하다.
3) 충전탑은 고온 가스에 부적합하지만, 단탑은 온도의 변화가 심한 가스의 처리도 가능하다.
4) 충전탑은 편류(channeling)가 생성되어 효율에 영향을 주지만, 단탑은 편류효과를 최소화 시킨다.

참고 충전탑의 특징
1) 충전탑은 경제적이다.
2) 충전탑은 압력손실의 강하가 적다.
3) 충전탑은 난흡수성 물질의 처리에는 불리하다.
4) 충전탑은 처리가스의 부하량이 큰 것에 적합하다.
5) 충전탑은 흡수액의 머무름 현상(홀드업)이 적다.

036 세정집진장치인 충전탑(packed tower)에서 충전물의 구비 조건 3가지를 쓰시오.

해답
1) 충전물의 공극률이 커야 한다.
2) 액가스의 분포가 균일해야 한다.
3) 단위면적당 표면적이 커야 한다.
4) 장치 내 액의 홀드업(hold up)이 적어야 한다.

037 전기집진기 내에서 분진입자에 작용하는 전기력(기전력)의 종류 4가지를 기술하시오.

해답
1) 전기풍에 의한 힘
2) 전계강도에 의한 힘
3) 입자 간의 흡인력(입자 간의 인력, 자기력)
4) 대전입자의 하전에 의한 쿨롱(Coulomb)력(집진될 분진에 전하를 부여함)

038 전기집진기를 이용하여 집진하는 경우, 집진메커니즘 4단계를 순서대로 설명하시오.

해답
1) 집진 대상이 되는 분진에 전하를 부여한다.
2) 대전된 분진입자가 집진극으로 이동한다.
3) 집진극에서 분진의 전하를 증가시킨다.
4) 집진극에 달라붙은 분진을 제거한다.

039 전기집진기의 집진 순서를 보기를 보고, 순서대로 나열하시오.

[보기]
(1) 호퍼로 분진 제거
(2) 집진극으로 입자의 이동 및 고착
(3) 함진가스의 이온화
(4) 진동 타봉으로 입자의 제거
(5) 입자의 음전하

해답 (3) → (5) → (2) → (4) → (1)

방전극
집진기에 아주 높은 전압(50~60[kV]/12.5[cm])이 하전되고 있을 경우에는 방전극은 되도록 굵어야 좋으나, 고효율과 안정 전하의 측면에서는 가능한 가는 방전극을 사용하는 것이 바람직하다. 그러나 공업장치에 있어서는 부식 및 방전극의 분진 퇴적방지를 위해 충격에 의한 피로 등으로 인한 단선사고와 자기진동에 의한 지속 불꽃 섬락 등에 둥근선(직경: 2~6[mm]), 각선(꼬임형 또는 직각 면이 4×4~6×6[m]), 별 모양선(외접형 직경이 5~11[mm]) 등이 많이 사용되고 있다.

집진극(집진판)
본 장치의 주체는 코로나 방전이 활발하게 일어나는 불평등 전계를 구성하는 전극의 구조와 배치가 되는데, 종래의 전극 배치는 평판 또는 원통형의 집진전극 중앙에 코로나 방전극을 보유하고 있었으나, 방전극을 설치하는 것으로서 평균 전계강도가 높아지므로 경제적이라 할 수 있다. 집진전극 거리는 약 15~40[cm], 수직 방향의 전극 높이는 전극의 진동이나 매연의 재비산 방지를 위해 $H \leq 600[cm]$ 정도로 제한된다.

040 전기집진장치에서 방전 전류가 증가하는 이유 3가지를 쓰시오.

해답
1) 분진농도가 낮다.
2) 이온의 이동도가 적다.
3) 배출가스에 수분이 많다.
4) 분진의 겉보기 저항률이 낮다.
5) 배출가스 중 SO_3 농도가 높다.

041 전기집진장치에서 특고압 직류로 형성된 방전극과 집진극 사이의 불평등 전계 때문에 발생하는 방전을 무엇이라고 하는가?

해답 코로나 방전

기사·산업 출제빈도 ★★★

042 전기집진장치에서 배출가스 중의 수분과 가스의 온도는 분진의 전기 비저항(겉보기 전기저항)에 영향을 미친다. 온도변화에 따른 비저항의 영향(변화)을 간단히 서술하시오.

📝 **입자의 겉보기 고유전기저항(비저항)**
입자의 하전 능력을 좌우하는 요소로 산업공정에서 발생하는 먼지들의 비저항은 집진 가능한 범위에 있어야 한다. 보통은 $10^4 \sim 10^{11}[\Omega \cdot cm]$ 범위에 있으며, 이 범위를 벗어나면 집진효율은 저감된다.

해답 비저항은 온도의 상승과 함께 어떤 임의의 온도에서 최대가 되고, 이 온도보다 증가하거나 감소할수록 감소한다. 분진의 표면전도도는 온도가 증가함에 따라 증가하게 되고, 체적전도도는 온도가 증가함에 따라 감소한다. 따라서, 온도가 증가함에 따라 전도도는 최소치를 갖게 되고, 그 역수인 비저항은 최대치를 갖는다. 즉, 온도가 증가하면 비저항은 증가하지만 어느 온도까지에서만 적용된다.

- $10^4[\Omega \cdot cm]$ 이하: 전기비저항이 낮아 집진극에 집진된 입자가 전자를 쉽게 흘려보내기 때문에 부착력을 잃어 입자가 집진극으로부터 재비산이 일어난다.
- $10^{11}[\Omega \cdot cm]$ 이상: 전기비저항이 높아 포집 분진 층의 양끝 사이에 전위차가 높아지게 되고 이 부분에서 절연 파괴를 일으킨다. 여기에서 역전리(Back corona)가 일어나고, 이로 인해 스파크(spark)를 자주 일으켜 집진율의 저하를 초래한다.

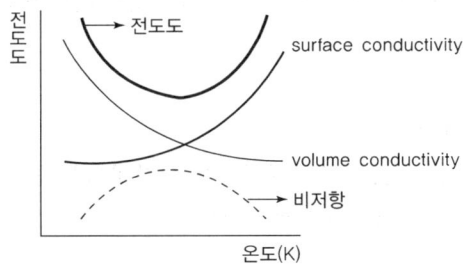

기사·산업 출제빈도 ★★★★★

043 전기집진장치 내로 유입되는 함진가스 중에 함유된 분진의 비저항(겉보기고유저항)이 정상영역($10^4 \sim 10^{11}[\Omega \cdot cm]$)을 벗어나 집진율이 떨어질 경우, 다음 물음에 답하시오.

1) 비저항이 정상영역보다 낮은 경우, 높이는 물질과 그 이유를 쓰시오.
2) 비저항이 정상영역보다 높은 경우, 낮추는 물질과 조치 사항을 쓰시오.

해답
1) **비저항을 높이는 물질**: 암모니아(NH_3) 가스
2) **이유**: 함진가스 중 H_2SO_4와 반응하여 황산암모늄($(NH_4)_2SO_4$)을 생성하는데, 이 물질이 입자의 비저항을 높이는 역할을 한다.
3) **비저항을 낮추는 물질**: 비저항 조절제인 물, 수증기, SO_2, H_2SO_4, NaCl, 소다회($Ca(OH)_2$, TEA(triethylamine) 등을 주입한다.
4) **조치사항**
  (1) 습식집진기를 사용하는 방법
  (2) 집진극의 면적을 증가시키는 방법
  (3) 탈진 시 타격빈도를 늘리는 방법
  (4) 함진가스의 유입 온도를 높이는 방법
  (5) 탈진 시 집진극의 타격을 강하게 하는 방법

044 전기집진장치의 집진실에 대한 전기적 구획(electrical sectionalization)을 행하는 이유를 설명하시오.

해답 전기집진기로 유입되는 분진농도의 차이로 인하여 코로나 방전을 위한 전력 요구량의 차이가 발생한다. 즉, 입구 쪽 집진실은 분진농도가 높아 코로나 전류가 억제되어 입자를 대전시키기 위해 많은 전력이 필요하지만, 출구 쪽 집진실은 분진농도가 낮아 입구와 동일한 조건으로 운전할 경우, 코로나 전류가 높아 상대적으로 불꽃 방전 회수가 증가하여 집진율이 감소하게 된다. 따라서, 효율적인 전력 사용을 위한 조치로 독립된 하전설비를 가진 전기적 구획이 필요하게 된다.

045 전기집진장치의 가동 중 2차 전압에 많은 방전 전류가 흐를 때, 장애현상의 원인 3가지를 쓰시오.

해답
1) 분진농도가 너무 높다.
2) 두께가 너무 가는 방전극을 사용한다.
3) 고압 전기회로의 절연상태가 불량이다.
4) 이온 이동도가 큰 함진가스를 처리하고 있다.

046 전기집진장치에서 점핑(jumping) 현상 또는 재비산 현상이란 무엇이며, 이 현상은 집진율에 어떠한 영향을 주는지를 기술하고 방지대책을 기술하시오.

해답 점핑 현상은 분진의 비저항이 $10^4[\Omega \cdot cm]$ 이하로 너무 낮아서 하전된 분진이 집진극에 도달하는 즉시 방전이 되어 또다시 함진가스에 편승하는 현상을 말하며, 이렇게 함진가스에 실린 분진이 집진장치 내를 통과하기 때문에 집진율은 저하된다. 이러한 현상을 방지하는 대책으로는
1) 습식 전기집진기를 설치한다.
2) 부득이하게 건식 전기집진기를 사용하여야 하는 경우는 집진극으로 포켓형 집진극을 사용하거나 건식 전기집진기 뒤에 사이클론을 설치한다.

047 전기집진장치의 장점을 다른 집진장치와 비교하여 3가지만 쓰시오.

해답
1) 가치 있는 입자를 회수하기가 쉽다.
2) 고온, 고압가스를 대량으로 처리할 수 있다.
3) 집진율이 매우 우수하다(99.9[%]까지 가능).
4) 0.01[μm] 정도의 미세입자까지 제거 가능하다.
5) 압력손실이 낮아 운용비가 적다(건식 10[mmH_2O], 습식 20[mmH_2O]).

048 습식전기집진장치(wet electrostatic precipitator)를 벤튜리 스크러버, 건식 전기집진기, 여과집진기와 비교하여 장점을 각각 한 가지씩 쓰시오.

해답
1) 벤튜리 스크러버보다는 집진율이 높다.
2) 여과집진기보다는 높은 배출가스 온도의 함진가스 처리가 가능하고, 처리 속도가 크다.
3) 건식 전기집진기보다는 전기저항이 적은 입자도 제거할 수 있고, 부착된 입자의 재비산이 없다.

> **습식전기집진장치**
> 집진 전극면에 유하 액막을 형성하는 형태로서 먼지가 아주 미세할 경우나 응집 용량 밀도가 너무 작을 때, 전기저항이 이상하게 낮거나 높을 경우, 또는 습윤한 경우와 끈적거리는 미스트를 함유할 경우에 포집된 입자를 물을 사용하여 전극으로부터 쉽게 소제 및 회수해 코로나 방전을 안정하게 한다.

049 분진 발생시설에 대하여 집진장치를 설치하려고 할 경우, 적당한 집진장치를 선정하기 위해 사전 조사 및 검토를 해야 할 사항들을 보기에 나타내었다. 이 보기를 참조하여 보기에 있는 사항을 제외한 6가지 사항을 적으시오.

[보기]
① 가스온도 ② 처리가스량(함진가스량) ③ 전기저항률(비저항)

해답
① 분진의 입경분포 ② 분진의 비중 ③ 함진농도 ④ 분진의 부착성
⑤ 매연의 성상 ⑥ 비표면적 ⑦ 폭발성 등

기사·산업 출제빈도 ★★★★★

050 집진장치를 선정할 경우, 먼지의 입도, 비중, 함진가스의 농도, 부착성, 전기저항, 처리가스의 온도, 매연의 성상, 가스 유량 및 습식집진장치의 채용 등 여러 가지 사항을 고려해야 하는데, 이에 대한 다음 물음에 알맞은 답을 쓰시오.

1) 전기집진기의 적절한 함진농도(g/Sm^3)는?
2) 집진장치의 집진효율을 향상시키기 위해 먼지의 겉보기 비중은 어떤 조건이 되어야 하는가?
3) 세정집진장치(예, 벤튜리 스크러버)에서 목(throat) 부의 마모나 폐쇄현상을 방지하기 위해 적절한 함진농도(g/Sm^3)는?
4) 여과집진장치의 백필터에서 여포의 눈막힘이나 전기집진기의 방전극에 먼지가 퇴적하는 원인은?
5) 전기집진장치를 이용한 처리 시 먼지의 겉보기 전기저항($\Omega \cdot cm$)은 어느 정도 범위에 있어야 적당한가?

해답

1) $30[g/Sm^3]$ 이하
2) 먼지의 겉보기 비중은 적어야 한다.
3) $10[g/Sm^3]$ 이하
4) 백필터에서 분진의 전기저항이 크면 여과재에 부착된 후 쉽게 탈진되지 않는 경향이 있다. 전기집진기 방전극의 전계 집중에 위한 흡인력으로 인해 방전극에 분진이 퇴적한다. 즉, 두 집진기의 공통점은 제거할 먼지의 부착성 때문이다.
5) $10^4 \sim 10^{11}[\Omega \cdot cm]$
 (비저항은 함진가스 온도가 100~200[℃] 사이에서 최대가 된다.)
 ($10^4[\Omega \cdot cm]$ 이하가 되면 재비산이 발생하고, $10^{11}[\Omega \cdot cm]$ 이상이 되면 역전리 현상이 일어나 집진극에 부착된 먼지가 다시 비산된다.)

기사·산업 출제빈도 ★★★

051 SO_2 농도가 높은 함진가스를 전기집진장치로 집진하려고 한다. 전기집진장치의 부식을 막고 집진율을 높이려면 어떤 방법이 좋으며, 이때 생성되는 물질은 어떤 것인가?

해답

1) 배출가스 온도 147[℃] 이하에서 암모니아(NH_3) 가스를 주입한다.
2) 황산암모늄($(NH_4)_2SO_4$)이 생성된다.

052 다음은 대기오염 방지기술에 관련되는 내용으로 괄호 안에 들어갈 말이나 수치를 넣으시오.

1) 전기집진장치에서 SO_3의 농도가 높게 함유된 함진가스가 유입하게 되면 분진의 비저항이 낮아져 집진효율이 (①)진다. 더욱이 입자가 (②)할수록 표면적이 크고 H_2O, (③) 등을 많이 흡착하여 산성 액적에 의한 대기오염을 일으키기 쉽게 된다. 따라서 이러한 것을 방지하기 위해 연도 내의 배출가스 온도 (④)℃ 이하에서는 NH_3를 15~40[ppm] 정도 주입하여 SO_3를 (⑤)로 생성하여 제거한다.
2) 전기집진장치에서 분진의 비저항이 높은 경우, 집진효율이 저하되는데, 이를 방지하기 위한 조치사항으로 (①)를 10~20[ppm] 정도로 분사 주입하거나, 집진극의 면적을 (②)시킨다. 또한, 처리가스의 유입온도는 높여주고, 습도는 (③) 해주는 방법을 사용한다.
3) 벤튜리 스크러버에서 보통 10[μm] 이상의 조대입자 또는 친수성 분진인 경우, 액가스비는 (①)[L/m^3] 전후, 10[μm] 이하의 미세입자 또는 소수성 분진인 경우, 액가스비는 (②)[L/m^3] 전후가 필요하다. 또한, 복부(throat)의 가스속도가 클수록 액가스비는 (③) 되어 생성수 직경은 적어진다. 그리고 액적경과 입경의 비율은 충돌효율 측면에서 (④) 전후가 좋다.
4) 중유를 연소시킬 때, 배출가스 중 CO_2 농도는 (①)[%] 정도이고, 기체연료는 (②)[%], 고체연료인 미분탄은 (③)[%], 석탄은 8~10[%]이다.

해답
1) ① 낮게, ② 미세, ③ SO_3, ④ 147, ⑤ $(NH_4)_2SO_4$
2) ① SO_3, ② 증가, ③ 낮게
3) ① 0.3, ② 1.5, ③ 적게, ④ 150
4) ① 11~14, ② 8~20, ③ 11~15

053 음파집진장치의 소리 세기(강도)[W/cm²], 음파의 작동시간 주기(s), 처리 함진가스 온도(℃)와 분진농도(g/Sm³) 범위를 적으시오.

해답

1) 소리의 세기: 0.1[W/cm²] (150[dB])
2) 음파의 작동시간 주기: 3~5[s]
3) 처리 함진가스 온도: 높을수록 집진율이 좋으나 800[℃]까지 사용된다.
4) 처리 함진가스 분진농도: 1~5[g/Sm³]

CHAPTER 4. 대기오염 측정 및 관리

1 시료채취방법 이해하기

> **학습 개요** 기사 · 산업기사 공통
> 1. 시료채취를 위한 일반적인 사항과 가스상물질 및 입자상물질의 시료채취방법을 파악할 수 있다.

기사·산업 출제빈도 ★★

001 대기오염 공정시험기준에서 자외선/가시선 분광법에 대한 다음 물음에 답하시오.

1) 자동기록식 광전 분광광도계의 파장교정은 어떤 유리의 흡수 스펙트럼을 이용하는가?
2) 흡광도의 눈금보정은 어떤 용액을 사용하는가?
3) 시료액의 흡수파장이 약 370[nm] 이하일 때, 사용하는 흡수 셀의 재질은?
4) 측정장치를 실내에 설치할 경우, 구비조건 5가지를 쓰시오.
5) 광전분광광도계에서 파장눈금을 교정하는 경우 사용하는 광원의 종류를 4가지 적으시오.

해답
1) 홀뮴(Holmium) 유리
2) 다이크롬산포타슘($K_2Cr_2O_7$) 용액
3) 석영
4) 측정장치를 실내에 설치할 경우, 구비조건
   (1) 진동이 없을 것
   (2) 직사광선을 받지 않을 것
   (3) 부식성 가스나 먼지가 없을 것
   (4) 습도가 높지 않고 온도변화가 적을 것
   (5) 전원의 전압 및 주파수 변동이 적을 것
5) 광전분광광도계의 광원의 종류
   (1) 방전관
   (2) 수소방전관
   (3) 중수소방전관
   (4) 석영저압수은

홀뮴 유리

홀뮴(Ho, Holmium)은 원자번호 67인 금속으로 큐빅 지르코니아나 유리에 색을 입히는 데도 쓰이는데, 노란색이나 붉은색 색상을 입힐 수 있다. 홀뮴 산화물이나 홀뮴 산화물 용액(주로 과염소산에 용해된)을 포함한 유리는 스펙트럼선 200~900[nm]의 범위에서 빛 흡수의 최댓값을 가지는데, 이는 분광기의 교정 표준기로 사용된다.

002 대기오염공정시험기준 중 비분산적외선분광분석법(NDIR, Non Dispersive Infrared photometer analysis)에서 언급하는 다음 가스를 설명하시오.

1) 비교가스
2) 제로가스
3) 스팬가스

해답
1) 비교가스: 시료 셀에서 적외선 흡수를 측정하는 경우 대조가스로 사용하는 것으로 적외선을 흡수하지 않는 가스
2) 제로가스: 분석계의 최저 눈금 값을 교정하기 위하여 사용하는 가스
3) 스팬가스: 분석계의 최고 눈금 값을 교정하기 위하여 사용하는 가스

003 대기오염공정시험기준 중 이온크로마토그래프장치 중 용리액에 사용되는 전해질 성분을 제거하기 위하여 분리관 뒤에 직렬로 접속시킨 것으로써 전해질을 물 또는 저전도도의 용매로 바꿔줌으로써 전기 전도도셀에서 목적 이온 성분과 전기 전도도만을 고감도로 검출할 수 있게 해주는 장치는 무엇인가?

해답
써프렛서(Suppressor)

004 대기오염공정시험기준 중 고성능 액체크로마토그래피(HPLC, High Performance Liquid Chromatography)에서 화학종의 분리 방식 4가지를 적으시오.

해답
1) 분배 방식
2) 흡착 방식
3) 크기별 배제 방식
4) 이온교환 방식

비분산적외선분광분석법
선택성 검출기를 이용하여 시료 중의 특정 성분에 의한 적외선의 흡수량 변화를 측정하여 시료 중에 들어있는 특정 성분의 농도를 구하는 방법으로 적외선 영역에서 고유 파장 대역의 흡수 특성을 갖는 성분가스의 농도 분석 및 굴뚝 배출기체 중의 오염물질을 연속적으로 측정하는 비분산 정필터형 적외선 가스 분석계에 대하여 적용한다.

이온크로마토그래피(IC, Ion Chromatography)
이동상으로는 액체, 그리고 고정상으로는 이온교환수지를 사용하여 이동상에 녹는 혼합물을 고분리능 고정상이 충전된 분리관 내로 통과시켜 시료 성분의 용출 상태를 전도도 검출기 또는 광학 검출기로 검출하여 그 농도를 정량하는 방법으로 일반적으로 강수(비, 눈, 우박 등), 대기먼지, 하천수 중의 이온 성분을 정성, 정량 분석하는 데 이용한다.

IC 측정방법
고성능 이온크로마토그래피에서는 저용량의 이온교환체가 충진되어 있는 분리관 중에서 강전해질의 용리액을 이용하여 용리액과 함께 목적이온 성분을 순차적으로 이동시켜 분리 용출한 다음 써프렛서에 통과시켜 용리액에 포함된 강전해질을 제거시킨다. 이어서 강전해질이 제거된 용리액과 함께 목적이온 성분을 전기 전도도셀에 도입하여 각각의 머무름 시간에 해당하는 전기 전도도를 검출함으로써 각각의 이온 성분의 농도를 측정한다.

기사·산업 출제빈도 ★★★★

005 대기오염공정시험기준 중 흡광차분광법(DOAS, Differential Optical Absorption Spectroscopy)의 원리를 설명한 내용이다. ( ) 안에 알맞은 내용을 적으시오.

> 이 방법은 일반적으로 빛을 조사하는 발광부와 (①) 정도 떨어진 곳에 수광부 사이에 형성되는 빛의 이동경로(path)를 통과하는 가스를 실시간으로 분석하며, 측정에 필요한 광원은 (②) 파장을 갖는 (③)를 사용하여 이산화황, 질소산화물, 오존 등의 대기오염물질 분석에 적용한다.

해답
① 50m ~ 1,000m ② 180nm ~ 2,850nm ③ 제논(Xenon) 램프

기사·산업 출제빈도 ★

006 대기오염공정시험기준 중 X-선 형광분광법(General Rules for X-ray Fluorescence Spectrometry)에서 광원, 파장 선택기, 검출기 및 신호 처리장치로 이루어진 기기 부품의 조합에 따라 나누는 X-선 형광 기기의 3가지 종류를 적으시오.

해답
1) 파장분산형(WDX, wavelength dispersive X-ray spectrometer)
2) 에너지분산형(EDX, energy dispersive X-ray spectrometer)
3) 비분산형(nondispersive X-ray spectrometer)

기사·산업 출제빈도 ★★★

007 가스상 대기오염물질을 채취하기 위해 시료채취관을 선택하려고 할 경우, 다음 물음에 답하시오.
1) 채취관의 재질 선택 시 고려사항 3가지를 쓰시오.
2) 분석 대상가스가 폼알데하이드일 경우, 적당한 여과재의 재질을 2가지만 쓰시오.

해답
1) 채취관의 재질 선택 시 고려사항
   (1) 배출가스 중 부착성 성분에 의해 잘 부식되지 않을 것
   (2) 배출가스의 온도, 유속 등에 견딜 수 있는 충분한 기계적 강도를 가질 것
   (3) 화학 반응이나 흡착작용 등으로 배출가스의 분석결과에 영향을 미치지 않을 것
2) 분석 대상가스가 폼알데하이드일 경우 적당한 여과재의 재질
   (1) 소결유리
   (2) 알칼리 성분이 없는 유리솜 또는 실리카솜

기사·산업 출제빈도 ★★★★

008 높이가 30[m], 내경이 2.1[m]인 수직 굴뚝에 측정공을 설치하려고 한다. 원칙적으로 굴뚝의 어떤 위치에 측정공을 설치해야 하는지 그 설치 범위를 선정하시오.

해답
굴뚝 측정공의 위치는 수직 굴뚝 내를 흐르는 배출가스의 하류 난류가 시작되는 곳으로부터 위를 향하여 그곳의 굴뚝 내경의 8배 이상이 되며, 상류 난류 지점으로부터 아래로 향하여 그곳의 굴뚝 내경의 2배 이상 내려온 곳에 측정공을 설치한다. 따라서, 하부에서 위로 2.1[m] × 8 = 16.8[m] 이상인 곳, 상부에서 아래로 2.1[m] × 2 = 4.2[m] 이상인 지점을 선택해야 한다.

기사·산업 출제빈도 ★★★

009 굴뚝으로 배출되는 함진가스 중 먼지농도를 측정하기 위해 사용하는 원통형 또는 원형의 먼지 포집 여과지와 굴뚝배출가스 온도의 관계를 나타낸 것이다. 괄호 안에 들어갈 내용을 적으시오.

여과재의 종류	사용온도
셀룰로스 섬유제 여과지	(①)[℃] 이하
유리 섬유제 여과지	(②)[℃] 이하
석영 섬유제 여과지	(③)[℃] 이하

해답 ① 120 ② 500 ③ 1,000

프로브
피토관의 원리에 따라 굴뚝 배출가스의 전압(TP)과 정압(SP)을 측정하는 센서를 말한다.

> **기사·산업** 출제빈도 ★★★★★

010 배출가스 중 먼지를 측정하기 위해서는 반드시 등속흡입을 실시하여야 한다. 등속흡입을 실시하여야 하는 이유를 설명하고, 다음의 경우에 먼지농도의 오차에 대하여 설명하시오.
1) 굴뚝 내 배출가스(V_d) 〉 프로브(probe) 내 유속 (V_s)
2) 굴뚝 내 배출가스(V_d) 〈 프로브(probe) 내 유속 (V_s)

해답
배출가스의 흐르는 방향에서 $V_d = V_s$가 이루어져야 한다. 이러한 등속흡입이 이루어지지 않으면 굴뚝 내 배출가스의 유선이 구부러져서 먼지는 관성에 의해 배출가스의 유선 방향에서 분리되어 먼지농도의 오차가 발생한다.
1)인 경우 먼지농도는 실제 농도보다 높아진다.
2)인 경우 먼지농도는 실제 농도보다 낮아진다.
등속흡입은 등속흡입계수(I, %)를 구하여 확인할 수 있는데 I 값이 90~110[%] 범위 내에 들어야 한다. 만약 이 범위 내에 들지 않으면 시료채취를 다시 실시해야 한다. 그러므로 배출가스의 유속이 클 때는 배출가스 흡입시간을 길게, 유속이 적을 때에는 흡입시간을 짧게 유지한다.

> **기사·산업** 출제빈도 ★★

011 대기오염공정시험기준에서 굴뚝으로 배출되는 배출가스 중 황화수소(H_2S)에 대한 측정방법 2가지를 기술하시오.

해답
1) 자외선/가시선분광법(메틸렌블루법)
배출가스 중 황화수소를 아연아민착염 용액으로 흡수하여 p-아미노다이메틸아닐린 용액과 염화철(Ⅲ) 용액을 첨가하고 황화 이온과 반응하여 생성하는 메틸렌블루의 흡광도를 측정하여 황화수소를 정량한다.
2) 기체크로마토그래피
배출가스 중 황화수소를 시료채취 주머니에 채취하여 충분한 분리능을 가질 수 있는 분리관(column)으로 분리하고 불꽃광도검출기(flame photometric detector) 또는 동등 이상의 성능을 갖는 검출기를 구비한 기체크로마토그래프로 황화수소를 정량한다.

> **기사·산업** 출제빈도 ★

012 대기오염공정시험기준에서 배출가스 중 폼알데하이드 및 알데하이드류의 고성능액체 크로마토그래피 분석 시 사용되는 용매(흡수액)과 측정파장을 적으시오.

해답
1) **흡수액**: 2,4-다이나이트로페닐하이드라진(DNPH, dinitrophenylhydrazine)
2) **측정파장**: UV 영역, 특히 최대 흡광도를 나타내는 350 ~ 380[nm]

기사·산업 출제빈도 ☆☆

013 현행 우리나라 대기오염물질 공정시험기준에 규정되어 있는 SO_2에 대한 환경기준 시험법(자동연속측정법) 4가지를 쓰시오.

해답
1) 용액 전도율법(Conductivity Method)
2) 자외선 형광법(Pulse U.V. Fluorescence Method)
3) 불꽃광도법(Flame Photometric Detector Method)
4) 흡광차 분광법(Differential Optical Absorption Spectroscopy, DOAS)

기사·산업 출제빈도 ☆☆☆

014 대기오염물질에 대한 원자흡수분광광도법(Atomic Absorption Spectrophotometry)에서 검정곡선의 정량법 3가지를 쓰고 간단히 설명하시오.

해답
1) **절대검정곡선법**: 검정곡선은 적어도 3종류 이상의 농도의 표준시료용액에 대하여 흡광도를 측정하여 표준물질의 농도를 가로대에, 흡광도를 세로대에 취하여 그래프를 그려서 작성한다.
2) **표준물첨가법**: 같은 양의 분석시료를 여러 개 취하고 여기에 표준물질이 각각 다른 농도로 함유되도록 표준용액을 첨가하여 용액 열을 만든다. 이어 각각의 용액에 대한 흡광도를 측정하여 가로대에 용액영역 중의 표준물질 농도를, 세로대에는 흡광도를 취하여 그래프용지에 그려 검정곡선을 작성한다.
3) **상대검정곡선법**: 이 방법은 새로 분석시료 중에 가한 내부 표준원소 (목적원소와 물리적 화학적 성질이 아주 유사한 것이어야 한다.)와 목적원소와의 흡광도 비를 구하는 동시 측정을 행한다. 목적원소에 의한 흡광도 A_S와 표준원소에 의한 흡광도 A_R과의 비를 구하고 $\dfrac{A_S}{A_R}$ 값과 표준물질 농도와의 관계를 그래프에 작성하여 검정곡선을 만든다.

015 환경대기 시료채취방법 중 시료채취지점 수의 결정방법 3가지를 쓰고 설명하시오.

해답

환경기준 시험을 위한 시료채취지점 수 및 지점 장소는 측정하려고 하는 대상지역의 발생원 분포, 기상 조건 및 지리적, 사회적 조건을 고려하여 결정한다.

1) 인구비례에 의한 방법(인구밀도가 5,000명/km² 이하인 경우)

$$측정점수 = \frac{그\ 지역\ 가주지\ 면적}{25\,[\text{km}^2]} \times \frac{그\ 지역\ 인구밀도}{전국\ 평균인구밀도}$$

여기서, 가주지 면적은 그 지역 총 면적에서 전답, 임야, 호수, 하천 등의 면적을 뺀 면적이다.

2) 인구비례에 의한 방법(인구밀도가 5,000명/km² 이상인 경우)

측정하려고 하는 대상지역의 인구 분포 및 인구밀도를 고려하여 아래 그림을 적용한다.

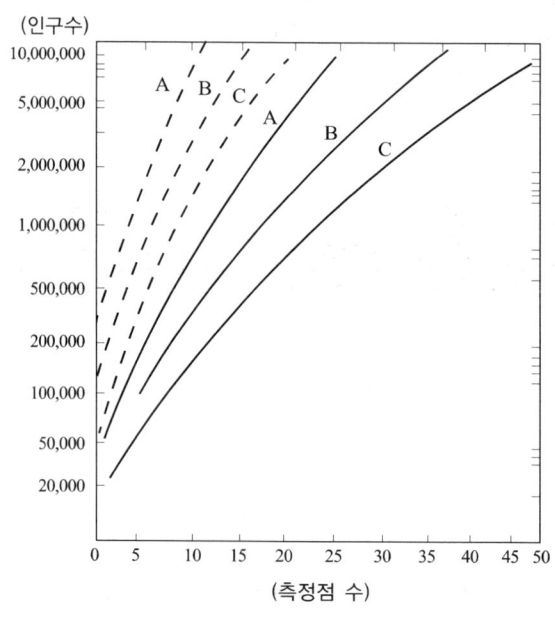

― 실선(SO₂, SP(부유먼지)를 측정하는 간헐측정소)
--- 점선(SOₓ, NOₓ, CO, HC, O₃를 측정하는 간헐측정소)

3) 대상 지역의 오염 정도에 따라 공식을 이용하는 방법

채취지점 수, $N = N_x + N_y + N_z$

여기서, $N_x = 0.095 \times \dfrac{C_n - C_s}{C_s} \times x$, $N_y = 0.0096 \times \dfrac{C_s - C_b}{C_s} \times y$,

$N_z = 0.0004 \times z$ 이다.

C_n: 최대농도, C_s: 환경기준, C_b: 자연상태 최저농도, x: 환경기준보다 농도가 높은 지역의 면적(km²), y: 환경기준보다 농도가 낮고 자연농도보다 높은 지역의 면적(km²), z: 자연상태의 농도와 같은 지역의 면적(km²)

기사·산업 출제빈도 ★

016 다음은 배출가스 중 브로민화합물을 싸이오사이안산제이수은 용액을 가하여 분석하는 자외선/가시선분광법에 대한 설명이다. ( ) 안에 알맞은 말을 써넣으시오.

> 배출가스 중 브로민화합물을 수산화소듐 용액에 흡수시킨 후 일부를 분취해서 산성으로 하여 (①) 용액을 사용하여 브로민으로 산화시켜 (②)으로(로) 추출한다. 클로로폼층에 정제수와 황산제이철암모늄 용액 및 싸이오사이안산제이수은 용액을 가하여 발색한 정제수 층의 흡광도를 측정해서 브로민을 정량하는 방법이다. 흡수파장은 (③)[nm]이다.

해답 ① 과망가니즈산포타슘 ② 클로로폼 ③ 460

기사·산업 출제빈도 ★★

017 환경대기 중 유해 휘발성 유기화합물(VOCs) 시험방법(고체흡착법)에 나타난 용어의 정의에 대한 설명이다. ( ) 안에 들어갈 내용을 적으시오.

> 1) 일정 농도의 VOCs가 흡착관에 흡착되는 초기 시점부터 일정 시간이 흐르게 되면 흡착관 내부에 상당량의 VOCs가 포화되기 시작하고 전체 VOCs량의 (   )가 흡착관을 통과하게 되는데, 이 시점에서 흡착관 내부로 흘러간 총부피를 파과부피(BV, Breakthrough Volume)라 한다.
> 2) 분석대상물질의 손실 없이 시료를 안전하게 채취할 수 있는 일정 농도에 대한 공기의 부피를 말하는 시료채취 안전부피(SSV, Safe Sampling Volume)는 직접적인 방법으로 파과부피의 (㉠)배를 취하거나 간접적인 방법으로 머무름 부피의 (㉡) 정도를 취하므로 얻어진다.

해답
1) 5%
2) ㉠ $\dfrac{2}{3}$ ㉡ $\dfrac{1}{2}$

018 기사·산업 출제빈도 ☆☆☆

다음은 아황산가스(SO_2)의 대기환경기준치이다. ( ) 안에 적당한 말을 쓰시오.

> SO_2(아황산가스)의 연간 평균치는 (①) 이하, 24시간 평균치는 (②) 이하, 1시간 평균치는 (③) 이하이다.

해답
① 0.02ppm
② 0.05ppm
③ 0.15ppm

② 대기오염관리 실무 파악하기 및 기타 오염원 관리 이해하기

학습 개요 기사·산업기사 공통

1. 대기오염관리 및 방지실무를 파악하고 악취관리, 실내공기질관리, 이동오염원 관리, 기타 오염원 관리업무를 이해할 수 있다.

기사·산업 출제빈도 ☆☆☆

001 현행 악취방지법상 지정 악취물질 종류 22가지 중 5가지를 아는 대로 적으시오.

해답

1) 암모니아	2) 메틸메르캅탄
3) 황화수소	4) 다이메틸설파이드
5) 다이메틸다이설파이드	6) 트라이메틸아민
7) 아세트알데하이드	8) 스타이렌
9) 프로피온알데하이드	10) 뷰틸알데하이드
11) n-발레르알데하이드	12) i-발레르알데하이드
13) 톨루엔	14) 자일렌
15) 메틸에틸케톤	16) 메틸아이소뷰틸케톤
17) 뷰틸아세테이트	18) 프로피온산
19) n-뷰틸산	20) n-발레르산
21) i-발레르산	22) i-뷰틸알코올

[근거] 악취방지법 시행규칙 [별표 1] 지정악취물질

기사·산업 출제빈도 ☆☆

002 악취를 처리하는 방법 5가지를 서술하시오.

해답

1) **흡착법**: 활성탄이나 실리카젤 등의 흡착제를 사용하여 악취를 흡착처리하는 방법
2) **수세법**: 수용성의 악취를 처리하는 방법으로 세정수를 이용하여 악취물질을 세척 처리하는 방법
3) **연소법**: 고농도와 대량의 악취를 처리하는 직접 연소법과 저농도와 소용량의 악취를 처리하는 촉매연소법이 있다.
4) **화학적 산화법**: O_3이나 $KMnO_4$, $NaOCl$ 등의 산화제를 이용하여 악취물질을 제거하는 방법
5) **냉각응축법**: 악취물질을 냉각기를 사용하여 냉각 응축시켜 처리하는 방법

003 실내공기질 관리법에서 다중이용시설에 대한 다음 오염물질 항목의 실내공기질 권고기준을 적으시오. (단, 의료기관 실내 어린이놀이시설 기준이다.)

> 1) 이산화질소(NO_2)
> 2) 라돈(Rn)
> 3) 총휘발성유기화합물(VOCs)
> 4) 곰팡이

해답
1) 이산화질소(NO_2): 0.05[ppm] 이하
2) 라돈(Rn): 148[Bq/m^3] 이하
3) 총휘발성유기화합물(VOCs): 400[$\mu g/m^3$] 이하
4) 곰팡이: 500[CFU/m^3] 이하

참고 집락형성단위(Colony-Forming Unit, CFU)
눈에 보이는 박테리아나 균류의 집락 숫자를 확인하고 희석배수와 집락수를 계산하여 단위 부피당 집락 수를 측정하는 것이다.

Bq
베크렐로 단위시간당 얼마나 많은 핵붕괴가 일어나는가를 나타내는 SI 단위이다.
1Bq은 1초에 1개의 원자핵이 붕괴될 때를 가리킨다(1Bq = $1s^{-1}$).

004 실내공기질 관리법에서 다중이용시설에 대한 다음 오염물질 항목의 실내공기질 유지기준을 적으시오. (단, 국공립 노인요양시설 및 노인전문병원 기준이다.)

미세먼지 (PM_{10}) ($\mu g/m^3$)	미세먼지 ($PM_{2.5}$) ($\mu g/m^3$)	이산화탄소 (ppm)	폼알데하이드 ($\mu g/m^3$)	총부유세균 (CFU/m^3)	일산화탄소 (ppm)
① 이하	② 이하	③ 이하	④ 이하	⑤ 이하	⑥ 이하

해답
① 75
② 35
③ 1,000
④ 80
⑤ 800
⑥ 10

대기환경
기사·산업기사 실기
기출 및 예상문제집

PART II 계산형 문제

- **CHAPTER 1** 대기오염방지기술
- **CHAPTER 2** 가스 처리
- **CHAPTER 3** 입자 처리
- **CHAPTER 4** 대기오염 측정 및 관리

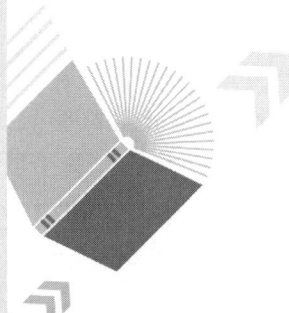

CHAPTER 1 대기오염방지기술

1 오염물질 확산 및 예측하기

학습 개요 기사·산업기사 공통

1. 확산이론, 안정도에 따른 연기확산, 바람과 대기오염의 관계, 오염도를 예측하고 파악할 수 있다.

기사 출제빈도 ☆

001 빈 변위법칙(Wien 變位法則, Wien's displacement law)에 의하면 복사열을 발산하는 물체의 온도(T)와 최대 복사열을 내는 파장($\lambda_{\max}$) 사이에는 $\lambda_{\max} \times T = 2.898 \times 10^{-3} [\text{m} \cdot \text{K}]$의 식이 성립된다. 만약 지표의 온도가 −5℃일 경우, 최대복사열을 내는 파장(μm)은?

해답 주어진 공식에서

$$\lambda_{\max} = \frac{2.898 \times 10^{-3} [\text{m} \cdot \text{K}]}{T} = \frac{2.898 \times 10^{-3} \times 10^6}{(273-5)} = 10.81 [\mu\text{m}]$$

참고 빈 변위법칙(Wien 變位法則, Wien's displacement law)
특정 온도에서 흑체로부터 방사된 열 에너지의 파장 분포가 필수적으로 다른 온도의 분포와 같은 모양을 가진다는 법칙이다. 다시 말해, 흑체에서 빠져나온 파장 가운데 에너지 밀도가 가장 큰 파장과 흑체의 온도가 반비례한다는 것을 말한다. 이 법칙은 흑체 스펙트럼의 봉우리는 온도가 증가함에 따라 점점 짧은 파장(높은 진동수) 쪽으로 이동한다는 현상적인 사실을 정량적으로 설명해 준다.

리차드슨 수
대기의 동적인 안정도, 즉 대류 난류를 기계적인 난류로 전환시키는 비율을 뜻한다. 대기 상하층의 기온과 풍속을 동시에 측정하여 온도차에 따른 밀도차와 풍속 차를 모두 고려한 무차원수이다.

기사·산업 출제빈도 ☆☆☆

002 대기 중 대류 난류와 기계적인 난류 중 어느 것이 더 지배적인가를 판단하는 근거는 리차드슨 수(Richardson number, R_i)로 추정할 수 있는데, 어떤 지표 경계층에서 측정한 대기의 물리량이 다음 표와 같을 경우 리차드슨 수를 구하고 이 지표 경계층에서는 어떤 난류가

지배적인가를 판단하시오. (단, 이 지역의 중력가속도는 9.8[m/s²]이고,

$R_i = \left(\dfrac{g}{T}\right) \times \left[\dfrac{\left(\dfrac{\Delta T}{\Delta z}\right)}{\left(\dfrac{\Delta u}{\Delta z}\right)^2}\right]$ 이다.)

▼ 지표 경계층의 대기물리량

고도(m)	평균풍속(m/s)	온도(℃)	수증기압(hPa)
20	4.5	19.5	18.2
10	2.0	20.5	18.7

해답

$$R_i = \left(\dfrac{g}{T}\right) \times \left[\dfrac{\left(\dfrac{\Delta T}{\Delta z}\right)}{\left(\dfrac{\Delta \bar{u}}{\Delta z}\right)^2}\right] = \left(\dfrac{9.8}{273 + \left(\dfrac{19.5 + 20.5}{2}\right)}\right) \times \dfrac{\dfrac{(19.5 - 20.5)}{(20 - 10)}}{\left(\dfrac{4.5 - 2.0}{20 - 10}\right)^2} = -0.054$$

∴ $R_i < -0.04$이므로 대류에 의한 혼합이 지배적이다(대기안정도는 불안정).

기사·산업 출제빈도 ☆☆☆

003 리차드슨 수(Richardson number, R_i)가 0일 때, 지상 100[m]에서 풍속이 5[m/s]이었다면 200[m] 상공에서 풍속(m/s)은? (단, 지표면의 거칠기는 5[cm]이고, 고도에 따른 풍속을 구하는 식은 $u = \dfrac{u_o}{K} \times \ln \dfrac{Z}{Z_o}$ 이다.)

해답

리차드슨 수가 0이면 기계적 난류만 존재한다.

주어진 식에서 $5 = \dfrac{u_o}{K} \times \ln \dfrac{100}{0.05}$ ………… (식 1)

$u = \dfrac{u_o}{K} \times \ln \dfrac{200}{0.05}$ ………… (식 2)

(식 2) ÷ (식 1)에서 $u = 5 \times \dfrac{\ln \dfrac{200}{0.05}}{\ln \dfrac{100}{0.05}} = 5 \times \dfrac{8.29}{7.6} = 5.45[m/s]$

기사 출제빈도 ☆

004 지상 10[m]와 30[m]에서 어떤 동일의 대기오염물질 농도가 각각 350[ppm]과 400[ppm]이었고, 오염물질이 들어있는 공기의 비중량이 1.3[kg/m³]일 경우, 오염물질의 수직 확산 Flux량(kg/m² · s)을 구하고 대기 확산플럭스의 의미를 쓰시오. (단, 확산계수 K_c = $-0.256[m^2/s]$이다.)

해답

1) 오염물질의 수직 확산 Flux량(Fick의 제 1 법칙)

$$F = \rho \times K_c \times \frac{\Delta C}{\Delta z} = -1.3 \times (-0.256) \times \left(\frac{400-350}{30-10}\right) = 0.832 [\text{kg/m}^2 \cdot \text{s}]$$

2) 대기 확산 플럭스(Diffusion flux)

대기 중의 수증기 또는 대기오염물질이 공기의 난류 흐름으로 인하여 상공으로 확산되는데 이때, 단위 시간, 단위 면적을 통과하는 오염물질의 질량을 말하며, 단위는 kg/m² · s로 나타낸다.

기사·산업 출제빈도 ☆☆☆☆

005 가우시안 플룸 모델의 대기오염물질 확산방정식을 적용할 경우, 지표면에 있는 점오염원으로부터 배출되는 오염물질량이 5.6[g/s]일 때, 이 오염물질이 풍하 방향으로 250[m] 떨어진 연기기둥 중심축상 지표면의 오염농도(mg/m³)를 계산하시오. (단, 풍속 = 5[m/s], σ_y = 22.5[m], σ_z = 12[m]이다.)

> **가우시안 플룸 모델**
> (Gaussian plume model)
> 대기오염물질의 분산을 계산하는 데 가장 많이 사용되는 모델이라고 할 수 있다. 가우시안 연기모델은 모델식이 간단하면서도 대기분산현상을 비교적 정확히 계산할 수 있기 때문에, 현재 여러 가지 유형의 대기환경영향평가 및 대기질 대책수립에 가장 자주 활용되는 모델이다.

> **exp(x)를 계산할 경우**
> 전자계산기로는 e^x을 누르고 계산한다.

해답

가우시안 모델의 확산방정식

$C(x, 0, 0, H_e) = \frac{Q}{\pi \sigma_y \sigma_z U} \exp\left[-\frac{1}{2}\left(\frac{z}{\sigma_z}\right)^2\right]$의 식에서 지표면이므로 $z=0$이다.

$$\therefore C(x, 0, 0, H_e) = \frac{Q}{\pi \sigma_y \sigma_z U} = \frac{5,600}{3.14 \times 22.5 \times 12 \times 5} = 1.32 [\text{mg/m}^3]$$

기사 출제빈도 ☆☆☆

006 어떤 특정 장소에서 측정한 월평균 최대 지면온도가 32[℃]이었다. 어느 날 지면온도가 21[℃]인 경우 고도 600[m]에서 기온이

18[℃]라면, 이 장소의 최대혼합깊이(MMD, Maximum Mixing Depth) (m)는? (단, 건조단열 체감률(γ_d)은 −0.98[℃]/100[m]이다.)

> **단열 체감률**
> 기단이 외부와 열 교환 없이 팽창할 때, 그 온도가 내려가는 비율을 말한다. 보통 건조 공기인 경우는 100[m]마다 약 1[℃], 습윤 공기인 경우는 약 0.5[℃]가 내려간다.

해답

환경 체감률

$$\gamma = \frac{\Delta T}{\Delta z} = \frac{(18[℃]-21[℃])}{600[m]} \times 100 = -0.5[℃]/100[m]$$

최대혼합깊이(MMD)를 구하기 위해 고도에 따른 기온 변화를 그림으로 나타내면 다음과 같다.

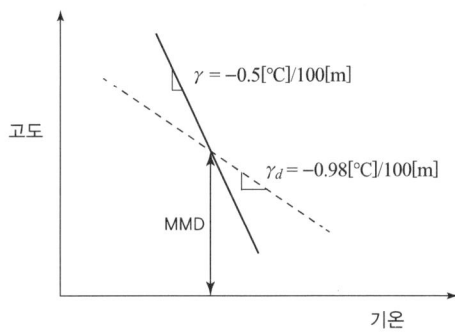

최대혼합깊이(MMD)를 구하는 공식,

$$\frac{\Delta T}{\Delta z} \times \text{MMD} + t[℃] = \gamma_d \times \text{MMD} + t_{\max}[℃] \text{으로부터}$$

$$\frac{-0.5[℃]}{100[m]} \times \text{MMD} + 21[℃] = \frac{-0.98[℃]}{100[m]} \times \text{MMD} + 32[℃]$$

$$\therefore \text{MMD} = 2,291.67[m]$$

> **최대혼합깊이 또는 최대혼합고도**
> 대기 상공에 걸쳐 있는 역전층의 하부와 지표 사이 혼합층의 높이를 혼합고라고 하며, 혼합고는 대기오염물질이 대기 중에서 혼합될 수 있는 지상으로부터의 최대높이(건조단열감률과 환경단열감률의 교차점)를 말한다. 일반적으로 혼합고가 높은 날은 대기오염이 적고, 낮은 날은 대기오염이 심하며 6월경의 여름이 최대가 되고 겨울에 최소가 된다.

007 열부상 효과에 의해 대류가 유발되는 혼합층의 깊이인 최대혼합깊이(MMD, Maximum Mixing Depth)가 200[m]인 대기 중에 SO_2 농도가 0.5[ppm]이 될 것으로 추정하였다. 그러나 실제 MMD를 관측한 결과 150[m]일 경우, SO_2 농도(ppm)는 얼마로 추정되는가?

해답

혼합고와 대기오염물질 농도의 관계는 공간에 따른 변화이므로

$$C_2 = C_1 \times \left(\frac{H_1}{H_2}\right)^3$$

$$\therefore C_2 = 0.5 \times \left(\frac{200}{150}\right)^3 = 1.19[\text{ppm}] \text{으로 추정된다.}$$

008 어떤 공장에서 유해가스 처리장치의 고장으로 아황산가스(SO_2)가 처리되지 않은 채 굴뚝으로 배출되고 있다. 굴뚝의 유효높이 150[m], 배출가스량 12,000[Sm^3/min], 배출가스 중 황산화물 농도 100[ppm]으로 배출되고 있을 때, 굴뚝에서 배출되는 연기 중심축 직하(풍하 방향)의 지면에서의 최대지표농도는 몇 [ppb]인가? (단, Sutton의 확산식을 이용하고, 수직 방향의 확산계수, C_z는 0.12, 수평 방향의 확산계수, C_y는 0.24, 굴뚝 배출구 위치에서의 풍속은 3[m/s]이다.)

📝 Sutton의 확산식

Sutton의 확산식은 점오염원에서 배출되는 연기(plume)의 확산식으로 이 확산식을 이용하여 굴뚝에서 대기로 배출되는 연기 중 대기오염물질의 최대착지농도($C_{\max}$), 최대착지거리($X_{\max}$), 유효굴뚝높이(H_e)를 구할 수 있다.

해답

Sutton의 확산식에 따른 최대지표농도(ppm)

$$C_{\max} = \frac{2Q}{\pi \times e \times u \times H_e^2}\left(\frac{C_z}{C_y}\right)$$

여기서, Q : SO_2의 배출량(m^3/s)
C_y : 수평 방향의 확산계수
C_z : 수직 방향의 확산계수
u : 풍속(m/s)
H_e : 유효굴뚝높이(m)

$$\therefore C_{\max} = \frac{2 \times 12,000 \times \frac{1}{60} \times 100[\text{ppm}] \times 10^{-6}}{\pi \times 2.72 \times 3 \times 150^2}\left(\frac{0.12}{0.24}\right) \times 10^9 = 34.7[\text{ppb}]$$

009 어떤 공장에서 유해가스 처리장치의 고장으로 아황산가스(SO_2)가 처리되지 않은 채 굴뚝으로 배출되고 있다. 이때 유효굴뚝높이가 150[m], 배출가스량 30,000[m^3/h], 풍속 6[m/s]인 대기 중에 아황산가스가 500[ppm]으로 배출되고 있을 때, 다음 물음에 답하시오. (단, Sutton의 확산식을 이용하고, 수직 및 수평 방향의 확산계수는 모두 0.07, 대기안정도계수, $n = 0.25$이다.)

1) 굴뚝에서 배출되는 SO_2의 최대지표농도(ppb)는?
2) 굴뚝에서 배출되는 SO_2의 최대착지거리(m)는?

해답

1) Sutton의 확산식에 따른 최대지표농도(ppm)

$$C_{\max} = \frac{2Q}{\pi \times e \times u \times H_e^2}\left(\frac{C_z}{C_y}\right)$$

여기서, Q : SO_2의 배출량(m^3/s)
C_y : 수평 방향의 확산계수
C_z : 수직 방향의 확산계수
u : 풍속(m/s)
H_e : 유효굴뚝높이(m)

$$\therefore C_{\max} = \frac{2 \times 30,000 \times \frac{1}{3,600} \times 500[\text{ppm}] \times 10^{-6}}{\pi \times 2.72 \times 6 \times 150^2}\left(\frac{0.07}{0.07}\right) \times 10^9 = 7.23[\text{ppb}]$$

2) 최대착지거리(m)

$$X_{\max} = \left(\frac{H_e}{C_z}\right)^{\frac{2}{2-n}} = \left(\frac{150}{0.07}\right)^{\frac{2}{2-0.25}} = 6,409.87[\text{m}]$$

기사·산업 출제빈도 ☆☆☆☆

010 어떤 공장의 유효굴뚝높이가 100[m]이다. 최대지표농도를 1/3로 감소시키려면 유효굴뚝높이(m)를 얼마나 증가시켜야 하는가? (단, Sutton의 확산식에 따른 최대지표농도(ppm) 계산식은 $C_{\max} = \dfrac{2Q}{\pi \times e \times u \times H_e^2}\left(\dfrac{C_z}{C_y}\right)$이고, 굴뚝의 반경 및 유속은 일정하다고 가정한다.)

해답

주어진 Sutton의 확산식에서

$$C_{\max} \propto \frac{1}{H_e^2}$$

$$\therefore C_{\max} : \frac{1}{100^2} = \frac{1}{3}C_{\max} : \frac{1}{H_e^2} \text{ 에서 } H_e = 173.2[\text{m}]$$

∴ 증가시킬 유효굴뚝높이 = 173.2 − 100 = 73.2[m]

기사 출제빈도 ★★

011 어떤 공장의 유효굴뚝높이가 150[m], 배출되고 있는 아황산가스의 양이 2[g/s]일 때, 풍하지역의 연기 중심선상에서 최대착지지점($X_{\max}$)[m]와 SO_2의 최대착지농도(ppb)는? (단, 굴뚝높이에서 풍속은 5[m/s]이고, 최대착지농도 계산식은 $C_{\max} = \dfrac{0.117 \times Q}{u \times \sigma_y \times \sigma_z}$ 이며, 여기서 $\sigma_y = 0.32 \times X_{\max}^{0.78}$, $\sigma_z = 0.707$, $H_e = 0.22 \times X_{\max}^{0.78}$ 이다.)

해답

1) 최대착지지점($X_{\max}$)은 $\sigma_z = 0.707 H_e = 0.22 \times (X_{\max})^{0.78}$ 의 식에서
$$\sigma_z = 0.707 \times 150 = 106.05 \,[\text{m}]$$
$$106.05 = 0.22 \times (X_{\max})^{0.78}$$
$$(X_{\max})^{0.78} = 482.05$$
양변에 로그를 취하면 $\log X = \dfrac{\log 482.05}{0.78} = 3.44$
$$\therefore X = 10^{3.44} = 2,754.23\,[\text{m}]$$

2) SO_2의 최대착지농도(ppb)는
$$\sigma_y = 0.32 \times X^{0.78} = 0.32 \times 2,754.23^{0.78} = 154.29\,[\text{m}]$$
$$C_{\max} = \dfrac{0.117 \times Q}{u \times \sigma_y \times \sigma_z} = \dfrac{0.117 \times 2 \times 10^6}{5 \times 154.29 \times 106.05} = 2.86\,[\mu\text{g/m}^3]$$
$$\therefore 2.86 \times \dfrac{22.4}{64} = 1\,[\text{ppb}]$$

기사·산업 출제빈도 ★★★

012 어떤 공장의 유효굴뚝높이가 150[m]인 굴뚝으로부터 연기량이 30[m³/s]로 배출되고 있으며 그때의 SO_2 농도는 0.2[%]이다. 굴뚝높이에서 풍속이 6[m/s]일 경우, 최대착지농도(ppb)는? (단, 배출되고 있는 아황산가스의 지상 최대착지농도를 나타내는 계산식은 $C_{\max} = \dfrac{0.234 \times Q}{u \times H_e^2} \times \left(\dfrac{C_z}{C_y}\right) \times 10^6$ 이고, C_y : 0.47, C_z : 0.07이다.)

해답

$$C_{\max} = \dfrac{0.234 \times Q}{u \times H_e^2} \times \left(\dfrac{C_z}{C_y}\right) \times 10^6 = \dfrac{0.234 \times 30 \times 0.002}{6 \times 150^2} \times \dfrac{0.07}{0.47} \times 10^6$$
$$= 0.015\,[\text{ppm}] = 15\,[\text{ppb}]$$

013 어떤 공장의 유효굴뚝높이가 100[m]일 때, 배출되고 있는 아황산가스의 지상 최대착지농도를 나타내는 풍하 지역의 연기 중심선 상에서 최대착지지점(X_{max})[m]은? (단, C_z = 0.07, 대기안정도계수 (n) = 0.25, $X_{max} = \left(\dfrac{H_e}{C_z}\right)^{\frac{2}{2-n}}$ 이다.)

해답

$$X_{max} = \left(\dfrac{H_e}{C_z}\right)^{\frac{2}{2-n}} = \left(\dfrac{100}{0.07}\right)^{\frac{2}{2-0.25}} = 4,032.76[\text{m}]$$

014 유효굴뚝높이(H_e : effective stack height)가 90[m]인 원유 정제 공장에서 유해가스 처리장치의 고장으로 아황산가스가 60[g/s]의 속도로 배출되고 있다. 지상 5.5[m]에서의 풍속이 5[m/s]일 때, 풍하거리(downwind distance) 500[m] 떨어진 곳에서 지표 중심축 상에서의 SO_2 농도($\mu g/m^3$)는? (단, 가우시안형 모델 적용, Deacon식, 풍속지수 (P) = 0.25, σ_y = 37[m], σ_z = 18[m]이다.)

해답 가우시안 모델 적용

$$C(x, y, z, H_e) = \dfrac{q}{\pi \times \bar{u} \times \sigma_y \times \sigma_z} \exp\left[-\dfrac{1}{2}\left(\dfrac{H_e}{\sigma_z}\right)^2\right]$$

여기서, 지표중심축상 SO_2 농도($y=0, z=0$), $q= 60[\text{g/s}] = 5 \times 10^7 [\mu g/s]$
$H_e = 90[\text{m}]$, $X= 500[\text{m}]$, $u = 5[\text{m/s}]$이다.

Deacon 식에서 지상 90[m]인 곳의 풍속

$$\bar{u} = u \times \left(\dfrac{H_e}{z}\right)^P = 5 \times \left(\dfrac{90}{5.5}\right)^{0.25} = 10.06[\text{m/s}]$$

$$\therefore C(500, 0, 0, 60) = \dfrac{6 \times 10^7}{\pi \times 10.06 \times 37 \times 18} \exp\left[-\dfrac{1}{2}\left(\dfrac{90}{18}\right)^2\right] = 0.01[\mu g/m^3]$$

풍상과 풍하의 의미

풍상(風上, up wind)은 바람이 불어오는 방향이라 하고, 풍하(風下, down wind)는 바람이 불어가는 방향을 말한다. 즉, 바람이 좌에서 우로 분다면 '풍상 → 풍하'가 됩니다. 풍상, 풍하를 순화하여 표현하면 풍상을 '바람을 등지고'로 풍하를 '맞바람으로'라는 표현으로 사용하기도 한다.

대기 오염원의 종류

- 점 오염원(point source): 발전소, 도시폐기물 소각로, 대규모 공장 등과 같이 하나의 시설이 다량의 오염물질을 배출하는 것
- 선 오염원(line source): 자동차가 도로를 중심으로 오염물질을 발생시켜 도로 주변에 대기 오염 문제를 일으키게 하는 것
- 면 오염원(area source): 주택과 같이 일정 지역 안에 소규모 발생원이 다수 모여 오염물질을 발생하여 해당 지역 내에 오염문제를 발생시키는 것

015 맑은 날 어떤 공장의 유효굴뚝높이가 80[m]인 화학 공장에서 황화수소(H_2S)가 유해가스 처리장치의 고장으로 인해 100[g/s]의 유량으로 배출되고 있고, 배출지점에서의 풍속이 8[m/s]이었다. 이 경우 지표면에 있는 점 오염원으로부터 바람부는 방향(풍하측)으로 500[m] 떨어진 연기의 중심축상 지표면에서의 황화수소 농도($\mu g/m^3$)를 계산하고, 황화수소의 대기 중 악취한계농도를 0.47[ppb]라고 할 때, 이 농도값으로부터 악취가 감지되는지의 여부를 수치로 비교 판단하시오. (단, $\sigma_y = 36[m]$, $\sigma_z = 18.5[m]$이며,

$$C(x, y, z, H_e) = \frac{Q_m}{2\pi \times \bar{u} \times \sigma_y \times \sigma_z} \left[\exp\left(-\frac{y^2}{2\sigma_y^2}\right)\right] \times \left[\exp\left(-\frac{(z-H_e)^2}{2\sigma_z^2}\right) + \exp\left(-\frac{(z+H_e)^2}{2\sigma_z^2}\right)\right]$$

을 이용하여 계산하고, 다른 모든 조건은 표준상태로 가정한다.)

해답

지표의 중심축상 H_2S 농도($y=0$, $z=0$)에서 위 식은

$$C(x, 0, 0, H_e) = \frac{Q_m}{\pi \times u \times \sigma_y \times \sigma_z} \exp\left[-\frac{1}{2}\left(\frac{H_e}{\sigma_z}\right)^2\right]$$ 이므로,

$$C(500, 0, 0, 70) = \frac{10 \times 10^7}{\pi \times 8 \times 36 \times 18.5} \exp\left[-\frac{1}{2}\left(\frac{80}{18.5}\right)^2\right] = 0.52[\mu g/m^3]$$

∴ $0.52 \times \frac{22.4}{34} = 0.34[ppb]$, 이 농도가 악취한계농도와 비교하여

0.34[ppb] 〉 0.47[ppb]이기 때문에 황화수소의 악취는 감지되지 않는다.

016 어떤 화력발전소의 유효굴뚝높이가 60[m]인 굴뚝에서 아황산가스가 유해처리장치의 고장으로 인해 200[g/s]의 유량으로 배출되고 있고, 배출지점에서의 풍속이 6[m/s]이었다. 이 경우 아황산가스 측정기를 이용하여 농도를 측정한 결과, 지표면에 있는 점 오염원으로부터 바람부는 방향(풍하 측)으로 500[m] 떨어진 연기의 중심축상 지표면에서의 아황산가스 농도가 66[$\mu g/m^3$]이고, 풍하 방향 500[m] 및 y 방향으로 50[m] 떨어진 지점의 지표에서 30[$\mu g/m^3$]이었다. 이러한 조건하에서 표준편차 σ_y[m]를 계산하시오. (단, 여기서 적용한 가우시안 모델식은 다음과 같다.)

$$C(x, y, z, H_e) = \frac{Q}{2\pi \times \bar{u} \times \sigma_y \times \sigma_z} \left[\exp\left(-\frac{y^2}{2\sigma_y^2}\right)\right] \times \left[\exp\left(-\frac{(z-H_e)^2}{2\sigma_z^2}\right) + \exp\left(-\frac{(z+H_e)^2}{2\sigma_z^2}\right)\right]$$

해답 주어진 조건에서 $H_e = 60[m]$, $Q = 200[g/s] = 2 \times 10^8 [\mu g/s]$, $u = 6.0[m/s]$

$$C(500, 0, 0, 60) = \frac{1.6 \times 10^8}{2\pi \times 6.0 \times \sigma_y \times \sigma_z} \times 2\exp\left(-\frac{60^2}{2\sigma_z^2}\right) = 66[\mu g/m^3] \text{ (식 1)}$$

$C(500, 50, 0, 60)$

$$= \frac{2 \times 10^8}{2\pi \times 6.0 \times \sigma_y \times \sigma_z} \left[\exp\left(-\frac{50^2}{2\sigma_y^2}\right)\right] \times \left[\exp\left(-\frac{60^2}{2\sigma_z^2}\right) + \exp\left(-\frac{60^2}{2\sigma_z^2}\right)\right]$$

$$= \frac{2 \times 10^8}{2\pi \times 6.0 \times \sigma_y \times \sigma_z} \left[\exp\left(-\frac{50^2}{2\sigma_y^2}\right)\right] \times 2\exp\left(-\frac{60^2}{2\sigma_z^2}\right) = 30[\mu g/m^3] \text{ (식 2)}$$

∴ (식 2) ÷ (식 1)은

$$\exp\left(-\frac{50^2}{2\sigma_y^2}\right) = \frac{30}{66} = 0.4545, \quad -\frac{50^2}{2\sigma_y^2} = \ln(0.4545) = -0.7886$$

$$2\sigma_y^2 = \frac{50^2}{0.7886} = 3,170$$

$$\therefore \sigma_y = \sqrt{\frac{3,170}{2}} = 39.8[m]$$

기사 출제빈도 ☆

017 1시간에 12,000대의 차량이 어떤 고속도로 위에서 평균시속 120[km]로 주행하면서 매 차량당 평균 0.04[g/s]의 탄화수소(HC)를 배출하였다. 당시에 바람은 고속도로와 직교하는 방향으로 4[m/s]의 풍속으로 불고 있었다. 이 경우 고속도로 지반과 같은 높이의 평탄한 지형인 풍하 측 300[m] 떨어진 지점에서 탄화수소의 지상 오염농도 [$\mu g/m^3$]은? (단, 이때의 대기 기상상태는 중립 조건하에 있었고, 풍하 측 $x = 300[m]$에서 $\sigma_z = 12[m]$이며, 탄화수소의 지상농도를 구하는 공식은 $C = \dfrac{2Q}{\sqrt{2\pi} \times \sigma_z \times u}$이다.)

해답

고속도로 길이 m당 차량 대수 = $\dfrac{\text{차량 대수}}{\text{주행 속도}} = \dfrac{12,000[\text{대}/\text{시간}]}{120,000[\text{m}/\text{시간}]} = 0.01[\text{대}/\text{m}]$

탄화수소 배출량, $Q = 0.04[\text{g/s}\cdot\text{대}] \times 0.01[\text{대/m}] = 4 \times 10^{-4} [\text{g/s}\cdot\text{m}]$

∴ 탄화수소의 지상농도

$$C = \dfrac{2Q}{\sqrt{2\pi}\times\sigma_z\times u} = \dfrac{2\times 4\times 10^{-4}}{\sqrt{2\times 3.14}\times 12\times 4}\times 10^6 = 6.65[\mu\text{g/m}^3]$$

열 부력

대기와 굴뚝에서 배출되는 연기의 온도로 인한 밀도 차이, 즉 갑작스러운 밀도의 감소에 따른 것과 부력이 작용하는 고도 차이에 의해 발생하는 것을 말한다. 이때 최종적으로 연기가 상승한 높이를 유효굴뚝높이라고 한다. 이는 실제굴뚝높이와 연기상승높이의 합으로 표시된다.

산업 출제빈도 ☆☆

018 열 부력(trermal buoyancy)이 연기 상승의 주 원동력이 되는 어떤 화력발전소 굴뚝에서 배출가스 속도가 10[m/s], 굴뚝의 내경이 5[m], 배출가스 온도 160[℃], 기온 20[℃], 풍속 8[m/s]일 때, 연기의 상승높이(m)는? (단, 굴뚝 주변의 대기 상태는 불안정하며 이때 적용되는 연기의 상승높이 식은 $\Delta H = 150 \times \dfrac{F}{u^3}$이고, 이 식에서 F는 부력으로 $F = g \times V_s \times \left(\dfrac{d}{2}\right)^2 \times \left(\dfrac{T_s - T_a}{T_a}\right)$이다.)

해답

$F = g \times V_s \times \left(\dfrac{d}{2}\right)^2 \times \left(\dfrac{T_s - T_a}{T_a}\right) = 9.8 \times 10 \times \left(\dfrac{5}{2}\right)^2 \times \left(\dfrac{433 - 293}{293}\right)$

$= 292.66[\text{m}^4/\text{s}^3]$

∴ $\Delta H = 150 \times \dfrac{F}{u^3} = 150 \times \dfrac{292.66}{8^3} = 85.74[\text{m}]$

대기안정도 (atmospheric stability)

역학적 평형상태에 있는 대기를 약간 흐트러지게 놓았을 때 원래의 상태로 되돌아가려고 하거나 그것을 계기로 대기의 상태가 크게 변하려고 하는 정도를 말한다. 평형상태에 놓인 대기 중에 작은 요란이 발생하여 그것이 점차 발달해 갈 경우 대기는 불안정하다고 하며, 반대로 그 요란이 점차 감쇠되어 대기가 원래의 평형상태에 가까워지면 그 대기는 안정하다고 한다.

기사·산업 출제빈도 ☆☆☆

019 굴뚝에서 배출되는 연기의 배출가스 속도가 30[m/s], 굴뚝 주위의 평균 풍속이 5[m/s]일 경우, 굴뚝의 유효높이를 80[m] 증가시키기 위해 굴뚝의 직경(m)은 얼마로 하는 것이 좋은가? (단, 1기압을 기준으로 하며 대기안정도는 중립조건이고, 홀랜드(Holland)식을 적용한다.)

해답

연기의 상승높이 계산식은 보통 $\Delta H = 1.5 \times \left(\dfrac{V_s}{u}\right) \times D$의 Holland식을 가장 많이 사용한다.

$\therefore\ 80 = 1.5 \times \left(\dfrac{30}{5}\right) \times D$

$D = 8.89[\text{m}]$

---

020 내경이 3[m]인 굴뚝에서 배출되는 연기의 배출가스 속도가 18[m/s], 굴뚝 주위의 평균 풍속이 6[m/s]일 경우, 오염원의 하류 방향으로 180[m] 떨어진 곳에서 연기의 상승높이(m)는? (단, 운동량(momentum)에 의한 연기의 최대상승높이를 구하는 공식은 $\dfrac{\Delta H}{D} = 1.89\left(\dfrac{R}{1+\dfrac{3}{R}}\right)^{\frac{2}{3}}\left(\dfrac{x}{D}\right)^{\frac{1}{3}}$으로 나타낸다.)

해답

$\Delta H = 1.89 \times D \times \left(\dfrac{R}{1+\dfrac{3}{R}}\right)^{\frac{2}{3}} \times \left(\dfrac{x}{D}\right)^{\frac{1}{3}} = 1.89 \times 3 \times \left(\dfrac{3}{2}\right)^{\frac{2}{3}} \times \left(\dfrac{180}{3}\right)^{\frac{1}{3}}$

$= 29.24[\text{m}]$

(여기서, $R = \dfrac{V_s}{u} = \dfrac{18[\text{m/s}]}{6[\text{m/s}]} = 3$)

---

021 내경이 1.07[m], 높이 203[m]인 굴뚝에서 9.14[m/s]의 속도로 149[℃]의 배출가스가 밖으로 배출되고 있다. 굴뚝 주위의 대기의 기온이 13[℃], 풍속이 3.56[m/s]일 경우, 유효굴뚝높이(m)는? (단, 대기압은 1,000[hPa]이며, Holland의 연기 상승고(ΔH)에 대한 결정식은 다음과 같다.)

$$\Delta H = \dfrac{V_s \times D}{u}\left[1.5 + 2.68 \times 10^{-3} \times P \times \left(\dfrac{T_s - T_a}{T_s}\right) \times D\right]$$

📝 **유효굴뚝높이**

굴뚝의 실제 높이에 배출가스의 상승고도를 합산한 높이로서 배출가스의 중심선에서 지표까지의 고도를 말한다.

$H_e = H_s + \Delta H$

해답
- 배출가스의 온도: $T_s = 273 + 149 = 422\,[\text{K}]$
- 굴뚝 주위의 대기의 기온: $T_s = 273 + 13 = 286\,[\text{K}]$

$$\therefore \Delta H = \frac{9.14 \times 1.07}{3.56}\left[1.5 + 2.68 \times 10^{-3} \times 1{,}000 \times \left(\frac{422-286}{422}\right) \times 1.07\right]$$
$$= 6.6\,[\text{m}]$$
$$\therefore H_e = H_s + \Delta H = 203 + 6.6 = 209.6\,[\text{m}]$$

현재 적용되고 있는 유효굴뚝높이 계산방법

1) Industrial Source Complex Dispersion Models(ISC3 모델)의 부력상승식(plume rise formulas)을 이용하여 최종 연기 상승거리에서의 높이로 계산한다. 이때, 굴뚝 상부에서의 침강효과(stack-tip downwash)는 고려하지 않는다.
2) 유효굴뚝높이 계산에 적용하는 입력값은 다음과 같다.
    (1) 대기안정도는 중립으로 한다.
    (2) 지상에서의 외부 공기 온도 및 풍속은 굴뚝이 설치되어 있는 인근 기상청 지상기상관측소의 전년도 년 평균 자료를 적용하며, 굴뚝 상부에서의 풍속은 ISC3 모델의 고도별 풍속 분포를 이용하여 계산한다.
    (3) 굴뚝 상부 내경, 배출가스 온도 및 배출가스 속도는 실측한 측정값으로 사용한다.
(출처: 유효굴뚝높이 산정방법 [국립환경과학원고시 제2015-12호])

022 대기가 안정되어 있거나 거의 중립에 가까운 상태일 경우, 다음 주어진 조건하에서 유효굴뚝높이(m)는? (단, 굴뚝에서 배출되는 연기의 상승높이 제안식은 $\Delta H = 2.3\left(\dfrac{F}{S \times u}\right)^{\frac{1}{3}}\,[\text{m}]$이고, 이 식에서 S는 안정도 매개변수로 $\dfrac{g}{T}\left(\dfrac{dT}{dz} + \dfrac{1[\text{℃}]}{100\,[\text{m}]}\right)\,(1/s^2)$이며, F는 부력매개변수로 $F = g \times V_s \times \left(\dfrac{d}{2}\right)^2 \times \left(\dfrac{T_s - T_a}{T_a}\right)$를 나타낸다.)

[조건]
- 대기환경조건: 안정
- 굴뚝의 내경: 3[m]
- 배출가스 온도: 150[℃]
- 환경감률: 0.2[℃]/100[m]
- 굴뚝의 높이: 100[m]
- 가스의 배출속도: 10[m/s]
- 외기 온도: 10[℃]
- 굴뚝높이에서 풍속: 5[m/s]

해답
- 안정도 매개변수
$$S = \frac{g}{T}\left(\frac{dT}{dz} + \frac{1[\text{℃}]}{100\,[\text{m}]}\right) = \frac{9.8}{(273+10)} \times \left(\frac{0.2}{100} + \frac{1}{100}\right) = 4.16 \times 10^{-4}\,(s^{-2})$$

- 배출가스의 부력 매개변수
$$F = g \times V_s \times \left(\frac{D}{2}\right)^2 \times \left(\frac{T_s - T_a}{T_a}\right) = 9.8 \times 10 \times \left(\frac{3}{2}\right)^2 \times \left(\frac{423 - 283}{283}\right)$$
$$= 109.08$$

$$\therefore \Delta H = 2.3 \times \left(\frac{109.08}{4.16 \times 10^{-4} \times 5}\right)^{\frac{1}{3}} = 86.09\,[\text{m}]$$

- 유효굴뚝높이
$$H_e = H_s + \Delta H = 100 + 86.09 = 186.09\,[\text{m}]$$

참고 안정도 매개변수 S는 안정한 대기에서는 $S > 0$이고, 불안정한 대기에서는 $S < 0$, $S = 0$인 상태는 중립 상태이다. 부력매개변수 F는 굴뚝으로부터의 에너지 배출량에 직접 관계된다.

023
높이가 105[m]이고, 출구 직경이 1.5[m]인 어떤 굴뚝에서 30[m/s]의 속도로 연기가 배출되고 있다. 이때 대기 온도가 15[℃], 배출가스 온도가 215[℃], 풍속이 6[m/s]이고, 잠재온도경사, $\frac{dQ}{dz} = 0.0033$[℃/m]일 경우, 유효굴뚝높이(m)는? (단, 다음에 제시한 Bosanquet식을 이용하시오.)

$$H_e = H + 0.65(H_m + H_t)$$
$$H_m = \frac{4.77}{1 + 0.43 \times \frac{u}{V_s}} \times \sqrt{Q \times \frac{V_s}{u}}$$
$$H_t = 6.37 \times g \times \frac{Q}{u^3} \times \frac{\Delta T}{T_1}\left(\ln J^2 + \frac{2}{J} - 2\right)$$
$$J = \frac{u^2}{\sqrt{Q \times V_s}}\left(0.43 \times \sqrt{\frac{T_1}{g \times \frac{\Delta T}{\Delta Z}}} - 0.28 \times \frac{V_s}{g} \times \frac{T_1}{\Delta T}\right) + 1$$

해답

배출유량

$$Q = \frac{\pi}{4} \times 1.5^2 \times 30 \times \left(\frac{15 + 273}{215 + 273}\right) = 31.3[\text{m}^3/\text{s}]$$

$$H_m = \frac{4.77}{1 + 0.43 \times \frac{u}{V_s}} \times \sqrt{Q \times \frac{V_s}{u}} = \frac{4.77}{1 + 0.43 \times \frac{6}{30}} \times \sqrt{\frac{31.3 \times 30}{6}}$$

$$= 22.4[\text{m}]$$

$$J = \frac{u^2}{\sqrt{Q \times V_s}}\left(0.43 \times \sqrt{\frac{T_1}{g \times \frac{\Delta T}{\Delta Z}}} - 0.28 \times \frac{V_s}{g} \times \frac{T_1}{\Delta T}\right) + 1$$

$$= \frac{6^2}{\sqrt{31.3 \times 30}} \times \left(0.43 \times \sqrt{\frac{288}{9.8 \times 0.0033}} - 0.28 \times \frac{30}{9.8} \times \frac{288}{(488 - 288)}\right) + 1$$

$$= 47.2[\text{m}]$$

$$H_t = 6.37 \times g \times \frac{Q}{u^3} \times \frac{\Delta T}{T_1}\left(\ln J^2 + \frac{2}{J} - 2\right)$$

$$= 6.37 \times 9.8 \times \frac{31.3}{6^3} \times \frac{200}{288}\left(\ln 47.2^2 + \frac{2}{47.2} - 2\right) = 36.1[\text{m}]$$

$$\therefore H_e = H_s + 0.65(H_m + H_t) = 105 + 0.65 \times (22.4 + 36.1) = 143.03[\text{m}]$$

단열과정

- **단열팽창**: 공기가 상승하면 주변 기압이 낮아지므로 부피팽창이 일어나고 부피를 팽창시키는 데 사용한 에너지만큼 열에너지가 줄어들어 기온이 내려가는 것을 말한다.
  (단열팽창: 공기상승 → 주변 기압 감소 → 단열팽창(열E → 일E) → 온도 하강)

- **단열압축**: 공기가 하강하면 주변 기압이 높아짐에 따라 부피압축이 일어나고 부피가 압축됨에 따라서 압축하는 데 남는 에너지만큼 열에너지로 다시 돌아와서 기온이 올라가는 것을 말한다.
  (단열압축: 공기하강 → 주변 기압 상승 → 단열압축(일E → 열E) → 온도 상승)

[기사] 출제빈도 ☆

024 대류권에서 공기가 상승하면 단열팽창 과정(adiabatic process)에 의해 온도가 감소하게 된다. 건조공기의 정압비열, $C_p = 1.005[kJ/kg \cdot ℃]$이고, 중력가속도 $g = 9.8[m/s^2]$일 경우, 100[m] 상승 시 감소되는 온도(℃)는 얼마가 되는지를 유도하시오.

해답

어떤 공기층의 두께를 Δz, 이 공기층의 밑면에 미치는 압력을 ΔP라 할 때,
$\Delta P = -\rho \times g \times \Delta z$

이상기체라고 가정하면 $PV = nRT$, $n = 1[mol]$이므로, $PV = RT$를 미분하면
$P \times dV + V \times dP = R \times dT$, $P \times dV = R \times dT - V \times dP$ ················ (식 1)

열역학 제1법칙(열적계 전체의 에너지보존법칙)에 의하여
$dQ = C_v \times dT + P \times dV$ ·· (식 2)

(식 2)에 (식 1)을 대입하면
$\therefore dQ = C_v \times dT + R \times dT - V \times dP$

여기서, $C_p = C_v + R$이고, 단열팽창과정 상태이므로 $dQ = 0$
$C_p \times dT = V \times dP$

이 식에 베르누이 정리를 이용하면 $P_o - P_1 = \rho \times g \times (z_o - z_1)$
$C_p \times (T_2 - T_1) = V \times (P_2 - P_1)$, $P_2 - P_1 = -\rho \times g \times (z_2 - z_1)$
$C_p \times (T_2 - T_1) = -V \times \rho \times g \times (z_2 - z_1)$, 1[mol]을 기준하였으므로 $\rho \times V = 1$

$\therefore T_2 - T_1 = -\dfrac{g}{C_p} \times (z_2 - z_1) = -\dfrac{9.8[m/s^2]}{1.005[kJ/kg \cdot ℃]} \times (100 - 0)\,m$

$= -\dfrac{980[m^2/s^2]}{1,005[N \cdot m/kg \cdot ℃]} = -\dfrac{0.98[m^2 \cdot kg \cdot ℃]}{[kg \cdot m^2/s^2 \cdot s^2]}$

$= -0.98[℃]$

($\because 1[J] = 1[N \cdot m]$, $1[N] = 1[kg \cdot m/s^2]$)

풍속의 지수법칙

에크만층(지표 부근의 마찰층) 내의 기계적 난류(강제대류)와 열적 대류(자유대류)의 영향에 의한 고도별 풍속의 크기를 나타낸 법칙으로 Deacon식(Irwin식) 또는 Sutton의 식이 사용된다. 풍속과 대기오염물질의 농도 관계는 다음과 같다.

- 선상 농도 = $\dfrac{1}{u}$
- 면상 농도 = $\dfrac{1}{u^2}$
- 공간 농도 = $\dfrac{1}{u^3}$

[기사] 출제빈도 ☆☆☆

025 풍속의 지수법칙인 Deacon식(또는 Irwin식)을 이용하여 도시지역과 시골지역에서 고도 300[m] 상공에서의 풍속(m/s)을 각각 비교하시오. (단, 표준 고도(약 10[m])에서의 풍속은 1.2[m/s]이고, 도시지역과 시골지역에서 P(지표면의 거칠기, 대기안정도에 따른 매개변수 또는 풍속지수)는 각각 0.4와 0.16이다.)

해답

Deacon식(또는 Irwin식): $u = u_o \times \left(\dfrac{z}{z_o}\right)^P$

1) 도시지역 300[m] 상공에서의 풍속

$$u = u_o \times \left(\dfrac{z}{z_o}\right)^P = 1.2 \times \left(\dfrac{300}{10}\right)^{0.4} = 4.7 [\text{m/s}]$$

2) 시골지역 300[m] 상공에서의 풍속

$$u = u_o \times \left(\dfrac{z}{z_o}\right)^P = 1.2 \times \left(\dfrac{300}{10}\right)^{0.16} = 2.1 [\text{m/s}]$$

참고 풍속의 지수법칙에는 Sutton식도 있다.

$$u = u_o \times \left(\dfrac{z}{z_o}\right)^{\frac{2}{2-n}}$$

여기서, n: 안정도 계수(강한 안정: 0.5, 불안정: 0.25, 매우 불안정: 0.2)

산업 출제빈도 ★☆☆

026 풍속의 지수법칙인 Sutton식에 의하면 지상 어느 고도인 Z에서의 풍속은 $u = u_o \times \left(\dfrac{z}{z_o}\right)^{\frac{2}{2-n}}$으로 나타낸다. 기온역전 상태인 어떤 지역의 지상 8[m]인 지점에서 풍속이 4[m/s]일 경우, 지상 40[m] 상공의 풍속(m/s)은? (단, 기온역전 상태에서 안정도 계수는 0.5이다.)

해답

$$u = u_o \times \left(\dfrac{z}{z_o}\right)^{\frac{2}{2-n}} = 4 [\text{m/s}] \times \left(\dfrac{40 [\text{m}]}{8 [\text{m}]}\right)^{\frac{2}{2-0.5}} = 34.2 [\text{m/s}]$$

기사·산업 출제빈도 ★☆☆

027 지상 18[m]에서의 풍속이 7[m/s]인 경우, 120[m]에서의 풍속(m/s)은? (단, 대기는 매우 불안정한 상태이고, 풍속의 지수법칙을 나타낸 Smith식을 적용한다.)

해답

Smith식: $u = u_o \times \left(\dfrac{z}{z_o}\right)^n$에서 매우 불안정한 상태의 대기 $n = 0.25$이다.

$$\therefore u = 7 \times \left(\dfrac{120}{18}\right)^{0.25} = 11.25 [\text{m/s}]$$

기사·산업 출제빈도 ☆☆☆

028 지상 10[m]에서의 풍속이 1.5[m/s]라면 80[m]에서의 풍속은? (단, 대기는 매우 안정한 상태이고, 풍속의 지수법칙을 나타낸 Smith식을 적용한다.)

해답

Smith식: $u = u_o \times \left(\dfrac{z}{z_o}\right)^n$ 에서 매우 안정한 상태의 대기 $n = 0.5$ 이다.

$\therefore u = 1.5 \times \left(\dfrac{80}{10}\right)^{0.5} = 4.24 [\text{m/s}]$

헥토파스칼(hPa)

1[hPa]은 100[Pa](N/m²)에 해당하며, 이는 1[m²]의 넓이에 100[N](뉴턴)의 힘이 작용할 때의 압력이다. 1기압을 헥토파스칼로 표현하면 1,013.25[hPa]이다.

기사·산업 출제빈도 ☆☆

029 직경 4[m], 높이 130[m]인 어떤 공장의 굴뚝에서 토출속도 13[m/s]로 배출되는 배출 가스의 온도는 120[℃]이며 이때의 기온은 20[℃], 대기압은 970[hPa](헥토파스칼)이다. 이때 굴뚝 꼭대기 높이에서의 풍속이 5[m/s]일 경우, 유효굴뚝높이(effective stack height)[m]는? (단, 굴뚝에서 배출되는 연기의 상승높이는 다음에 제시한 운동량과 부력을 모두 고려한 Holland식을 사용한다.)

$$\Delta H = \dfrac{V_s \times d}{u}\left[1.5 + 2.68 \times 10^{-3} \times P \times \left(\dfrac{T_s - T_a}{T_s}\right) \times d\right]$$

해답

Holland식에서 V_s = 13[m/s], d = 4[m], u = 5[m/s], P = 970[hPa]

T_s = 273 + 120 = 393[K]

T_a = 273 + 20 = 293[K]

$\therefore \Delta H = \dfrac{13 \times 4}{5}\left[1.5 + 2.68 \times 10^{-3} \times 970 \times \left(\dfrac{393-293}{393}\right) \times 4\right] = 43.12 [\text{m}]$

$\therefore$ 유효굴뚝높이

$H_e = H_s + \Delta H = 130 + 43.12 = 173.12 [\text{m}]$

030 직경 2[m], 높이 50[m]인 어떤 공장의 굴뚝에서 토출속도 15[m/s], 배출가스의 열방출률 4,800[kJ/s]로 배출된다. 이때 굴뚝 꼭대기 높이에서의 풍속이 5[m/s]일 경우, 유효굴뚝높이(effective stack height)[m]를 다음 제시한 3가지 식을 갖고 각각 구하시오. (단, 배출가스의 운동량과 부력을 모두 고려하였다.)

1) Carson과 Moses에 의한 공식

$$\Delta H = -0.029 \times \frac{V_s \times d}{u} + 2.62 \times \frac{Q_h^{\frac{1}{2}}}{u}$$

2) Holland식

$$\Delta H = \frac{V_s \times d}{u}\left[1.5 + 0.0096 \times \frac{Q_h}{V_s \times d}\right]$$

3) CONCAWE(Conservation of Clean Air and Water, Western Europe) 제안 공식

$$\Delta H = 4.71\left(\frac{Q_h^{0.444}}{u^{0.694}}\right)$$

해답

1) Carson과 Moses에 의한 공식

$$\Delta H = -0.029 \times \frac{V_s \times d}{u} + 2.62 \times \frac{Q_h^{\frac{1}{2}}}{u}$$

$$= -0.029 \times \frac{15 \times 2}{5} + 2.62 \times \frac{4,800^{\frac{1}{2}}}{5} = 36.2[\text{m}]$$

∴ 유효굴뚝높이

$$H_e = H_s + \Delta H = 50 + 36.2 = 86.2[\text{m}]$$

2) Holland식

$$\Delta H = \frac{V_s \times d}{u}\left[1.5 + 0.0096 \times \frac{Q_h}{V_s \times d}\right]$$

$$= \frac{15 \times 2}{5}\left(1.5 + 0.0096 \times \frac{4,800}{15 \times 2}\right) = 18.2[\text{m}]$$

∴ 유효굴뚝높이

$$H_e = H_s + \Delta H = 50 + 18.2 = 68.2[\text{m}]$$

3) CONCAWE(Conservation of Clean Air and Water, Western Europe) 제안 공식

$$\Delta H = 4.71 \times \left(\frac{Q_h^{0.444}}{u^{0.694}}\right) = 4.71 \times \left(\frac{4,800^{0.444}}{5^{0.694}}\right) = 66.3[\text{m}]$$

∴ 유효굴뚝높이

$$H_e = H_s + \Delta H = 50 + 66.3 = 116.3[\text{m}]$$

031 굴뚝에서 배출되는 연기의 상승고도(plume rise)를 ΔH[m], 토출속도를 V_s[m/s], 굴뚝의 직경을 d[m], 단위 시간당 배출가스의 열량을 Q_h[kcal/s], 풍속을 u[m/s]라고 할 경우,

$$\Delta H = 1.5 \times \frac{V_s \times d}{u} + 0.0405 \times \frac{Q_h}{u}$$

의 관계식이 성립된다. 어떤 굴뚝의 높이가 90[m], V_s=35[m/s], d=1.5[m], u=6[m/s], 기온 20[℃], 배출가스 온도 150[℃], 배출가스 비열(C_p) 0.31[kcal/m³·℃]인 경우, 유효굴뚝높이(H_e, m)는?

해답

- 단위 시간당 배출되는 배출가스의 유량
  Q[m³/s]을 대기 온도로 환산한다.
  $$Q = A \times V_s = \frac{\pi}{4} \times 1.5^2 \times 35 \times \frac{273+20}{273+150} = 43.74 \,[\text{m}^3/\text{s}]$$

- 단위 시간당 배출되는 배출가스의 열량
  $$Q_h[\text{kcal/s}] = Q \times C_p \times \Delta t = 43.74 \times 0.31 \times (150-20) = 1{,}763 \,[\text{kcal/s}]$$
  $$\Delta H = 1.5 \times \frac{V_s \times d}{u} + 0.0405 \times \frac{Q_h}{u} = 1.5 \times \frac{35 \times 1.5}{6} + 0.0405 \times \frac{1{,}763}{6}$$
  $$= 25.03 \,[\text{m}]$$
  $$\therefore H_e = H_s + \Delta H = 90 + 25.02 = 115 \,[\text{m}]$$

032 충분히 발달된 지표 경계층의 난류 흐름인 상태의 대기는 von Kármán 이론식, 즉 $u = \frac{u_o}{k} \ln \frac{z}{z_o}$에 입각한 풍속 계산식을 이용한다. 고도 1[m]와 2[m]에서 측정된 평균 풍속이 4.0[m/s] 및 4.8[m/s]일 경우, von Kármán 이론식으로 계산된 마찰속도(friction velocity) [m/s]는? (단, 위의 식에서 마찰속도는 u_o이고, von Kármán 상수는 0.4이다.)

해답

주어진 von Kármán 이론식

$u = \dfrac{u_o}{k} \ln \dfrac{z}{z_o}$ 에서 k = von Kármán 상수이므로

$\dfrac{4}{u_o} = \dfrac{1}{0.4} \ln \dfrac{1}{z_o}$ ·········· (식 1), $\dfrac{4.8}{u_o} = \dfrac{1}{0.4} \ln \dfrac{2}{z_o}$ ·········· (식 2)

(식 1) − (식 2)를 하면, $\dfrac{4}{2.5 \times u_o} - \dfrac{4.8}{2.5 \times u_o} = \ln \dfrac{1}{z_o} - \ln \dfrac{2}{z_o} = -\ln 2$

$\dfrac{1}{2.5 \times u_o}(4-4.8) = -0.693$

∴ $u_o = 0.46 [\text{m/s}]$

---

033 어떤 물체(흑체)에 발생하는 단위 면적당 복사 에너지는 흑체 표면온도(절대 온도)의 네제곱에 비례한다는 법칙인 스테판-볼츠만 법칙, 즉 $j^* = \sigma T^4$ 로 나타낸다. 만약 대기의 온도가 20[℃]인 상태에서 대기오염으로 인하여 단위 면적당 태양의 복사에너지가 10[%] 감소했을 경우, 대기 온도(℃)를 계산하시오.

해답

감소하기 전의 단위 면적당 복사에너지, $j_1^* = \sigma T_1^4$

감소된 후의 단위 면적당 복사에너지, $j_2^* = \sigma T_2^4$ 에서

$\dfrac{j_1^*}{j_2^*} = \dfrac{j_1^*}{0.9 \times j_1^*} = \left(\dfrac{273+20}{T_2}\right)^4 \cdot \dfrac{1}{0.9} = \left(\dfrac{293}{T_2}\right)^4$

∴ $T_2 = 285.3 K = 12.3 [℃]$

---

034 최근 조성된 A공단 지역 내의 옥시던트 농도를 고도별로 조사하여 수직확산 플럭스(flux)을 조사하기 위해 옥시던트 농도를 고도별로 측정한 결과, 지상 2[m]와 4[m] 고도에서 풍속과 오염물질의 농도가 각각 4[m/s], 0.019[ppm]과 4.8[m/s], 0.001[ppm]을 얻었을 경우, 수직확산 플럭스(ppm · kg/m² · s)는? (단, 오염물질의 밀도는 1.25[kg/m³]이며, 위 조건에서 마찰속도, u_x = 0.68[m/s]이다.)

흑체(black body)
흑체란 파장(진동수)과 입사각에 관계없이 입사하는 모든 전자기 복사를 흡수하는 이상적인 물체이다.

흑체복사 관련 법칙
- 스테판-볼츠만 법칙(Stefan-Boltzmann's law): 흑체에서 온도에 따라 빛이 나오는 현상으로 방출 에너지량은 절대온도의 네제곱에 비례한다.
  $u = \sigma T^4$
- 빈의 변위 법칙(Wien's displacement law): 온도가 높아질수록 짧은 파장대의 에너지를 더 많이 방출한다. 흑체에서 방사하는 복사량 중 에너지 밀도가 가장 큰 파장과 흑체의 온도는 반비례한다.
  $T = \dfrac{2.9 \times 10^{-3}}{\lambda_{\max}}$
- 플랑크의 복사법칙(Planck's law of radiation): 흑체복사는 주로 온도에만 관계한다. 즉, 스펙트럼 분포가 온도에 의존하는 것이다.
- 키르히호프 법칙(Kirchhoff's law): 동일한 온도에서 같은 파장의 복사(전자기파)를 내는 물체의 능력은 그것을 흡수하는 능력과 같다.
- 레일리 진스의 법칙(Rayleigh-Jeans law): 흑체의 공동의 벽 내에서 가속된 전하들에 의해 생긴 전자기장의 여러 가지 진동 모드에 의해 거의 모든 파장의 전자기파가 방출될 수 있다.

해답

플럭스(flux): 대기 중의 수증기나 가스상 오염물질이 난류에 의해 단위 면적당 공기 중으로 희석되거나 확산되는 양을 말한다. 이 식은 다음과 같다.

$$F = -\rho \times k_c \times \frac{\Delta C}{\Delta z} \qquad \text{여기서, } k_c = -u_x \times \left(\frac{\Delta u}{\Delta z}\right)^{-1} \text{이므로}$$

$$k_c = -u_x^2 \times \left(\frac{\Delta u}{\Delta z}\right)^{-1} = -0.68^2 \times \left(\frac{4-2}{4.8-4.0}\right) = -1.15 [\text{m}^2/\text{s}]$$

$$\therefore F = -\rho \times k_c \times \frac{\Delta C}{\Delta z} = -1.25 \times (-1.15) \times \left(\frac{0.001-0.019}{4-2}\right)$$

$$= -0.0129 [\text{ppm} \cdot \text{kg/m}^2 \cdot \text{s}]$$

기사 출제빈도 ☆☆

035 다음 그림은 북위 45도에 배치된 기압 및 거리를 나타낸 것이다. 지균풍(geostrophic wind)의 방향을 화살표로 표시하고 지균풍의 속도(m/s)를 구하시오. (단, 점 O를 기준으로 방향을 그리고, 이때 공기의 밀도는 1[kg/m³], 지구자전 각속도는 7.27×10⁻⁵[rad/s]이다.)

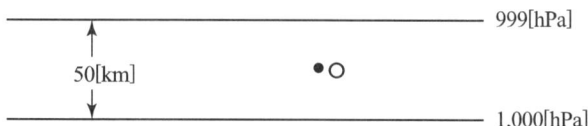

지균풍
전향력과 기압경도력의 크기가 같을 때 나타나는 이론적인 바람으로, 고도가 1[km]보다 높은 곳에서 등압선에 나란하게 부는 바람이다.

전향력
코리올리 힘(Coriolis force)이라고도 하며 이는 회전체의 표면 위에서 운동하는 물체에 대하여 운동속도 방향에 수직으로 작용하는 가상의 힘을 말한다.

기압경도력
대기 중에서 두 지점 사이의 압력이 다를 때, 압력이 큰 쪽에서 적은 쪽으로, 즉 고기압에서 저기압 쪽으로 작용하는 힘을 말한다. 기압경도는 기압의 거리에 대한 변화 비율(기압의 기울기)로 벡터이다.

해답

1) 지균풍의 방향 표시

　　　→　　지균풍의 방향

2) 지균풍은 전향력과 기압경도력이 같을 때 부는 가상의 바람이다.

지균풍의 속도, $V_g = \frac{1}{\rho \times f} \times \left(\frac{\Delta P}{\Delta x}\right) = \frac{1}{\rho \times 2[\Omega]\sin\phi} \times \left(\frac{\Delta P}{\Delta x}\right)$

여기서,
V_g: 지균풍의 속도(m/s)
ρ: 공기 밀도(1[kg/m³] = 10⁻³[g/cm³])
f: 코리올리 파라미터($2[\Omega]\sin\phi$)
Ω: 지구자전 각속도($\omega = \frac{2\pi}{\text{day}} = \frac{2\pi}{86,400[\text{s}]} = 7.27 \times 10^{-5}[\text{rad/s}]$)
ϕ: 위도(45°)
ΔP: 기압차(1[hPa] = 100[Pa] = 1,000[dyn/cm²], 1[dyn] = 10⁻⁵[N] = 1[g · cm/s²])
Δx: 등압선 사이의 거리(50[km] = 5×10⁶[cm])

$$V_g = \frac{1}{\rho \times 2[\Omega]\sin\phi} \times \left(\frac{\Delta P}{\Delta x}\right)$$

$$= \frac{1}{10^{-3}[\text{g/cm}^3] \times 2 \times 7.27 \times 10^{-5}[\text{rad/s}] \times \sin 45°}$$

$$\times \left(\frac{1{,}000[\text{g}\cdot\text{cm/s}^2] \times \left(\frac{1}{\text{cm}^2}\right)}{5 \times 10^6[\text{cm}]}\right) = 19.45[\text{m/s}]$$

기사 출제빈도 ☆

036 어떤 도시의 황산화물 배출 확산계수, k값이 3.5로 정해져 있다고 가정할 경우, 유효 굴뚝높이가 100[m]인 빌딩에서 난방을 하기 위해 보일러를 가동시키면 시간당 50[kL]의 중유가 연소된다고 한다. 이때 황산화물 배출기준을 초과하지 않기 위한 중유 중의 황 함유율(%)은? (단, 중유 중 황산화물 배출량, $Q[(\text{Sm}^3/\text{h})] = 0.0067 \times S \times W$이다. 여기서, S는 중유 중 황 함유율(%), W는 연료 사용량(L/h)이다.)

해답 황산화물 배출량

$Q[(\text{Sm}^3/\text{h})] = 0.0067 \times S \times W = k \times 10^{-3} \times H_e^2$

여기서, H_e = 유효 굴뚝높이

∴ $0.0067 \times S \times 50{,}000[\text{L/h}] = 3.5 \times 10^{-3} \times 100^2$

황산화물 배출기준을 초과하지 않기 위한 중유 중의 황 함유율(%)

∴ $S = \dfrac{3.5 \times 10^{-3} \times 100^2}{0.0067 \times 50{,}000} \times 100 = 10.45[\%]$ 이하인 것을 사용하여야 한다.

기사 출제빈도 ☆

037 1,500[K], 1[atm] 하에서 배출되는 연소가스의 조성이 질소 = 76[%], 산소 = 4[%], 이산화탄소 = 8[%], 수증기 = 12[%]일 경우, $N_2 + O_2 \rightleftarrows 2NO$ 반응에 의한 평형상태에서 NO 농도(ppm)는? (단, 1,500[K]에서 $N_2 + O_2 \rightleftarrows 2NO$ 반응의 평형상수는 1.1×10^{-5}이다.)

해답

$$k_p = \frac{(\overline{P}_{NO})^2}{(\overline{P}_{N_2})(\overline{P}_{O_2})} = 1.1 \times 10^{-5}$$

기체에서 부피비 = 몰비 = 부분압이므로

$(\overline{P}_{NO})^2 = 1.1 \times 10^{-5} \times (0.76 \times 0.04) = 3.344 \times 10^{-7}$

$\therefore \overline{P}_{NO} = 5.78 \times 10^{-4} [atm]$

NO의 몰분율 $= \dfrac{\overline{P}_{NO}}{\overline{P}_T} = \dfrac{5.78 \times 10^{-4}}{1}$

NO의 평형농도 $= 5.78 \times 10^{-4} \times 10^6 = 578 [ppm]$

기사·산업 출제빈도 ✮✮✮

038 어떤 도시의 대기 중 분진의 농도에 의한 가시거리의 변화를 측정하려고 한다. 상대습도가 70[%]이고, 분진농도가 50[μg/m³]일 경우, 가시거리(km)는? (단, 분산계수, $A = 1.2$이다.)

해답

가시거리는 습도가 증가하면 입자들이 응결하기 때문에 습도에 의해 크게 영향을 받는데, 70[%]의 상대습도에서 가시거리를 L_v[km]라고 할 경우,

$L_v = \dfrac{A \times 10^3}{G}$ 여기서, G는 분진의 농도($\mu g/m^3$)이다.

$\therefore$ 가시거리, $L_v = \dfrac{1.2 \times 10^3}{50} = 24 [km]$

기사·산업 출제빈도 ✮✮

039 어떤 도시의 대기 중 입자의 크기에 따른 가시거리의 변화를 나타내려고 한다. 빛의 파장이 5,420[Å]인 빛 가운데 밀도 0.9[g/cm³], 입경 0.6[μm]인 기름 방울 입자의 분산면적비(입자에 작용하는 파면의 면적과 입자 면적 간의 비) K가 4.1, 가시거리가 1,600[m]일 경우, 이때의 분진농도($\mu g/m^3$)? (단, 빛은 분산에 의해서만 사라지고, 기름 방울 입자는 구형으로 균등하게 분포되어 있다.)

해답 입자의 크기에 따른 가시거리의 변화에 대한 가시거리를 $V[\text{m}]$라고 할 경우

$$V = \frac{5.2 \times \rho \times r}{K \times C}$$

여기서, ρ : 분진의 밀도(g/cm³)
  r : 구형 입자의 반경(μm)
  K : 분산면적비(분산계수)
  C : 분진의 농도(g/m³)

∴ 가시거리,

$$V = \frac{5.2 \times \rho \times r}{K \times C} = \frac{5.2 \times 0.9 \times 0.3}{4.1 \times 1,600} = 2.14 \times 10^{-4}\,[\text{g/m}^3] = 214\,[\mu\text{g/m}^3]$$

기사·산업 출제빈도 ★★

040 어떤 전원도시의 대기 중 분진에 의한 대기질의 저하를 측정하고자 한다. 깨끗한 여과지에 0.3[m/s]의 속도로 6시간 동안 먼지를 함유한 공기를 여과시킨 결과 처음의 깨끗한 여과지에 비해 채취에 사용된 여과지의 빛 전달율이 60[%]로 감소되었을 경우, 공기기둥 1,000[ft]당 빛 전달률의 감소를 측정하여 결정되는 연무계수(Coh, Coefficient of haze)는?

해답 분진이 채취된 여과지를 통과하는 빛 전달분율

$\dfrac{I}{I_o}$의 역수인 불투명도(opacity) $= \dfrac{1}{\text{빛 전달률}} = \dfrac{1}{0.6} = 1.67$

광학적 밀도(O.D, Optical Density) $= \log(\text{불투명도}) = \log 1.67 = 0.223$

∴ 연무계수(Coh, Coefficient of haze) $= \dfrac{\text{O.D.}}{0.01} = \dfrac{0.223}{0.01} = 22.3$

$\left(\text{Coh} = \dfrac{\text{O.D.}}{0.01} = \dfrac{\log(\text{opacity})}{0.01} = 100\log\left(\dfrac{I_o}{I}\right)\right)$

여기서, I_o는 입사광의 강도, I는 투과광의 강도이다.)

여과지를 통과한 공기기둥의 길이
$= 0.3[\text{m/s}] \times 6[\text{h}] \times 3,600[\text{s/h}] = 6,480[\text{m}] = 21,314[\text{ft}]$

∴ $\dfrac{\text{Coh}}{1,000[\text{ft}]} = \dfrac{22.3}{21.314} = 1.05$

참고 광학적 밀도를 이용한 이 방법은 미국재료시험학회(ASTM, American Society for Testing and Materials)에 의하여 표준화된 것으로 그 결과는 공기기둥 1,000[ft]당 Coh 단위로 나타낸다. Coh 값이 크면 클수록 빛 전달률은 적게 되어 대기오염 정도는 심해진다. Coh/1,000[ft] 값 1.05는 경미한 대기오염 정도이다. 그러나 여과지의 빛 전달률은 분진의 양보다는 입경과 입자의 형상에 의해서 결정되므로 대기의 분진농도가 높다고 해서 Coh 값이 반드시 높다고 할 수는 없다. Coh 값이 10 이상이었는데도 분진농도가 111[μg/m³]인 경우가 있었는데, 이는 분진 속에 많은 양의 탄소화합물이 함유된 경우에 해당한다.

▼ Coh 값에 따른 대기오염의 정도

$\dfrac{\text{Coh}}{1{,}000[\text{ft}]}$	대기오염 정도
0 ~ 3.2	경미한 상태
3.3 ~ 6.5	보통 상태
6.6 ~ 9.8	심한 상태
9.9 ~ 13.1	대단히 심한 상태
13.2 ~ 16.4	참기 어려울 정도로 심한 상태

기사 출제빈도 ☆☆

041 어떤 전원도시의 대기 중 분진에 의한 대기질의 저하를 측정하고자 한다. 깨끗한 여과지에 0.5[m/s]의 속도로 4시간 동안 먼지를 함유한 공기를 여과시킨 결과 처음의 깨끗한 여과지에 비해 채취에 사용된 여과지의 빛 전달율이 처음의 68[%]에 해당하였다. 공기기둥 1,000[m]당 빛 전달율의 감소를 측정하여 결정되는 연무계수(Coh, Coefficient of haze)는?

해답
먼지가 채취된 여과지를 통과하는 빛 전달분율 $\dfrac{I}{I_o}$의 역수인 불투명도(opacity) = $\dfrac{1}{\text{빛 전달률}}$ = $\dfrac{1}{0.68}$ = 1.47

광학적 밀도(O.D, Optical Density) = log(불투명도) = log 1.47 = 0.1675

∴ 연무계수(Coh, Coefficient of haze) = $\dfrac{\text{O.D.}}{0.01}$ = $\dfrac{0.1675}{0.01}$ = 16.75

$\left(\text{Coh} = \dfrac{\text{O.D.}}{0.01} = \dfrac{\log(\text{opacity})}{0.01} = 100\log\left(\dfrac{I_o}{I}\right)\right)$

여기서, I_o는 입사광의 강도, I는 투과광의 강도이다.)

여과지를 통과한 공기기둥의 길이 = 0.5[m/s] × 4[h] × 3,600[s/h] = 7,200[m]

∴ 7,200[m] : 16.75 = 1,000[m] : x Coh, x = 2.33

∴ 공기기둥 1,000m당 빛 전달률의 감소를 측정하여 결정되는 연무계수(Coh)는 2.33이다.

042 어떤 도시에 대기 분진농도가 200[$\mu g/m^3$]으로 가시거리가 변화하였다. 이 경우 다음 물음에 답하시오. (단, 산란계수(σ_s) = $a + b \times C_a$이며, $a = -1.5 \times 10^{-2}$[km^{-1}], $b = 2.0 \times 10^{-3}$[$m^3/km \cdot \mu g$]이고, 흡수계수(σ_a)는 산란계수의 값과 같다고 가정한다.)

1) 산란계수(σ_s)[km^{-1}]는?
2) 한계가시거리(d_v)[km]는?

해답

1) 산란계수(σ_s) = $-1.5 \times 10^{-2} + 2.0 \times 10^{-3} \times 200 = 0.385$[$km^{-1}$]

2) 한계가시거리(d_v) = $\dfrac{3.91}{\sigma}$ 에서 $\sigma = \sigma_a + \sigma_s = 0.385 + 0.385 = 0.77$[$km^{-1}$]

∴ $d_v = \dfrac{3.91}{0.77} = 5$[km]

2 연소이론, 연소계산, 연소설비 이해하기

학습 개요 | 기사·산업기사 공통

1. 연소이론의 이해와 연소생성물을 계산 및 연소설비를 파악할 수 있다.

기사·산업 출제빈도 ☆☆

001 C 94[%], 회분 4[%], 수분 2[%]를 함유한 고체연료를 10,000[kg/day]로 완전 연소하였다. 이때 연소기의 출구에서 연소가스의 출구 온도는 1,000[℃], 연소기 주위의 압력이 1.04[atm]일 경우, 1분간 발생된 CO_2의 kmol 수와 발생된 체적(m^3)은?

해답

발생된 $CO_2 = \dfrac{0.94 \times 10,000[\text{kg/day}]}{(24 \times 60)[\text{min/day}] \times 12[\text{kg/kmol}]} = 0.54[\text{kmol/min}]$

발생된 체적(m^3)은 $PV = nRT$에서

$V = \dfrac{nRT}{P} = \dfrac{0.54 \times 0.0802 \times (1,000 + 273)}{1.04} = 54.2[\text{m}^3/\text{min}]$

기사·산업 출제빈도 ☆☆☆

002 메테인(CH_4) 가스를 고농도의 산소가 함유된 공기를 이용하여 높은 불꽃 온도로 연소시켰다. 연소 후에 배출된 연소가스의 몰(mole) 비율 조성은 CO_2 23[%], O_2 5[%], N_2 72[%]였다. 고농도의 산소가 함유된 공기 중 $\left(\dfrac{O_2}{N_2}\right)$의 몰 비율(%)은?

해답 메테인(CH_4) 가스의 연소반응식

$CH_4 + x\,O_2 + y\,N_2 \rightarrow CO_2 + (x-2)\,O_2 + 2\,H_2O + y\,N_2$

여기서 CO_2 23[%]는 연소 후에 배출된 연소가스의 몰(mole) 비율(%)이므로

$23 = \dfrac{1}{총\ 연소가스} \times 100$에서 총 연소가스 = 4.35[mole]

$5 = \dfrac{(x-2)}{4.35} \times 100$에서 x는 O_2[mole] = 2.22[mole]

$72 = \dfrac{y}{4.35} \times 100$에서 y는 N_2[mole] = 3.13[mole]

$\therefore \left(\dfrac{O_2}{N_2}\right)[\%] = \dfrac{2.22}{3.13} \times 100 = 70.93[\%]$

003 등유(케로신, kerosene) 1[kg] 중에 C가 86[%] 함유되어 있다. 이 등유를 시간에 200[g]을 연소시킬 경우, 연소가스 중 일산화탄소와 이산화탄소의 비율이 $\dfrac{CO}{CO_2} = 0.03$이었다. 이때 CO의 발생량 (Sm³/h)은?

해답

등유의 연소반응식에서 연소가스는 CO와 CO_2로 배출된다.

반응식, $C + \dfrac{1}{2}O_2 \rightarrow CO$, $C + O_2 \rightarrow CO_2$

등유 200[g/h]에 함유된 탄소량 = 200[g/h] × 0.86 = 172[g/h]

등유 200[g/h] 연소 시 발생하는

$(CO + CO_2)$량 = $172\,[g/h] \times \dfrac{22.4\,[Sm^3]}{12\,[kg]} \times 10^{-3}\,[kg/g] = 0.321\,[Sm^3/h]$

여기서, $\dfrac{CO}{CO_2} = 0.03$이므로 $CO_2 = \dfrac{CO}{0.003}$

∴ $CO_2 + CO = \dfrac{CO}{0.003} + CO = 0.321[Sm^3/h]$

∴ CO의 발생량 = $9.6 \times 10^{-4}\,[Sm^3/h]$

004 지구에 존재하는 총 산소량이 1.21×10¹⁵[ton]이고, 가연성의 총 탄화수소$((CH)_n)$ 양은 10¹³[ton]이라고 할 경우, 이 탄화수소의 완전 연소에 필요한 산소의 mole 백분율(%)은?

해답

총 탄화수소의 연소반응식, $n(CH) + n\dfrac{5}{4}O_2 \rightarrow nCO_2 + \dfrac{n}{2}H_2O$

총 산소의 ton · mole = $\dfrac{1.21 \times 10^{15}\,[ton]}{\dfrac{32\,[ton]}{ton \cdot mole}} = 3.781 \times 10^{13}\,[ton \cdot mole]$

총 탄화수소의 ton · mole = $\dfrac{10^{13}\,[ton]}{\dfrac{13 \times n\,[ton]}{ton \cdot mole}} = \dfrac{7.692 \times 10^{11}}{n}\,[ton \cdot mole]$

총 탄화수소$((CH)_n)$ 완전 연소에 필요한 산소의 ton · mole은

$\dfrac{7.692 \times 10^{11}}{n} \times \dfrac{5}{4}n = 9.615 \times 10^{11}\,[ton \cdot mole]$

∴ 완전 연소에 필요한 산소의 mole 백분율(%) = $\dfrac{9.615 \times 10^{11}}{3.781 \times 10^{13}} \times 100 = 2.54\,[\%]$

다른 풀이

$C_mH_n + \left(m + \dfrac{n}{4}\right)O_2 \rightarrow mCO_2 + \dfrac{n}{2}H_2O$ 에서

$n(CH) + n\left(1 + \dfrac{1}{4}\right)O_2 \rightarrow n\left[CO_2 + \dfrac{1}{2}H_2O\right]$ 이다.

n몰 : $n(1.25)$몰 $= \dfrac{10^{13}[\text{ton}] \times 10^3[\text{kg/ton}]}{13[\text{kg/kmol}]} : x[\text{kmol}]$

$\therefore x = 9.615 \times 10^{14}[\text{kmol}]$

$\therefore \dfrac{9.615 \times 10^{14}[\text{kmol}]}{\dfrac{1.21 \times 10^{15}[\text{ton}] \times 10^3[\text{kg/ton}]}{32[\text{kg/kmol}]}} \times 100 = 2.54[\%]$

005 1일 3[L]의 휘발유를 소비하는 자동차 10만 대가 어떤 도시를 주행할 때, 하루 동안 이 자동차들이 소비하는 공기량(m^3)은? (단, 연료의 비중은 0.7이고, 연료 1[kg] 연소 시 3[kg]의 산소가 필요하며 공기 밀도는 1.2[kg/m^3]이다.)

해답

3[L]의 휘발유가 연소할 때 필요한 산소량 = 3[L] × 0.7[kg/L] × 3 = 6.3[kg]
이 값을 23.2[%]로 나누면 공기의 질량이 되고, 공기 질량을 밀도로 나누면 공기 체적이 얻어진다.

즉, 자동차 한 대 분의 공기체적 $= \dfrac{\dfrac{6.3[\text{kg/d}]}{0.232}}{1.2[\text{kg/}m^3]} = 22.63[m^3/d]$

∴ 10만 대의 자동차가 소비하는 공기량은 22.63 × 100,000 = 2.263 × 10^6[m^3]

006 중유를 매시 1.5톤 연소하는 어떤 가열로에서 배출되는 NO의 양은 2.5 [Sm^3/h]이다. 이 가열로의 NO 배출계수(kg NO/10^8kcal)는? (단, 중유의 저발열량은 10,000[kcal/kg]이다.)

해답

부피 2.5[Sm³]의 NO(kg) = $30 \times \dfrac{2.5}{22.4}$ = 3.35[kg]

중유 1.5[톤/h]의 H_L = 10,000 [kcal/kg] × 1,500 [kg/h] = 0.15×10^8 [kcal/h]

NO 배출계수(kg NO/10⁸ kcal) = $3.35 \times \dfrac{1}{0.15 \times 10^8}$ = 22.33 [kg/10⁸ kcal]

산업 출제빈도 ★★

007 벙커C유 2[kg]을 연소시켰을 때, 생성되는 수증기량(Sm³)은? (단, 벙커C유 중 수소함량은 10[%]이고, 기타 수분은 없다고 가정한다.)

해답

수소의 연소반응식

$$H_2 + \tfrac{1}{2} O_2 \rightarrow H_2O$$

2[kg]   22.4[Sm³]
2×0.10[kg] x

∴ $x = \dfrac{2 \times 0.1 \times 22.4}{2}$ = 2.24 [Sm³]

「벙커」 C 중유

원유를 300[℃]까지 상압 증류해서 마지막으로 남은 것을 중유라 하는데, 그중에서도 가장 저질의 것을 벙커C유라고 한다. 점착도가 50cst(50[℃]) 이상으로 중유 중 점착성이 가장 강하다. 벙커유라는 이름은 선박이나 항구에서 연료용 석유제품을 저장하는 용기를 벙커(bunker)라고 부른 것에서 유래되었다. 착화점이 너무 높다는 결점이 있는 반면 열량도 석탄보다 높고 운반·저장이 쉬워 보일러 연료에 많이 쓰이고 있다.

가연성물질의 연소반응식

탄소(C), 수소(H₂), 황(S), 기체연료 등의 연소반응식을 알지 못하면 연소계산을 할 수 없으므로 반드시 암기하여야 한다.

기사·산업 출제빈도 ★★★

008 하루에 10[kL]의 중유를 연소시키는 화력발전소에서 배출되는 아황산가스의 양(kg)은? (단, 중유 중 황 함량은 중량비로 2.5[%]이고, 밀도는 0.95[kg/L]이며 중유 중 황은 모두 SO₂로 산화된다.)

해답

황의 연소반응식

$$S + O_2 \rightarrow SO_2$$

                32   64
10×10³×0.95×0.025 x

∴ $x = \dfrac{64}{32} \times 10^4 \times 0.025 \times 0.95$ = 475 [kg SO₂/d]

기사·산업 출제빈도 ☆☆

009 비중이 0.9이고, 황(S) 성분이 2.0[Wt%]인 중유를 매시 1[kL] 연소할 경우, 생성되는 SO₂의 중량(kg/h)은?

해답 연소반응식

$$S + O_2 \rightarrow SO_2$$
$$32 \quad\quad\quad 64$$
$$18 \quad\quad\quad x$$

중유 1[kL]의 중량: 1,000[L] × 0.9[kg/L] = 900[kg]

황(S)의 중량: $900\,[\text{kg}] \times \dfrac{2}{100} = 18\,[\text{kg}]$

생성되는 SO₂의 중량: $x = \dfrac{64}{32} \times 18 = 36\,[\text{kg}]$

∴ 매시 36[kg]의 SO₂ 가스가 발생한다.

기사·산업 출제빈도 ☆☆

010 비중이 0.9이고, 황(S) 성분이 2.5[Wt%]인 B-C 중유를 매시 20[kL] 소비하는 보일러에서 배출되는 SO₂량(Sm³/h)은?

해답 연소반응식

$$S + O_2 \rightarrow SO_2$$
$$32 \quad\quad\quad 22.4$$
$$450 \quad\quad\quad x$$

중유 20[kL]의 중량: 20,000[L] × 0.9[kg/L] = 18,000[kg/h]

황(S)의 중량: $18,000\,[\text{kg/h}] \times \dfrac{2.5}{100} = 450\,[\text{kg/h}]$

보일러에서 배출되는 SO₂량(Sm³/h)

$x = \dfrac{22.4}{32} \times 450 = 0.7 \times 450 = 315\,[\text{Sm}^3/\text{h}]$

다른 풀이

SO₂량(Sm³/h) $= 0.7\,[\text{Sm}^3/\text{kg}] \times W[\text{L/h}] \times 비중 \times \dfrac{S}{100}$

$= 0.7 \times 20 \times 10^3 \times 0.9 \times \dfrac{2.5}{100} = 315\,[\text{Sm}^3/\text{h}]$

011 어떤 공장에서 하루에 10^4[kg]의 벙커C유를 연소한다. 이 연료 중 0.4[%](중량비)의 황이 함유되어 있을 때, 이 공장에서 1일간 배출되는 SO_2[kg]은?

해답

S(원자량: 32)와 SO_2(분자량: 64)의 질량 차이는 2배이므로
$10^4 \,[\mathrm{kg/d}] \times 0.004 \times 2 = 80\,[\mathrm{kg}]$

012 4[%]의 황을 함유한 석탄 5[ton]을 완전 연소시킬 경우, 표준상태에서 SO_2 발생량(Sm^3)은? (단, S = 32, 석탄 중의 S는 모두 SO_2로 된다.)

해답

연소반응식

$$\begin{array}{ccc} S + O_2 & \rightarrow & SO_2 \\ 32[\mathrm{kg}] & & 22.4[\mathrm{Sm}^3] \\ 1[\mathrm{kg}] & & \dfrac{22.4}{32} = 0.7[\mathrm{Sm}^3] \end{array}$$

$\therefore\ 5{,}000\,[\mathrm{kg}] \times 0.04 \times 0.7\,[\mathrm{Sm}^3/\mathrm{kg}] = 140\,[\mathrm{Sm}^3]$

013 황 함유량이 1.5[%]인 중유 6,400[kg/h]를 완전 연소시킬 때, 중유 중 황 성분은 모두 SO_2가 된다고 할 경우, 5분 동안에 생성되는 황산화물의 부피(Sm^3)는?

해답

$Q = 0.7\,[\mathrm{Sm}^3/\mathrm{kg}] \times \dfrac{1.5}{100} \times 6{,}400\,[\mathrm{kg/h}] \times \dfrac{5\,[\mathrm{min}]}{60\,[\mathrm{min/h}]} = 5.6[\mathrm{Sm}^3]$

산업 출제빈도 ★★

014 황 함량이 1.5[%]인 중유를 4,000[kg/h]로 연소할 때, 생성되는 아황산가스의 양(Sm³/h)은? (단, 황 성분은 모두 아황산가스가 된다.)

해답

$$Q = \frac{22.4}{32} \times \frac{S}{100} \times G = 0.7 \times 0.015 \times 4,000 = 42[\text{Sm}^3/\text{h}]$$

기사·산업 출제빈도 ★★★

015 중유만을 연소시키는 보일러에서 다음 주어진 조건으로 연소할 경우, 황산화물(SO_2) 배출량이 $0.0063 \times S \times W$ (Sm³/h)임을 증명하시오. (단, 중유의 비중은 0.9이다.)

[조건] 1. 1시간당 중유 사용량: $W[L]$
2. 중유 중 황 성분함량: $S[\%]$

해답 황의 연소반응식

$$S + O_2 \rightarrow SO_2$$
$$32[\text{kg}] \qquad\qquad 22.4[\text{Sm}^3]$$
$$W[\text{L/h}] \times 0.9 \times \frac{S}{100}[\text{kg}] \qquad x[\text{Sm}^3]$$

$$\therefore x = W[\text{L/h}] \times 0.9[\text{kg/L}] \times \frac{S[\%]}{100} \times \frac{22.4[\text{Sm}^3]}{32[\text{kg}]}$$
$$= 0.0063 \times S \times W[\text{Sm}^3/\text{h}]$$

기사·산업 출제빈도 ★★★

016 어떤 연료의 원소 구성비(무게비)가 C: 70[%], O: 12[%], H: 10[%], S: 3[%], 기타 5[%]이다. 이 연료 5[kg]을 완전 연소시킬 경우, 표준상태에서 발생하는 아황산가스의 부피(L)는?

해답 아황산가스의 부피(L)

$$Q = \frac{22.4}{32} \times \frac{S}{100} \times G = 0.7 \times 0.03 \times 5 = 0.105 [\text{Sm}^3] = 105 [\text{L}]$$

017 어떤 사업장의 보일러에 사용하는 중유를 연료로 비중이 0.95, 황 성분이 3[%]인 중유를 사용량 30[kL/h]로 가동하고 있다. 연소가스 중 황산화물의 발생량(Sm^3/s)은? (단, 황 성분은 연소 시 100[%] 산화된다.)

해답

$$Q = \frac{22.4}{32} \times \frac{S}{100} \times G = 0.7 \times 0.03 \times 30 \times 10^3 \times 0.95 \times \frac{1}{3,600} = 0.17 [\text{Sm}^3/\text{s}]$$

018 황 함유량이 5[%]인 석탄 100[kg]을 완전 연소하였을 경우, 25[℃], 680[mmHg]에서 발생되는 SO_2(kg)은?

해답

$$SO_2[\text{kg}] = 100 [\text{kg}] \times 0.05 \times \frac{64}{32} = 10 [\text{kg}]$$

여기서, 발생되는 질량(kg)은 온도와 압력에 관계가 없다.

019 황 함유량이 5[%]인 석탄 1[ton]을 완전 연소시킬 경우, 연소가스온도 130[℃], 압력 1.5기압에서 발생하는 SO_2의 부피(m^3)는?

해답

$$SO_2 \text{의 부피}[\text{m}^3] = 0.7[\text{Sm}^3/\text{kg}] \times W[\text{kg}] \times \frac{S}{100} \times \frac{273+t}{273} \times \frac{760}{P_a}$$

$$= 0.7 \times 1,000 \times 0.05 \times \frac{273+130}{273} \times \frac{760}{760 \times 1.5} = 34.44 [\text{m}^3]$$

020 어떤 공장의 굴뚝에서 배출되는 연소가스량이 $10^5[Sm^3/h]$이었다. 이 공장에서 사용한 액체연료 중 황 성분이 1.5[%] 포함되었을 경우, 굴뚝 부근의 피해지점에서 SO_2 농도(ppm)와 배출량(ton/yr)은? (단, 액체연료의 사용량은 0.7[kL/min], 비중은 0.95, 피해지점으로 발생량의 30[%]가 확산되었다고 가정한다.)

해답
- 피해지점에서 SO_2량 $= 0.7 \times 0.015 \times 700 \times 0.95 \times 60 \times 0.3 = 125.69[Sm^3/h]$
- 피해지점의 SO_2 농도(ppm) $= \dfrac{125.69}{10^5} \times 10^6 = 1,256.9[ppm]$
- 피해지점의 SO_2 배출량(ton/yr)

$$= 1,256.9\,[mL/Sm^3] \times 10^{-6}\,[Sm^3/mL] \times 10^5\,[Sm^3/h] \times \dfrac{64\,[kg]}{22.4\,[Sm^3]}$$
$$\times 24\,[h/day] \times 365\,[day/yr] \times 10^{-3} = 3,145.84[ton/yr]$$

021 어느 공장에서 1,600[ppm]의 SO_2를 포함한 80,000[Sm^3/h]의 배출가스를 발생시키고 있다. 이 배출가스의 25[%]가 연간 같은 방향으로 흘러가 주변 아파트 단지에 피해를 주고 있다면, 이 아파트 단지로 흘러 들어가 피해를 끼치는 SO_2량은 연간 몇 [ton]인가? (단, 이 공장은 연간 300일 가동한다.)

해답
피해지점에서 SO_2량은
$80,000[Sm^3/h] \times 1,600[ppm] \times 10^{-6} \times 0.25 \times 24[h/day] \times 300[day/yr]$
$\times \left(\dfrac{64}{22.4}\right) \times 10^{-3} = 658.29[ton]$

022 화석연료(석탄)의 연소에서 배출되는 SO_2의 배출량을 규제하기 위해 연료의 연소 시 발생하는 발열량당 SO_2의 중량을 2.5[mg/kcal] 이하로 규제할 경우, 단위 중량당 발열량이 6,000[kcal/kg]인 석탄의 황(S) 함량은 몇 [%] 이하로 유지해야 하는가? (단, 황 함량은 중량비이며, 석탄 중 황은 전부 SO_2로 변환된다.)

해답

황의 연소반응식

$$S + O_2 \rightarrow SO_2$$
$$32[kg] \qquad\qquad 64[kg]$$
$$1[kg] \qquad\qquad x[kg]$$

$$\therefore x = \frac{64}{32} = 2[kg]$$

석탄 중 황 함량 허용치를 x[%]라고 할 경우, 황 1[kg]은 2[kg]의 SO_2를 발생시킴으로

$$\frac{x\,[kg\,S/kg\,Coal] \times 2\,[kg\,SO_2/kg\,S]}{6,000\,[kcal/kg\,Coal]} \leq 2.5 \times 10^{-6}\,[kg\,SO_2/kcal]$$

$$x = \frac{2.5 \times 10^{-6} \times 6,000}{2} \times 100 = 0.75[\%]$$

즉 석탄 중 황 함량은 0.75[%] 이하로 유지하여야 한다.

023 황 성분 함량이 4[%]인 벙커C유를 매일 100[kL] 사용하는 보일러에 황 성분 함량이 1.5[%]인 벙커C유 40[%]를 혼합하여 사용할 경우, SO_2 배출량의 감소율(%)은? (단, 벙커C유에 포함된 황 성분은 전량 SO_2로 전환된다.)

해답

4[%]인 벙커C유 중 황 성분의 양 = 100[kL] × 0.04 = 4[kL]
1.5[%]인 벙커C유 40[%] 중 황 성분의 양 = 100[kL] × 0.015 × 0.4 = 0.6[kL]
4[%]인 벙커C유 60[%] 중 황 성분의 양 = 100[kL] × 0.04 × 0.6 = 2.4[kL]
혼합된 벙커C유 중 황 성분의 양 = 0.6[kL] + 2.4[kL] = 3[kL]

$$\therefore 감소율(\%) = \frac{처음\,S량 - 나중\,S량}{처음\,S량} \times 100 = \frac{4-3}{4} \times 100 = 25[\%]$$

영국 열량 단위(BTU, British Thermal Unit)
1파운드(1[lb] = 453.6[g])의 물을 대기압하에서 60.5[°F]에서 61.5[°F]로, 1[°F] 올리는 데 필요한 열량을 말한다.

024 석탄을 연소하여 발생하는 열량 11,000[BTU/lb]를 이용하는 화력발전소가 있다. 사용되는 석탄 속에 3[%] S 성분을 함유하고 있어 배출가스량 중 SO_2량을 맞추어 배출하여야 한다. SO_2 배출량을 1.2[lb] $SO_2/10^6$[BTU]로 하기 위해서는 SO_2의 최소 처리효율(%)을 얼마로 하여야 하는가?

해답

열량 10^6[BTU]를 얻기 위해 필요한 석탄의 양 = $\dfrac{10^6 \,[\text{BTU}]}{11{,}000\,[\text{BTU/lb}]}$ = 90.91[lb]

석탄 속의 황(S)의 함유량 = 90.91 × 0.03 = 2.72[lb]

황의 연소반응식:

$$\begin{array}{ccc} S + O_2 & \rightarrow & SO_2 \\ 32 & & 64 \\ 2.72 & & x \end{array}$$

배출가스 중에 SO_2량, $x = 2.72 \times \dfrac{64}{32} = 5.44$[lb]

$\therefore \eta = \dfrac{(5.44 - 1.2)}{5.44} \times 100 = 77.9\,[\%]$

025 전부 유기황으로 구성된 황 함량이 6[%]인 원유가 있다. 이 유기황에 수소를 첨가하여 황화수소(H_2S)로 환원시켜 유기황을 배출하려고 할 경우, 원유 1톤당 황화수소의 발생량(Sm^3)은?

해답

반응식:

$$\begin{array}{ccc} S + H_2 & \rightarrow & H_2S \uparrow \\ 32\,[\text{kg}] & & 22.4\,[\text{Sm}^3] \\ 1{,}000\,[\text{kg}] \times 0.06 & & x\,[\text{Sm}^3] \end{array}$$

$\therefore x = \dfrac{22.4 \times 1{,}000 \times 0.06}{32} = 42\,[\text{Sm}^3]$

026 25[℃], 1[atm]에서 순수한 프로페인으로 이루어진 액화석유가스(LPG) 1,000[kg]을 기화하여 얻어낸 기체연료의 부피(m³)는?

해답

$$1,000[\text{kg}] \times \frac{22.4\,[\text{Sm}^3/\text{kmol}]}{44\,[\text{kg}/\text{kmol}]} \times \frac{(273+25)[\text{K}]}{273\,[\text{K}]} = 555.71\,[\text{m}^3]$$

027 압축된 프로페인 가스(C_3H_8) 1[kg]이 모두 기화하면 표준상태에서 몇 [Sm³]이 되는가? 또 기체상태의 프로페인 가스 1[Sm³]의 무게(kg)는?

해답

1) C_3H_8 1[kmol]의 무게는 44[kg], 부피는 22.4[Sm³]
   ∴ 44[kg] : 22.4[Sm³] = 1[kg] : x[Sm³],
   ∴ 기화된 프로페인의 부피, x = 0.51[Sm³]
2) 44[kg] : 22.4[Sm³] = y[kg] : 1[Sm³]
   ∴ 기체상태의 프로페인 가스 1[Sm³]의 무게(kg)는 1.96[kg]이다.

028 메테인(CH_4)을 10[%]의 과잉공기로 완전 연소시킬 경우 다음 물음에 답하시오. (단, 연소로의 압력은 760[mmHg]이며, 분압 법칙을 이용한다.)

1) 메테인(CH_4)을 10[%]의 과잉공기로 완전 연소시키는 반응식(chemical balance equation)은?
2) 완전 연소 후 연소가스 중 수증기의 부분압력(mmHg)은?

해답

1) 메테인(CH_4) 연소의 당량 반응식

$$CH_4 + 2\,O_2 + 2 \times 3.76\,N_2 \rightarrow CO_2 + 2\,H_2O + 2 \times 3.76\,N_2$$

10[%]의 과잉공기로 완전 연소시킬 경우 반응식

$$CH_4 + 2.2\,O_2 + 8.272\,N_2 \rightarrow CO_2 + 2\,H_2O + 0.2\,O_2 + 8.272\,N_2$$

2) 수증기의 부분 압력(mmHg)

$$P_{H_2O} = \frac{2}{1+2+0.2+8.272} \times 760 = 132.5\,[mmHg]$$

기사 출제빈도 ☆

029 연소기술에 따른 대기오염물질 발생 저감기술을 적용하는 연소로에서 CO 150[ppm], HC 1,550[ppm]인 어떤 연소가스가 1,450[K]의 온도로 1차적으로 배출된 후, 다시 2,000[K]에서 재연소 처리된다. 재연소된 후 연소가스의 농도를 측정하여 보니 CO 250[ppm], HC 420[ppm]이었다. 다음 물음에 답하시오.

1) HC 전환율(%)은?
2) HC 보정(CO 보정) 전환율(%)은?

해답

1) HC 전환율(%) $= \dfrac{HC_{in} - HC_{out}}{HC_{out}} \times 100 = \dfrac{1{,}550 - 420}{1{,}550} \times 100 = 73\,[\%]$

2) HC 보정(CO 보정) 전환율(%) $= \dfrac{HC_{in} - [HC_{out} + (CO_{out} - CO_{in})]}{HC_{in}} \times 100$

$= \dfrac{1{,}550 - [420 + (250 - 150)]}{1{,}550} \times 100$

$= 66.45\,[\%]$

기사 출제빈도 ☆☆

030 1,600[K]의 온도에서 1,000[kg/h]로 석탄을 연소시키는 어떤 유동층 연소로가 있다. 사용된 석탄은 무게비로 2[%]의 질소 성분을 함유하고 있고, 유동층 연소로의 실제 공기비는 이론공기비의 2배로 운전되고 있을 경우, NO_2로 환산한 NO_X의 질량 배출속도, $M_{NO_X}\,[kg\,NO_X/h]$는? (단, 유동층 연소로에서 Thermal NO_X는 생성되지 않으며, 모든 NO_X는 NO로 배출된다고 가정한다. 또한, 공기비에 따른 Fuel N의 NO_X 전환율(x)는 다음 표와 같다.)

공기비(m)	NO$_X$ 전환율, x [%]
1	21
2	35
3	51

해답

공기비, $m = 2$일 때, NO$_X$ 전환율(x) = 35[%] = 0.35이므로

$$M_{NO_X} = 0.35 \times 0.02 \times 1{,}000 \,[\text{kg/h}] \times \frac{30\,[\text{kg NO}]}{14\,[\text{kg N}]} = 15\,[\text{kg NO/h}]$$

NO$_2$로 환산한 $M_{NO_X} = 15\,[\text{kg NO/h}] \times \frac{46\,[\text{kg NO}_2]}{30\,[\text{kg NO}]} = 23\,[\text{kg NO}_2/\text{h}]$

기사·산업 출제빈도 ★★★★★

031 다음 중량조성을 지닌 석탄을 연소하였을 때 연소에 필요한 이론산소량(Sm³/kg)과 이론공기량(Sm³/kg)을 구하시오.

C: 86[%], H: 4[%], O: 8[%], S: 2[%]

해답

1) $O_o = 1.867 \times 0.86 + 5.6\left(0.04 - \frac{0.08}{8}\right) + 0.7 \times 0.02 = 1.79\,[\text{Sm}^3/\text{kg}]$

2) $A_o = \dfrac{O_o}{0.21} = \dfrac{1.79}{0.21} = 8.52\,[\text{Sm}^3/\text{kg}]$

기사·산업 출제빈도 ★★★

032 석탄이 모두 탄소로만 구성되어 있다고 가정할 경우, 10,000[kg]의 석탄이 완전 연소하는 데 필요한 이론공기량(kg)은? (단, 공기 중 산소 체적비 21[%], 질소 체적비 79[%]이다.)

해답

연소반응식

$$C + O_2 \rightarrow CO_2$$
$$12[kg] \qquad\qquad 32[kg]$$

공기 중 산소의 중량% $= \dfrac{0.21 \times 32}{0.21 \times 32 + 0.79 \times 28} \times 100 = 23.3[\%]$

$\therefore A_o[kg] = \dfrac{32}{12} \times 10{,}000 \times \dfrac{1}{0.233} = 114{,}449.21[kg]$

---

033 $CH_{4(g)}$ 1[Sm³]를 $O_{2(g)}$ 2[Sm³]와 함께 연소시켰다. 연소 생성물을 분석한 결과 CO, CO_2, O_2와 H_2O로 구성되어 있고, CO, CO_2, O_2 사이에 다음과 같은 평형 관계가 존재할 때, CO, CO_2, O_2의 몰분율을 각각 구하시오. (단, 연소온도는 2,000[K]이며 반응 전후에 압력의 변화는 없었고, 또한 생성된 H_2O는 모두 액체이다. 계산과정에서 CO의 몰분율이 1보다 훨씬 적다는 것을 이용하고, 계산값은 반올림하여 소수점 이하 셋째 자리까지 구한다.)

$$CO_2 \rightleftarrows CO + \dfrac{1}{2} O_2$$
$$K = 1.37 \times 10^{-3} \text{ [at 2,000 K]}$$

해답

메테인의 연소반응식: $CH_{4(g)} + 2 O_2 \rightarrow CO_2 + 2 H_2O_{(g)}$

$$CO_2 \rightleftarrows CO + \dfrac{1}{2} O_2$$

부피 몰분율: $(1-x)[Sm^3]$, $x[Sm^3]$, $\dfrac{x}{2}[Sm^3]$, $K = \dfrac{x\left(\dfrac{x}{2}\right)^{\frac{1}{2}}}{1-x}$

실제 몰분율: $X_{CO_2} = \dfrac{1-x}{1+\dfrac{x}{2}} \cong 1-x$, $X_{CO} = \dfrac{x}{1+\dfrac{x}{2}} \cong x$,

$$X_{O_2} = \dfrac{\dfrac{x}{2}}{1+\dfrac{x}{2}} \cong \dfrac{x}{2}$$

$\therefore K^2 = (1.37 \times 10^{-3})^2 = \left(\dfrac{x\left(\dfrac{x}{2}\right)^{\frac{1}{2}}}{1-x}\right)^2 = \dfrac{x^2 \times \dfrac{x}{2}}{(1-x)^2} \cong \dfrac{\dfrac{x^3}{2}}{1}$ 에서 $1 \gg x$

$\therefore x = 0.016$

$X_{CO} = 0.016$, $X_{O_2} = 0.008$, $X_{CO_2} = 0.984$

034 질량 조성으로 탄소 85[%], 수소 14[%], 황 1[%]인 중유를 5[kg/h]로 태웠을 때, 시간당 필요한 이론공기량(Sm³)은? (단, 이때 공연비는 1.2이다.)

해답

중유 5[kg] 중 C = 4.25[kg], H = 0.7[kg], S = 0.05[kg]

연소반응식: $C + O_2 \rightarrow CO_2$, $H_2 + \frac{1}{2}O_2 \rightarrow H_2O$, $S + O_2 \rightarrow SO_2$

이론산소량: $\left(\frac{4.25}{12} \times 22.4 + \frac{0.7}{2} \times 11.2 + \frac{0.05}{32} \times 22.4\right) = 11.89[Sm^3/h]$

공연비가 1.2이므로 연소에 필요한 산소량은 $1.2 \times 11.89 = 14.27[Sm^3/h]$

∴ 이론공기량, $A_o = \frac{14.27}{0.21} = 67.95[Sm^3/h]$

035 석탄이 모두 탄소로만 구성되어 있다고 가정할 경우, 30[kg]의 석탄이 완전 연소하는 데 필요한 이론공기량(Sm³)은?

해답

$$A_o = \frac{22.4\,[Sm^3]}{12\,[kg]} \times 30\,[kg] \times \frac{1}{0.21} = 266.67[Sm^3]$$

036 질량 조성으로 탄소 85[%], 수소 2[%], 산소 11[%], 황 2[%]인 석탄을 연소하는 데 필요한 이론공기량(Sm³/kg)은?

해답

이론공기량

$$A_o = \frac{1}{0.21} \times \left(1.867 \times 0.85 + 5.6 \times \left(0.02 - \frac{0.11}{8}\right) \times 0.7 \times 0.02\right) = 7.79[Sm^3/kg]$$

037 어떤 석탄의 원소 구성비가 C: 70[%], H: 10[%], O: 15[%], S: 5[%]로 분석되었다. 이 석탄 1[kg]을 완전 연소시킬 때 필요한 이론산소량(Sm^3/kg)과 이론공기량(Sm^3/kg)을 구하시오.

해답

1) 이론산소량

$$O_o = \frac{22.4}{12}C + \frac{11.2}{2}\left(H - \frac{O}{8}\right) + \frac{22.4}{32}S$$

$$= 1.867 \times 0.7 + 5.6\left(0.1 - \frac{0.15}{8}\right) + 0.7 \times 0.05$$

$$= 1.80[Sm^3/kg]$$

2) 이론공기량

$$A_o = \frac{O_o}{0.21} = \frac{1.80}{0.21} = 8.57[Sm^3/kg]$$

038 탄소, 수소, 산소, 황의 중량 %가 각각 86[%], 4[%], 8[%], 2[%]인 중유의 연소에 필요한 이론산소량(Sm^3/kg)과 이론공기량(Sm^3/kg)을 구하시오.

해답

1) 이론산소량

$$O_o = 1.867 \times 0.86 + 5.6\left(0.04 - \frac{0.08}{8}\right) + 0.7 \times 0.02 = 1.79[Sm^3/kg]$$

2) 이론공기량

$$A_o = \frac{O_o}{0.21} = \frac{1.79}{0.21} = 8.52[Sm^3/kg]$$

039 메탄올(CH_3OH) 1[kg]을 완전 연소시키는 데 필요한 이론공기량(Sm^3/kg)은?

> **해답**
> 메탄올 분자식에서
> $C = \dfrac{12}{32} \times 100 = 37.5[\%]$, $H = \dfrac{4}{32} \times 100 = 12.5[\%]$, $O = \dfrac{16}{32} \times 100 = 50[\%]$
> $\therefore A_o = \dfrac{1}{0.21}\left[1.867C + 5.6\left(H - \dfrac{O}{8}\right)\right]$
> $= \dfrac{1}{0.21}\left(0.867 \times 0.375 + 5.6 \times \left(0.125 - \dfrac{0.5}{8}\right)\right)$
> $= 5[\text{Sm}^3/\text{kg}]$

다른 풀이
메탄올의 연소반응식
$\text{CH}_3\text{OH} + \dfrac{3}{2}\text{O}_2 \rightarrow \text{CO}_2 + 2\,\text{H}_2\text{O}$
32[kg]   1.5×22.4[Sm³]
1[kg] x
$\therefore x = \dfrac{1.5 \times 22.4}{32} = 1.05[\text{Sm}^3/\text{kg}]$, $A_o = \dfrac{1.05}{0.21} = 5[\text{Sm}^3/\text{kg}]$

산업 출제빈도 ★☆☆

040 벙커C유 3[L]를 연소시키는 데 필요한 공기량(Sm³)은? (단, 이론공기량은 11.37[Sm³/kg], 공기비는 1.2, 벙커C유 비중은 0.96이다.)

> **해답**
> $A = mA_o = 11.37 \times 1.2 \times 3 \times 0.96 = 39.29[\text{Sm}^3]$

기사·산업 출제빈도 ★★☆☆

041 탄소 82[%], 수소 18[%]인 성분으로 구성된 어떤 액체연료를 2[kg/min]으로 연소할 경우, 연소가스의 분석치는 다음과 같았다. 한 시간당 필요한 연소용 공기량(Sm³/h)은?

부피 조성 CO_2: 12.0[%], O_2: 4[%], N_2: 84[%]

해답
- 이론공기량

$$A_o = \frac{1}{0.21}\left[1.867C + 5.6\left(H - \frac{O}{8}\right) + 0.7S\right]$$
$$= \frac{1}{0.21}(1.867 \times 0.82 + 5.6 \times 0.18) = 12.1[\text{Sm}^3/\text{kg}]$$

- 공기비

$$m = \frac{(N_2)}{(N_2) - 3.76(O_2)} = \frac{84}{84 - 3.76 \times 4} = 1.22$$

- 한 시간당 필요한 연소용 공기량

$$A = mA_o = 1.22 \times 12.1 \times 2 \times 60 = 1,771.44[\text{Sm}^3/\text{h}]$$

기사·산업 출제빈도 ★★★

042 NH_3 1[kg]을 연소시킬 때 요구되는 공기량(m^3)은? (단, 공기의 O_2 농도는 21[%]이다.)

해답
암모니아의 연소반응식

$$4\,NH_3 + 3\,O_2 \rightarrow 2\,N_2 + 6\,H_2O$$

4×17[kg]　　3×22.4
1[kg]　　　　x(산소량)

$$A_o = \frac{x}{0.21} = \frac{3 \times 22.4 \times \frac{1}{4 \times 17}}{0.21} = 4.71[\text{Sm}^3/\text{kg}]$$

기사·산업 출제빈도 ★★★

043 C_2H_4(에틸렌) 1[kg]을 완전 연소시킬 경우에 필요한 이론공기량(Sm^3)을 계산하시오.

해답
$$C_2H_4 + 3O_2 \rightarrow 2CO_2 + 2H_2O$$
28[kg]　:　$3 \times 22.4[\text{Sm}^3]$
1[kg]　:　x(산소량)

$$\therefore x(\text{산소량}) = \frac{1[\text{kg}] \times 3 \times 22.4[\text{Sm}^3]}{28[\text{kg}]} = 2.4[\text{Sm}^3]$$

이론공기량(Sm^3), $A_o = \dfrac{\text{이론산소량}(\text{Sm}^3)}{0.21} = \dfrac{2.4[\text{Sm}^3]}{0.21} = 11.43[\text{Sm}^3]$

기사·산업 출제빈도 ☆☆☆

044 어떤 제철소의 가스 발생로(gas generator)에서 배출되는 발생로 가스(producer gas)의 분석결과 부피기준으로 CO_2 = 3.2[%], CO = 26.2[%], CH_4 = 5.0[%], H_2 = 11.8[%], N_2 = 53.8[%]이었고, 이 발생로 가스 1[Sm^3] 중에는 30[g]의 수분이 포함되었다. 이 발생로 가스(건조기준) 1[Sm^3]를 완전 연소시키기 위한 이론공기량(Sm^3)은?

해답

1) 30[g]의 수분을 부피로 환산하면,

$$0.03\,[kg] \times \frac{22.4\,[Sm^3]}{18\,[kg]} = 0.037\,[Sm^3]$$

2) 발생로 가스(건조기준)량

$$1 - 0.037 = 0.963\,[Sm^3]$$

3) 발생로 가스 1[Sm^3]를 완전 연소시키기 위한 이론공기량(Sm^3)

$$A_o = \frac{1}{0.21}\left[0.5 \times (CO) + 0.5 \times (H_2) + 2 \times (CH_4)\right] \times 0.963$$

$$= \frac{1}{0.21}(0.5 \times 0.262 + 0.5 \times 0.118 + 2 \times 0.05) \times 0.963$$

$$= 1.33\,[Sm^3/Sm^3]$$

기사·산업 출제빈도 ☆☆☆

045 어떤 기체연료 1.12[Sm^3]을 완전 연소한 결과 6.6[kg]의 탄산가스가 생성되었다. 이 기체연료의 화학식이 C_nH_{2n+2}로 나타날 경우, 어떤 기체연료로 추정되는가?

📝 C_nH_{2n+2}의 일반식을 갖는 **탄화수소(alkane)**
- CH_4: 메테인(methane)
- C_2H_6: 에테인(ethane)
- C_3H_8: 프로페인(propane)
- C_4H_{10}: 뷰테인(butane)
- C_5H_{12}: 펜테인(pentane)
- C_6H_{14}: 헥세인(hexane)
- C_7H_{16}: 헵테인(heptane)
- C_8H_{18}: 옥테인(octane)

해답

1.12[Sm^3] : 22.4[Sm^3] = 6.6[kg] : x[kg] 에서

$x = 132[kg]$ CO_2 이므로

132[kg]은 CO_2 $\frac{132\,[kg]}{44\,[kg/kmol]} = 3\,[kmol]$에 해당한다.

CO_2 3[kmol]이 연소가스로 발생되는 기체연료는 프로페인(C_3H_8)으로 추정된다.

프로페인의 연소반응식: $C_3H_8 + 5\,O_2 \rightarrow 3\,CO_2 + 4\,H_2O$

기사·산업 출제빈도 ★★★

046 어떤 밀폐된 실내의 내용적은 100[m³]이다. 상온 상압인 이 실내에서 프로페인 1[kg]을 완전 연소시킨 후 실내에 남아있는 O_2[%]는?

해답

프로페인의 연소반응식: $C_3H_8 + 5O_2 \rightarrow 3CO_2 + 4H_2O$

C_3H_8 1[kg]이 차지하는 부피 $= \dfrac{22.4}{44} = 0.51[Sm^3/kg]$

$\therefore$ 실내에 남아있는 $O_2[\%] = \dfrac{100 \times 0.21 - 5 \times 0.51}{3 \times 0.51 + 4 \times 0.51 + (100 - 5 \times 0.51)} \times 100$
$= 18.5[\%]$

기사·산업 출제빈도 ★★★★

047 CH_4 90[%], O_2 4[%], N_2 6[%]의 조성을 지닌 기체연료 1[Sm^3]을 연소시키는 데 필요한 이론공기량(Sm^3)은?

해답

기체연료 중 가연성분인 CH_4의 연소반응식

$CH_4 + 2O_2 \rightarrow CO_2 + 2H_2O$

$A_o = \dfrac{1}{0.21}(2 \times 0.9 - 0.04) = 8.38[Sm^3/Sm^3]$

기사·산업 출제빈도 ★★★

048 어떤 기체연료를 연소시켜 연소가스의 조성을 분석하였더니 다음과 같았고, 이 연소가스 1[Sm^3] 중 30[g]의 수분이 있었다. 다시 이 연소가스 1[Sm^3]을 완전 연소시키기 위해 필요한 공기량(Sm^3/Sm^3)은?

> 부피 조성 CO_2: 3.2[%], CO: 26.2[%],
> CH_4: 4.0[%], H_2: 12.8[%], N_2: 53.8[%]

해답 연소가스 1[Sm³] 중에 30[g]의 수분을 수증기 부피로 환산하면

$$0.03 \times \frac{22.4}{18} = 0.037 [Sm^3/kg]$$

건연소가스량, $1 - 0.037 = 0.963 [Sm^3/kg]$

$$A_o = \frac{1}{0.21}[0.5 \times (CO) + 0.5 \times (H_2) + 2 \times (CH_4)] \times 0.963$$

$$= \frac{1}{0.21}(0.5 \times 0.262 + 0.5 \times 0.128 + 2 \times 0.04) \times 0.963$$

$$= 1.26 [Sm^3/Sm^3]$$

049 혼합가스에 포함된 기체조성의 부피기준으로 C_3H_8 60[%], C_2H_6 40[%]이었다. 이 기체의 연소 시 필요한 이론공기량(Sm^3/Sm^3)은?

해답 연소반응식

$C_2H_6 + 3.5\,O_2 \rightarrow 2\,CO_2 + 3\,H_2O$,
$C_3H_8 + 5\,O_2 \rightarrow 3\,CO_2 + 4\,H_2O$

$$A_o = \frac{1}{0.21}[3.5 \times (C_2H_6) + 5 \times (C_3H_8)] = \frac{1}{0.21}(3.5 \times 0.4 + 5 \times 0.6)$$

$$= 20.95 [Sm^3/Sm^3]$$

050 기체연료 1[Sm³] 중 프로페인(C_3H_8)과 뷰테인(C_4H_{10})의 용적비가 2 : 8의 비율로 혼합된 기체연료의 이론공기량(Sm^3/Sm^3)은?

해답 연소반응식

$C_3H_8 + 5\,O_2 \rightarrow 3\,CO_2 + 4\,H_2O$
$C_4H_{10} + 6.5\,O_2 \rightarrow 4\,CO_2 + 5\,H_2O$

$$A_o = \left(\frac{5}{0.21} \times \frac{4}{5}\right) + \left(\frac{6.5}{0.21} \times \frac{1}{5}\right) = 25.24 [Sm^3/Sm^3]$$

051 프로페인과 뷰테인이 각각 50[%](부피비)인 기체연료 1[Sm³]을 완전 연소시키는 데 필요한 이론공기량(Sm³)과 CO_2 생성량(Sm³)을 각각 계산하시오. (단, 반드시 각각의 연소반응식까지 적으시오.)

해답

1) 프로페인의 연소반응식: $C_3H_8 + 5O_2 \rightarrow 3CO_2 + 4H_2O$

$1 : 5 = 0.5 : x$

$x = 5 \times 0.5 = 2.5 [Sm^3/Sm^3]$

∴ 이론공기량, $A_o = \dfrac{2.5}{0.21} = 11.90 [Sm^3/Sm^3]$

2) 뷰테인의 연소반응식: $C_4H_{10} + 6.5O_2 \rightarrow 4CO_2 + 5H_2O$

$1 : 6.5 = 0.5 : y$

$y = 6.5 \times 0.5 = 3.25 [Sm^3/Sm^3]$

∴ 이론공기량, $A_o = \dfrac{3.25}{0.21} = 15.48 [Sm^3/Sm^3]$

프로페인과 뷰테인이 각각 50[%](부피비)인 기체연료 1[Sm³]을 완전 연소시키는 데 필요한 이론공기량(Sm³)은 11.90 + 15.48 = 27.38[Sm³]

3) CO_2 생성량(Sm³) = $3 \times 0.5 + 4 \times 0.5 = 3.5 [Sm^3]$

052 어떤 기체연료가 부피비로 $H_2 = 9[\%]$, $CO = 24[\%]$, $CH_4 = 2[\%]$, $CO_2 = 6[\%]$, $O_2 = 3[\%]$, $N_2 = 56[\%]$의 구성비를 갖는다. 이 기체연료를 2 기압하에서 30[%]의 과잉공기로 연소시킬 경우, 기체연료 1[Sm³]당 요구되는 공기량(m³)은?

해답

주어진 기체연료에서 연소되는 기체는 수소(H_2)와 일산화탄소(CO), 메테인(CH_4)이므로

$A = \dfrac{1}{0.21} [0.5(CO + H_2) + 2CH_4 - O_2] \times m$

$= \dfrac{1}{0.21} \{0.5 \times (0.24 + 0.09) + 2 \times 0.02 - 0.03\} \times 1.3$

$= 1.083 [Sm^3/Sm^3]$

∴ 2 기압하에서 $A' = 1.083 \times \dfrac{1}{2} = 0.54 [m^3]$

053 탄소, 수소의 중량조성이 각각 86[%], 14[%]인 어떤 액체연료를 시간당 100[kg]으로 연소할 경우, 연소가스의 분석치는 다음과 같았다. 여기서 시간당 필요한 공기량(Sm³/h)은?

> 부피 조성 CO_2: 12.5[%], O_2: 3.5[%], N_2: 84[%]

해답

- 이론공기량

$$A_o = \frac{1}{0.21}\left[1.867C + 5.6\left(H - \frac{O}{8}\right) + 0.7S\right]$$

$$= \frac{1}{0.21}(1.867 \times 0.86 + 5.6 \times 0.14)$$

$$= 11.39[Sm^3/kg]$$

- 공기비

$$m = \frac{(N_2)}{(N_2) - 3.76(O_2)} = \frac{84}{84 - 3.76 \times 3.5} = 1.19$$

- 실제 공기량

$$A = mA_o = 1.19 \times 11.39 = 13.55[Sm^3/kg]$$

∴ 연료 100[kg]당 매시 필요한 실제공기량은
13.55[Sm³/kg] × 100[kg] = 1,355[Sm³/h]

054 어떤 중유 연소로의 연소가스를 분석하였더니 용량비로 CO_2 12.0[%], O_2 8[%], N_2 80[%]이었다. 이때 공기비(m)는? (단, 중유 중 질소 성분은 존재하지 않았다.)

해답

$$m = \frac{21(N_2)}{21(N_2) - 79(O_2)} = \frac{(N_2)}{(N_2) - 3.76(O_2)} = \frac{80}{80 - 3.76 \times 8} = 1.6$$

055 C: 80[%], O: 10[%], H: 7[%], S: 3[%]의 조성을 지닌 석탄 1[kg]을 15.3[Sm³]의 공기로 완전 연소시켰을 경우, 공기비(m), 과잉공기량(Sm³), 과잉공기율(%)을 구하시오.

해답

이론공기량

$$A_o = \frac{1}{0.21}\left(1.867 \times 0.8 + 5.6 \times \left(0.07 - \frac{0.1}{8}\right) + 0.7 \times 0.03\right) = 8.74[\text{Sm}^3/\text{kg}]$$

1) 공기비, $m = \dfrac{A}{A_o} = \dfrac{15.3}{8.74} = 1.75$

2) 과잉공기량 $= 15.3 - 8.71 = 6.56[\text{Sm}^3]$

3) 과잉공기율 $= \dfrac{A - A_o}{A_o} = \dfrac{15.3 - 8.74}{8.74} \times 100 = 75[\%]$

056 탄소 85[%], 수소 15[%]로 구성된 어떤 연료를 공기량 15[Sm⁵/kg]으로 연소시킬 경우, 과잉공기량은 몇 [%]인가?

해답

$$A_o = \frac{1}{0.21}(1.867 \times 0.85 + 5.6 \times 0.15) = 11.56[\text{Sm}^3/\text{kg}]$$

과잉공기량(%) $= (m-1) \times 100 = \left(\dfrac{A - A_o}{A_o}\right) \times 100$

$= \left(\dfrac{15 - 11.56}{11.56}\right) \times 100 = 29.80[\%]$

057 C 87[%], H 13[%]의 조성을 지닌 석탄을 완전 연소하여 연소가스를 분석한 결과 산소가 6[%]였다. 이때, 과잉공기량(Sm³/kg)은?

해답

공기비, $m = \dfrac{21}{21-O_2} = \dfrac{21}{21-6} = 1.4$

$A_o = \dfrac{1}{0.21}(1.867 \times 0.87 + 5.6 \times 0.13) = 11.2 [Sm^3/kg]$

∴ 과잉공기량 $= (m-1)A_o = (1.4-1) \times 11.2 = 4.48 [Sm^3/kg]$

기사·산업 출제빈도 ★★★

058 현재 사용 중인 고체연료의 원소분석에 관한 결괏값을 보관하고 있지 않고 있는 A 공장에 처음으로 입사한 대기환경기사가 보일러의 운전상황을 점검하기 위해 우선 보일러 배출가스의 성분(조성)을 측정하였다. 배출가스의 조성은 CO_2: 15[%], O_2: 10[%], CO: 5[%]임을 알았다. 이때의 과잉공기계수는?

해답

$N_2 = 100 - (15+10+5) = 70[\%]$

$m = \dfrac{N_2}{N_2 - 3.76 \times (O_2 - 0.5 \times CO)} = \dfrac{70}{70 - 3.76 \times (10 - 0.5 \times 5)} = 1.67$

기사·산업 출제빈도 ★★★★

059 프로페인을 1[Sm^3]을 완전 연소시켰을 때, 건연소가스 중 CO_2가 12[%]이었다. 이 연소 시 공기비(m)를 구하시오.

해답

프로페인의 연소반응식

$C_3H_8 + 5O_2 \rightarrow 3CO_2 + 4H_2O$

$G_d = (m - 0.21)A_o + CO_2$ 량에서 $A_o = \dfrac{5}{0.21} = 23.8 [Sm^3/Sm^3]$

$CO_2[\%] = \dfrac{CO_2 \text{량}}{G_d} \times 100$에서 $12 = \dfrac{3}{G_d} \times 100$, ∴ $G_d = 25[Sm^3]$

∴ $25 = (m - 0.21) \times 23.8 + 3$, $m = 1.13$

다른 풀이

$m = \dfrac{(CO_2)_{max}\,[\%]}{CO_2\,[\%]}$ 에서

$(CO_2)_{max}\,[\%] = \dfrac{CO_2\text{ 량}}{G_{od}} = \dfrac{3}{23.8 \times 0.79 + 3} \times 100 = 13.76[\%]$

$\therefore\ m = \dfrac{13.76}{12} = 1.15$

---

060 뷰테인 1[Sm³]을 연소하였더니 건연소가스 중 CO_2가 11[%] 배출되었다. 이 연소 시 공기비(m)를 구하시오.

해답

뷰테인의 연소반응식

$C_4H_{10} + 6.5\,O_2 \rightarrow 4\,CO_2 + 5\,H_2O$

1몰   6.5몰   4몰   5몰

이론공기량, $A_o = \dfrac{O_o}{0.21} = \dfrac{6.5}{0.21} = 30.95[Sm^3/Sm^3]$

$G_{od} = (CO_2) + (\text{연료에 사용된 산소에 따른 질소량})$

$\quad = 4 + \dfrac{79}{21} \times 6.5 = 28.45[Sm^3/Sm^3]$

건연소가스 중 이산화탄소 $= \dfrac{\text{생성된 }CO_2\text{량}}{(\text{이론건연소가스량}) + (\text{과잉공기량})}$

$\quad = \dfrac{4}{G_{od} + (m-1)A_o}$

$0.11 = \dfrac{4}{28.45 + (m-1) \times 30.95}$ 에서 $m = 1.26$

---

061 순수한 수소를 공기비 1.5로 완전 연소시킬 경우, 공기연료비(AFR)는?

공연비(= 공기연료비, Air Fuel Ratio)
혼합기 내의 공기와 연료의 비율로 보통 무게비로 나타내며, 연료를 완전 연소하는 데 필요한 최소 공기량과 연료와의 비를 이론공연비라고 한다.

해답

수소의 연소반응식:

$$H_2 + \frac{1}{2}O_2 \rightarrow H_2O$$

$$A = mA_o = 1.5 \times \frac{0.5}{0.21} = 3.57 [Sm^3/Sm^3]$$

$$\therefore AFR = \frac{3.57 [Sm^3] \text{ air}}{1 [Sm^3] \text{ fuel}} = \frac{3.57 [kmol] \text{ air}}{1 [kmol] \text{ fuel}}$$

기사 출제빈도 ★★

062 어떤 탄화수소 C_aH_b의 연소가스를 분석한 결과 건연소가스의 조성이 CO_2 8.0V/V[%], CO 0.9V/V[%], O_2 8.8V/V[%], N_2 82.3 V/V[%]이었다. 다음 물음에 답하시오. (단, 공기비 조성, N_2 : O_2 = 79 : 21이고, 공기분자량은 28.96이다.)

1) 공연비(theoretical Air Fuel Ratio, AFR)는?
2) 연료 중 C 및 H 성분의 질량(%)을 구하시오.

해답

탄화수소 C_aH_b의 연소반응식을 연소가스 100[mol]에 대하여 생각해보면

$$C_aH_b + dO_2 + eN_2 \rightarrow 8.0CO_2 + 0.9CO + 8.8O_2 + fH_2O + 82.3N_2$$

양변을 비교해 보면 여기서, N_2의 몰수, $e = 82.3$[mol]

공기의 조성에서 질소와 산소의 비, $\frac{e}{d} = \frac{79}{21}$ 이므로

$$\therefore d = \frac{82.3 \times 21}{79} = 21.9 [mol]$$

O_2의 몰수는 $21.9 = 8 + \frac{0.9}{2} + 8.8 + \frac{f}{2}$

$$\therefore f = 9.3 [mol]$$

C : a = 8 + 0.9 = 8.9[mol]

H : b = $2 \times f = 2 \times 9.3 = 18.6$[mol]

공기의 분자량이 28.96이므로

1) 공연비 $= \frac{공기(kg)}{연료(kg)} = \frac{(21.9 + 82.3) \times 28.96}{12 \times 8.9 + 1 \times 18.6} = 24.06$[kg 공기/kg 연료]

2) 연료 중 C 및 H 성분의 질량(%)

$$C = \frac{12 \times 8.9}{12 \times 8.9 + 1 \times 18.6} \times 100 = 85.2[\%]$$

$$H = \frac{18.6 \times 1}{12 \times 8.9 + 1 \times 18.6} \times 100 = 14.8[\%]$$

기사 출제빈도 ☆☆☆

063 공기가 1[mole]의 산소와 3.76[mole]의 질소로 구성되었다고 가정할 때, 프로페인(C_3H_8) 1몰을 완전 연소할 경우 다음 물음에 답하시오.

1) 프로테인 가스의 실제적인 완전 연소식(질소 가스포함)을 쓰시오.
2) 공연비(AFR)를 부피기준으로 구하시오.
3) 공기의 분자량을 28.95라고 할 때, 질량기준 공연비(AFR)를 구하시오.

해답

1) 연소반응식
$$C_3H_8 + 5\,O_2 + 18.8\,N_2 \rightarrow 3\,CO_2 + 4\,H_2O + 18.8\,N_2$$

2) 부피기준
$$AFR = \frac{5 + 18.8}{1} = 23.8$$

3) 질량기준
$$AFR = \frac{5 \times 32 + 18.8 \times 28}{12 \times 3 + 1 \times 8} = 15.6 \text{(또는 } AFR = \frac{23.8 \times 28.95}{12 \times 3 + 1 \times 8} = 15.7\text{)}$$

기사 출제빈도 ☆

064 공기 중 질소와 산소의 체적비는 각각 79[%]와 21[%]라고 한다. 어떤 석유 엔진에서 에틸알코올(C_2H_5OH)을 연소시킨다고 가정할 때, 화학양론적 $\frac{공기}{연료}[A/F]$비가 실제 $\frac{공기}{연료}[A/F]$의 90[%]라고 한다. 다음 물음에 답하시오. (단, $\frac{공기}{연료}[A/F]$비는 무게비이다.)

1) 화학양론적 연소반응식을 쓰시오.
2) 실제 $\frac{공기}{연료}[AFR]$를 구하시오.

해답

1) 공기 중 산소의 중량비: $\dfrac{0.21 \times 32}{0.79 \times 28 + 0.21 \times 32} = 23.3[\%]$ 이므로

화학양론적 연소반응식은
$$C_2H_5OH + 3\,O_2 + 3 \times \frac{79}{21}\,N_2 \rightarrow 2\,CO_2 + 3\,H_2O + 11.28\,N_2$$

2) 연소반응식에서 에틸알코올 연료 1[kg-mole] = 46[kg],
산구량 = 3×32 = 96[kg]

공기 요구량 $= 96[kg] \times \dfrac{1}{0.233} = 412[kg]$

화학양론적 $AFR = \dfrac{412\,[kg]}{46\,[kg]} = 8.96$

∴ 실제 $AFR = \dfrac{8.96}{0.9} = 9.96$

065 프로페인(C_3H_8)과 뷰테인(C_4H_{10})의 용적비가 3 : 2의 비율로 혼합된 기체연료를 공기비 1.3으로 완전 연소시킬 경우, 부피비와 무게비의 공기연료비(AFR)는?

해답 연소반응식

$C_3H_8 + 5\,O_2 \rightarrow 3\,CO_2 + 4\,H_2O$, $C_4H_{10} + 6.5\,O_2 \rightarrow 4\,CO_2 + 5\,H_2O$

$A_o = \left(\dfrac{5}{0.21} \times \dfrac{3}{5}\right) + \left(\dfrac{6.5}{0.21} \times \dfrac{2}{5}\right) = 26.60\,[Sm^3/Sm^3]$

1) 부피비 $AFR = \dfrac{26.60\,[Sm^3] \times 1.3}{1\,[Sm^3]} = 34.58\,[Sm^3\ air/Sm^3\ fuel]$

2) 무게비 $AFR = \dfrac{34.58 \times 29}{\left(44 \times \dfrac{3}{5}\right) + \left(58 \times \dfrac{2}{5}\right)} = 20.22\,[g\ air/g\ fuel]$

066 옥테인(C_8H_{18}) 1[mol]을 완전 연소시키는 데 요구되는 부피기준과 무게기준 공기연료비(AFR)는?

해답 옥테인의 연소반응식

$C_8H_{18} + 12.5\,O_2 + 12.5 \times 3.76\,N_2 \rightarrow 8\,CO_2 + 9\,H_2O + 12.5 \times 3.76\,N_2$

∴ 부피기준 $AFR = \dfrac{12.5 \times (1+3.76)\,[mol\ air]}{1\,[mol\ fuel]} = 59.5\,[mol\ air/mol\ fuel]$

무게기준 $AFR = \dfrac{59.5\,[mol\ air] \times 29\,[g/mol]}{1\,[mol\ fuel] \times 114\,[g/mol]} = 15.14\,[g\ air/g\ fuel]$

067 H_2 40[%], CH_4 30[%], C_2H_6 20[%], N_2 10[%]의 부피를 지닌 어떤 기체연료가 있다. 이 기체연료를 연소시켜 오르자트 연소가스 분석기로 연소 생성물을 분석하였더니 CO_2 8.2[%], O_2 4.1[%], CO 0.6[%]로 나타났다. 이 경우 공연비(AFR)를 부피기준과 무게기준으로 나눠서 구하시오.

해답

$$A_o = \frac{1}{0.21}\{0.5H_2 + 2CH_4 + 3.5C_2H_6\}$$

$$= \frac{1}{0.21} \times (0.5 \times 0.4 + 2 \times 0.3 + 3.5 \times 0.2)$$

$$= 7.14 [Sm^3/Sm^3]$$

1) 부피기준 $AFR = \frac{7.14}{1} = 7.14$ [mol 공기/mol 연료]

2) 무게기준 $AFR = \frac{7.14 [\text{mol 공기}]}{1 [\text{mol 연료}]}$

$$= \frac{7.14 [\text{mol}] \times 28.95 [g/mol]}{(2 \times 0.4 + 16 \times 0.3 + 30 \times 0.2 + 28 \times 0.1) [g/mol]}$$

$$= 14.35 [\text{mol 공기/mol 연료}]$$

068 메테인과 프로페인이 1 : 1의 비율로 혼합된 기체연료 1[Sm^3]을 완전 연소시킬 경우, 다음 물음에 답하시오.

1) 공기연료비(AFR)는?
2) 공기비를 1.3으로 할 경우, 건연소가스량(Sm^3)은?

해답

1) $A_o = \frac{1}{0.21} \times (2 \times 0.5 + 5 \times 0.5) = 16.67 [Sm^3/Sm^3]$

∴ $AFR = \frac{16.67}{1} = 16.67$[mol 공기/mol 연료]

2) $G_d = (m - 0.21)A_o + $ 연소가스 생성량

$$= (1.3 - 0.21) \times 16.67 + 1 \times \frac{1}{2} + 3 \times \frac{1}{2} = 20.17 [Sm^3/Sm^3]$$

기사 출제빈도 ☆☆☆

069 탄소 85[%], 수소 12[%], 황 3[%]인 성분으로 구성된 어떤 액체연료를 연소하여 그 연소가스를 분석한 결과 $CO_2 + SO_2$: 15[%], O_2: 3[%], CO: 0[%]로 나타났다면 이 액체연료 1[kg]당 공기량(Sm^3)은?

해답

$$(CO_2 + SO_2)[\%] = \frac{CO_2 량 + SO_2 량}{G_d} \times 100 에서$$

$$G_d = \frac{1.867C + 0.7S}{CO_2 + SO_2} = \frac{1.867 \times 0.85 + 0.7 \times 0.03}{0.15} = 10.72 \, [Sm^3/kg]$$

$$G_d = mA_o - 5.6H 에서 \; A = mA_o = 10.72 + 5.6 \times 0.12 = 11.39 [Sm^3/kg]$$

기사·산업 출제빈도 ☆☆☆

070 다음과 같은 조성을 가진 석탄을 연소시킬 경우, 배출가스 중 조성을 측정한 결과 배출가스 중에 O_2가 6[%]이고, CO_2가 12.5[%]였다. 현재의 연소상태가 완전 연소인지를 판별하시오.

성분	C	H	S	O	N	수분	재(ash)
중량 조성비(%)	65	5.2	0.2	8.8	0.8	9.5	10.5

해답

배출가스 중 O_2가 6[%]이면, 공기비$(m) = \frac{21}{21-6} = 1.4$

$$CO_2[\%] = \frac{CO_2 량}{G_w} 에서 \; G_w = mA_o + 5.6H + 0.8N + 1.24W$$

$$G_w = \frac{1.867 \, C}{0.125} = \frac{1.867 \times 0.65}{0.125} = 9.708 \, [Sm^3/kg]$$

$$A_o = \frac{1}{0.21} \left\{ 1.867 \times 0.65 + 5.6 \times \left(0.052 - \frac{0.088}{8} \right) + 0.7 \times 0.002 \right\}$$

$$= 6.88 [Sm^3/kg]$$

$\therefore \; 9.708 = m \times 6.88 + 5.6 \times 0.052 + 0.8 \times 0.008 + 1.24 \times 0.095, \; m = 1.35$

$\therefore$ 공기비가 1.4보다 적으므로 불완전 연소이다.

071 비중이 0.95이고 저발열량이 10,000[kcal/kg]인 어떤 중유를 1.5[m³/h]의 비율로 연소시킬 경우, 실제공기량(m³/h)은? (단, 공기비는 1.25이고 이 연료의 저발열량을 이용하여 대략적인 이론공기량을 구하는 Rosin의 식, $A_o = \left(\dfrac{0.85}{1,000}\right) \times H_L + 2.0 [\text{Sm}^3/\text{kg}]$을 이용한다.)

해답

$A_o = \left(\dfrac{0.85}{1,000}\right) \times H_L + 2.0 [\text{Sm}^3/\text{kg}] = \left(\dfrac{0.85}{1,000}\right) \times 10,000 + 2 = 10.5 [\text{Sm}^3/\text{kg}]$

∴ $A = mA_o$
$= 1.25 \times 10.5 [\text{Sm}^3/\text{kg}] \times 0.95 [\text{kg/L}] \times 1.5 [\text{m}^3/\text{h}] \times 10^3 [\text{L/m}^3]$
$= 18,703.13 [\text{m}^3/\text{h}]$

072 에테인(C_2H_6) 가스를 공기로 300[g/분]의 속도로 완전 연소시킬 경우, 생성되는 이산화탄소(L/분)는? (단, 1기압, 120[℃] 상태이다.)

해답

연소반응식: $2\,C_2H_6 + 7\,O_2 \rightarrow 6\,H_2O + 4\,CO_2$

에테인 사용량 $= 300[\text{g/분}] \times \dfrac{1\,[\text{mol}]}{30\,[\text{g}]} = 10\,[\text{mol/분}]$

CO_2 발생량 $= 10\,[\text{mol/분}] \times \dfrac{4}{2} = 20\,[\text{mol/분}]$

∴ CO_2량 $= 20 \times 22.4 \times \dfrac{273+120}{273} = 645\,[\text{L/분}]$

073 굴뚝 배출가스 분석결과 CO_2의 함량이 13.4[%]였다. 벙커C유 550[L/h]의 연소에 필요한 공기량(Sm³/min)은? (단, 벙커C유의 이론공기량은 12.5[Sm³/kg], 밀도는 0.93[g/cm³]이며, $(CO_2)_{max}$는 15.5[%]이다.)

해답

$$m = \frac{(CO_2)_{max}[\%]}{CO_2[\%]} = \frac{15.5}{13.4} = 1.16$$

$$A = mA_o = 1.16 \times 12.5 = 14.46 [Sm^3/kg]$$

∴ 벙커C유 550[L/h]의 연소에 필요한 공기량(Sm³/min)

$$= 0.93 \times 550 \times 14.46 \times \frac{1}{60} = 123.3 [Sm^3/min]$$

기사·산업 출제빈도 ☆☆☆

074 CO를 공기비 1.1로 완전 연소할 경우, 총 배출가스 중 CO_2는 몇 [%]인가? (단, 연소반응은 $CO + \frac{1}{2}O_2 \rightarrow CO_2$이다.)

해답

$$G = (m - 0.21) \times A_o + CO_2 \text{ 량}$$

$$\frac{CO_2 \text{ 량}}{G} \times 100 = CO_2 [\%] \text{ 에서}$$

$$G = (1.1 - 0.21) \times \frac{0.5}{0.21} + 1 = 3.12 [Sm^3/Sm^3]$$

$$\therefore CO_2 [\%] = \frac{1}{3.12} \times 100 = 32.05 [\%]$$

기사·산업 출제빈도 ☆☆☆☆

075 일산화탄소의 최대탄산가스량, $(CO_2)_{max}[\%]$은?

해답

$$CO + \frac{1}{2}O_2 + \frac{1}{2} \times 3.76 N_2 \rightarrow CO_2 + \frac{1}{2} \times 3.76 N_2$$

$$G_o = 1 + \frac{1}{2} \times 3.76 = 2.88 [Sm^3/Sm^3]$$

$$(CO_2)_{max} = \frac{CO_2}{G_o} \times 100 = \frac{1}{2.88} \times 100 = 34.72 [\%]$$

기사·산업 출제빈도 ☆☆☆☆☆

076 공기를 사용하여 C_3H_8을 완전 연소시킬 경우, 건연소가스 중 $(CO_2)_{max}$[%]는? (단, 연료 중 질소 성분은 무시한다.)

해답 C_3H_8의 연소반응식

$C_3H_8 + 5O_2 + N_2 \rightarrow 3CO_2 + 4H_2O + N_2$ 에서

C_3H_8 1[Sm^3]당 이론산소량은 5[Sm^3]

$N_2 = 5 \times \dfrac{79}{21} = 18.8[\text{Sm}^3],\ CO_2 = 3[\text{Sm}^3]$

$G_d = 3 + 18.8 = 21.8[\text{Sm}^3]$

$\therefore (CO_2)_{max} = \dfrac{CO_2}{G_d} \times 100 = \dfrac{3}{21.8} \times 100 = 13.76[\%]$

기사·산업 출제빈도 ☆☆☆

077 H_2: 40[%], CO: 10[%], CH_4: 50[%]의 부피 조성을 가진 기체 연료를 연소할 경우, 건연소가스 중 $(CO_2)_{max}$[%]는?

해답 $A_o = \dfrac{1}{0.21}\{0.5 \times (H_2 + CO) + 2CH_4\} = \dfrac{1}{0.21}\{0.5 \times (0.4 + 0.1) + 2 \times 0.5\}$

$= 5.95[\text{Sm}^3/\text{Sm}^3]$

$G_{od} = (1 - 0.21)A_o + 연소\ 생성물 = (1 - 0.21) \times 5.95 + 1 \times 0.1 + 1 \times 0.5$

$= 5.30[\text{Sm}^3/\text{Sm}^3]$

$\therefore (CO_2)_{max}[\%] = \dfrac{CO_2량}{G_{od}} \times 100 = \dfrac{0.1 + 0.5}{5.3} \times 100 = 11.32[\%]$

기사·산업 출제빈도 ☆☆☆☆

078 어떤 연료를 연소시켜 연소가스를 분석하였더니 CO_2 11[%], O_2 7[%]였다. 이때, 연소가스 중 $(CO_2)_{max}$[%]와 공기비는?

해답

1) $(CO_2)_{max}[\%] = \dfrac{21 \times CO_2(\%)}{21 - O_2(\%)} = \dfrac{21 \times 11}{21 - 7} = 16.5[\%]$

2) 공기비, $m = \dfrac{(CO_2)_{max}}{CO_2} = \dfrac{16.5}{11} = 1.5$

다른 풀이

$m = \dfrac{N_2}{N_2 - 3.76 \times O_2}$ 에서 $N_2 = 100 - (11+7) = 82[\%]$

$\therefore m = \dfrac{0.82}{0.82 - 3.76 \times 0.07} = 1.47$

기사 출제빈도 ★★

079 중량비 C 87[%], H 13[%]인 중유를 공기비 0.9로 연소하여 어떤 물질을 가열하는 노(爐)에서 연소가스에 다시 공기를 더 가하여 재연소를 시켜 완전 연소하였다. 이 경우 연소가스 중 CO_2가 10[%]였다면 처음에 사용된 공기량의 비와 재연소에 사용된 공기량의 비는?

해답

이론공기량,

$A_o = \dfrac{1}{0.21}[1.867C + 5.6H] = \dfrac{1}{0.21}(1.867 \times 0.87 + 5.6 \times 0.13)$

$= 11.20 \, [Sm^3/kg]$

이론건연소가스량,

$G_{ow} = A_o - 5.6H = 11.20 - 5.6 \times 0.13 = 10.47[Sm^3/kg]$

$\therefore (CO_2)_{max} = \dfrac{1.867C}{G_{od}} \times 100 = \dfrac{1.867 \times 0.87}{10.47} \times 100 = 15.51[\%]$

CO_2가 10[%]일 때의 공기량, 즉 재연소에 사용된 공기량을 A라고 하면

$m = \dfrac{A}{A_o} = \dfrac{(CO_2)_{max}}{CO_2}$ 에서 $A \times CO_2(\%) = A_o \times (CO_2)_{max}[\%]$

$A \times 10[\%] = 11.20 \times 15.51[\%]$ 에서 $A = 17.37[Sm^3/kg]$

처음에 사용된 공기량 $= 11.20 \times 0.9 = 10.08[Sm^3/kg]$

$\therefore$ 처음에 사용된 공기량 : 재연소에 사용된 공기량
$= 10.08 : 17.37$
$= 1 : 1.72$

080 어떤 공장 굴뚝에서 배출되는 연소가스의 성분을 분석한 결과 CO_2의 함량이 10.2[%]였다. CO는 발생하지 않았다고 가정할 경우, $(CO_2)_{max}$가 15.416[%]라면 연소가스 중 O_2는 몇 [%]가 함유되었는가?

해답

$$(CO_2)_{max}[\%] = \frac{21 \times CO_2[\%]}{21 - O_2[\%]}$$ 에서 $15.416 = \frac{21 \times 10.2[\%]}{21 - O_2[\%]}$

$\therefore O_2 = 7.11[\%]$

081 $(CO_2)_{max} = 18[\%]$, $CO_2 = 14.2[\%]$, $CO = 3[\%]$인 어떤 연소가스 중 $O_2[\%]$ 및 과잉공기계수(m)은?

해답

$$(CO_2)_{max} = \frac{[(CO_2)+(CO)]}{100 - \frac{(O_2)}{0.21} + 1.881(CO)} \times 100 = \frac{21 \times [(CO_2)+(CO)]}{21-(O_2)+0.395(CO)}$$ 에서

$$18 = \frac{21 \times (14.2+3)}{21 - O_2 + 0.395 \times 3}$$

$\therefore O_2 = 2.12[\%]$, $m = \frac{(CO_2)_{max}}{CO_2} = \frac{18.0}{14.2} = 1.27$

082 공기를 사용하여 뷰테인을 완전 연소할 때 뷰테인의 $(CO_2)_{max}$ [%]를 구하시오.

해답

반응식

$C_4H_{10} + 6.5\,O_2 \rightarrow 4\,CO_2 + 5\,H_2O$ 에서 $(CO_2)_{max} = \left(\frac{CO_2}{G_{od}}\right) \times 100$이므로

$G_{od} = (1-0.21) \times A_o + CO_2량 = (1-0.21) \times \frac{6.5}{0.21} + 4 = 28.45\,[Sm^3/Sm^3]$

$\therefore (CO_2)_{max} = \left(\frac{4}{28.45}\right) \times 100 = 14.06[\%]$

083 어떤 석탄을 분석한 결과 C: 64[%], H: 5.3[%], S: 0.1[%], O: 8.8[%], N: 0.8[%], 회분: 12[%], 수분: 9[%]이었다. 이 석탄 1[kg]을 연소시키는 데 필요한 이론건연소가스량(G_{od}), 이론습연소가스량(G_{ow}) 및 $(CO_2)_{max}$를 구하시오.

해답

1) $A_o = \dfrac{1}{0.21}\left[1.867 \times 0.64 + 5.6\left(0.053 - \dfrac{0.088}{8}\right) + 0.7 \times 0.001\right]$

$= 6.81[Sm^3/kg]$

$G_{od} = (1 - 0.21) \times A_o + 1.867C + 0.7S + 0.8N$

$= (1 - 0.21) \times 6.81 + 1.867 \times 0.64 + 0.7 \times 0.001 + 0.8 \times 0.008$

$= 6.58[Sm^3/kg]$

2) $G_{ow} = A_o - 5.6H + 0.8N = 6.81 - 5.6 \times 0.053 + 0.8 \times 0.008$

$= 6.52[Sm^3/kg]$

3) $(CO_2)_{max} = \dfrac{CO_2량 + SO_2량}{G_{od}} \times 100 = \dfrac{1.867 \times 0.64 + 0.7 \times 0.001}{6.58} \times 100$

$= 18.17[\%]$

084 C 85[%], H 15[%]인 어떤 액체연료를 완전 연소하여 연소가스 중 CO_2를 분석한 결과 12[%]와 10[%]가 측정되었다. 연소가스 중 CO_2 측정 결과로부터 액체연료 1[kg]당 공기량의 증가분(Sm^3)을 계산하시오.

해답

$CO_2[\%] = \dfrac{1.867C}{G_d} \times 100$ 에서

연소가스 중 CO_2 12[%]인 경우, $G_d = \dfrac{1.867 \times 0.85}{12} \times 100 = 13.22[Sm^3/kg]$

연소가스 중 CO_2 10[%]인 경우, $G_d = \dfrac{1.867 \times 0.85}{10} \times 100 = 15.87[Sm^3/kg]$

∴ $15.87 - 13.22 = 2.65[Sm^3]$

연소가스 중 CO_2 10[%]인 경우, 액체연료 1[kg]당 공기량의 증가분(Sm^3)이 $2.65[Sm^3]$만큼 된다.

085 현재 사용하고 있는 고체연료의 원소 조성 분석에 관한 결괏값을 보관하고 있지 않는 A 공장에 입사한 대기환경기사가 보일러의 운전 상황을 점검하기 위해 먼저 보일러 연소가스의 성분을 조사해 보니 다음과 같았다. 이 연소상태에서 공기과잉계수(공기비, m)는?

> 연소가스 조성(부피기준): CO_2 11.2[%], O_2 6.3[%], CO 2.3[%]

해답 연소가스의 조성으로부터 최대탄산가스량을 구한다.

$$(CO_2)_{max} = \frac{[(CO_2)+(CO)]}{100 - \frac{(O_2)}{0.21} + 1.881(CO)} \times 100 = \frac{21 \times [(CO_2)+(CO)]}{21-(O_2)+0.395(CO)}$$

$$= \frac{21 \times (11.2+2.3)}{21-6.3+0.395 \times 2.3} = 18.16[\%]$$

$$m = \frac{\{100-(CO_2)-1.5(CO)\}}{\left[\left\{\frac{100-(CO_2)_{max}}{0.79}\right\}\left\{\frac{(CO_2)+(CO)}{(CO_2)_{max}}\right\}\right]} + 0.21$$

$$= \frac{100-11.2-1.5 \times 2.3}{\frac{100-18.16}{0.79} \times \frac{11.2+2.3}{18.16}} + 0.21 = 1.32$$

086 석탄의 중량조성이 다음과 같을 때 완전 연소에 필요한 이론산소량($O_o[\mathrm{Sm^3/kg}]$)과 이론습연소가스량($G_{ow}[\mathrm{Sm^3/kg}]$)을 계산하시오. (단, 표준상태를 기준으로 한다.)

> C: 86.6[%], H: 4[%], O: 8[%], S: 1.4[%]

해답 1) 이론산소량(O_o)

$$O_o = 1.867C + 5.6\left(H - \frac{O}{8}\right) + 0.7S$$

$$= 1.867 \times 0.866 + 5.6\left(0.04 - \frac{0.08}{8}\right) + 0.7 \times 0.014 = 1.80\,[\mathrm{Sm^3/kg}]$$

2) 이론습연소가스량(G_{ow})

$$G_{ow} = 0.79 A_o + 1.867C + 11.2H + 0.7S + 0.8N + 1.244W$$
$$= 0.79 \times \frac{1.80}{0.21} + 1.867 \times 0.866 + 11.2 \times 0.04 + 0.7 \times 0.014$$
$$= 8.83 [\text{Sm}^3/\text{kg}]$$

기사·산업 출제빈도 ☆☆☆

087 C: 80[%], H: 13[%], O: 4[%], S: 2[%], N: 1[%]로 구성된 중류 1[kg]을 완전 연소시킨 후 오르자트 가스분석기로 연소가스를 분석한 결과 연소가스 중 O_2 농도는 3.5[%]일 경우, 다음 물음에 답하시오.

1) 건연소가스량(Sm^3/kg)은?
2) 습연소가스량(Sm^3/kg)은?

📝 **오르자트 가스분석기(Orsat gas analysis apparatus)**
연소가스 중 CO, O_2, CO_2의 농도를 측정하는 분석기이며 각각의 흡수용액에 흡수된 가스의 부피 변화를 이용하여 측정한다.

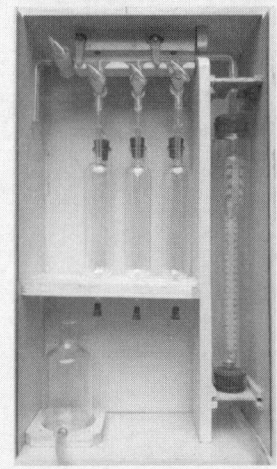

해답

$$A_o = \frac{1}{0.21} \left[1.867 \times 0.8 + 5.6 \times \left(0.13 - \frac{0.04}{8} \right) + 0.7 \times 0.02 \right] = 10.51 [\text{Sm}^3/\text{kg}]$$

$$m = \frac{21}{21 - 3.5} = 1.2$$

1) $G_d = 1.2 \times 10.51 - 5.6 \times 0.13 + 0.8 \times 0.01 = 11.90 [\text{Sm}^3/\text{kg}]$
2) $G_w = G_d + 11.2H = 11.90 + 11.2 \times 0.13 = 13.35 [\text{Sm}^3/\text{kg}]$

기사·산업 출제빈도 ☆☆☆☆

088 어떤 벙커C유를 연소하였더니 건연소가스량이 14[Sm^3/kg]이었다. 이 벙커C유 중 H의 함량이 12[%]일 경우, 실제 공급 공기량(Sm^3)과 습연소가스량(Sm^3/kg)은?

해답

$G_d = mA_o - 5.6H$에서 $14 = A - 5.6 \times 0.12$

∴ 실제 공급공기량, $A = 14.67 [\text{Sm}^3/\text{kg}]$

$G_w = G_d + 11.2H = 14 + 11.2 \times 0.12 = 15.34 [\text{Sm}^3/\text{kg}]$

089 어떤 중유를 증기 분무방식으로 연소한 후, 연소가스를 분석하였더니 CO_2가 13.7[%], 수분은 0.106[kg/Sm³]이었다. 이 경우 건연소가스량(Sm³/kg)과 습연소가스량(Sm³/kg)을 구하시오. (단, 중유의 중량조성은 C: 90[%], H: 10[%]이고, 공기 중 수분량은 무시한다.)

해답

1) $G_d = \dfrac{1.867\,C}{CO_2} = \dfrac{1.867 \times 0.9}{0.137} = 12.26\,[\text{Sm}^3/\text{kg}]$

2) $w_g = 0.106\,[\text{kg/Sm}^3] \times 12.26\,[\text{Sm}^3/\text{kg}] = 1.3\,[\text{kg/kg}]$

   $1.3[\text{kg/kg}] \times \dfrac{22.4\,[\text{Sm}^3]}{18\,[\text{kg}]} = 1.62\,[\text{Sm}^3/\text{kg}]$

   $G_w = G_d + w_g = 12.26 + 1.62 = 13.88\,[\text{Sm}^3/\text{kg}]$

090 프로페인과 뷰테인의 용적비가 1 : 1인 비율로 구성된 기체연료가 있다. 이 기체연료가 완전 연소한 후 건연소가스 중 CO_2가 10[%]였을 경우, 이 기체연료 1[Sm³]당 건연소가스량(Sm³)은?

해답

연소반응식:

$C_3H_8 + 5\,O_2 \rightarrow 3\,CO_2 + 4\,H_2O$, $C_4H_{10} + 6.5\,O_2 \rightarrow 4\,CO_2 + 5\,H_2O$

0.5[Sm³]　　　　1.5[Sm³]　　　　　0.5[Sm³]　　　　　　　　2[Sm³]

$CO_2[\%] = \dfrac{CO_2\,량}{G_d} \times 100$ 에서 $10[\%] = \dfrac{1.5+2}{G_d} \times 100$, ∴ $G_d = 35\,[\text{Sm}^3]$

091 메테인과 프로페인의 부피를 1 : 1, 2 : 1, 1 : 2로 혼합하여 연소할 경우 발생하는 이론습연소 가스량의 처리비용이 가장 적게 되는 메테인과 프로페인의 부피비를 선택하시오. (단, 습연소가스량 1[Sm³]당 처리비용은 40원이다.)

해답

1) 메테인과 프로페인의 부피가 1 : 1인 경우 연소반응식

$$\left(\frac{1}{2}\right) \times [CH_4 + 2O_2 \rightarrow CO_2 + 2H_2O]$$

$$\left(\frac{1}{2}\right) \times [C_3H_8 + 5O_2 \rightarrow 3CO_2 + 4H_2O]$$

$G_w = (m - 0.21)A_o +$ 연소가스 생성량에서 $m = 1$

$$A_o = \frac{2 \times 0.5 + 5 \times 0.5}{0.21} = 16.67[Sm^3/Sm^3]$$

$\therefore G_w = (1 - 0.21) \times 16.67 + 0.5 \times (4 + 6) = 18.17[Sm^3/Sm^3]$

처리비용 = 18.17 × 40 = 726.8원

2) 메테인과 프로페인의 부피가 2 : 1인 경우 연소반응식

$$\left(\frac{2}{3}\right) \times [CH_4 + 2O_2 \rightarrow CO_2 + 2H_2O]$$

$$\left(\frac{1}{3}\right) \times [C_3H_8 + 5O_2 \rightarrow 3CO_2 + 4H_2O]$$

$G_w = (m - 0.21)A_o +$ 연소가스 생성량에서 $m = 1$

$$A_o = \frac{2 \times 0.67 + 5 \times 0.33}{0.21} = 14.24[Sm^3/Sm^3]$$

$\therefore G_w = (1 - 0.21) \times 14.24 + 0.67 \times 3 + 0.33 \times 7 = 15.57[Sm^3/Sm^3]$

처리비용 = 15.57 × 40 = 622.8원

3) 메테인과 프로페인의 부피가 1 : 2인 경우 연소반응식

$$\left(\frac{1}{3}\right) \times [CH_4 + 2O_2 \rightarrow CO_2 + 2H_2O]$$

$$\left(\frac{2}{3}\right) \times [C_3H_8 + 5O_2 \rightarrow 3CO_2 + 4H_2O]$$

$G_w = (m - 0.21)A_o +$ 연소가스 생성량에서 $m = 1$

$$A_o = \frac{2 \times 0.33 + 5 \times 0.67}{0.21} = 19.1[Sm^3/Sm^3]$$

$\therefore G_w = (1 - 0.21) \times 19.1 + 0.33 \times 3 + 0.67 \times 7 = 20.77[Sm^3/Sm^3]$

처리비용 = 20.77 × 40 = 830.8원

∴ 이론습연소 가스량의 처리비용이 가장 적게 되는 메테인과 프로페인의 부피비는 2 : 1이다.

092 프로페인(C_3H_8) 기체연료 연소 시 10[%]의 과잉공기를 사용하여 완전 연소할 경우, 습연소가스 조성 중 산소농도의 부피비(%)를 구하시오.

해답 프로페인(C_3H_8)의 연소반응식

$C_3H_8 + 5\,O_2 + (3.76 \times 5)\,N_2 \rightarrow 3\,CO_2 + 4\,H_2O + 18.8\,N_2$

이 반응식에서 10[%]의 과잉공기를 더하면

$C_3H_8 + 5.5\,O_2 + 20.68\,N_2 \rightarrow 3\,CO_2 + 4\,H_2O + 0.5\,O_2 + 20.68\,N_2$

∴ 습연소가스 조성 중 산소농도의 부피비(%)

$= \dfrac{0.5}{3+4+0.5+20.68} \times 100 = 1.77[\%]$

기사·산업 출제빈도 ✿✿

093 어떤 기체연료의 조성이 부피비로 CH_4 95[%], CO_2 1[%], O_2 3[%], N_2 1[%]였다. 이 기체연료 100[Sm^3]을 990[Sm^3]의 공기를 사용하여 완전 연소시킬 경우, 공기비와 습연소가스량(Sm^3)은?

해답 가연성분인 메테인의 연소반응식

$CH_4 + 2\,O_2 \rightarrow CO_2 + 2\,H_2O$

$A_o = \dfrac{1}{0.21}(2 \times 0.95 - 0.03) \times 100 = 890.48[Sm^3/Sm^3]$

공기비, $m = \dfrac{A}{A_o} = \dfrac{990}{890.48} = 1.11$

$G_w = (m - 0.21)A_o + CO_2$량$+ H_2O$량

$\quad = (1.11 - 0.21) \times 890.48 + (0.95 + 0.01) \times 100 + 2 \times 0.95 \times 100$

$\quad = 1{,}091.19[Sm^3/Sm^3]$

기사·산업 출제빈도 ✿✿✿✿

094 프로페인 1[Sm^3]을 공기비 1.2로 완전 연소시킬 경우, 건연소가스량(Sm^3/Sm^3)은?

해답 프로페인의 연소반응식

$C_3H_8 + 5\,O_2 \rightarrow 3\,CO_2 + 4\,H_2O$

$A_o = \dfrac{5}{0.21} = 23.81[Sm^3/Sm^3]$

$G_d = (m - 0.21)A_o + $생성 CO_2량 $= (1.2 - 0.21) \times 23.81 + 3$

$\quad = 26.57[Sm^3/Sm^3]$

095 메테인 1[Sm³]을 공기비 1.2로 완전 연소시킬 경우, 습연소가스량(Sm³/Sm³)은?

해답

메테인의 연소반응식

$$CH_4 + 2O_2 \rightarrow CO_2 + 2H_2O$$

$$A_o = \frac{2}{0.21} = 9.52[Sm^3/Sm^3]$$

$$G_w = (m-0.21)A_o + 연소가스\ 생성량 = (1.2-0.21) \times 9.52 + 1 + 2$$
$$= 12.42[Sm^3/Sm^3]$$

096 CO 20[%], CO₂ 20[%], N₂ 60[%]로 구성된 고로가스의 이론 연소가스량(Sm³/Sm³)은?

해답

고로가스 중 가연성분은 CO 20[%]이므로

$$CO + \frac{1}{2}O_2 + \frac{1}{2} \times 3.76 N_2 \rightarrow CO_2 + \frac{1}{2} \times 3.76 N_2$$

$$G_o = \left(1 + \frac{1}{2} \times 3.76\right) \times 0.2 + 0.2 + 0.5 = 1.38[Sm^3/Sm^3]$$

097 탄소 85[%], 수소 11.0[%], 산소 2[%], 황 2[%]로 구성된 연료유(비중 0.95)를 20[%]의 과잉공기량을 사용해서 매시 5[kL]를 완전 연소시킨다면, 이때 굴뚝에서 배출되는 가스량(Sm³/h)은?

해답

$$A_o = \frac{1}{0.21} \times \left\{ 1.867 \times 0.85 + 5.6 \times \left(0.11 - \frac{0.02}{8}\right) + 0.7 \times 0.02 \right\}$$
$$= 10.49 \, [\text{Sm}^3/\text{kg}]$$
$$G_w = mA_o + 5.6\text{H} = 1.2 \times 10.49 + 5.6 \times 0.11 = 13.20 \, [\text{Sm}^3/\text{kg}]$$
∴ 굴뚝에서 배출되는 가스량(Sm³/h)
$$= 13.20 \, [\text{Sm}^3/\text{kg}] \times 5{,}000 \, [\text{L/h}] \times 0.96 \, [\text{kg/L}] = 63{,}360 \, [\text{Sm}^3/\text{h}]$$

기사 출제빈도 ★★★

098 기체연료($C_x H_y$) 1[mol]을 이론공기량으로 완전 연소시켰을 경우, 이론습연소가스량(g)을 계산하시오. (단, 화학반응식까지 기재하시오.)

해답

$C_x H_y$의 연소반응식

$$C_x H_y + \left(x + \frac{y}{4}\right) O_2 \rightarrow x\,CO_2 + \frac{y}{2} H_2O \text{ 에서}$$

$$A_o = \frac{1}{0.232} \times \left(x + \frac{y}{4}\right) \times 32$$

발생한 연소가스량 중

$$N_2 = (1 - 0.232) \times \frac{1}{0.232} \times \left(x + \frac{y}{4}\right) \times 32, \; O_2 = 0, \; CO_2 = 44 \times x$$

$H_2O = 18 \times \frac{y}{2}$ 이므로

$$\therefore G_{ow} = 0.768 \times A_o + CO_2 + H_2O$$
$$= 0.768 \times \frac{32}{0.232}\left(x + \frac{y}{4}\right) + 44 \times x + 9 \times y$$
$$= 149.93\,x + 35.48\,y \, [\text{g}]$$

기사 출제빈도 ★★★

099 중유를 연소하는 열 보일러에서 배출가스의 성분을 분석한 결과 다음과 같을 때, 이 연료의 단위질량당 건연소가스량(Sm³/kg)을 계산하시오.

- 건연소가스 성분: CO_2 10[%], O_2 6.6[%], CO 0[%], N_2 83.4[%]
- 중유의 조성: C 87[%], H 10[%], S 2.38[%], O와 N은 존재하지 않는다.

해답

건연소가스 성분으로부터 $m = \dfrac{83.4}{83.4 - 3.76 \times 6.6} = 1.42$

$A_o = \dfrac{1}{0.21}(1.867 \times 0.87 + 5.6 \times 0.1 + 0.7 \times 0.0238) = 10.48 [\text{Sm}^3/\text{kg}]$

$G_d = (1.42 - 0.21) \times 10.48 + 1.867 \times 0.87 + 0.7 \times 0.0238 = 14.32 [\text{Sm}^3/\text{kg}]$

기사·산업 출제빈도 ★★★★

100 기체연료($C_x H_y$) 1[mol]을 이론공기량으로 완전 연소시켰을 경우, 이론습연소가스량(mol)을 계산하시오. (단, 화학반응식까지 기재하시오.)

해답

$C_x H_y$의 연소반응식

$C_x H_y + \left(x + \dfrac{y}{4}\right) O_2 \rightarrow x\,CO_2 + \dfrac{y}{2} H_2O$ 에서

$A_o = \dfrac{1}{0.21} \times \left(x + \dfrac{y}{4}\right) = 4.762\,x + 1.19\,y \,[\text{mol}]$

$\therefore G_{ow} = 0.79 \times A_o + CO_2 + H_2O = 0.79 \times (4.762\,x + 1.19\,y) + x + \dfrac{y}{2}$

$\qquad = 4.762\,x + 1.44\,y \,[\text{mol}]$

기사·산업 출제빈도 ★★★★

101 C: 86.9[%], H: 11[%], S: 2.0[%], 회분: 0.1[%]인 중유를 완전 연소시켰을 경우, 이론 건연소가스량(Sm³/kg)은?

해답

$G_{od} = A_o - 5.6\text{H} = \dfrac{1}{0.21}(1.867 \times 0.869 + 5.6 \times 0.12 + 0.7 \times 0.03) - 5.6 \times 0.11$

$\qquad = 10.11 [\text{Sm}^3/\text{kg}]$

기사·산업 출제빈도 ★★★

102 프로페인 1[kg]을 과잉공기계수(공기비, m) 1.1로 완전 연소시킬 경우, 발생하는 연소 가스량(kg)은?

해답

C_3H_8의 연소반응식

$C_3H_8 + 5O_2 + N_2 \rightarrow 3CO_2 + 4H_2O + N_2$ 에서

44[kg]　　5×32[kg]　　　3×44[kg]　4×18[kg]　$\dfrac{0.768}{0.232} \times 32 \times 5$[kg]

1[kg]　　　x O_2량　　　x CO_2량　　x H_2O량　　x N_2량

$G_w = x\,CO_2$량 $+ x\,H_2O$량 $+ x\,N_2$량 $+$ 과잉 공기량

$= \dfrac{3 \times 44}{44} + \dfrac{4 \times 18}{44} + \dfrac{0.768}{0.232} \times \dfrac{32 \times 5}{44} + \dfrac{1}{0.232}(1.1-1) \times \dfrac{5 \times 32}{44}$

$= 18.26\,[\text{kg/kg}]$

다른 풀이

연소가스량(kg) = 연료(kg) + 공급공기량(kg)

공급공기량(kg) $= \dfrac{1}{0.232} \times \dfrac{5 \times 32}{44} \times 1.1 = 17.24\,[\text{kg}]$

∴ 연소가스량(kg) = 1[kg] + 17.24[kg] = 18.24[kg]

기사 출제빈도 ★★

103 시간당 64[L]의 벙커C유를 사용하는 어떤 공장의 용해로에서 배출되는 연소가스량(m³/h)은? (단, 연소가스온도는 2,600[°F]이고, 과잉공기량은 10[%], 연료 1[L]당 연소가스량은 14[Sm³]이다.)

해답

연소가스온도는 2,600[°F]를 ℃로 바꾸면,

$℃ = \dfrac{5}{9}(°F - 32) = \dfrac{5}{9}(2,600 - 32) = 1,427\,[℃]$

연소가스량(m³/h) $= 14\,[\text{Sm}^3/\text{L}] \times 64\,[\text{L/h}] \times \dfrac{273 + 1,427}{273} \times 1.1$

$= 6,137.43\,[\text{m}^3/\text{h}]$

기사 출제빈도 ★

104 평균 탄화수소 분자식이 $C_{10}H_{20}$인 중질유 속에 0.3[%](무게비)의 질소 성분이 포함되어 있다. 이 중질유를 60[%]의 과잉공기를 사용하여 연소시킬 경우, 배출되는 습연소가스 중 NO의 농도(ppm)는? (단, 표준상태를 기준으로 하고, 이 중질유 속의 질소는 모두 NO로 변하며, 공기 중 질소는 산화반응을 전혀 하지 않는다고 가정한다.)

해답 중질유의 연소반응식
$C_{10}H_{20} + 15\,O_2 \rightarrow 10\,CO_2 + 10\,H_2O$ 에서
습연소가스의 전체 몰 수는
$10(CO_2) + 10(H_2O) + (15 \times 0.6)(O_2) + (15 \times 3.76 + 15 \times 3.76 \times 0.6)(N_2)$
$= 119.24\,[mole]$
습연소가스 중 NO 가스의 몰 수는 $C_{10}H_{20}$의 분자량이 140이므로
$140 \times 0.003 \times \dfrac{2\,[mole]\,NO}{28\,[g]\,N_2} = 0.03\,[mole]\,NO,$

$\therefore\ \dfrac{0.03}{119.24} \times 10^6 = 251.59\,[ppm]$

105 탄소 86.0[%], 수소 13.0[%], 황 1.0[%] 조성의 중유를 1,000[kg/h] 연소시킨다. 배출가스 성분 조성은 $CO_2 + SO_2$ 13.0[%], O_2 2.0[%], CO 0[%]이다. 굴뚝 출구의 배출가스 유속(m/s)은? (단, 굴뚝 출구의 면적은 2[m²], 배출가스 온도는 270[℃]이다.)

해답
$A_o = \dfrac{1}{0.21}\{1.867 \times 0.86 + 5.6 \times 0.13 + 0.7 \times 0.01\} = 11.15\,[Sm^3/kg]$
$N_2 = 100 - (13.0 + 2.0) = 85\,[\%]$
$m = \dfrac{N_2}{N_2 - 3.76 \times O_2} = \dfrac{85}{85 - 3.76 \times 2} = 1.1$
$G_w = m A_o + 5.6H = 1.1 \times 11.15 + 5.6 \times 0.13 = 13\,[Sm^3/kg]$
$Q = AV$ 에서
$13\,[Sm^3/kg] \times 1,000\,[kg/h] \times \dfrac{(273+270)\,[K]}{273\,[K]} = 2\,[m^2] \times V\,[m/s] \times 3,600\,[s/h]$
$\therefore\ V = 3.83\,[m/s]$

106 어떤 열설비 시설에서 중유를 공기비 1.3으로 연소할 경우, 연소가스 중 10[%]를 재순환시켜 연소용 공기 중으로 혼입한다. 이 연소용 공기 중 산소 농도(%)는? (단, 연소가스 중 CO_2는 12[%]이다.)

해답

중유가 완전 연소할 경우 연소가스 중 산소와 질소의 성분비를 구하면

$$O_2[\%] = \frac{0.21(m-1)A_o}{G_d} \times 100 = \frac{0.21(1.3-1)A_o}{G_d} \times 100 = 6.3 \times \frac{A_o}{G_d}[\%]$$

$$N_2[\%] = \frac{0.79A}{G_d} \times 100 = \frac{0.79\,mA_o}{G_d} \times 100 = \frac{0.79 \times 1.3 \times A_o}{G_d} \times 100$$

$$= 102.7 \times \frac{A_o}{G_d}[\%]$$

여기서, $\dfrac{A_o}{G_d}$는 공통이므로 상대값은 산소 6.3[%], 질소 102.7[%]이다.

CO_2는 12[%]가 포함된 연소가스 중

O_2 농도(%) $= \dfrac{6.3}{(6.3+102.7+12)} \times 100 = 5.2[\%]$ 이고, 이 연소가스를 연소용 공기량의 10[%]만큼 혼입시켰을 때, 이 혼합공기 중 산소농도(%)는

$O_2[\%]$ = 대기 중 산소% + 연소가스 중 산소% $= 21 \times 0.9 + 5.2 \times 0.1 = 19.4[\%]$

기사 출제빈도 ☆

107 어떤 연소로에서 에테인(C_2H_6) 100[mol]을 40[%]의 과잉공기로 연소시킬 때, 에테인의 85[%]가 연소된다고 한다. 또한, 연소된 에테인의 30[%]가 CO가 되고, 나머지는 CO_2가 된다고 한다. 다음 물음에 답하시오.

1) 이 연소로의 연소가스 5가지 성분을 건조기준으로 구성 조성을 몰분율로 나타내시오.
2) $\dfrac{수분}{건연소가스}$ 비율(mole/mole)을 계산하시오.

해답

1) 에테인의 연소반응식: $C_2H_6 + \left(2+\dfrac{6}{4}\right)O_2 \rightarrow 2\,CO_2 + 3\,H_2O$

문제의 조건에서 연소반응식은 $C_2H_6 + \left(2+\dfrac{6}{4}\right)O_2 \rightarrow 2\,CO_x + 3\,H_2O$

건연소가스량, $G_d[\text{Sm}^3/\text{kg}] = (m-0.21)A_o + 2CO_x$

여기서, $CO_x = CO_2 + CO$

이론공기량, $A_o = \dfrac{3.5}{0.21} = 16.67\,[\text{Sm}^3/\text{kg}]$

∴ $G_d[\text{Sm}^3/\text{kg}] = \{(1.4-0.21) \times 16.67 + 2\} \times 0.85 + 0.15$

$= 18.71\,[\text{Sm}^3/\text{kg}]$

여기서, 0.15는 타지 않은 에테인이다.

(1) 1구성 성분
$$O_2 = \frac{0.21 \times (m-1) A_o}{G_d} = \frac{0.21 \times 0.4 \times 16.67}{18.71} = 0.075 \,[\text{mole/mole}]$$

(2) 2구성 성분
$$CO_2 = \frac{CO_2 \text{량}}{G_d} = \frac{2 \times 0.85 \times (1-0.3)}{18.71} = 0.064 \,[\text{mole/mole}]$$

(3) 3구성 성분
$$CO = \frac{CO \text{량}}{G_d} = \frac{2 \times 0.85 \times 0.3}{18.71} = 0.027 \,[\text{mole/mole}]$$

(4) 4구성 성분(타지 않은 에테인)
$$C_2H_6 = \frac{\text{타지 않은 } C_2H_6 \text{량}}{G_d} = \frac{0.15}{18.71} = 0.008 \,[\text{mole/mole}]$$

(5) 5구성 성분
$$N_2 = 1 - (O_2 + CO_2 + CO + C_2H_6)$$
$$= 1 - (0.075 + 0.064 + 0.027 + 0.008)$$
$$= 0.826 \,[\text{mole/mole}]$$

2) $\dfrac{\text{수분}}{\text{건연소가스}} = \dfrac{H_2O \text{량}}{G_d} = \dfrac{3 \times 0.85}{18.71} = 0.136 \,[\text{mole/mole}]$

기사 출제빈도 ☆☆☆

108 다음과 같은 조성을 지닌 석탄을 연소하는 경우, 물음에 답하시오.

성분	C	H	S	O	N	재	수분
조성비(%)	65	5.2	0.2	8.8	0.8	10.5	9.5

1) 이때 석탄 1[kg]당 필요한 이론습연소가스량(G_{ow}, Sm³/kg), 이론건연소가스량(G_{od}, Sm³/kg)을 계산하고, 이론건연소가스 중 CO_2의 비율이 최대로 될 때의 값, $(CO_2)_{max}$[%]을 나타내시오.

2) 또한, 실제로 이 석탄을 연소시킬 경우, 연소가스 중 CO_2가 10[%] 존재한다면 과잉공기계수(m)과 습연소가스량(G_w, Sm³/kg), 건연소가스량(G_d, Sm³/kg)을 구하시오.

해답

1) $A_o = \dfrac{1}{0.21}\left(1.867\times 0.65 + 5.6\times\left(0.052 - \dfrac{0.088}{8}\right) + 0.7\times 0.002\right)$

$= 6.88\,[\text{Sm}^3/\text{kg}]$

$G_{ow} = A_o + 5.6\text{H} + 0.8\,\text{N} + 1.24\,\text{W}$

$= 6.88 + 5.6\times 0.052 + 0.8\times 0.008 + 1.24\times 0.095$

$= 7.30\,[\text{Sm}^3/\text{kg}]$

$G_{od} = A_o - 5.6\text{H} + 0.8\,\text{N} = 6.88 - 5.6\times 0.052 + 0.8\times 0.008$

$= 6.60\,[\text{Sm}^3/\text{kg}]$

$(\text{CO}_2)_{\max}[\%] = \dfrac{1.867\,\text{C}}{G_{od}}\times 100 = \dfrac{1.867\times 0.65}{6.60}\times 100 = 18.39[\%]$

2) 공기비$(m) = \dfrac{(\text{CO}_2)_{\max}}{\text{CO}_2} = \dfrac{18.39}{10} = 1.84$

$G_w = G_{ow} + (m-1)A_o = 7.30 + (1.84-1)\times 6.88 = 13.08\,[\text{Sm}^3/\text{kg}]$

$G_d = G_{od} + (m-1)A_o = 6.60 + (1.84-1)\times 6.88 = 12.38\,[\text{Sm}^3/\text{kg}]$

기사 출제빈도 ★★

109 어떤 기체연료의 부피 조성은 다음과 같다. 이 기체연료의 연소 시 완전 연소에 필요한 공기량보다 20[%]의 과잉공기를 사용하였다. 연소반응률을 98[%]라고 할 경우, 이 기체연료 100[kg]을 연소할 때 발생하는 연소가스의 무게(kg)는? (단, 질소의 분자량은 28.2이다.)

CO	CO_2	O_2	N_2
28[%]	3.5[%]	0.5[%]	68[%]

해답

기체연료의 분자량,

$m = 28\times 0.28 + 44\times 0.035 + 32\times 0.005 + 28.2\times 0.68 = 28.72$

이 기체연료의 가연성분은 CO이므로 연소반응식은

$\text{CO} + \dfrac{1}{2}\times 1.2\times(\text{O}_2 + 3.76\,\text{N}_2)$

$\to 0.98\,\text{CO}_2 + 0.02\,\text{CO} + (0.2 + 0.02)\,\text{O}_2 + (2.256 + 0.68)\,\text{N}_2$

따라서 연소반응률 98[%]일 때, CO 1[kg]이 연소하여 발생한 연소가스량

$G_{CO} = \dfrac{1}{28}(0.98\times 44 + 0.02\times 28 + 0.22\times 32 + 2.936\times 28.2) = 4.77\,[\text{kg/kg}]$

∴ 기체연료 100[kg]을 연소할 때 발생하는 전체 연소가스의 무게(kg)

$= 100\times\left(\dfrac{28\times 0.28}{28.72}\times 4.77 + \dfrac{44\times 0.035}{28.72} + \dfrac{32\times 0.005}{28.72} + \dfrac{28.2\times 0.68}{28.72}\right)$

$= 210.21\,[\text{kg}]$

기사·산업 출제빈도 ★★

110 공기비 2.0으로 어떤 연료를 연소할 경우, 연소가스량이 1,500[Sm³/min]인 연소시설이 있다. 연소효율을 높이기 위해 공기비를 1.2로 조절하였을 때, 감소되는 연소가스량(Sm³/min)을 구하시오.

해답

연소가스량, $G = A +$ 연소가스 생성물질에서

$(m = 2.0) : 1,500\,[\text{Sm}^3/\text{min}] = (m = 1.2) : x\,[\text{Sm}^3/\text{min}]$

$x = 900\,[\text{Sm}^3/\text{min}]$

∴ 감소된 연소가스량 $= 1,500 - 900 = 600\,[\text{Sm}^3/\text{min}]$

기사 출제빈도 ★★★

111 CO_2 3[%], CO 8[%], CH_4 4[%], C_2H_6 4[%], H_2 50[%], N_2 5[%]인 조성 비율을 가진 코크스로 가스 100[Sm³]를 연소할 경우, 습연소가스량과 건연소가스량의 차는 몇 [Sm³]인가?

해답

$G_w - G_d =$ 수증기 생성량의 차 $= H_2 + 2\,CH_4 + 3\,C_2H_6 + \cdots + \dfrac{n}{2}\,C_mH_n$ 이므로

∴ $G_w - G_d = (1 \times 0.5 + 2 \times 0.3 + 3 \times 0.04)\,[\text{Sm}^3/\text{Sm}^3] \times 100\,[\text{Sm}^3]$
$= 118\,[\text{Sm}^3]$

> **코크스(cokes)**
> 코크스는 석탄을 코크스로에 넣어 1,000~1,300[℃]의 고온으로 장시간 구운 것으로 철과 산소의 화합물인 철광석을 고로 내에서 녹이는 열원인 동시에 철분을 철광석에서 분리시키는 환원제로서 필수 불가결한 역할을 한다.

기사 출제빈도 ★★

112 다음과 같은 조성을 지닌 석탄을 연소하는 경우, 물음에 답하시오.

수분	회분	C	H	O
5.17[%]	8.54[%]	74.94[%]	6.0[%]	5.35[%]

1) 이론공기량(Sm³/kg)은?
2) 과잉공기량 30[%]일 때 건연소가스량(Sm³/kg)은?
3) 습연소가스량(Sm³/kg)은?
4) 건연소가스 중 CO_2, O_2, N_2의 조성비(%)는? (단, 연소가스 중 미연분은 무시하며, 공기 중 포함된 수증기의 양은 건조공기 1[Sm³]당 0.0336[Sm³]이다.)

해답

1) $A_o = \dfrac{1}{0.21}\left[(1.867 \times 0.7494 + 5.6 \times \left(0.06 - \dfrac{0.0535}{8}\right)\right] = 8.09\,[\text{Sm}^3/\text{kg}]$

여기서, 공기 중 포함된 수증기량을 고려한 실질적인 이론공기량
$= 8.09 \times (1 + 0.0336) = 8.36\,[\text{Sm}^3/\text{kg}]$

2) $G_d = mA_o - 5.6\text{H} = 1.3 \times 8.09 - 5.6 \times 0.06 = 10.18\,[\text{Sm}^3/\text{kg}]$

3) 수증기의 양

$w_g = 11.2\text{H} + 1.24\,w = 11.2 \times 0.06 + 1.24 \times 0.0336 = 0.714\,[\text{Sm}^3/\text{kg}]$

$G_w = G_d + w_g = 10.18 + 0.714 = 10.89\,[\text{Sm}^3/\text{kg}]$

여기서, 건조공기 중에 수증기를 가하면

$G_w = 10.89 + (8.36 - 8.09) = 11.16\,[\text{Sm}^3/\text{kg}]$

4) $\text{CO}_2 = \dfrac{1.867\text{C}}{G_d} \times 100 = \dfrac{1.867 \times 0.7494}{10.18} \times 100 = 13.74\,[\%]$

$\text{O}_2 = \dfrac{0.21 \times (m-1)A_o}{G_d} \times 100 = \dfrac{0.21 \times (1.3-1) \times 8.09}{10.18} \times 100 = 5\,[\%]$

$\therefore \text{N}_2 = 100 - (\text{CO}_2 + \text{O}_2) = 100 - (13.74 + 5) = 81.26\,[\%]$

기사 출제빈도 ★★

113 어떤 제철공장의 용광로에 사용하는 코크스량은 300[kg/h]이다. 이 코크스 원소성분이 C 89.1[%], 회분 10.9[%]이며, 연소효율을 90[%]로 연소할 경우, 다음 물음에 답하시오. (단, CO_2 산화율은 97[%]이고, 나머지는 CO로 산화되며 과잉공기율은 30[%]이다.)

1) 연소가스 중 CO의 용적(%)은?
2) 배출되는 연소가스 온도가 500[℃], 740[mmHg]일 때, 용광로에서 배출되는 연소가스량(m^3/h)은?

해답

1) 연소가스량

$G = mA_o + 5.6\text{H} = 1.3 \times \dfrac{1}{0.21}(1.867 \times 0.891) = 10.30\,[\text{Sm}^3/\text{kg}]$

연소가스 중 CO량 $= 1.867 \times 0.891 \times (1 - 0.97) \times 0.9 = 0.045\,[\text{Sm}^3/\text{kg}]$

$\therefore$ 연소가스 중 CO의 용적(%) $= \dfrac{\text{CO량}}{G} \times 100 = \dfrac{0.045}{10.30} \times 100 = 0.44\,[\%]$

2) $10.30\,[\text{Sm}^3/\text{kg}] \times 300\,[\text{kg/h}] \times \dfrac{273 + 500}{273} \times \dfrac{760}{740} = 8{,}984.06\,[\text{m}^3/\text{h}]$

114 무연탄의 미분탄(微粉炭) 연소장치에 회분이 45[%]인 저질탄을 연소시킬 경우, 연소가스 1[Sm³]에 함유되는 먼지량(g)은? (단, 이론공기량 5.6[Sm³/kg], 이론연소가스량 6.5[Sm³/kg], 공기비 1.35, 발생된 재의 비산율(飛散率)은 0.89이다.)

미분탄 연소방식
75[μm](200[mesh]) 이하의 입도까지 미분화시킨 석탄을 공기와 함께 버너에서 연소실 내로 분사시켜 연소하는 방식을 말한다. 발전용 대형 보일러에서 가장 많이 채용하고 있으며 특징은 다음과 같다.
- 적은 량의 과잉공기로도 완전연소가 가능하다.
- 사용탄의 범위가 넓고 저질탄도 양호하게 연소할 수 있다.
- 점화 및 소화가 신속하고 짧은 시간 내에 연소가 완료된다.
- 동력비가 많고 큰 연소실을 필요로 한다.
- 분진 발생량이 많아 고효율 집진장치를 필요로 한다.

해답

$G = G_o + (m-1)A_o = 6.5 + (1.35 - 1) \times 5.6 = 8.46\,[\text{Sm}^3/\text{kg}]$

먼지량 $= 1\,[\text{kg}] \times 0.45 = 0.45\,[\text{kg}]$

$\therefore$ 연소가스 중 먼지량 $= \dfrac{0.45}{8.46} \times 1{,}000 \times 0.89 = 47.3\,[\text{g/Sm}^3]$

115 어떤 화력발전소에서 회분 24[%], 저발열량 5,800[kcal/kg]인 석탄을 80[kg/h]의 비율로 연소시키고 있다. 이때 발생된 재가 12[kg/h]이며, 이 중 80[%]가 회분이고, 비산되는 분진 중 회분은 96[%]였다. 가연성분을 모두 탄소라고 가정한다면 타지 않은 미연손실(%)은? (단, 탄소로 이루어진 순수 석탄의 발열량은 8,000[kcal/kg]이다.)

해답

석탄 80[kg/h] 중 회분량 $= 80 \times 24 = 19.2\,[\text{kg/h}]$

발생된 재 12[kg/h] 중 회분량 $= 12 \times 0.8 = 9.6\,[\text{kg/h}]$

비산되는 분진의 총량을 $x\,[\text{kg/h}]$이라 하면

$0.96 \times x + 9.6 = 19.2$에서 $x = 10\,[\text{kg/h}]$

또한, 분진 중 탄소량 $= 10 \times 0.04 = 0.4\,[\text{kg/h}]$

발생된 재 중의 탄소량 $= 12 \times 0.2 = 2.4\,[\text{kg/h}]$

$\therefore$ 미연손실(%) $= \dfrac{(0.4 + 2.4)}{5{,}800 \times 80} \times 8{,}000 \times 100 = 4.83\,[\%]$

116 다음 연료의 조성을 가진 중유(중량기준) 1[kg]을 공기비 1.2로 완전 연소시킬 경우, 건연소가스 중 먼지농도(mg/Sm³)는? (단, 회분은 모두 먼지가 되어 배출된다.)

연료 조성	함유량(%)
C	86.9
H	11.0
S	2.0
회분	0.1

해답

$A_o = \dfrac{1}{0.21}(1.867 \times 0.869 + 5.6 \times 0.11 + 0.7 \times 0.02) = 10.73 \,[\text{Sm}^3/\text{kg}]$

$G_d = mA_o - 5.6H + 0.8N = 1.2 \times 10.73 - 5.6 \times 0.11 = 12.26 \,[\text{Sm}^3/\text{kg}]$

회분량 $= 0.001 \times \dfrac{1{,}000\,[\text{g}]}{1\,[\text{kg}]} = 1\,[\text{g}/\text{kg}]$

∴ 건연소가스 중 먼지농도(mg/Sm³)

$= \dfrac{\text{회분량}}{G_d} = \dfrac{1\,[\text{g}/\text{kg}]}{12.26\,[\text{Sm}^3/\text{kg}]} = 0.082\,[\text{g}/\text{Sm}^3] = 82\,[\text{mg}/\text{Sm}^3]$

117 탄소 85[%], 수소 10[%], 산소 3[%], 황 2[%]인 석탄을 완전 연소할 때 탄소의 1[%](무게분율)가 먼지로 될 경우 이론건연소가스 중 먼지농도(mg/Sm³)는?

해답

$G_{od} = A_o - 5.6H + 0.7O + 0.8N\,[\text{Sm}^3/\text{kg}]$ 에서

$A_o = 8.89\,C + 26.67\left(H - \dfrac{O}{8}\right) + 3.33\,S$

$\quad = 8.89 \times 0.85 + 26.67 \times \left(0.1 - \dfrac{0.03}{8}\right) + 3.33 \times 0.02 = 10.19\,[\text{Sm}^3/\text{kg}]$

∴ $G_{od} = 10.19 - 5.6 \times 0.1 + 0.7 \times 0.03 = 9.65\,[\text{Sm}^3/\text{kg}]$

∴ 먼지농도, $C = \left(\dfrac{0.85 \times 0.01}{9.65}\right) \times 10^6 = 880.83\,[\text{mg}/\text{Sm}^3]$

118 중량비로 C: 85[%], H: 10[%], S: 3[%], 회분: 2[%]인 중유 1[kg]을 공기비 1.2로 완전 연소시킬 경우, 건연소가스 중 먼지농도 (g/kg)는? (단, 회분은 모두 먼지가 되어 배출된다.)

해답

$$A_o[\text{kg/kg}] = \frac{1}{0.232}\left[\frac{32}{12}C + 8\left(H - \frac{O}{8}\right) + S\right]$$

$$= \frac{1}{0.232}\left(\frac{32}{12}\times 0.85 + 8\times 0.1 + 1\times 0.03\right) = 13.35[\text{kg/kg}]$$

$$G_d[\text{kg/kg}] = (m - 0.232)A_o + \frac{44}{12}C + \frac{64}{32}S$$

$$= (1.2 - 0.232)\times 13.35 + \frac{44}{12}\times 0.85 + \frac{64}{32}\times 0.03 = 16.10[\text{kg/kg}]$$

회분량 $= 1{,}000\,[\text{g/kg}]\times \dfrac{2}{100} = 20\,[\text{g/kg}]$

∴ 먼지농도(g/kg) $= \dfrac{20}{16.10} = 1.24\,[\text{g/kg}]$

119 탄소 85[%], 수소 15[%]로 구성되어 있는 경유 1[kg]을 공기비 1.2로 연소할 경우, 탄소의 1[%]가 그을음으로 변화된다고 한다. 건연소가스 1[Sm³] 중 그을음의 농도(g/Sm³)는?

해답

$$A_o = \frac{1}{0.21}\left(\frac{22.4}{12}C + \frac{11.2}{2}H\right) = 8.89\times 0.85 + 26.67\times 0.15$$

$$= 11.56[\text{Sm}^3/\text{kg}]$$

건연소가스, $G_d = mA_o - 5.6H = 1.2\times 11.56 - 5.6\times 0.15 = 13.03[\text{Sm}^3/\text{kg}]$

연료 1[kg]당 그을음의 양 $= 1{,}000\times 0.85\times 0.01 = 8.5[\text{g}]$

∴ $\dfrac{8.5}{13.03} = 0.65[\text{g/Sm}^3]$

120 탄소 85[%], 수소 12[%], 황 3[%]인 중유를 과잉공기량 40[%]로 완전 연소시킬 때, 습연소가스 중 먼지농도(g/Sm³)는? (단, 중유를 완전 연소시킬 때 회분은 0.1[%]가 발생되고, 회분은 모두 먼지로 배출된다.)

해답

$$A_o = \frac{1}{0.21}(1.867 \times 0.85 + 5.6 \times 0.12 + 0.7 \times 0.03) = 10.86 \, [\text{Sm}^3/\text{kg}]$$

습연소가스, $G_w = mA_o + 5.6\text{H} = (m-0.21)A_o + 1.867\text{C} + 11.2\text{H} + 0.7\text{S}$
$= (1.4 - 0.21) \times 10.86 + 1.867 \times 0.849 + 11.2 \times 0.12 + 0.7 \times 0.03$
$= 15.87 \, [\text{Sm}^3/\text{kg}]$

∴ 습연소가스 중 먼지농도(g/Sm³)
$= \dfrac{\text{회분량}}{G_w} = \dfrac{1 \, [\text{g/kg}]}{15.89 \, [\text{Sm}^3/\text{kg}]} = 0.063 \, [\text{g/Sm}^3]$

121 회(灰) 성분이 0.1[%]인 중유를 연소할 경우, 건연소가스량은 중유 1[kg]당 15[Sm³]이었고, 건연소가스 중 매연농도는 200[mg/Sm³]이었다. 이 매연 중 미연분(未燃分)은 약 몇 [%]인가?

해답

중유 1[kg] 중 회 성분(g)은 $1,000 \times \dfrac{0.1}{100} = 1 \, [\text{g}]$

중유 1[kg] 연소 시 건연소가스 중 매연의 전체 양(g)은
$200 \, [\text{mg/Sm}^3] \times \dfrac{1 \, [\text{g}]}{1,000 \, [\text{mg}]} \times 15 \, [\text{Sm}^3] = 3 \, [\text{g}]$

∴ 미연분(%) $= \dfrac{3-1}{3} \times 100 = 66.67 [\%]$

122 어떤 석탄 탄광에서 채굴한 석탄의 성분을 분석한 결과, 수분 11.6[%], 회분 27[%], 탄소 45.4[%], 수소 4[%], 산소 7.8[%], 질소 0.6[%], 황 3.6[%]이었다. 이 석탄 1[kg]을 12.56[Sm^3]의 건조공기를 사용하여 연소시킨 후, 연소로에서 배출되는 연소가스를 분석하였더니 CO_2 6[%], O_2 12.4[%], CO 0.7[%], N_2 80.9[%]로 나타났다. 이 경우, 연소한 석탄재 중 미연탄소 성분(%)은? (단, 비산먼지에 의한 석탄의 손실은 없다고 한다.)

해답

먼저 문제에서 제시한 질소 성분을 토대로 건연소가스량을 파악한다.

G_d 중 N_2 = 사용된 공기의 N_2 + 석탄 중 N_2이므로

$$0.809\, G_d = 0.79 \times 12.56 + 0.006 \times \frac{22.4}{28}$$

∴ $G_d = 12.27\,[\text{Sm}^3/\text{kg}]$

연소하여 발생된 CO_x량 $= 12.27 \times (0.06 + 0.007) \times \dfrac{12}{22.4} = 0.44\,[\text{kg/kg}]$

연소한 석탄재의 양 = 회분량 + 미연탄소량
$= 0.27 + (0.454 - 0.44) = 0.284\,[\text{kg/kg}]$

∴ 연소한 석탄재의 양 중 미연탄소 성분 $= \dfrac{0.454 - 0.44}{0.284} \times 100 = 4.93[\%]$

123 중량비로 탄소 88[%], 수소 12[%]로 이루어진 어떤 액체연료를 완전 연소시킬 경우, 연료 1[kg]당 건연소가스는 12.6[Sm^3]이었다. 이때 건연소가스 중 CO_2[%]는?

해답

$CO_2\,[\%] = \dfrac{1.867\,C}{G_d} \times 100 = \dfrac{1.867 \times 0.88}{12.6} \times 100 = 13[\%]$

124 어떤 중유 중 함유 원소의 부피 조성이 C = 85[%], H = 13[%], S = 2[%]일 경우, 이 중유의 $(CO_2)_{max}$를 계산하시오.

해답

$$A_o = \frac{1}{0.21}(1.867C + 5.6H + 0.7S)$$
$$= \frac{1}{0.21}(1.867 \times 0.85 + 5.6 \times 0.13 + 0.7 \times 0.02)$$
$$= 11.09 \, [Sm^3/kg]$$
$$G_{od} = (1 - 0.21)A_o + 1.867C + 0.7S$$
$$= 0.79 \times 11.09 + 1.867 \times 0.85 + 0.7 \times 0.02$$
$$= 10.37 \, [Sm^3/kg]$$
$$\therefore (CO_2)_{max} = \frac{1.867C}{G_{od}} \times 100 = \frac{1.867 \times 0.85}{10.37} \times 100 = 15.3[\%]$$

125 다음 A 중유, B 중유의 구성 성분이 다음과 같다. 이 두 중유를 혼합하여 공기비 1.1로 연소시킨 후, 건연소가스 중 $SO_2 + SO_3$의 농도가 0.18%(부피비)가 되었을 경우, 이 두 중유의 혼합비(%)를 구하시오.

종류	C	H	S
A 중유	84%	12%	4%
B 중유	87%	12%	1%

해답

A 중유의 이론공기량, $A_o = \dfrac{1}{0.21}(1.867 \times 0.84 + 5.6 \times 0.12 + 0.7 \times 0.04)$
$$= 10.80 \, [Sm^3/kg]$$

건연소가스량, $G_d = mA_o - 5.6H = 1.1 \times 10.80 - 5.6 \times 0.12 = 11.21 \, [Sm^3/kg]$

A 중유의 SO_2량 $= 0.7 \times 0.04 = 0.028 [Sm^3/kg]$

B 중유의 이론공기량, $A_o = \dfrac{1}{0.21}(1.867 \times 0.87 + 5.6 \times 0.12 + 0.7 \times 0.01)$
$$= 10.97 \, [Sm^3/kg]$$

건연소가스량, $G_d = mA_o - 5.6H = 1.1 \times 10.97 - 5.6 \times 0.12$
$= 11.40 [\text{Sm}^3/\text{kg}]$

B 중유의 SO_2량 $= 0.7 \times 0.01 = 0.007 [\text{Sm}^3/\text{kg}]$

전체 A, B 중유 중 B 중유의 비율을 x라고 할 때, $\dfrac{0.028(1-x) + 0.007x}{11.21(1-x) + 11.40x} = 0.0018$

∴ $x = 0.4$이므로 이 두 중유의 혼합비는 A 중유 60[%], B 중유 40[%]이다.

126 석탄을 원소 분석한 결과 무게로 C: 72.3[%], H: 5.8[%], N: 1.3[%], S: 0.5[%], O: 14.9[%], 재: 5.2[%]였다. 이 석탄을 연소할 경우 연소가스 중 3[%]의 O_2를 함유한다. 이때 건연소가스 중 SO_2의 농도(ppm)는?

해답

$A_o = \dfrac{1}{0.21}\left(1.867 \times 0.723 + 5.6 \times \left(0.058 - \dfrac{0.149}{8}\right) + 0.7 \times 0.005\right)$
$= 7.49 [\text{Sm}^3/\text{kg}]$

$m = \dfrac{21}{21 - O_2} = \dfrac{21}{21 - 3} = 1.17$

$G_d = mA_o - 5.6H + 0.8N = 1.17 \times 7.49 - 5.6 \times 0.058 + 0.8 \times 0.013$
$= 8.45 [\text{Sm}^3/\text{kg}]$

$SO_2 [\text{ppm}] = \dfrac{0.7 \times S}{G_d} \times 100 = \dfrac{0.7 \times 0.005}{8.45} \times 10^6 = 414.2 [\text{ppm}]$

127 탄소 86[%], 수소 12[%], 황 2[%]의 조성을 지닌 중유를 연소한 후, 연소가스를 분석하였더니 다음과 같은 결과를 얻었다. 건연소가스 중 SO_2의 농도(%)는? (단, 표준상태를 기준으로 한다.)

$(CO_2) + (SO_2) = 13 [\%], \ (O_2) = 3 [\%], \ (CO) = 0 [\%]$

해답

$A_o = 8.89C + 26.67H + 3.33S = 8.89 \times 0.86 + 26.67 \times 0.12 + 3.33 \times 0.02$
$\qquad = 10.91 \, [\text{Sm}^3/\text{kg}]$

연소가스 중 $N_2 = 100 - (13+3) = 84[\%]$

$m = \dfrac{(N_2)}{(N_2) - 3.76(O_2)} = \dfrac{84}{84 - 3.76 \times 3} = 1.16$

$G_d = 1.876C + 0.7S + (m - 0.21)A_o$
$\qquad = 1.867 \times 0.86 + 0.7 \times 0.02 + (1.16 - 0.21) \times 10.91$
$\qquad = 11.98 \, [\text{Sm}^3/\text{kg}]$

$\therefore$ 건연소가스 중 SO$_2$의 농도(%) $= \dfrac{0.7S}{G_d} \times 100 = \dfrac{0.7 \times 0.02}{11.98} \times 100 = 0.12[\%]$

기사·산업 출제빈도 ★★★

128 탄소 85[%], 수소 12[%], 황 3[%]의 조성을 지닌 중유를 공기비 1.2로 연소한 후, 습연소가스 중 SO$_2$의 용적비(%)는? (단, 공기 중 O$_2$는 용적비로 21[%]이다.)

해답

$A_o = \dfrac{1}{0.21}(1.867 \times 0.85 + 5.6 \times 0.12 + 0.7 \times 0.03) = 10.86 \, [\text{Sm}^3/\text{kg}]$

$G_w = mA_o + 5.6H + 0.7S = 1.2 \times 10.86 + 5.6 \times 0.12 + 0.7 \times 0.03$
$\qquad = 13.72 \, [\text{Sm}^3/\text{kg}]$

$\text{SO}_2[\%] = \dfrac{0.7 \times S}{G_w} \times 100 = \dfrac{0.7 \times 0.03}{13.72} \times 100 = 0.15[\%]$

산업 출제빈도 ★★★★

129 C, H, S의 중량비가 각각 85[%], 11[%], 4[%]인 중유를 공기비 1.2로 완전 연소시킬 때, 발생되는 연소가스 중 SO$_2$ 농도(ppm)는? (단, $G = mA_o + 5.6H + 0.7S$ 이고, 중유 중 S 성분은 모두 SO$_2$로 된다.)

해답

$G = 1.2 \times \dfrac{1}{0.21}(1.867 \times 0.85 + 5.6 \times 0.11 + 0.7 \times 0.04) + 5.6 \times 0.11 + 0.7 \times 0.04$
$\qquad = 13.39 \, [\text{Sm}^3/\text{kg}]$

SO$_2$량 $= 0.7 \times 0.04 = 0.028 \, [\text{Sm}^3/\text{kg}]$

$\therefore \dfrac{\text{SO}_2량}{G} \times 10^6 = \dfrac{0.028}{13.39} \times 10^6 = 2{,}090.8[\text{ppm}]$

130 석탄 100[kg]에 대한 원소 조성을 분석한 결과, C 85[kg], H 6[kg], O 6[kg], S 3[kg]이고, 나머지는 회분이었다. 이 석탄을 공기비 1.3으로 완전 연소시키는 보일러에 매시 500[kg]씩 공급할 경우 다음 물음에 답하시오. (단, 이론공기량, A_o는 [Sm³/kg]단위로 계산한다.)

1) 건연소가스 중 SO_2의 농도(ppm)는?
2) 하루에 소모되는 공기량(ton/일)은?

해답

1) $A_o = \dfrac{1}{0.21}(1.867 \times 0.85 + 5.6 \times (0.06 - \dfrac{0.06}{8}) + 0.7 \times 0.03)$

$= 9.06 [Sm^3/kg]$

$G_d = mA_o - 5.6H = 1.3 \times 9.06 - 5.6 \times 0.06 = 11.44 [Sm^3/kg]$

∴ 건연소가스 중 SO_2의 농도(ppm)

$= \dfrac{0.7S}{G_d} \times 10^6 = \dfrac{0.7 \times 0.03}{11.44} \times 10^6 = 1,835.66 [ppm]$

2) 석탄 1[kg]에 소모되는 공기량(ton/일)

$= mA_o = 1.3 \times \dfrac{1}{0.232} \left(\dfrac{32}{12} \times 0.85 + \dfrac{16}{2} \times 0.06 + \dfrac{32}{32} \times 0.03 - 0.06 \right)$

$= 15.23 [kg\ 공기/kg\ 석탄]$

∴ 하루에 소모되는 공기량(ton/일)

$= 15.23 [kg\ 공기/kg\ 석탄] \times 500 [kg/h] \times 24 [h/day] \times 10^{-3} [ton/kg]$

$= 182.76 [ton/day]$

131 H_2S 0.2[%]를 함유한 CH_4 가스를 과잉공기계수 1.02로 완전 연소한다면, 건조 배출가스 중 SO_2 농도(ppm)은?

해답

반응식 : $H_2S + 1.5\,O_2 \to SO_2 + H_2O$, $CH_4 + 2\,O_2 \to CO_2 + 2\,H_2O$

$A_o = \dfrac{1}{0.21} \times \left(1.5 \times \dfrac{0.2}{100} + 2 \times \dfrac{99.8}{100} \right) = 9.52 [Sm^3/Sm^3]$

건연소가스량 = 과잉공기량 + N_2 + SO_2 + CO_2

$= (1.02-1) \times A_o + $ 연소 가스 생성량(수증기 제외)

$G_d = (1.02-1) \times 9.52 + 9.52 \times 0.79 + 1 \times \dfrac{0.2}{100} + 1 \times \dfrac{99.8}{100} = 8.71 [Sm^3/Sm^3]$

SO_2량 $= 1 \times \dfrac{0.2}{100} = 0.002 [Sm^3/Sm^3]$

∴ $\dfrac{SO_2량}{G_d} \times 10^6 = \dfrac{0.002}{8.71} \times 10^6 = 229.62 [ppm]$

기사·산업 출제빈도 ★★

132 황 성분을 1[%] 함유한 석탄을 20[%]의 과잉공기로 연소시킬 경우, 연소가스 중 SO_2의 농도(ppm)는? (단, 석탄의 조성은 황과 탄소로만 구성되어 있다고 가정한다.)

해답

100[g]의 석탄을 기준으로

황의 연소반응식: $S + O_2 \rightarrow SO_2$
$\qquad\qquad\qquad$ 32[g] 1[mol]
$\qquad\qquad\qquad$ 1[g] x $\qquad\qquad x = \frac{1}{32} = 0.0313$ [mol]

탄소의 연소반응식: $C + O_2 \rightarrow CO_2$
$\qquad\qquad\qquad$ 12[g] 1[mol]
$\qquad\qquad\qquad$ 99[g] y $\qquad\qquad y = \frac{99}{12} = 8.25$ [mol]

∴ 이론산소량, $O_o = 8.25 + 0.0313 = 8.28$ [mol]
  과잉산소량 $= 8.28 \times 0.2 = 1.66$ [mol]
  질소공급량 $= (8.28 + 1.66) \times \frac{0.79}{0.21} = 37.4$ [mol]

∴ 연소가스 중 SO_2의 농도(ppm)
$= \frac{0.0313}{8.25 + 0.0313 + 1.66 + 37.4} \times 10^6 = 661$ [ppm]

기사 출제빈도 ★★

133 어떤 액체연료의 원소 조성과 이 연료를 연소시킨 후, 연소가스의 분석결과가 다음과 같을 때, 건연소가스 중 SO_2의 농도(ppm)는? (단, 표준상태를 기준으로 한다.)

- 연료의 원소 조성: C 82[%], H 13[%], S 2[%], O 2[%], N 1[%]
- 연소가스 분석결과: $(CO_2)+(SO_2)=13$[%], $(O_2)=3$[%], $(CO)=0$[%]

해답

$A_o = \frac{1}{0.21}(1.867 \times 0.82 + 5.6 \times (0.13 - \frac{0.02}{8}) + 0.7 \times 0.02) = 10.76$ [Sm³/kg]

$G_{od} = (1-0.21)A_o + CO_2 + SO_2 + N_2 = (1-0.21)A_o + 1.867C + 0.7S + 0.8N$
$\qquad = (1-0.21) \times 10.76 + 1.867 \times 0.82 + 0.7 \times 0.02 + 0.8 \times 0.01$
$\qquad = 10.05$ [Sm³/kg]

$$m = \frac{(N_2)}{(N_2) - 3.76(O_2)} = \frac{84}{84 - 3.76 \times 3} = 1.16$$

$$G_d = G_{od} + (m-1)A_o = 10.05 + (1.16-1) \times 10.76 = 11.77 [Sm^3/kg]$$

$$\therefore SO_2 [ppm] = \frac{0.7 \times S}{G_d} \times 10^6 = \frac{0.7 \times 0.02}{11.77} \times 10^6 = 1,190 [ppm]$$

기사·산업 출제빈도 ★★★★

134 다음 표에 나타난 바와 같은 조성을 가진 중유를 15[Sm³ 공기/kg 중유]로 연소할 경우, 물음에 답하시오.

1) 연료 중 황 성분이 모두 SO_2로 전환된다면 습연소가스 중 SO_2 농도(ppm)는?

2) 재 성분이 모두 분진으로 배출될 경우 건연소가스 중 분진농도($\mu g/Sm^3$)는?

성분	C	H	S	재(ash)	N
조성비	85.0[%]	12.0[%]	2.0[%]	0.2[%]	0.8[%]

해답

1) 습연소가스, $G_w = mA_o + 5.6H + 0.8N = 15 + 5.6 \times 0.12 + 0.8 \times 0.008$
   $= 15.68 [Sm^3/kg]$

   SO_2량 $= 0.7 S = 0.7 \times 0.02 = 0.014 [Sm^3/kg]$

   $\therefore SO_2 [ppm] = \frac{0.7 \times S}{G_w} \times 10^6 = \frac{0.014}{15.68} \times 10^6 = 892.95 [ppm]$

2) $G_d = G_w - 11.2H = 15.68 - 11.2 \times 0.12 = 14.33 [Sm^3/kg]$

   분진량 $= 10^3 [g/kg] \times 0.002 \times 10^6 [\mu g/g] = 2 \times 10^6 [\mu g/kg]$

   $\therefore \frac{분진량}{G_d} = \frac{2 \times 10^6 [\mu g/kg]}{14.33 [Sm^3/kg]} = 139,524.50 [\mu g/Sm^3]$

기사·산업 출제빈도 ★★★★

135 황화수소(H_2S)가 0.5[%] 함유된 메테인(CH_4)을 공기비 1.05로 완전 연소시켰을 때, 건연소가스 중 SO_2 농도(ppm)는?

해답

황화수소의 연소반응식: $H_2S + 1.5\,O_2 \rightarrow SO_2 + H_2O$

메테인의 연소반응식: $CH_2 + 2\,O_2 \rightarrow CO_2 + 2\,H_2O$

$$A_o = \frac{1}{0.21}\left(1.5 \times \frac{0.5}{100} + 2 \times \frac{99.5}{100}\right) = 9.51\,[\mathrm{Sm^3/Sm^3}]$$

$$\begin{aligned}G_d &= \text{과잉공기} + N_2 + SO_2 + CO_2 \\ &= (1.05-1) \times 9.51 + 9.51 \times 0.79 + 0.005 + 0.995 \\ &= 8.99\,[\mathrm{Sm^3/Sm^3}]\end{aligned}$$

$$SO_2\text{량} = 1 \times \frac{0.5}{100} = 0.005\,[\mathrm{Sm^3}]$$

$$SO_2\ \text{농도(ppm)} = \frac{SO_2\text{량}}{G_d} \times 10^6 = \frac{0.005}{8.99} \times 10^6 = 556.2\,[\mathrm{ppm}]$$

기사·산업 출제빈도 ☆☆☆

136 탄소 84[%], 수소 13[%], 황 2[%], 질소 1[%]인 중유를 15 [Sm³/kg]의 공기로 완전 연소시켰을 때, 습연소가스 중 SO₂의 농도(ppm)는?

해답

습연소가스, $G_w = mA_o + 5.6H + 0.8N = 15 + 5.6 \times 0.13 + 0.8 \times 0.02$
$$= 15.74\,[\mathrm{Sm^3/kg}]$$

습연소가스 중 SO₂의 양 $= 0.7 \times S = 0.7 \times 0.02 = 0.014\,[\mathrm{Sm^3/kg}]$

∴ 습연소가스 중 SO₂의 농도(ppm)
$$= \frac{0.7 \times S}{G_w} \times 10^6 = \frac{0.014}{15.74} \times 10^6 = 889.45\,[\mathrm{ppm}]$$

기사·산업 출제빈도 ☆☆☆

137 질량 조성으로 탄소 85[%], 수소 14[%], 황 12[%]인 중유를 5[kg/h]로 완전 연소시켰을 때, 시간당 발생하는 건연소가스 중 SO₂의 농도(ppm)는? (단, 연소가스는 표준상태 기준이며 공연비는 1.2로 하였다.)

해답

중유 5[kg] 중 C = 4.25[kg], H = 0.7[kg], S = 0.05[kg]

연소반응식: $C + O_2 \rightarrow CO_2$, $H_2 + \dfrac{1}{2}O_2 \rightarrow H_2O$, $S + O_2 \rightarrow SO_2$

이론산소량: $\left(\dfrac{4.25}{12} \times 22.4 + \dfrac{0.7}{2} \times 11.2 + \dfrac{0.05}{32} \times 22.4\right) = 11.89 [Sm^3/h]$

공연비가 1.2이므로 연소에 필요한 산소량은 $1.2 \times 11.89 = 14.27 [Sm^3/h]$

∴ 이론공기량, $A_o = \dfrac{14.27}{0.21} = 67.95 [Sm^3/h]$

완전 연소 후 N_2의 부피 $= 67.95 \times 0.79 = 53.68 [m^3]$

O_2의 부피 $= 14.27 - 11.89 = 2.38 [m^3]$

CO_2의 부피 $= \dfrac{4.25}{12} \times 22.4 = 7.93 [m^3]$

H_2O의 부피 $= \dfrac{0.7}{2} \times 22.4 = 7.84 [m^3]$

SO_2의 부피 $= \dfrac{0.05}{32} \times 22.4 = 0.035 [m^3]$

∴ 건연소가스 중 SO_2의 농도(ppm)

$= \dfrac{0.035}{53.68 + 2.38 + 7.93 + 0.035} \times 10^6 = 546.79 [ppm]$

다른 풀이

$A_o = 8.89 \times 0.85 + 26.67 \times 0.14 + 3.33 \times 0.01 = 11.32 [Sm^3/kg]$

$G_d = mA_o - 5.6H = 1.2 \times 11.32 - 5.6 \times 0.14 = 12.80 [Sm^3/kg]$

∴ 건연소가스 중 SO_2의 농도(ppm)

$= \dfrac{0.7S}{G_d} \times 10^6 = \dfrac{0.7 \times 0.01}{12.80} \times 10^6 = 546.88 [ppm]$

기사·산업 출제빈도 ☆☆☆

138 어떤 중유를 연소하였을 때, 건연소가스 중 SO_2의 농도가 500[ppm]이었다. 이 경우 습연소가스 20[Sm^3/kg] 중 SO_2 농도(ppm)는? (단, 중유 중 수소는 13[%]이다.)

해답

$G_d = G_w - 11.2H = 20 - 11.2 \times 0.13 = 18.54 [Sm^3/kg]$

∴ 습연소가스 중 SO_2의 농도(ppm)

$= \dfrac{SO_2 량}{G_d} \times 10^6 = \dfrac{18.54 \times 500 \times 10^{-6}}{20} \times 10^6 = 463.70 [ppm]$

기사·산업 출제빈도 ☆☆☆

139 어떤 중유를 연소하였을 때, 건연소가스 중 SO₂의 농도가 500[ppm]이었다. 이 경우 습연소가스 중 SO₂ 농도(ppm)는? (단, 중유 중 수소는 12[%]이고, 건연소가스량은 14[Sm³/kg]이다.)

해답

$$G_w = G_d + 11.2H + 1.24\,w = 14 + 11.2 \times 0.12 = 15.34\,[\text{Sm}^3/\text{kg}]$$

$$\therefore\ SO_2\,[\text{ppm}] = \frac{500\,[\text{mL/Sm}^3] \times 14\,[\text{Sm}^3]}{15.34\,[\text{Sm}^3]} = 456.32\,[\text{mL/Sm}^3]$$

$$= 456.32\,[\text{ppm}]$$

기사 출제빈도 ☆☆☆

140 탄소 85[%] 이외에 수소와 황 성분으로 구성된 중유를 공기비 1.3으로 연소하여 습연소가스를 분석한 결과 SO₂가 0.25[%]이었을 경우, 이 중유 안에 포함되어 있는 황 성분은 몇 [%]인가? (단, 연료인 중유 중의 황 성분은 모두 연소하여 SO₂로 되었다.)

해답

이론공기량

$$A_o = \frac{1}{0.21}(1.867C + 5.6H + 0.7S)$$

$$= \frac{1}{0.21}(1.867 \times 0.85 + 5.6(1 - 0.85 - S) + 0.7S)$$

$$= 11.56 - 23.3S\,[\text{Sm}^3/\text{kg}]$$

습연소가스량,

$$G_w = (m - 0.21)A_o + 1.867C + 11.2H + 0.7S$$

$$= (1.3 - 0.21) \times (11.56 - 23.3S) + 1.867 \times 0.85 + 11.2(1 - 0.85 - S) + 0.7S$$

$$= 15.86 - 35.93S$$

$$\frac{SO_2}{G_w} \times 100 = 0.25[\%],\ 0.25 = \frac{0.7S}{15.86 - 35.93S} \times 100\text{에서}\ S = 0.05 = 5[\%]$$

141 중량비 탄소 85[%], 수소 12[%], 황 3[%]로 구성된 중유를 공기비 1.10으로 연소한 가스를 칼슘계통의 흡수제로 탈황하여 SO_3의 전부와 SO_2의 반을 제거하였다. 탈황 후 건연소가스 중 SO_2 농도(ppm)는? (단, 연소 시 황 성분 중 5[%]가 SO_3로 바뀌고, 나머지가 SO_2로 변환된다고 가정한다.)

해답

$$A_o = \frac{1}{0.21}(1.867C + 5.6H + 0.7S)$$

$$= \frac{1}{0.21}(1.867 \times 0.85 + 5.6 \times 0.12 + 0.7 \times 0.03)$$

$$= 10.86 \, [\text{Sm}^3/\text{kg}]$$

$$G_d = mA_o - 5.6H = 1.1 \times 10.86 - 5.6 \times 0.12 = 11.27 \, [\text{Sm}^3/\text{kg}]$$

$(SO_2 + SO_3)$량 $= 0.7 \times S = 0.7 \times 0.03 = 0.021 \, [\text{Sm}^3/\text{kg}]$

생성된 황산화물 제거 후 나머지 SO_2량
$= 0.021 \times (1-0.05) \times 0.5 = 9.975 \times 10^{-3} \, [\text{Sm}^3/\text{kg}]$

$\therefore SO_2$ 농도(ppm) $= \dfrac{SO_2 \text{량}}{G_d} = \dfrac{9.975 \times 10^{-3}}{11.27} \times 10^6 = 885 \, [\text{ppm}]$

142 어떤 공장의 굴뚝에서 배출되는 연소가스 중 SO_2와 O_2 농도를 측정하였더니 각각 1,700[ppm]과 5[%]로 나타났다. 이 배출가스의 황산화물 배출허용기준을 달성하기 위해 30[%] NaOH를 사용하여 아황산소듐으로 고정 배연탈황(탈황률 99.5[%])을 행한다면, 한 달간 필요한 NaOH량(ton)은? (단, 연소가스를 발생시키는 연료는 비중 0.954의 중유로서 원소 조성은 C: 85[%], H: 11[%], S: 4[%]이며, 1일 10시간, 시간당 500[L]를 사용한다.)

해답

$$A_o = \frac{1}{0.21}(1.867 \times 0.85 + 5.6 \times 0.11 + 0.7 \times 0.04) = 10.62 \, [\text{Sm}^3/\text{kg}]$$

$$m = \frac{21}{21-O_2} = \frac{21}{21-5} = 1.31$$

$$\therefore G = mA_o + 5.6H = 1.31 \times 10.62 + 5.6 \times 0.11 = 14.53 \, [\text{Sm}^3/\text{kg}]$$

SO_2량 $= 1{,}700 \times 10^{-6} \times 14.54 = 0.0247 \, [\text{Sm}^3/\text{kg}]$

반응식: $2\,NaOH + SO_2 \rightarrow Na_2SO_3 + H_2O$

$\quad\quad\quad\quad 2 \times 40 \;:\; 22.4 \;=\; x\,[\text{kg/kg}] : 0.0247[\text{Sm}^3/\text{kg}], \; x = 0.088 \, [\text{kg/kg}]$

$\therefore$ 0.088[kg/kg]×500[L/h]×0.954[kg/L]×10[h/day]×30[day/month]
  ×10^{-3}[ton/kg] = 12.59[ton/month]

12.59[ton/month]×$\dfrac{1}{0.3}$×$\dfrac{1}{0.995}$ = 42.19[tonNaOH/month]

기사 출제빈도 ★★

143 어떤 보일러에서 비중 0.95, 평균발열량 10,000[kcal/kg]인 중유를 연소하여 20[℃]의 물을 끓여 2[ton/h]의 증기를 발생시킬 경우, 사용되는 중유의 양(L/h)은? (단, 수증기의 증발잠열은 539[kcal/kg]이다.)

해답

발생증기의 열량 = 현열 + 잠열이므로 사용되는 중유의 양(L/h)을 w로 할 때,
w[L/h]×0.95[kg/L]×10,000[kcal/kg]
 = 2[ton/h]×1,000[kg/ton]×{(100 − 20)℃×1[kcal/kg · ℃] + 539[kcal/kg]}
$\therefore w = 130.32$[L/h]

기사 출제빈도 ★

144 액체 CH_3OH가 연소 후, 액체 C_8H_{18}과 같은 크기의 열량을 발생하기 위해서는 부피가 액체 C_8H_{18}의 몇 배가 되어야 하는가? (단, 완전 연소라고 가정하고, 발생되는 HO_2는 수증기로 간주한다. 액체 CH_3OH의 비중은 0.792, 액체 C_8H_{18}의 비중은 0.703이며, 생성열은 다음과 같다.)

구분	ΔH[kcal/mole]
액체 CH_3OH	−57.04
액체 C_8H_{18}	59.74
기체 O_2	0
기체 CO_2	94.05
H_2O(수증기)	57.80

해답

반응식: $CH_3OH + 1.5\,O_2 \rightarrow CO_2 + 2\,H_2O$ …… (1)

$\qquad\qquad C_8H_{18} + 12.5\,O_2 \rightarrow 8\,CO_2 + 9\,H_2O$ … (2)

반응식 (1)에서 $(94.05 \times 1 + 57.8 \times 2) - 57.04 = 152.61$ [kcal/mole]

$$152.61\,[\text{kcal/mole}] \times \frac{1}{32\,[\text{g/mole}]} = 4.769\,[\text{kcal/g}]$$

반응식 (2)에서 $(94.05 \times 8 + 57.8 \times 9) - 59.74 = 1{,}212.86$ [kcal/mole]

$$1{,}212.86\,[\text{kcal/mole}] \times \frac{1}{114\,[\text{g/mole}]} = 10.639\,[\text{kcal/g}]$$

∴ 액체 CH_3OH 1[L] 연소 시 발생열량

$\quad 4.769\,[\text{kcal/g}] \times 1\,[\text{L}] \times 0.792\,[\text{kg/L}] \times 10^3\,[\text{g/kg}] = 3{,}777.048\,[\text{kcal/L}]$

액체 C_8H_{18} 1[L] 연소 시 발생열량

$\quad 10.639\,[\text{kcal/g}] \times 1\,[\text{L}] \times 0.703\,[\text{kg/L}] \times 10^3\,[\text{g/kg}] = 7{,}479.217\,[\text{kcal/L}]$

∴ $3{,}777.048 \times x = 7{,}479.217$에서 $x = \dfrac{7{,}479.217}{3{,}777.048} = 1.98$배

기사·산업 출제빈도 ☆☆☆

145 이론적으로 탄소 1[kg]을 연소시키면 30,000[kcal]의 열이 발생하고, 수소 1[kg]을 연소시키면 34,100[kcal]의 열이 발생한다고 할 경우, 에테인 1[kg]을 연소시킬 때 발생하는 열량(kcal/kg)은?

해답 에테인의 분자식

C_2H_6이므로 여기서, C의 함유비율은 $\dfrac{24}{30}$, H는 $\dfrac{6}{30}$

∴ $30{,}000\,[\text{kcal/kg}] \times \dfrac{24}{30} + 34{,}100\,[\text{kcal/kg}] \times \dfrac{6}{30} = 30{,}820\,[\text{kcal/kg}]$

146 이론적으로 탄소 1[kg]을 연소시키면 30,000[kcal]의 열이 발생하고, 수소 1[kg]을 연소시키면 34,100[kcal]의 열이 발생한다고 할 경우, 프로페인(C_3H_8) 1[kg]을 연소시킬 때 발생하는 열량(kcal/kg)은?

해답 프로페인의 분자식

C_3H_8이므로 여기서, C의 함유비율은 $\frac{36}{44}$, H는 $\frac{8}{44}$

∴ $30,000\,[\text{kcal/kg}] \times \frac{36}{44} + 34,100\,[\text{kcal/kg}] \times \frac{8}{44} = 30,745.45\,[\text{kcal/kg}]$

고발열량(H_h)과 저발열량(H_L)
고발열량은 총 발열량이라고 하며 H_2O가 수증기가 되면서 빼앗기는 기화열(잠열)을 포함시키지 않은 것이며, 저발열량은 진발열량이라 하며 수증기에 의해 뺏기는 기화열(잠열)을 포함시키기 때문에 고발열량에 비해 열량이 낮다.

147 수소 12.0[%], 수분 0.3[%]가 함유된 중유의 고발열량이 10,600[kcal/kg]일 경우, 저발열량(kcal/kg)은?

해답
$H_L = H_h - 600 \times (9H + W)$
$= 10,600 - 600 \times \left(9 \times \frac{12}{100} + \frac{0.3}{100}\right)$
$= 9,950\,[\text{kcal/kg}]$

148 CO 1[kmol]의 발열량이 67,600[kcal]일 경우, CO 1[Sm^3]의 발열량(kcal)은?

해답 CO 1[kmol]의 중량은 28[kg], 체적은 22.4[Sm^3]이므로
$67,600\,[\text{kcal}] \times \frac{1}{22.4\,[\text{Sm}^3]} = 3,017.86\,[\text{kcal/Sm}^3]$

149 에테인(C_2H_6)의 고발열량이 15,520[kcal/Sm³]일 경우, 저발열량(kcal/Sm³)은? (단, H_2O 1[Sm³]의 증발잠열은 480[kcal/Sm³]이다.)

해답
$$H_L = H_h - 480 \times (3C_2H_6) = 15,520 - 480 \times 3 \times 1 = 14,080 [\text{kcal/Sm}^3]$$

150 프로페인 1[kg]의 발열량(kcal)은?
(단, $C + O_2 \rightarrow CO_2 + 97[\text{kcal/g}]$,

$H_2 + \dfrac{1}{2}O_2 \rightarrow H_2O + 57.6[\text{kcal/g}]$)

해답
C_3H_8의 분자량 = 44

C 1[kg]의 발열량 = $\dfrac{97}{12} \times 1,000 = 8,033 [\text{kcal/kg}]$

H 1[kg]의 발열량 = $\dfrac{57.6}{2} \times 1,000 = 28,800 [\text{kcal/kg}]$

∴ 프로페인 1[kg]의 발열량(kcal)
$= 8,033 \times \dfrac{36}{44} + 28,800 \times \dfrac{8}{44} = 11,850 [\text{kcal/kg}]$

151 기체연료인 프로페인의 연소식은 $C_3H_8 + 5O_2 \rightarrow 3CO_2 + 4H_2O$이다. 프로페인의 연소 시 저발열량(kcal/kg)을 구하시오. 여기서, C_3H_8의 표준생성열 = −103.9[MJ/kmol], O_2의 표준 생성열 = 0[MJ/kmol], CO_2의 표준생성열 = −395.0[MJ/kmol], H_2O의 표준생성열 = −242.8[MJ/kmol]이다. (단, 단위는 kcal/kg, 프로페인의 분자량은 44, 1[cal] = 4.2[J] 이다.)

해답
$\Delta H = \{(395 \times 3) + (242.8 \times 4)\} - 103.9 = 2,052.3 \, [\text{MJ/kmol}]$

$\therefore \dfrac{2,052.3 \, [\text{MJ/kmol}] \times 10^6 \, [\text{J/MJ}]}{4.2 \, [\text{J/cal}] \times 10^3 \, [\text{cal/kcal}]} \times \dfrac{1}{44} = 11,105.52 \, [\text{kcal/kg}]$

152 메테인 20[%], 프로페인 30[%], 뷰테인 30[%], 나머지는 수소로 구성된 혼합 기체연료의 저발열량이 10,500[kcal/Sm³]이었다. 이 혼합 기체연료의 고발열량(kcal/Sm³)은?

해답
$H_h = H_L + 480 \times (\text{H}_2 + 2\,\text{CH}_4 + 4\,\text{C}_3\text{H}_8 + 5\,\text{C}_4\text{H}_{10})$
$\quad = 10,500 + 480 \times (0.2 + 2 \times 0.2 + 4 \times 0.3 + 5 \times 0.3)$
$\quad = 12,084 \, [\text{kcal/Sm}^3]$

153 저발열량(H_L)이 9,700[kcal/kg]인 중유를 연소하여 CO_2 14[%], O_2 2[%], CO 1[%], N_2 83[%]인 연소가스 분석결과를 얻었다. 이 값으로부터 중유 1[kg]당 CO에 의한 불완전 연소 손실열량(kcal/kg)을 구하고, 그 값은 중유 발열량의 몇 [%]에 해당하는가? (단, 중유 중 N_2는 공기 이외에서는 들어가지 않는다고 가정하고, 중유의 이론공기량 계산식은 대략적인 이론공기량은 $A_o = \dfrac{0.85 \times H_L}{1,000} + 2.0 \, [\text{Sm}^3/\text{kg}]$이며, CO의 발열량은 3,020[kcal/Sm³]이다.)

해답
$A_o = \dfrac{0.85 \times H_L}{1,000} + 2.0 = \dfrac{0.85 \times 9,700}{1,000} + 2.0 = 10.25 \, [\text{Sm}^3/\text{kg}]$

$m = \dfrac{\text{N}_2}{\text{N}_2 - 3.76(\text{O}_2 - 0.5\,\text{CO})} = \dfrac{83}{83 - 3.76 \times (2 - 0.5 \times 1)} = 1.07$

$A = mA_o = 1.07 \times 10.25 = 10.97 \, [\text{Sm}^3/\text{kg}]$

연소가스 중 질소%, $G_d \times \text{N}_2 = 0.79A$

$\therefore G_d = \dfrac{0.79A}{\text{N}_2} = \dfrac{0.79 \times 10.97}{0.83} = 10.44 \, [\text{Sm}^3/\text{kg}]$

중유 1[kg]당 CO에 의한 불완전 연소 손실열량(kcal/kg)
= 3,020×10.44×0.01 = 315.29[kcal/kg]

$$\therefore \text{손실비율} = \frac{\text{CO의 손실열량}}{H_L} \times 100 = \frac{315.29}{9,700} \times 100 = 3.25[\%]$$

154 어떤 기체연료의 구성비를 분석해보니 메테인 15[%], 프로페인 25[%], 뷰테인 30[%], 나머지는 수소로 구성되었다. 이 혼합 기체연료의 저발열량이 10,000[kcal/Sm³]일 경우, 고발열량(kcal/Sm³)은?

해답

CH_4 15[%], C_3H_8 25[%], C_4H_{10} 30[%]

$H_2 = 100 - 15 - 25 - 30 = 30[\%]$

$H_h = H_L + 480 \times (H_2 + 2CH_4 + 4C_3H_8 + 5C_4H_{10})$
$= 10,000 + 480 \times (1 \times 0.3 + 2 \times 0.15 + 4 \times 0.25 + 5 \times 0.3)$
$= 11,488 \, [\text{kcal/Sm}^3]$

155 $CH_{4(g)}$와 $C_{12}H_{26(L)}$의 생성열이 다음 조건과 같을 경우, 이 두 물질이 연소 시 발생하는 단위 열량당 CO_2 발생량이 적은 것은 어느 것인가를 반응식을 쓰고 이유를 밝히시오. (단, 완전 연소가 일어나며 반응 생성물은 $H_2O_{(g)}$와 $CO_{2(g)}$로 가정한다.)

[조건]

단위: 293[K] 기준, $\Delta H_f [\text{kcal/mol}]$

$CH_{4(g)}$: 17.89, $C_{12}H_{26(L)}$: 83, $CO_{2(g)}$: −94.05, $H_2O_{(g)}$: −57.80, $O_{2(g)}$: 0

해답

1) $CH_{4(g)} + 2O_2 \rightarrow CO_2 + 2H_2O_{(g)}$

   $\Delta H_f = -94.05 + 2\times(-57.80) + 17.89 = -191.76 [kcal]$

   즉, 1[mole]의 $CO_{2(g)}$ 발생당 191.76[kcal]의 열량이 발생한다.

2) $C_{12}H_{26(L)} + 18.5O_2 \rightarrow 12CO_2 + 13H_2O$

   $\Delta H_f = 12\times(-94.05) + 13\times(-57.80) + 83 = -1,797 [kcal]$

   즉, 1[mole]의 $CO_{2(g)}$ 발생당 $\dfrac{1,797}{12} = 149.75 [kcal]$의 열량이 발생한다.

   ∴ CH_4가 단위 열량당 CO_2 발생량이 적다.

기사 출제빈도 ☆

156 다음에 제시된 무게비로 황 성분이 각각 1[%] 포함되어 있는 석탄(고정탄소로만 이루어져 있다고 가정)과 액체연료 $C_{12}H_{26}$를 연료로 사용된다고 가정한다. 이 2가지 연료 중 단위열량당 CO_2 발생량이 적은 쪽을 밝히고 그 이유를 설명하시오. (단, 완전 연소가 이루어진다고 가정하며, 반응생성물은 $H_2O_{(g)}$, $CO_{2(g)}$, $SO_{2(g)}$이다.)

구분	ΔH_f [kcal/mol]
$C_{(s)}$	0
$C_{12}H_{26(L)}$	83
$CO_{2(g)}$	94.05
$H_2O_{(g)}$	57.80

해답

1) 석탄 1[kg]을 기준으로 해서 석탄에 함유된 S은 $1,000\times0.01 = 10[g]$

   10[g]의 S을 포함한 경우를 생각하면

   $C + O_2 \rightarrow CO_2 \ (\Delta H_f = -94.05 [kcal])$

   12   −94.05

   990   x_1

   $x_1 = -94.05 \times \dfrac{990}{12} = -7,759.1 [kcal]$

   석탄의 총 발열량 $= -7,759.1 + (-\Delta H_f (S + O_2 \rightarrow SO_2))$

   즉, 1[mole]의 $CO_{2(g)}$ 발생당 7,759.1[kcal]의 열량이 발생한다.

2) $C_{12}H_{26}$ 1[kg]을 기준으로 해서 석탄에 함유된 S은 $1,000\times0.01 = 10[g]$

   10[g]의 S을 포함한 경우를 생각하면

   $C_{12}H_{26} + 18.5O_2 \rightarrow 12CO_2 + 13H_2O \ (\Delta H_f = (-94.5\times12) + (-57.80)\times13 + 83 = -1,797 [kcal])$

   170   −1,797

   990   x_2

$$x_2 = -1{,}797 \times \frac{990}{170} = -10{,}464.88\,[\text{kcal}]$$

$C_{12}H_{26}$의 총 발열량 $= -10{,}464.88 + (-\Delta H_f(S + O_2 \to SO_2))$

즉, 1[mole]의 $CO_{2(g)}$ 발생당 872.07[kcal]의 열량이 발생한다.

∴ $C_{12}H_{26}$가 단위 열량당 CO_2 발생량이 적다.

기사 출제빈도 ☆

157 연료가 가연성 물질의 혼합물로 구성되었을 경우, 그 발열량은 질량분율을 근거로 하여 (식 1)과 같이 나타낼 수 있고, 또한 연료가 연소될 때, 발열량은 연소 시 생성되는 물의 양을 근거로 고별열량(H_h)과 저발열량(H_L)로 구분되며, 그 관계는 (식 2)와 같이 표현할 수 있다.

> 발열량, $H = \sum X_i H_i$ ……………… (식 1)
> 고발열량, $H_h = H_L + n\,\Delta H(H_2O,\ 25\,[\text{℃}])$ …… (식 2)
> $CH_{4(g)} + 2\,O_{2(g)} \to CO_{(g)} + 2\,H_2O_{(g)} : \Delta H = -802\,[\text{kJ/mol}]$
> $C_2H_{6(g)} + 3.5\,O_{2(g)} \to 2\,CO_{2(g)} + 3\,H_2O_{(g)} : \Delta H = -1{,}428\,[\text{kJ/mol}]$

이를 근거로 하여 부피비로 80[%]인 메테인과 20[%]인 에탄올을 포함한 천연가스의 고발열량(kJ/g)을 다음의 표준 연소열로부터 계산하시오. (단, 25[℃]에서 물의 $\Delta H = 44.013\,[\text{kJ/mol}]$이다.)

해답

$$H_h = \left(-802 \times 0.8 \times \frac{1}{16} + 44.013 \times 2 \times 0.8 \times \frac{1}{16}\right)$$
$$+ \left(-1{,}428 \times 2 \times 0.2 \times \frac{1}{30} + 44.013 \times 0.2 \times \frac{1}{30}\right)$$
$$= -53.86\,[\text{kJ/g}]$$

기사 출제빈도 ☆☆

158 어떤 공장에서 황 함량이 2.4[%], 발열량이 35,000[kJ/L]인 액체연료를 사용하고 있다. 이 공장에서 배출하는 연소가스 내의 SO_2를 몇 [%]정도 제거하고 난 후, 대기로 배출하여야 배출기준 이하가 되는지 계산하시오. (단, 액체연료의 비중은 0.95, SO_2 배출기준은 0.5[kg/10⁶kJ]이다.)

해답 배출기준에 따른 액체연료 사용량을 구한다.

$1\,[\text{L}] : 35,000\,[\text{kJ}] = x\,[\text{L}] : 10^6\,[\text{kJ}]$ 에서 $x = 28.57\,[\text{L}]$

SO_2량 $= 28.57\,[\text{L}] \times 0.95\,[\text{kg/L}] \times \dfrac{2.4}{100} \times \dfrac{64}{32} = 1.3\,[\text{kg}]$

$\therefore$ 제거해야 할 $SO_2[\%] = \dfrac{1.3 - 0.5}{1.3} \times 100 = 61.5\,[\%]$

159
18[℃]의 CO 1[Sm³]가 연소할 때, 3,080[kcal/m³]의 열이 발생된다. 이 기체연료를 과잉공기 100[%]로 완전 연소시킬 경우, 이론 연소온도(℃)는? (단, 이때 연소가스의 비열은 0.5[kcal/Sm³ · ℃]로 한다.)

해답 $Q = G \times C_p \times \Delta t$ 의 공식에서

$G = (m - 0.21) \times \dfrac{O_2}{0.21} + CO_2 = (2 - 0.21) \times \dfrac{0.5}{0.21} + 1 = 5.26\,[\text{Sm}^3/\text{Sm}^3]$

$\therefore 3,080 \times 1 \times \dfrac{273 + 18}{273} = 5.26 \times 0.5 \times (t - 18),\ t = 1,266\,[℃]$

160
CO 1[Sm³]가 연소할 때, 발열량은 CO 1[kg]당 3,000[kcal]로 알려져 있다. 이 연료를 공기비 1.5로 연소시킬 때, 단열 연소온도(℃)는? (단, 이때 연소가스의 비열은 온도에 따라 변화가 없으며 0.5[kcal/Sm³ · ℃]로 한다.)

해답 CO의 연소반응식: $CO + \dfrac{1}{2}O_2 \rightarrow CO_2$

CO 1[Sm³]가 연소에 필요한 이론산소량, $O_o = 0.5\,[\text{Sm}^3]$

$A_o = \dfrac{0.5}{0.21} = 2.38\,[\text{Sm}^3]$

실제공기량, $A = mA_o = 1.5 \times 2.38 = 3.57\,[\text{Sm}^3]$

연소 후 연소가스량 = CO_2량 + 과잉의 O_2량 + N_2량 = 1 + 0.25 + 2.82
= 4.07[Sm^3]

여기서, CO 1[Sm^3]의 발열량

$$= 1[Sm^3] \times \frac{28\,[kg]}{22.4\,[Sm^3]} \times \frac{3,000\,[kcal]}{1\,[kg]} = 3,750\,[kcal]$$

$\therefore\ 3,750[kcal] = 0.5\,[kcal/Sm^3 \cdot ℃] \times 4.07\,[Sm^3] \times (t-0)$

$\therefore\ t = 1,842.8\,[℃]$

161
3[wt%]의 황 성분을 함유하는 어떤 석탄의 연소 시, 발열량은 11,000[kcal/kg]이었다. 이때 SO_2 가스의 배출기준을 $\frac{1.2\,[kg]\ SO_2}{10^6\,[kcal]}$로 맞추고자 할 경우, SO_2 제거 시스템이 가져야 할 최소제거효율(부피%)을 구하시오. (단, 석탄 중 황 성분은 모두 SO_2로 배출된다고 가정한다.)

해답

10^6[kcal]의 연소열을 얻기 위해 필요한 석탄의 양(kg)은 $\frac{10^6}{11,000} = 90.91\,[kg]$

석탄양 중 황 성분의 함량(kg)은 $90.90 \times 0.03 = 2.73\,[kg]$

황의 연소반응식: S + O_2 → SO_2
　　　　　　　　　32　32　　64
　　　　　　　　　1　　1　　2

2.73[kg]의 황이 연소하면 SO_2 양은 $2 \times 2.73 = 5.46\,[kg]$

$\therefore$ 최소제거효율(부피%) $= \frac{(5.46-1.2)}{5.46} \times 100 = 78[\%]$

162
어떤 화력발전소에서 벙커C유 대신 역청탄을 연료로 사용하고자 한다. 벙커C유가 1[L]에 90원이고, 발열량이 9,300[kcal/L], 열효율 85[%]이라고 할 경우, 경제적으로 유리한 kg당 역청탄의 구매가(원)는? (단, 역청탄의 발열량은 6,500[kcal/kg]이고 열효율은 75[%]이며, 연소 관리비용은 벙커C유가 2[원/L], 역청탄이 5[원/kg]이다.)

해답
경제성의 임계점은 발열량 1kcal당 비용을 계산하였을 때이므로
$$\frac{90\,[원/L] + 2\,[원/L]}{9{,}300\,[kcal/L] \times 0.85} = \frac{x\,[원/kg] + 5\,[원/kg]}{6{,}500\,[kcal/kg] \times 0.75}$$
에서 $x = 51.74$원
∴ kg당 역청탄의 구매가(원)는 51.74원 이하면 경제적으로 유리하다.

기사·산업 출제빈도 ☆☆☆

163 탄소가 100[%]인 어떤 고체연료를 0[℃]의 공기로 완전 연소할 경우, 외부로의 열손실이 전혀 없다고 가정했을 때, 연소가스온도(℃)는? (단, 질소 및 탄소의 평균 정압비열은 각각 0.36[kcal/Sm³·℃], 0.59[kcal/Sm³·℃]이다.)

해답
연소가스 중 CO_2량 = 1.867[Sm³/kg], N_2량 = 3.76×1.867 = 7.02[Sm³/kg]
$H_L = G \cdot C_p \cdot \Delta t = G \cdot C_p \cdot (t_{th} - t_a)$ 에서
$$t_{th} = \frac{8{,}100}{1.867 \times 0.59 + 7.02 \times 0.36} = 2{,}232.19\,[℃]$$

기사·산업 출제빈도 ☆☆

164 중유의 저발열량이 10,200[kcal/kg]이고, 사용온도가 120[℃]이며, 연소용 공기가 80[℃]에서 12.8[Sm³/kg]으로 공급되어 발생된 연소가스량이 16[Sm³/kg]인 경우, 이론연소온도(℃)는? (단, 연료의 정압비열은 0.46[kcal/Sm³·℃], 공기의 정압비열은 0.31[kcal/Sm³·℃], 연소가스의 정압비열은 0.34[kcal/Sm³·℃]이다.)

해답
$$t_{th} = \frac{H_L + A \cdot C_{pa} \cdot t_a + C_{pf} \cdot t_f}{G \cdot C_{pg}}$$
$$= \frac{10{,}200 + 12.8 \times 0.31 \times 80 + 0.46 \times 120}{16 \times 0.34}$$
$$= 1{,}943.5\,[℃]$$

165 저발열량 7,000[kcal/Sm³]인 기체연료의 이론연소온도(℃)는? (단, 이 기체연료의 이론연소가스량은 10[Sm³/Sm³]이고, 연료 연소가스의 평균정압비열은 0.35[kcal/Sm³·℃], 기준온도는 15[℃]이다. 또한, 공기는 예열되지 않았으며, 연소가스는 해리되지 않는다고 가정한다.)

해답

$$H_L = G \cdot C_p \cdot \Delta t = G \cdot C_p \cdot (t_{th} - t_a)$$

$$\therefore t_{th} = \frac{H_L}{G \cdot C_p} + t_a = \frac{7,000}{10 \times 0.35} + 15 = 2,015 [℃]$$

166 저발열량 10,000[kcal/kg], 이론공기량 11.0[Sm³/kg], 이론 습연소가스량 11.5[Sm³/kg]인 중유를 공기비 1.2로 완전 연소시킬 때, 이론연소온도(℃)는? (단, 연소 전 공기 및 중유의 온도는 20[℃]이고, 발생된 연소가스의 평균정압비열은 0.4[kcal/Sm³·℃]이다.)

해답

연소온도(℃) = $\dfrac{\text{발열량}}{\text{연소가스량} \times \text{비열}}$ + 실온에서

$G_w = (m-1)A_o + G_{ow} = (1.2-1) \times 11 + 11.5 = 13.7 [\text{Sm}^3/\text{kg}]$

$H_L = G \times C_p \times (t_{th} - 20)$ 에서 $10,000 = 13.7 \times 0.4 \times (t_{th} - 20)$

$\therefore t_{th} = 1,844.8 [℃]$

167 CO = 20[%], N₂ = 80[%]로 되어 있는 발생로 가스의 CO를 완전하게 제거하기 위해 100[%]의 과잉공기로 연소할 경우, 이론연소온도(℃)는? (단, 연소에 사용된 가스와 공기의 온도는 18[℃], CO의 저발열량, H_L = 3,050[kcal/m³], 18[℃]에서 가스 및 공기의 비열은 0.31[kcal/m³·℃], 1,000[℃] 부근에서 각 가스의 비열은 CO_2 = 0.530[kcal/m³·℃], O_2 = 0.350[kcal/m³·℃], N_2 = 0.333 [kcal/m³·℃]이다.)

해답
먼저 발생로 가스 100[m³]를 연소시킨다고 가정한다.

$$CO + \frac{1}{2}O_2 \rightarrow CO_2$$

발생로 가스 중 $CO = 20\,[Sm^3]$,

연소에 필요한 이론산소량, $O_o = 20 \times \frac{1}{2} = 10\,[m^3]$

∴ 실제 공기량, $A = mA_o = 2 \times \frac{10}{0.21} = 95.2\,[m^3]$

연소가스의 구성량: CO_2량 $= 20[m^3]$, N_2량 $= 80 + 95.2 \times 0.79 = 155.2[m^3]$
과잉 O_2량 $= 10[m^3]$

1,000[℃] 부근에서 연소가 진행되고, 정확한 이론연소온도를 $x\,[℃]$라고 할 때, 열량수지(heat balance)를 취하면,

$3,050[kcal/m^3] \times 20[m^3]$
$= (1,000 - 18)[℃] \times (100 + 95.2)\,[m^3] \times 0.31[kcal/m^3 \cdot ℃]$
$\quad + (x - 1,000)[℃] \times [(20\,[m^3] \times 0.53\,[kcal/m^3 \cdot ℃]) + (10[m^3]$
$\quad \times 0.35\,[kcal/m^3 \cdot ℃]) + (155.2\,[m^3] \times 0.333\,[kcal/m^3 \cdot ℃])]$

∴ $x = 1,024[℃]$

잠열과 현열
- 잠열: 숨은 열이라고 하며 물질이 고체에서 액체, 또는 액체에서 기체로 상전이 할 때 필요한 열에너지의 총량이다. 잠열은 융해에 따른 융해열과 증발에 따른 증발열(기화열)이 있다.
- 현열: 물질의 상태를 바꾸지 않고 온도만 변화시키기 위해 소비되는 열량이다.

기사·산업 출제빈도 ★★

168 중유 300[kg/h]를 공기과잉계수 1.2로 연소시키는 연소실에서 연소실의 공기 온도를 220[℃]로 올릴 경우, 연소실 열발생률은 20[℃]의 공기보다 몇 [%]가 증가하는가? (단, 중유의 저발열량은 10,000[kcal/kg], 이론공기량은 10[Sm³/kg], 공기의 평균비열은 0.31[kcal/Sm³·℃]이다.)

해답
20[℃]에서 220[℃]로 상승하는 공기의 현열을 구한다.
$Q = G \times C_p \times \Delta t = 10 \times 1.2 \times 0.31 \times (220 - 20) = 744[kcal/kg]$
중유의 발생열량은 10,000[kcal/kg]이므로 증가하는 열량은 10,744[kcal/kg]이다.

∴ 증가열량(%) $= \dfrac{10,744 - 10,000}{10,000} \times 100 = 7.44[\%]$

169 어떤 중유의 저발열량은 9,700[kcal/kg]이고, 중량 조성은 탄소 87[%], 수소 13[%]이다. 이 중유를 연료로 하는 노에서 20[℃]의 연소용 공기를 사용한 경우 가열로 배출구에서 오르자트 가스분석기로 측정한 산소 농도는 3[%]이었다. 동일 가열로에 300[℃]로 예열한 공기를 사용할 경우, 중유의 절약률(%)은? (단, 중유의 현열은 무시하고, 가열로에는 같은 열량을 공급하는 것으로 하며, 20[℃]와 300[℃]의 공기비열은 각각 0.31[kcal/Sm³·℃], 0.315[kcal/Sm³·℃]이다.)

해답

$$m = \frac{21}{21-O_2} = \frac{21}{21-3} = 1.17$$

$$A_o = \frac{1}{0.21}(1.867 \times 0.87 + 5.6 \times 0.13) = 11.20[\text{Sm}^3/\text{kg}]$$

$$A = mA_o = 1.17 \times 11.20 = 13.1[\text{Sm}^3/\text{kg}]$$

300[℃]로 예열된 공기에서 얻는 현열,

$$Q_a = A \times \{(t \times C_t) - (t_a \times C_{ta})\} = 13.1 \times \{(300 \times 0.315) - (20 \times 0.31)\}$$
$$= 1,156.73[\text{kcal}]$$

예열되지 않은 20[℃] 공기 사용 시 가열로에 공급된 열량,

$$Q_f = H_L + A \times t_a \times C_{ta} = 9,700 + 13.1 \times 20 \times 0.31 = 9,781.22[\text{kcal}]$$

$$\therefore 중유의\ 절약률 = \frac{Q_a}{Q_f} \times 100 = \frac{1,156.73}{9,781.22} \times 100 = 11.83[\%]$$

170 B-C 중유 연소장치의 연소가스온도를 측정한 결과 320[℃]였다. 이 장치에 공기예열기를 설치하여 연소가스온도를 140[℃]로 낮출 경우 연료의 절감률(%)은? (단, B-C 중유의 저발열량, H_L = 9,700[kcal/kg], 연소가스량, G = 21[Sm³/kg], 연소가스비열, C_p = 0.33[kcal/Sm³·℃], 공기 예열기의 효율은 50%이다.)

해답

공기예열기에 흡수된 열을 Q라고 하면,

$$Q = G \times C_p \times (t_1 - t_2) \times \eta = 21 \times 0.33 \times (320 - 140) \times 0.5 = 623.7[\text{kcal/kg}]$$

$$\therefore 연료\ 절감률(\%) = \frac{623.7}{9,700} \times 100 = 6.43[\%]$$

171 메테인의 이론연소온도(℃)는? (단, 메테인과 공기는 18[℃]에서 공급되고 있고, 상온 ~ 2,100[℃] 사이에서 CO_2, $H_2O_{(g)}$, N_2의 정압몰비열은 각각 13.6, 10.5, 8.0[kcal/K·mol·℃]이고, 메테인의 발열량, H_c = 8,500[kcal/Sm³]이다.)

해답

CO_2의 부피비열: $13.6 \times \dfrac{1}{22.4} = 0.607 [\text{kcal/m}^3 \cdot ℃]$

$H_2O_{(g)}$의 부피비열: $10.5 \times \dfrac{1}{22.4} = 0.47 [\text{kcal/m}^3 \cdot ℃]$

N_2의 부피비열: $8.0 \times \dfrac{1}{22.4} = 0.36 [\text{kcal/m}^3 \cdot ℃]$

메테인의 연소반응식
$CH_4 + 2O_2 + 2 \times 3.76\,N_2 \rightarrow CO_2 + 2H_2O + 2 \times 3.76\,N_2$

메테인의 발열량,
$$8,500[\text{kcal/Sm}^3] = G \times C_p \times \Delta t$$
$$= (1 \times 0.607 + 2 \times 0.47 + 2 \times 3.76 \times 0.36) \times (t - 18)$$

∴ $t = 2,016[℃]$

172 메테인(CH_4)을 40[%]의 과잉공기로 연소시키고, 저발열량의 50[%]를 연소용 공기의 예열에 사용하고자 할 때, 40[%]의 과잉공기를 사용한 경우의 이론연소온도(℃)는? (단, 연소가스 중 공기 및 습연소가스의 평균 비열은 0.31[kcal/Sm³·℃], 0.34[kcal/Sm³·℃]이고, 메테인의 연소반응식은 $CH_4 + 2O_2 \rightarrow CO_2 + 2H_2O + 8,570$[kcal/Sm³](저발열량)이다.)

해답

$A_o = \dfrac{2}{0.21} = 9.52\,[\text{Sm}^3/\text{Sm}^3]$

$A = mA_o = 1.4 \times 9.52 = 13.33[\text{Sm}^3/\text{Sm}^3]$

$G_w = G_{ow} + (m-1)A_o = 0.79 \times 9.52 + 1 + 2 + (1.4-1) \times 9.52$
$= 10.52 + 3.81\,[\text{Sm}^3/\text{Sm}^3]$

공기예열기에 의한 열량 $= 0.5 \times H_L$

이론연소온도, $t[℃] = \dfrac{\text{저발열량} + \text{공기 현열}}{\text{연소가스량} \times \text{비열}} + \text{실온}$

$= \dfrac{8,750 + 0.5 \times 8,750}{10.52 \times 0.34 + 3.81 \times 0.31} + 15$

$= 2,717.02 [℃]$

$\therefore t = 2,717.02 [℃]$

173 프로페인을 연료로 사용하는 어떤 가열로 버너로 프로페인 50[Sm³/h]와 연소용 공기 1,400[Sm³/h]를 공급하여 연소하였다. 굴뚝에서 배출되는 연소가스의 측정 온도가 150[℃]일 경우, 시간당 건연소가스 및 습연소가스에 의한 열손실은 각각 몇 [kcal/h]인가? (단, 기준온도는 0[℃]로 하고, 연소가스의 평균 정압비열은 일정하게 0.33[kcal/Sm³ · ℃]이며 연소가스 중 미연분은 없는 것으로 가정한다.)

해답 프로페인의 연소반응식:

$C_3H_8 + 5O_2 + 5 \times 3.76 N_2 \rightarrow 3CO_2 + 4H_2O + 5 \times 3.76 N_2$

$A_o = 5 \times \dfrac{1}{0.21} = 23.8 [\text{Sm}^3/\text{Sm}^3]$

$G_{od} = CO_2 + N_2 = 3 + 5 \times 3.76 = 21.8 [\text{Sm}^3/\text{Sm}^3]$

$G_{ow} = G_{od} + H_2O = 21.8 + 4 = 25.8 [\text{Sm}^3/\text{Sm}^3]$

C_3H_8 1[Sm³]를 연소하는 데 사용한 공기량, $A = \dfrac{1,400}{50} = 28 [\text{Sm}^3/\text{Sm}^3]$

$\therefore m = \dfrac{A}{A_o} = \dfrac{28}{23.8} = 1.18$

$G_d = G_{od} + (m-1)A_o = 21.8 + (1.18 - 1) \times 23.8 = 26.1 [\text{Sm}^3/\text{Sm}^3]$

$G_w = G_d + w_g = 26.1 + 4 = 30.1 [\text{Sm}^3/\text{Sm}^3]$

∴ 건연소가스에 의한 열손실,

$Q_d = G_d \times C_p \times t \times C_3H_8 \text{의 사용량} = 26.1 \times 0.33 \times 150 \times 50$

$= 64,600 [\text{kcal/hr}]$

습연소가스에 의한 열손실,

$Q_w = G_w \times C_p \times t \times C_3H_8 \text{의 사용량} = 30.1 \times 0.33 \times 150 \times 50$

$= 74,500 [\text{kcal/hr}]$

174 이론연소온도 2,200[℃], 이론공기량 11.0[Sm³/kg], 이론연소가스량 11.7[Sm³/kg]인 어떤 연료가 있다. 이 연료를 공기비 1.1로 완전 연소할 때, 도달되는 연소가스의 최고온도(℃)는? (단, 외부 시스템으로의 열손실 및 열해리는 무시하고, 이론연소가스의 평균비열은 0.41[kcal/Sm³·℃], 공기의 평균비열은 0.36[kcal/Sm³·℃], 기준온도는 0[℃]이다.)

해답

$H_L = G \cdot C_p \cdot \Delta t$ 에서

연료의 발열량 $H_L = G \cdot C_p \cdot \Delta t = 11.7 \times 0.41 \times 2,200 = 10,553.4 [\text{kcal/kg}]$

∴ 연소가스의 최고온도, $t = \dfrac{H_L}{G \times C_p} = \dfrac{H_L}{G_o \times C_{pg} + (m-1)A_o \times C_{pa}}$

$= \dfrac{10,553.4}{11.7 \times 0.41 + (1.1-1) \times 11.0 \times 0.36}$

$= 2,032 [℃]$

175 이론공기량 10.2[Sm³/kg], 이론연소가스량 11.0[Sm³/kg], 저발열량 9,560[kcal/kg]인 중유를 연료로 사용하는 어떤 노(爐)에서 다음과 같은 조건으로 연소할 경우, 연소온도(℃)를 구하시오. (단, 기준온도는 0[℃]이고, 주어진 조건은 다음과 같다.)

[조건]
1) 공기비는 1.2이다.
2) 1차 공기는 예열하지 않은 상태로 공기량의 15[%]를 사용한다.
3) 2차 공기는 400[℃]로 예열되어 있다.
4) 중유의 온도는 100[℃], 비열은 0.45[kcal/kg·℃]이다.
5) 노(爐)에 들어오는 전입열의 15[%]가 연소실에서 방산열로 손실되고 있다.
6) 400[℃] 공기의 평균비열은 0.32[kcal/Sm³·℃]이고, 고온에서 연소가스 평균비열은 0.4[kcal/Sm³·℃]이며, 열해리는 발생하지 않는 것으로 가정한다.

해답 전입열(Q) = 중유의 연소열 + 중유의 현열 + 2차 공기의 현열
  = 9,560 + 100×0.45 + (1.2×10.2×0.85)×0.32×400
  = 10,936.71[kcal/kg]
연소실의 손실열(q) = 0.15 × Q = 0.15×10,936.71 = 1,640.51[kcal/kg]
연소가스량, $G = G_o + (m-1)A_o = 11.0 + (1.2-1) \times 10.2 = 13.04\,[\text{Sm}^3/\text{kg}]$
∴ 연소온도, $t = \dfrac{Q-q}{G \times C_p} = \dfrac{10,936.71 - 1,640.51}{13.04 \times 0.4} = 1,782.25[℃]$

176 어떤 폐기물 1[kg]을 완전 연소시킬 때 필요한 이론공기량은 9[Sm³/kg]이고, 발생된 이론습연소가스량은 12[Sm³/kg], 저발열량은 6,000[kcal/kg]이었다. 동일한 폐기물 1[kg]을 공기비 1.2로 완전 연소시킬 경우, 실제 연소온도(℃)는? (단, 소각로 인입 공기온도는 18[℃], 배출되는 연소가스와 인입 공기의 평균정압비열은 0.35[kcal/Sm³·℃], 소각로 벽과 회분 등에 의한 전체 열손실은 저발열량의 15[%]이며, 예열 등에 의한 기타 열손실은 무시한다.)

해답 $H_L \times (1 - \text{열손실}) = \text{실제 습연소가스량} \times \text{평균정압비열} \times (T_2 - T_1)$
실제 습연소가스량 = 이론 습연소가스량 + 과잉공기량
  = 이론 습연소가스량 + $(m-1)A_o$
  = 12 + (1.2 − 1)×9 = 13.8[Sm³/kg]
∴ $T_2 = \dfrac{H_L \times (1 - \text{열손실})}{(\text{실제 습연소가스량} \times \text{평균정압비열})} + T_1$
  $= \dfrac{6,000 \times (1 - 0.15)}{(13.8 \times 0.35)} + 18 = 1,074[℃]$

177 가로 1.2[m], 세로 2.0[m], 높이 1.5[m]인 연소실에서 저발열량이 10,000[kcal/kg]의 중유를 1시간에 100[kg]을 연소할 경우, 연소실 열발생률(kcal/m³·h)은?

해답
연소실의 용적: $1.2[m] \times 2.0[m] \times 1.5[m] = 3.6[m^3]$
시간당 열발생량: $10,000[kcal/kg] \times 100[kg/h] = 10^6[kcal/h]$
연소실 열발생률 $= \dfrac{\text{연료의 저발열량} \times \text{연료 사용량}}{\text{연소실 용적}}$
$= \dfrac{10^6}{3.6} = 2.78 \times 10^5 [kcal/m^3 \cdot h]$

기사 출제빈도 ☆☆

178 어떤 기체연료의 부피비를 분석한 조성은 다음과 같다.

기체연료 성분	CO_2	CO	H_2	CH_4	N_2
조성(%)	5.0	40	50	1.0	4.0

연소 시 공급된 공기는 0[℃]였고, 과잉공기를 포함한 습연소가스의 비열은 $0.33[kcal/Sm^3 \cdot ℃]$이다. 그리고 각 가연성분인 CO, H_2, CH_4의 연소반응식과 발열량은 다음 식으로 나타냈다.

$$CO + \dfrac{1}{2}O_2 \rightarrow CO_2 + 3{,}035 \,[kcal]$$
$$H_2 + \dfrac{1}{2}O_2 \rightarrow H_2O(\text{수증기}) + 2{,}750 \,[kcal]$$
$$CH_4 + 2O_2 \rightarrow CO_2 + 2H_2O(\text{수증기}) + 8{,}750 \,[kcal]$$

1) 이 기체연료의 저발열량($kcal/Sm^3$)은?
2) 이 기체연료를 건조한 20[%] 과잉공기를 사용하여 연소할 경우, 이론 연소온도(℃)는?

해답
1) $H_L = 3{,}035 CO + 2{,}750 H_2 + 8{,}750 CH_4$
$= 3{,}035 \times 0.4 + 2{,}750 \times 0.5 + 8{,}750 \times 0.01$
$= 2{,}680 [kcal/Sm^3]$

2) $A_o = \dfrac{1}{0.21}\{0.5 \times (0.5 + 0.4) + 2 \times 0.01\} = 2.24 \,[Sm^3/Sm^3]$
$G_{ow} = 2.88(H_2 + CO) + 10.52\,CH_4 + CO_2 + N_2$
$= 2.88 \times (0.5 + 0.4) + 10.52 \times 0.01 + 0.05 + 0.04$
$= 2.79 [Sm^3/Sm^3]$
$G_w = G_{ow} + (m-1)A_o = 2.79 + (1.2 - 1) \times 2.24 = 3.24 \,[Sm^3/Sm^3]$
$H_L = G \cdot C_p \cdot \Delta t$에서 $t = \dfrac{H_L}{G_w \times C_p} = \dfrac{2{,}680}{3.24 \times 0.33} = 2{,}506.55 [℃]$

179 어떤 화력발전소에서 50[%]의 열효율로 100[MW]의 전력을 생산하고 있다. 이 과정에서 저발열량이 2,200[kcal/kg], 재 함유량이 10[%]인 석탄을 연료로 사용한다. 이 화력발전소에서 연간 배출되는 재의 양(kg)은? (단, 석탄은 완전 연소되며, $1[W] = \dfrac{1}{4.2}[cal/s]$이다.)

해답

열효율 $= \dfrac{Q}{G_f \times H_L} \times 100$

여기서, Q: 전력 생산량(kcal), G_f: 석탄 사용량(kg/s)

$100[MW] = 100 \times 10^6[W]$이므로

$G_f = \dfrac{Q}{\eta \times H_L} = \dfrac{10^8 \times \dfrac{1}{4.2} \times 10^{-3}}{0.5 \times 2,200} = 21.65 [kg/s]$

∴ 연간 배출되는 재의 양(kg)은
$21.65 \times 0.1 \times 365 \times 24 \times 60 \times 60 = 187,056 [kg/yr]$

180 20[℃]인 물 3[ton/h]을 증발시키기 위해 저발열량이 9,750 [kcal/kg]인 벙커C유를 사용할 경우, 연료 사용량(kg/h)은? (단, 연소장치의 효율은 85[%], 벙커C유의 비중 0.95, 방열손실은 20[%]이다.)

해답

총 엔탈피(kcal/kg) = 현열 + 잠열이므로
$3,000[kg/h] \times 1[kcal/kg \cdot ℃] \times (100-20)[℃] + 3,000 \times 539[kcal/kg]$
$= 1,857,000[kcal/h]$ (여기서, 539[kcal/kg]은 증발잠열이다.)

$\eta[\%] = \dfrac{Q}{G_f \times H_L} \times 100$에서 $85[\%] = \dfrac{1,857,000}{G_f \times 9,750} \times \left(\dfrac{1}{1-0.2}\right) \times 100$

∴ $G_f = 280.09[kg/h]$

181 C: 62[%], H: 14[%], S: 2[%], 회분: 22[%], 저발열량 7,000 [kcal/kg]인 석탄을 연료로 사용하는 어떤 화력발전소에서 34[%]의 열효율로 500[MW]의 전력을 생산하고 있다. 이 화력발전소에서 초당 배출되는 건연소가스는 표준상태에서 몇 [Sm³/s]인가? (단, 공기비, $m = 1.5$이다.)

해답

열효율 $= \dfrac{Q}{G_f \times H_L} \times 100$

여기서, Q : 전력 생산량(kcal), G_f : 석탄 사용량(kg/s)

$G_f = \dfrac{Q}{\eta \times H_L} = \dfrac{500 \times 10^6 \times \frac{1}{4.2} \times 10^{-3}}{0.34 \times 7{,}000} = 50.02\,[\text{kg/s}]$

$G_d = mA_o - 5.6\text{H}$

$= 1.5 \times \dfrac{1}{0.21}(1.867 \times 0.62 + 5.6 \times 0.14 + 0.7 \times 0.02) - 5.6 \times 0.14$

$= 13.18\,[\text{Sm}^3/\text{kg}]$

∴ 총 $G_d = G_f \times G_d = 50.02\,[\text{kg/s}] \times 13.18\,[\text{Sm}^3/\text{kg}] = 659.47\,[\text{Sm}^3/\text{s}]$

182 어떤 화력발전소에서 50[%]의 열효율로 4.2×10^8[W]의 전력을 생산하고 있다. 이 과정에서 저발열량이 2,500[kcal/kg], 황 함유량이 2[%]인 석탄을 연료로 사용한다. 이 화력 발전소에서 연간 배출되는 SO_2의 양(Sm^3/yr)은? (단, 석탄은 완전 연소되며, 1[W] = $\dfrac{1}{4.2}$[cal/s]이다.)

해답

열효율 $= \dfrac{Q}{G_f \times H_L} \times 100$

여기서, Q : 전력 생산량(kcal), G_f : 석탄 사용량(kg/s)

$G_f = \dfrac{Q}{\eta \times H_L} = \dfrac{4.2 \times 10^8 \times \frac{1}{4.2} \times 10^{-3} \times 3{,}600 \times 24 \times 365}{0.5 \times 2{,}500}$

$= 6{,}912{,}000\,[\text{kg/s}]$

∴ SO_2 양 $= 0.7 \times 0.02 \times 6{,}912{,}000 = 96{,}768\,[\text{Sm}^3/\text{yr}]$

기사 출제빈도 ★

183 용선로(cupolar)에서 배출되는 함진가스를 백하우스(bag house)로 처리한 후 굴뚝으로 배출하여고 한다. 그러나 용선로에서 나오는 가스의 온도가 1,100[℃]로 너무 높아 이 배출가스에 직접 냉각수를 분무시키도록 설계된 냉각실(quench chamber)을 거쳐서 110[℃]로 냉각시킨 후 백하우스에 주입하려고 한다. 이때 냉각실에 주입된 물은 100[%] 기화하여 수증기 형태로 배출가스에 함유되어 백하우스에 주입된다. 이러한 조건하에서 다음 물음에 답하시오. (단, 용선로 출구에서 배출가스(1,100[℃])의 질량유속은 99[kg/min]이고, 유량은 376[m³/min]이다. 그리고 주입되는 냉각수의 온도는 16[℃]이며, 이 시스템에 관련된 각 물질의 열역학적 자료는 다음과 같다.)

- 기체의 엔탈피: (1,100[℃]에서) 283[kcal/kg],
  (110[℃]에서) 22[kcal/kg]
- 물의 엔탈피: (16[℃]에서) 15.6[kcal/kg],
  (110[℃], 1[atm]에서) 642[kcal/kg]

1) 열손실이 전혀 없다고 가정할 경우, 배출가스를 110[℃]로 냉각시키는 데 필요한 물의 양(kg/min)을 계산하시오.
2) 냉각탑을 거친 후 배출되는 가스(수증기 포함)의 총 부피(cm³/min)는?

해답

1) $(283-22)\,[\text{kcal/kg}] \times 99\,[\text{kg/min}] = 25{,}839\,[\text{kcal/min}]$

$(642-15.6)\,[\text{kcal/kg}] = 626.4\,[\text{kcal/kg}]$

$\therefore \dfrac{25{,}839\,[\text{kcal/min}]}{626.4\,[\text{kcal/kg}]} = 41.25\,[\text{kg/min}]$

2) $\dfrac{376}{1{,}100+273} = \dfrac{V_1}{110+273}$, $V_1 = 104.89\,[\text{m}^3/\text{min}]$

$\dfrac{41.25 \times \dfrac{22.4}{18}}{16+273} = \dfrac{V_2}{273+110}$, $V_2 = 68.03\,[\text{m}^3/\text{min}]$

$\therefore (104.89 + 68.03) \times 10^6 = 172.92 \times 10^6\,[\text{cm}^3/\text{min}]$

184 어떤 유동층 연소로를 최소의 유동화 조건에서 운전하여 다음과 같은 측정값을 얻었다. 유동층 내의 압력강하(N/m²)는?

- 최소 유동화 조건에서의 유동층 높이: 1.5[m]
- 최소 유동화 조건에서의 공극률: 0.5
- 최소 유동화 조건에서 입자의 밀도: 4.0[g/cm³]
- 연소가스의 밀도: 1.0[kg/m³]

Force Balance식을 세운다.

$\Delta P_b \times A_t = A_t \times L_{mf} \times (1 - E_{mp}) \times (\rho_s - \rho_g) \times \dfrac{g}{g_c}$ 에서

$\Delta P_b = L_{mf} \times (1 - E_{mp}) \times (\rho_s - \rho_g) \times \dfrac{g}{g_c}$

$= 1.5\,[\text{m}] \times (1 - 0.5) \times (4{,}000\,[\text{kg/m}^3] - 1.0\,[\text{kg/m}^3]) \times \dfrac{9.8\,[\text{m/s}^2]}{1\,[\text{kg} \cdot \text{m/N} \cdot \text{s}^2]}$

$= 29{,}393\,[\text{N/m}^2]$

185 촉매제를 사용하는 어떤 연소기의 설계 시 촉매층을 통과하는 배출가스의 온도는 600[℃], 공기의 밀도는 0.404[kg/m³], 유량은 10[Sm³/s], 촉매의 충진밀도는 0.5, 체류 시간을 2.5초로 하려고 한다. 이 조건을 만족하는 촉매 충진베드의 체적(m)은? (단, 배출가스의 밀도는 1.185[kg/m³]이다.)

$\dfrac{\text{배출가스의 밀도} \times \text{배출가스의 유량} \times \text{체류 시간}}{\text{공기의 밀도}} = \dfrac{1.185 \times 10 \times 2.5}{0.404}$

$= 73.25\,[\text{m}^3]$

∴ 촉매 충진베드의 유입체적 $= \dfrac{73.25}{(1 - 0.5)} = 146.5\,[\text{m}^3]$

기사 출제빈도 ★

186 연소장치 중 유압버너는 작용하는 압력에 따라 연료 분사 기화량이 변한다. 벙커C유 유압버너에서 1.5[L/min]의 연료를 분사하기 위해 필요한 유압(g/cm²)은? (단, 벙커C유 밀도, $\rho = 0.964[kg/m^3]$, 4개의 분사노즐 직경, $\phi = 0.25[cm]$, 유량계수, $C = 0.5$이다.)

해답

분사 연료량, $q = C \times A \times \sqrt{\dfrac{2g \times \rho}{\gamma}} = C \times \dfrac{\pi}{4} D^2 \times \sqrt{\dfrac{2g \times \rho}{\gamma}}$ 에서

여기서, q : 연료량(m³/s), ρ : 유압(kg/m² = mmH₂O), γ : 비중량(kg/m³), D : 노즐(nozzle) 직경(m)

$1.5\,[L/min] \times 10^{-3}\,[m^3/L] \times \dfrac{1}{4} \times \dfrac{1\,[min]}{60\,[s]}$

$= 0.5 \times \dfrac{\pi}{4} \times (0.25\,[cm] \times 10^{-2}\,[cm/m])^2 \times \left(\dfrac{2 \times 9.8 \times \rho}{0.964}\right)^{\frac{1}{2}}$

$\therefore \rho = 0.32\,[kg/m^2] = 320\,[g/m^2]$

기사·산업 출제빈도 ★★★

187 연료 A가 어떤 반응기에서 연소되는 주 반응은 다음과 같이 표시된다. A의 99[%]가 연소되기 위해서는 반응기에 몇 초 체류하여야 하는가? (단, 반응기에서의 반응은 1차 반응(elementary reaction)이다.)

$$A \rightarrow 연소\ 생성물질,\ 반응상수,\ k = \dfrac{1}{100}\,s^{-1}$$

해답

1차 반응식($-\dfrac{dC}{dt} = kC$)에서 $L_t = L_a \times e^{-kt}$, 양변에 ln을 취하면

$\therefore \ln\left(\dfrac{100-99}{100}\right) = -\dfrac{1}{100}\,s^{-1} \times t\,s$

$\therefore t = 460.5\,[s]$

0차 반응

반응속도가 반응물의 농도와 무관한 반응으로 표면반응에서의 확산속도, 광화학 반응에 있어서의 광흡수가 있다. 반응식은 반응속도, $\dfrac{dC}{dt} = -k \cdot C_o$로 나타낸다.

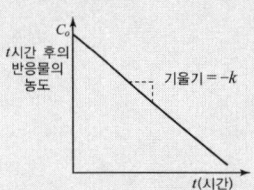

1차 반응

반응속도가 반응물의 농도에 비례하여 진행되는 반응으로 방사성물질의 자연붕괴, 환기에 따른 실내 오염물질 농도의 감소가 있다. 반응식은 $\ln\dfrac{C}{C_o} = -k \times t$로 나타낸다.

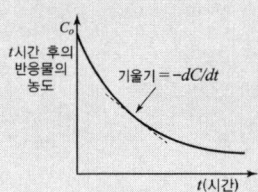

2차 반응
반응속도가 반응물 농도의 제곱에 비례하는 반응을 반응식은 $\dfrac{dC}{dt} = -k \cdot C_o^2$ 로 나타낸다.

기사·산업 출제빈도 ★★★

188 어떤 연료 A가 연소되는 주된 반응은 1차 반응으로 반응상수, $k = \dfrac{1}{100} s^{-1}$이다. 이 연료의 90[%]가 연소되어 연소생성물을 얻기 위해 연료가 연소반응기에 체류하여야 할 시간(s)은?

해답

1차 반응식($-\dfrac{dC}{dt} = kC$)에서 $L_t = L_a \times e^{-kt}$

양변에 ln을 취하면 $\ln\left(\dfrac{100-90}{100}\right) = -\dfrac{1}{100}(s^{-1}) \times t\,[s]$

∴ $t = 230.25\,[s]$

기사·산업 출제빈도 ★★★

189 어떤 1차 반응에서 550초 동안 반응물의 1/2이 분해되었다. 동일한 조건에서 반응물 1/5이 남을 때까지 얼마의 시간(s)이 걸리겠는가?

해답

1차 반응식:
$A = A_o \times e^{(-kt)}$에서 $0.5 = e^{(-k \times 550)}$, 양변에 자연로그 ln을 취하면
$\ln 0.5 = (-k \times 550)$, ∴ $k = 1.26 \times 10^{-3}\,(s^{-1})$
반응물 1/5이 남을 때 까지 시간(초), $\ln 0.2 = (-1.26 \times 10^{-3} \times t)$에서
$t = 1,277.33\,[s]$

기사·산업 출제빈도 ★★★

190 어떤 물질의 농도가 1/2 반응하는 데 1,000[s]가 소요되었다. 농도가 1/150이 되는 데 소요되는 시간(s)을 계산하시오. (단, 1차 반응식을 기준으로 한다.)

해답 1차 반응식

$$\ln\left(\frac{C_t}{C_o}\right) = -k \times t \text{에서 } \ln\left(\frac{\frac{1}{2}C_o}{C_o}\right) = -k \times 1,000, \therefore k = 6.93 \times 10^{-4}\,(s^{-1})$$

$$\ln\left(\frac{\frac{1}{150}C_o}{C_o}\right) = -6.93 \times 10^{-4} \times t, \therefore t = 7,230.35\,[s]$$

기사·산업 출제빈도 ★★★

191 체적이 4,000[m³]인 어떤 실내에 암모니아 농도가 부피비로 200[ppm]이었다. 이 실내를 100[m³/min]의 용량을 가진 환풍기로 환기를 시켜, 암모니아 농도를 10[ppm]으로 떨어뜨리기 위해 필요한 시간(min)은? (단, 실내의 환기는 완전 혼합되어 진행된다.)

해답

$C = C_o \times e^{-k \times t}$ 에서 $\ln\dfrac{C}{C_o} = -k \times t$, $k = \dfrac{Q}{V}$ 이므로

$$\ln\frac{10}{200} = -\frac{100}{4,000} \times t, \therefore t = 119.8\,[\text{min}]$$

기사·산업 출제빈도 ★★★

192 암모니아 가스 농도가 용적비로 100[ppm]인 실내공기를 환풍기로 환기시킬 경우, 실내 용적이 4,000[m³]이고, 환기량이 100[m³/min]일 때, 암모니아 농도를 1[ppm]으로 떨어뜨리기 위해 되는 시간(min)은? (단, 실내의 암모니아는 공기와 완전 혼합된다고 가정한다.)

해답

완전 혼합되는 경우 t시간 후의 농도식은 $C = C_o \times e^{-kt}$ 에서 $k = \dfrac{Q}{V}$

$$\ln\frac{C}{C_o} = -k \times t, \ln\frac{1}{100} = -\frac{100\,[\text{m}^3/\text{min}]}{4,000\,[\text{m}^3]} \times t, \therefore t = 184.2\,[\text{min}]$$

기사·산업 출제빈도 ★★★

193 용적이 250[m³]인 흡연실에서 3명의 인원이 담배를 피워서 폼알데하이드 농도가 0.5[ppm]으로 측정되었다. 더 이상 담배를 흡연하는 사람 없이 흡연실 내부에 공기청정기를 사용하여 폼알데하이드 농도를 0.01[ppm]으로 낮추려면 몇 분(min)이 걸리겠는가? (단, 공기청정기의 흡입유량은 25[m³/min]이고, 폼알데하이드 제거효율은 100[%], 배경농도는 0[ppm]이었다.)

해답

t시간 후의 농도식은 $C = C_o \times e^{-kt}$에서 $k = \dfrac{Q}{V}$

$\ln\dfrac{C}{C_o} = -k \times t$, $\ln\dfrac{0.01}{0.5} = -\dfrac{25\,[\text{m}^3/\text{min}]}{250\,[\text{m}^3]} \times t$, $\therefore\ t = 39.12\,[\text{min}]$

가스 처리

1 유체역학적 원리와 가스 처리 및 반응 이해하기

학습 개요 기사·산업기사 공통

1. 유체의 흐름과 입자동력학을 이해할 수 있다.
2. 유해가스의 처리이론 및 처리기술과 장치를 파악할 수 있다.

기사·산업 출제빈도 ★★

001 어떤 노즐(nozzle) 구멍의 단면적이 80[cm²]인 연료 이송관으로 프로페인(C_3H_8) 가스를 1시간에 25[kg]의 비율로 확산연소를 행하고 있다. 이 경우 노즐의 분출속도(cm/s)는?

해답 프로페인(C_3H_8) 가스의 분자량 = 44, 프로페인 25[kg]의 가스량
$= 22.4 \times \dfrac{25}{44} = 12.73 [Sm^3/h]$

분출속도, $v = \dfrac{Q}{A} = \dfrac{12.73}{8 \times 10^{-3} \times 3,600} = 0.442\,[m/s] = 44.2\,[cm/s]$

기사·산업 출제빈도 ★★

002 배출가스 온도 250[℃], 배출속도 5[m/s]인 어떤 굴뚝에서 배출되는 배출가스의 유량이 시간당 2,000[Sm³]일 때, 배출가스가 나오는 굴뚝 상단의 단면적(m²)은?

해답 $Q = AV$ 에서
$2,000[Sm^3] \times \dfrac{(273+250)[K]}{273[K]} = A \times 5[m/s] \times 3,600\,[s/h],\ A = 0.213[m^2]$

다른 풀이

$$F = \frac{Q(1+0.0037 \times t)}{3,600 \times W} = \frac{2,000 \times (1+0.0037 \times 250)}{3,600 \times 5} = 0.213\,[\text{m}^2]$$

기사·산업 출제빈도 ★★★

003 25[℃], 720[mmHg] 상태로 공기가 존재할 때, 이상기체로 가정하여 기체밀도(g/m^3)를 구하시오.

해답

이상기체 상태방정식,

$$PV = nRT = \frac{W}{M}RT \text{에서}$$

기체밀도,

$$\rho = \frac{W}{V} = \frac{PM}{RT} = \frac{\left(\frac{720}{760}\right) \times 29}{0.082 \times (273+25)} = 1.124\,[\text{g/L}] = 1,124\,[\text{g/m}^3]$$

기사 출제빈도 ★★

004 온도 450[℃], 유량 12,000[m^3/min]인 상태의 공기를 130[℃]로 식히기 위해 100[L/min]의 물을 공기 중에 혼합하여 증발시켰을 경우, 수증기를 포함한 전체 공기유량(m^3/min)은?

해답

H_2O 100[L/min]가 수증기로 변할 경우 차지하는 부피는

$$\frac{100}{18} \times 22.4 = 124.44\,[\text{Sm}^3/\text{min}]$$

온도 450[℃], 유량 12,000[m^3/min]인 상태의 공기를 130[℃]로 환산하면

$$12,000 \times \frac{273+130}{273+450} = 6,688.80\,[\text{m}^3/\text{min}]$$

온도 0[℃], 유량 124.44[Sm^3/min]인 상태의 공기를 130[℃]로 환산하면

$$124.44 \times \frac{273+130}{273+0} = 183.70\,[\text{m}^3/\text{min}]$$

따라서, 수증기를 포함한 전체 공기 유량(m^3/min)
= 6,688.80 + 183.70 = 6,872.5[m^3/min]

005 직경 20[cm]인 원형 덕트 안에 절대압력이 1.5[kgf/cm²], 온도가 20[℃]인 공기가 1.2[kg/s]로 흘러가고 있다. 이때 덕트 내 유동을 균일분포 유동으로 간주하고 덕트 내를 흐르는 공기의 유속(m/s)을 구하시오. (단, 0[℃], 1기압에서 공기 밀도는 1.293[kg/m³]이다.)

해답

절대압력 1.5[kgf/cm²], 온도 20[℃]인 공기의 밀도,

$$\gamma_a = 1.293 \times \frac{273}{(273+20)} \times \frac{1.5}{1.0332} = 1.75\,[\text{kg/m}^3]$$

덕트 내를 흐르는 공기의 유속(m/s),

$$v = \frac{M}{\gamma_a \times A} = \frac{1.2\,[\text{kg/s}]}{1.75\,[\text{kg/m}^3] \times \frac{3.14}{4} \times 0.2^2\,[\text{m}^2]} = 21.85\,[\text{m/s}]$$

006 어떤 송풍관에 미치는 1,000[mmH₂O]인 압력 상태를 다음에 주어진 압력 단위로 나타내시오. (단, 공학 압력 단위가 아닌 기상학에서 사용하는 압력 단위로 계산한다.)

1) atm
2) mmHg
3) kg/cm²
4) psi

해답

표준대기압(1[atm]) = 760[mmHg] = 1.0332[kg/cm²] = 10.332[mH₂O] = 14.7[psi]
= 1,013.25[mbar] = 1,013.25[hPa] = 101,325[Pa(N/m²)] = 101.325[kPa]

1) $1,000\,[\text{mmH}_2\text{O}] \times \dfrac{1\,[\text{atm}]}{10,332\,[\text{mmH}_2\text{O}]} = 0.097\,[\text{atm}]$

2) $1,000\,[\text{mmH}_2\text{O}] \times \dfrac{1\,[\text{mmHg}]}{13.6\,[\text{mmH}_2\text{O}]} = 73.53\,[\text{mmHg}]$

3) $1,000\,[\text{mmH}_2\text{O}] \times \dfrac{1.0332\,[\text{kg/cm}^2]}{10,332\,[\text{mmH}_2\text{O}]} = 0.1\,[\text{kg/cm}^2]$

4) $1,000\,[\text{mmH}_2\text{O}] \times \dfrac{14.7\,[\text{psi}]}{10,332\,[\text{mmH}_2\text{O}]} = 1.39\,[\text{psi}]$

007 직경 500[mm]인 원형 덕트 안에 상온, 상압의 공기가 흐르고 있고, 표준 피토관으로 덕트 내의 속도압을 측정하였더니 8[mmH₂O]이었다. 이때 원형 덕트 내를 흐르는 공기의 유량(m/h)은? (단, 표준 피토관 계수는 0.85, 공기의 비중량은 1.2[kg/m³]이다.)

피토관(pitot tube)
흐르는 유체(기체 또는 액체)의 속도를 측정하는 장치이다.

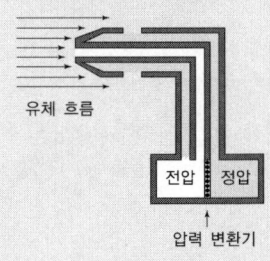

[해답]
유량, $Q = A \times v$

유속, $v = C\sqrt{\dfrac{2 \times g \times h}{\gamma}} = 0.85 \times \sqrt{\dfrac{2 \times 9.8 \times 8}{1.2}} = 9.72\,[\text{m/s}]$

∴ $Q = \dfrac{\pi}{4} \times 0.5^2\,[\text{m}^2] \times 9.72\,[\text{m/s}] \times 3{,}600\,[\text{s/h}] = 6{,}867.18\,[\text{m}^3/\text{h}]$

008 어떤 덕트 내의 유속을 측정하기 위해 피토관으로 속도압을 측정하였더니 10[mmH₂O]이었다. 이 경우 유속(m/s)은? (단, 덕트 내를 흐르는 가스의 온도는 127[℃], 정압은 0[mmH₂O], 비중량은 1.3[kg/Sm³], 피토관 계수는 0.85이다.)

[해답]
덕트 안을 흐르는 가스의 유속을 구하는 공식
$v = C\sqrt{\dfrac{2 \times g \times h}{\gamma}}$

기체의 비중량에 대한 온도 보정
$\gamma = 1.3\,[\text{kg/Sm}^3] \times \dfrac{273}{273+127} = 0.89\,[\text{kg/Sm}^3]$

∴ $v = C\sqrt{\dfrac{2 \times g \times h}{\gamma}} = 0.85 \times \sqrt{\dfrac{2 \times 9.8 \times 10}{0.89}} = 12.61\,[\text{m/s}]$

U 튜브형(U-tube type) 마노미터
액주형 압력계(manometer)로 왼쪽 튜브에 측정하고자 하는 압력을 인가하고, 오른쪽 튜브는 일반적으로 대기압에 노출되도록 개방하여두면 왼쪽 튜브에 인가된 압력에 의하여 튜브 내의 액체를 밀어 올리게 되어 양쪽 튜브의 액체 레벨차를 이용해 기록된 압력 눈금으로 읽어 압력을 측정한다.

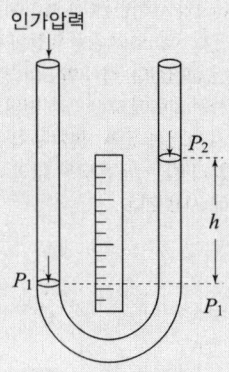

009 물이 들어있는 자동게이지(U자관)가 부착된 피토정압관으로 덕트 내를 흐르는 공기의 유속을 측정하려고 한다. 흐르는 공기의 밀도는 1.22[kg/m³]으로 일정하고, 튜브의 계수를 0.98이라고 가정할 경우, 게이지의 차가 100[mm]일 때, 공기의 유속(m/s)은?

해답 덕트 안을 흐르는 가스의 유속을 구하는 공식
$$v = C\sqrt{\frac{2\times g\times h}{\gamma}} = 0.98\times \sqrt{\frac{2\times 9.8\times 100}{1.22}} = 39.28\,[\text{m/s}]$$

기사·산업 출제빈도 ★★★

010 직경 300[mm]인 원형 덕트 속을 상온·상압의 공기가 흐르고 있으며 이때 표준 피토관에 의해 측정된 속도압이 6[mmH₂O]이었다. 원형 덕트를 흐르는 공기의 유속이 일정할 경우, 시간당 유량(m³/h)을 구하시오. (단, 공기의 비중량은 1.3[kg/Sm³]이고 피토관 계수는 1.00이다.)

해답 원형 덕트를 흐르는 공기 유속을 구하는 공식
$$v = C\sqrt{\frac{2\times g\times h}{\gamma}}$$
여기서, C(피토관 계수): 1.00
g(중력가속도): 9.8[m/s²]
h(속도압): 6[mmH₂O] = 6[kg/m²]
γ(기체의 비중량): 1.3[kg/Sm³]
$$\therefore v = C\sqrt{\frac{2\times g\times h}{\gamma}} = 1.0\times \sqrt{\frac{2\times 9.8\times 6}{1.3}} = 9.51\,[\text{m/s}]$$
$$Q = A\times v = \frac{\pi}{4}\times D^2 = \frac{\pi}{4}\times 0.3^2 \times 9.51 \times \frac{3{,}600\,[\text{s}]}{h} = 2{,}420\,[\text{m}^3/\text{h}]$$

기사·산업 출제빈도 ★★★

011 어떤 굴뚝 배출가스의 유속을 피토관으로 측정하였다. 측정 시 경사가 15°인 경사 마노미터로 읽은 값이 25[mm]이었다. 이 경우 배출가스의 유속(m/s)을 계산하시오. (단, 경사 마노미터의 액주(液柱)에 들어 있는 액체의 밀도는 1,000[kg/m³], 배출가스의 밀도는 1.3[kg/m³]이다.)

📝 **경사 마노미터(inclined tube manometer)**
경사 마노미터는 인가된 압력에 의한 액체 변위를 크게 하기 위해 한쪽 튜브를 일정한 각도의 경사를 갖도록 제작한다. 측정하려는 압력은 수조 측에 인가하고 경사진 튜브 쪽은 대기압에 노출시킨다. 튜브 경사각도는 고정되어 있으므로 액체의 경사이동거리(h')와 수직변위(h) 사이에는 $h = h'\times \sin\alpha$와 같은 일정한 관계가 성립한다. 경사 마노미터는 인가된 압력에 대한 액체 변위가 크기 때문에 굴뚝, 환기구의 흡입압과 같은 매우 낮은 압력 측정에 사용된다.

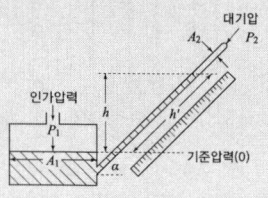

해답 경사 마노미터에 들어있는 액체의 밀도가 1,000[kg/m³]인 경우
1[kg/m²] = 1[mmH₂O]이다.
∴ $h = 25[\text{mm}] \times \sin 15° = 6.47[\text{mmH}_2\text{O}]$
$v = C\sqrt{\dfrac{2 \times g \times h}{\gamma}} = 1.0 \times \sqrt{\dfrac{2 \times 9.8 \times 6.47}{1.3}} = 9.88[\text{m/s}]$

기사·산업 출제빈도 ★★★

012 어떤 굴뚝 배출가스의 유속을 피토관으로 측정하였다. 측정 시 배출가스의 온도는 150[℃], 속도압 측정은 확대율이 10배인 경사 마노미터를 사용하였고, 마노미터 내부에 사용된 액체는 비중이 0.85인 톨루엔을 빨간색으로 물들여 사용하였다. 측정 결과 속도압이 경사 마노미터의 액주(液柱)로 60[mm]일 경우, 측정지점에서의 가스 유속(m/s)은? (단, 피토관 계수는 0.85이다.)

해답 원형 덕트를 흐르는 공기 유속을 구하는 공식
$v = C\sqrt{\dfrac{2 \times g \times h}{\gamma}}$ 에서
경사 마노미터에서 나타난 값을 실젯값으로 적용하여 속도압을 구하면,
$h = 60[\text{mm}] \times \dfrac{1}{10} \times 0.85 = 5.1[\text{mmH}_2\text{O}]$
$\gamma = 1.3 \times \dfrac{273}{273 + 150} = 0.84[\text{mmH}_2\text{O}]$
∴ $v = 0.85 \times \sqrt{\dfrac{2 \times 9.8 \times 5.1}{0.84}} = 9.25[\text{m/s}]$

기사 출제빈도 ★★★

013 어떤 굴뚝 배출가스의 유속을 피토관으로 측정하였다. 측정 시 배출가스의 온도는 227[℃], 속도압 측정은 확대율이 5배인 경사 마노미터를 사용하였고, 마노미터 내부에 사용된 액체는 비중이 0.82인 알코올을 빨간색으로 물들여 사용하였다. 측정 결과 속도압이 경사 마노미터의 액주(液柱)로 50[mm]일 경우, 이 배출가스의 유량(m³/s)은? (단, 피토관 계수는 0.85이고, 굴뚝의 직경은 2[m]이다.)

해답 경사 마노미터에서 나타난 값을 실젯값으로 적용하여 속도압을 구하면

$$h = 50[\text{mm}] \times \frac{1}{5} \times 0.82 = 8.2[\text{mmH}_2\text{O}]$$

$$v = C\sqrt{\frac{2 \times g \times h}{\gamma}} = 0.85 \times \sqrt{\frac{2 \times 9.8 \times 8.2}{1.3 \times \frac{273}{273+227}}} = 12.79[\text{m/s}]$$

$$\therefore Q = 12.79 \times \frac{3.14}{4} \times 2^2 = 40.16[\text{m}^3/\text{s}]$$

기사·산업 출제빈도 ☆☆☆☆

014 어떤 덕트에서 흐르는 가스의 흐름을 측정하였더니 속도압이 10[mmH₂O]이고, 이때의 유속이 15[m/s]이었다. 이 상태에서 덕트에 부착된 밸브를 완전히 열었더니 속도압이 20[mmH₂O]으로 상승하였다. 이때에 덕트를 흐르는 가스의 유속(m/s)은? (단, 피토관 계수, 가스의 비중량은 동일하다.)

해답 원형 덕트를 흐르는 공기 유속을 구하는 공식

$v = C\sqrt{\frac{2 \times g \times h}{\gamma}}$ 에서 C와 γ가 일정할 경우

$v \propto \sqrt{h}$ 이므로 $15[\text{m/s}] : \sqrt{10[\text{mmH}_2\text{O}]} = x[\text{m/s}] : \sqrt{20[\text{mmH}_2\text{O}]}$

$$\therefore x = 15[\text{m/s}] \times \frac{\sqrt{20[\text{mmH}_2\text{O}]}}{\sqrt{10[\text{mmH}_2\text{O}]}} = 21.21[\text{m/s}]$$

기사·산업 출제빈도 ☆☆☆

015 배출가스의 유속을 피토관으로 측정한다. 속도압(동압)은 55[mmH₂O], 배출가스 온도가 177[℃], 정압이 3[mmH₂O], 표준상태의 가스비중량 1.2[kg/Sm³], 피토관 계수 1.1, 대기압 763[mmHg]일 경우, 유속(m/s)은?

해답 주어진 조건에서 배출가스의 비중량

$$\gamma = \gamma_o \times \frac{273}{273+t} \times \frac{P_a + P_s}{760}$$ 에서

$$\gamma = \gamma_o \times \frac{273}{273+t} \times \frac{P_a + P_s}{760} = 1.2 \times \frac{273}{273+177} \times \frac{760 + \frac{3}{13.6}}{760} = 0.73 [\mathrm{kg/m^3}]$$

$$\therefore v = C\sqrt{\frac{2 \times g \times h}{\gamma}} = 1.1 \times \sqrt{\frac{2 \times 9.8 \times 55}{0.73}} = 42.27 [\mathrm{m/s}]$$

016 배출가스의 온도가 150[℃], 부압(負壓)이 200[mmH₂O]인 어떤 굴뚝에서 피토관을 사용하여 속도압을 측정하였더니 12[mmH₂O]이었다. 이 굴뚝에서 흐르는 배출가스의 유속(m/s)은? (단, 대기압은 760[mmHg], 피토관 계수는 1.0이다.)

해답

주어진 조건에서 배출가스의 비중량

$\gamma = \gamma_o \times \dfrac{273}{273+t} \times \dfrac{P_a + P_s}{760}$ 에서

$P_s = -200 [\mathrm{mmH_2O}] \times \dfrac{1\,[\mathrm{mmHg}]}{13.6\,[\mathrm{mmH_2O}]} = -14.71\,[\mathrm{mmHg}]$

$\gamma = \gamma_o \times \dfrac{273}{273+t} \times \dfrac{P_a + P_s}{760} = 1.3 \times \dfrac{273}{273+150} \times \dfrac{760 - 14.71}{760} = 0.82 [\mathrm{kg/m^3}]$

$\therefore v = C\sqrt{\dfrac{2 \times g \times h}{\gamma}} = 1 \times \sqrt{\dfrac{2 \times 9.8 \times 12}{0.82}} = 16.91 [\mathrm{m/s}]$

017 유량 35[m³/min]인 공기를 직경 20[cm]의 원형 덕트를 이용하여 이동시킬 경우, 덕트 내의 속도압(mmH₂O)은? (단, 공기 비중량은 1.2[kg/m³]이다.)

해답

$Q = A \times V = \dfrac{\pi}{4} D^2 \times \sqrt{\dfrac{2gH}{\gamma}}$ 에서

$35 [\mathrm{m^3/min}] = 0.785 \times 0.2^2 \times \sqrt{\dfrac{2 \times 9.8 \times H}{1.2}} \times \dfrac{60[\mathrm{s}]}{[\mathrm{min}]}$

∴ 속도압, $H = 21.13 [\mathrm{mmH_2O}]$

기사·산업 출제빈도 ★★★

018 피토관을 사용하여 유속을 측정할 경우, 경사 마노미터(10배의 경사도를 지님)로 32[mmH₂O]의 차압을 얻었다. 이때 유속이 1.4배로 증가하였다면 속도압(mmH₂O)은?

해답

$V \propto \sqrt{H}$ 이므로

$V : \left(32 \times \dfrac{1}{10}\right)^{\frac{1}{2}} = 1.4 \times V : x^{\frac{1}{2}}$

$\therefore x = 6.27 [\text{mmH}_2\text{O}]$

기사 출제빈도 ★★

019 어떤 덕트 내에 메테인(CH_4)이 300[m³/h]의 유량으로 흐를 때, 오리피스 유량계를 이용하여 오리피스 전후에 차압을 측정하였더니 100[mmH₂O]이었다. 동일 유량계로 메테인과 같은 온도, 압력의 프로페인(C_3H_8)을 300[m³/h]의 유량으로 흐르게 할 경우, 이때 오리피스 전·후의 차압(mmH₂O)을 얼마로 유지하면 되는가? (단, 프로페인이 흐를 때도 메테인과 마찬가지로 팽창보정계수와 유량계수는 변하지 않는 것으로 가정한다.)

오리피스 유량계

차압식 유량계인 오리피스 유량계는 노즐이나 벤튜리관 유량계에 비해 압력손실이 크고 다른 조임 기구에 비해 유량계수가 작은 결점이 있으나 형상이 간단하고 제작이 용이하고 고정밀 가공이 가능하며, 가격이 저렴하기 때문에 가장 많이 사용되고 있다.

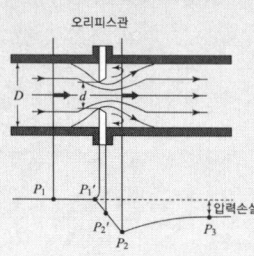

해답

오리피스의 유량,

$Q_o = C_o \times Q' = C_o \times A \times \sqrt{\dfrac{2g\Delta h}{\gamma}}$

여기서, Q, A, C_o가 일정하므로 $\left(\dfrac{h}{\gamma}\right)^{\frac{1}{2}} = \left(\dfrac{h'}{\gamma'}\right)^{\frac{1}{2}}$이 성립한다.

따라서, $\dfrac{h'}{h} = \dfrac{\gamma'}{\gamma}$

$h' = h\left(\dfrac{\gamma'}{\gamma}\right) = h\left(\dfrac{M'}{M}\right) = 100[\text{mmH}_2\text{O}] \times \left(\dfrac{44}{16}\right) = 275[\text{mmH}_2\text{O}]$

020 밀도 1.05[g/cm³]인 액체가 들어가 있는 차동압력(differential pressure)을 측정할 수 있는 마노미터를 사용하여 압력 차이를 측정한 결과 그림과 같았다. 덕트 내에 흐르는 유체 비중을 0.7이라고 할 경우, ① 지점과 ② 지점 사이의 압력강하(pressure drop)[dyn/cm²]는?

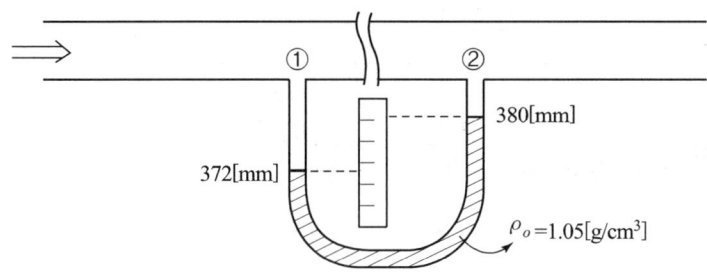

해답

수두차, $h = 380 - 372 = 8\,[\text{mm}]$
① 지점과 ② 지점 사이의 압력강하(pressure drop)

$$P_1 - P_2 = (\rho_f - \rho_o) \times \left(\frac{g}{g_c}\right) \times h$$
$$= (1.05 - 0.7)\,[\text{g/cm}^3] \times (980\,[\text{cm/s}^2]) \times 0.8\,[\text{cm}]$$
$$= 274.4\,[\text{dyn/cm}^2]$$

참고 $1[\text{dyn}] = 1\,[\text{g} \cdot \text{cm/s}^2]$

021 피토관 계수(C)가 0.98인 Pitot tube로 관로의 중심축에서 유속을 측정한다. 전체 압력수두가 5.67[mmH₂O], 정압수두 4.72[mmH₂O]일 경우, 관(덕트) 내의 최대 유속(m/s)은?

해답

전압(TP) = 정압(SP) + 속도압(VP)에서
VP = TP − SP = 5.67 − 4.72 = 0.95[mmH₂O]

$$\therefore v = C\sqrt{\frac{2 \times g \times h}{\gamma}} = 0.98 \times \sqrt{2 \times 9.8 \times 0.95} = 4.23[\text{m/s}]$$

기사·산업 출제빈도 ★★

022 어떤 덕트 내의 압력 측정 결과를 그림에 나타내었다. 이 그림에서 덕트 내 유속이 1,083[m/min]일 경우, 정압(mmH₂O)은? (단, 압력계는 수은 압력계를 사용하였고 배출가스의 밀도는 1.3[kg/m³]이다.)

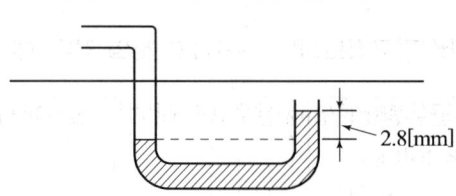

해답

덕트 유속, $v = 1{,}083\,[\text{m/min}] \times \dfrac{[\text{min}]}{60\,[\text{s}]} = 18.05\,[\text{m/s}]$

속도압, $\text{VP} = \dfrac{\gamma \times v^2}{2g}$

정압 = 전압 − 속도압 = $2.8\,[\text{mmHg}] \times \dfrac{13.6\,[\text{mmH}_2\text{O}]}{[\text{mmHg}]} - \left(\dfrac{\gamma \times v^2}{2g}\right)$

$= 38.08 - \left(\dfrac{1.3 \times 18.05^2}{2 \times 9.81}\right) = 16.49\,[\text{mmH}_2\text{O}]$

기사·산업 출제빈도 ★★★

023 온도가 275[℃]인 배출가스가 흐르는 굴뚝에서 피토관으로 속도압을 측정한 결과 20[mmH₂O]였다. 이 측정점에서 유속(m/s)은? (단, 굴뚝 내 배출가스의 단위 부피당 질량은 1.3[kg/Sm³]이고, 피토관계수는 1.0이다.)

해답

$v = C\sqrt{\dfrac{2 \times g \times h}{\gamma}}$ 에서 $C = 1.0$

$\gamma = 1.3 \times \dfrac{273}{273 + 275} = 0.65\,[\text{kg/m}^3]$

$\therefore v = \sqrt{\dfrac{2 \times 9.8 \times 20}{0.65}} = 24.6\,[\text{m/s}]$

024 100[℃]의 배출가스가 직경 1[m]인 원통형 굴뚝을 통해 대기로 배출되고 있다. 피토관을 굴뚝 중심부에 설치하여 정상적인 배출가스의 흐름 상태를 측정한 결과 속도압이 13[mmH₂O]이었고, 정압은 387[mmH₂O]으로 측정되었다. 피토관 계수(C)가 0.98이고, 굴뚝 내부의 최대속도비/평균속도비($\frac{\overline{V}}{V_{max}}$)가 0.86일 경우, 대기로 배출되는 배출가스의 평균유량(m³/min)은? (단, 0[℃], 1atm에서 배출가스 밀도는 1.3[kg/m³]이다.)

해답

배출가스의 정압이 387[mmH₂O]이므로 $\frac{387}{13.6} = 28.46$ [mmHg]

∴ 배출가스의 절대압은 760 + 28.46 = 788.46[mmHg]
100[℃], 788.46[mmHg]인 배출가스의 밀도

$\gamma = 1.3 \times \frac{273}{(273+100)} \times \frac{788.46}{760} = 0.987$ [kg/m³]

$V_{max} = C \times \sqrt{\frac{2 \times g \times \Delta H}{\gamma}} = 0.98 \times \sqrt{\frac{2 \times 9.8 \times 13}{0.987}} = 15.75$ [m/s]

$\frac{\overline{V}}{V_{max}} = 0.86$이므로 $\overline{V} = 15.75 \times 0.86 = 13.55$ [m/s]

굴뚝의 단면적, $A = \frac{3.14}{4} \times 1^2 = 0.785$ [m²]

∴ $Q = A \times V = 0.785 \times 13.55 \times 60 = 638.21$ [m³/min]

025 직경 300[mm]인 원형 덕트 안에 상온, 상압의 공기가 흐르고 있고, 표준 피토관으로 덕트 내의 속도압을 측정하였더니 10[mmH₂O]이었다. 이때 원형 덕트 내를 흐르는 공기의 유량(m³/h)은? (단, 표준 피토관 계수는 0.85, 공기의 비중량은 1.2[kg/m³]이다.)

해답

유량, $Q = A \times v$

유속, $v = C\sqrt{\frac{2 \times g \times h}{\gamma}} = 0.85 \times \sqrt{\frac{2 \times 9.8 \times 10}{1.2}} = 10.86$ [m/s]

∴ $Q = \frac{\pi}{4} \times 0.3^2$ [m²] $\times 10.86$ [m/s] $\times 3,600$ [s/h] $= 2,762.13$ [m³/h]

기사·산업 출제빈도 ★★★

026 어떤 덕트 내의 유속을 측정하기 위해 피토관으로 속도압을 측정하였더니 15[mmH₂O]이었다. 이 경우 유속(m/s)은? (단, 덕트 내를 흐르는 가스의 온도는 120[℃], 정압은 0[mmH₂O], 비중량은 1.3[kg/Sm³], 피토관 계수는 0.85이다.)

해답

덕트 안을 흐르는 가스의 유속을 구하는 공식

$$v = C\sqrt{\frac{2 \times g \times h}{\gamma}}$$

기체의 비중량에 대한 온도 보정

$$\gamma = 1.3 \times \frac{273}{273 + 120} = 0.9\,[\text{kg/Sm}^3]$$

$$\therefore v = C\sqrt{\frac{2 \times g \times h}{\gamma}} = 0.85 \times \sqrt{\frac{2 \times 9.8 \times 15}{0.9}} = 15.36\,[\text{m/s}]$$

기사·산업 출제빈도 ★★★

027 직경 500[mm]인 원형 덕트 속을 상온·상압의 공기가 흐르고 있으며 이때 표준 피토관에 의해 측정된 속도압이 12[mmH₂O]이었다. 원형 덕트를 흐르는 공기의 유속이 일정할 경우, 시간당 유량(m³/h)을 구하시오. (단, 공기의 비중량은 1.3[kg/Sm³]이고 피토관 계수는 1.0이다.)

해답

원형 덕트를 흐르는 공기 유속을 구하는 공식

$$v = C\sqrt{\frac{2 \times g \times h}{\gamma}}$$

여기서, C(피토관 계수): 1.00
g(중력가속도): 9.8[m/s²]
h(속도압): 12[mmH₂O] = 12[kg/m²]
γ(공기의 비중량): 1.3[kg/Sm³]

$$\therefore v = C\sqrt{\frac{2 \times g \times h}{\gamma}} = 1.0 \times \sqrt{\frac{2 \times 9.8 \times 12}{1.3}} = 13.45\,[\text{m/s}]$$

시간당 유량

$$Q = A \times v = \frac{\pi}{4} \times D^2 = \frac{\pi}{4} \times 0.5^2 \times 13.45 \times \frac{3{,}600\,[\text{s}]}{h} = 9{,}502.43\,[\text{m}^3/\text{h}]$$

028 어떤 굴뚝 배출가스의 유속을 피토관으로 측정하였다. 측정 시 경사가 15°인 경사 마노미터로 읽은 값이 25[mm]이었다. 이 경우 배출가스의 유속(m/s)을 계산하시오. (단, 경사 마노미터의 액주(液柱)에 들어있는 액체의 밀도는 900[kg/m³], 배출가스의 밀도는 1.3[kg/m³]이고 피토관 계수는 1.0이다.)

해답
경사 마노미터에 들어있는 액체의 밀도가 900[kg/m³]인 경우
액체 1[kg/m²] = 0.9[mmH₂O]이므로
∴ 속도압, $h = 25[mm] \times 0.9 \times \sin 15° = 5.82[mmH_2O]$
$v = C\sqrt{\dfrac{2 \times g \times h}{\gamma}} = 1.0 \times \sqrt{\dfrac{2 \times 9.8 \times 5.82}{1.3}} = 9.37[m/s]$

029 어떤 굴뚝 배출가스의 유속을 피토관으로 측정하였다. 측정 시 배출가스의 온도는 200[℃], 속도압 측정은 확대율이 10배인 경사 마노미터를 사용하였고 마노미터 내부에 사용된 액체는 비중이 0.85인 톨루엔을 빨간색으로 물들여 사용하였다. 측정 결과 속도압이 경사 마노미터의 액주(液柱)로 60[mm]일 경우, 측정지점에서의 가스 유속(m/s)은? (단, 피토관 계수는 0.85이다.)

해답
원형 덕트를 흐르는 공기 유속을 구하는 공식
$v = C\sqrt{\dfrac{2 \times g \times h}{\gamma}}$ 에서 경사 마노미터에서 나타난 값을 실젯값으로 적용하여 속도압을 구하면,
$h = 60[mm] \times \dfrac{1}{10} \times 0.85 = 5.1[mmH_2O]$
$\gamma = 1.3 \times \dfrac{273}{273 + 200} = 0.75[kg/m^3]$
∴ $v = 0.85 \times \sqrt{\dfrac{2 \times 9.8 \times 5.1}{0.75}} = 9.81[m/s]$

기사 출제빈도 ★★★

030 어떤 굴뚝 배출가스의 유속을 피토관으로 측정하였다. 측정 시 배출가스의 온도는 230[℃], 속도압 측정은 확대율이 5배인 경사 마노미터를 사용하였고, 마노미터 내부에 사용된 액체는 비중이 0.86인 알코올을 빨간색으로 물들여 사용하였다. 측정 결과 속도압이 경사 마노미터의 액주(液柱)로 30[mm]일 경우, 이 배출가스의 유량(m³/s)은? (단, 피토관 계수는 0.85이고, 굴뚝의 직경은 2.5[m]이다.)

해답 경사 마노미터에서 나타난 값을 실젯값으로 적용하여 속도압을 구하면

$$h = 30[\text{mm}] \times \frac{1}{5} \times 0.86 = 5.16[\text{mmH}_2\text{O}]$$

$$v = C\sqrt{\frac{2 \times g \times h}{\gamma}} = 0.85 \times \sqrt{\frac{2 \times 9.8 \times 5.16}{1.3 \times \frac{273}{273+230}}} = 10.14[\text{m/s}]$$

$$\therefore Q = 10.14 \times \frac{3.14}{4} \times 2.5^2 = 49.75[\text{m}^3/\text{s}]$$

기사·산업 출제빈도 ★★★

031 어떤 덕트에서 흐르는 가스의 흐름을 측정하였더니 속도압이 10[mmH₂O]이고, 이때의 유속이 10[m/s]이었다. 이 상태에서 덕트에 부착된 밸브를 완전히 열었더니 속도압이 20[mmH₂O]으로 상승하였다. 이때에 덕트를 흐르는 가스의 유속(m/s)은? (단, 피토관 계수, 가스의 비중량은 동일하다.)

해답 원형 덕트를 흐르는 공기 유속을 구하는 공식

$$v = C\sqrt{\frac{2 \times g \times h}{\gamma}}$$ 에서 C와 γ가 일정할 경우

$v \propto \sqrt{h}$ 이므로 $10[\text{m/s}] : \sqrt{10[\text{mmH}_2\text{O}]} = x[\text{m/s}] : \sqrt{20[\text{mmH}_2\text{O}]}$

$$\therefore x = 10[\text{m/s}] \times \frac{\sqrt{20[\text{mmH}_2\text{O}]}}{\sqrt{10[\text{mmH}_2\text{O}]}} = 14.14[\text{m/s}]$$

032 배출가스의 유속을 피토관으로 측정하였다. 속도압은 45 [mmH$_2$O], 배출가스 온도가 190[℃], 정압이 5[mmH$_2$O], 표준상태의 가스비중량 1.3[kg/Sm^3], 피토관 계수 0.85, 대기압 765[mmHg]일 경우, 유속(m/s)은?

해답 주어진 조건에서 배출가스의 비중량

$\gamma = \gamma_o \times \dfrac{273}{273+t} \times \dfrac{P_a + P_s}{760}$ 에서

$\gamma = \gamma_o \times \dfrac{273}{273+t} \times \dfrac{P_a + P_s}{760} = 1.3 \times \dfrac{273}{273+190} \times \dfrac{760 + \frac{5}{13.6}}{760} = 0.77 [\text{kg/m}^3]$

$\therefore v = C\sqrt{\dfrac{2 \times g \times h}{\gamma}} = 0.85 \times \sqrt{\dfrac{2 \times 9.8 \times 45}{0.77}} = 28.77 [\text{m/s}]$

033 배출가스의 온도가 160[℃], 부압(負壓)이 180[mmH$_2$O]인 어떤 굴뚝에서 피토관을 사용하여 속도압을 측정하였더니 12[mmH$_2$O]이었다. 이 굴뚝에서 흐르는 배출가스의 유속(m/s)은? (단, 대기압은 760[mmHg], 피토관 계수는 1.0이다.)

해답 주어진 조건에서 배출가스의 비중량

$\gamma = \gamma_o \times \dfrac{273}{273+t} \times \dfrac{P_a + P_s}{760}$ 에서

$P_s = -180 [\text{mmH}_2\text{O}] \times \dfrac{1 [\text{mmHg}]}{13.6 [\text{mmH}_2\text{O}]} = -13.24 [\text{mmHg}]$

$\gamma = \gamma_o \times \dfrac{273}{273+t} \times \dfrac{P_a + P_s}{760} = 1.3 \times \dfrac{273}{273+160} \times \dfrac{760 - 13.24}{760} = 0.81 [\text{kg/m}^3]$

$\therefore v = C\sqrt{\dfrac{2 \times g \times h}{\gamma}} = 1 \times \sqrt{\dfrac{2 \times 9.8 \times 12}{0.81}} = 17.04 [\text{m/s}]$

기사·산업 출제빈도 ★★★

034 유량 50[m³/min]인 공기를 직경 30[cm]의 원형 덕트를 이용하여 이동시킬 경우, 덕트 내의 속도압(mmH₂O)은? (단, 공기비중량은 1.2[kg/m³]이다.)

해답

$$Q = A \times V = \frac{\pi}{4}D^2 \times \sqrt{\frac{2gh}{\gamma}} \text{ 에서}$$

$$50[\text{m}^3/\text{min}] = \frac{\pi}{4} \times 0.3^2 \times \sqrt{\frac{2 \times 9.8 \times h}{1.2}} \times \frac{60[\text{s}]}{[\text{min}]}$$

∴ 속도압, $h = 8.52[\text{mmH}_2\text{O}]$

산업 출제빈도 ★★★

035 피토관을 사용하여 유속을 측정할 경우, 경사 마노미터(10배의 경사도를 지님)로 30[mmH₂O]의 차압을 얻었다. 이때 유속이 2배로 증가하였다면 속도압(mmH₂O)은?

해답

$V \propto \sqrt{h}$ 이므로 $V : \left(30 \times \frac{1}{10}\right)^{\frac{1}{2}} = 2 \times V : x^{\frac{1}{2}}$

∴ $x = 12[\text{mmH}_2\text{O}]$

기사 출제빈도 ★★

036 어떤 덕트 내에 메테인(CH₄)이 300[m³/h]의 유량으로 흐를 때, 오리피스 유량계를 이용하여 오리피스 전후에 차압을 측정하였더니 100[mmH₂O]이었다. 동일 유량계로 메테인과 같은 온도, 압력의 프로페인(C₃H₈)을 300[m³/h]의 유량으로 흐르게 할 경우, 이때 오리피스 전·후의 차압(mmH₂O)을 얼마로 유지하면 되는가? (단, 프로페인이 흐를 때에도 메테인과 마찬가지로 팽창보정계수와 유량계수는 변하지 않는 것으로 가정한다.)

해답 오리피스의 유량,

$$Q_o = C_o \times Q' = C_o \times A \times \sqrt{\frac{2g\Delta h}{\gamma}}$$

여기서, Q, A, C_o가 일정하므로 $\left(\frac{h}{\gamma}\right)^{\frac{1}{2}} = \left(\frac{h'}{\gamma'}\right)^{\frac{1}{2}}$ 이 성립한다.

따라서, $\frac{h'}{h} = \frac{\gamma'}{\gamma}$

$$h' = h\left(\frac{\gamma'}{\gamma}\right) = h\left(\frac{M'}{M}\right) = 100[\text{mmH}_2\text{O}] \times \left(\frac{44}{16}\right) = 275[\text{mmH}_2\text{O}]$$

기사 출제빈도 ★★

037 밀도 1.05[g/cm³]인 액체가 들어가 있는 차동압력(differential pressure)을 측정할 수 있는 마노미터를 사용하여 압력 차이를 측정한 결과 그림과 같았다. 덕트 내에 흐르는 유체 비중을 0.85라고 할 경우, ① 지점과 ② 지점 사이의 압력강하(pressure drop)[dyn/cm²]는?

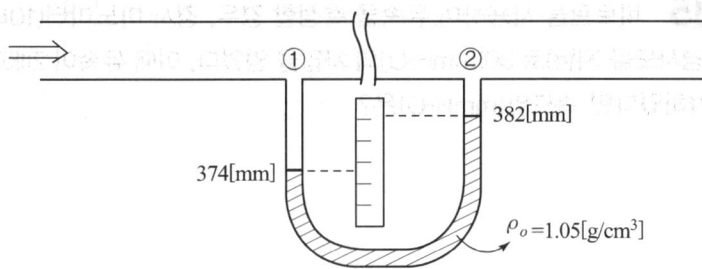

해답 수두차, $h = 382 - 374 = 8[\text{mm}]$

① 지점과 ② 지점 사이의 압력강하(pressure drop)에서

$1[\text{dyn}] = 1[\text{g} \cdot \text{cm/s}^2]$ 이므로

$$P_1 - P_2 = (\rho_f - \rho_o) \times \left(\frac{g}{g_c}\right) \times h$$

$$= (1.05 - 0.85)[\text{g/cm}^3] \times (980[\text{cm/s}^2]) \times 0.8[\text{cm}]$$

$$= 156.8[\text{dyn/cm}^2]$$

기사·산업 출제빈도 ☆☆☆

038 피토관 계수(C)가 0.85인 Pitot tube로 관로의 중심축에서 유속을 측정하였다. 전체 압력수두가 8.56[mmH₂O], 정압수두 4.30[mmH₂O]일 경우, 관(덕트) 내의 최대 유속(m/s)은? (단, 공기비중량은 1.2[kg/m³]이다.)

해답

전압(TP) = 정압(SP) + 속도압(VP)에서
VP = TP − SP = 8.56 − 4.30 = 4.26[mmH₂O]

$$\therefore v = C\sqrt{\frac{2 \times g \times h}{\gamma}} = 0.85 \times \sqrt{\frac{2 \times 9.8 \times 4.26}{1.2}} = 7.09[\text{m/s}]$$

기사·산업 출제빈도 ☆☆☆

039 어떤 덕트 내의 압력 측정 결과 그림과 같이 나타났다. 이 그림에서 덕트 내 유속이 1,050[m/min]일 경우, 정압(mmH₂O)은? (단, 압력계는 수은 압력계를 사용하였고 배출가스의 밀도는 1.3[kg/m³]이다.)

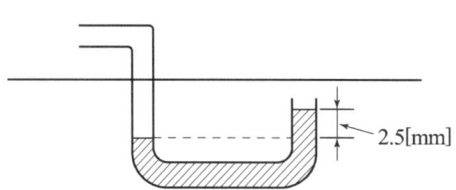

해답

덕트 유속, $v = 1,050[\text{m/min}] \times \frac{[\text{min}]}{60[\text{s}]} = 17.5[\text{m/s}]$

속도압, $VP = \frac{\gamma \times v^2}{2g}$

정압 = 전압 − 속도압 = $2.5[\text{mmHg}] \times \frac{13.6\ [\text{mmH}_2\text{O}]}{[\text{mmHg}]} - \left(\frac{\gamma \times v^2}{2g}\right)$

$= 34 - \left(\frac{1.3 \times 17.5^2}{2 \times 9.8}\right) = 13.69[\text{mmH}_2\text{O}]$

040 온도가 250[℃]인 배출가스가 흐르는 굴뚝에서 피토관으로 속도압을 측정한 결과 25[mmH₂O]였다. 이 측정점에서 유속(m/s)은? (단, 굴뚝 내 배출가스의 단위 부피당 질량은 1.3[kg/Sm³]이고, 피토관 계수는 1.0이다.)

[해답]

$v = C\sqrt{\dfrac{2 \times g \times h}{\gamma}}$ 에서 $C = 1.0$, $\gamma = 1.3 \times \dfrac{273}{273 + 250} = 0.78 [\text{kg/m}^3]$

$\therefore v = 1.0 \times \sqrt{\dfrac{2 \times 9.8 \times 25}{0.78}} = 25.06 [\text{m/s}]$

041 100[℃]의 배출가스가 직경 1.5[m]인 원통형 굴뚝을 통해 대기로 배출되고 있다. 피토관을 굴뚝 중심부에 설치하여 정상적인 배출가스의 흐름 상태를 측정한 결과 속도압이 20[mmH₂O]이었고, 정압은 300[mmH₂O]으로 측정되었다. 피토관 계수(C)가 0.85이고, 굴뚝 내부의 최대속도비/평균속도비($\dfrac{\overline{V}}{V_{\max}}$)가 0.86일 경우, 대기로 배출되는 배출가스의 평균유량(m³/min)은? (단, 0[℃], 1[atm]에서 배출가스 밀도는 1.3[kg/m³]이다.)

[해답]

배출가스의 정압이 300[mmH₂O]이므로 $\dfrac{300}{13.6} = 22.06 [\text{mmHg}]$

$\therefore$ 배출가스의 절대압은 $760 + 22.06 = 782.06 [\text{mmHg}]$

100[℃], 782.06[mmHg]인 배출가스의 밀도

$\gamma = 1.3 \times \dfrac{273}{(273 + 100)} \times \dfrac{782.06}{760} = 0.979 [\text{kg/m}^3]$

$V_{\max} = C \times \sqrt{\dfrac{2 \times g \times \Delta H}{\gamma}} = 0.85 \times \sqrt{\dfrac{2 \times 9.8 \times 20}{0.979}} = 17 [\text{m/s}]$

$\dfrac{\overline{V}}{V_{\max}} = 0.86$ 이므로 $\overline{V} = 17 \times 0.86 = 14.62 [\text{m/s}]$

굴뚝의 단면적, $A = \dfrac{3.14}{4} \times 1.5^2 = 1.766 [\text{m}^2]$

$\therefore Q = A \times V = \dfrac{\pi}{4} \times 14.62 \times 60 = 688.6 [\text{m}^3/\text{min}]$

벤튜리 유량계

차압식 유량계로 고형물을 함유한 유체의 유량측정에 적합하며 오리피스 유량계에 비해 압력손실이 적다. 또한, 유체의 체류부가 없어 마모에 의한 내구성이 우수하여 대유량 측정이 가능하다.

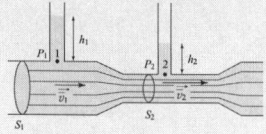

042 80[℃], 1.5기압에서 질소 가스를 이용하여 벤튜리 유량계를 보정하였다. 이 유량계로 25[℃], 0.9기압에서 공기의 유량을 측정하였더니 18[m³/min]가 보정 차트에서 읽혀졌다. 0[℃], 1기압에서 실제 공기 유량(m³/min)은?

해답 보정 차트에서 읽은 유량 18[m³/min]을 25[℃], 0.9기압으로 보정하면

$$Q_{air} = 18[\text{m}^3/\text{min}] \times \sqrt{\left(\frac{273+25}{273+80}\right) \times \left(\frac{1.5}{0.9}\right)} = 21.35[\text{m}^3/\text{min}]$$

0[℃], 1기압에서 실제 공기 유량

$$Q_{air} = 21.35[\text{m}^3/\text{min}] \times \left(\frac{273}{273+25}\right) \times \left(\frac{0.9}{1}\right) = 17.6[\text{Sm}^3/\text{min}]$$

043 벤튜리(venturi) 유량계를 사용하여 물의 사용량을 측정하고자 한다. 덕트의 직경이 3.6[cm], 벤튜리 직경(오리피스 직경)이 1.8[cm]인 벤튜리(venturi) 유량계의 눈금을 읽었더니 수은 마노미터에서 60[mmHg]로 나타났을 경우 다음 물음에 답하시오. (단, $Q = \frac{C_o}{\sqrt{1-m^2}} \times A \times \sqrt{\frac{2 \times g \times (\gamma' - \gamma_o) \times H}{\gamma_o}}$ [m³/s]이고, 유량계수(C_o)는 0.98이다.)

1) 이때의 유량(m³/h)은?
2) 유량이 30[m³/h]으로 감소되었을 경우, 나타나는 동력 절감률(%)은?

해답

1) $Q = \frac{C_o}{\sqrt{1-m^2}} \times A \times \sqrt{\frac{2 \times g \times (\gamma' - \gamma_o) \times H}{\gamma_o}}$

$= \frac{0.98}{\sqrt{1-\left(\frac{1.8}{3.6}\right)^2}} \times \frac{\pi}{4} \times (1.8 \times 10^{-2})^2 \times \sqrt{\frac{2 \times 9.8 \times (13.6-1) \times 60}{1}} \times 3,600$

$= 126.13[\text{m}^3/\text{h}]$

2) 소요동력, $kW = \dfrac{\Delta P \times Q}{102 \times \eta} \times a$에서 $kW \propto Q$이므로

∴ 동력 절감률(%) = $\dfrac{126.13 - 30}{126.13} \times 100 = 76.22[\%]$

기사·산업 출제빈도 ☆☆

044 80[℃], 1.5기압에서 질소 가스를 이용하여 벤튜리 유량계를 보정하였다. 이 유량계로 25[℃], 0.9기압에서 공기의 유량을 측정하였더니 16[m³/min]가 보정 차트에서 읽혀졌다. 0[℃], 1기압에서 실제 공기 유량(m³/min)은?

해답

보정 차트에서 읽은 유량 16[m³/min]을 25[℃], 0.9기압으로 보정하면

$Q_{air} = 16[\mathrm{m^3/min}] \times \sqrt{\left(\dfrac{273+25}{273+80}\right) \times \left(\dfrac{1.5 \times 28}{0.9 \times 29}\right)} = 18.65[\mathrm{m^3/min}]$

0[℃], 1기압에서 실제 공기 유량

$Q_{air} = 18.65[\mathrm{m^3/min}] \times \left(\dfrac{273}{273+25}\right) \times \left(\dfrac{0.9}{1}\right) = 15.38[\mathrm{Sm^3/min}]$

기사 출제빈도 ☆☆

045 1,500 [K] 온도에서 H_2와 CO의 반응식, 즉 CO + H_2O ⇔ CO_2 + H_2에서 평형상태를 거친 후, CO = 1[mole], H_2 = 0.45[mole], CO_2 = 0.28[mole], H_2O = 0.15[mole]로 측정되었다. 이 반응의 평형상수(k_p)를 구하시오.

해답

$k_p = \dfrac{[\mathrm{CO_2}][\mathrm{H_2}]}{[\mathrm{CO}][\mathrm{H_2O}]} = \dfrac{0.28 \times 0.45}{1 \times 0.15} = 0.84$

046 일정한 온도에서 기상(氣相)의 유해가스 분압이 40[mmHg]일 때, 기액경계면(氣液境界面)에서 평형상태가 되었다. 이 온도에서 유해가스의 Henry 상수가 0.01[atm·m³/kmol]일 경우 다음 물음에 답하시오.

1) 헨리의 법칙(Henry's law)를 설명하시오
2) 헨리의 법칙을 이용하여 문제 조건 시 액 중 유해가스 농도(kmol/m³)를 계산하시오.

해답

1) 동일한 온도에서 같은 양의 액체에 용해될 수 있는 기체의 양은 기체의 부분압과 정비례한다는 기상 농도와 액상 농도의 평형관계를 나타낸 법칙이다.
$P = H \times C$
여기서, P : 용질가스의 기상분압(atm)
H : 헨리의 상수(atm·m³/kmol)
C : 액상농도(kmol/m³)

2) $P = H \times C$에서 $C = \dfrac{P}{H} = \dfrac{\frac{40\,[\text{mmHg}]}{760\,[\text{mmHg/atm}]}}{0.01\,[\text{atm}\cdot\text{m}^3/\text{kmol}]} = 5.26\,[\text{kmol/m}^3]$

047 헨리의 법칙(Henry's law)을 이용하여 20[℃], 분압 200[mmHg]에서 물에 대한 CO_2의 용해도(mol/100g water)를 소수점 4자리까지 구하시오? (단, 20[℃]에서 CO_2의 헨리상수는 1.0×10^6 [mmHg·mol water/mol CO_2]이다.)

해답

$P = H \times C$에서 물에 대한 CO_2의 용해도는

$\dfrac{P_{CO_2}}{H} = \dfrac{200\,[\text{mmHg}]}{1.0 \times 10^6\,[\text{mmHg}\cdot\text{mol water/mol CO}_2]}$
$= 2 \times 10^{4}\,[\text{mol CO}_2/\text{mol water}]$

$\therefore \dfrac{2 \times 10^{4}\,[\text{mol CO}_2]}{18\,[\text{g water}]} \times 100\,[\text{g water}] = 1.111 \times 10^{-3}\,[\text{mol CO}_2/100\text{g water}]$

048 어떤 유해가스와 물이 일정한 온도하에서 평형상태에 놓여 있다. 기상(氣相)의 유해가스 분압이 38[mmHg]일 때, 수중의 유해가스 농도가 2.5[kmol/m³]이었다. 이 경우에 헨리상수(atm · m³/kmol)는? (단, 전압은 1[atm]이다.)

해답

분압, $P = \dfrac{30}{760} = 0.05[\text{atm}]$

농도 $C = 2.5[\text{kmol/m}^3]$

Henry's law에서 $H = \dfrac{P}{C} = \dfrac{0.05}{2.5} = 0.02[\text{atm} \cdot \text{m}^3/\text{kmol}]$

049 어떤 유해가스와 물이 일정한 온도하에서 평형상태에 놓여 있다. 기상(氣相)의 유해가스 분압이 45[mmHg]일 때, 수중의 유해가스의 Henry 상수가 0.01[atm · m³/kmol]일 경우, 액 중의 유해가스 농도(kmol/m³)는?

해답

Henry's law에서 $P = HC$에서

$C = \dfrac{P}{H} = \dfrac{\frac{45}{760}}{0.01} = 5.92[\text{kmol/m}^3] \ [\text{atm} \cdot \text{m}^3/\text{kmol}]$

050 0[℃]에서 물에 대한 대기 중 질소(N_2)의 용해도는 23.54[mL/L]이고, 산소(O_2)의 용해도는 48.89[mL/L]이다. 이 공기는 체적 비율로 79[%]의 질소와 21[%]의 산소를 함유하고 있다고 한다면 물에 용해되어 있는 공기의 조성, 즉 질소와 산소의 조성 비율은 각각 몇 [%]인가?

해답

질소량 = 23.54[mL/L] × 0.79 = 18.6[mL/L]
산소량 = 48.89[mL/L] × 0.21 = 10.3[mL/L]
총 공기량 = 18.6 + 10.3 = 28.9[mL/L]

∴ $N_2 = \dfrac{18.6}{28.9} \times 100 = 64.4[\%]$, $O_2 = \dfrac{10.3}{28.9} \times 100 = 35.6[\%]$

기사 출제빈도 ☆☆

051 20[℃], 1기압의 공기가 10V/V[%]의 H_2S 가스를 포함하고 있다. 이 공기를 물로 세정할 경우, 물에 대한 H_2S의 포화농도(mg/L)는? (단, 20[℃]에서 H_2S의 물에 대한 Henry 상수는 0.0483×10^4 [atm·m^3/kmol]이며 물의 비중은 1.0, H_2S의 분자량은 34이다.)

해답

10V/V[%]의 H_2S 가스의 분압, $P = 0.1[\text{atm}]$

Henry's law에서 $C = \dfrac{P}{H} = \dfrac{0.1}{0.0483 \times 10^4} = 2.07 \times 10^{-4}[\text{kmol}/m^3]$

세정할 물 1[L]의 몰수 $\cong \dfrac{1,000}{18} = 55.6[\text{g mols}]$

물에 녹아들어 가는 H_2S의 몰수 $= 2.07 \times 10^{-4} \times 55.6 = 1.15 \times 10^{-2}[\text{g moles}]$

∴ 물 1[L]에 대한 H_2S의 포화농도(mg/L) $= 1.15 \times 10^{-2} \times 34 = 0.39[\text{mg/L}]$

기사·산업 출제빈도 ☆☆☆

052 유해가스를 용액흡수법으로 제거하는 공정에서 가스 경막물질의 이동계수 K_G가 0.1[kmol/m^2·atm·h], 기액 접촉면적 A가 1[m^2], 계면 유해가스 분압 P_i가 380[mmHg], 유해가스의 경막 외 압력 P_G가 1[atm]일 때, 이 유해가스가 가스경막을 통하여 기액계면에 도달하는 몰속도(mol/h)는?

해답

가스경막을 통하여 기액계면에 도달하는 몰속도(mol/h)를 N_A라고 하면

$N_A = K_G \times A \times (P_G - P_i) = 0.1\,[\text{kmol}/m^2 \cdot \text{atm} \cdot \text{h}] \times 1[m^2] \times \left(1 - \dfrac{380}{760}\right)$
$= 0.05\,[\text{kmol/h}] = 50\,[\text{mol/h}]$

053 기상 성분인 A 물질을 제거하는 흡수장치에서 다음과 같은 자료를 확보하였다. 계면(界面)에서 액상(液相)의 A 성분 농도(kmol/m³)는?

- 헨리상수: $H = 2.0 [\text{kmol/m}^3 \cdot \text{atm}]$
- 기상 물질 이동계수: $k_G = 3.2 [\text{kmol/m}^2 \cdot \text{atm} \cdot \text{h}]$
- 액상 물질 이동계수: $k_L = 0.7 [\text{m/h}]$
- 기상의 A성분 분압: $P_A = 0.15 [\text{atm}]$
- 액상의 A성분 농도: $C_A = 0.1 [\text{kmol/m}^3]$

해답 액상 경막 내 단위 면적당 물질이동량(흡수속도),
$N_A = k_G(P_A - P_{Ai}) = k_L(C_{Ai} - C_A) = k_L(H \times P_{Ai} - C_A)[\text{kmol/m}^2 \cdot \text{h}]$
$3.2 \times (0.15 - P_{Ai}) = 0.7 \times (2 \times P_{Ai} - 0.1)$
$4.6 \times P_{Ai} = 0.55$, $P_{Ai} = 0.12 [\text{atm}]$
$\therefore C_{Ai} = 2 \times 0.12 = 0.24 [\text{kmol/m}^3]$

054 어떤 제조공장에서 배출되는 가스 내의 오염물질이 유해가스 처리 설비에 의해 99[%]가 제거되었다. 이 설비의 장기간 사용으로 인한 효율 저하로 처리효율이 97[%]로 낮아졌을 경우, 처리 설비에서 배출되는 가스 내 오염물질의 농도는 처음의 몇 배가 되는가?

해답 오염물질 배출량 $= Q \times (1 - \eta)$에서 Q는 오염물질 총부하량이다.
99[%] 제거 시, $Q \times (1 - 0.99) = 0.01Q$
97[%] 제거 시, $Q \times (1 - 0.97) = 0.03Q$
$\therefore \dfrac{0.03Q}{0.01Q} = 3$, 즉 3배가 된다.

접촉산화법

배출가스에 함유되어 있는 아황산가스(SO_2)를 오산화바나듐(V_2O_5), 황산칼슘($CaSO_4$) 등의 촉매를 사용하여 직접 산화시켜 황산 또는 황안(황산암모늄, $(NH_4)_2SO_4$)으로 회수하는 처리법이다.

기사·산업 출제빈도 ☆☆☆

055 매시 5[ton]의 중유를 연소하는 보일러의 배출가스를 접촉산화법으로 탈황하여 부산물로 80[%] 황산을 회수하였다. 이때 회수되는 부산물의 양(kg/h)은? (단, 중유의 황 성분을 2.6[%], 탈황률이 90[%]이다.)

해답

중유 중 S의 양 $= 5,000[\text{kg/hr}] \times \dfrac{2.6}{100} \times 0.9 = 117[\text{kg/h}]$

접촉산화법에서 황 성분의 반응은 $S \rightarrow SO_2 \rightarrow H_2SO_4$ 이므로

$$\begin{array}{cc} 32[\text{kg}] & 98[\text{kg}] \\ 117[\text{kg/h}] & x \times 0.8 \end{array}$$

$\therefore x = \dfrac{98 \times 117}{32 \times 0.8} = 447.89\,[\text{kg}\ H_2SO_4/\text{h}]$

기사 출제빈도 ☆☆

056 유량이 2[L/min]이고, SO_2 농도가 3,000[ppm]인 시험용 가스를 이용하여 소석회의 SO_2 가스 제거반응 실험을 수행하였다. 시간에 따른 배출농도의 변화를 측정하였더니 다음 그림과 같은 결과를 얻을 수 있었다. 이때 흡착층에 충전된 석회석이 10[g]이었다면 반응시간 600분 후의 석회석으로 제거된 SO_2 가스량(g)은? (단, 0[℃], 1기압에서 반응한다.)

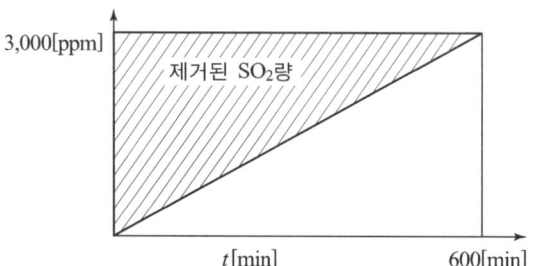

해답

제거된 SO_2량 $= 2[\text{L/min}] \times 600[\text{min}] \times 3{,}000[\text{ppm}] \times 10^{-6} \times \dfrac{1}{2} = 1.8\,[\text{L}\ SO_2]$

$\therefore \dfrac{1.8\,[\text{L}\ SO_2]}{22.4\,[\text{L/mol}]} \times 64\,[\text{g/mol}] = 0.514\,[\text{g}\ SO_2]/1\,[\text{g}]$ 석회석

$\therefore 0.514\,[\text{g}\ SO_2/\text{g}] \times 10\,[\text{g}] = 5.14\,[\text{g}\ SO_2]$

057 황 성분이 3[%]인 중유를 1시간에 10톤을 연소시키는 열공급 시설이 있다. 여기서 나오는 배출가스를 탄산칼슘으로 완전하게 탈황할 경우, 필요한 탄산칼슘의 이론적인 양(kg/h)은? (단, Ca와 S의 원자량은 각각 40과 32이다.)

해답

매시 연소되는 중유 중 황의 양, $S = 10,000 \times 0.03 = 300 [kg/h]$

황의 연소반응식: $S + O_2 \rightarrow SO_2$

$$\begin{array}{cc} 32 & 64 \\ 300[kg] & x[kg/h] \end{array} \quad \therefore x = 300 \times \frac{64}{32} = 600 [kg/h]$$

여기서 발생된 SO_2를 $CaCO_3$로 완전 탈황시킬 때의 반응식은

$$SO_2 + CaCO_3 \rightarrow CaSO_3 + CO_2$$

$$\begin{array}{cc} 64 & 100 \\ 600[kg/h] & X \end{array} \quad \therefore X(CaCO_3 량) = 600 \times \frac{100}{64} = 937.5 [kg/h]$$

058 탄소 90[%], 수소 8.6[%], 황 1.4[%]인 중유를 하루에 200톤 연소시키는 열공급 시설이 있다. 여기서 나오는 배출가스를 탄산칼슘으로 완전하게 탈황할 경우, 필요한 탄산칼슘의 이론적인 양(ton/day)은? (단, 탈황률은 90[%]이다.)

해답

하루에 연소되는 중유 중 황의 양, $S = 200,000 \times 0.014 = 2,800 [kg/day]$

황의 연소반응식: $S + O_2 \rightarrow SO_2$

$$\begin{array}{cc} 32 & 64 \\ 2,800[kg] & x[kg/day] \end{array} \quad \therefore x = 2,800 \times \frac{64}{32} = 5,600 [kg/day]$$

여기서 발생된 SO_2를 $CaCO_3$로 탈황시킬 때의 반응식은

$$SO_2 + CaCO_3 \rightarrow CaSO_3 + CO_2$$

$$\begin{array}{cc} 64 & 100 \\ 5,600[kg/day] \times 0.9 & X \end{array}$$

$\therefore X(CaCO_3 량) = 5,600 \times 0.9 \times \frac{100}{64} = 7,875 [kg/day] = 7.875 [ton/day]$

석회석 건식법

석회석($CaCO_3$) 분말을 보일러의 연소실에 직접 주입하는 방식이다. 주입된 석회석은 1,000[℃] 이상의 고온에서 분해되어 생성회(CaO)의 분말이 되고 이것이 연소가스 중 SO_2, O_2와 반응하여 석고($CaSO_4$)로 회수된다. 이 방법은 석회석의 가격이 저렴하고, 소요 장비가 적고, 배출가스 온도가 떨어지지 않아 굴뚝에서 배출되는 연기가 잘 확산되는 장점이 있다.

기사·산업 출제빈도 ★★★★

059 시간당 100[Sm^3]의 배출가스를 배출하는 어떤 연소로에서 발생되는 SO_2를 석회석 건식법으로 제거하려고 한다. 이때 필요한 석회석량(kg/h)은? (단, 배출가스 중 SO_2 농도는 2,000[ppm]이다.)

해답

발생된 SO_2량 $= 2,000 \times 10^{-6} \times 100[Sm^3/h] = 0.2[Sm^3/h]$

석회석 건식법에서의 반응식: $SO_2 \quad + \quad CaCO_3 \rightarrow CaSO_3 + CO_2$

$\qquad\qquad\qquad\qquad\qquad 22.4[Sm^3] \qquad 100[kg]$
$\qquad\qquad\qquad\qquad\qquad 0.2[Sm^3/h] \qquad x[kg/h]$

$\therefore x(CaCO_3 \text{량}) = 0.2 \times \dfrac{100}{22.4} = 0.89[kg/h]$

기사·산업 출제빈도 ★★★

060 황 성분이 2[%]인 벙커C유를 시간당 10톤을 연소하는 산업장에서 배출가스 탈황을 실시하여 부산물로 석고($CaSO_4$)를 회수하여 재이용하려고 한다. 이때, 무수황산칼슘의 생성량(ton/h)은? (단, 탈황률은 90[%]이며, 완전 연소한다. Ca의 원자량은 40이다.)

해답

S 1[kmol]로부터 석고 136[kg]을 생성하므로
$32[kg] : 136[kg] = 10[ton/h] \times 0.02 \times 0.9 : x[ton/h]$
$\therefore x = 0.77[ton/h]$

기사·산업 출제빈도 ★★

061 시간당 500[Sm^3]의 배출가스를 배출하는 어떤 연소로에서 발생되는 SO_2를 석회석 건식법으로 제거하려고 한다. 배출가스 중 SO_2 농도가 2,000[ppm]일 경우, 생성되는 황산칼슘량(kg/h)은? (단, SO_2와 반응한 석회석은 모두 황산칼슘으로 변하며, SO_2 제거효율은 90[%], $CaSO_4$의 분자량은 136이다.)

해답 발생된 SO_2량 $= 2,000 \times 10^{-6} \times 500 [Sm^3/h] = 1[Sm^3/h]$
석회석 건식법에서의 반응식:
$$SO_2 + CaCO_3 \rightarrow CaSO_3 + CO_2, \quad CaSO_3 + \frac{1}{2}O_2 \rightarrow CaSO_4$$

∴ $1[Sm^3] : 22.4[Sm^3] = x[kg/h] \times 0.9 : 136[kg/h]$

∴ $x = 6.75[kg/h]$

기사·산업 출제빈도 ★★★★★

062 황 성분이 2[%]인 중유를 1시간에 250[kg]을 연소시키는 열공급 시설이 있다. 여기서 나오는 배출가스를 소석회 슬러리(slurry)로 세정하여 완전하게 탈황하여 $CaSO_4 \cdot 2H_2O$로 회수하였다. 탈황률이 95[%]일 때, 회수되는 $CaSO_4 \cdot 2H_2O$의 이론량(kg/h)은? (단, Ca과 S의 원자량은 각각 40과 32이다.)

 탈황량 $= 250[kg/h] \times 0.02 \times 0.95 = 4.75[kg/h]$
반응식에서 S과 $CaSO_4 \cdot 2H_2O$는 1 : 1로 반응하므로

```
     32      172
    4.75     x
```

∴ $x = \dfrac{172 \times 4.75}{32} = 25.53[kg/h]$

기사·산업 출제빈도 ★★★★★

063 황 성분이 2.6[%]인 중유를 1시간에 10[ton]씩 연소하는 보일러의 배출가스를 수산화칼슘으로 탈황하여 황 성분을 석고(2수염)로 회수한다고 할 경우, 이때 탈황률이 100[%]이라면 이론적으로 회수되는 석고량(kg/h)은? (단, Ca의 원자량은 40이다.)

 중유 중 S량 $= 10,000[kg/h] \times 0.026 = 260[kg/h]$
반응식에서 S과 $CaSO_4 \cdot 2H_2O$는 1 : 1로 반응하므로

```
     32      172
    260      x
```

∴ $x = \dfrac{172 \times 260}{32} = 1,397.5[kg/h]$

064 황 성분이 3[%]인 중유를 1시간에 10[ton]씩 연소하는 보일러의 배출가스를 아황산소듐으로 탈황하여 황 성분을 석고(2수염)로 회수할 경우, 석고(2수염)를 1.3975[ton/h]를 얻었다. 이때 처리한 90[%] 아황산소듐의 양(kg/h)은? (단, 탈황률은 100[%]이고, 원자량은 Na: 23, S: 32, O: 16이다.)

해답

S을 석고(2수염)로 회수하는 방법의 반응식은 다음과 같다.

$S + O_2 \rightarrow SO_2$, $SO_2 + Na_2SO_3 + H_2O \rightarrow 2NaHSO_3$

$2NaHSO_3 + Ca(OH)_2 \rightarrow Na_2SO_3 + CaSO_3 + 2H_2O$

$CaSO_3 + \frac{1}{2}O_2 + 2H_2O \rightarrow CaSO_4 \cdot 2H_2O$에서

$S : Na_2SO_3 \rightarrow Ca_2SO_4 \cdot 2H_2O$에서 황(S)과 아황산소듐($Na_2SO_3$)은 1 : 1로 반응하므로

$32 : 126 = 10 \times 10^3 \times 0.026 [kg/h] : x \times 0.9 [kg/h]$

$\therefore x = 1,137.5 [kg/h]$

065 황 성분이 2[%]인 중유를 1시간에 20[ton]씩 연소하는 보일러의 배출가스를 석회석으로 탈황하여 부산물로 황산칼슘(무수물)을 회수한다고 할 경우, 이때 탈황률이 90[%]라면 이론적으로 회수되는 부산물의 양(kg/h)은? (단, Ca의 원자량은 40이다.)

해답

중유 중 S량 $= 20,000 [kg/h] \times 0.02 \times 0.9 = 360 [kg/h]$

반응식에서 S과 $CaSO_4$는 1 : 1로 반응하므로

32   136
360   x

$\therefore x = \dfrac{136 \times 360}{32} = 1,530 [kg/h]$

066 25[℃], 1기압 조건에서 아황산가스 1,000[ppm]을 함유한 배출가스가 유동층 연소로에서 10,000[m³/h]로 배출되고 있다. 이 아황산가스 농도를 줄이기 위해 유동화 장치에 지장을 주지 않는 크기의 석회석을 유동층 내에 직접 투입하는 기법을 선정하여 Ca/S mol비를 서서히 증가시키면서 아황산가스의 배출농도를 측정하였더니, Ca/S mol비가 4.0일 때 아황산가스가 전혀 배출되지 않았다. 이러한 조건에서 투입되는 $CaCO_3$량(kg/h)은? (단, 투입되는 $CaCO_3$의 순도는 100[%]이다.)

> **유동층 연소로**
> 소각로 밑에 연소 공기를 주입하고 상부에 폐기물을 주입해 태우는 방식으로, 내부의 모래가 난류 교반되어 유동 매체 역할을 한다. 소각로 내부를 순간적으로 가열한 뒤 연료 또는 폐기물을 연소시켜 증기 에너지를 생산하는 장치이다.

해답

시간당 SO_2량 $= 10,000[m^3/h] \times 1,000[ppm] \times 10^{-6} = 10[m^3\ SO_2/h]$

시간당 SO_2 mol수 $= 10[m^3/h] \times \dfrac{1,000[L]}{1[m^3]} \times \dfrac{1[mol]}{22.4[L]} \times \dfrac{273[K]}{(273+25)[K]}$

$= 408.98[mol\ SO_2/h]$

Ca/S mol비가 4.0이므로 Ca mol수 $= 408.98[mol/h] \times 4 = 1,636[mol\ Ca/h]$

∴ 투입되는 석회석 $= 1,636[mol/h] \times \dfrac{100[g]}{1[mol\ CaCO_3]} = 163,600[g\ CaCO_3/h]$

$= 163.6[kg\ CaCO_3/h]$

067 석회석법에 의한 배연 탈황장치로부터 15.7[ton/day]의 석고($CaSO_4 \cdot 2H_2O$)가 회수된다. 처리가스량이 300,000[Sm³/h], 탈황률 95[%]일 경우, 배출가스 중 SO_2 농도(ppm)는? (단, 반응률이 100[%]이고, Ca의 원자량은 40이다.)

해답

석회석법에 의한 반응식:

$CaCO_3 + SO_2 + \dfrac{1}{2}O_2 + 2H_2O \rightarrow CaSO_4 \cdot 2H_2O + CO_2$ 에서

22.4[Sm³]   172[kg]

$x \times 0.95[Sm^3/day]$ $15.7 \times 10^3[kg/day]$

∴ 탈황장치 중 SO_2량, $x = 2,152.26[Sm^3/day]$

여기서, 배출가스 중 SO_2의 농도를 $y[ppm]$으로 하면

$2,152.26[Sm^3/day] = y \times 10^{-6} \times 300,000[Sm^3/h] \times 24[h/day]$

∴ $y = 298.92[ppm]$

068 유동층 연소로에서 배출되는 아황산가스의 농도를 줄이기 위해 석회석을 연소로 내에 직접 투입하는 기법을 선정하였다. 아황산가스를 전혀 배출시키지 않기 위해 Ca/S mol비를 서서히 증가시키며 아황산가스의 배출 농도를 측정하였는데 Ca/S mol비로 3.0일 때, 아황산가스가 전혀 배출되지 않았다. 이 유동층 연소로에서 배출되는 배출가스의 조건이 다음과 같을 경우, 변화된 CO_2 농도(%)는? (단, 투입되는 $CaCO_3$는 SO_2와 반응하여 모두 $CaSO_4$가 된다고 가정한다.)

- 배출가스 유량: $10,000[m^3/h](25[℃], 1기압)$
- CO_2: 4[%]
- O_2: 4[%]
- SO_2: 5,000[ppm]

해답

SO_2 mol수

$= 10,000\,[m^3/h] \times 5,000\,[ppm] \times 10^{-6} \times \dfrac{1\,[kmol]}{22.4\,[Sm^3]} \times \dfrac{273[K]}{(273+25)[K]}$

$= 2.045\,[kmol\ SO_2/h]$

투입되는 Ca의 mol수 $= 2.045\,[kmol/h] \times 3 = 6.135\,[kmol\ Ca/h]$

반응식 $CaCO_3 \rightarrow CaO + CO_2$, $CaO + SO_2 + \dfrac{1}{2} O_2 \rightarrow CaSO_4$ 에서

발생되는 CO_2 mol수 $= 6.315\,[kmol\ CO_2/h] \times \dfrac{22.4\,[Sm^3]}{1\,[kmol]} \times \dfrac{(273+25)[K]}{273[K]}$

$\qquad\qquad\qquad\quad = 150\,[m^3/h]$

소비되는 O_2량 $= 2.045\,[kmol/h] \times 0.5 = 1.0225\,[kmol\ O_2/h] = 25\,[m^3/h]$

이를 정리하면

구분	$CaCO_3$ 투입 전	$CaCO_3$ 투입 후
N_2	$(10,000 - 50) = 9,150[m^3/h]$	$9,150[m^3/h]$
O_2	$400[m^3/h]$	$375[m^3/h]$
SO_2	$50[m^3/h]$	$0[m^3/h]$
CO_2	$400[m^3/h]$	$550[m^3/h]$
합계	$10,000[m^3/h]$	$10,075[m^3/h]$

$\therefore$ CO_2 농도(%) $= \dfrac{550}{10,075} \times 100 = 5.46[\%]$

069 아황산가스 농도 3,000[ppm], 배출가스 유량 1,000[m³/h] (150[℃], 1[atm])을 처리하기 위해 습식 석회석 탈황공정을 설치하여 가동하였다. 이 공정은 석고($CaSO_4 \cdot 2H_2O$, MW = 172)가 부산물로 생성되는데 아황산가스의 제거효율이 99[%]일 경우, 발생되는 석고량 (kg)은? (단, 석회석은 당량비 이상으로 공급된다고 한다.)

해답

150[℃], 1[atm]에서 배출가스 중 SO_2 발생량
$= 10,000[m^3/h] \times 3,000[ppm] \times 10^{-6} = 30[m^3/h]$

$PV = nRT$ 에서

$n = \dfrac{PV}{RT} = \dfrac{1\,[atm] \times 30,000\,[L/h]}{0.08206\,[L \cdot atm/mol \cdot K] \times (273+150)[K]} = 864.3\,[mol\ SO_2/h]$

[반응식] $CaCO_3 + SO_2 + \dfrac{1}{2}O_2 + 2H_2O \rightarrow CaSO_4 \cdot 2H_2O + CO_2$

∴ SO_2 제거량은 $CaSO_4 \cdot 2H_2O$ 생성량과 같으므로

$864.3[mol/h] \times 0.99 = 855.6[mol\ CaSO_4 \cdot 2H_2O]/h$

∴ $CaSO_4 \cdot 2H_2O$ 생성량 $= 855.6[mol/h] \times \dfrac{172[g]}{1[mol]} \times \dfrac{1[kg]}{10^3[g]}$

$= 147.2[kg\ CaSO_4 \cdot 2H_2O/h]$

070 석회석의 탈황 성능을 점검하기 위해 열중량 분석기를 이용한 선행실험을 수행하였다. 소성된 생석회(CaO, MW = 56) 100[mg]을 열중량 분석기에 투입하고 아황산가스 농도 3,000[ppm]에서 반응을 진행하였더니 $CaSO_4$가 생성되면서 무게 증가가 30[mg] 발생하였다. 소성된 생석회의 황화반응 전환율(sulfation conversion, %)은?

해답

반응식: $CaO + SO_2 + \dfrac{1}{2}O_2 \rightarrow CaSO_4$

황화반응 전환율, $X = \dfrac{N_{CaO,\,0} - N_{CaO}}{N_{CaO}}$

이 식에서 $N_{CaO,\,0} - N_{CaO}$는 $SO_2 + \dfrac{1}{2}O_2$, 즉 SO_3에 의해 발생하므로

∴ $X = \dfrac{N_{CaO,\,0} - N_{CaO}}{N_{CaO}} = \dfrac{30[mg] \times \dfrac{1[mol]\ SO_3}{80[g]} \times \dfrac{1[g]}{10^3[mg]}}{100[mg] \times \dfrac{1[mol]\ CaO}{56[g]} \times \dfrac{1[g]}{10^3[mg]}} \times 100$

$= 21[\%]$

071 아황산가스 농도 2,000[ppm], 배출가스 유량 10,000[m³/h] (150[℃], 1[atm])을 처리하기 위해 습식 석회석 탈황공정을 설치하여 가동하였다. 이 공정은 SO₂ 90[%]가 석고(CaSO₄·2H₂O, MW = 172)로 전환되어 제거된 후, 70[℃]로 배출된다. 굴뚝에서의 상대습도가 100[%]이고 유입 가스 내 수분농도가 부피비로 10[%]일 경우, 습식 탈황탑의 물높이를 일정하게 유지하기 위하여 보충하여야 하는 물의 양(kg/h)은? (단, 70[℃]에서의 절대습도는 0.3[kg/kg-dry gas], 건배출가스 밀도는 1.1[kg/m³], 반응 후 배출되는 가스 내 수분은 70[℃], 절대습도를 기준으로 하며 미반응 SO₂는 수분을 포함하지 않는 것으로 가정한다.)

해답

1) 유입되는 SO₂ mol수

$$= 10,000[\text{m}^3/\text{h}] \times 2,000[\text{ppm}] \times 10^{-6} \times \frac{1[\text{kmol}]}{22.4[\text{Sm}^3]} \times \frac{273[\text{K}]}{(273+150)[\text{K}]}$$

$$= 576[\text{mol/h}]$$

2) 유입 H₂O mol수

$$= 10,000[\text{m}^3/\text{h}] \times 0.1 \times \frac{1[\text{kmol}]}{22.4[\text{Sm}^3]} \times \frac{273[\text{K}]}{(273+150)[\text{K}]} = 28,812[\text{mol/h}]$$

SO₂ 제거율이 90[%]이므로 576[mol/h]×0.9 = 518.4[mol/h]
석고에 동반되는 수분량 = 2×518.4[mol/h] = 1,036.8[mol H₂O/h]
∴ 유출 수분량은 CaSO₄·2H₂O에 의하여 1,036.8[mol/h]

3) 150[℃] 배출가스 10,000[m³/h] 중 SO₂량(20[m³/h])과 수분량(배출가스의 10[%]이므로 1,000[m³/h])을 제외한 양은 8,980[m³/h]. 이 값이 70[℃]로 내려가면 $8,980[\text{m}^3/\text{h}] \times \frac{(273+70)[\text{K}]}{(273+150)[\text{K}]} = 7,281.55[\text{m}^3/\text{h}]$ 가 된다.

여기에 절대습도와 밀도를 보정하여 H₂O mol수를 구하면,

$7,281.55[\text{m}^3/\text{h}] \times 1.1[\text{kg/m}^3] \times 0.3[\text{kg/kg air}] \times \frac{1,000[\text{g}]}{18[\text{kg}]}$

$= 133,497[\text{mol H}_2\text{O/h}]$

4) H₂O 수지식을 세우면
28,812[mol/h] − 1,036.8[mol/h] − 133,497[mol/h] = −105,721.8[mol/h]
즉, 105,721[mol/h]의 물을 보충하여야 한다.

$$\therefore 105,721.8[\text{mol/h}] \times \frac{18[\text{g}]}{1[\text{mol}]} \times \frac{1[\text{kg}]}{10^3[\text{g}]} = 1,903[\text{kg H}_2\text{O/h}]$$

즉, 약 1,903[kg/h]의 물을 습식 탈황탑에 공급하여야 한다.

072 1일 10[t]의 중유를 사용하는 보일러에서 발생하는 아황산가스를 알칼리 중화법으로 제거하려고 한다. 이 중유 중에는 2[%]의 황 성분이 함유되어 있고, 아황산가스 처리효율은 90[%]이다. 이때 필요한 이론상 알칼리 약품인 NaOH의 양(kg/day)은? (단, 원자량 Na = 23, S = 32, H = 1, O = 16이다.)

> **알칼리 중화법(알칼리 세정법)**
> 습식공정으로 알칼리 용액(NaOH 수용액)으로 배출가스를 세정하여 흡수하는 방법으로 황산화물 제거효율이 높고 운전이 용이하나 백연 발생과 폐수 등의 2차 오염물 생성이 단점이다.

해답
알칼리 중화법에서 중유 중의 황 성분은 최종적으로 H_2SO_4가 된다. 이 H_2SO_4와 NaOH의 반응식은 $S \to H_2SO_4$, $H_2SO_4 + 2NaOH \to Na_2SO_4 + 2H_2O$
중유 중 S의 양 = $10,000[kg/day] \times 0.02 \times 0.9 = 180[kg/day]$
반응식에서 S : 2NaOH 이므로 $32 : 2 \times 40 = 180[kg/day] : x[kg/day]$
∴ $x = 450[kg/day]$

073 황 함량이 3[%]인 중유를 20[ton/h]로 연소하는 보일러에서 발생하는 배출가스를 NaOH 수용액으로 처리한 후, Na_2SO_3로 회수할 경우, 이때 필요한 NaOH의 이론량(kg/h)은?

해답
$S + O_2 \to SO_2$, $SO_2 + 2NaOH \to Na_2SO_3 + H_2O$ 에서
$32[kg]$: $2 \times 40[kg]$
$0.03 \times 20,000[kg/h]$: $x[kg/h]$
∴ $x = 1,500[kg/h]$

074 어떤 연소로의 배출구에서 배출되는 배출가스의 SO_2와 O_2의 농도를 측정하였더니 각각 1,700[ppm]과 5[%]였다. 이 배출가스를 30[%] NaOH를 이용하여 아황산소듐으로 고정 배연탈황(탈황률 99.5[%])할 경우, 한 달간 소요되는 NaOH량(ton)은? (단, 사용 연료는 비중이 0.954이고 C: 85[%], H: 11[%], S: 4[%]의 조성을 가진 중유로써 1일 10시간, 시간당 500[L]를 사용하였다.)

해답 먼저 중유 사용으로 인한 연소가스량(Sm^3/kg)을 구한다.

$$A_o = \frac{1}{0.21}\{1.867 \times 0.85 + 5.6 \times 0.11 + 0.7 \times 0.04\} = 10.62[Sm^3/kg]$$

공기비, $m = \dfrac{21}{21-O_2} = \dfrac{21}{21-5} = 1.31$

$\therefore G_w = mA_o + 5.6H = 1.31 \times 10.62 + 5.6 \times 0.11 = 14.42[Sm^3/kg]$

발생된 SO_2량 $= 1,700 \times 10^{-6} \times 14.42[Sm^3/kg] = 0.0245[Sm^3/kg]$

고정 배연탈황 반응식: $2NaOH + SO_2 \rightarrow Na_2SO_3 + H_2O$
$\qquad\qquad\qquad\qquad\quad 2\times40[kg] \quad 22.4[Sm^3]$
$\qquad\qquad\qquad\qquad\quad x[kg]\times0.3 \quad 0.0245\times0.995[Sm^3/kg] \quad \therefore x = 0.29[kg/kg]$

한 달간 소요되는 NaOH량(ton)
= 0.29[kg/kg]×500[L/h]×0.954[kg/L]×10[h]×30[일/월]
= 41,527.62[kg/월] = 41.53[ton/월]

기사 출제빈도 ★

075 황 함유량이 6[%]인 벙커C유(비중 = 0.9)를 에너지원으로 사용하는 어떤 유리제품 공장에서 최소의 경비로 SO_2 배출허용기준(300[ppm])을 준수하기 위한 계획을 수립하려고 한다. 이 공장에서 다음에 제시하는 조건을 감안할 때, 발생된 배출가스를 NaOH(가성소다)로 처리하는 안과 저유황유를 사용하고자 하는 2가지 안을 분석 비교하여 어느 쪽이 시간당 얼마가 경제적으로 이익인가를 비교 산출하시오.

[주어진 조건]
1) 현재 사용하는 에너지원: 황 함유량이 6[%]인 벙커C유(비중 = 0.9)
2) 사용하는 벙커C유의 양: 400[L/h]
3) 이 공장에서 황 성분을 완전 연소시킬 경우 배출가스량: 3,000[Sm^3/h]
4) 배출가스 중 SO_2를 NaOH(가성소다)액에 흡수시켜 제거할 경우 제거효율: 90[%]
5) SO_2 배출허용기준: 300[ppm]
6) 사용하는 NaOH의 순도 및 구입비용: 95[%], 1,000원/kg
7) NaOH를 사용할 경우 기타 경비는 NaOH 가격의 40[%]가 소요된다.
8) 벙커C유의 가격은 함유된 황 성분이 1[%] 정도 감소하는데 25원/L의 비율로 가격이 상승하며, 저유황유 사용 시 추가되는 부대 비용은 발생하지 않는다.

해답

1) 저유황유 사용 시 비용 계산

SO_2 배출허용기준을 mg/Sm^3 단위로 환산한다.

$$300 \times \frac{64}{22.4} = 857.14 [mg/Sm^3]$$

배출가스 중 SO_2량 $= 857.14 [mg/Sm^3] \times 3,000 [Sm^3/h] \times 10^{-6} [kg/mg]$
$= 2.57 [kg/h]$

이 값을 S량(kg/h)로 환산하면 S → SO_2에서

$32 : 64 = x : 2.57, \; x = 1.29 [kg/h]$

S 함유, $[\%] = \frac{1.29 [kg/h]}{0.9 \times 400} \times 100 = 0.36 [\%]$

∴ 저유황유 사용 시: $25[원/L] \times (6 - 0.36) \times 400[L/hr] = 56,400[원/h]$

2) NaOH액을 사용할 시 비용 계산

S → SO_2, $2NaOH + SO_2 \rightarrow Na_2SO_4 + H_2O$

S량 $= 400[L/h] \times 0.9[kg/L] \times 0.06 = 21.6[kg/h]$

여기서, 배출허용기준치 1.29[kg/h]을 뺀다.

∴ $2 \times 40[kg] : 32[kg] = y[kg/h] : 20.31[kg/h]$

∴ $y = 50.78[kg/h]$

필요한 NaOH량을 계산하면, $50.78[kg/h] \times \frac{1}{0.9} \times \frac{1}{0.95} = 59.39[kg/h]$

NaOH 사용 시 구입비용 $= 59.39[kg/h] \times 1,000[원/kg] \times 1.4 = 83,146[원/h]$

∴ 저유황유 사용 시 비용이 NaOH액을 사용할 시보다 26,746[원/h]이 경제적이다.

---

076 어떤 액체연료 중 황 성분은 2[%]이다. 이 연료를 연소한 후 배출가스 분석결과 $\frac{SO_2}{SO_3} = 0.02$의 비율로 배출되는 것을 알았다. 이 경우 다음 물음에 답하시오. (단, 처리가스량, $Q = 10,000[Sm^3/h]$, 연료 사용량, $G_f = 1[kL/h]$, 연료 비중, $\rho = 0.95$이다.)

1) 배출가스 중 SO_3 농도(ppm)는?
2) 순도 90[%], SO_2 흡수율 100[%]인 NaOH로 배출가스를 중화할 경우, 사용한 NaOH량(kg)은?

해답

1) SO_x 량 $= (SO_2 + SO_3) = 0.7 \times 0.02 \times 1{,}000 \times 0.95 = 13.3 [Sm^3/h]$

$\dfrac{SO_2}{SO_3} = 0.02$에서 $SO_2 = \dfrac{SO_3}{0.02} = 50 \times SO_3$

$\therefore 13.3[Sm^3/h] = (50 \times SO_3 + SO_3) = 51 \times SO_3$

$SO_3 = \dfrac{13.3[Sm^3/h]}{51} = 0.26[Sm^3/h]$

$\therefore SO_3$ 농도(ppm) $= \dfrac{0.26[Sm^3/h]}{10{,}000[Sm^3/h]} \times 10^6 = 26[ppm]$

2) 반응식: $2NaOH + SO_2 \rightarrow Na_2SO_3 + H_2O$

$2 \times 40[kg] 22.4[Sm^3]$

$x \times 0.9[kg/h] 13.3 \times \dfrac{50}{51}[Sm^3/h]$

$\therefore x = 51.74[kg/h] \times \dfrac{24[h]}{[day]} \times \dfrac{30[day]}{[month]} = 37{,}252.8[kg/month]$

기사 출제빈도 ★★

077 황 함량을 알지 못하는 중유를 시용한 어떤 보일러의 20[L]를 과산화수소수에 흡수시켜서 황산화물로 만들어 0.1[N] NaOH 용액으로 중화시켜 보니 NaOH 용액이 30[mL]가 소모되었다. 중유 중의 황은 100[%]가 SO_2로 되며, H_2O_2에 100[%] 흡수되고, 연소 배출가스량은 12.5[Sm^3/kg]일 때, 중유 중 황 성분은 몇 [%](W/W)인가? (단, 수치는 표준상태의 값으로 가정한다.)

해답

배출가스 20[L]에 포함되어 있는 중유(g) = 12.5

$12.5[Sm^3] : 1[kg] = 20[L] : x[g], \therefore x = 1.6[g]$

반응식: $2NaOH + SO_2 \rightarrow Na_2SO_3 + H_2O$에서 $SO_2 \dfrac{1}{2}[mol]$

$\equiv$ NaOH 1[N]이므로 0.1[N] NaOH와 반응하는 SO_2 가스의 부피는

$\dfrac{1}{2} \times 22.4 \times \dfrac{1}{10} \times \dfrac{1{,}000}{1{,}000} = 1.12[mL]$

$\therefore \dfrac{1}{10}[N] - NaOH\ 30[mL]$는 $30 \times 1.12 = 33.6[mL]\ SO_2$에 해당한다.

또한, $S \rightarrow SO_2$에서 $32[g] : 22.4[L] = y[mg] : 33.6[mL]$

$y = 48[mg] = 4.8 \times 10^{-2}[g]$

$\therefore$ 중유 중 S[%]는 $1.6[g] \times \dfrac{S}{100} = 4.8 \times 10^{-2}[g]$이므로 S = 3[%]

078 온도 227[℃], 압력 740[mmHg]인 어떤 배출가스량 10,000 [m³/h] 중 SO₂ 농도가 3,000[ppm]이었다. 이 배출가스를 10[%] NH₄OH 수용액에 흡수하여 제거하려고 한다. 이론적으로 SO₂를 완전하게 제거하기 위한 10[%] NH₄OH 수용액량(kg/day)은?

해답

배출가스량을 STP로 환산하면

$$10{,}000[\text{m}^3/\text{h}] \times \frac{273}{273+227} \times \frac{740}{760} = 5{,}316.32[\text{Sm}^3/\text{h}]$$

SO₂와 NH₄OH의 반응식: $SO_2 + NH_4OH \rightarrow NH_4HSO_3$

$$\begin{array}{cc} 22.4[\text{Sm}^3] & 35[\text{kg}] \\ 5{,}316.32 \times 3{,}000 \times 10^{-6}[\text{Sm}^3/\text{h}] & x \times 0.1[\text{kg}] \end{array}$$

∴ x = 249.2[kg/h] = 5,980.86[kg/day]

---

079 어떤 연소장치에서 배출되는 가스에 SO₂가 2,000[ppm] 함유되어 있다. 이 배출가스를 탈황시설을 이용하여 SO₂ 20[ppm]으로 감소시킨 후 굴뚝으로 배출하려고 경우 다음 물음에 답하시오.

1) 탈황시설을 한 개만 설치할 경우 탈황효율(%)은?
2) 탈황효율이 동일한 두 개의 탈황시설을 설치하여 직렬로 연결할 경우 한 개의 탈황효율(%)은?
3) 2)번에 사용한 탈황시설 중 한 개가 작동 불량으로 효율이 1/2로 낮아졌을 경우, 배출되는 SO₂ 농도(ppm)는?

해답

1) 효율, $\eta = \dfrac{\text{입구농도} - \text{출구농도}}{\text{입구농도}} \times 100 = \dfrac{2{,}000 - 20}{2{,}000} \times 100 = 99[\%]$

2) 총효율, $\eta_t = 1 - (1-E_1) \times (1-E_2) = 1 - (1-E)^2$에서

$0.99 = 1 - (1-E)^2$, ∴ $E = 0.97 = 97[\%]$

3) 총효율, $\eta_t = 1 - (1-0.97) \times (1 - 0.97 \times \dfrac{1}{2}) = 0.9846$

∴ 출구농도 = $2{,}000[\text{ppm}] \times (1 - 0.9846) = 30.8[\text{ppm}]$

기사 출제빈도 ★★

080 C: 85[%], H: 11[%], S: 4[%]로 구성된 벙커C유를 사용하여 공기비 1.2로 완전 연소시키는 보일러에서 발생하는 습연소가스 중 SO₂ 농도 500[ppm]를 암모니아수(NH₄OH)로 탈황하고자 한다. 1일 벙커C유 사용량이 2,000[L]일 경우, 탈황에 필요한 암모니아수의 양(kg/day)은? (단, 벙커C유의 비중은 0.9이고, 암모니아수의 농도는 10[%], 탈황률은 80[%]이다.)

해답 이론공기량

$$A_o = \frac{1}{0.21}(1.867 \times 0.85 + 5.6 \times 0.11 + 0.7 \times 0.04) = 10.62[\mathrm{Sm^3/kg}]$$

습연소가스량

$$G_w = mA_o + 5.6\mathrm{H} = 10.62 \times 1.2 + 5.6 \times 0.11 = 13.36[\mathrm{Sm^3/kg}]$$

벙커C유 1[L]당 배출되는 SO₂량

$$= 0.7 \times \mathrm{S} = 0.7 \times (1[\mathrm{L}] \times 0.9[\mathrm{kg/L}] \times 0.04) = 0.0252[\mathrm{Sm^3/kg}]$$

습연소가스량 중 SO₂ 500[ppm]량

$$= 13.36 \times 500 \times 10^{-6} = 6.68 \times 10^{-3}[\mathrm{Sm^3/kg}]$$

∴ 감소시켜야 할 SO₂량 $= 0.0252 - 6.68 \times 10^{-3} = 0.01852[\mathrm{Sm^3/kg}]$

SO₂와 NH₄OH의 반응식: $\mathrm{SO_2 + NH_4OH \rightarrow NH_4HSO_3}$

         22.4[Sm³]   35[kg]
         0.01852[Sm³/kg]   x[kg/L]   ∴ $x = 0.02894[\mathrm{kg/L}]$

∴ 탈황에 필요한 암모니아수의 양(kg/day)

$$= 0.02894[\mathrm{kg/L}] \times 2{,}000[\mathrm{L/day}] \times \frac{1}{0.1} \times \frac{1}{0.8} = 723.5[\mathrm{kg/day}]$$

기사 출제빈도 ★

081 A 공장의 벙커C유 사용량은 1,000[L/day]이고, 이 벙커C유의 비중은 0.92, S 함유량 5[%], S의 연소효율은 95[%]이다. 이 벙커C유의 배출가스를 Monsanto 촉매산화법으로 탈황하고자 할 경우, 처리공정도를 간략히 그리고, 각 부분에서 일어나는 반응과 처리과정을 간단히 설명하고 생성된 H₂SO₄량(kg/day)를 계산하시오. (단, SO₂의 산화율은 90[%]이며, SO₃의 흡수율은 99.5[%]이고 그 외의 S 수지는 없다.)

해답

- Monsanto(몬산토) 촉매산화법

  보일러 → [공정 A 전기집진기] → [공정 B 촉매산화기] → [공정 C 흡수탑] → [공정 D 액적 제거장치] → 굴뚝

  1) 공정 A: 배출가스 중 입자상물질을 제거하여 촉매반응이나 황산 흡수 시 방해를 최소화한다.
  2) 공정 B: SO_2을 V_2O_5의 촉매작용으로 SO_3로 산화시킨다. $\left(SO_2 \xrightarrow[촉매]{V_2O_5} SO_3\right)$
  3) 공정 C: 흡수탑에서 물을 분사시켜 SO_3를 흡수하여 H_2SO_4(황산)을 만든다.
  4) 공정 D: 공정 C에서 생성된 황산 액적이 다량 배출될 가능성이 있으므로 반드시 이 액적을 제거해야 한다.

     $(S \to SO_2 \to SO_3 \to H_2SO_4)$의 반응식에서

     SO_2량은 $32 : 64 = 1,000[L/day] \times 0.92 \times 0.05 \times 0.95 : x[kg/day]$

     ∴ $x = 87.4[kg/day]$

     SO_3량은 $64 : 80 = 87.4[kg/day] \times 0.9 : y[kg/day]$

     ∴ $y = 98.325[kg/day]$

     ∴ H_2SO_4량은 $80 : 98 = 98.325[kg/day] \times 0.995 : z[kg/day]$

     ∴ $z = 119.85[kg/day]$

기사·산업 출제빈도 ☆☆☆

082 LPG를 연료로 사용하는 어떤 연소시설에서 배출가스량 750,000[Sm^3/h]가 발생하였다. 이 배출가스를 암모니아 접촉 환원 배연 탈질법으로 처리하고자 하는 경우, 이론적으로 필요한 암모니아의 양(kg/h)은? (단, 탈질처리장치 입구의 배출가스 중 NO 농도는 100[ppm]이다.)

📖 **LPG, LNG**
LPG는 액화석유가스(Liquid Petroleum Gas), LNG는 액화천연가스(Liquid Natural Gas)의 약자이다. LPG는 프로페인(C_3H_8)과 뷰테인(C_4H_{10}) 가스의 혼합물이고, LNG는 지하에 묻혀있던 메테인(CH_4) 가스를 정제한 것이다.

해답

배출가스 중 NO 부피 $= 750,000 \times 100 \times 10^{-6} = 75[Sm^3/h]$

반응식: $4NO + 4NH_3 + O_2 \to 4N_2 + 6H_2O$

∴ $4 \times 22.4[Sm^3] : 4 \times 17[kg] = 75[Sm^3/h] : x[kg/h]$

∴ $x = 56.9[kg/h]$

참고 선택적 접촉환원법: $6NO + 4NH_3 \to 5N_2 + 6H_2O$

083 중유를 시간당 1.5[t] 연소하는 가열로로부터 배출되는 NO의 생성량은 매시 2.5[Sm³]이다. 이 가열로의 NO 배출계수(NO[kg]/10^8[kcal])는? (단, 중유의 저발열량은 10,000[kcal/kg]이다.)

해답

NO 2.5[Sm³/h]의 중량 $= 30[\text{kg/mol}] \times \dfrac{2.5[\text{Sm}^3/\text{h}]}{22.4[\text{Sm}^3/\text{mol}]} = 3.35[\text{kg/h}]$

중유 1.5[t]의 저발열량 $= 10,000[\text{kcal/kg}] \times 1,500[\text{kg/h}] = 0.15 \times 10^8[\text{kcal/h}]$

∴ NO 배출계수 $= 3.35[\text{kg/h}] \times \dfrac{1}{0.15 \times 10^8[\text{kcal/h}]} = 22.33[\text{kg}]/10^8[\text{kcal}]$

선택적 촉매환원법(SCR)

질소산화물이 포함된 배출가스를 촉매를 사용하여 높은 효율로 환원시켜 제거하는 시스템이다. 촉매층 전단에 설치된 AIG(Ammonia Injection Grid)를 통하여 공급된 가스상의 암모니아(NH₃)와 질소산화물이 200~400[℃] 온도하에서 환원반응하여 질소(N₂)와 물로 분해된다. 이 공정에 의한 제어효율은 촉매의 유형, 주입된 암모니아량, 초기 질소산화물의 농도 및 촉매의 수명에 따라 차이는 있지만 최적 운전조건에서 80~90[%]의 효율을 나타낸다.

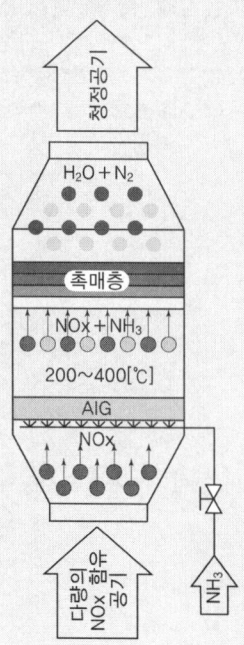

084 NOₓ을 제거하기 위한 직경 1.5[m], 높이 1.2[m]인 실린더형 촉매반응기에서 선택적 촉매환원반응으로 NOₓ가 제거되고 있다. 반응기 입구의 유량이 10,000[Sm³/h]일 경우, 촉매 반응기에서 가스의 체류 시간(h^{-1})은?

해답

반응탑 속도, $S = \dfrac{\text{가스 유량}}{\text{반응기 체적}} = \dfrac{10,000[\text{m}^3/\text{h}]}{\dfrac{\pi}{4} \times 1.5^2[\text{m}^2] \times 1.2[\text{m}]} = 4,715.7[\text{h}^{-1}]$

085 텅스텐 전구 필라멘트를 제조하는 공정에서 시간당 배출되는 NO_2의 농도가 3,000[ppm]으로 10[Sm³/h]의 유량이 배출된다. 이 공정이 5시간 가동되고, NH_3에 의한 선택적 촉매환원법(SCR, Selective Catalytic Reduction)으로 처리하면, 필요한 NH_3량(Sm³)은?

해답

환원반응식: $6NO_2 + 8NH_3 \rightarrow 7N_2 + 12H_2O$

NO_2 부피 $= 10[Sm^3/h] \times 3{,}000 \times 10^{-6} \times 5[h] = 0.15[Sm^3]$

$\therefore 6 \times 22.4 : 8 \times 22.4 = 0.15[Sm^3] : x[Sm^3]$

$\therefore x = 0.2[Sm^3]$

086 NO 224[ppm], NO_2 22.4[ppm]을 함유한 배출가스 100,000 $[Sm^3/h]$를 NH_3에 의한 선택적 촉매환원법(SCR, Selective Catalytic Reduction)으로 처리할 경우, 배출가스 중 NO_X을 제거하기 위한 이론적인 NH_3량(kg/h)은? (단, 각각의 화학반응식을 기재하여야 하며, 표준상태를 기준으로 하고, 반응 시 산소의 공존은 고려하지 않는다.)

해답

환원반응식은 다음과 같다.
- $6NO + 4NH_3 \rightarrow 5N_2 + 6H_2O$
- $6NO_2 + 8NH_3 \rightarrow 7N_2 + 12H_2O$

1) NO 224[ppm] 환원에 필요한 NH_3량(kg/h)

$$\left\{\frac{100{,}000 \times (22.4 \times 10^{-5})}{22.4}\right\} \times \left(\frac{4 \times 17}{6}\right) = 11.33[kg/h]$$

2) NO_2 22.4[ppm] 환원에 필요한 NH_3량(kg/h)

$$\left\{\frac{100{,}000 \times (22.4 \times 10^{-6})}{22.4}\right\} \times \left(\frac{8 \times 17}{6}\right) = 2.27[kg/h]$$

∴ NO와 NO_2의 합인 NO_X을 제거하기 위한 이론적인 NH_3량(kg/h)
$= 11.33 + 2.27 = 13.6[kg/h]$

087 유량 $5{,}000[Sm^3/h]$인 배출가스를 배출하는 배출구에서 NO의 농도가 1,000[ppm]인 연소로가 있다. 이 배출구에서 배출되는 NO 농도를 저감하고자 선택적 촉매환원법(SCR)을 검토하게 되었다. 당량비로 반응하는 촉매층에서 NO를 80[%] 저감시키기 위해 필요한 암모니아량(mol/h)은?

해답

$$\text{NO가스량} = 5{,}000[\text{m}^3/\text{h}] \times 1{,}000[\text{ppm}] \times 10^{-6} = 5[\text{m}^3\ \text{NO/h}]$$

이 값을 mol/h로 바꾸면 $5[\text{m}^3/\text{h}] \times \dfrac{1{,}000[\text{L}]}{1[\text{m}^3]} \times \dfrac{1[\text{mol}]}{22.4[\text{L}]} = 223.21[\text{mol/h}]$

$\therefore\ 223.21[\text{mol/h}] \times 0.8 = 178.57[\text{mol NH}_3/\text{h}]$

기사 출제빈도 ★★★

088 어떤 굴뚝의 배출가스 중 NO 500[ppm], NO_2 5[ppm]을 함유하고 있고, 시간당 15,000[Sm^3]씩 배출되고 있다. 이 배출가스를 CO에 의한 선택적 촉매환원법(SCR, Selective Catalytic Reduction)으로 처리할 경우, 배출가스 중 NO_x을 제거하기 위한 이론적인 CO량(Sm^3/h)과 부산물로 생성된 질소(N_2) 가스의 양(kg/h)은?

해답

1) NO 제거량 $= 500 \times 10^{-6} \times 15{,}000 = 7.5[\text{Sm}^3\ \text{NO/h}]$

반응식: $2NO\ +\ 2CO\ \rightarrow\ N_2\ +\ 2CO_2$
$\quad\quad\quad 2\times22.4\quad 2\times22.4\quad\ \ 28$
$\quad\quad\quad\ \ \ 7.5\quad\quad\ \ x_1\quad\quad\ y_1$

$x_1 = 7.5[\text{Sm}^3/\text{h}],\ y_1 = \dfrac{28 \times 7.5}{2 \times 22.4} = 4.688[\text{kg/h}]$

2) NO_2 제거량 $= 5 \times 10^{-6} \times 15{,}000 = 0.075[\text{Sm}^3\ NO_2/\text{h}]$

반응식: $2NO_2\ +\ 4CO\ \rightarrow\ N_2\ +\ 4CO_2$
$\quad\quad\quad 2\times22.4\quad 4\times22.4\quad\ \ 28$
$\quad\quad\quad\ \ 0.075\quad\quad x_2\quad\quad\ y_2$

$x_2 = 0.075 \times \dfrac{4}{2} = 0.15[\text{Sm}^3/\text{h}],\ y_2 = \dfrac{28 \times 0.075}{2 \times 22.4} = 0.04688[\text{kg/h}]$

$\therefore\ NO_x$을 제거하기 위한 이론적 총 CO량(Sm^3/h) $= 7.5 + 0.15 = 7.65[\text{Sm}^3/\text{h}]$

$\therefore$ 부산물로 생성된 질소량(kg/h) $= 4.688 + 0.04688 = 4.73[\text{kg/h}]$

비선택적 촉매환원법 (NSCR, Non-Selective Catalytic Reduction)

수소, 일산화탄소 또는 저농도의 탄화수소를 환원제로 하여 산소가 희박한 상태에서 NO_x을 저감하는 방법이다. 경제적인 운전을 위해서는 배출가스의 산소농도를 최대한 낮추어야 한다. 촉매는 주로 Pt, Pd 등의 귀금속 촉매를 사용한다.

기사·산업 출제빈도 ★★

089 유압 송풍기에 의해 굴뚝으로 배출되는 연소 배출가스 중 NO 가스 농도를 측정해 보니 80[ppm]이었다. 배출가스량이 1,000[Sm^3]일 때, CO의 비선택적 촉매환원법에 의해 NO를 제거하고자 할 경우, 필요한 CO의 양(Sm^3)은?

해답 비선택적 환원 반응식, $NO_2 + CO \rightarrow NO + CO_2$ 에서
$22.4 : 22.4 = 80 \times 10^{-6} \times 1,000 : x$
$\therefore x = 0.08 [Sm^3]$

090 산세척 공정 중 발생하는 배출가스 중 NO_2 농도를 측정하였더니 50[ppm]이었다. 배출가스량이 500[Sm^3/h]일 때, CO에 의한 비선택적 촉매환원법으로 NO_2를 N_2로 제거하려고 한다. 이때 필요한 CO의 양(Sm^3/h)은? (단, 이 경우 반응식은 $NO_2 + CO \rightarrow NO + CO_2$, $4CO + 2NO_2 \rightarrow 4CO_2 + N_2$이다.)

해답 배출가스 중 NO_2의 부피 $= 50 \times 10^{-6} \times 500 [Sm^3/h] = 0.025 [Sm^3/h]$
반응식에서 $4 \times 22.4 : 2 \times 22.4 = x[Sm^3/h] : 0.025[Sm^3/h]$
$\therefore x = 0.05 [Sm^3/h]$

091 산세척 공정 중 발생하는 NO_2 농도를 측정하였더니 50[ppm]이었다. 배출가스량이 500[Sm^3/h]일 때, CO에 의한 비선택적 촉매환원법으로 NO_2를 제거할 때, NO가 발생한다. 이때 발생된 NO를 $FeSO_4$를 이용한 착염흡수법으로 흡수 제거할 경우, 필요한 $FeSO_4$의 양(g)은? (단, 원자량 Fe = 56, S = 32, N = 14이다.)

해답 반응식은 $NO_2 + CO \rightarrow NO + CO_2$, $NO + FeSO_4 \rightarrow Fe(NO)SO_4$이다.
이 반응식에서 NO_2와 $FeSO_4$ 사이의 반응은 1몰대 1몰의 반응이므로
$22.4[L] : 152[g] = 50 \times 10^{-6} \times 500[Sm^3] \times 10^3 [L/Sm^3] : x[g]$
$\therefore x = 169.64[g]$

092 산세척 공정 중 발생하는 배출가스 중 NO 농도가 500[ppm], NO_2 농도가 5[ppm]으로 측정되었다. 배출가스량이 100,000[Sm^3/h]일 때, 다음 물음에 답하시오.

1) CO에 의한 비선택적 촉매환원법을 사용할 경우 CO량(Sm^3/h)은?
2) 생성된 질소(N_2)량(kg/h)은?

해답

반응식: $2CO + 2NO \rightarrow 2CO_2 + N_2$ ……… (식 1)

$4CO + 2NO_2 \rightarrow 4CO_2 + N_2$ ……… (식 2)

1) (식 1)에서 $2 \times 22.4[Sm^3] : 2 \times 22.4[Sm^3]$
$= x[Sm^3/h] : 500 \times 10^{-6} \times 100,000[Sm^3/h]$
∴ $x = 50[Sm^3/h]$

(식 2)에서 $4 \times 22.4[Sm^3] : 2 \times 22.4[Sm^3]$
$= y[Sm^3/h] : 500 \times 10^{-6} \times 100,000[Sm^3/h]$

※ 여기 원문에 500×10^{-6}로 되어 있으나 NO_2는 5[ppm]임

∴ $x = 1[Sm^3/h]$

∴ CO량(Sm^3/h) = 50 + 1 = 51[Sm^3/h]

2) (식 1)에서 $2 \times 22.4[Sm^3] : 14 \times 2[kg]$
$= 500 \times 10^{-6} \times 100,000[Sm^3/h] : x_1[kg/h]$
∴ $x_1 = 31.25[kg/h]$

(식 2)에서 $4 \times 22.4[Sm^3] : 14 \times 2[kg]$
$= 5 \times 10^{-6} \times 100,000[Sm^3/h] : y_1[kg/h]$
∴ $y_1 = 0.3125[kg/h]$

∴ N_2 생성량(kg/h) = 31.25 + 0.3125 = 31.56[kg/h]

093 석탄을 연소하는 어떤 고정 배출원에서 배출되는 가스 중 NO 농도는 300[ppm], NO_2 농도는 250[ppm]이며, 배출가스량은 2×10^5[Sm^3/h]이다. 이 NO_x을 제거하기 위해 메테인을 이용한 비선택적 환원법이 사용된다. 이때 NO_x(NO의 배출허용기준인 8[mg/Sm^3]을 유지하려고 할 경우)를 처리하는 데 필요한 메테인량(Sm^3/day)은?

해답

비선택적인 환원반응에서 배출가스 중 NO_x을 CH_4를 이용하여 N_2로 환원하는 반응식은 $CH_4 + 4NO_2 \rightarrow 4NO + CO_2 + 2H_2O$ ……… (식 1)

$CH_4 + 4NO \rightarrow 2N_2 + CO_2 + 2H_2O$ ……… (식 2)

NO 배출가스량 = $300 \times 10^{-6} \times 2 \times 10^5 [Sm^3/h] = 60[Sm^3/h]$

NO_2 배출가스량 = $250 \times 10^{-6} \times 2 \times 10^5 [Sm^3/h] = 50[Sm^3/h]$

(식 1)에서 CH_4 : $4NO_2$ → $4NO$
  22.4 : 4×22.4 : 4×22.4
  $x[Sm^3/h]$: $50[Sm^3/h]$: $y[Sm^3/h]$

∴ CH_4량 $x = 12.5[Sm^3/h]$, 생성되는 NO량 $y = 50[Sm^3/h]$

여기서, 총 NO량 = 생성된 양 + 배출가스 중의 양 = 50 + 60 = 110[Sm^3/h]

처리해야 할 NO량 = 110[Sm^3/h] − 1.194[Sm^3/h] = 108.806[Sm^3/h]

(∵ NO 8[mg/Sm^3]을 mL/Sm^3으로 환산하면 $8 \times \dfrac{22.4}{30} = 5.97[mL/Sm^3]$

이 값을 총 배출가스량(Sm^3/Sm^3)으로 환산하면

$2 \times 10^5 [Sm^3/h] \times 5.97[mL/Sm^3] \times \dfrac{[Sm^3]}{10^6 [mL]} = 1.194[Sm^3/h]$)

(식 2)에서 CH_4량은 CH_4 : $4NO$에서 $22.4 : 4 \times 22.4 = z : 108.806$

∴ $z = 27.201[Sm^3/h]$

총 CH_4량(Sm^3/day) = NO_2 환원 시 CH_4량 + NO와 반응량이므로

∴ $(12.5 + 27.201)[Sm^3/h] \times \dfrac{24[h]}{[day]} = 952.82[Sm^3/day]$

기사·산업 출제빈도 ★★★

094 산세척 공정 중 발생하는 NO 농도 500[ppm]을 함유한 배출가스 1,000[Sm^3/h]를 비선택적 접촉환원법으로 메테인을 이용하여 완전히 제거할 경우, 필요한 메테인(CH_4)의 양(Sm^3)은?

해답
반응식 $4NO + CH_4 \rightarrow 2N_2 + CO_2 + 2H_2O$에서
$4 \times 22.4[Sm^3] : 22.4[Sm^3] = 500 \times 10^{-6} \times 1,000[Sm^3/h] : x[Sm^3/h]$
∴ $x = 0.125[Sm^3/h]$

기사 출제빈도 ★★

095 산세척 공정 중 발생하는 NO 농도 3,000[ppm]을 함유한 배출가스 10,000[Sm^3/h]가 굴뚝으로 배출된다. 이를 비선택적 접촉환원법으로 메테인 30,000[Sm^3/h]을 주입하여 처리하였다. NO가 완전히 제거된 후, 남아있는 CH_4이 함유된 기체에 공기를 공급하여 완전 연소시켰을 때, 이를 연소하기 위해 공급된 공기량(Sm^3/h)은? (단, 공기는 산소를 21[%] 함유하고 있다.)

해답

배출가스 중 NO량 = $3,000 \times 10^{-6} \times 10,000 = 30[Sm^3/h]$

반응식 $4NO + CH_4 \rightarrow 2N_2 + CO_2 + 2H_2O$에서

$4 \times 22.4[Sm^3] : 22.4[Sm^3] = 30[Sm^3/h] : x[Sm^3/h]$ ∴ $x = 7.5[Sm^3/h]$

반응 후 남아있는 CH_4량 = $30,000 - 7.5 = 29,992.5[Sm^3/h]$

연소반응식: $CH_4 + 2O_2 \rightarrow CO_2 + 2H_2O$

∴ 공급 공기량$(Sm^3/h) = A_o = \dfrac{2}{0.21} \times 29,992.5 = 285,642.53[Sm^3/h]$

기사 출제빈도 ★★

096 산세척 공정 중 발생하는 NO_2 농도를 측정하였더니 500[ppm]이었다. 배출가스량이 15,000[Sm^3/h]일 때, CH_4를 이용하여 처리할 경우, 발생하는 NO를 $FeSO_4$를 이용한 착염흡수법으로 흡수 제거할 경우, 필요한 $FeSO_4$의 양(g)은? (단, 원자량 Fe = 56, S = 32, N = 14이다.)

해답

반응식 $CH_4 + 4NO_2 \rightarrow CO_2 + 2H_2O + 4NO$

$4NO + 4FeSO_4 \rightarrow 4Fe(NO)SO_4$

∴ 필요한 $FeSO_4$의 양(g)은

$4 \times 22.4[Sm^3] : 4 \times 152[kg] = 15,000[Sm^3/h] \times 500 \times 10^{-6} : x[kg/h]$

∴ $x = 50.89[kg/h]$

기사 출제빈도 ★★

097 배출가스 유량이 50,000[Sm^3/h], NO 배출농도가 500[ppm]인 120[℃]의 소각로 배출가스가 있다. 배출되는 NO 농도를 100[ppm]으로 감소시키기 위해서 비선택적 촉매환원법(SNCR, Selective Non-Catalytic Reduction) 공정을 채택하였다. 최적 조건에서 요소($(NH_2)_2CO$) 1[mol]당 2[mol]의 NO를 제거한다면 20[Wt%] 요소용액을 사용하는 경우, 투입하여야 할 용액의 양(kg/h)은? (단, 20[Wt%] 요소용액의 비중은 1.0이며 반응식은 다음과 같다.)

$4NO + 2(NH_2)_2CO + O_2 \rightarrow 4N_2 + 4H_2O + 2CO_2$

해답 반응식에서 2NO : $(NH_2)_2CO$
$2 \times 22.4 [Sm^3]$　　　　　60[kg]
$50,000 \times 400 \times 10 \times \dfrac{273}{(273+120)}$　　$x \times 0.2$

반응에 요구되는 요소의 양,

$$x = \dfrac{60 \times 50,000 \times 400 \times 10^{-6} \times \dfrac{273}{393}}{2 \times 22.4 \times 0.2} = 93.03 [kg/h]$$

기사 · 산업 출제빈도 ☆☆

098 산세척 공정 중 발생하는 NO_2 농도를 측정하였더니 100 [ppm]이었다. 배출가스량이 50[Sm^3/h]일 때, 10시간 배출한 배출가스 내의 NO_2를 80[%] 제거하기 위해 필요한 3[%] H_2O_2량(kg)은?

해답 반응식 $2NO_2 + H_2O_2 \rightarrow 2HNO_3$ 에서
$2 \times 22.4 [Sm^3] : 34[kg] = 50[Sm^3/h] \times 10[h] \times 100 \times 10^{-6} \times 0.8 : x[kg] \times 0.03$
∴ $x = 1.012 [kg]$

기사 · 산업 출제빈도 ☆☆☆

099 유량 50[Sm^3/h]인 배출가스를 배출하는 배출구에서 NO_2의 농도가 150[ppm]이었다. 이 배출구에서 10시간 배출된 NO_2의 70[%] 제거하기 위해서 필요한 3[%] H_2O_2량(kg)은?

해답 처리해야 할 NO_2량
$= 50[Sm^3/h] \times 10[h] \times 150[ppm] \times \dfrac{10^{-6}}{ppm} \times 0.7 = 0.0525 [Sm^3]$

NO_2와 H_2O_2의 화학반응식(단, H_2O_2의 순도는 3[%])
　　　$2NO_2$　+　H_2O_2　→　$2HNO_3$
$2 \times 22.4 [Sm^3]$　　$34[kg]$
$0.0525 [Sm^3]$　　$0.03x$

∴ $x = \dfrac{34 \times 0.0525}{2 \times 22.4} \times \left(\dfrac{1}{0.03}\right) = 1.33 [kg]$

기사 출제빈도 ★★★

100 어떤 제조공장에서 배출가스 중 NO_2 농도를 측정하였더니 1,800[ppm]이었다. 배출가스량이 5,000[Sm^3/h]이고, 반응률이 95[%]일 경우, 다음 물음에 답하시오.

1) 이 배출가스를 NaOH에 흡수시킬 때, NaOH의 필요한(kg/h)은?
2) 이 배출가스를 H_2O에 흡수시킬 때, H_2O의 필요한(kg/h)은?
3) 선택적 촉매환원법(SCR)의 환원제로 NH_3[kg/h], H_2[Sm^3/h], CH_4[Sm^3/h], CO[Sm^3/h]를 사용할 경우, 각각의 필요량은?

해답

1) NO_2량 $= 1,800 \times 10^{-6} \times 5,000 [Sm^3/h] = 9 [Sm^3/h]$

   반응식 $2NO_2 + 2NaOH \rightarrow NaNO_2 + NaNO_3 + H_2O$

   $\therefore 2 \times 22.4 : 2 \times 40 [kg] = 9 [Sm^3/h] : x [kg/h] \times 0.95 \quad \therefore x = 16.92 [kg/h]$

2) 반응식 $2NO_2 + 2H_2O \rightarrow HNO_2 + HNO_3$

   $\therefore 2 \times 22.4 : 18 [kg] = 9 [Sm^3/h] : y [kg/h] \times 0.95 \quad \therefore y = 3.81 [kg/h]$

3) ① 반응식 $6NO_2 + 8NH_3 \rightarrow 7N_2 + 12H_2O$

   $\therefore 6 \times 22.4 : 8 \times 17 [kg] = 9 [Sm^3/h] : z_1 [kg/h] \times 0.95$

   $\therefore NH_3$의 필요량, $z_1 = 9.59 [kg/h]$

   ② 반응식 $2NO_2 + 4H_2 \rightarrow N_2 + 4H_2O$

   $\therefore 6 \times 22.4 : 4 \times 22.4 [Sm^3] = 9 [Sm^3/h] : z_2 [Sm^3/h] \times 0.95$

   $\therefore H_2$의 필요량, $z_2 = 18.95 [Sm^3/h]$

   ③ 반응식 $2NO_2 + CH_4 \rightarrow N_2 + CO_2 + 2H_2O$

   $\therefore 2 \times 22.4 : 22.4 [Sm^3] = 9 [Sm^3/h] : z_3 [Sm^3/h] \times 0.95$

   $\therefore CH_4$의 필요량, $z_3 = 4.74 [Sm^3/h]$

   ④ 반응식 $2NO_2 + 4CO \rightarrow 4CO_2 + N_2$

   $\therefore 2 \times 22.4 : 4 \times 22.4 [Sm^3] = 9 [Sm^3/h] : z_4 [Sm^3/h] \times 0.95$

   $\therefore CO$의 필요량, $z_4 = 18.95 [Sm^3/h]$

기사 출제빈도 ★★

101 어떤 제조업체 공장의 굴뚝에서 배출되는 배출가스량이 5,000[Sm^3/h]이고, 이 배출가스 중 NO의 농도가 1,800[ppm]이었다. NO가스를 $KMnO_4$를 이용한 습식 산화흡수법과 $FeSO_4$를 이용한 습식 착염흡수법으로 처리하고자 할 경우, 각각 사용되는 $KMnO_4$와 $FeSO_4$량(kg/h)은? (단, 원자량은 K = 39, Mn = 55, Fe = 56이다.)

해답

1) 습식 산화흡수법 반응식

$$NO + KMnO_4 \rightarrow KNO_3 + MnO_2$$

22.4[Sm³]　　　158[kg]

$1,800 \times 10^{-6} \times 5,000$[Sm³/h]　x[kg/h]　　∴ $x = 63.5$[kg/h]

2) 습식 착염흡수법 반응식

$$NO + FeSO_4 \rightarrow Fe(NO)SO_4$$

22.4[Sm³]　　　152[kg]

$1,800 \times 10^{-6} \times 5,000$[Sm³/h]　y[kg/h]　　∴ $y = 61$[kg/h]

기사 출제빈도 ☆☆☆

102 A 공장의 배출가스 유량은 1,000[Sm³/h], SO_2 및 NO의 농도는 각각 2,000[ppm], 1,000[ppm]이다. 선택적 환원제로 H_2S를 사용하여 SO_2와 NO를 동시에 제거하고자 한다. 시간당 요구되는 H_2S 가스량(Sm³)과 생성되는 S(kg)은? (단, H_2S 반응률 및 처리효율은 모두 100[%]이다.)

해답

배출가스 중 SO_2량 $= 2,000 \times 10^{-6} \times 1,000[\text{Sm}^3/\text{h}] = 2[\text{Sm}^3/\text{h}]$

배출가스 중 NO량 $= 1,000 \times 10^{-6} \times 1,000[\text{Sm}^3/\text{h}] = 1[\text{Sm}^3/\text{h}]$

반응식 : $SO_2 + 2H_2S \rightarrow 3S + 2H_2O$,　$NO + H_2S \rightarrow S + \dfrac{1}{2}N_2 + H_2O$

∴ $2H_2S : SO_2$이므로, $2[\text{Sm}^3] : 1[\text{Sm}^3] = x[\text{Sm}^3/\text{h}] : 2[\text{Sm}^3/\text{h}]$

∴ $x = 4[\text{Sm}^3/\text{h}]$

$H_2S : NO$이므로, $1[\text{Sm}^3] : 1[\text{Sm}^3] = y[\text{Sm}^3/\text{h}] : 1[\text{Sm}^3/\text{h}]$

∴ $y = 1[\text{Sm}^3/\text{h}]$

$SO_2 : 3S$이므로, $22.4[\text{Sm}^3] : 3 \times 32[\text{kg}] = 2[\text{Sm}^3/\text{h}] : x_1[\text{kg/h}]$

∴ $x_1 = 8.57[\text{kg/h}]$

$NO : S$이므로, $22.4[\text{Sm}^3] : 32[\text{kg}] = 1[\text{Sm}^3/\text{h}] : y_2[\text{kg/h}]$

∴ $y_2 = 1.43[\text{kg/h}]$

H_2S량 $= 4 + 1 = 5[\text{Sm}^3/\text{h}]$

S량 $= 8.57 + 1.43 = 10[\text{kg/h}]$

기사·산업 출제빈도 ☆☆☆

103 어떤 굴뚝의 배출가스 중 염소가스의 농도가 80[mL/Sm³]이었다. 이 염소가스의 농도를 20[mg/Sm³]로 낮추기 위해 제거해야할 염소가스의 양(mL/Sm³)은?

해답

mL/Sm³(ppm과 동일)와 mg/Sm³의 단위를 통일시킨다.

$$20[\text{mg/Sm}^3] \times \frac{22.4[\text{mL}]}{71[\text{mg}]} = 6.31[\text{mL/Sm}^3]$$

$$\therefore\ 80[\text{mL/Sm}^3] - 6.31[\text{mL/Sm}^3] = 73.69[\text{mL/Sm}^3]$$

기사 출제빈도 ☆☆

104 선택적 환원제로 H_2S를 사용하여 SO_2와 NO를 동시에 제거하고자 한다. 배출가스량이 2,000[Sm³/min]이고, SO_2 800[ppm], NO 400[ppm]인 경우 필요한 H_2S 가스량(Sm³/month)과 회수되는 황의 양(ton/month)을 계산하시오. (단, H_2S 반응률 및 처리효율은 모두 100[%], 먼지 포집효율도 100[%]이며, 유해가스 처리장치의 가동시간은 8[h/day], 25일/월, 반응식은 다음과 같다.)

[반응식] $SO_2 + 2H_2S \rightarrow 3S + 2H_2O$

$NO + H_2S \rightarrow S + \frac{1}{2}N_2 + H_2O$

해답

1) 처리해야 할 SO_2량

$2,000[\text{Sm}^3/\text{min}] \times 60[\text{min/h}] \times 8[\text{h/day}] \times 25[\text{day/month}] \times 800 \times 10^{-6}$
$= 19,200[\text{Sm}^3/\text{month}]$

2) 처리해야 할 NO량

$2,000[\text{Sm}^3/\text{min}] \times 60[\text{min/h}] \times 8[\text{h/day}] \times 25[\text{day/month}] \times 400 \times 10^{-6}$
$= 9,600[\text{Sm}^3/\text{month}]$

[반응식]	SO_2	+	$2H_2S$	→	$3S + 2H_2O$
	22.4		2×22.4		3×32
	19,200		2×19,200		$19,200 \times 3 \times \frac{32}{22.4}$

	NO	+	H_2S	→	$S + \frac{1}{2}N_2 + H_2O$
	22.4		22.4		32
	9,600		9,600		$9,600 \times \frac{32}{22.4}$

3) 투입된 H_2S량

$2 \times 19,200[\text{Sm}^3/\text{month}] + 9,600[\text{Sm}^3/\text{month}] = 48,000[\text{Sm}^3/\text{month}]$

4) 회수되는 S량

$19,200[\text{Sm}^3/\text{month}] \times 3 \times \frac{32[\text{kg}]}{22.4[\text{Sm}^3]} + 9,600[\text{Sm}^3/\text{month}] \times \frac{32[\text{kg}]}{22.4[\text{Sm}^3]}$
$= 96,000[\text{kg/month}] = 96[\text{ton/month}]$

105 시간당 500[Sm³]을 배출하는 배출가스 중 Cl₂ 가스와 NO 가스를 동시에 함유되어 있는데 이 유해가스를 착염흡수법으로 먼저 NO를 처리하고, Cl₂ 가스는 배출가스의 온도를 45[℃]로 저하시킨 다음 처리하였다. 이때 Cl₂ 가스와 NO 가스를 처리하는 데 FeSO₄를 사용하였는데 이 양(kg)을 계산하시오. (단, Cl₂ 가스의 농도는 1,000[ppm], NO 가스의 농도는 500[ppm]이었고, 반응률은 100[%]이고, FeSO₄의 순도도 100[%]이었다.)

해답
NO의 부피 $= 500 \times 10^{-6} \times 500 [\text{Sm}^3/\text{h}] = 0.25 [\text{Sm}^3/\text{h}]$
Cl₂의 부피 $= 1,000 \times 10^{-6} \times 500 [\text{Sm}^3/\text{h}] = 0.5 [\text{Sm}^3/\text{h}]$
반응식: $NO + FeSO_4 \rightarrow Fe(NO)SO_4$, $Cl_2 + 2FeSO_4 \rightarrow 2FeClSO_4$
NO 가스 제거 시 FeSO₄량은 $22.4[\text{Sm}^3] : 152[\text{kg}] = 0.25[\text{Sm}^3/\text{h}] : x[\text{kg/h}]$
∴ $x = 1.696 [\text{kg/h}]$
Cl₂ 가스 제거 시 FeSO₄량은 $22.4[\text{Sm}^3] : 2 \times 152[\text{kg}] = 0.5[\text{Sm}^3/\text{h}] : y[\text{kg/h}]$
∴ $y = 6.786 [\text{kg/h}]$
∴ 필요한 FeSO₄량 $= x + y = 1.696 + 6.786 = 8.479 [\text{kg/h}]$

참고 Cl₂ 가스의 온도를 45[℃]로 저하시키는 이유는 발열반응을 방지하기 위해서 조치한 것임

106 어떤 제조업체의 생산시설에서 발생하는 염소가스를 제거하기 위해 유해가스 처리장치로 흡수탑 3개를 직렬로 연결하여 사용하였다. 흡수탑으로 유입되는 배출가스 중 염소가스의 농도는 75,000[ppm]이고, 흡수탑 1개의 제거효율이 80[%]일 경우, 흡수탑에서 나가는 공기 중 염소가스 농도(ppm)는?

해답
통과율, $P_t = (1-E_1) \times (1-E_2) \times (1-E_3)$
여기서, E_n은 각 흡수탑의 제거율
∴ 출구농도 = 입구농도 × 통과율 $= 75,000[\text{ppm}] \times (1-0.8)^3 = 600 [\text{ppm}]$

107 어떤 굴뚝의 배출가스 중 염소가스의 농도가 35.5[ppm], 배출가스량은 5,000[Sm³/h]이었다. 이 배출가스를 NaOH 용액으로 처리하여 처리장치의 출구에서 염소가스의 농도를 5[ppm]으로 하기 위한 NaOH량(kg/h)은?

해답

반응식: Cl_2 + $2NaOH$ → $NaOCl + NaCl + H_2O$
  $22.4[Sm^3]$ $2\times 40[kg]$
  $(35.5-5)\times 10^{-6} \times 5,000[Sm^3/h]$ $x[kg/h]$ ∴ $x = 0.545[kg/h]$

108 어떤 굴뚝의 배출가스 중 염소가스의 농도가 71[mg/Sm³]이었고, 시간당 배출되는 배출가스량은 5,000[Sm³/h]이었다. 이 배출가스를 NaOH 용액으로 처리하여 염소가스의 농도를 10[ppm]으로 낮추려고 한다. 이 경우 필요한 NaOH량(kg/h)은?

해답

배출가스 중 Cl_2 농도 $= 71[\mathrm{mg/Sm^3}] \times \dfrac{22.4}{71} = 22.4[\mathrm{ppm}]$

반응식: Cl_2 + $2NaOH$ → $NaOCl + NaCl + H_2O$
  $22.4[Sm^3]$ $2\times 40[kg]$
  $(22.4-10)\times 10^{-6} \times 5,000[Sm^3/h]$ $x[kg/h]$ ∴ $x = 0.22[kg/h]$

109 어떤 굴뚝의 배출가스 중 염소가스의 농도가 35[ppm], 배출가스량은 10,000[Sm³/h]이었다. 이 배출가스를 40[%] NaOH 용액(비중 1.1)으로 처리하여 처리장치의 출구에서 염소가스의 농도를 5[ppm]으로 할 경우, 1시간당 NaOH 용액량(L)은?

해답 반응식: Cl_2 + $2NaOH$ → $NaOCl + NaCl + H_2O$
$\quad\quad\quad$ 22.4[Sm³] $\quad\quad\quad$ 2×40[kg]
$\quad\quad\quad$ (35-5)×10⁻⁶×10,000[Sm³/h] $\quad$ x[kg/h]×0.4 $\quad$ ∴ x = 2.68[kg/h]

∴ NaOH 량(L/h) = $2.68[kg/h] \times \dfrac{1}{1.1[kg/L]}$ = 2.44[L/h]

기사·산업 출제빈도 ☆☆☆☆

110 염소가스 300[ppm]을 함유하는 배출가스 200,000[Sm³/h]를 수산화소듐 수용액으로 흡수할 때, 생성되는 차아염소산소듐의 양은 시간당 몇 [kg]인가? (단, 염소가스는 100[%] 반응을 하며, Na 및 Cl의 원자량은 각각 23 및 35.5이다.)

해답 반응식: $Cl_2 + 2NaOH$ → $NaOCl + NaCl + H_2O$ 에서
$\quad$ 22.4[Sm³] : 74.5[kg] = 300×10⁻⁶×200,000 : x[kg/h]
∴ x = 199.55[kg/h]

기사·산업 출제빈도 ☆☆☆

111 어떤 굴뚝의 배출가스 중 염소가스를 함유하는 배출가스량이 45,000[Sm³/h]이었다. 이 배출가스 중 염소가스를 제거하기 위해 95[%] NaOH 200[kg/h]을 사용하여 NaOCl, NaCl을 회수하였다. 염소가스 제거율을 80[%]로 하였을 때 다음 물음에 답하시오.

1) 제거할 수 있는 염소가스량(Sm³/h)은?
2) 배출가스 중 염소가스의 농도(ppm)는? (단, 유해가스 처리장치의 입구농도를 기준으로 한다.)
3) NaOCl, NaCl의 회수량(kg/h)은?
4) 유해가스 처리장치의 출구에서의 염소가스의 농도(ppm)는?

해답

1) 반응식: $Cl_2 + 2NaOH \rightarrow NaOCl + NaCl + H_2O$

   $\quad\quad\quad\quad 22.4 \quad\quad 2\times 40$

   $\quad\quad\quad\quad x\times 0.8 \quad 200[kg/h]\times 0.95 \quad\quad \therefore x = 66.5[Sm^3/h]$

2) $Cl_2 = \dfrac{66.5[Sm^3/h]}{45,000[Sm^3/h]} \times 10^6 = 1,477.78[ppm]$

3) 1)의 반응식에서 Cl_2 : NaCl이므로

   $22.4[Sm^3] : 58.5[kg] = 66.5[Sm^3/h] : x[kg/h]$

   $\therefore$ NaCl량 = 173.67[kg/h]

   Cl_2 : NaOCl이므로 $22.4[Sm^3] : 74.5[kg] = 66.5[Sm^3/h] : y[kg/h]$

   $\therefore$ NaOCl량 = 221.17[kg/h]

4) 출구농도 = 입구농도 × 통과율 = $1,477.78 \times (1-0.8) = 295.56[ppm]$

기사·산업 출제빈도 ★★★☆

112 어떤 굴뚝의 배출가스 중 염소가스를 함유하는 배출가스량이 5,000[Sm³/h]이었다. 이 배출가스 중 염소가스를 제거하기 위해 99[%] NaOH 20[kg/h]을 사용하여 NaOCl, NaCl을 회수하였다. 염소가스 제거율을 70[%]로 하였을 때 다음 물음에 답하시오.

1) 굴뚝으로 배출되는 배출가스 중 염소가스의 농도(ppm)는?
2) NaOCl의 회수량(kg/h)은?

해답

1) 반응식: $Cl_2 + 2NaOH \rightarrow NaOCl + NaCl + H_2O$

   $\quad\quad\quad\quad 22.4 \quad\quad 2\times 40$

   $\quad\quad\quad\quad x\times 0.8 \quad 20[kg/h]\times 0.99$

   $\therefore$ 유해가스 처리장치 입구의 Cl_2 가스량, $x = 7.92[Sm^3/h]$

   출구 Cl_2 가스 농도 = $(1-0.7)\times \dfrac{7.92}{5,000}\times 10^6 = 475.2[ppm]$

2) 반응식에서 Cl_2 : NaOCl이므로

   $22.4[Sm^3] : 74.5[kg] = 7.92\times 0.7[Sm^3/h] : y[kg/h]$

   $\therefore$ NaOCl량, $y = 18.44[kg/h]$

기사·산업 출제빈도 ★★☆☆

113 염소가스 농도(부피기준)가 2.24[%]인 어떤 배출가스 10,000 [Sm³/h]를 수산화소듐 수용액으로 세정처리하고 그 액을 회수하였다. 시간당 필요한 수산화소듐의 이론량(kg/h)은? (단, 흡수율은 100[%], Na 원자량 23, Cl 원자량 35.5로 한다.)

해답

반응식: Cl_2 + $2NaOH$ → $NaOCl + NaCl + H_2O$

$22.4[Sm^3]$: $2\times40[kg]$

$10,000[Sm^3/h]\times0.024$: $x[kg/h]$ ∴ $x = 800[kg/h]$

기사·산업 출제빈도 ★★★★★

114 염소가스 농도(부피기준)가 0.5[%]인 어떤 배출가스 5,000 $[Sm^3/h]$를 수산화칼슘 현탁액으로 세정처리해서 배출가스 중 염소를 제거하려고 할 경우, 이론적으로 필요한 수산화칼슘량(kg/h)은? (단, 반응식을 반드시 표기하여 문제를 풀이하시오.)

해답

배출가스 중 Cl_2 부피 $= 5,000[Sm^3/h]\times0.005 = 25[Sm^3/h]$

반응식: $2Cl_2 + 2Ca(OH)_2$ → $CaCl_2 + Ca(OCl)_2 + 2H_2O$

$\quad\quad 2\times22.4 \quad 2\times74$

$\quad\quad\quad 25 \quad\quad\quad x$

∴ $x = 25[Sm^3/h]\times\dfrac{148[kg]}{2\times22.4[Sm^3]} = 82.59[kg/h]$

기사·산업 출제빈도 ★★★★★

115 염소가스 농도(부피기준)가 4,000[ppm]인 어떤 배출가스 10,000$[Sm^3/h]$를 수산화칼슘 현탁액으로 세정처리해서 배출가스 중 염소를 제거하려고 할 경우, 이론적으로 필요한 수산화칼슘량(kg/h)은? (단, 반응식을 반드시 표기하여 문제를 풀이하시오.)

해답

배출가스 중 Cl_2 부피 $= 4,000\times10^{-6}\times10,000[Sm^3/h] = 40[Sm^3/h]$

반응식 : $2Cl_2 + 2Ca(OH)_2$ → $CaCl_2 + Ca(OCl)_2 + 2H_2O$

$\quad\quad 2\times22.4 \quad 2\times74$

$\quad\quad\quad 40 \quad\quad\quad x$

∴ $x = 40[Sm^3/h]\times\dfrac{148[kg]}{2\times22.4[Sm^3]} = 132.14[kg/h]$

기사·산업 출제빈도 ★★★★

116 염소가스 농도(부피기준)가 4,000[ppm]인 어떤 배출가스 10,000[Sm³/h]를 수산화칼슘 현탁액으로 세정처리해서 배출가스 중 염소를 제거하였다. 처리된 배출가스 중 Cl_2 가스의 농도(ppm)은? (단, 수산화칼슘 현탁액의 순도는 60[%]이고, 반응률은 100[%]이다.)

해답

배출가스 중 Cl_2 부피 $= 4,000 \times 10^{-6} \times 10,000 [Sm^3/h] = 40 [Sm^3/h]$

반응식: $2Cl_2\ +\ 2Ca(OH)_2 \rightarrow CaCl_2 + Ca(OCl)_2 + 2H_2O$
$\quad\quad\ 2 \times 22.4 [Sm^3]\quad\ 2 \times 74 [kg]$
$\quad\quad\ x [Sm^3]\quad\quad\quad\ 200 [kg] \times \dfrac{60}{100}\quad\quad \therefore\ x = 36.32 [Sm^3]$

$Ca(OH)_2$와 반응 후 남아 있는 Cl_2의 부피 $= 40 - 36.32 = 3.68 [Sm^3]$

처리된 배출가스 중 Cl_2 가스의 농도(ppm)
$= \dfrac{Cl_2의\ 양}{배출가스량} = \dfrac{3.68 [Sm^3]}{10,000 [Sm^3]} \times 10^6 = 368 [ppm]$

기사 출제빈도 ★★

117 염산을 제조하는 장치에서 배출되는 가스상물질 중 25[%] HCl 증기와 75[%] 공기가 함유되어 있다. 이 가스상물질을 흡수장치를 통과시켜 HCl 증기 98[%]를 제거하려고 한다. 이 경우 배출가스는 50[℃], 743[mmHg]의 조건으로 흡수장치로 유입되어 30[℃], 738[mmHg] 상태로 유출된다고 할 때 다음 물음에 답하시오.

1) 흡수장치로 유입되는 배출가스 100[m³]당 유출되는 가스의 체적(m³)은?
2) 흡수장치에서 유출되는 공기와 HCl 증기의 조성(%)은?
3) 흡수장치로 유입되는 배출가스 100[m³]당 제거된 HCl 증기의 질량(kg)은?

해답

1) 배출가스 100[m³] 중 공기량 $= 100 \times 0.75 = 75 [m^3]$
배출가스 100[m³] 중 HCl 증기량 $= 100 \times 0.25 = 25 [m^3]$

$\therefore$ 유출되는 공기량, $V_1 = 75 \times \dfrac{(30+273)}{(50+273)} \times \dfrac{743}{738} = 70.83 [m^3]$

흡수장치를 통과하여 유출되는 HCl 증기량은 온도와 압력의 변화량과 제거율을 고려하여 계산한다.

$$V_2 = 25 \times \frac{(30+273)}{(50+273)} \times \frac{743}{738} = 23.61 [\mathrm{m}^3]$$

∴ $23.61 \times (1-0.98) = 0.47 [\mathrm{m}^3]$

∴ 유출가스의 체적(m^3)은 공기와 HCl 증기의 합이므로,
70.83 + 0.47 = 71.30 [m^3]

2) 유출가스 중 공기의 조성 = $\frac{70.83}{71.30} \times 100 = 99.34 [\%]$

유출가스 중 HCl의 조성 = $\frac{0.47}{71.30} \times 100 = 0.66 [\%]$

3) 배출가스 100[m^3]를 STP로 환산하면 $100 \times \frac{273}{273+50} \times \frac{740}{760} = 82.3 [\mathrm{Sm}^3]$

∴ $82.3 [\mathrm{Sm}^3] \times 0.25 \times 0.98 \times \frac{36.5 [\mathrm{kg}]}{22.4 [\mathrm{Sm}^3]} = 32.86 [\mathrm{kg}]$

118 어떤 공장의 굴뚝에서 배출되는 가스 중 염화수소의 농도를 측정하였더니 250[ppm]이었다. 이 배출시설의 염화수소 배출허용기준은 80[$\mathrm{mg/Sm}^3$]일 경우, 이 배출허용기준에 적합하게 배출하기 위해서는 염화수소 농도를 현재의 몇 [%] 이하로 하여야 하는가? (단, 원자량 Cl = 35.5이다.)

해답

ppm과 $\mathrm{mg/Sm}^3$의 관계식 $\mathrm{ppm} \times \frac{분자량}{22.4} = \mathrm{mg/Sm}^3$ 으로부터

염화수소의 농도 $250 [\mathrm{ppm}] \times \frac{36.5}{22.4} = 407.4 [\mathrm{mg/Sm}^3]$

∴ $407.4 [\mathrm{mg/Sm}^3] \times \frac{x}{100} = 80 [\mathrm{mg/Sm}^3]$, ∴ $x = 19.64 [\%]$

염화수소의 배출허용기준에 적합하게 배출하기 위해서는 염화수소 농도를 현재의 19.64[%] 이하로 줄여야 한다.

119 메테인(CH_4)과 염소가스(Cl_2)를 이용(염소화)하여 테트라클로로에틸렌(CCl_4)을 제조할 경우, 메테인 1[Sm^3]에 대하여 이론적으로 부생 가능한 HCl의 양(Sm^3)은?

해답

- 메테인의 염소화 반응식

$$2CH_4 + 6Cl_2 \rightarrow C_2Cl_4 + 8HCl$$

2×22.4 $\qquad\qquad\qquad 8\times 22.4$

$1[Sm^3]$ $\qquad\qquad\qquad x[Sm^3]$ $\qquad \therefore\ x=4[Sm^3]$

- CH_4를 CCl_4로 제조할 때 반응식

$$CH_4 + 4Cl_2 \rightarrow CCl_4 + 4HCl$$

$1[Sm^3]$ $\qquad\qquad\qquad 4[Sm^3]$

기사·산업 출제빈도 ★★★★★

120 어떤 공장의 굴뚝에서 배출하는 가스량이 시간당 $1,000[Sm^3]$이고, 이 배출가스 중 염화수소의 농도가 $900[mL/Sm^3]$이었다. 이 배출가스를 물을 순환하여 사용하는 분무탑으로 수세 처리하여 염화수소 가스를 제거할 경우, 10시간 후 순환수 중에 흡수된 염화수소를 중화시키는 데 필요한 수산화칼슘($Ca(OH)_2$)양(kg)은? (단, 분무탑의 제거효율은 100[%]이고 Ca의 원자량은 40이다.)

해답

배출가스 중 HCl의 양(Sm^3)
$= 900[mL/Sm^3] \times 1,000[Sm^3/h] \times 10[h] = 9.0[Sm^3]$

반응식: $2HCl + Ca(OH)_2 \rightarrow CaCl_2 + 2H_2O$

$\qquad 2\times 22.4[Sm^3] \qquad 74[kg]$

$\qquad 9[Sm^3] \qquad\qquad x[kg] \qquad \therefore\ x=\dfrac{74\times 9}{2\times 22.4}=14.87[kg]$

참고 HF와 $Ca(OH)_2$의 반응식: $2HF + Ca(OH)_2 \rightarrow CaF_2 + 2H_2O$

기사·산업 출제빈도 ★★★★★

121 표준상태에서 염화수소 0.05[%]가 포함된 배출가스 $1,000[Sm^3/h]$를 수산화칼슘 현탁액으로 처리하여 염화칼슘으로 제거할 경우, 이론적으로 필요한 수산화칼슘량(kg/h)은? (단, Ca의 원자량은 40이다.)

해답

반응식 : $2\,HCl + Ca(OH)_2 \rightarrow CaCl_2 + 2\,H_2O$

$2 \times 22.4[Sm^3]$ $74[kg]$

$1,000 \times \dfrac{0.05}{100}[Sm^3/h]$ $x[kg/h]$ $\therefore x = 0.83[kg/h]$

기사·산업 출제빈도 ☆☆☆

122 어떤 공장의 굴뚝에서 HCl 증기를 함유한 배출가스량이 1,200 [Sm³/h]인데 HCl 증기를 제거하기 위해 수세탑을 설치하여 수세탑의 폐수를 중화시키려고 소석회 1.3[kg/h]를 사용하였다. 이때 HCl 증기가 모두 물에 흡수되었을 경우, 배출가스 중 HCl 증기의 농도(ppm)은? (단, 소석회의 순도는 100[%]이다.)

해답

반응식 : $2\,HCl + Ca(OH)_2 \rightarrow CaCl_2 + 2\,H_2O$

$2 \times 22.4[Sm^3]$ $74[kg]$

$x[Sm^3/h]$ $1.3[kg/h]$ $\therefore x = \dfrac{2 \times 22.4 \times 1.3}{74} = 0.787[Sm^3/h]$

$\therefore$ 배출가스 중 HCl 증기의 농도(ppm) $= \dfrac{0.787[Sm^3/h]}{1,200[Sm^3/h]} \times 10^6 = 655.86[ppm]$

기사·산업 출제빈도 ☆☆☆☆

123 어떤 공장의 굴뚝에서 배출하는 가스량이 시간당 1,000[Sm³]이고, 이 배출가스 중 염화수소의 농도가 600[mL/Sm³]이었다. 이 배출가스를 10[m³]의 물을 순환하여 사용하는 충전탑으로 수세 처리하여 염화수소가스를 제거할 경우, 8시간 후 순환수 중에 흡수된 염화수소 농도는 몇 [N]인가? (단, 물의 증발손실은 없고, 제거효율은 100[%]이다.)

해답

배출가스 중 HCl의 부피(Sm^3)

$= 600[mL/Sm^3] \times 1,000[Sm^3/h] \times 8[h] \times 10^{-3}[L/mL] = 4,800[L]$

순환수 1[L]당 HCl 몰수

$= \dfrac{4,800[L]}{22.4[L/mol] \times 10[m^3] \times 10^3[L/m^3]} = 0.0214[mol] = 0.02[N]$

기사 출제빈도 ★★★

124 220[ppm]의 HCl을 함유한 어떤 공장의 굴뚝에서 배출하는 가스량이 300[Sm³/h]이고, 이 배출가스를 처리하기 위해 액가스비 1[L/Sm³]의 수세 분무탑을 사용하였다. 이 수세 분무탑에서 발생하는 폐수를 중화시키기 위해 0.5[N] NaOH를 사용하였는데 이때 필요한 0.5[N] NaOH량(L/h)은? (단, HCl의 흡수율은 100[%]이다.)

해답

염산가스와 수산화소듐의 반응식은 $HCl + NaOH \rightarrow NaCl + H_2O$ 이다.

배출가스 중 HCl량 $= 220[mL/Sm^3] \times 300[Sm^3/h] \times \dfrac{36.5[g]}{22,400[mL]}$

$= 107.54[g/h]$

액가스비가 1[L/Sm³]이므로 HCl 107.54[g]이 300[L]의 H_2O에 녹게 된다.

이때 HCl의 규정농도(N) $= \dfrac{107.5}{36.5 \times 300} = 0.01[N]$

중화반응의 공식 $N_1 \times V_1 = N_2 \times V_2$에서 $0.01 \times 300 = 0.5 \times V_2$

∴ 0.5[N] NaOH량(L/h) = 6[L/h]

기사 출제빈도 ★★

125 염산 증기를 배출하는 어떤 공장에서 충전탑으로 HCl의 85[%]를 제거하고 있다. 충전탑으로 들어오는 혼합기체 유입유량은 100[m³]이고 유입되는 혼합기체의 구성비는 HCl 20[%], 공기 80[%] 이며, 유입구의 온도와 압력은 40[℃], 733[mmHg], 유출구의 온도와 압력은 20[℃], 728[mmHg]이다. 다음 물음에 답하시오.

1) 충전탑 유출구에서 배출되는 혼합기체의 양(m³)은?
2) 충전탑 유출구에서 배출되는 혼합기체의 건조조성(vol, %)을 구하시오.
3) 흡수된 HCl의 표준상태에서의 양(kg)을 구하시오.

해답

1) 염산 증기의 양 $= 100 \times 0.2 \times (1 - 0.85) \times \dfrac{273 + 20}{273 + 40} \times \dfrac{733}{760} = 2.83 [\text{m}^3]$

   공기의 양 $= 100 \times 0.8 \times \dfrac{273 + 20}{273 + 40} \times \dfrac{733}{728} = 75.40 [\text{m}^3]$

   $\therefore\ 2.83 + 75.40 = 78.23 [\text{m}^3]$

2) 염산 증기의 건조조성(%) $= \dfrac{2.83}{78.23} \times 100 = 3.62 [\%]$

   공기의 건조조성(%) $= \dfrac{75.40}{78.23} \times 100 = 96.38 [\%]$

3) 흡수된 HCl의 표준상태에서의 양(kg)

   $= 100 \times 0.2 \times 0.85 \times \dfrac{273}{273 + 40} \times \dfrac{733}{760} \times \dfrac{36.5}{22.4} = 23.30 [\text{kg}]$

기사·산업 출제빈도 ☆☆☆

126 어떤 공장의 굴뚝에서 배출하는 가스량이 시간당 1,000[Sm³]이고, 이 배출가스 중 염화수소의 농도가 600[mL/Sm³]이었다. 이 배출가스를 25[m³]의 물을 순환하여 사용하는 분무탑으로 수세 처리하여 염화수소 가스를 제거할 경우, 12시간 후 순환수 중에 흡수된 염화수소 농도는 몇 [mol]이며, 이때 순환수의 pH는? (단, 물의 증발손실은 없고, 제거효율은 100[%]이다.)

해답

배출가스 중 HCl의 부피(Sm³)
$= 600 [\text{mL/Sm}^3] \times 1,000 [\text{Sm}^3/\text{h}] \times 12 [\text{h}] \times 10^{-3} [\text{L/mL}] = 7,200 [\text{L}]$

순환수 1[L]당 HCl 몰수 $= \dfrac{7,200 [\text{L}]}{22.4 [\text{L/mol}] \times 25 [\text{m}^3] \times 10^3 [\text{L/m}^3]} = 0.0128 [\text{mol}]$

$\text{HCl} \rightarrow \text{H}^+ + \text{Cl}^-$ 에서

$\therefore\ \text{pH} = -\log[\text{H}^+] = -\log 0.0128 = 1.89$

기사·산업 출제빈도 ☆☆☆☆☆

127 어떤 공장의 굴뚝에서 배출하는 배출가스 중 플루오르화수소 농도를 측정하였더니 20[ppm]이었다. 플루오르 화합물의 배출허용 기준이 플루오르의 양으로 환산하면 5[mg/Sm³]일 경우, 이 배출가스 중 플루오르화수소는 몇 [%]를 제거해야 하는가? (단, F의 원자량은 19이다.)

해답

HF 20[ppm]을 F[mg/Sm³]로 환산하면 $20 \times \dfrac{20}{22.4} \times \dfrac{19}{20} = 16.964 [\text{mg/Sm}^3]$

∴ 제거해야 할 HF는 $\dfrac{16.964 - 5}{16.964} \times 100 = 70.53 [\%]$

빙정석(cryolite)

Na_3AlF_6(헥사플루오로알루민산소듐)의 화학조성을 가지며 그린란드 서해안의 이비투트에서 한때 대량으로 매장된 것이 확인된 흔치 않은 광물로, 1987년에 고갈되었다. 빙정석은 역사적으로 알루미늄 광석으로 사용되었으며, 이후에 알루미늄이 풍부한 산화물 광석인 보크사이트의 전기분해 처리 과정에서 사용되었다.

기사 출제빈도 ☆☆☆

128 순수한 빙정석(Na_3AlF_6)으로 1일 150[kg]의 알루미늄 금속을 생산하는 금속가열로에서 배출되는 배출가스의 유량은 2,000 [m³/min]이다. 온도 47[℃], 압력 750[mmHg]인 배출가스 중 플루오르 농도(mg/Sm³)는? (단, 빙정석에 함유된 알루미늄은 전량 추출되며, F는 배출가스 중에 포함되고, 원자량 Al = 27, F = 19이다.)

해답

빙정석(Na_3AlF_6)에서 알루미늄과 플루오르의 비율은 Al : 6F이므로
$27 : 6 \times 19 = 150 [\text{kg/day}] : x [\text{kg/day}]$

∴ 플루오르(F) $x = 633.3 [\text{kg/day}]$

온도 47[℃], 압력 750[mmHg]인 배출가스 유량 2,000[m³/min]을 STP로 환산하면
$Q = 2,000 [\text{m}^3/\text{min}] \times \dfrac{273 [\text{K}]}{(273+47)[\text{K}]} \times \dfrac{750 [\text{mmHg}]}{760 [\text{mmHg}]} = 1,683.8 [\text{Sm}^3/\text{min}]$

$F = 633.3 [\text{kg/day}]$를 mg/min으로 환산하면
$633.3 [\text{kg/day}] \times 10^6 [\text{mg/kg}] \times \dfrac{1}{1,440 [\text{min/day}]} = 0.44 \times 10^6 [\text{mg/min}]$

∴ 배출가스 중 플루오르 농도(mg/Sm³)
$= \dfrac{0.44 \times 10^6 [\text{mg/min}]}{1,683.8 [\text{Sm}^3/\text{min}]} = 261.3 [\text{mg/Sm}^3]$

기사 출제빈도 ☆☆☆

129 순수한 빙정석(Na_3AlF_6)으로 1일 150[kg]의 알루미늄 금속을 생산하는 금속가열로에서 배출되는 배출가스의 유량은 2,000 [m³/min]이다. 온도 47[℃], 압력 750[mmHg]인 배출가스 중 플루오르의 배출허용기준이 F로서 5[ppm]일 경우, 이 공장의 플루오르 처리시설의 처리효율은 최소한 몇 [%]가 되어야 하는가? (단, 빙정석에 함유된 알루미늄은 전량 추출되며, F는 배출가스 중에 포함되고, 원자량 Al = 27, F = 19이다.)

해답

빙정석(Na_3AlF_6)에서 알루미늄과 플루오르의 비율은 Al : 6F이므로

$27 : 6 \times 19 = 150[kg/day] : x[kg/day]$

∴ 플루오르(F) $x = 633.3[kg/day] = 0.44[kg/min]$

온도 47[℃], 압력 750[mmHg]인 배출가스 유량 2,000[m^3/min]을 STP로 환산하면

$Q = 2,000[m^3/min] \times \dfrac{273[K]}{(273+47)[K]} \times \dfrac{750[mmHg]}{760[mmHg]} = 1,683.8[Sm^3/min]$

∴ 배출가스 중 플루오르 농도(mg/Sm^3)

$= \dfrac{0.44 \times 10^6 [mg/min]}{1,683.8 [Sm^3/min]} = 261.3[mg/Sm^3]$

플루오르의 배출허용기준이 F로서 5[ppm]을 mg/Sm^3 단위로 환산하면,

$5 \times \dfrac{19}{22.4} = 4.24[mg/Sm^3]$

∴ 처리효율, $\eta = \dfrac{261.3 - 4.24}{261.3} \times 100 = 98.38[\%]$

기사 출제빈도 ☆☆☆

130 어떤 공장의 굴뚝에서 배출하는 가스량이 시간당 10,000[Sm^3]이고, 이 배출가스 중 플루오르화수소의 농도가 60[mL/Sm^3]이었다. 이 배출가스 중 플루오르화수소를 제거하기 위해 10[m^3]의 물을 순환하여 사용하는 분무탑을 설치하였다. 이 분무탑(세정탑)을 1일 10시간 가동시킨다고 할 때, 6일 후에 순환수 중 플루오르(불소)의 농도(mg/L)는? (단, 물의 증발 손실은 없으며, 세정탑의 제거효율은 100[%]이고, F의 원자량은 19이다.)

📝 **분무탑(spray tower)**
흡수탑(packed tower scrubber)이라고 하며 다수의 분사노즐을 사용하여 세정액을 미립화시켜 흡수한 오염가스 중에 분무하는 방식으로 유해가스를 처리하는 장치이다.

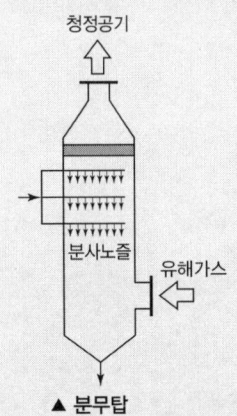
▲ 분무탑

해답

6일 동안 흡수된 HF의 양(L)
$= 60[mL/Sm^3] \times 10,000[Sm^3/h] \times 10[h/day] \times 6[day] = 36,000[L]$

순환수 1[L]당 HF의 몰수
$= \dfrac{36,000[L] \ HF}{22.4[L/mol] \times 10[m^3] \times 1,000[L/m^3]} = 0.1607[mol\ HF/L]$

∴ 순환수 중 F의 농도(mg/L)
$= 0.1607[mol/L] \times 19[g/mol] \times 1,000[mg/g] = 3,053.57[mg/L]$

기사·산업 출제빈도 ☆☆☆

131 어떤 배출가스 중 플루오르화수소의 농도가 200[ppm]이고, 유량이 5,000[Sm^3/h]인 배출가스를 물 10[m^3]를 계속 순환시켜 HF를 80[%]까지 회수하였다. 5시간 후 순환수 중 HF의 농도(mole)는?

해답

흡수된 HF 가스의 부피
$= 200 \times 10^{-6} \times 5,000 [Sm^3/h] \times 5[h] \times 10^3 [L/m^3] \times 0.8 = 4,000[L]$

HF 농도 $= \dfrac{4,000[L]}{10[m^3] \times 10^3 [L/m^3] \times 22.4[L/mole]} = 0.02[mole]$

기사·산업 출제빈도 ★★☆

132 어떤 공장의 굴뚝에서 배출하는 가스량이 시간당 1,000[Sm^3]이고, 이 배출가스 중 플루오르화수소의 농도가 250[mL/Sm^3]이었다. 이 배출가스 중 플루오르화수소를 제거하기 위해 10[m^3]의 물을 순환하여 사용하는 분무탑을 설치하였다. 이 분무탑(세정탑)을 10시간 가동시킨다고 할 때, 순환수의 pH는? (단, HF의 흡수율과 전리도는 100[%]이다.)

해답

HF의 부피 : $250[mL/Sm^3] \times 1,000[Sm^3/h] \times 10[h] = 2,500[L]$

순환수 1[L]당 HF 몰수 : $\dfrac{2,500[L]}{22.4[L/mol] \times 10 \times 10^3 [L]} = 0.011[mol/L]$

$HF \rightleftarrows H^+ + F^-$ 에서 전리도가 100[%]이므로

$pH = -\log[H^+] = -\log 0.011 = 1.96$

기사·산업 출제빈도 ★★☆

133 어떤 공장의 굴뚝에서 배출하는 가스량이 시간당 10,000 [Sm^3]이고, 이 배출가스 중 플루오르화수소의 농도가 30[mL/Sm^3]이었다. 이 배출가스 중 플루오르화수소를 제거하기 위해 순환수로 세정 흡수시킨 후 Ca(OH)$_2$로 침전시켜서 제거한다. 하루 10시간을 운전하는 경우, 6일간 필요한 Ca(OH)$_2$의 이론량(kg)은? (단, HF는 100[%] 순환수에 흡수되고, 반응률도 100[%]로 한다.)

해답

HF 흡수량
$= 30[mL/Sm^3] \times 10,000[Sm^3/h] \times 10[h/day] \times 6[day] \times 10^{-6} [Sm^3/mL]$
$= 18[Sm^3]$

반응식: $2\,HF\ +\ Ca(OH)_2\ \to\ CaF_2 + 2\,H_2O$
$2\times 22.4[Sm^3]$ $74[kg]$
$18[Sm^3]$ $x[kg]$ $\therefore x = 29.73[kg]$

기사·산업 출제빈도 ★★★

134 어떤 공장의 굴뚝에서 배출하는 가스량이 시간당 100,000 $[Sm^3]$이고, 이 배출가스 중 플루오르화수소의 농도가 85[ppm]이었다. 플루오르 화합물의 배출허용기준이 플루오르의 양으로 5$[mg/Sm^3]$일 경우 다음 물음에 답하시오.

1) 이 배출가스에서 줄여야 할 플루오르의 양(kg/h)은?
2) 배출허용기준을 유지하기 위해 $Ca(OH)_2$를 이용한 습식 흡수법을 적용하였을 경우, $Ca(OH)_2$량(kg/h)은? (단, $Ca(OH)_2$ 용액의 순도는 70[%]이고, 반응률은 100[%]이다.)

해답

1) HF[ppm]을 mg/Sm^3과 F로 변경

$$85[ppm] \times \frac{20}{22.4} \times \frac{19}{20} = 72.1[mg/Sm^3]$$

$\therefore (72.1 - 5)[mg/Sm^3] \times 100,000[Sm^3/h] \times 10^{-6}[kg/mg] = 6.21[F\ kg/h]$

2) 반응식 : 반응식
$2\,HF\ +\ Ca(OH)_2\ \to\ CaF_2 + 2\,H_2O$
$2\times 20[kg]$ $74[kg]$
$6.21\times\frac{20}{19}[kg/h]$ $x\times 0.7[kg/h]$ $\therefore x = 17.28[kg/h]$

기사·산업 출제빈도 ★★★

135 어떤 공장의 굴뚝에서 배출하는 가스량이 500$[Sm^3/h]$이고, 이 배출가스 중 플루오르화수소의 농도가 450$[mL/Sm^3]$이었다. 이 배출가스 중 플루오르화수소를 제거하기 위해 10$[m^3]$의 물을 순환하여 사용하는 분무탑을 설치하였다. 이 분무탑(세정탑)을 5시간 가동시킨다고 할 때, 순환수 중 HF농도는 몇 규정도(N)인가? (단, 물의 증발손실은 없고, 흡수효율은 100[%]이다.)

해답

HF의 부피 = $450[\text{mL/Sm}^3] \times 500[\text{Sm}^3/\text{hr}] \times 5[\text{hr}] = 1,125[\text{L}]$

순환수 1[L]당 HF 몰수 = $\dfrac{1,125[\text{L}]}{22.4[\text{L/mol}] \times 10 \times 10^3[\text{L}]} = 5.02 \times 10^{-3}[\text{mol/L}]$

$= 5.02 \times 10^{-3}[\text{N}]$

(∵ HF는 1가 이온이므로 M = N)

기사·산업 출제빈도 ☆☆☆☆

136 형석(CaF_2)을 황산으로 분해하면 HF가 제조된다. 1[Sm^3]의 HF를 얻기 위해 필요한 형석의 이론량(kg)은? (단, 사용된 형석의 순도는 100[%]이고, Ca의 원자량은 40, F의 원자량은 19이다.)

해답

형석과 황산의 반응식 : CaF_2 + $2H_2SO_4$ → $2HF + CaSO_4$

78[kg]　　　　　　　　$2 \times 22.4[\text{Sm}^3]$

x[kg]　　　　　　　　1[Sm^3]　　∴ $x = 1.74$[kg]

기사 출제빈도 ☆☆

137 인산 제조공장에서 인광석($Ca_5F(PO_4)_3$)을 황산으로 분해하여 인산 5[ton/day]를 생산하였다. 여기에 부생되는 석고(이수염)($CaSO_4 \cdot 2H_2O$)[kg/day]과 HF량(Sm^3/day)을 구하고, 생성된 HF를 침전시키기 위해 사용되는 황산칼슘($CaSO_4$)의 사용량(kg/day)은? (단, 원자량 P = 31, Ca = 40, F = 19이고, 인광석과 황산의 반응식은 다음과 같다.)

$$Ca_5F(PO_4)_3 + 5H_2SO_4 + 10H_2O \rightarrow 3H_3PO_4 + 5CaSO_4 \cdot 2H_2O + HF$$

인광석(phosphate rock)
인회석을 함유하는 암석으로 생화학 기원의 퇴적암이다. 인회석은 화성암 기원으로 맥상으로 나타나며, 인광석은 유기물이 퇴적되어 나타나는 2차 광물질로 인(P_2O_5)을 18~40[%] 함유한다. 인광석은 인의 함량에 따라 광물 가치가 결정되며 주로 비료원료로 많이 사용된다. 이 밖에 인회석은 인산제조, 의약품, 반도체, 세라믹, 실크, 섬유, 방충제, 설탕 정련, 폭약 등에도 사용되고 있다.

해답

1) 석고(이수염) ($CaSO_4 \cdot 2H_2O$)[kg/day]과 HF량(Sm^3/day)은

반응식에서　$3H_3PO_4$　：　$5CaSO_4 \cdot 2H_2O$　：　HF 이므로

3×98[kg]　：　5×172[kg]　：　20[kg]

5,000[kg/day]　：　x[kg/day]　：　y[kg/day]

∴ $x = 14,625.85$[kg/day]

$y = 340[\text{kg/day}] \times \dfrac{22.4[\text{Sm}^3]}{20[\text{kg}]} = 380.8[\text{Sm}^3/\text{day}]$

2) 반응식 $2\,HF + CaSO_4 \rightarrow CaF_2 + H_2SO_4$ 에서
$2 \times 22.4 : 136[kg] = 380.8[Sm^3/day] : x[kg/day]$
∴ $x = 1,156[kg/day]$

138
어떤 배출가스 중 사플루오르화규소(SiF_4) 농도가 15[ppm]이다. 이 배출시설의 플루오르(F) 배출허용기준은 10[mg F/Sm^3] 이하일 경우, 사플루오르화규소(SiF_4) 농도를 현재의 몇 [%] 이하로 처리하여야 하는가? (단, 원자량 Si = 28, F = 19이다.)

해답

10[mg F/Sm^3]를 SiF_4[ppm]으로 단위 환산을 한다.

∴ $10[mg/Sm^3] \times \dfrac{22.4[Sm^3]}{104[kg]} \times \dfrac{104[kg]}{76[kg]} = 2.95[ppm]$

$15[ppm] \times \dfrac{x}{100} = 2.95[ppm]$ 에서 $x = 19.7[\%]$

∴ 사플루오르화규소(SiF_4) 농도를 현재의 19.7[%] 이하로 줄여야 한다.

139
HF 2,000[ppm], SiF_4 1,000[ppm]을 함유하는 배출가스 11,200[Sm^3/h]을 물에 흡수하여 H_2SiF_6(규불산)를 회수하려고 할 경우, 흡수율이 100[%]이라면 이론적으로 시간당 몇 [kmol]의 규불산이 회수되겠는가?

해답

HF 부피 = $2,000 \times 10^{-6} \times 11,200[Sm^3/h] = 22.4[Sm^3/h]$

SiF_4 부피 = $1,000 \times 10^{-6} \times 11,200[Sm^3/h] = 11.2[Sm^3/h]$

반응식: $2\,HF + SiF_4 \rightarrow H_2SiF_6$
         22.4   11.2 x ∴ $x = 11.2[Sm^3/h]$

$1[kmol] = 22.4[Sm^3/h]$ 이므로 $11.2[Sm^3/h] = 0.5[kmol]$

140 HF 3,000[ppm], SiF₄ 1,500[ppm]을 함유하는 배출가스 22,400[Sm³/h]을 물에 흡수하여 H₂SiF₆(규불산)를 회수하려고 할 경우, 흡수율이 100[%]이라면 이론적으로 회수할 수 있는 규불산의 양(Sm³/h)은?

해답

HF 부피 $= 3{,}000 \times 10^{-6} \times 22{,}400 [\text{Sm}^3/\text{h}] = 67.2 [\text{Sm}^3/\text{h}]$

SiF₄ 부피 $= 1{,}500 \times 10^{-6} \times 22{,}400 [\text{Sm}^3/\text{h}] = 33.6 [\text{Sm}^3/\text{h}]$

반응식: $2\,\text{HF} + \text{SiF}_4 \rightarrow \text{H}_2\text{SiF}_6$

∴ $2\,\text{HF} : \text{H}_2\text{SiF}_6 = 2 \times 22.4 : 22.4 = 67.2 [\text{Sm}^3/\text{h}] : x [\text{Sm}^3/\text{h}]$

∴ $x = 33.6 [\text{Sm}^3/\text{h}]$

141 질산 제조공장 굴뚝에서 발생하는 배출가스량이 3×10^5 [Sm³/day]이고, 그 중 HNO₃가 2,000[ppm]이 함유되어 있었다. 이 배출가스를 NH₃로 처리하여 N₂로 환원할 경우, 소요되는 NH₃량(kg/day)은? (단, 반응률은 80[%]이고, 반응식은 3HNO₃ + 5NH₃ → 4N₂ + 9H₂O이다.)

해답

HNO₃ 부피 $= 2{,}000 \times 10^{-6} \times 3 \times 10^5 [\text{Sm}^3/\text{day}] = 600 [\text{Sm}^3/\text{day}]$

반응식에서 $3 \times 22.4 [\text{Sm}^3] : 5 \times 17 [\text{kg}] = 600 [\text{Sm}^3/\text{day}] \times 0.8 : x [\text{kg/day}]$

∴ $x = 607.14 [\text{kg/day}]$

142 질산 제조공장 굴뚝에서 발생하는 배출가스량이 3×10^5 [Sm³/day]이고, 그 중 NO가 2,000[ppm], NO₂가 2,000[ppm]이 함유되어 있었다. 이 배출가스를 황산으로 처리하여 나이트로실황산으로 만들 때, 부생되는 나이트로실황산의 양(kg/day)은? (단, 반응률은 100[%]이고, 나이트로실황산은 85[%] 용액이며 반응식은 NO + NO₂ + 2H₂SO₄ → 2NOHSO₃ + H₂O이다.)

해답

NO 부피 $= 2,000 \times 10^{-6} \times 3 \times 10^5 [\text{Sm}^3/\text{day}] = 600 [\text{Sm}^3/\text{day}]$

NO_2 부피 $= 2,000 \times 10^{-6} \times 3 \times 10^5 [\text{Sm}^3/\text{day}] = 600 [\text{Sm}^3/\text{day}]$

반응식에서 NO와 NO_2가 각각 1부피씩이므로

$2 \times 22.4 : 2 \times 111 = 2 \times 600 : x[\text{kg/day}] \times 0.85$

∴ $x = 6,995.79 [\text{kg/day}]$

---

143 비스코스 섬유공장에서 발생하는 배출가스 중 이황화탄소(CS_2)를 150[℃] 이상의 고온에서 수증기 분해할 경우, 다음 물음에 답하시오.

1) CS_2와 수증기의 반응식은?
2) CS_2와 산소의 반응으로 이산화탄소와 아황산가스가 진행되는 산화반응식은?
3) 배출가스 중 CS_2 500[ppm], 처리가스량이 100,000[Sm^3/h]일 경우, 수증기 분해 시 요구되는 수증기 사용량(Sm^3/h)과 이때 발생되는 H_2S량(Sm^3/h)은?
4) 이 반응에서 발생되는 H_2S의 처리 시 요구되는 NaOH량(kg/h)은? (단, 반응률은 95[%]이다.)

> **비스코스레이온의 제조**
> 인견이라고도 하며 목재펄프의 셀룰로오스를 원료로 하여 이황화탄소(CS_2)와 반응시켜 셀룰로오스잔데이트로 변화시킨 후 묽은 수산화소듐(NaOH) 용액에 용해한 후 방사한다. 인견은 가볍고 땀 흡수가 빨라 시원하며 촉감이 부드러워 여름옷으로 가장 적합하다는 평가를 받고 있다.

해답

1) $CS_2 + 2H_2O \rightarrow CO_2 + 2H_2S$
2) $CS_2 + 3O_2 \rightarrow CO_2 + 2SO_2$
3) CS_2량 $= 500 \times 10^{-6} \times 100,000 [\text{Sm}^3/\text{h}] = 50 [\text{Sm}^3/\text{h}]$

1)의 반응식에서 $CS_2 : 2H_2O$이므로

$22.4[\text{Sm}^3] : 2 \times 22.4[\text{Sm}^3] = 50[\text{Sm}^3/\text{h}] : x[\text{Sm}^3/\text{h}]$

∴ 수증기 사용량 = 100[Sm^3/h]

1)의 반응식에서 $CS_2 : 2H_2S$이므로

$22.4[\text{Sm}^3] : 2 \times 22.4[\text{Sm}^3] = 50[\text{Sm}^3/\text{h}] : y[\text{Sm}^3/\text{h}]$

∴ H_2S 발생량 = 100[Sm^3/h]

4) 반응식 $H_2S + 2NaOH \rightarrow Na_2S + 2H_2O$

$H_2S : 2NaOH$이므로

$22.4[\text{Sm}^3] : 2 \times 40[\text{kg}] = 100[\text{Sm}^3/\text{h}] : z \times 0.95[\text{kg/h}]$

∴ NaOH량(kg/h) = 375.94[kg/h]

144 황산 제조공장에서 부생되는 H_2S를 SeO_2로 제거하여 S로 환원시킬 경우, 생성되는 S의 양(kg/day)는? (단, 처리가스량은 5,000[Sm^3/h]이고, 부생된 H_2S 농도는 3,000[ppm]이다.)

반응식: $2H_2S + SeO_2 \rightarrow Se + 2H_2O + 2S$

H_2S량 $= 3,000 \times 10^{-6} \times 5,000[Sm^3/h] \times 24[h/day] = 360[Sm^3/day]$

∴ $2 \times 22.4[Sm^3] : 2 \times 32[kg] = 360[Sm^3/day] : x[kg/day]$

$x = 514.29[kg/day]$

2 처리장치설계와 환기 및 통풍장치 이해하기

학습 개요 기사·산업기사 공통
1. 흡수장치, 흡착장치 및 기타 처리장치의 설계를 이해할 수 있다.
2. 환기장치 및 통풍장치에 관한 사항을 이해할 수 있다.

충전물질(충전제)의 형태

▲ 도넛형(doughnut packs) 또는 텔러렛(tellerrette packs)

▲ 구형(sphere packs)

▲ heilex packs

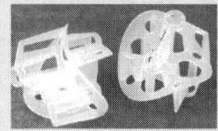
▲ 폴링형(pall ring packs)

▲ 링형(ring type packs)

▲ Intalox saddles형

기사·산업 출제빈도 ☆☆☆☆☆

001 HF를 함유한 배출가스를 충전탑에서 흡수 처리할 경우, 기상 총괄 이동단위수(N_{OG})가 8, 기상총괄 이동단위높이(H_{OG})가 0.5[m]이라면 이 충전탑의 높이(m)는?

해답
$Z = H_{OG} \times N_{OG} = 0.5[\text{m}] \times 8 = 4[\text{m}]$

기사·산업 출제빈도 ☆☆☆☆☆

002 충전탑을 설계하기 위해 모의장치(pilot plant)를 제작하여 특정 유해가스를 흡수 실험을 행하여 다음과 같은 실험결과를 얻었다. 동일 조건하에서 처리 효율 98[%]의 충전탑을 설계할 경우, 충전탑 높이(m)를 얼마로 하여야 하는가? (단, 흡수액과 흡수 가스의 평형 분압은 매우 낮음으로 무시한다.)

> [실험 조건 및 결과]
> 액가스비 : 3[L/m³], 탑 내 가스흐름속도 : 1.2[m/s], 충전제 : berl saddle 2(세라믹제), 처리효율 : 75[%], 충전 높이 : 0.7[m]

해답
실험조건으로부터 충전 높이, $Z = H_{OG} \times N_{OG}$

여기서, $N_{OG} = \ln\left(\dfrac{1}{1-E}\right) = \ln\left(\dfrac{1}{1-0.75}\right) = 1.386$

$0.7 = H_{OG}[\text{m/단}] \times 1.386$

$\therefore H_{OG} = 0.505[\text{m/단}]$

처리효율이 98[%]일 때 충전 높이

$Z = H_{OG} \times \ln\left(\dfrac{1}{1-E}\right) = 0.505 \times \ln\left(\dfrac{1}{1-0.98}\right) = 1.98[\text{m}]$

기사·산업 출제빈도 ★★★★★

003 충전탑을 사용해서 배출가스 중 HF를 수산화소듐 수용액과 향류 접촉시켜 흡수율이 90[%]로 HF를 제거한다. 동일 조작 조건에서 흡수율을 99[%]로 향상시키기 위해서 이론적으로 충전탑의 높이를 몇 배로 하면 되는가? (단, 이 경우 흡수액 상 HF의 평형분압은 없다고 가정한다.)

해답

기상총괄 이동단위수

$$N_{OG} = \int_{y_2}^{y_1} \frac{dy}{y - y_e}$$ 에서 $y_e = 0$이므로, $N_{OG} = \ln \frac{y_1}{y_2}$

∴ 흡수율(제거율) = 90[%]일 때, $N_{OG} = \ln\left(\frac{1}{1-0.9}\right) = 2.303$

흡수율(제거율) = 99[%]일 때, $N_{OG} = \ln\left(\frac{1}{1-0.99}\right) = 4.605$

∴ $\dfrac{99[\%]\text{일 때 } N_{OG}}{90[\%]\text{일 때 } N_{OG}} = \dfrac{4.605}{2.303} \fallingdotseq 2.0$

따라서 H_{OG}(이동 총괄이동단위높이)가 일정할 때 충전탑의 높이(H)는 N_{OG}에 비례하므로 2배로 증가한다.

기사·산업 출제빈도 ★★★★

004 200[ppm]의 플루오르화수소를 함유한 배출가스를 수산화소듐 수용액으로 흡수 처리하는 흡수탑이 있다. 이 탑의 정상에서 배출되는 배출가스 중 플루오르화수소의 농도는 9[mg/Sm³]이었다. 이 흡수탑의 이동단위수(N_{OG})는?

해답

먼저 ppm을 mg/Sm³으로 바꾼다.

$$\text{mg/Sm}^3 = 200 \times \frac{20}{22.4} = 178.57[\text{mg/Sm}^3]$$

∴ $N_{OG} = \ln \dfrac{C_i}{C_o} = \ln \dfrac{178.57}{9} = 2.99$

즉, 흡수탑의 이동단위수(N_{OG})는 3단으로 한다.

005 배출가스 중 플루오르(F)를 처리하려고 충전탑을 설계하였다. 충전탑으로 들어오는 배출가스 중 HF의 입구농도가 100[ppm]일 때, 출구에서 HF 농도를 측정한 결과 3[mg/Sm³]이었다면, 이 충전탑의 기상총괄 이동단위수(N_{OG})는?

해답

HF 100[ppm]을 mg/Sm³로 단위를 같게 하면,

$$100 \times 10^{-6} \times \frac{19[kg] \times 10^6 [mg/kg]}{22.4[Sm^3]} = 84.82 [mg/Sm^3]$$

충전탑의 처리효율, $\eta = 1 - \dfrac{3}{84.82} = 0.9646$

$\therefore N_{OG} = \ln \dfrac{1}{1-\eta} = \ln \dfrac{1}{1-0.9646} = 3.34$ 또는

$N_{OG} = \ln \dfrac{y_1}{y_2} = \ln \dfrac{84.82}{3} = 3.34$

즉, 충전탑의 기상총괄 이동단위수(N_{OG})는 4단으로 한다.

006 어떤 배출가스 중 HF를 기상총괄 이동단위높이가 0.6[m]인 충전탑(packed tower)을 이용하여 NaOH 수용액으로 흡수 제거하려고 한다. 98[%]의 제거효율을 얻기 위한 충전탑의 높이(m)는? (단, 배출가스 중 HF 이외에 NaOH 수용액에 흡수되는 가스성분은 없다.)

해답

기상(氣相)일 경우 충전탑의 높이를 구하는 공식은

충전탑의 높이(H) = 기상 총 이동단위수(N_{OG})×총 이동단위높이(H_{OG})

여기서, 기상 총 이동단위수(N_{OG}) = $\ln \dfrac{y_1}{y_2}$

y_1 : 충전탑 입구의 배출가스에 함유된 HF 몰 비율
y_2 : 충전탑 출구의 배출가스에 함유된 HF 몰 비율

충전탑의 흡수효율 : $\eta = \dfrac{y_1 - y_2}{y_1} \times 100 = \left(1 - \dfrac{y_2}{y_1}\right) \times 100$

$\therefore \dfrac{y_1}{y_2} = \dfrac{100}{(100-\eta)}$

$N_{OG} = \ln \dfrac{y_1}{y_2} = \ln \left(\dfrac{100}{100-\eta}\right) = \ln \left(\dfrac{100}{100-98}\right) = 3.91$

∴ 충전탑의 높이 = 3.91×0.6[m] = 2.35[m]

충전탑(packed tower)

탑 내에 충전물을 적당한 높이까지 충전하고 탑 내에 흡수액을 균일 분산하는 액분배기를 달아 흡수액과 가스를 향류 또는 병류 접촉시켜서 유해가스의 흡수나 집진을 행하는 장치이다. 충전물의 양이 다량이 될 경우, 적당한 간격으로 보존판을 설치해 이 보존판에 액분산의 역할을 시킨다.

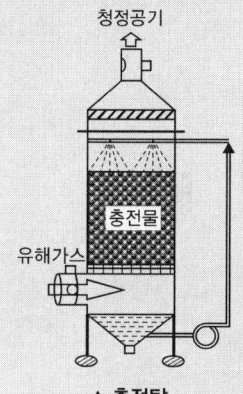

▲ 충전탑

기사 출제빈도 ★☆☆

007 충전탑으로 2[%](vol) NH₃를 함유하는 배출가스 1,200 [kg/m² · h]을 흡수 처리하여 배출 시 0.04[%](vol) NH₃로 하고자 한다. 충전탑으로 들어가는 흡수액은 2,500[kg/m² · h]의 순수한 물로 충전탑 상부에서 흘려보내어 탑 하부로 흘러나오게 한다. 이때 탑 하부로 배출되는 용액 중 NH₃ 농도(mol%)는? (단, 공기의 분자량은 29, NH₃는 17, 물은 18이다.)

해답

배출가스의 평균분자량 $= 29 \times 0.98 + 17 \times 0.02 = 28.76$

배출가스의 유량, $G_m = \dfrac{1,200[\text{kg/m}^2 \cdot \text{h}]}{28.76[\text{kg/kmol}]} \times 0.98 = 40.89[\text{kmol/m}^2 \cdot \text{h}]$

물의 유량, $L_m = \dfrac{2,500[\text{kg/m}^2 \cdot \text{h}]}{18[\text{kg/kmol}]} = 139[\text{kmol/m}^2 \cdot \text{h}]$

충전탑에서 흡수된 NH₃량

$$\dfrac{N_A}{A} = G_m \times \left(\dfrac{y_1}{1-y_1} - \dfrac{y_2}{1-y_2}\right) = L_m \times \left(\dfrac{x_1}{1-x_1} - \dfrac{x_2}{1-x_2}\right)$$

여기서, $y_1 = 0.02$, $y_2 = 0.0004$, $x_1 = ?$, $x_2 = 0$이므로

$$\dfrac{N_A}{A} = 40.89 \times \left(\dfrac{0.02}{1-0.02} - \dfrac{0.0004}{1-0.0004}\right) = 139 \times \left(\dfrac{x_1}{1-x_1}\right)$$

∴ $x_1 = 0.00587 \times 100 = 0.59[\text{mol \%}]$

기사·산업 출제빈도 ★★☆

008 충전탑을 사용하여 배출가스 중 어떤 산성 성분을 수산화칼슘 수용액으로 향류 접촉시켜 흡수 제거하고자 한다. 이때 99[%]의 흡수 효율을 유지하기 위해 필요한 충전탑의 이론적인 유효높이(m)를 계산하시오. (단, 가스의 기상총괄 이동단위높이(H_{OG})는 0.5[m], 흡수액 중 산성 성분의 평형분압은 0으로 가정한다.)

해답

충전탑의 높이

$$Z = H_{OG} \times N_{OG} = H_{OG} \times \ln\left(\dfrac{1}{1-\eta}\right) = 0.5[\text{m}] \times \ln\left(\dfrac{1}{1-0.99}\right) = 2.3[\text{m}]$$

기사·산업 출제빈도 ☆☆☆☆

009 **염화수소를 함유한 배출가스를 흡수탑에서 흡수 처리할 경우, 기상총괄 이동단위수(N_{OG})가 9, 기상총괄 이동단위높이(H_{OG})가 0.5[m]일 경우, 다음 물음에 답하시오.**

1) 이 흡수탑의 높이(m)는?

2) 흡수효율이 80[%]일 때, 기상총괄 이동단위수(N_{OG})를 얼마 정도 감소시켜야 하는가? (단, 염화수소의 평형 몰분율은 0이다.)

해답

1) $Z = H_{OG} \times N_{OG} = 0.5[\text{m}] \times 9 = 4.5[\text{m}]$

2) $N_{OG} = \ln\left(\frac{1}{1-E}\right) = \ln\left(\frac{1}{1-0.8}\right) = 1.61$

∴ 감소시켜야 할 $N_{OG} = 9 - 1.61 = 7.39$

기사·산업 출제빈도 ☆☆☆

010 **어떤 화학공장에서 배출된 가스 중 물에 용해되기 쉬운 가스상 오염물질이 포함된 150,000[m³/day]의 배출가스가 있다. 이 배출가스를 흡수탑을 사용하여 정화하려고 할 경우, 흡수탑의 입구 유속을 2[m/s]로 유지시키려면 흡수탑의 직경(m)을 얼마로 하여야 하는가?**

해답

배출가스 유량, $Q[\text{m}^3/\text{s}] = A[\text{m}^2] \times V[\text{m/s}]$에서

$$150{,}000[\text{m}^3/\text{day}] \times \frac{1[\text{day}]}{24 \times 60 \times 60[\text{day/day}]} = \frac{\pi}{4} \times \text{D}^2 \times 2$$

∴ $D = 1.05[\text{m}]$

기사·산업 출제빈도 ☆☆☆

011 **유량 20,000[m³/h]인 배출가스를 흡수탑을 통과시켜 배출가스 중 유해물질을 제거하려고 한다. 흡수탑의 접근 유속을 2[m/s]로 유지할 경우, 소요되는 흡수탑의 직경(m)은?**

해답

$Q = A \times V = \dfrac{\pi}{4} D^2 \times V$ 에서

$20,000[\mathrm{m^3/h}] = \dfrac{\pi}{4} \times D^2[\mathrm{m^2}] \times 2[\mathrm{m/s}] \times 3,600[\mathrm{s/h}]$

∴ $D = 1.88[\mathrm{m}]$

012 흡수법으로 HCl을 99[%] 제거하고 있다. 흡수탑의 혼합기체 유입량은 1,000[m³/h]이고, 유입되는 혼합기체의 구성이 HCl 20[%], Air 80[%]이며 유입구 온도와 압력은 60[℃], 750[mmHg]였다. 흡수 처리된 HCl의 양(kg/h)을 구하시오.

해답

흡수처리된 HCl의 양(kg/h)은

$1,000[\mathrm{m^3/h}] \times 0.2 \times 0.99 \times \left(\dfrac{273}{273+60}\right) \times \left(\dfrac{750}{760}\right) \times \left(\dfrac{36.5}{22.4}\right) = 261.02[\mathrm{kg/h}]$

013 S가 1[%] 함유된 중유 500[kg/h]을 연소하는 어떤 산업체의 보일러에서 배출되는 배출가스를 배연탈황하려고 NaOH 용액을 이용하여 흡수탑으로 처리하고자 한다. SO₂ 90[%]를 처리하기 위해 필요한 NaOH 소모량(kg/h)과 제거를 위해 요구되는 흡수탑의 높이(m)는? (단, 흡수탑의 이동단위높이는 1.5[m]이다.)

해답

1) S 제거량 $= 500[\mathrm{kg/h}] \times 0.01 = 5[\mathrm{kg\ S/h}]$

반응식 : $S + O_2 + 2\,NaOH \rightarrow Na_2SO_3 + H_2O$

  32[kg]   2×40[kg]
  5[kg/h] x

∴ $x = \dfrac{2 \times 40 \times 5}{32} = 12.5[\mathrm{kg/h}]$

90[%]를 제거하기 위해 필요한 NaOH량 $= 12.5 \times 0.9 = 11.25[\mathrm{kg/h}]$

2) 이동단위수, $N_{OG} = \int_{y_2}^{y_1} \frac{dy}{y-y_e}$ 에서 $y_e = 0$이므로, $N_{OG} = \ln \frac{y_1}{y_2}$

∴ 제거율이 90[%]일 때, $N_{OG} = \ln \frac{1}{1-0.9} = 2.303$

흡수탑의 높이, $Z =$ 이동단위높이 × 이동단위수 $= H_{OG} \times N_{OG}$
$= 1.5 \times 2.303 = 3.45 [m]$

기사 출제빈도 ☆☆

014 유량이 708[m³/h]인 배출가스를 처리하기 위해 1인치의 래싱링(rashing ring)을 충전물로 사용하여 가스흡수탑을 제작하려고 한다. 유입되는 배출가스 중 암모니아의 함량은 부피비로 2[%]이고, 20[℃], 1[atm]에서 사용되는 흡수액은 암모니아가 전혀 함유되지 않은 물이다. 배출가스 흐름 대 액체 흐름비는 액체 1[kg]당 배출가스 1[kg]이며, 범람점에서 배출가스의 질량속도(G_y)는 3.79[kg/m² · s], 충전물 인자(F_p)는 155, 공기의 분자량은 29, 물의 점성도는 1[cP], 밀도는 1[g/cm³]이다. 이 충전탑이 배출가스가 범람점의 절반에서 운전되도록 할 경우, 충전탑의 직경(cm)은?

해답

유입되는 배출가스의 평균분자량 $= 29 \times 0.98 + 17 \times 0.02 = 28.76$

배출가스의 밀도 $= \frac{28.76 [kg]}{22.4 [Sm^3]} \times \frac{273 [K]}{(273+20)[K]} = 1.196 [kg/m^3]$

배출가스의 유량 $= 708 \times 1.196 \times \frac{1}{3,600} = 0.235 [kg/s]$

범람점에서 배출가스의 질량속도(G_y) $= 3.79 [kg/m^2 \cdot s]$

그러나 실제 배출가스의 속도는 범람점의 절반이므로 탑면적

$S = \frac{Q}{V} = \frac{0.235 [kg/s]}{\left(\frac{3.79}{2} [kg/m^2 \cdot s] \right)} = 0.124 [m^2]$

∴ 직경, $D = \sqrt{0.124 \times \frac{4}{\pi}} = 0.3973 = 39.73 [cm]$

기사·산업 출제빈도 ☆☆☆

015 어떤 충전탑의 배출가스 중 유해가스의 제거효율이 80[%]라고 한다. 이 충전탑 3개를 직렬로 연결하여 유해가스를 제거할 경우, 유입 배출가스 중 유해물질의 농도가 75,000[ppm]이었다면 유출되는 배출가스 중 유해물질의 농도(ppm)는?

해답 제거효율 $\eta = 1 - P$, 통과율, $P = 1 - \eta = 100 - 80 = 20[\%]$

최소 입구에서의 배출가스 중 유해물질 농도의 $\left(\dfrac{20}{100}\right)^3$ 배가 출구에서의 배출가스 중 유해물질의 농도이다.

$\therefore\ 75,000 \times \left(\dfrac{20}{100}\right)^3 = 600 [\text{ppm}]$

기사 출제빈도 ☆

016 NH₃가 20[kg·mol%]가 함유된 어떤 혼합가스가 있다. 이 혼합가스 200[kg·mol/h]를 충전탑 하부에서 올려 보내고, 탑 상부에서는 순수한 물을 흘러 보내어 NH₃ 95[%]를 흡수한다. 충전탑의 높이가 20[m], 지름이 4[m], 탑 상부와 하부의 대수 평균 압력이 0.0537[atm] 일 경우, 총괄기상용량계수(kg·mol/m³·h·atm)는?

해답 물질이동량, $N_A = K_G \times A \times h \times (P_G - P_i)$

$\therefore\ K_G = \dfrac{N_A}{A \times h \times (P_G - P_i)} = \dfrac{200 \times 0.95 \times 0.2}{\dfrac{\pi}{4} \times 4^2 \times 20 \times (1 - 0.0537)}$

$= 0.159 [\text{kg·mol/m}^3 \cdot \text{h} \cdot \text{atm}]$

기사·산업 출제빈도 ☆☆

017 배출가스량이 250,000[m³/day]인 배출가스 중 유해가스를 흡수탑을 이용하여 처리하려고 한다. 이때 흡수탑의 흡수효율은 95[%]이고, 흡수탑의 지름은 1.57[m]일 경우 다음 물음에 답하시오.

1) 흡수탑으로 들어오는 배출가스의 유입속도(m/s)는?
2) 흡수탑의 이동단위 높이를 2[m]로 할 경우, 흡수탑의 높이(m)는?
 (단, 흡수탑으로 흡수되는 유해가스의 기상 평형분압은 무시할 정도로 적은 양이다.)

해답

1) $Q = AV$에서 $V = \dfrac{Q}{A} = \dfrac{250{,}000\,[\text{m}^3/\text{day}]}{\dfrac{\pi}{4} \times 1.57^2\,[\text{m}^2] \times 86{,}400\,[\text{s}/\text{day}]} = 1.50\,[\text{m/s}]$

2) $N_{OG} = \ln\dfrac{y_1}{y_2} = \ln\left(\dfrac{100}{100-\eta}\right) = \ln\left(\dfrac{100}{100-95}\right) = 3.0$

∴ 흡수탑의 높이 $= 3.0 \times 2\,[\text{m}] = 6\,[\text{m}]$

---

018 어떤 화학비료 제조시설의 굴뚝에서 배출되는 배출가스 성분 결과 CO_2 20[%], NH_3 80[%]로 나타났다. 이 배출가스 중 NH_3를 제거하기 위해 흡수탑을 설치하였다. 흡수탑을 거쳐 배출되는 배출가스 중 NH_3 가스가 30[%] 함유되어 있을 때 다음 물음에 답하시오.

1) 제거된 NH_3 가스는 몇 [%]인가?
2) 흡수탑의 H_{OG}(이동 총 이동단위높이)가 0.8[m]일 경우 흡수탑의 높이(m)는?

해답

1) 배출가스 중 총 NH_3량,
 $0.8 = 0.3 \times y$(흡수탑 출구의 배출가스량) $+ z$(제거된 NH_3량) ··· (식 1)
 총 배출가스량, $1 = y + z$ ··· (식 2)
 (식 1)과 (식 2)에서 $y = 0.286$, $z = 0.714$

∴ NH_3 제거율 $= \dfrac{0.714}{0.8} \times 100 = 89.3\,[\%]$

다른 풀이

배출되는 NH_3의 양을 x라고 하면 $0.3 = \dfrac{x}{x+0.2}$

여기서, $x = 0.0857$

∴ 제거율 $= \dfrac{0.8 - 0.0857}{0.8} \times 100 = 89.28\,[\%]$

2) 흡수탑의 높이(H) = 기상 총 이동단위수(N_{OG}) × 총 이동단위높이(H_{OG})

$= 0.8\,[\text{m}] \times \ln\left(\dfrac{1}{1-0.893}\right) = 1.79\,[\text{m}]$

019 시간당 배출가스량이 1,200[kmol/atm]인 배출가스 중 NH_3의 농도가 30[kmol/L]이다. 이 암모니아 가스를 충전탑으로 제거할 경우, 흡수효율이 95[%]이고, 직경이 2[m], 길이가 5[m]인 충전탑 내에서 NH_3의 유속(m/s)은? (단, 충전탑 내 압력은 2[atm]이다.)

해답
$Q = AV$ 에서 $1,200[\text{kmol/atm}] \times 0.95$
$= \frac{\pi}{4} \times 2^2 \times 30[\text{kmol/L}] \times 10^3 [\text{L/m}^3] \times 3,600[\text{s/h}] \times V[\text{m/s} \cdot \text{atm}]$
$\therefore V = 3.36 \times 10^{-6} [\text{m/s} \cdot \text{atm}] \times 2[\text{atm}] = 6.72 \times 10^{-6} [\text{m/s}]$

020 암모니아 냄새를 제거하기 위해 흡착제로 활성탄(activated carbon)을 사용하였다. NH_3 농도가 56[ppm]인 배출가스에 활성탄 20[ppm]을 주입하였더니 NH_3 농도가 16[ppm]으로 감소되었고, 52[ppm]을 주입하였더니 4[ppm]으로 감소되었다. 이 경우 NH_3 농도를 6[ppm]으로 하기 위해 주입해야 할 활성탄의 양(ppm)은? (단, Freundlich의 등온흡착식 $\frac{X}{M} = K \times C^{\frac{1}{n}}$ 을 사용하시오.)

해답
Freundlich의 등온흡착식
$\frac{X}{M} = K \times C^{\frac{1}{n}}$ 에서
$\frac{(56-16)[\text{ppm}]}{20[\text{ppm}]} = K \times 16^{\frac{1}{n}}$, $2 = K \times 16^{\frac{1}{n}}$ …… (식 1)
$\frac{(56-4)[\text{ppm}]}{52[\text{ppm}]} = K \times 4^{\frac{1}{n}}$, $1 = K \times 4^{\frac{1}{n}}$ …… (식 2)
(식 1) ÷ (식 2)는 $2 = 1 \times 4^{\frac{1}{n}}$, 양변에 log를 취하면 $\log 2 = \log 1 + \frac{1}{n} \log 4$
$\therefore n = 2$, 이 값을 (식 1)에 대입하면 $2 = K \times 16^{\frac{1}{2}}$, $\therefore K = 0.5$
$n = 2$와 $K = 0.5$를 이용하여 등온흡착식을 세우면 $\frac{X}{M} = 0.5 \times C^{\frac{1}{2}}$
$\therefore \frac{(56-6)[\text{ppm}]}{M[\text{ppm}]} = 0.5 \times 6^{\frac{1}{2}}$ 이므로 NH_3 농도를 6[ppm]으로 하기 위해 주입해야 할 활성탄의 양(ppm), $M = 40.82[\text{ppm}]$

021 NO를 처리하기 위하여 흡착제로 활성탄을 사용하였다. NO 56[ppm]인 배출가스에 활성탄을 20[ppm] 주입해 처리했더니, NO농도가 16[ppm]이 되었고, 52[ppm]을 주입하였더니 4[ppm]이 되었다. NO 농도를 0.5[ppm]으로 만들기 위해서는 활성탄(ppm)을 얼마나 주입하여야 하는가?

해답 Freundlich의 등온흡착식

$\dfrac{X}{M} = K \times C^{\frac{1}{n}}$ 에서

$\dfrac{(56-16)\,[\text{ppm}]}{20\,[\text{ppm}]} = K \times 16^{\frac{1}{n}}$, $2 = K \times 16^{\frac{1}{n}}$ ······ (식 1)

$\dfrac{(56-4)\,[\text{ppm}]}{52\,[\text{ppm}]} = K \times 4^{\frac{1}{n}}$, $1 = K \times 4^{\frac{1}{n}}$ ········ (식 2)

(식 1) ÷ (식 2)는 $2 = 1 \times 4^{\frac{1}{n}}$, 양변에 ln를 취하면 $\ln 2 = \dfrac{1}{n} \ln 4$

∴ $n = 2$, 이 값을 (식 1)에 대입하면 $2 = K \times 16^{\frac{1}{2}}$, ∴ $K = 0.5$

$n = 2$와 $K = 0.5$를 이용하여 등온흡착식을 세우면 $\dfrac{X}{M} = 0.5 \times C^{\frac{1}{2}}$

∴ $\dfrac{(56-0.5)\,[\text{ppm}]}{M\,[\text{ppm}]} = 0.5 \times 5^{\frac{1}{2}}$ 이므로 NO 농도를 0.5[ppm]으로 하기 위해 주입해야 할 활성탄의 양(ppm), $M = 49.64\,[\text{ppm}]$

022 벤젠 증기로 오염된 공기를 활성탄 흡착층으로 처리하고자 한다. 오염공기의 유량 25[m³/min], 온도 25[℃], 1[atm]으로 흡착층에 유입되며 이 중 벤젠(C_6H_6) 600ppm이 함유되어 있다. 흡착층의 깊이는 0.7[m], 공탑 속도는 0.5[m/s], 활성탄 겉보기 밀도는 320[kg/m³], 활성탄 흡착층의 운전 흡착용량(working adsorption capacity)은 주어진 [Yaus의 식]에 의해 나타난 흡착용량의 40[%]라고 할 때, 활성탄 흡착층의 운전 흡착용량(kg/kg)을 구하시오. (단, 주어진 식에서 X: 흡착용량(오염물질 g/탄소 g), C_e: 오염물질 농도(ppm)이다.)

[Yaus의 식]
$\log_{10} X = -1.189 + 0.288 \times \log_{10} C_e - 0.0238\,(\log_{10} C_e)^2$

해답

주어진 식 $\log_{10} X = -1.189 + 0.288 \times \log_{10} 600 - 0.0238 (\log_{10} 600)^2$ 에서
$X = 0.27 [g/g]$

∴ 활성탄 흡착층의 운전 흡착용량(kg/kg) = 0.27 × 0.4 = 0.108[kg/kg]

기사·산업 출제빈도 ★★

023 밀폐된 공간 속의 어떤 공정에서 이산화탄소의 발생률이 0.9[m³/min]이다. 이 공간의 이산화탄소 농도를 5,000[ppm]으로 유지하기 위해 공급해야 할 환기량(m³/h)은? (단, 안전계수(K) = 10이다.)

해답

$$Q = \frac{K \times G}{C} = \frac{10 \times 0.9 [\text{m}^3/\text{min}] \times \dfrac{60[\text{min}]}{h}}{5,000[\text{ppm}] \times 10^{-6}} = 108,000 [\text{m}^3/\text{h}]$$

기사 출제빈도 ★

024 연소가스량이 6,500[Sm³/h], 연소가스온도 250[℃], 토출가스 유속 15[m/s]일 때, 굴뚝 상부 단면적(m²)과 하부 단면적(m²)은? (단, 굴뚝 재료는 철근 콘크리트 블록이고, 압축응력이 2.5[kg/cm²], 블록 비중 14[g/cm³], 굴뚝높이 1,500[cm]이다. 그리고 굴뚝 하부단면적을 구하는 공식은 $A_b = F \times 10^{0.43} \times \dfrac{\gamma}{\sigma_o} \times H$로, 여기서 F는 굴뚝 상부단면적이다.)

해답

1) 굴뚝 상부단면적

$$F = \frac{6,500[\text{Sm}^3/\text{h}] \times \dfrac{(250+273)[\text{K}]}{273[\text{K}]}}{15[\text{m/s}] \times 3,600[\text{s/h}]} = 0.23[\text{m}^2]$$

2) 굴뚝 하부단면적

$$A_b = F \times 10^{0.43} \times \frac{\gamma}{\sigma_o} \times H = 0.23 \times 10^{0.43} \times \frac{14 \times 10^3}{2.5 \times 10^4} \times 15 = 5.2[\text{m}^2]$$

025 후드(hood), 덕트(duct), 집진기, 송풍기(fan) 및 굴뚝을 연결하는 국소배기시스템이 있다. 굴뚝 입구에서 유지되어야 할 에너지(H_1)가 5[cm] H_2O, 송풍기 출구에서 굴뚝 입구까지의 연도에서 손실될 마찰 에너지(H_2)가 0.5[cm] H_2O, 덕트에서 분진이 침강하지 않도록 송풍기 입구로 유입하는 기류의 속도 에너지(H_3)가 2[cm] H_2O, 후드 앞에서 기류를 형성하는 데 필요한 에너지와 덕트 및 집진기 내에서 손실될 에너지 모두를 합한 에너지(H_4)가 18[cm] H_2O이었다. 이때, 송풍기가 공급해야 할 정압(FSP)은 몇 [kg_f/m^2]인가?

해답
송풍기의 정압은 송풍기의 흡입력과 국소배기시설에 송풍기가 가하는 양압의 총합에 송풍기의 입구로 유입되는 송풍기의 속도압을 뺀 값과 같다.
송풍기 입구로 유입되는 기류의 속도 에너지, H_3에 송풍기가 공급할 에너지, FSP를 합한 것이 ($H_1 + H_2 + H_4$)와 같아야 하므로, $H_3 + \text{FSP} = H_1 + H_2 + H_4$
$$\text{FSP} = (H_1 + H_2 + H_4) - H_3 = (5 + 0.5 + 18) - 2 = 21.5 [\text{cmH}_2\text{O}]$$
$$= 215 [\text{mmH}_2\text{O}] = 215 [\text{kg}_f/\text{m}^2]$$
($\because 1 [\text{mmH}_2\text{O}] = 1 [\text{kg}_f/\text{m}^2]$)

026 송풍기의 흡입 정압이 58[mmH_2O], 배출구 정압이 30[mmH_2O]이다. 입구 측 평균 유속이 1,200[m/min]일 경우, 필요한 송풍기의 유출 정압(kg_f/cm^2)은? (단, 공기의 비중량은 1.3[kg_f/m^3]이다.)

해답
송풍기의 유출 정압(kg_f/cm^2) = 흡입 정압 + 배출구 정압 − 속도압
∴ 송풍기의 유출 정압(kg_f/cm^2)
$$= 58 + 30 - \left(\frac{1.3 [\text{kg/m}^3] \times \left(\frac{1,200 [\text{m/min}]}{60 [\text{min/s}]} \right)^2}{2 \times 9.8 [\text{m/s}^2]} \right) = 61.47 [\text{mmH}_2\text{O}]$$
$$61.47 [\text{mmH}_2\text{O}] \times \frac{1.0336 [\text{kg}_f/\text{cm}^2]}{10,336 [\text{mmH}_2\text{O}]} = 0.00615 [\text{kg}_f/\text{cm}^2]$$

027 어떤 국소배기시스템(ventilation system)에서 송풍기의 입구 정압이 55[mmH₂O], 배출구의 정압이 15[mmH₂O]이고, 입구 측 평균 유속이 1,000[m/min]일 경우, 필요한 송풍기의 정압(mmH₂O)은? (단, 배출가스의 밀도는 1.3[kg/m³]이다.)

해답
$$FSP = |SP_i| + |SP_o| - |VP_i|$$
$$= 55 + 15 - \left(\frac{1.3 \times \left(\frac{1,000}{60}\right)^2}{2 \times 9.8}\right) = 51.58[mmH_2O]$$

028 어떤 국소배기시스템(ventilation system)에서 송풍기의 입구 정압이 30[mmH₂O], 배출구의 정압이 2.5[mmH₂O]이고, 송풍기 입구에서 처리가스의 속도가 900[m/min]이다. 이때, 필요한 송풍기의 정압(mmH₂O)은?

해답
송풍기 정압(FSP) = |입구 정압(SP_i)| + |출구 정압(SP_o)| − 입구 속도압(VP_i)에서
$$VP_i = \left(\frac{v}{242.2}\right)^2 = \left(\frac{900}{242.2}\right)^2 = 13.8[mmH_2O]$$
$$\therefore FSP = 30 + 2.5 - 13.8 = 18.7[mmH_2O]$$

029 어떤 국소배기시스템(ventilation system)에서 송풍기의 입구 정압이 58.2[mmH₂O], 배출구의 정압이 20.0[mmH₂O]이고, 송풍기 입구에서 처리가스의 속도가 914.4[m/min]이다. 이때, 필요한 송풍기의 정압(mmH₂O)은? (단, 0[℃], 1[atm] 상태이다.)

해답

$$VP = \frac{\gamma V^2}{2g} = \frac{1.3 \times \left(\frac{914.4}{60}\right)^2}{2 \times 9.8} = 15.4[\text{mmH}_2\text{O}]$$

송풍기 정압(FSP) = |입구 정압(SP_i)| + |출구 정압(SP_o)| − 입구 속도압(VP_i)에서

∴ $FSP = |58.2| + |20| - 15.4 = 62.8[\text{mmH}_2\text{O}]$

기사·산업 출제빈도 ☆☆☆

030 다음 그림은 덕트 계통의 일부를 나타낸 것이다. 송풍기 유입구 덕트에서 덕트 단면에 등간격으로 3지점을 선택하여 유속을 측정한 결과 각각 890, 910, 900[m/min]이었고, 송풍기의 유입부와 유출부에서의 정압은 그림에 나타낸 값과 같다. 이때, 송풍기의 정압(mmH₂O)은?

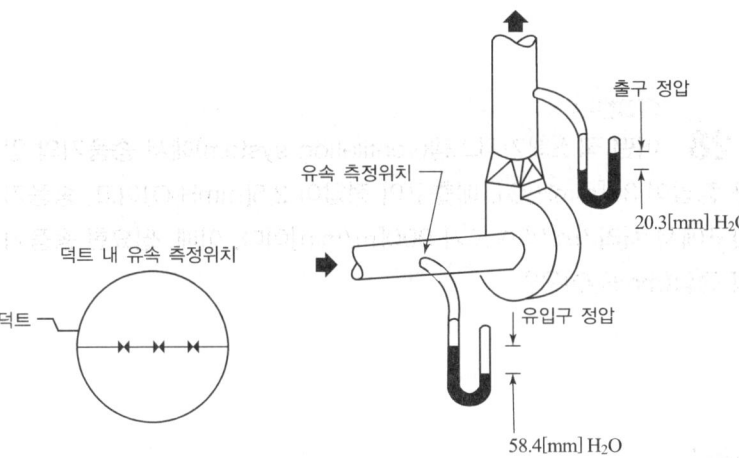

해답

평균유속 = $\frac{890 + 910 + 900}{3} = 900[\text{m/min}]$

송풍기 정압(FSP) = |입구 정압(SP_i)| + |출구 정압(SP_o)| − 입구 속도압(VP_i)에서

$FSP = |20.3| + |58.4| - \left(\frac{900}{242.2}\right)^2 = 64.89[\text{mmH}_2\text{O}]$

031 어떤 국소배기시스템(ventilation system)에서 송풍기 앞에 설치한 집진장치에서 입구 덕트 내의 함진가스 정압이 173[mmH₂O], 속도압이 25[mmH₂O]이고, 출구 덕트에서는 정압이 300[mmH₂O], 속도압이 15[mmH₂O]이었다. 이 집진장치의 압력손실(mmH₂O)은? (단, 덕트는 같은 수평면 내에 있다고 가정한다.)

해답

$$\Delta P = (\text{SP}_{out} - \text{SP}_{in}) - (\text{VP}_{out} - \text{VP}_{in}) = (300-173) - (15-25)$$
$$= 137[\text{mmH}_2\text{O}]$$

032 송풍기 앞뒤의 덕트 직경은 600[mm]로 서로 같고, 측정된 풍압값은 $\text{SP}_i = -98.7[\text{mmH}_2\text{O}]$, $\text{SP}_o = 6.2[\text{mmH}_2\text{O}]$, $\text{VP}_i = \text{VP}_o = 5.4[\text{mmH}_2\text{O}]$, 공기의 비중 = 1.3, 중력가속도 = 9.8[m/s²]일 경우, 송풍기의 정압(FSP)[mmH₂O], 덕트 내 유속(m/s) 및 송풍량(m³/h)은?

해답

1) $\text{FSP} = \text{SP}_o - \text{SP}_i = 6.2 - (-98.7) = 104.9[\text{mmH}_2\text{O}]$

2) $V = \sqrt{\dfrac{2gh}{\gamma_o}} = \sqrt{\dfrac{2 \times 9.8 \times 5.4}{1.3}} = 9[\text{m/s}]$

3) $Q = A \times V = \dfrac{\pi}{4} \times 0.6^2 \times 9 = 10.17[\text{m}^3/\text{s}] = 36,612[\text{m}^3/\text{h}]$

033 어떤 국소배기시스템(ventilation system)에서 후드의 정압(SP_h)이 $-75[\text{mmH}_2\text{O}]$이고, 덕트의 속도압($\text{VP}_d$)이 20[mmH₂O]이었다. 이때, 후드의 유입손실(h_e), 후드의 유입손실계수(K), 유입계수(C_e)를 각각 구하시오.

해답

1) $h_e = |SP_h| - VP_d = 75 - 20 = 55[mmH_2O]$

2) $K = \dfrac{h_e}{VP_d} = \dfrac{55[mmH_2O]}{20[mmH_2O]} = 2.75$

3) $C_e = \sqrt{\dfrac{VP_d}{|SP_h|}} = \sqrt{\dfrac{1}{1+K}} = \sqrt{\dfrac{1}{1+2.75}} = 0.52$

기사·산업 출제빈도 ★★★★

034 어떤 국소배기시스템(ventilation system)에서 후드의 유입계수가 0.82, 속도압이 22[mmH₂O]일 때, 후드의 압력손실(mmH₂O)은?

해답

$$\Delta P = F \times VP = \left(\dfrac{1-C_e^2}{C_e^2}\right) \times VP = \left(\dfrac{1-0.82^2}{0.82^2}\right) \times 22 = 10.72[mmH_2O]$$

기사·산업 출제빈도 ★★

035 간단한 후드로 사용되고 있는 자유공간에 노출된 단면적 A_h인 원형 덕트에서 거리 x만큼 떨어진 위치에서 기류 속도가 입구 속도의 $Y[\%]$라고 할 경우, A_h, x, Y 사이에는 $\dfrac{Y}{100-Y} = \dfrac{0.1 \times A_h}{x^2}$의 관계가 성립된다. 덕트를 통해 0.92[m³/s]의 유량으로 공기를 흡인하는 경우, 직경 0.3[m]의 덕트 끝부분에서 0.6[m] 떨어진 덕트 중심축 선상의 지점에서 덕트의 개구면으로 접근하는 공기의 속도(m/s)는?

해답

$Q = A \times V$에서 $V = \dfrac{0.92}{\dfrac{\pi}{4} \times 0.3^2} = 13.02[m/s]$

$\dfrac{Y}{100-Y} = \dfrac{0.1 \times A_h}{x^2}$에서 $\dfrac{Y}{100-Y} = \dfrac{0.1 \times \dfrac{\pi}{4} \times 0.3^2}{0.6^2}$, $Y = 1.92[\%]$

∴ $13.02 \times 0.0192 = 0.25[m/s]$

기사 출제빈도 ★★

036 자유공간에 노출된 단면적 A_h인 후드 입구에서 거리 x만큼 떨어진 위치에서 기류 속도가 입구 속도의 $Y[\%]$라고 할 경우, A_h, x, Y 사이에는 $\dfrac{Y}{100-Y} = \dfrac{0.1 \times A_h}{x^2}$의 관계가 성립된다. 만약 작업대 위에 놓여 있는 폭 3[m], 높이 2[m]인 직사각형 단면을 지닌 후드 입구에서 2[m] 떨어진 곳에 분진을 발생하는 작업이 이루어지고 있고, 발생된 분진을 흡인하기 위해서 작업 위치에서 25[m/min]의 기류가 형성되어야 한다고 할 경우, 다음 물음에 답하시오.

1) 자유공간에 노출된 후드에 대한 송풍량(Q)의 결정식을 구하시오.
2) 작업대 위의 후드에서 요구되는 송풍량(Q, m³/min)은?

해답

1) $\dfrac{Y}{100-Y} = \dfrac{0.1 \times A_h}{x^2}$ 의 식을 정리하면 $10 A_h = Y(x^2 + 0.1 A_h)$

양변에 10을 곱하면, $100 A_h = Y(10\,x^2 + A_h)$, 다시 양변에 V를 곱하면
$100 A_h V = YV(10\,x^2 + A_h)$, $A_h V = \dfrac{Y}{100} \times V(10\,x^2 + A_h)$

$\therefore\ Q = V(10\,x^2 + A_h)$

2) 작업대 위의 후드, 즉 반자유 공간에 놓여 있는 후드가 되므로
$Q = \dfrac{V \times (10\,x^2 + 2 A_h)}{2} = \dfrac{25[\text{m/min}] \times (10 \times (2[\text{m}])^2 + 2 \times 6[\text{m}^2])}{2}$
$= 650[\text{m}^3/\text{min}]$

기사·산업 출제빈도 ★★★

037 어떤 공장의 회전 연마기에서 발생하는 분진의 종말속도가 5[mm/s]일 때, 이 발생된 분진을 후드를 사용하여 제거하려고 한다. 후드 개구면을 100[cm²], 흡인 공기량을 1,050[cm³/s]로 할 경우, 후드 개구면과 떨어진 연마기의 직선거리, 즉, 제어거리(cm)는 얼마로 하면 되는가? (단, 분진의 종말속도는 흡입속도의 1/6로 한다.)

해답

필요 송풍량, $Q = V_c \times (10 X^2 + A_h)$에서 제어풍속, $V_c = \dfrac{Q}{10 \times X^2 + A_h}$

$V_c = 6 \times 5 = 3 [\text{cm/s}]$

$\therefore 3[\text{cm/s}] = \dfrac{1{,}050[\text{cm}^3/\text{s}]}{10 \times X^2 + 100[\text{cm}^2]}$ $\therefore X = 5[\text{cm}]$

기사 출제빈도 ★★

038 외부식 후드를 사용하여 공장에서 발생된 오염물질을 국소배기하려고 한다. 직경이 2[m]인 원형 후드의 개구면에서 덕트 중심축 상으로 60[cm] 떨어진 곳의 오염물질이 30[m/min] 속도로 확산된다. 다음 물음에 답하시오.

1) 이 오염물질을 후드 내로 흡입하기 위한 최소 흡입유량(m^3/min)은?
2) 덕트 안에 댐퍼를 사용하여 유입 유량을 101.1[m^3/min]로 줄이게 되면 소요동력은 몇 [%] 감소하는가? (단, 오염물질은 공기의 흐름과 같이 움직이며, 마찰손실, 외력 등은 무시하고 덕트 축상의 X 지점에서 후드로 흡입되는 제어풍속은 $V_c = \dfrac{Q}{10 X^2 + A}$이다.)

해답

1) $Q = V_c \times (10 X^2 + A) = 30 \times \left(10 \times 0.6^2 + \dfrac{\pi}{4} \times 2^2\right) = 202.2 [\text{m}^3/\text{min}]$

2) 송풍기의 상사법칙에서 동력은 유량의 3승에 비례하므로

$W_2 = W_1 \times \left(\dfrac{101.1}{202.2}\right)^3 = 0.125 \times W_1$

∴ 감소되는 소요동력(%) = (1 − 0.125) × 100 = 87.5[%]

기사·산업 출제빈도 ★★★

039 테이퍼가 지지 않은 끝이 잘려진 직경 0.3[m]인 덕트를 통하여 0.92[m^3/s]로 공기를 흡입하는 경우, 다음 물음에 답하시오.

1) 덕트의 개구면에서 중심축 선상으로 0.6[m] 떨어진 지점에서 흡입되는 공기의 속도(m/s)는?
2) 덕트 끝부분에 플랜지(flange)를 부착했을 경우, 흡입되는 공기의 속도(m/s)는?

해답

1) 필요 송풍량, $Q = V_c \times (10X^2 + A)$에서 제어풍속

$$V_c = \frac{Q}{10 \times X^2 + A} = \frac{0.92}{10 \times 0.6^2 + \frac{\pi}{4} \times 0.3^2} = 0.25 [\text{m/s}]$$

2) $V_c = \dfrac{Q}{0.75 \times (10 \times X^2 + A)} = \dfrac{0.92}{0.75 \times (10 \times 0.6^2 + \frac{\pi}{4} \times 0.3^2)} = 0.33 [\text{m/s}]$

기사·산업 출제빈도 ★★

040 작업장에서 발생된 오염물질을 외부식 원형 후드로 국소배기 시키려고 한다. 직경이 1[m]인 원형 후드 개구면으로부터 중심축 상에서 1[m] 떨어진 곳의 오염물질이 35[m/min]의 속도로 확산되어가고 있을 경우, 이 오염물질을 흡입하기 위한 필요 송풍량(m^3/min)을 구하고, 이 송풍량을 송풍기를 이용하여 188.74[m^3/min]로 줄이게 되면 소요동력은 몇 [%]나 감소하는가? (단, 오염물질은 공기의 흐름과 같이 움직이고, 마찰손실, 난류손실, 외력 등은 무시한다.)

해답

1) 필요 송풍량

$$Q = V_c \times (10X^2 + A) = 35[\text{m/min}] \times (10 \times 1^2 + \frac{\pi}{4} \times 1^2)$$
$$= 377.49 [\text{m}^3/\text{min}]$$

2) 송풍기의 상사법칙에서

$$\text{kW}_2 = \text{kW}_1 \times \left(\frac{Q_2}{Q_1}\right)^3 = \text{kW}_1 \times \left(\frac{188.74}{377.49}\right)^3 = 0.125 \text{ kW}_1$$

즉, 소요동력은 처음 값의 12.5[%]이므로 87.5[%]가 감소된다.

기사·산업 출제빈도 ★★★

041 개구면 직경이 1[m]이고, 플랜지가 부착된 후드로 국소배기를 하는 설비에서 후드 중심축 선상으로 1[m] 떨어진 지점에서 제어풍속이 0.6[m/s]인 속도로 흡인되는 오염물질을 후드와 연결된 직경 0.6[m]인 덕트 내에서 흡인하는 경우, 덕트에서 발생되는 속도압(mmH$_2$O)은?

> **해답**
> Hemeon의 식에서 $Q = 0.75 \times V_c \times (10\,X^2 + A_h)$
> $= 0.75 \times 0.6 \times \left(10 \times 1^2 + \dfrac{\pi}{4} \times 1^2\right) = 4.853\,[\text{m}^3/\text{s}]$
>
> $VP = \left(\dfrac{V[\text{m/min}]}{242.2}\right)^2 = \left(\dfrac{\dfrac{4.853 \times 60}{\dfrac{\pi}{4} \times 0.6^2}}{242.2}\right)^2 = 18.1\,[\text{mmH}_2\text{O}]$

기사 출제빈도 ★★

042
직사각형 후드를 그림과 같이 작업면 바닥에 설치하여 작동시킬 경우 후드로 유입되는 공기의 흐름이 제약을 받기 때문에 이 경우 필요 송풍량은 $Q = V_c \times (10\,X^2 + A_h)$과 같이 표현되는 Hemeon 식을 약간 수정하여 계산하여야 한다. 다음 물음에 답하시오.

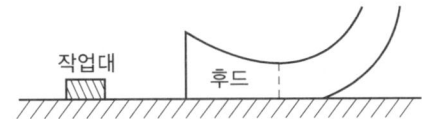

1) 수정된 Hemeon 식을 나타내고, 그 근거를 간단히 설명하시오.
2) 후드의 폭 3[m], 높이 2[m], 후드 개구면 중심에서 작업대까지의 거리 1.5[m], 작업대에서 후드로 흡인되는 제어풍속 0.5[m/s]일 경우, 수정된 식을 사용하여 덕트로 흘러 들어가는 배기 속도(m/min)를 계산하시오.

> **해답**
> 1) 후드로 유입되는 공기의 통제면적은 Hemeon 식에서 $A_c = 10\,X^2 + A_h$ 이나, 주어진 문제에서 직사각형 후드가 바닥과 같은 평면에 의해 한 면이 경계되어지는 경우, 후드의 크기는 실제 크기의 2배가 되기 때문에, $A_c = \dfrac{10\,X^2 + n\,A_h}{n}$ 에서 $n = 2$이므로 $A_c = 5\,X^2 + A_h$가 된다. 따라서 수정된 Hemeon 식은 $Q = V_c \times (5\,X^2 + A_h)$이다.
> 2) $Q = V_c \times (5\,X^2 + A_h) = 0.5 \times (5 \times 1.5^2 + 3 \times 2) = 8.625\,[\text{m}^3/\text{s}]$
> ∴ $8.625 = 3 \times 2 \times V_t$에서 $V_t = 1.44\,[\text{m/s}] = 86.4\,[\text{m/min}]$

기사·산업 출제빈도 ★★★

043 플랜지가 부착된 직경 1[m]의 외부식 후드가 자유공간에 있다. 후드의 중심선상으로 5[m] 떨어진 지점에서 6[cm/s]의 속도로 오염물질이 방출되고 있을 경우, 다음 물음에 답하시오.

1) 후드로 유입되는 최소한의 필요 송풍량(m^3/s)은?
2) 이때 발생하는 속도압(mmH_2O)은?
3) 이 후드만을 위한 송풍기를 설치할 경우 소요되는 동력(kW)은?
   (단, 송풍기의 효율은 70[%]이다.)
4) 오염물질의 방출속도가 1[m/s]로 증가할 경우, 소요되는 동력은 처음의 몇 배가 증가하는가?

해답

1) $Q = 0.75 \times V_c \times (10X^2 + A) = 0.75 \times 0.06 \times (10 \times 5^2 + \frac{\pi}{4} \times 1^2)$
   $= 11.29 [m^3/s]$

2) $VP = \left(\frac{V}{242.2}\right)^2$ 에서 $V = \frac{11.29 \times 60}{\frac{\pi}{4} \times 1^2} = 862.5 [m/min]$

   $\therefore VP = \left(\frac{862.5}{242.2}\right)^2 = 12.68 [mmH_2O]$

3) $kW = \frac{Q \times \Delta P}{102 \times \eta} = \frac{11.29 \times 12.68}{102 \times 0.7} = 2 [kW]$

4) $kW \propto Q$ 이므로 $\therefore kW \propto V$
   $0.06 [m/s] : 1.4 [kW] = 1 [m/s] : x [kW]$, $x = 23.33 [kW]$
   $\therefore \frac{23.33}{1.4} = 16.66$배 증가한다.

기사·산업 출제빈도 ★★★

044 그림과 같이 벽 쪽에 있는 장방형 후드 앞 작업벤치 위에 오염물질 발생원이 벽에서 1[m] 떨어진 거리에 위치하고 있다. 이때, 후드로 흡인되는 제어풍속은 0.3[m/s]이고, 후드면에서의 속도가 12.5[m/s]일 경우, 후드로 유입되는 송풍량(m^3/s)은? (단, 후드의 개구면은 사각형으로 개구 종횡비가 3:1을 초과하지 않는다.)

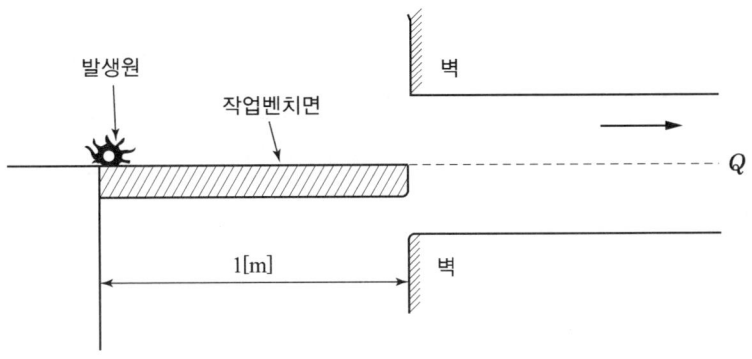

해답 이러한 조건은 반자유 공간의 플랜지가 부착된 후드로 생각할 수가 있으므로, 필요 송풍량,

$Q = 0.5 \times V_c \times (10 X^2 + A_h) = 0.5 \times 0.3 \times (10 \times 1^2 + A_h) = 1.5 + 0.15 A_h$

$A_h = \dfrac{Q}{12.5} = \dfrac{1.5 + 0.15 A_h}{12.5}$ 에서 $A_h = 0.12 [\text{m}^2]$

∴ $Q = 1.5 + 0.15 \times 0.12 = 1.52 [\text{m}^3/\text{s}]$

기사 출제빈도 ★

045 그림과 같이 마루바닥에서 2.0[m] 높이에 길이 10[m], 폭 W[m]인 슬롯 후드를 마루와 수평하게 설치하여, 슬롯 후드 바로 아래에 빈 통을 한 줄로 놓고 가루 충진작업을 실시하였다. 충진 작업 시 비산되는 분진은 벽에서 1.5[m], 마루바닥에서 0.7[m] 이상의 범위로 날아오른다. 이때, 슬롯 후드의 개구면 속도를 10[m/s]로 유지하려면 슬롯 후드의 폭(cm)은? (단, 여기서 제어풍속은 0.25[m/s]이다.)

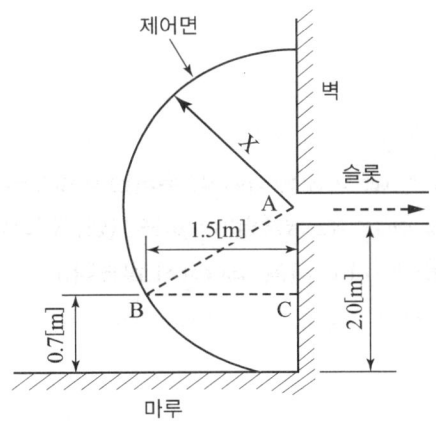

해답

슬롯 후드 중심축 상에서의 제어거리, $X = \sqrt{(1.3^2 + 1.5^2)} = 1.985[\text{m}]$

이 슬롯 후드의 필요환기량은 플랜지가 달린 원주에 해당하므로

$Q = 2.6 \times L \times X \times V_c = 2.6 \times 10 \times 1.985 \times 0.25 = 12.90 [\text{m}^3/\text{s}]$

$Q = A \times V = W \times L \times V$ 에서 $W = \dfrac{Q}{L \times V} = \dfrac{12.90}{10 \times 10} = 0.129 = 12.9[\text{cm}]$

기사·산업 출제빈도 ★★

046 그림과 같이 벽 속에 파묻힌 덕트의 직경이 15[cm]이고, 덕트의 중심축에서 80[cm] 떨어진 위치와 중심축 아래 쪽 70[cm] 떨어진 위치에서 먼지가 발생되는 작업이 행해지고 있다. 이 경우, 덕트로 유입되는 먼지 제어거리(m)와 송풍량(m³/s)은? (단, 제어풍속은 0.4[m/s]이다.)

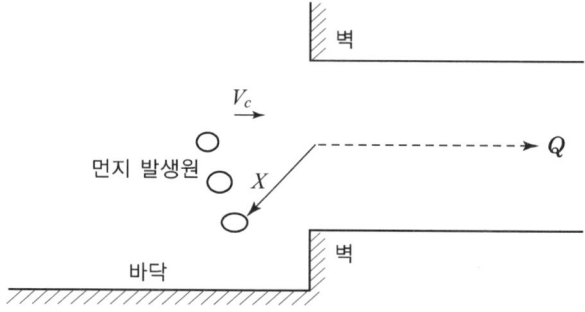

해답

1) 제어거리, $X = \sqrt{0.8^2 + 0.7^2} = 1.063[\text{m}]$

2) 필요 송풍량, $Q = V_c \times (10\,X^2 + A_h)$
   $= 0.4 \times (10 \times 1.063^2 + \dfrac{\pi}{4} \times 0.15^2) = 4.53[\text{m}^3/\text{s}]$

기사·산업 출제빈도 ★★

047 폭이 1.3[m], 길이가 6[m]인 작업대와 벽 사이에 길이는 동일하고 폭이 W인 슬롯 후드를 형성하여 작업대에서 발생하는 오염물질을 흡인 제거하고 있다. 이때 제어풍속은 0.5[m/s], 개구면 속도는 10[m/s]이다. 슬롯 후드로 흡입되는 유량(m³/s)은? (단, 슬롯 개구면적은 $\dfrac{2 \times \pi \times \left(1.3 + \dfrac{W}{2}\right) \times L}{4} + \dfrac{W \times L}{2} [\text{m}^2]$이다.)

해답

슬롯 후드로 흡인되는 유량,

$Q = A_c \times V_c = (2.041 + 1.285 \times W) \times L \times V_c$

$\quad = (2.041 + 1.285 \times W) \times 6 \times 0.5 = (6.123 + 3.855W)[\mathrm{m^3/s}]$

개구면 속도가 10[m/s]일 경우,

$Q = L \times W \times V = 6 \times W \times 10 = 60 \times W[\mathrm{m^3/s}]$

$\therefore (6.123 + 3.855 \times W) = 60 \times W$에서 $W = 0.109[\mathrm{m}]$

$\therefore$ 슬롯 후드로 흡인되는 유량(m³/s) $= (6.123 + 3.855 \times 0.109) = 6.54[\mathrm{m^3/s}]$

기사·산업 출제빈도 ★★★

048 그림과 같이 고정 배출원이 아닌 탱크 위에 긴 변 L이 2.0[m], 짧은 변 W가 1.2[m]인 캐노피형 후드를 설치하였다. 높이 H가 0.5[m]일 때, 송풍량(m³/min)은? (단, 제어풍속은 0.3[m/s]이다.)

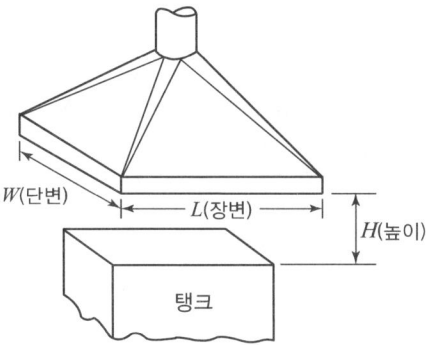

$0.3 < \dfrac{H}{W} \leq 0.75$**인 경우**

Thomas 실험식을 사용한다.
$Q = 60 \times 14.5 \times H^{1.8} \times W^{0.2} \times V_c [\mathrm{m^3/min}]$

해답

$\dfrac{H}{L} \leq 0.3$일 때, Dalla Valle 실험식을 사용한다.

$Q = 60 \times 1.4 \times P \times H \times V_c = 60 \times 1.4 \times 2(L+W) \times H \times V_c$에서

$Q = 60 \times 1.4 \times 2(2+1.2) \times 0.5 \times 0.3 = 80.64[\mathrm{m^3/min}]$

기사·산업 출제빈도 ★★★★

049 어떤 슬롯 후드(slot hood)의 처리유량이 30[m³/min]이고, 슬롯 후드의 개구면 폭이 10[cm], 길이가 80[cm]일 경우, 이때 발생하는 속도압(mmH₂O)은?

해답

$$V = \frac{Q}{A} = \frac{30}{0.1 \times 0.8} = 375 [\text{m/min}]$$

$$\therefore \text{VP} = \left(\frac{V}{242.2}\right)^2 = \left(\frac{375}{242.4}\right)^2 = 2.4 [\text{mmH}_2\text{O}]$$

050 어떤 국소배기장치의 덕트가 길이 9[m], 90° 곡관(elbow) 1개, 굴뚝 길이 2.3[m], 덕트직경 21.59[cm]이 덕트를 지나는 유속이 820[m/min]이었다. 여기서 덕트의 마찰손실은 덕트 길이 1[m]당 $\frac{2.8 \times \text{VP}}{30.48}$ 일 경우, 이 덕트의 총마찰손실(mmH$_2$O)은? (단, 90° 곡관(elbow) 손실계수는 0.27×VP이다.)

해답

덕트의 총 길이 = 9 + 2.5 = 11.5[m]

$$\therefore \text{덕트의 마찰손실} = \frac{2.8 \times \text{VP}}{30.48} \times 11.5 = 1.506 \times \text{VP}$$

총마찰손실 = 덕트 마찰손실 + 90° 곡관(elbow) 손실
$$= (1.056 + 0.27) \times \text{VP} = 1.326 \times \text{VP}$$

$$\text{VP} = \left(\frac{V}{242.2}\right)^2 = \left(\frac{820}{242.2}\right)^2 = 11.46 [\text{mmH}_2\text{O}]$$

$$\therefore \text{총마찰손실} = 1.326 \times 11.46 = 15.2 [\text{mmH}_2\text{O}]$$

051 직경이 20.32[cm], 길이가 10.7[m]인 덕트에 34[m^3/min]의 공기가 흐를 때 발생하는 마찰손실(mmH$_2$O)은? (단, 등가마찰손실은 덕트 길이 1[m]당 $\frac{2.9 \times \text{VP}}{30.48}$ 로 한다.)

해답

$$V = \frac{Q}{A} = \frac{34[\text{m}^3/\text{min}]}{\frac{\pi}{4} \times 0.2032^2 [\text{m}^2]} = 1,048.97 [\text{m/min}]$$

$$\therefore \text{VP} = \left(\frac{1,048.97}{242.2}\right)^2 = 18.76 [\text{mmH}_2\text{O}]$$

$$\therefore \frac{2.9 \times 18.76}{30.48} \times 10.7 = 19.10 [\text{mmH}_2\text{O}]$$

052 단면이 원형인 직선 덕트에 가스가 흘러가고 있다. 이 덕트의 직경만을 1/2배로 줄일 경우, 압력손실은 처음 덕트의 몇 배가 되는가? (단, 유량과 마찰계수 등의 기타 다른 조건은 같다고 가정한다.)

해답 압력손실을 나타내는 공식

$\Delta P = 4f \times \dfrac{L}{D} \times \dfrac{\gamma \times V^2}{2g}$ 에서 직경만을 1/2로 줄이면 단면적은 1/4이 되므로 유속은 4배가 된다. 즉, 위의 공식에 $4f$, L, $2g$, γ는 일정하고, $D = \dfrac{1}{2}$, $V = 4$를 대입하면 $\Delta P \propto \dfrac{V^2}{D} = \dfrac{4^2}{\left(\dfrac{1}{2}\right)} = 32$

∴ 압력손실은 32배가 커진다.

053 단면이 원형인 직선 덕트에 가스가 흘러가고 있다. 이 덕트의 직경만을 2배로 크게 할 경우, 압력손실은 처음 덕트의 몇 배가 되는가? (단, 유량과 마찰계수 등의 기타 다른 조건은 같다고 가정한다.)

해답 압력손실을 나타내는 공식

$\Delta P = 4f \times \dfrac{L}{D} \times \dfrac{\gamma \times V^2}{2g}$ 에서

$\Delta P_1 \propto K\dfrac{V^2}{D}$, $\Delta P_2 \propto K\dfrac{\left(\dfrac{1}{4}V\right)^2}{2D}$

∴ $\dfrac{\Delta P_2}{\Delta P_1} = \dfrac{K\dfrac{\left(\dfrac{1}{4}V\right)^2}{2D}}{K\dfrac{V^2}{D}} = \dfrac{1}{32}$

∴ 압력손실은 $\dfrac{1}{32}$배로 감소한다.

기사·산업 출제빈도 ★★

054 함진가스량이 113[m³/min]를 유입관 직경 40[cm]인 접선 유입식 사이클론으로 처리하려고 한다. 압력손실계수를 12로 가정할 경우, 이 사이클론에서 발생하는 압력손실(mmH₂O)은? (단, 함진가스의 비중량은 1.3[kg/m³]이다.)

해답

$$V = \frac{Q}{A} = \frac{113[\text{m}^3/\text{min}] \times \frac{\text{min}}{60[\text{s}]}}{\frac{\pi}{4} \times (0.4[\text{m}])^2} = 15.0[\text{m/s}]$$

$$\Delta P = F \times \left(\frac{\gamma \times V^2}{2g}\right) = 12 \times \left(\frac{1.3 \times 15.0^2}{2 \times 9.8}\right) = 178.96[\text{mmH}_2\text{O}]$$

기사·산업 출제빈도 ★★★

055 안지름 425[mm]인 얇은 함석판으로 제작된 직관 덕트를 통하여 송풍량 120[m³/min]의 표준공기를 송풍할 경우, 덕트 길이 5[m]에 미치는 마찰손실(mmH₂O)은? (단, 덕트의 마찰계수, λ = 0.02이다.)

해답

$$Q = A \times V \text{에서 } V = \frac{Q}{A} = \frac{120}{60 \times \frac{\pi}{4} \times 0.425^2} = 14.1[\text{m/s}]$$

$$\therefore \Delta P = \lambda \times \frac{L}{D} \times \frac{\gamma \times V^2}{2g} = 0.02 \times \frac{5}{0.425} \times \frac{1.2 \times 14.1^2}{2 \times 9.8} = 2.86[\text{mmH}_2\text{O}]$$

기사·산업 출제빈도 ★★

056 덕트의 내경이 1[m], 반송속도가 10[m/s], 덕트 마찰계수 3.382×10⁻³, 덕트 내에 흐르는 배출가스의 비중량이 1.185[kg/m³]일 때, 이 원형 덕트의 길이 10[m]에 미치는 압력손실(mmH₂O)은?

해답 원형 덕트이므로 덕트의 마찰계수, $\lambda = 4f = 4 \times 3.382 \times 10^{-3} = 0.0135$

$$\therefore \Delta P = 4f \times \frac{L}{D} \times \frac{\gamma \times V^2}{2g} = 0.0135 \times \frac{10}{1} \times \frac{1.185 \times 10^2}{2 \times 9.8} = 0.82 [\mathrm{mmH_2O}]$$

057 내경 100[mm], 길이 20[m]인 원형 덕트를 190[℃], 900[mmHg] 상태의 공기가 10[m/s]로 흐를 경우, 덕트 내의 압력손실($\mathrm{mmH_2O}$)은? (단, 190[℃]에서 덕트 내를 흐르는 공기의 점성계수는 0.026[cP], STP 상태의 공기 비중량은 1.293[kg/Sm³]이다.)

해답 190[℃], 900[mmHg]에서 공기의 비중량,

$\gamma = 1.293 \times \dfrac{273}{273+150} \times \dfrac{900}{760} = 0.9028 [\mathrm{kg/m^3}]$

$N_{Re} = \dfrac{DV\rho}{\mu} = \dfrac{0.1 \times 10 \times 0.9028}{26 \times 10^{-6}} = 34,723$

∴ 덕트 내 공기의 흐름은 난류 상태임

$\lambda = 0.316 \times N_{Re}^{-0.25} = 0.316 \times 34,723^{-0.25} = 0.0231$

$\therefore \Delta P = \lambda \times \dfrac{L}{D} \times \dfrac{\gamma \times V^2}{2g} = 0.0231 \times \dfrac{20}{0.1} \times \dfrac{0.9028 \times 10^2}{2 \times 9.8}$

$\qquad = 21.28 [\mathrm{mmH_2O}]$

058 직경이 1[m], 반송속도가 10[m/s], 길이 10[m], 덕트 마찰계수(f) $= 0.05 - 0.002 \log N_{Re}$로 나타내는 어떤 원형 덕트가 있다. 기류의 흐름에 의한 압력손실($\mathrm{mmH_2O}$)은? (단, 덕트 내를 흐르는 공기의 동점성계수가 1.55×10^{-5}[m²/s], 밀도가 1.185[kg/m³]이다.)

$N_{Re} = \dfrac{D \times V \times \rho}{\mu} = \dfrac{D \times V}{\nu} = \dfrac{10 \times 1}{1.55 \times 10^{-5}} = 645,161.29$

$\therefore f = 0.05 - 0.002 \log 645,161.29 = 0.0384$

원형 덕트이므로 덕트의 마찰계수, $\lambda = 4f = 4 \times 0.0384 = 0.154$

$\therefore \Delta P = 4f \times \dfrac{L}{D} \times \dfrac{\gamma \times V^2}{2g} = 0.154 \times \dfrac{10}{1} \times \dfrac{1.185 \times 10^2}{2 \times 9.8} = 9.31 [\mathrm{mmH_2O}]$

기사·산업 출제빈도 ★★★

059 폭이 380[mm], 길이가 760[mm]인 직선 사각형 덕트 내를 유량 280[m³/min]의 표준공기가 흐르고 있을 때, 이 덕트 길이 10[m]당 압력손실(mmH₂O)은? (단, 덕트 마찰계수는 0.019이다.)

해답

등가직경을 구한다. $D_e = \dfrac{2 \times a \times b}{a+b} = \dfrac{2 \times 0.38 \times 0.76}{0.38 + 0.76} = 0.507[\text{m}]$

사각형 덕트 내의 평균 유속, $V = \dfrac{Q}{a \times b} = \dfrac{280}{0.38 \times 0.76 \times 60} = 16.2[\text{m/s}]$

$\therefore \Delta P = \lambda \times \dfrac{L}{D} \times \dfrac{\gamma \times V^2}{2g} = 0.019 \times \dfrac{10}{0.507} \times \dfrac{1.21 \times 16.2^2}{2 \times 9.8}$
$= 6.07[\text{mmH}_2\text{O}]$

기사 출제빈도 ★

060 어떤 덕트의 내경이 90[mm]이고, 덕트 안을 흐르는 함진가스의 비중량이 1.2[kg/m³]이다. 함진가스량당 단위시간에 흐르는 분진의 중량이 30일 경우, 분진으로 인해 덕트에 미치는 과잉압력(mmH₂O)을 구하시오. 또한, 원형 덕트 내 상·하면의 평균 기류 속도($\dfrac{V_U + V_L}{2}$)가 20[m/s]일 경우, 덕트 상·하면의 속도차(m/s)는 얼마인가?

해답

1) 바람에 날린 분진 입자의 중량에 따라 덕트 바닥을 흐르는 압력은 덕트의 위쪽보다 큰데 이를 과잉압력($\Delta P'$)이라고 한다.

여기서, $m = \dfrac{\text{단위시간당 분진 중량}}{\text{공기량}}$

$\Delta P' = \dfrac{\frac{\pi}{4} \times D^2 \times \gamma \times L \times m}{D \times L} = \dfrac{\pi}{4} \times D \times \gamma \times m = 0.785 \times 0.09 \times 1.2 \times 30$
$= 2.54[\text{kg/m}^2] = 2.54[\text{mmH}_2\text{O}]$

2) $\Delta P' = \dfrac{\gamma}{2g} \times (V_U^2 - V_L^2)$에서 $V_U^2 - V_L^2 = \Delta P' \times \dfrac{2g}{\gamma}$

$(V_U - V_L) \times (V_U + V_L) = \Delta P' \times \dfrac{2g}{\gamma}$

$V_U - V_L = \Delta P' \times \dfrac{2g}{\gamma \times (V_U + V_L)} = 2.54 \times \dfrac{2 \times 9.8}{1.2 \times 40} = 1.04[\text{m/s}]$

061 내경이 1[m], 길이가 10[m]인 수평 원형 덕트의 마찰계수는 0.12이다. 이 덕트에 유량 10[Sm³/s]으로 배출가스를 통풍시킬 경우, 다음 물음에 답하시오.

1) 송풍기의 소요전력(kW)은?
2) 이 계를 단열계로 가정할 때, 마찰에 의한 손실 에너지가 계에 축적되는데, 이 축적된 에너지에 의해 가열되어 1시간 후에 나타나는 배출가스 온도(℃)는? (단, 배출가스의 평균 비중량은 1.2[kg/m³], 송풍기 효율은 60[%], 압력손실을 나타내는 공식은 $\Delta P = \lambda \times \dfrac{L}{D} \times \dfrac{\gamma \times V^2}{2g}$ 이다. 또한, 유입가스의 온도는 25[℃]이고, 배출가스의 평균비열은 C_p[kcal/kg·℃]이다.)

해답

1) $10[\text{Sm}^3/\text{s} \, ℃] \times \dfrac{273+25}{273} = 10.92[\text{m}^3/\text{s}]$

$V = \dfrac{10.92}{\dfrac{\pi}{4} \times 1^2} = 13.91[\text{m/s}]$

$\Delta P = \lambda \times \dfrac{L}{D} \times \dfrac{\gamma \times V^2}{2g} = 0.12 \times \dfrac{10}{1} \times \dfrac{1.2 \times 13.91^2}{2 \times 9.8} = 14.22[\text{mmH}_2\text{O}]$

$\therefore \text{kW} = \dfrac{\Delta P \times Q}{102 \times \eta} = \dfrac{14.22 \times 10.92}{102 \times 0.6} = 2.54[\text{kW}]$

2) 1[kcal] = 427[kg·m]이므로

$Q_1 = 2.54[\text{kW}] \times 102[\text{kg·m/s}] \times \dfrac{3{,}600[\text{s}]}{\text{h}} \times \dfrac{1[\text{kcal}]}{427[\text{kg·m}]} = 2{,}184.28[\text{kcal/h}]$

(또는 1[kWh] = 860[kcal/h], $2.54[\text{kW}] \times \dfrac{860[\text{kcal/h}]}{\text{kW}} = 2{,}184.4[\text{kcal/h}]$)

$Q_2 = 10.92[\text{m}^3/\text{s}] \times \dfrac{3{,}600[\text{s}]}{\text{h}} \times 1.3[\text{kg/Sm}^3] \times C_p[\text{kcal/kg·℃}] \times \Delta t$

$= 51{,}802.2 \times C_p \times \Delta t \, [\text{kcal/h}]$

$\therefore Q_1 = Q_2$ 에서 $2{,}184.28[\text{kcal/h}] = 51{,}802.2 \times C_p \times \Delta t \, [\text{kcal/h}]$

$\therefore \Delta t = \dfrac{2{,}184.28}{51{,}802.2 \times C_p} = \dfrac{0.042}{C_p}$,

$\therefore$ 배출가스 온도, $t_1 = t_2 + \dfrac{0.042}{C_p} = 25 + \dfrac{0.042}{C_p}[℃]$

062 직경 21.59[cm]의 덕트를 통하여 30[m³/min]의 유량을 배기하도록 국소배기장치를 설계하였다. 이때, 송풍기의 용량 규격은 정압 22[mmH₂O], 유량 30[m³/min]로 맞추었다. 만약 덕트 입구에서 국소배기장치의 설치비를 줄이기 위하여 덕트 직경을 12.7[cm]로 줄인다고 할 경우, 송풍기의 정압(mmH₂O) 크기는 얼마인가?

해답 송풍기 상사법칙(similarity law, 닮음법칙)에서 송풍량과 회전수가 비례하므로, 송풍량과 정압의 관계는 $\dfrac{\text{FSP}_2}{\text{FSP}_1} = \left(\dfrac{Q_2}{Q_1}\right)^2 = \left(\dfrac{A_2 V_2}{A_1 V_1}\right)^2$, 즉 정압은 속도의 제곱에 비례한다. 여기서, $V = \dfrac{Q}{A} = \dfrac{Q}{\dfrac{\pi}{4} \times D^2}$ 이므로, $V \propto \dfrac{1}{D^2}$

즉, $\dfrac{\text{FSP}_2}{22} = \left[\dfrac{\left(\dfrac{1}{12.7}\right)^2}{\left(\dfrac{1}{21.59}\right)^2}\right]^2$

∴ $\text{FSP}_2 = 183.75[\text{mmH}_2\text{O}]$

063 직경 45.7[cm]의 덕트를 통하여 113[m³/min]의 유량을 배기하도록 국소배기장치를 설계하였다. 이때, 송풍기의 용량 규격은 송풍기 정압 63.5[mmH₂O]이고, 전동기(motor)의 회전속도가 1,650[rpm]이다. 이 송풍기의 유량을 143[m³/min]로 가동한다면, 송풍기의 정압(mmH₂O) 크기는 어떻게 변하는가?

해답 송풍기 상사법칙(similarity law, 닮음법칙)에서 송풍량과 회전수가 비례하므로, 송풍량과 정압의 관계는 $\dfrac{\text{FSP}_2}{\text{FSP}_1} = \left(\dfrac{Q_2}{Q_1}\right)^2$ 에서

$\text{FSP}_2 = \text{FSP}_1 \times \left(\dfrac{Q_2}{Q_1}\right)^2 = 63.5 \times \left(\dfrac{143}{113}\right)^2 = 101.69[\text{mmH}_2\text{O}]$

064 직경이 100[mm]인 원형 덕트를 이용한 국소배기장치에서 U자관 수은마노미터로 압력을 측정한 결과 그림과 같았다. 다음 물음에 답하시오.

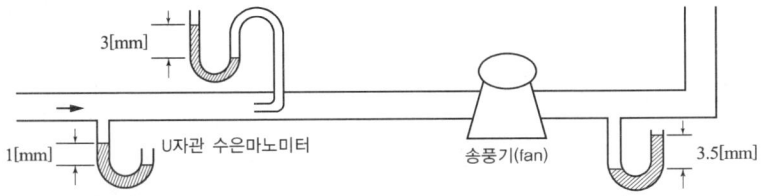

1) 송풍기의 정압(FSP)[mmH$_2$O]은?
2) 송풍기에서 배출되는 공기의 유량(m^3/min)은?
3) 송풍기의 출구쪽 정압을 95.2[mmH$_2$O]로 유지할 경우, 송풍기의 소요동력을 현재의 몇 배로 하여야 하는가?

해답

1) 송풍기 정압 = |입구 정압| + |출구 정압| − 입구 속도압
   = 1 + 3.5 − (3 − 1) = 2.5[mmHg]
   ∴ 2.5[mmHg] × 13.6[mmH$_2$O/mmHg] = 34[mmH$_2$O]

2) $VP = \left(\dfrac{V}{242.2}\right)^2$ [mmH$_2$O]에서 $(3-1) \times 13.6 = \left(\dfrac{V}{242.2}\right)^2$
   ∴ $V = 1,236.16$ [m/min]
   $Q = A \times V = \dfrac{\pi}{4} \times 0.1^2 \times 1,236.16 = 9.92$ [m^3/min]

3) 현재 송풍기 정압 34[mmH$_2$O]
   변경된 송풍기 정압 $= 1 + \dfrac{95.2}{13.6} - (3-1) = 6$ [mmHg] $= 81.6$ [mmH$_2$O]

   송풍기 상사법칙(similarity law, 닮음법칙)에서 송풍량과 회전수가 비례하므로
   송풍량과 정압의 관계는 $\dfrac{FSP_2}{FSP_1} = \left(\dfrac{Q_2}{Q_1}\right)^2$ 에서 $\dfrac{Q_2}{Q_1} = \left(\dfrac{FSP_2}{FSP_1}\right)^{\frac{1}{2}}$

   ∴ $\dfrac{kW_2}{kW_1} = \left(\dfrac{Q_2}{Q_1}\right)^3 = \left[\left(\dfrac{FSP_2}{FSP_1}\right)^{\frac{1}{2}}\right]^3 = \left(\dfrac{FSP_2}{FSP_1}\right)^{\frac{3}{2}}$ 의 관계가 있으므로

   $\dfrac{kW_2}{kW_1} = \left(\dfrac{81.6}{34}\right)^{\frac{3}{2}} = 3.72$

   ∴ 3.72배의 소요동력에 필요하다.

065 국소배기장치 내에서 발생하는 송풍기의 중요한 압력손실원 (major source of pressure loss) 5가지 소개하고 간단히 설명하시오.

해답

총 압력손실 $P_T = \sum P_f + \sum P_d + \sum P_s + \sum P_b + \sum P_v \text{[mmH}_2\text{O]}$ 에서

1) P_f : 집진기에 의한 손실(집진기의 설치로 발생하는 압력손실)
2) P_d : 유도 변환에 의한 손실(덕트의 방향 변환으로 발생하는 압력손실)
3) P_s : 유도 축소 및 확대에 의한 손실(덕트 직경의 축소 및 확대로 발생하는 압력손실)
4) P_b : 굴뚝(연도) 상하의 차이로 인한 압력손실
5) P_v : 가스 속도에 의한 마찰손실(가스의 유속에 의한 속도손실 및 마찰손실)

066 내경 1,000[mm]인 강관에 압력수두 100[m]인 물을 흐르게 할 경우, 이 압력을 견딜 수 있는 강관의 최소 두께(mm)는? (단, 강재의 허용인장력은 1,100[kg/cm²]이고, 강관의 두께를 구하는 식은 $t = \dfrac{P \times D}{2\,\sigma_t}$ 이다.)

해답

강관에 미치는 압력,
$P = \gamma \times H = 1,000 [\text{kg/m}^3] \times 100 [\text{m}] = 100,000 [\text{kg/m}^2] = 10 [\text{kg/cm}^2]$

$\therefore\ t = \dfrac{P \times D}{2\,\sigma_t} = \dfrac{10 [\text{kg/cm}^2] \times 100 [\text{cm}]}{2 \times 1,100 [\text{kg/cm}^2]} = 0.455 [\text{cm}] = 4.55 [\text{mm}]$

067 어떤 국소배기장치에서 총 압력손실이 240[mmH₂O]이고, 배출가스 처리량이 2,000[m³/min]인 경우, 송풍기의 효율이 65[%]일 때, 이 장치를 가동시키는 데 필요한 축동력(kW)은?

해답

송풍기 동력, $kW = \dfrac{Q \times \Delta P}{102 \times \eta} = \dfrac{2,000 \times 240}{102 \times 60 \times 0.65} = 120.66 [kW]$

기사·산업 출제빈도 ★★★

068 배출가스 온도가 120[℃], 기온이 15[℃]에서 높이가 165[m]인 굴뚝이 설치되어 있다. 이 굴뚝과 연결되어 있는 국소배기 장치 전체의 마찰손실이 70[mmH₂O]일 경우, 설치하는 송풍기의 소요동력(kW)은? (단, 처리되는 배출가스량은 150,000[Sm³/h]이고, 설치할 송풍기의 효율은 60[%], 배출가스의 비중량은 1.3[kg/Sm³]이다.)

해답

먼저 굴뚝의 통풍력을 구한다.

$P = H_s \times \left(\dfrac{\gamma_a \times 273}{273 + t_a} - \dfrac{\gamma_g \times 273}{273 + t_g} \right) = 165 \times \left(\dfrac{1.293 \times 273}{273 + 15} - \dfrac{1.3 \times 273}{273 + 120} \right)$

$= 53.30 [mmH_2O]$

송풍기 동력

$kW = \dfrac{Q \times \Delta P}{102 \times \eta} = \dfrac{150,000[Sm^3/h] \times \dfrac{1[h]}{3,600[s]} \times (70 - 53.30)[mmH_2O]}{\dfrac{102[kg \cdot m/s]}{kW} \times 0.6}$

$= 11.37 [kW]$

기사·산업 출제빈도 ★★★

069 어떤 국소배기장치에서 처리가스량이 100,000[m³/h]인 집진기에 사용하는 송풍기의 총 압력손실이 400[mmAq], 송풍기 효율이 65[%]일 때, 1일 10시간씩 가동할 경우, 월 전력요금(원)은? (단, 1[kWh]당 전력비용은 50원이고, 1개월은 30일로 계산한다.)

해답

송풍기 동력, $kW = \dfrac{Q \times \Delta P}{102 \times \eta} = \dfrac{100,000 \times \dfrac{1}{3,600}}{102 \times 0.65} = 167.6 [kW]$

∴ 전력요금 = 167.6[kW] × 10[h/day] × 30[day/month] × 50[원/kWh]
= 2,514,000[원/month]

070 어떤 송풍기가 밀도 1.2[kg/m³]인 공기를 송풍량 10[m³/s]로 이동시키고, 송풍기 안의 전동기가 1,000[rpm]으로 회전할 때, 정압이 1,200[N/m²]이었다. 만약 공기의 밀도가 1.0[kg/m³]로 변할 경우, 이 송풍기의 새로운 유량(m³/s), 정압(N/m²) 및 동력감소 백분율(%)을 계산하시오.

해답

1) 유량은 변하지 않는다. 즉, 10[m³/s]

2) $FSP_2 = FSP_1 \times \left(\dfrac{\rho_2}{\rho_1}\right) = 1,200[N/m^2] \times \left(\dfrac{1}{1.2}\right) = 1,000[N/m^2]$

3) $W_2 = W_1 \times \left(\dfrac{\rho_2}{\rho_1}\right) = W_1 \times \left(\dfrac{1}{1.2}\right) = 0.833\,W_1$

∴ 동력감소 백분율(%) = $\dfrac{W_1 - 0.833\,W_1}{W_1} \times 100 = 16.7[\%]$

071 압력이 27[mmH₂O]로 500[m³/min]의 유량을 이동시키는 덕트와 압력이 23[mmH₂O]로 400[m³/min]의 유량을 이동시키는 덕트가 합류하여 하나의 덕트가 되었다. 합류 지점에서 유량 균형을 취하기 위해 합류 덕트의 유량(m³/min)은 얼마로 하여야 하는가?

해답

송풍기의 상사법칙, $\Delta P_2 = \Delta P_1 \times \left(\dfrac{Q_2}{Q_1}\right)^2$ 에서

$Q_2 = Q_1 \times \left(\dfrac{\Delta P_2}{\Delta P_1}\right)^{\frac{1}{2}} = 400 \times \left(\dfrac{27}{23}\right)^{\frac{1}{2}} = 433.39[m^3/min]$

072 터보형 압입 송풍기의 풍압이 부족하여 송풍기의 회전수를 1,900[rpm]에서 2,200[rpm]으로 변경하였다. 이 경우 송풍기의 풍압은 처음보다 몇 [%]가 높아졌는가?

해답 송풍기의 정압은 회전수의 제곱에 비례한다.

$$\text{FSP}_2 = \text{FSP}_1 \times \left(\frac{N_2}{N_1}\right)^2 = \text{FSP}_1 \times \left(\frac{2,200}{1,900}\right)^2 = 1.34 \times \text{FSP}_1$$

∴ 처음보다 34[%]가 증가하였다.

073 어떤 송풍기의 송풍량은 송풍기의 날개 길이(D), 전동기(motor)의 회전수(N), 공기 밀도(ρ_a)의 함수, 즉 $Q = K \cdot D^a \cdot N^b \cdot \rho_a^c$이며, 송풍기가 요구하는 동력에 관한 함수, $W = K \cdot D^5 \cdot N^3 \cdot \rho_a$이다. 830[rpm]으로 회전하는 송풍기는 정압 15.2[cm] H₂O에서 3.7[m³/s]의 송풍량을 갖고, 11.5 마력의 동력을 필요로 할 경우 다음 물음에 답하시오.

1) 차원 해석을 통하여 Q 함수의 a, b, c를 구하시오.
2) 동일한 송풍기를 사용하여 4.6[m³/s]의 송풍량을 얻기 위해 요구되는 회전수(rpm)과 동력(HP)은?

해답
1) $Q = K \cdot D^a \cdot N^b \cdot \rho_a^c$에서 차원 해석을 하면, $L^3 T^{-1} = L^a [T^{-1}]^b [ML^{-3}]^c$

여기서, L에 대해서는 $3 = a - 3c$, T에 대해서는 $-1 = -b$

M에 대해서는 $0 = c$

∴ $a = 3$, $b = 1$, $c = 0$

∴ $Q = K \cdot D^3 \cdot N$

2) 1)에서 송풍량은 회전수에 비례한다. 즉, $Q \propto N$

∴ $N = 830[\text{rpm}] \times \frac{4.6}{3.7} = 1,032[\text{rpm}]$

$W = K \cdot D^5 \cdot N^3 \cdot \rho_a$에서 동력은 회전수의 세제곱에 비례한다.

즉, $W \propto N^3$

∴ $W = 11.5[\text{HP}] \times \frac{1,032}{830} = 22.1[\text{HP}]$

송풍기의 상사법칙

- 상사법칙(law of similarity): 말 그대로 비슷한, 닮음 법칙으로 전제조건은 송풍기가 구조적 상사이어야 하고, 공기의 유동 상태가 상사이어야 한다.
- 송풍량은 회전수비에 비례한다.

$$Q_2 = Q_1 \times \left(\frac{N_2}{N_1}\right)$$

- 송풍기의 전압은 회전수비의 제곱에 비례한다.

$$FTP_2 = FTP_1 \times \left(\frac{N_2}{N_1}\right)^2$$

- 송풍기의 축동력은 회전수비의 세제곱에 비례한다.

$$L_{S2} = L_{S1} \times \left(\frac{N_2}{N_1}\right)^3$$

단위 환산
1[N/m²] = 1[Pa]
1[mmH₂O] ≒ 10[N/m²]
1[HP] = 0.75[kW]
1[N] = 1[kg·m/s²]

기사·산업 출제빈도 ★★

074 어떤 송풍기가 정압 76.2[mmH₂O]에서 297.3[m³/min]의 공기를 이동시킬 경우, 회전수가 400[rpm]이었다. 이때, 송풍기의 동력이 6.2마력이었다면 동일 송풍기의 회전수를 600[rpm]으로 증가시킬 경우, 이동되는 공기량(m³/min), 정압(mmH₂O), 마력수(HP)를 구하시오. (단, 공기는 실온으로 한다.)

해답 송풍기 제조회사에서는 송풍기 각 부의 치수비가 각기 같은 닮은 꼴의 송풍기를 제작 판매하는 경우가 대부분이므로, 송풍기의 특성들, 즉 송풍량(Q), 송풍기 정압(FSP), 축동력(HP), 회전수(N), 가스밀도(ρ), 임펠러 직경(D) 등이 어떤 법칙에 지배되기 때문에 성능을 예측할 수가 있게 된다. 이러한 법칙을 송풍기 상사법칙(similarity law, 닮음법칙)이라고 한다.

$$Q_2 = Q_1 \times \left(\frac{D_2}{D_1}\right)^3 \times \left(\frac{N_2}{N_1}\right)$$

$$FSP_2 = FSP_1 \times \left(\frac{D_2}{D_1}\right)^2 \times \left(\frac{N_2}{N_1}\right)^2 \times \left(\frac{\rho_2}{\rho_1}\right)$$

$$HP_2 = HP_1 \times \left(\frac{D_2}{D_1}\right)^5 \times \left(\frac{N_2}{N_1}\right)^3 \times \left(\frac{\rho_2}{\rho_1}\right)$$

위 식에서 임펠러(송풍기 날개)의 치수와 가스밀도는 동일 송풍기일 경우, 공식에서 제외된다.

1) 공기량, $Q = 297.3 \times \left(\frac{600}{400}\right) = 445.95 [\mathrm{m^3/min}]$

2) 정압, $FSP = 76.2 \times \left(\frac{600}{400}\right)^2 = 171.45 [\mathrm{mmH_2O}]$

3) 마력, $HP = 6.2 \times \left(\frac{600}{400}\right)^3 = 20.93 [\mathrm{HP}]$

기사·산업 출제빈도 ★★

075 회전수가 1,500[rpm], 정압이 1,000[N/m²]로 가동되는 1.5[HP]의 송풍기가 송풍량 10[m³/s]로 밀도 1.16[kg/m³]인 가스를 이송시키고 있다. 만약 가스밀도가 1[kg/m³]로 변할 경우, 다음 물음에 답하시오.

1) 송풍기의 정압(N/m²)은?
2) 송풍기의 동력(HP)은?

해답

1) $FSP_2 = FSP_1 \times \left(\dfrac{\rho_2}{\rho_1}\right) = 1,000 \times \left(\dfrac{1}{1.16}\right) = 862 [N/m^2]$

2) $HP_2 = HP_1 \times \left(\dfrac{\rho_2}{\rho_1}\right) = 1.5 \times \dfrac{1}{1.16} = 1.3 [HP]$

---

076 어떤 사업장의 국소배기장치에서 송풍기의 정압이 160[mmH$_2$O], 유속이 250[m/min], 송풍량이 150[m^3/min]이 되도록 공기를 이동시킬 경우, 필요한 동력이 7.0[HP]이었고, 그때 송풍기 전동기의 회전수가 300[rpm]이었다. 오염물질 흡인의 원활화를 위해 이 전동기의 회전수를 600[rpm]으로 증가시켰을 경우 다음 요구사항을 구하시오.

1) 송풍량(m^3/s)
2) 정압(mmH$_2$O)
3) 동력(HP)
4) 유속(m/s)

해답

1) 송풍량, $Q = 150 \times \left(\dfrac{600}{300}\right) = 300 [m^3/min] = 5 [m^3/s]$

2) 정압, $FSP = 160 \times \left(\dfrac{600}{300}\right)^2 = 640 [mmH_2O]$

3) 동력, $HP = 7.0 \times \left(\dfrac{600}{300}\right)^3 = 56 [HP]$

4) 유속, $Q = A \times V$에서 $Q \propto V$이므로
   $150[m^3/min] : 250[m/min] = 300[m^3/min] : x[m/min]$
   ∴ $x = 500 [m/min] = 8.33 [m/s]$

---

077 25[m^3/s]의 송풍량을 이송하는 1.5마력의 송풍기가 압력손실은 3,000[N/m^2], 회전수는 1,500[rpm]이었다. 이 송풍기의 송풍량을 35[m^3/s]로 증가시키기 위해서 동력(HP)을 얼마로 높여야 하는가?

해답

$$Q_2 = Q_1 \times \left(\frac{N_2}{N_1}\right) \text{에서 } N_2 = N_1 \times \left(\frac{Q_2}{Q_1}\right) = 1,500 \times \left(\frac{35}{25}\right) = 2,100[\text{rpm}]$$

$$\therefore \text{HP}_2 = \text{HP}_1 \times \left(\frac{N_2}{N_1}\right)^3 = 1.5 \times \left(\frac{2,100}{1,500}\right)^3 = 4.12[\text{HP}]$$

 출제빈도 ☆☆☆

078 어떤 보일러의 발생열량이 80,000[kcal/h]이고, 압력손실이 800[mmH₂O]이었다. 이때, 보일러의 1일 가동시간은 14시간이며, 연간 가동비용은 1×10^7원이다. 발생열량이 60,000[kcal/h]으로, 압력손실도 400[mmH₂O]로 감소할 경우, 동력비(원)는 얼마로 줄어드는가?

해답

동력비는 입력손실과 발생열량에 비례하므로

$80,000 \times 800 : 1 \times 10^7 = 60,000 \times 400 : x$

$\therefore x = 3,750,000$원

 출제빈도 ☆☆☆

079 처리가스량 100,000[Sm³/h], 압력손실 800[mmH₂O]로 1일 16시간 가동하는 집진장치의 연간 동력비는 1,160만원이라고 한다. 가동시간이 같을 때, 처리가스량 70,000[Sm³/h], 압력손실 400[mmH₂O]인 같은 형식의 집진장치를 사용할 경우의 연간 동력비(원)는? (단, 송풍기의 총효율은 변하지 않는다고 가정한다.)

해답

집진장치의 연간 동력비 = 소요동력 × 연간 가동시간 × 단위 동력당 전력비용

동력비 $\propto Q \times \Delta P$ 이므로 동력비 $= 1,160 \times \dfrac{70,000 \times 400}{100,000 \times 800} = 406$만원

단위 환산
1[mmH₂O] = 1[kg/m²]
1[kW] = 102[kg · m/s]
1[HP] = 75[kg · m/s]

080
처리가스량 80,000[Sm³/h]이고, 발생원에서부터 집진장치를 포함한 송풍기까지의 전체 압력손실이 160[mmH₂O]일 경우, 송풍기의 공칭(公稱) 동력(kW)은? (단, 송풍기의 효율은 0.7, 여유율은 1.2로 한다.)

해답

$$kW = \frac{Q \times \Delta P}{102 \times \eta} \times \alpha = \frac{80,000 \times \frac{1}{3,600} \times 160}{102 \times 0.7} \times 1.2 = 59.76 [kW]$$

081
굴뚝에서 배출되는 배출가스의 평균온도는 320[℃], 대기 온도가 20[℃]이고, 높이가 81.6[m]인 굴뚝에서 배출가스의 압력손실이 80[mmH₂O]일 때, 이 배출가스를 처리하기 위한 송풍기의 동력(kW)은? (단, 배출가스 및 대기의 표준상태에서의 비중량은 1.3[kg/Sm³], 송풍기의 효율은 60[%], 배출가스 유량은 10,000[Sm³/h]이다.)

해답

통풍력, $Z = 273 \times 81.6 \times \left(\frac{1.3}{273+20} - \frac{1.3}{273+320} \right) = 50 [mmH_2O]$

배출가스 압력손실과 자연통풍력의 압력차 $= 80 - 50 = 30 [mmH_2O]$

송풍기의 동력(kW) $= \dfrac{Q \times \Delta P}{102 \times \eta}$

$= \dfrac{10,000[Sm^3/h] \times 30[mmH_2O](= kg/m^2)}{102 \dfrac{[kg \cdot m/s]}{kW} \times 3,600[s/h] \times 0.6} = 1.36 [kW]$

참고 1[kW] = 102[kg · m/s]

082
어떤 굴뚝에서 배출되는 가스의 속도압을 측정하니 40[mmH₂O]이었다. 이것을 수은 기둥으로 환산하면 몇 [mmHg]가 되는가? (단, 수은의 비중은 13.6이다.)

해답

$$1[mmHg] = 1[torr] = 13.6[mmH_2O] = 13.6[kg/m^2]$$

$$\therefore 40 \times \frac{1}{13.6} = 2.94[mmHg]$$

083 50[m³/min]의 공기를 직경 30[cm]인 원형 덕트를 통하여 수송할 때, 덕트 내의 속도압(mmH₂O)은? (단, 공기의 비중량은 1.2[kg/m³]이다.)

해답

$Q = A \times V$ 에서 $50[m^3/min] = 0.785 \times 0.3^2 \times V[m/min]$
$V = 707.714[m/min]$

$$VP = \left(\frac{V}{242.2}\right)^2 = \left(\frac{707.714}{242.2}\right)^2 = 8.54[mmH_2O]$$

084 송풍기를 이용하여 50[℃], 750[mmHg] 상태의 건조공기를 밀폐된 실내로 보내고 있다. 공기 중에 10[kg/min]의 양으로 암모니아 가스를 혼합시킬 때, 그 혼합물의 조성은 부피비로 N₂ = 67.1[%], O₂ = 17.9[%], NH₃ = 15[%]이었다. 이때, 실내로 불어 넣은 송풍량(m³/min)은?

해답

NH₃ 가스의 kmol 수 $= \dfrac{10[kg/min]}{17[kg/kmol]} = 0.59[kmol/min]$

이 양이 15[%]에 해당하므로 전체 공기는 $\dfrac{0.59[kmol/min]}{0.15} = 3.93[kmol/min]$

NH₃ 가스를 제외한 공기는 $3.93 - 0.59 = 3.34[kmol/min]$

$\therefore 22.4[Sm^3/kmol] \times 3.34[kmol/min] \times \dfrac{273+50}{273} \times \dfrac{760}{750} = 89.70[m^3/min]$

085 다음 그림과 같은 덕트에 유체가 흐르고 있다. 비압축성 유체일 경우 두 지점에서의 평균유속(m/s)은?

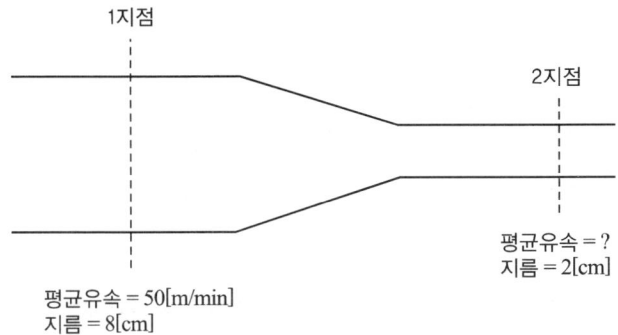

해답

$Q = A_1 \, V_1 = A_2 \, V_2$ 에서 $0.785 \times 0.08^2 \times 50 = 0.785 \times 0.02^2 \times V_2$

$V_2 = 800 [\text{m/min}] \times \dfrac{\min}{60[\text{s}]} = 13.33 [\text{m/s}]$

086 1기압(760[mmHg]), 온도 20[℃]일 때, 공기의 동점성계수(ν)가 1.5×10^{-5}[m²/s], 덕트의 직경 50[mm]일 경우, 덕트 안을 흐르는 공기의 풍속(m/s)은? (단, 레이놀즈수, $N_{Re} = 3 \times 10^4$이다.)

해답

$N_{Re} = \dfrac{D\,V\,\rho}{\mu} = \dfrac{V \times D}{\nu}$ 에서 $3 \times 10^4 = \dfrac{0.05 \times V}{1.5 \times 10^{-5}}$

$\therefore V = 9.0 [\text{m/s}]$

087 내경이 30[cm]인 원형 덕트에 20[℃], 1기압의 공기가 20[m³] 흐르고 있다. 이 유체의 레이놀즈수는? (단, 20[℃]에서 공기의 점성계수는 0.018[cP]이다.)

해답

$$V = \frac{20}{0.785 \times 0.03^2 \times 3{,}600} = 7.86[\text{m/s}]$$

$$\rho = 1.3 \times \frac{273}{273+20} = 1.206[\text{kg/m}^3]$$

$1[\text{P(poise)}] = 1[\text{g/cm} \cdot \text{s}] = 100[\text{cP}]$ 이므로

$$\mu = 0.018 \times 10^{-2}[\text{g/cm} \cdot \text{s}] = 0.018 \times 10^{-3}[\text{kg/m} \cdot \text{s}]$$

$$\therefore N_{Re} = \frac{D \times V \times \rho}{\mu} = \frac{0.3 \times 7.86 \times 1.206}{0.018 \times 10^{-3}} = 157{,}986 (난류)$$

기사·산업 출제빈도 ☆☆☆

088 내경이 0.3048[m]인 원형 덕트에 유속 2[m/s]로 밀도 1.2[kg/m³]의 공기가 흐르고 있다. 이 유체의 레이놀즈수는? (단, 공기의 점성계수는 0.02[cP]이다.)

해답

$$\mu = 0.02 \times 10^{-2}[\text{g/cm} \cdot \text{s}] = 2 \times 10^{-5}[\text{kg/m} \cdot \text{s}]$$

$$\therefore N_{Re} = \frac{D \times V \times \rho}{\mu} = \frac{0.3048 \times 2 \times 1.2}{2 \times 10^{-5}} = 36{,}576 (난류)$$

기사·산업 출제빈도 ☆☆☆

089 35[m³/min]의 공기를 20[cm] 직경의 원형 덕트를 이용하여 이동시킬 경우, 덕트 내의 속도압(mmH₂O)은? (단, 공기의 밀도는 1.2[kg/m³]이다.)

해답

$$Q = A \times V = \frac{\pi}{4} \times D^2 \times C\sqrt{\frac{2gh}{\gamma}}$$ 에서

$$35[\text{m}^3/\text{min}] = 0.785 \times 0.2^2 \times \sqrt{\frac{2 \times 9.8 \times h}{1.2}} \times 60[\text{s/min}]$$

$$\therefore h = 21.13[\text{mmH}_2\text{O}]$$

090 내경 100[mm], 길이 20[m]인 원형 덕트에 190[℃]의 온도를 지닌 공기가 900[mmHg]의 압력으로 평균유속 10[m/s]로 흐를 경우, 흐름의 형태를 파악하고 원형 덕트에서 발생하는 압력손실(mmH₂O)은? (단, 190[℃]에서 공기의 점도(μ)는 0.026[cP]이다.)

해답

공기의 비중량 $= \dfrac{29[\text{kg}]}{22.4[\text{Sm}^3]} \times \dfrac{273}{273+190} \times \dfrac{900}{760} = 0.904[\text{kg/m}^3]$

공기의 점도(μ), $0.026[\text{cP}] = 0.026 \times 10^{-2}[\text{g/cm}\cdot\text{s}] = 0.026 \times 10^{-3}[\text{kg/m}\cdot\text{s}]$

$N_{Re} = \dfrac{DV\rho}{\mu} = \dfrac{0.1 \times 10 \times 0.904}{0.026 \times 10^{-3}} = 34,769.23$, 즉 난류이므로

관마찰계수, $\lambda = 0.316 \times N_{Re}^{-0.25}$ 에서 $\lambda = 0.316 \times 34,769.23^{-0.25} = 0.02314$

(층류일 때, $\lambda = \dfrac{64}{N_{Re}}$ 이다.)

∴ 압력손실, $\Delta P = \lambda \times \dfrac{L}{D} \times \dfrac{\gamma \times v^2}{2g} = 0.02314 \times \dfrac{20}{0.1} \times \dfrac{0.904 \times 10^2}{2 \times 9.8}$

$= 21.35[\text{kg/m}^2 = \text{mmH}_2\text{O}]$

091 세로 400[mm], 가로 760[mm]의 곧은 각관 내를 유량 320[m³/min]의 표준공기(20[℃], 760[mmHg])가 흐를 때, 길이 10[m]당 압력손실(mmH₂O)은? (단, 이 유체의 가스밀도는 1.22[kg/m³], 관 마찰계수는 0.019이다.)

해답

환산직경, $D_e = \dfrac{2ab}{a+b} = \dfrac{2 \times 0.4 \times 0.76}{0.4+0.76} = 0.52[\text{m}]$

각관을 흐르는 유속, $V = \dfrac{Q}{A} = \dfrac{320}{0.4 \times 0.76 \times 60} = 17.54[\text{m/s}]$

∴ $\Delta P = \lambda \times \dfrac{L}{D_e} \times \dfrac{\gamma \times V^2}{2g} = 0.019 \times \dfrac{10}{0.52} \times \dfrac{1.22 \times 17.54^2}{2 \times 9.8} = 7[\text{mmH}_2\text{O}]$

기사 출제빈도 ☆☆

092 내경이 0.3[m], 길이 20[m]인 원형 덕트 안을 20[℃], 1[atm] 상태의 공기가 유량 1,800[m³/h]로 흐르고 있을 경우 다음 물음에 답하시오. (단, 20[℃]에서 공기의 점도는 0.018[cP] (1[cP] = 0.001 kg/m·s), 비중량은 1.3[kg/Sm³]이다.)

1) 이 원형 덕트 안을 흐르는 공기의 마찰계수(λ)는? (단, Darcy 마찰계수, $\lambda = 0.316 \times N_{Re}^{-(\frac{1}{4})}$ 이고, 여기서, N_{Re}는 레이놀즈수이다.)
2) 원형 덕트 안의 압력손실(mmH₂O)은?

해답

1) 원형 덕트 안에서 흐르는 공기의 속도, $v = \dfrac{Q}{A} = \dfrac{(1,800/3,600)}{\dfrac{3.14 \times 0.3^2}{4}} = 7.077 [\text{m/s}]$

레이놀즈수, $N_{Re} = \dfrac{v \times D}{\nu} = \dfrac{7.077 \times 0.3}{0.018 \times 0.001} = 117,952.35$

∴ Darcy 마찰계수, $\lambda = 0.316 \times (117,952.35)^{-\frac{1}{4}} = 0.017$

2) 덕트의 압력손실,

$\Delta P = \lambda \dfrac{L}{D} \times \dfrac{\gamma \cdot v^2}{2g} = 0.017 \times \dfrac{20}{0.3} \times \dfrac{(1.2 \times 7.077^2)}{(2 \times 9.8)} = 3.51[\text{mmH}_2\text{O}]$

여기서, $\gamma = \gamma_o \times \dfrac{273}{273+t} = 1.3 \times \dfrac{273}{273+20} = 1.2[\text{kg/m}^3]$

기사·산업 출제빈도 ☆☆

093 20[℃]의 공기 22[m³/min]를 7[atm]의 압력을 가진 압축공기를 이용하여 덕트 내로 송풍하려고 한다. 덕트의 내경이 70[mm], 길이가 100[m]일 경우, 덕트의 마찰손실(mmH₂O)을 구하시오. (단, 덕트 내의 공기 평균온도는 30[℃]이고, 공기의 점성계수는 186×10^{-6} [poise]이고, 흐름 상태에 따른 마찰계수는 층류일 때, $\lambda = \dfrac{64}{N_{Re}}$, 난류일 때, $\lambda = 0.316 \times N_{Re}^{-0.25}$ 이다.)

해답

덕트로 흡입되는 공기의 밀도

$\rho_g = \dfrac{MW}{22.4} \times \dfrac{273}{273+t} \times \dfrac{P_a}{760} = \dfrac{29}{22.4} \times \dfrac{273}{273+20} \times \dfrac{760}{760} = 1.21[\text{kg/m}^3]$

공기의 유량(kg/h) = $22[\text{m}^3/\text{min}] \times 60[\text{min/h}] \times 1.21[\text{kg/m}^3] = 1,590[\text{kg/h}]$

30[℃], 7[atm] 상태인 압축공기의 밀도

$= \dfrac{29}{22.4} \times \dfrac{273}{273+30} \times \dfrac{7 \times 760}{760} = 8.165 [kg/m^3]$

덕트 내의 공기 속도,

$V[m/s] = \dfrac{1,590[kg/h]}{\dfrac{\pi}{4} \times 0.07^2 [m^2] \times 8.165 [kg/m^3] \times 3,600[s/h]} = 14.06[m/s]$

30[℃]에서 공기의 점성계수는 1[poise] = 1[g/cm · s]이므로

$\mu = 186 \times 10^{-6} [g/cm \cdot s] = 186 \times 10^{-7} [kg/m \cdot s]$

$\therefore N_{Re} = \dfrac{V \times D \times \rho}{\mu} = \dfrac{14.1 \times 0.07 \times 8.165}{186 \times 10^{-7}} = 433,271.77$

$\therefore$ 난류흐름 $\lambda = 0.316 \times N_{Re}^{-0.25} = 0.316 \times 433,272^{-0.25} = 0.0123$

덕트의 압력손실, $\Delta P = \lambda \dfrac{L}{D} \times \dfrac{\gamma \cdot v^2}{2g} = 0.0123 \times \dfrac{100}{0.07} \times \dfrac{(8.165 \times 14.1^2)}{(2 \times 9.8)}$

$= 1,455.28 [mmH_2O]$

기사 출제빈도 ☆

094 비중이 1.12인 어떤 액체가 안지름 2인치인 액체 수송관에 45.4[kg/h]의 유량으로 흐르고 있다. 이 용액의 점성계수는 0.9[cP]이고, 관의 길이가 1.6[km]일 경우, 발생하는 압력손실(mmH₂O)은? (단, 흐름 상태에 따른 마찰계수는 층류일 때, $\lambda = \dfrac{64}{N_{Re}}$, 난류일 때, $\lambda = 0.316 \times N_{Re}^{-0.25}$ 이다.)

해답

액체 수송관의 직경 $= 2 \times 2.54 = 5.08 [cm] = 0.0508 [m]$

액체의 비중 $= 1.12 \times 1000 = 1,120 [kg/m^3]$

용액의 점성계수 $= 0.9[cP] = 0.9 \times 10^{-3} [kg/m \cdot s]$

$V[m/s] = \dfrac{45.4[kg/h]}{\dfrac{\pi}{4} \times 0.0508^2 [m^2] \times 1,120 [kg/m^3] \times 3,600[s/h]} = 5.75 \times 10^{-3} [m/s]$

$N_{Re} = \dfrac{D \times V \times \rho}{\mu} = \dfrac{0.0508 \times 5.75 \times 10^{-3} \times 1,120}{0.9 \times 10^{-3}} = 357.8$

$\therefore$ 이 액체의 흐름의 형태는 층류이다. 관 마찰계수, $\lambda = \dfrac{64}{N_{Re}} = \dfrac{64}{357.8} = 0.179$

$\therefore \Delta P = \lambda \dfrac{L}{D} \times \dfrac{\gamma \cdot v^2}{2g} = 0.179 \times \dfrac{1,600}{0.0508} \times \dfrac{1,120 \times (5.75 \times 10^{-3})^2}{(2 \times 9.8)}$

$= 10.82 [mmH_2O]$

기사 출제빈도 ☆☆

095 어떤 송풍기로 50[℃], 750[mmHg]의 건조공기를 내보낸다. 이때, 10[kg/min]의 유량으로 NH₃ 가스를 혼합하여 혼합공기의 조성이 부피비로 N₂ = 67.1[%], O₂ = 17.9[%], NH₃ = 15.0[%]였을 경우, 이 송풍기의 송풍량(m³/min)은?

해답

NH_3의 분자량이 17이므로, 혼합공기 중 NH_3 몰분율 수

$$= \frac{10[\text{kg/min}]}{17[\text{kg/mol}]} = 0.59[\text{kmol/min}]$$

이 값이 15[%]에 해당하므로 혼합공기 전체의 몰분율 수

$$= 0.59[\text{kmol/min}] \times \frac{1}{0.15} = 3.92[\text{kmol/min}]$$

혼합공기 중 NH_3를 제외한 공기의 몰분율 수 $= 3.92 - 0.59 = 3.33[\text{kmol/min}]$

∴ 공기 1[kmol]은 STP 상태에서 22.4[Sm³]이므로

$$\text{송풍기의 송풍량}(m^3/\text{min}) = 22.4 \times 3.33 \times \frac{273+50}{273} \times \frac{760}{750} = 89.43[m^3/\text{min}]$$

기사·산업 출제빈도 ☆☆☆

096 어떤 굴뚝의 높이가 100[m], 배출가스의 온도 190[℃], 외기의 비중량이 1.3[kg/Sm³], 배출가스의 비중량 0.8[kg/m³]일 경우, 굴뚝에서 배출되는 연기의 통풍력(mmH₂O)은? (단, 외기의 온도는 10[℃], 통풍손실은 13[%]이다.)

해답

통풍력, $Z = 273 \times H_s \times \left(\frac{\gamma_a}{273+t_a} - \frac{\gamma_g}{273+t_g} \right)$

$= 273 \times 100 \times \left(\frac{1.3}{273+10} - \frac{0.8}{273+190} \right)$

$= 78.24[\text{mmH}_2\text{O}]$

∴ 실제 통풍력 = 이론적인 통풍력 × (1 − 통풍손실)

$= 78.24 \times (1 - 0.13)$

$= 68.07[\text{mmH}_2\text{O}]$

097 어떤 화력발전소의 굴뚝에서 배출되는 배출가스의 평균온도가 300[℃]에서 100[℃]로 하강할 경우, 통풍력은 300[℃]일 때보다 몇 [%]가 줄어드는가? (단, 굴뚝 주변의 대기 온도는 27[℃]이다.)

해답

통풍력을 구하는 공식: $Z = 355\,H_s\left(\dfrac{1}{273+t_a} - \dfrac{1}{273+t_s}\right)$에서

300[℃]인 경우, $Z_1 = 355\,H_s\left(\dfrac{1}{273+27} - \dfrac{1}{273+300}\right) = 355\,H_s\left(\dfrac{573-300}{573\times 300}\right)$

$= 355\,H_s\dfrac{273}{573\times 300}$

100[℃]인 경우, $Z_1 = 355\,H_s\left(\dfrac{1}{273+27} - \dfrac{1}{273+100}\right) = 355\,H_s\left(\dfrac{373-300}{373\times 300}\right)$

$= 355\,H_s\dfrac{73}{373\times 300}$

$\therefore \dfrac{Z_2}{Z_1} = \dfrac{355\times H_s\times \dfrac{73}{373\times 300}}{355\times H_s\times \dfrac{273}{573\times 300}}\times 100 = 41.1[\%]$

098 어떤 수관식 보일러 배출가스의 평균온도는 230[℃]이고, 높이가 50[m]인 굴뚝에서 자연통풍에 의해 연기가 배출되고 있다. 여기에 매연을 방지하기 위해 사이클론 집진기를 설치한 결과 압력손실이 50[mmH_2O]가 증가되었으나 배출가스 온도는 150[℃]로 낮아졌다. 사이클론 집진기를 설치하기 전과 같은 통풍력을 얻기 위해서는 굴뚝의 높이를 얼마나 더 높여야 하는가? (단, 굴뚝 주변의 대기 온도는 27[℃]이고, 연도 내의 다른 마찰손실은 무시한다.)

해답

사이클론 집진기 설치 전의 통풍력,

$Z_1 = 355\,H_s\left(\dfrac{1}{273+t_a} - \dfrac{1}{273+t_s}\right) = 355\times 50\times \left(\dfrac{1}{273+25} - \dfrac{1}{273+230}\right)$

$= 24.28[mmH_2O]$

$\therefore (24.28+50)[mmH_2O] = 355\times H_s\left(\dfrac{1}{273+25} - \dfrac{1}{273+150}\right)$에서

$H_s = 153[m]$

더 높여야 하는 굴뚝의 높이 $= H_s - H = 153 - 50 = 103[m]$

기사·산업 출제빈도 ★★★

099 굴뚝의 높이가 35[m]인 시설에서 자연통풍으로 연소되는 열설비가 있다. 이 열설비에서 대기오염방지시설로 집진장치를 설치한 결과 10[mmH₂O]의 압력손실이 발생하였다. 집진장치를 설치하기 이전의 통풍력을 유지하기 위해서는 굴뚝의 높이를 몇 [m]나 더 높여야 하는가? (단, 굴뚝 내의 평균 배출가스온도는 227[℃], 대기의 온도는 27[℃], 굴뚝 내부의 마찰손실은 무시하며, 공기 및 배출가스의 밀도는 1.3[kg/Sm³]이다.)

해답 집진기 설치 전의 통풍력,

$$Z_1 = 355\,H_s\left(\frac{1}{273+t_a} - \frac{1}{273+t_s}\right) = 355 \times 35 \times \left(\frac{1}{273+27} - \frac{1}{273+227}\right)$$
$$= 16.57[\text{mmH}_2\text{O}]$$

$$\therefore (16.57+10)[\text{mmH}_2\text{O}] = 355 \times H_s \times \left(\frac{1}{273+27} - \frac{1}{273+157}\right) \text{에서}$$

$$H_s = 56.17[\text{m}]$$

더 높여야 하는 굴뚝의 높이 $= H_s - H = 56.17 - 35 = 21.17[\text{m}]$

기사·산업 출제빈도 ★★★

100 배출가스의 평균온도는 227[℃]이고, 높이가 50[m]인 굴뚝에서 자연통풍에 의해 연기가 배출되고 있는 보일러가 있다. 이에 압력손실이 10[mmH₂O]인 집진장치가 연결될 경우, 굴뚝의 배출가스 온도는 157[℃]로 낮아졌다. 이 집진기를 설치하기 전과 같은 통풍력을 얻기 위해서는 굴뚝의 높이(m)를 얼마로 변경하여야 하는가? (단, 굴뚝 주변의 대기 온도는 27[℃]이고, 연도 내의 다른 마찰손실은 무시한다.)

해답 집진기 설치 전의 통풍력,

$$Z_1 = 355\,H_s\left(\frac{1}{273+t_a} - \frac{1}{273+t_s}\right) = 355 \times 50 \times \left(\frac{1}{273+27} - \frac{1}{273+227}\right)$$
$$= 23.67[\text{mmH}_2\text{O}]$$

$$\therefore (23.67+10)[\text{mmH}_2\text{O}] = 355 \times H_s\left(\frac{1}{273+27} - \frac{1}{273+157}\right) \text{에서}$$

$$H_s = 94.11[\text{m}]$$

기사·산업 출제빈도 ★★★★★

101 굴뚝에서 발생한 총 에너지 손실수두와 높이가 100[m]인 굴뚝의 배출구에서의 속도수두의 합은 32.3[mmH₂O]이다. 기온이 15[℃]일 때 온도가 145[℃]인 배출가스가 굴뚝을 통해 배출되는 경우, 자연통풍력을 계산하고, 그 결과로부터 가스배출을 위한 송풍기의 유무를 판단하시오. (단, 0[℃], 1[atm]에서 대기의 비중량은 1.293[kg/m³]이고, 배출가스의 비중량은 1.3[kg/m³]이다.)

해답

통풍력, $Z = 273 \times H_s \times \left(\dfrac{\gamma_a}{273+t_a} - \dfrac{\gamma_g}{273+t_g} \right)$

$= 273 \times 100 \times \left(\dfrac{1.293}{273+15} - \dfrac{1.3}{273+145} \right) = 37.66 [\text{mmH}_2\text{O}]$

∴ 자연 통풍력이 속도수두보다 5.36[mmH₂O]만큼 크므로 송풍기는 필요 없다.

기사·산업 출제빈도 ★★★

102 배출가스의 평균온도는 127[℃]이고, 높이가 50[m]인 굴뚝에서 자연통풍 연소장치의 굴뚝높이를 그대로 유지하면서 통풍력을 2배로 증가시킬 경우, 굴뚝으로 배출되는 연소가스온도(℃)는? (단, 굴뚝 주변의 대기 온도는 27[℃]이고, 공기와 배출가스의 비중량은 1.3[kg/Sm³]이며, 굴뚝 내의 다른 마찰손실은 무시한다.)

해답

통풍력, $Z = 273 \times 50 \times \left(\dfrac{1.3}{273+27} - \dfrac{1.3}{273+127} \right) = 14.79 [\text{mmH}_2\text{O}]$

통풍력 2배 증가 시 연소가스온도를 t_2라 하면

$14.79 \times 2 = 273 \times 50 \times \left(\dfrac{1.3}{273+27} - \dfrac{1.3}{273+t_2} \right)$

∴ $t_2 = 327 [℃]$

기사·산업 출제빈도 ★★★★

103 배출가스의 평균온도는 330[℃]이고, 대기 온도가 25[℃]일 경우, 통풍력 60[mmH₂O]를 유지하기 위한 굴뚝의 높이(m)는? (단, 연소가스와 공기의 표준상태의 비중량은 1.3[kg/Sm³]이다.)

해답

통풍력, $60 = 273 \times H_s \times \left(\dfrac{1.3}{273+25} - \dfrac{1.3}{273+330} \right)$

∴ $H_s = 99.83[\text{m}]$

기사·산업 출제빈도 ★★★★

104 배출가스의 평균온도는 250[℃]이고, 대기 온도가 15[℃]일 경우, 통풍력 50[mmH₂O]가 되는 굴뚝의 높이(m)는? (단, 연소가스와 공기의 표준상태의 비중량은 1.3[kg/Sm³]이다.)

해답

통풍력, $50 = 273 \times H_s \times \left(\dfrac{1.3}{273+15} - \dfrac{1.3}{273+250} \right)$

∴ $H_s = 90.27[\text{m}]$

입자 처리

1 입자의 기본이론 및 집진원리 이해하기

학습 개요 | 기사·산업기사 공통

1. 입자의 기초이론 및 입자상물질의 종류 및 특징을 파악할 수 있다.
2. 집진의 기초이론을 이해하고 집진장치별 집진율 등을 산정할 수 있다.

기사 출제빈도 ★

001 입경이 1[μm], 진밀도가 4.0[g/cm³]인 분체를 이용하여 길이 1[cm]인 정육면체를 만들었다. 이 정육면체 입자의 겉보기 밀도(g/cm³)는?

해답

길이 1[cm]인 정육면체에 들어가는 분진 입자의 개수
= (10⁴개)×(10⁴개)×(10⁴개) = 1.0×10¹²[개 입자/cm³]

입자 1개의 질량 = $\frac{\pi}{6}(1.0 \times 10^{-6})[\text{m}^3] \times 4.0[\text{g/cm}^3] \times \frac{10^6[\text{cm}^3]}{\text{m}^3}$

　　　　　　　= 2.094×10⁻¹²[g]

∴ 정육면체 입자의 겉보기 밀도 = $\frac{2.094 \times 10^{-12}[\text{g/개}] \times 1.0 \times 10^{12}[\text{개}]}{\text{cm}^3}$

　　　　　　　= 2.094[g/cm³]

> **겉보기 밀도(apparent density)**
> 다공성 물체에서 그 세공의 공간부를 포함한 부피를 기준으로 한 밀도로 용적밀도(bulk density)라고도 한다. 입자 간격의 공간 체적과 입자를 포함하는 전체 체적의 비를 공간율 또는 공극률(ε)이라고 하면 진밀도(ρ_p)와 겉보기 밀도(ρ_b) 사이에는 $\rho_b = (1-\varepsilon) \times \rho_p$의 관계식이 성립된다.

기사 출제빈도 ★★

002 어떤 입자의 진밀도를 알아내기 위해 비중병을 이용한 실험을 한 결과 다음과 같은 자료를 얻었다. 이 자료를 통한 얻은 입자의 진밀도는?

(1) 비중병의 질량: 14[g]
(2) 비중병 + 증류수의 질량: 40[g]
(3) 비중병 + 입자의 질량: 20[g]
(4) 비중병 + 입자 + 증류수의 질량: 43[g]
(5) 증류수의 밀도: 1

> **해답**
> $\rho_p = (1-\varepsilon) \times \rho_i$
> 여기서, ρ_p: 입자의 겉보기 비중, ρ_i: 입자의 진비중, ε: 입자의 공극률
> $\rho_i = \dfrac{\rho_L \times M}{M+W-R}$
> 여기서, M: 입자의 질량, W: 증류수의 질량, R: 입자 + 증류수의 질량,
> ρ_L: 증류수의 밀도
> $\therefore \rho_i = \dfrac{\rho_L \times M}{M+W-R} = \dfrac{1 \times (20-14)}{(20-14)+(40-14)-(43-14)} = 2$

기사 출제빈도 ☆☆

003 밀도가 1,500[kg/m³]이고 입경이 3[μm]인 경우, 구형 입자의 비표면적(단위질량당 표면적)과 입자의 질량 합계가 1[kg]일 경우, 입자의 개수는?

> **해답**
> 1) 비표면적, $S_V = \dfrac{\text{표면적}}{\text{질량}} = \dfrac{\text{표면적}}{\text{밀도} \times \text{부피}} = \dfrac{4\pi r^2}{\rho_p \times \dfrac{4}{3}\pi r^3} = \dfrac{3}{\rho_p \times r}$
> $= \dfrac{3}{1,500 \times 1.5 \times 10^{-6}} = 1333.33 [\text{m}^2/\text{kg}]$
> 2) 1[kg]의 부피 $= \dfrac{1[\text{kg}]}{1,500[\text{kg/m}^3]} = 6.7 \times 10^{-4} [\text{m}^3]$
> 입경 3[μm]인 입자 1개의 부피 $= \dfrac{4}{3}\pi \times (1.5 \times 10^{-6}[\text{m}])^3$
> $= 1.41 \times 10^{-17}[\text{m}^3]$
> $\therefore$ 입자의 질량 합계 1[kg] 속에 함유된 입자수
> $= \dfrac{6.7 \times 10^{-4}}{1.41 \times 10^{-17}} = 4.75 \times 10^{13}$개

기사·산업 출제빈도 ☆☆☆

004 어떤 분진의 입경이 2배로 될 경우, 그 분진의 비표면적은 어떻게 되는가?

해답

비표면적$(S_V) = \dfrac{\text{표면적}}{\text{입자의 체적}} = \dfrac{4\pi r^2}{\dfrac{4}{3}\pi r^3} = \dfrac{3\times\left(\dfrac{d_p}{2}\right)^2}{\left(\dfrac{d_p}{2}\right)^3} = \dfrac{6}{d_p}$ 이므로

입경이 2배일 경우, $SV_2 = \dfrac{6}{2\times d_p} = \dfrac{3}{d_p}$

$\therefore \dfrac{SV_2}{SV_1} = \dfrac{\dfrac{3}{d_p}}{\dfrac{6}{d_p}} = \dfrac{1}{2}$ 즉, 비표면적은 반으로 줄어든다.

기사 출제빈도 ★★★

005 밀도가 1,400[kg/m³]인 물질 1[kg] 속에는 입경 1[μm]인 구형 입자가 몇 개 있을 수 있는가?

해답

물질의 체적, $V = \dfrac{m}{\rho} = \dfrac{1[\text{kg}]}{1,400[\text{kg/m}^3]} = 7.1428\times 10^{-4}[\text{m}^3]$

입경 1[μm]인 입자 1개의 체적 = $\dfrac{\pi d_p^3}{6} = \dfrac{3.14}{6}\times(1\times 10^{-6})^3$
$= 5.23\times 10^{-19}[\text{m}^3/\text{개}]$

$\therefore$ 입자수 = $\dfrac{7.1428\times 10^{-4}[\text{m}^3]}{5.23\times 10^{-19}[\text{m}^3/\text{개}]} = 1.37\times 10^{15}$개

기사·산업 출제빈도 ★★

006 입경 1[μm]인 구형 입자의 밀도가 1,200[kg/m³]이라면, 이 입자의 비표면적(m²/kg)은?

해답

비표면적, $S_V = \dfrac{6}{d_p} = \dfrac{6}{1\times 10^{-6}}[\text{m}^2/\text{m}^3]$

$\therefore S_m = \dfrac{\dfrac{6}{1\times 10^{-6}}[\text{m}^2/\text{m}^3]}{1,200[\text{kg/m}^3]} = 5,000[\text{m}^2/\text{kg}]$

> **참고** 입자의 비표면적은 단위 체적당 입자의 표면적, $S_V\,[\text{m}^2/\text{m}^3]$와 단위 질량당 입자의 표면적, $S_m\,[\text{m}^2/\text{kg}]$으로 그 기준에 따라 2가지로 나누어진다.

007 [기사] 출제빈도 ☆

밀도가 1,400[kg/m³]이고, 입자는 입경 1[μm]에서 40[μm]까지의 입자수, $n(d_p) = 6 \times 10^6 (d_p - 1)$의 함수로 분포되어 있을 때, 전체 입자수(개)와 전체 입자의 질량(kg)을 구하시오. (단, 입자는 입경 1[μm] 이하와 40[μm] 이상의 입자는 없다고 한다.)

해답

1) 전체 입자수는 주어진 식에서 입경 2[μm] ~ 39[μm]까지 정리한다.
   2[μm] 입자 개수, 3[μm] 입자 개수, ⋯, 39[μm] 입자 개수
   $6 \times 10^6 (2-1),\ 6 \times 10^6 (3-1),\ \cdots,\ 6 \times 10^6 (39-1)$
   $\therefore \sum\limits_{i=2[\mu m]}^{39[\mu m]} n = \dfrac{38 \times (38+1)}{2} \times 6 \times 10^6 = 4.446 \times 10^9$ 개

2) 전체 입자의 질량
   입자의 체적: $\sum\limits_{i=2[\mu m]}^{39[\mu m]} V = \left\{ \dfrac{38 \times (38+1)}{2} \right\}^2 \times \dfrac{1}{6} \pi \times (10^{-6})^3$
   $\qquad\qquad\qquad = 2.874 \times 10^{-13}\,[\text{m}^3]$
   $m = V \times \rho = 2.874 \times 10^{-13} \times 1,400 = 4.023 \times 10^{-10}\,[\text{kg}]$

008 [기사] 출제빈도 ☆☆

1[L]의 물로 이론적으로 발생시킬 수 있는 300[μm]의 액적경을 가진 구형 물입자(water droplet)의 최대 개수는?

해답

300[μm]의 액적경을 가진 구형 물입자(water droplet)의 체적은
$\dfrac{\pi}{6} \times d_w^3 = \dfrac{3.14}{6} \times (300 \times 10^{-6})^3 = 1.413 \times 10^{-11}\,[\text{m}^3] = 1.413 \times 10^{-8}\,[\text{L}]$
$\therefore \dfrac{1[\text{L}]}{1.413 \times 10^{-8}\,[\text{L/개}]} = 70,771,409\,[\text{개}]$

커닝험 수정계수(커닝험 보정계수, 미끄럼 보정계수)

미세한 기체분자가 입자에 충돌할 때 미끄러지는 현상으로 항력이 작아져 침강속도가 커지게 되는데 입경이 3[μm]보다 작을 때 발생하며 1[μm] 이하가 되면 더욱 미끄러지는 현상이 심각해진다. 이때 사용하는 것이 커닝험 수정계수로서 미세입자일수록, 가스온도가 높을수록, 가스압력이 낮을수록 항력이 감소하여 그 값은 커진다.

기사 출제빈도 ★★

009 입경 0.1[μm], 진밀도가 5.0[g/cm³]인 입자가 정지된 대기 중에서 강하하고 있다. 입자의 공기역학경(μm)은? (단, 대기 밀도는 1[kg/m³], 점도는 0.05[kg/m·h], 커닝험 수정계수의 값은 2.0, 강하공간은 Stokes 영역으로 가정하고 부력은 무시한다.)

해답

종말침강속도,

$$V_s = C \times \frac{\rho \times D_p^2 \times g}{18\mu} = 2.0 \times \frac{5,000[\text{kg/m}^3] \times (0.1 \times 10^{-6}[\text{m}])^2 \times 9.80[\text{m/s}^2]}{18 \times 0.05[\text{kg/m} \cdot \text{h}] \times \frac{\text{h}}{3,600[\text{s}]}}$$

$$= 3.92 \times 10^{-6}[\text{m/s}]$$

$$\therefore d_a = \sqrt{\frac{18 \times 0.05 \times \frac{1}{3,600} \times 3.92 \times 10^{-6}}{2.0 \times 1,000 \times 9.8}} = 2.236 \times 10^{-7}[\text{m}] = 0.22[\mu m]$$

(∵ 공기역학적 직경(d_a)은 단위밀도(ρ_o)가 1[g/cm³]인 구형 입자의 직경을 말한다.)

기사 출제빈도 ★★

010 표준온도, 압력에서 종말 침강속도(terminal settling velocity)가 1인 입자가 있다. 이때, Reynolds 수가 1이고, 입자의 밀도가 0.75[g/cm³]인 경우, 이 입자의 공기역학적 직경(aerodynamic diameter)[cm]는?

해답

레이놀즈수, $N_{Re} = \frac{\rho_p \times d_T \times v_s}{\mu} = 1$ ·········· (식 1)

입자의 종말 침강속도, $v_s = \frac{\rho_p \times d_T^2 \times g}{18\mu} = \frac{\rho_o \times d_a^2 \times g}{18\mu} = \frac{d_a^2 \times g}{18\mu} = 1$ ··· (식 2)

(공기역학적 직경(d_a)은 단위밀도(ρ_o)가 1[g/cm³]인 구형 입자의 직경을 말한다.)

(식 2)에서 $d_a^2 = \rho_p \times d_T^2$

(식 1), (식 2)에서 $\frac{\rho_p \times d_T \times v_s}{\mu} = \frac{d_a^2 \times g}{18\mu} = \frac{\rho_p \times d_T^2 \times g}{18\mu}$, $\therefore d_T = \frac{18}{g}$

$d_a^2 = \rho_p \times d_T^2 = \rho_p \times \left(\frac{18}{g}\right)^2 = 0.75 \times \left(\frac{18}{980}\right)^2 = 0.000253$, $\therefore d_a = 0.016[\text{cm}]$

011 입경이 50[μm], 밀도가 1[g/cm³]일 때, 입자의 종말침강속도 (cm/s)를 계산하고, 이 흐름이 Stokes 흐름인지를 밝히시오. (단, 기류는 공기로 가정하고, 공기의 점도는 1.8×10^{-4}[g/cm·s], 밀도는 1.2×10^{-3}[g/cm³]이다. 입자의 밀도에 대한 공기의 밀도는 무시한다.)

해답

1) 종말침강속도,

$$V_s = \frac{\rho \times D_p^2 \times g}{18\mu} = \frac{1[g/cm^3] \times (50[\mu m] \times 10^{-4}[cm/\mu m])^2 \times 980[cm/s^2]}{18 \times (1.8 \times 10^{-4}[g/cm \cdot s])}$$
$$= 7.56[cm/s]$$

2) Stokes 흐름인지를 알기 위해 레이놀즈수(N_{Re})를 계산하면

$$N_{Re} = \frac{D_p \times V_s \times \rho_a}{\mu}$$
$$= \frac{(50 \times 10^{-4}[cm]) \times 7.56[cm/s] \times (1.2 \times 10^{-3}[g/cm^3])}{1.8 \times 10^{-4}[g/cm \cdot s]} = 0.25$$

∴ $N_{Re} \leq 10^{-4} \sim 0.5$일 때, Stokes 영역이므로, 이 흐름은 Stokes 흐름이다.

012 21[℃]의 공기 중을 입경 400[μm], 비중 2.67인 입자가 자유낙하할 때, 입자의 종말침강속도는 0.33[m/s]이다. 이때의 항력계수(coefficient of drag force, C_D)는? (단, 공기의 점성계수는 1.83×10^{-4}[g/cm·s], 21[℃] 공기의 밀도는 1.225[kg/m³], 공기의 흐름에 따른 항력계수와 레이놀즈수의 관계식은 다음과 같다.)

- 층류($N_{Re} < 1$)일 경우 $C_D = \frac{24}{N_{Re}}$
- 전이류($1 < N_{Re} < 1,000$)일 경우 $C_D = \frac{18.5}{N_{Re}^{0.6}}$ (Bird의 식)
- 난류($N_{Re} > 1,000$)일 경우 $C_D ≒ 0.44$ (Newton 영역)

해답

$$N_{Re} = \frac{D \times V \times \rho}{\mu} = \frac{4 \times 10^{-4} \times 0.33 \times 1.225}{1.83 \times 10^{-5}} = 8.84$$

입자의 흐름에 대한 유체 영역은 전이류이다.

$$\therefore C_D = \frac{18.5}{N_{Re}^{0.6}} = \frac{18.5}{8.84^{0.6}} = 5$$

기사·산업 출제빈도 ★★★

013 높이 3[m] 되는 곳에 입경 100[μm]인 입자가 떠 있다. 여기에 3[m/s]로 바람이 수평으로 불고 있다면 이 입자가 떨어지는 거리는 처음 떠 있었던 곳에서 몇 [m] 지점에 떨어지는가? (단, 같은 조건에서 입경 10[μm]인 입자가 낙하하는 속도는 0.6[cm/s]이다.)

해답

$V_s = \dfrac{d_p^2 \times g \times (\rho_\rho - \rho_g)}{18 \times \mu_g}$ 의 Stokes 식에서 $V_s \propto d_p^2$의 관계가 있으므로

$V_s : 100^2 = 0.6[\text{cm/s}] : 10^2$

$\therefore V_s = 60[\text{cm/s}] = 0.6[\text{m/s}]$

$\therefore \dfrac{H}{V_s} = \dfrac{L}{u}$ 에서 $L = \dfrac{H \times u}{V_s} = \dfrac{3[\text{m}] \times 3[\text{m/s}]}{0.6[\text{m/s}]} = 15[\text{m}]$

기사·산업 출제빈도 ★★★

014 입경이 3[μm], 밀도가 4[g/cm³]인 구형 입자의 공기역학적 직경(aerodynamic diameter, μm)은? (단, Stokes경과 공기역학적 직경의 관계가 적용되며 기타 조건은 고려하지 않는다.)

해답

Stokes경과 공기역학적 직경의 관계식은

$$d_a^2 = d_p^2 \left(\frac{\rho_p}{\chi}\right)$$

여기서, d_a: 공기역학경, d_p: Stokes경, ρ_p: 구형 입자의 밀도,

χ: 구형 입자의 형상인자(= 1)

$\therefore d_a^2 = d_p^2 \times \rho_p,\ d_a = d_p \times \sqrt{\rho_p} = 3[\mu\text{m}] \times \sqrt{4} = 6[\mu\text{m}]$

015 분진이 인체의 호흡기에 미치는 영향은 심각하며, 그 중 특히 분진의 크기는 이에 직접적인 관련성이 있다. 밀도 4[g/cm³], 입경 10[μm], 형상인자 값이 2일 경우, 다음 물음에 답하시오.

1) 비구형 입자의 Stokes경(μm)은?
2) 비구형 입자의 공기역학경(μm)은?

해답

1) 종말침강속도

$$V_s = \frac{\rho_p \times d_t^2 \times g}{18\mu\chi} \equiv \frac{\rho_p \times d_s^2 \times g}{18\mu}$$

여기서, d_t: 실제직경, d_s: Stokes경, χ: 형상인자

$$\therefore d_s^2 = \frac{d_t^2}{\chi}, \ d_s = \sqrt{\frac{10^2}{2.0}} = 7.07[\mu m]$$

2) 종말침강속도

$$V_s = \frac{\rho_p \times d_t^2 \times g}{18\mu\chi} \equiv \frac{d_a^2 \times g}{18\mu}$$

여기서, d_a: 공기동역학경

$$\therefore d_a^2 = d_t^2 \left(\frac{\rho_p}{\chi}\right), \ d_a = d_t \times \sqrt{\frac{\rho_p}{\chi}} = 10 \times \sqrt{\frac{4}{2.0}} = 14.14[\mu m]$$

016 분진 밀도가 2.0[g/cm³]이고, 입경이 0.5[μm]인 구형 입자는 공기 중에서 분자의 평균자유행정(Mean Free Path)이 따라 이동한다. 이 입자가 1[atm], 300[K]의 공기 중에서 낙하하고 있다고 가정할 경우, 종말침강속도(μm/s)는? (단, 커닝험(Cunningham) 보정계수(C_c)는 1.34, 공기의 점성계수(viscosity coefficient)는 300[K]에서 0.067[kg/m·h], 그리고 $\rho_p \gg \rho_g$이다.)

📝 **평균자유행정**

평균자유이동경로라고도하며 어떤 기체 분자가 다른 분자와 단 한 번도 충돌하지 않고 갈 수 있는 최대거리의 평균값을 말한다. 그러므로 압력이 낮으면 낮을수록 기체 분자의 수가 적어서 평균자유행정이 길어지게 된다.

해답

$$V_s = C_c \times \frac{\rho_p \times d_p^2 \times g}{18\mu_g} = 1.34 \times \frac{2{,}000 \times (0.5 \times 10^{-6})^2 \times 9.8}{18 \times 0.067 \times \frac{1}{3{,}600}}$$

$$= 1.96 \times 10^{-5}[m/s] = 19.6[\mu m/s]$$

기사 출제빈도 ☆☆

017 먼지 밀도가 2.0[g/cm³]이고, 입경이 1[μm]인 구형 입자는 공기 중에서 분자의 평균자유행정(Mean Free Path)이 따라 이동한다. 이 입자가 1[atm], 298[K]의 공기 중에서 낙하하고 있다고 가정할 경우, 종말침강속도(m/s)는? (단, 미끄럼 보정계수(Cunningham factor, C_c)는 1.3, 공기의 점성계수(viscosity coefficient)는 298[K]에서 0.065[kg/m·h], 공기 밀도는 1.3[kg/m³]이다.)

해답

$$V_s = C_c \times \frac{\rho_p \times d_p^2 \times g}{18\mu_g} = 1.3 \times \frac{(2{,}000 - 1.3) \times (1 \times 10^{-6})^2 \times 9.8}{18 \times 0.065 \times \frac{1}{3{,}600}}$$

$$= 5.85 \times 10^{-5} \, [\text{m/s}]$$

기사·산업 출제빈도 ☆☆☆

018 대기 공간에서 공기점도(μ_g)가 1.5×10^{-5}[kg/m·s], 입경이 20[μm]인 구형 미세입자가 중력 침강할 때 다음 물음에 답하시오. (단, 입자밀도는 2,000[kg/m³], 공기 밀도는 1.3[kg/m³], 미끄럼 보정계수(Cunningham factor, C_c)는 1.10이다.)

1) 종말침강속도(m/s)를 구하시오.
2) 항력계수(coefficient of drag force, C_D)를 구하시오.

해답

1) 종말침강속도(m/s)는

$$V_s = C_c \times \frac{\rho_p \times d_p^2 \times g}{18\mu_g} = 1.1 \times \frac{(2{,}000 - 1.3) \times (2 \times 10^{-5})^2 \times 9.8}{18 \times 1.5 \times 10^{-5}}$$

$$= 3.2 \times 10^{-2} \, [\text{m/s}]$$

2) $N_{Re} = \dfrac{D \times V \times \rho}{\mu} = \dfrac{2 \times 10^{-5} \times 3.2 \times 10^{-2} \times 1.3}{1.5 \times 10^{-5}} = 5.55 \times 10^{-2}$

입자의 흐름에 대한 유체 영역은 층류이다.

$\therefore C_D = \dfrac{18.5}{N_{Re}^{0.6}} = \dfrac{18.5}{(5.5 \times 10^{-2})^{0.6}} = 105.43$

019 비중이 1.5인 카본 블랙입자가 정지 함진가스 중 침강하는 경우와 이 입자들이 구 형태로 응집하여 입경의 10배에 해당하는 2차 입자(비중 0.025)를 형성하여 정지 함진가스 중으로 침강하는 경우가 있다. 이 2가지의 경우 후자의 입자 침강속도는 전자인 경우의 입자 침강속도의 몇 배에 해당하는가? (단, 침강속도, $V_s = \dfrac{d_p^2 \times \Delta\rho \times g}{18 \times \mu_g}$이고, 함진가스의 점성계수와 밀도는 두 경우 모두 일정하다.)

해답 주어진 식에서 $V_s \propto d_p^2$, $\Delta\rho$이므로 $V_{s1} = d_p^2 \times 1.5$

$V_{s2} = (10 \times d_p)^2 \times 0.025 = 2.5 \times d_p^2$

$\therefore \dfrac{V_{s2}}{V_{s1}} = \dfrac{2.5 \times d_p^2}{1.5 \times d_p^2} = 1.67$배

020 침강실에서 침강하는 입자의 침강속도(v_s)의 95[%]와 98[%]에 해당하는 속도에 도달하는 시간(t)과 거리(z)를 구하시오.

해답 1) 침강하는 입자의 침강속도(v_s)의 95[%]에 도달하는 시간

$0.95 \times v_s = v_s \times \left(1 - e^{-\left(\frac{g \times t}{v_s}\right)}\right)$에서 $0.05 = e^{-\left(\frac{g \times t}{v_s}\right)}$, 양변에 ln을 취하면

$\ln 0.05 = -\dfrac{g \times t}{v_s}$, $\therefore t = \dfrac{3}{g} \times v_s = 0.31 \times v_s$[s]

마찬가지 방법으로 침강속도(v_s)의 98[%]에 도달하는 시간은

$t = \dfrac{3.91}{g} \times v_s = 0.40 \times v_s$[s]

2) 침강하는 입자의 침강속도(v_s)의 95[%]에 도달하는 거리는

$z = v_s \times \left\{t + \dfrac{v_s}{g} \times \left(e^{-\frac{g \times t}{v_s}} - 1\right)\right\} = v_s \times \left\{\dfrac{3}{g} \times v_s + \dfrac{v_s}{g} \times (e^{-3} - 1)\right\}$

$= \dfrac{v_s^2}{g} \times \{3 + (e^{-3} - 1)\} = 2.05 \times \dfrac{v_s^2}{g} = 0.21 \times v_s^2$ (m)

마찬가지 방법으로 침강속도(v_s)의 98[%]에 도달하는 거리는

$z = \dfrac{v_s^2}{g} \times \{3.91 + (e^{-3.91} - 1)\} = 2.93 \times \dfrac{v_s^2}{g} = 0.30 \times v_s^2$[m]

CHAPTER 3

기사 출제빈도 ★★

021 다음 주어진 표를 이용하여 밀도 1.2[kg/m³]인 공기 속을 입경 2×10^{-3}[m]인 입자가 자유낙하할 때, 다음 물음에 답하시오.

구분	흐름 영역 결정계수(K)	종말 침강속도
흐름 영역	$K = d_p \times \left(\dfrac{\rho_p \times \rho_g}{\mu_g^2} \times g \right)$	
층류	$K < 3.3$	$V_s = C_f \times \dfrac{d_p^2 \times (\rho_p - \rho_g) \times g}{18 \times \mu_g}$
난류	$K > 43.6$	$V_s = 1.74 \times \left(g \times d_p \times \dfrac{\rho_p}{\rho_g} \right)^{\frac{1}{2}}$

1) 흐름 영역 결정계수인 K 값에 따른 입자의 흐름 영역을 판정하시오.
2) 입자의 종말침강속도(m/s)는? (단, 공기의 점성계수는 1.83×10^{-5} [kg/m·s]이고, 입자의 밀도는 2.67×10^{3}[kg/m³], 중력가속도는 9.8[m/s⁻²]이다.)

해답

1) $K = d_p \times \left(\dfrac{\rho_p \times \rho_g}{\mu_g^2} \times g \right) = 2 \times 10^{-3} \times \left(\dfrac{2.67 \times 10^3 \times 1.2}{(1.83 \times 10^{-5})^2} \times 9.8 \right) = 90.8$

∴ K값이 $K > 43.6$보다 크므로 난류로 판정한다.

2) $V_s = 1.74 \times \left(g \times d_p \times \dfrac{\rho_p}{\rho_g} \right)^{\frac{1}{2}} = 1.74 \times \left(9.8 \times 2 \times 10^{-3} \times \dfrac{2.67 \times 10^3}{1.2} \right)$
   $= 11.49$[m/s]

기사 출제빈도 ★

022 산업공정에서 배출되는 입자상물질들의 크기별 중량분포는 대체로 대수정규분포를 나타낸다. 임의의 입경 d_{p1} 이하의 크기를 가진 입자들의 총중량 결정식을 쓰고 설명하시오.

해답

$R = 100 \times \int_{d_p}^{\infty} \dfrac{1}{100 \times d_p \times \sqrt{2\pi}} \times e^{\left(-\dfrac{(\log d_p - \log d_{po})^2}{2 \times (\log d_p)^2} \right)} \times d_{p1} \times (\log \sigma)$

여기서, d_p : 입경, d_{po} : $\log d_p$ 눈금에서의 최빈도경, σ : 기하표준편차

정규분포의 특성

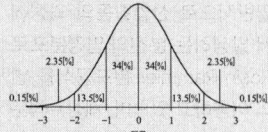

- 대칭인 종 모양이다.
- 평균과 중앙값은 같고, 분포의 중앙에 있다.
- 자료의 ≈ 68[%]는 평균으로부터 오른쪽, 왼쪽으로 표준편차의 1배 내에 있다.
- 자료의 ≈ 95[%]는 평균으로부터 오른쪽, 왼쪽으로 표준편차의 2배 내에 있다.
- 자료의 ≈ 99.7[%]는 평균으로부터 오른쪽, 왼쪽으로 표준편차의 3배 내에 있다.

대수정규분포
(lognormal distribution)
측정값에 자연로그를 씌우면 정규분포를 따르는 변수의 분포를 말한다.

023 질량비로 표시되는 분진의 입경분포는 중위경을 X_{50}, 분포지수를 n이라 할 때, 입경 X에 대한 체상누적분포율(잔류율), $R[\%] = 100 \times e^{\left(-(\frac{X}{X_{50}})^n \times 0.693\right)}$으로 나타낸다. 여기서, $X_{50} = 2[\mu m]$, $n = 1$인 분진에 대하여 입경 $10[\mu m]$ 이하의 전체 분진에 대한 질량(%)은 얼마인가?

> **체상누적분포(cumulative oversize distribution)**
> 임의 직경보다 큰 입자가 전체에 대해 차지하는 비율 표시방법으로 잔류율이라는 R(wt%)의 기호를 사용한다.

해답

$R[\%] = 100 \times e^{\left(-(\frac{X}{X_{50}})^n \times 0.693\right)} = 100 \times e^{\left(-(\frac{10}{2}) \times 0.693\right)} = 3.127[\%]$

∴ $10[\mu m]$ 이하의 전체 분진에 대한 질량(%) = $100 - 3.127 = 96.87[\%]$

024 어떤 입경 x의 지수 n 값이 1로 나타나는 로진 람러(Rosin-Rammler) 분포를 갖는 먼지가 있다. 이 먼지의 중위경($R: 50[\%]$)이 $50[\mu m]$일 경우, $25[\mu m]$ 이상의 체거름상 적산분포, $R[\%]$은? (단, 로진 람러 분포식은 $R[\%] = 100 \times e^{(-\beta x^n)}$로 여기서, β: 입경계수, n: 입경지수이다.)

> **로진 람러 분포식**
> 일반적으로 산업활동의 과정에서 발생하는 분진의 입경분포로 Rosin Rammler 분포공식을 널리 이용하고 있으며, 체상누적분포 R(wt%)은 다음식과 같이 나타낸다.
> $R = 100 \times e^{-\beta d_p^n}[\%]$

해답

주어진 공식으로부터 $50 = 100 \times e^{(-\beta \times 50)}$에서 양변에 ln을 취하면
$\ln 0.5 = -\beta \times 50$
∴ $\beta = 0.014$이므로 $25[\mu m]$ 이상의 체거름상 적산분포,
$R[\%] = 100 \times e^{(-0.014 \times 25)} = 70.47[\%]$

참고 여기서 R은 임의의 입경보다 큰 입경이 전체 입경에서 차지하는 분율(%)이다.

025 어떤 입경 $x[\mu m]$의 분포를 체거름상 적산분포, R(질량 %)로 나타내면 $R[\%] = 100 \times e^{(-0.063x)}$가 될 경우, 입경 $10[\mu m]$ 이하의 입자가 차지하는 것은 전체의 몇 [%]인가?

해답
$R[\%] = 100 \times e^{(-0.063\,x)} = 100 \times e^{(-0.063 \times 10)} = 53.26[\%]$
∴ 53.26[%]는 체상누적분포율이므로, 입경 10[μm] 이하의 입자가 차지하는 분율 (체하누적분율)은 $100 - 53.26 = 46.74[\%]$

026 입경지수 n 값이 1로 나타나는 로진 람러(Rosin–Rammler) 분포를 갖는 어떤 입경 x인 먼지가 있다. 이 먼지의 중위경(R: 50[%])이 40[μm]일 경우, 20[μm] 이상의 체거름상 적산분포, $R[\%]$은? (단, 로진 람러 분포식은 $R[\%] = 100 \times e^{(-\beta x^n)}$로 여기서, β: 입경계수, n: 입경지수이다.)

해답
주어진 공식으로부터 $50 = 100 \times e^{(-\beta \times 40)}$에서 양변에 ln을 취하면
$\ln 0.5 = -\beta \times 40$
∴ $\beta = 0.017$이므로 20[μm] 이상의 체거름상 적산분포,
$R[\%] = 100 \times e^{(-0.017 \times 20)} = 71.18[\%]$

027 로진 람러(Rosin–Rammler) 분포식은 $R(\%) = 100 \times e^{(-\beta x^n)} = 100 \times 10^{(-\beta' x^n)}$이다. 이 식에서 β'를 구하시오. (단, 식에서 x: 입경, β: 입경계수, n: 입경지수를 나타낸다.)

해답
로진 람러 분포식에서 $e^{(-\beta x^n)} = 10^{(-\beta' x^n)}$
양변에 자연대수를 대입하면 $-\beta \times x^n = -\beta' \times x \times \ln 10$
$\beta = 2.303 \times \beta'$
∴ $\beta' = \dfrac{\beta}{2.303} = 0.434 \times \beta$

028 어떤 분진의 입경 $x[\mu m]$인 분포를 사별분포상(篩別分布上) R(질량 %)로 표시하면 $R[\%] = 100 \times e^{(-0.063\,x^n)}$로 나타낼 수가 있다. 이 분진은 입경 $44[\mu m]$ 이하의 분포가 전체의 몇 [%]를 차지하는가? (단, 입경지수(n)은 1이다.)

해답
$R[\%] = 100 \times e^{(-0.063\,x^n)} = 100 \times e^{-0.063 \times 44^1} = 6.25[\%]$
∴ 입경 $44[\mu m]$ 이하의 분포는 전체의 $100 - 6.25 = 93.75[\%]$를 차지한다.

참고 사별분포(篩別分布)란 표준체(standard sieve)를 사용하는 '체거름망법'으로 입경을 측정하는 방법으로 측정범위는 입경 $44[\mu m]$(325[mesh]) 이상이다.

029 배출허용기준을 초과해서 배출되는 분진을 벤튜리 스크러버로 처리하려고 한다. 이 분진농도를 배출허용기준에 맞추기 위해 벤튜리 스크러버는 집진율이 80[%]이어야 하며, 집진될 분진의 입경분포는 기하평균이 10, 표준편차가 2일 때, 50[%] 집진율로 제거되는 입경 (μm)은? (단, $\dfrac{d_{p,cut}}{\sigma_g} = 0.05$이다.)

해답
$d_{p,cut} = 0.05 \times \sigma_g = 0.05 \times 10 = 0.5[\mu m]$

기사 출제빈도 ☆☆☆

030 어떤 분체가 300개의 구형 입자로 이루어져 있다. 전자현미경으로 조사해 보니 입경이 1[μm]인 입자가 100개, 5[μm] 입자가 100개, 100[μm]인 입자가 100개로 나타났으며, 밀도는 크기에 상관없이 모두 1[g/cm³]이었다. 이 분체를 집진장치를 통과시킨 후, 다시 입자 크기에 따른 개수를 계수하여 보니 1[μm] 입자는 80개가 남았고, 5[μm] 입자는 50개, 100[μm] 입자는 10개가 있었다. 집진장치의 입자제거율(%)을 질량기준과 개수기준으로 각각 나타내시오.

해답

1) 개수기준 제거효율 = $\dfrac{(20+50+90)}{300} \times 100 = 53.3[\%]$

2) 질량기준 제거효율

$$\dfrac{\left[\left(\dfrac{\pi}{6} \times (1.0 \times 10^{-6}\,m)^3\right) \times 20 + \left(\dfrac{\pi}{6} \times (5 \times 10^{-6}\,m)^3\right) \times 50\right] \times 1{,}000\,[kg/m^3]}{\left[\left(\dfrac{\pi}{6} \times (1.0 \times 10^{-6}\,m)^3\right) + \left(\dfrac{\pi}{6} \times (5 \times 10^{-6}\,m)^3\right)\right] \times 1{,}000\,[kg/m^3]} \times 100$$

$= 85.5[\%]$

❷ 집진기술 및 집진장치 설계 이해하기

학습 개요 기사·산업기사 공통

1. 집진기 연결형태에 따른 집진기술 파악과 통과율 및 집진효율 등을 계산할 수 있다.
2. 중력식집진장치, 관성력집진장치, 원심력집진장치, 세정집진장치, 여과집진장치, 전기집진장치의 설계를 이해할 수 있다.

기사·산업 출제빈도 ☆☆☆

001 온도가 200[℃]인 어떤 공장의 배출가스로부터 먼지가 400[mg/am³](실측 산소농도 11[%]) 농도로 배출되고 있다. 이 시설에 대한 먼지의 배출허용기준이 표준산소농도 4[%] 기준으로 60[mg/Sm³]라고 할 때, 최저 집진효율(%)을 구하시오.

해답 표준온도와 표준산소농도에 의한 먼지의 농도보정

$$C = C_a \times \frac{21-O_s}{21-O_a} = 400 \times \left(\frac{273+200}{273}\right) \times \left(\frac{21-4}{21-11}\right) = 1,178.17 [\text{mg/Sm}^3]$$

최저 집진효율(%), $\eta = \left(1 - \frac{C_o}{C_i}\right) \times 100 = \left(1 - \frac{60}{1,178.17}\right) \times 100 = 94.91 [\%]$

> **표준산소농도로의 농도환산**
> 대기오염물질 배출시설에서 적당히 배출가스를 처리한 후 다량의 공기로 희석한 후 굴뚝으로 배출하는 불법을 막기 위하여 굴뚝에서 산소농도를 측정하면 공기로 희석한 비율을 확인할 수가 있어 불법을 적발할 수가 있게 된다. 대기환경보전법 시행규칙 [별표 8] 대기오염물질의 배출허용기준에서는 대기오염물질별 배출시설에 대한 배출허용기준을 적시할 경우 배출허용기준란의 ( ) 안에 표준산소농도를 표시해 놓고 있다.

기사·산업 출제빈도 ☆☆☆☆☆

002 어떤 백필터 집진장치에서 입구 가스 중 분진농도가 10[g/Sm³]일 때, 집진율이 99.7[%]이었다. 이 집진기의 출구 가스에 포함된 분진농도(g/Sm³)는?

해답

$\eta = \left(1 - \frac{C_o}{C_i}\right) \times 100 [\%]$ 에서 $99.7 = \left(1 - \frac{C_o}{10[\text{g/Sm}^3]}\right) \times 100 [\%]$

∴ $C_o = 0.03 [\text{g/Sm}^3]$

기사·산업 출제빈도 ☆☆

003 어떤 작업장의 환기계통에 연결된 배기구에 설치된 집진장치의 입구에서 분진농도가 10[g/Sm³], 이때의 배출가스량은 200[Sm³/min]이었다. 집진장치의 입구와 출구에서 시료를 채취하여 입경에 따른 입자수를 분석한 결과를 다음 표에 나타내었다. (단, 입자들은 모두 구형으로 밀도가 모두 같다고 가정한다.)

입경	집진장치 입구의 입자수	집진장치 출구의 입자수
100[μm]	100	1
50[μm]	900	30
10[μm]	1,100	50
5[μm]	2,500	500
1[μm]	500	400

1) 입자수 기준의 집진율(%)은?
2) 질량기준의 집진율(%)은?
3) 집진장치 출구에서의 분진농도(g/Sm³)는?
4) 집진장치 출구에서의 분진배출량(g/min)은?

해답

1) ① 입구의 입자수 = 100 + 900 + 1,100 + 2,500 + 500 = 5,100
   ② 출구의 입자수 = 1 + 30 + 50 + 500 + 400 = 981
   $$\therefore \eta = \left(1 - \frac{981}{5,100}\right) \times 100 = 80.76[\%]$$

2) $m = \rho \times V = \rho \times \frac{4}{3}\pi \times r^3$ 에서 $m \propto r^3$
   ① 입구의 질량률
   $= 50^3 \times 100 + 25^3 \times 900 + 5^3 \times 1,100 + 2.5^3 \times 2,500 + 0.5^3 \times 500$
   $= 26,739,125$
   ② 출구의 질량률
   $= 50^3 \times 1 + 25^3 \times 30 + 5^3 \times 50 + 2.5^3 \times 500 + 0.5^3 \times 400$
   $= 607,862.5$
   $$\therefore \eta = \left(1 - \frac{607,862.5}{26,739,125}\right) \times 100 = 97.73[\%]$$

3) 출구농도 = 입구농도 × 통과율 = $10 \times (1 - 0.9773) = 0.23[g/Sm^3]$

4) 출구의 분진배출량 = $0.23 \times 200 = 46[g/min]$

004 어떤 백필터 집진장치에서 출구 가스 중 분진농도가 $0.021[g/Sm^3]$이고, 분진 통과율이 $0.7[\%]$일 경우, 입구 가스의 함진농도(g/Sm^3)는?

해답

집진율, $\eta = \left(1 - \dfrac{C_o}{C_i}\right) \times 100[\%]$

통과율, $P = \dfrac{C_o}{C_i} \times 100$에서 $C_i = \dfrac{C_o}{P} = \dfrac{0.021}{0.007} = 3[g/Sm^3]$

005 어떤 집진장치에서 1시간에 $1,000[m^3]$의 상온, 상압의 함진가스를 처리한다. 입구 가스 중 분진농도가 $3.0[g/m^3]$이고, 집진기로 집진한 분진량은 $2,500[g/h]$이었다. 이 집진기의 출구 가스에 포함된 분진농도(g/m^3)는?

해답

분진 부하량 $= (C_i - C_o) \times Q$ 에서

$(3.0 - C_o)[g/m^3] \times 1,000[m^3/h] = 2,500[g/h]$ ∴ $C_o = 0.5[g/m^3]$

006 사이클론으로 분진을 제거하려고 한다. 입구에서 함진가스 유량이 $20,000[m^3/h]$이고, 분진농도가 $6[kg/m^3]$이며, 출구에서의 유량은 $50[m^3/min]$이고, 분진농도가 $600[g/m^3]$일 때, 집진율$(\%)$과 통과율$(\%)$을 구하시오.

해답

집진율, $\eta = \left(1 - \dfrac{S_o}{S_i}\right) \times 100 = \left(1 - \dfrac{600 \times 50 \times 60 \times 10^{-3}}{20,000 \times 6}\right) \times 100 = 98.5[\%]$

∴ 통과율, $P = 100 - \eta = 100 - 98.5 = 1.5[\%]$

분진부하량

하루 동안 발생하는 분진의 양을 무게로 환산한 것을 말한다. 단위는 [kg/day] 또는 [ton/day]로 나타낸다.

007 어떤 집진장치의 입구 가스량이 40,000[Sm³/h], 분진농도가 3[g/Sm³]이다. 이 경우 출구에서 배출되는 분진부하량이 50[kg/day]이었다면 집진율(%)은 얼마인가?

해답

입구에서의 분진부하량
$= 40,000[\text{Sm}^3/\text{h}] \times 3[\text{g/Sm}^3] \times 10^{-3}[\text{kg/g}] \times 24[\text{h/day}] = 2,880[\text{kg/day}]$

$\therefore \eta = \left(1 - \dfrac{S_o}{S_i}\right) \times 100 = \left(1 - \dfrac{50}{2,880}\right) \times 100 = 98.26[\%]$

008 집진율이 99.8[%]인 집진장치에서 유량 15,000[Sm³/min]인 처리가스를 제진시켜 0.02[g/Sm³]의 분진농도로 굴뚝으로 배출하고 있을 경우, 하루에 집진되는 분진량(ton)은?

해답

1일 처리가스 유량 $= 15,000 \times 60 \times 24 = 2.16 \times 10^7 [\text{Sm}^3/\text{day}]$

집진장치 입구와 출구의 분진농도를 각각 C_i, C_o라 하면

$C_o = C_i \times \left(1 - \dfrac{\eta}{100}\right)$에서 $0.02 = C_i \times \left(1 - \dfrac{99.8}{100}\right)$

$\therefore C_i = 10[\text{g/Sm}^3]$

1일 집진되는 분진량
$= 2.16 \times 10^7 [\text{Sm}^3/\text{day}] \times 10[\text{g/Sm}^3] \times \dfrac{\text{ton}}{10^6[\text{g}]} = 216[\text{ton/day}]$

009 어떤 집진장치의 입구 가스량이 100,000[Sm³/h], 분진농도가 5[g/Sm³]일 경우, 출구에서 배출되는 1일 분진량을 100[kg]으로 하기 위해서는 집진율(%)을 얼마로 하면 되겠는가?

해답

$$입구\ 분진량(S_i) = C_i \times Q_i = 5[g/Sm^3] \times 100,000[Sm^3/h] \times 10^{-3}[kg/g]$$
$$= 500[kg/h]$$

$$출구\ 분진량(S_o) = 100[kg/day] \times \frac{[day]}{24[h]} = 4.17[kg/h]$$

$$\therefore \eta = \left(1 - \frac{S_o}{S_i}\right) \times 100 = \left(1 - \frac{4.17}{500}\right) \times 100 = 99.2[\%]$$

기사·산업 출제빈도 ★★★★

010 어떤 공장의 전기로에 설치된 백필터의 입구와 출구에서 가스량과 분진농도를 측정하였더니 다음과 같았다. 이때, 통과율(%)은?

측정장소 측정항목	입구 측	출구 측
배출가스 유량(Sm³)	11,400	16,200
분진농도(g/Sm³)	12.63	1.01

📝 **백필터(bag filter)**
함진가스를 여과대(bag)에 통과시켜 사이클론 집진기로는 포집되지 않는 미세한 먼지까지 포집하는 장치를 말한다.

해답

$$\eta = \left(1 - \frac{C_o Q_o}{C_i Q_i}\right) \times 100 = \left(1 - \frac{1.01 \times 16,200}{12.63 \times 11,400}\right) \times 100 = 88.64[\%]$$

$$\therefore P = 1 - \eta = 1 - 0.8864 = 11.36[\%]$$

기사·산업 출제빈도 ★★★★★

011 어떤 공장의 여과집진기 입구 함진가스의 분진농도는 20[g/Sm³]이고, 분진 중 입경범위가 0.5~5[μm]인 분진의 질량분율은 7[%]이었다. 또 출구 함진가스의 분진농도는 0.20[g/Sm³]이고, 이 분진 중 입경범위가 0.5~5[μm]인 분진의 질량분율이 35[%]이었다면, 이 여과집진기에서 입경범위 0.5~5[μm]인 분진의 부분집진율(%)은?

해답

$$\eta_f = \left(1 - \frac{C_o \times f_o}{C_i \times f_i}\right) \times 100[\%] = \left(1 - \frac{0.2 \times 0.35}{20 \times 0.07}\right) \times 100 = 95[\%]$$

기사·산업 출제빈도 ★★★★

012 어떤 집진장치의 입구에서 함진가스 중 분진농도는 18[g/Sm³]이었다. 또한, 입구 및 출구에서 0~4[μm]의 입경범위에 있는 분진의 중량비가 각각 8[%]와 65[%]이었고, 이 집진기에서 0~4[μm]의 입경범위에 있는 분진의 부분집진율이 95[%]이었을 경우, 이 집진기의 출구에서 측정된 분진농도(g/Sm³)는?

해답

$$\eta_f = \left(1 - \frac{C_o \times f_o}{C_i \times f_i}\right) \times 100[\%] \text{에서 } 95 = \left(1 - \frac{C_o \times 0.65}{18 \times 0.08}\right) \times 100$$

$$\therefore C_o = 0.11[\text{g/Sm}^3]$$

기사 출제빈도 ★★★

013 어떤 집진장치는 입구에서 유입되는 배출가스량이 8,000[m³/h]이고, 배출가스의 온도 150[℃], 압력 300[mmH₂O]에서 함진농도 7[g/m³]를 처리한다. 출구의 함진농도를 0.08[g/Sm³]로 하기 위해 요구되는 집진율(%)은? (단, 집진장치에서 입구와 출구의 유량 변동은 없었다.)

해답

$$\eta = \left(1 - \frac{C_o Q_o}{C_i Q_i}\right) \times 100 \text{에서 } Q_o = Q_i \text{라면 } \eta = \left(1 - \frac{C_o}{C_i}\right) \times 100$$

1[Sm³]을 STP로 환산하면 $1[\text{Sm}^3] \times \frac{273}{273+150} \times \frac{760 + \frac{300}{13.6}}{760} = 0.664[\text{Sm}^3]$

$7[\text{g/m}^3] = \frac{7}{0.664} = 10.54[\text{g/Sm}^3]$

$\therefore \eta = \left(1 - \frac{0.08}{10.54}\right) \times 100 = 99.24[\%]$

기사·산업 출제빈도 ★★★★

014 어떤 사이클론을 사용하여 집진하는 A 공장에서 집진율 향상을 위해 함진가스량의 10[%]를 블로우다운 시켜서 재순환하고 있다.

📝 **블로우다운(blow down) 방식**

사이클론 하부의 분진 박스(dust box)에서 유입 유량의 일부(5~15[%])에 상당하는 함진가스를 추출시켜 주는 방식으로 사이클론의 원추 하부에 분진이 퇴적하거나 가교현상이 발생되면 집진율이 낮아지게 된다. 이것을 방지하기 위한 대책을 말한다.

이 사이클론의 함진가스 유입량은 150[Sm³], 분진농도는 250[mg/Sm³]이고, 집진 후 출구 배출가스의 유량은 152[Sm³], 분진농도는 15[mg/Sm³]이었다. 이 사이클론의 집진율(%)은?

> **블로우다운 효과**
> 1) 집진효율이 증가한다.
> 2) 유효 원심력을 증가시킨다.
> 3) 내통의 분진 폐색을 방지한다.
> 4) 분진의 재비산을 방지할 수 있다.
> 5) 원추 하부 또는 출구에 분진이 퇴적하는 것을 방지한다.

해답

$$\eta = \left(1 - \frac{C_o Q_o \times (1-0.1)}{C_i Q_i \times (1+0.1)}\right) \times 100 = \left(1 - \frac{152 \times 15 \times 0.9}{150 \times 250 \times 1.1}\right) \times 100$$
$$= 0.9503 = 95.03[\%]$$

기사·산업 출제빈도 ★★★★★

015 어떤 분진 배출업소에서 사이클론과 전기집진기를 직렬로 연결하여 99[%] 이상의 집진율을 얻으려고 한다. 이때 1차 집진기인 사이클론에서 55[%]의 집진율을 얻었다면, 2차 집진기인 전기집진기에서는 최소한 몇 [%] 이상 집진되어야 하는가?

> **1차 집진장치와 2차 집진장치**
> 포집하고자 하는 분진의 입경이 미세입자부터 조대입자까지 다양할 경우 집진효율을 높이기 위해 1차 집진장치(전처리장치 또는 저효율장치: 중력집진장치, 관성력집진장치, 원심력집진장치)로 입경이 큰 입자를 1차적으로 제거하고 미세입자를 2차 집진장치(고효율집진장치: 세정집진장치, 여과집진장치, 전기집진장치)를 직렬로 연결하여 제거하는 것을 말한다.

해답

$\eta_t = 1 - (1-\eta_1) \times (1-\eta_2)$에서 $0.99 = 1 - (1-0.55) \times (1-\eta_2)$
∴ $\eta_2 = 97.78[\%]$

기사·산업 출제빈도 ★★★★

016 분진농도가 10[g/Sm³]인 배출가스를 처리하는 1차 집진장치의 집진율이 90[%]인 경우, 집진율이 몇 [%]인 2차 집진기를 직렬로 연결하여 사용하면 출구에서의 분진농도를 0.2[g/Sm³]으로 낮출 수 있겠는가?

해답

1차 집진기의 집진효율, $\eta_1 = 90[\%]$일 때, 2차 집진기로 들어가는
$S_i = 1.0[\text{g/Sm}^3]$
2차 집진기의 효율, $\eta_2 = \left(1 - \frac{S_o}{S_i}\right) \times 100 = \left(1 - \frac{0.2}{1.0}\right) \times 100 = 80[\%]$
∴ 집진율 80[%]의 2차 집진기가 필요하다.

017 어떤 집진장치의 입구와 출구에서의 분진농도를 측정한 결과 각각 62.0[g/m³]과 0.13[g/m³]이었다. 또한, 입구와 출구에서 함진가스 온도와 게이지 압력은 각각 250[℃]와 200[℃], +23[mmH₂O]와 +3[mmH₂O]이고, 집진장치로부터 배출가스의 누출은 발생하지 않았고, 입구에서 측정한 함진가스량이 1.23×10^6[m³/h]이었다. 이 집진장치에서 집진된 분진량(t/day)은?

해답 출구에서의 함진가스량

$$Q_o = 1.23 \times 10^6 \times \frac{273+200}{273+250} \times \frac{10,336+23}{10,336+3} = 1.1146 \times 10^6 [\text{m}^3/\text{h}]$$

($\because$ 1[atm] = 10,336[mmH₂O])

$$\eta = \left(1 - \frac{C_o Q_o}{C_i Q_i}\right) \times 100 = \left(1 - \frac{0.13 \times 1.1146 \times 10^6}{62 \times 1.23 \times 10^6}\right) \times 100 = 99.8[\%]$$

$\therefore$ 집진된 분진량 $= 0.998 \times 62 \times 1.23 \times 10^6 \times 24 \times 10^{-6}$
$= 1,826.58[\text{ton/day}]$

018 어떤 석회로에서 분진농도가 10[g/Sm³] 포함된 배출가스가 나오고 있다. 이 배출가스를 분진농도 0.25[g/Sm³]로 감소시켜 굴뚝으로 배출하여야 한다. 다음 물음에 답하시오.

1) 하나의 집진시설을 설치할 경우, 이 집진시설의 집진율(%)은?
2) 집진율이 동일한 집진장치 2개를 직렬로 연결할 경우, 각 집진장치의 집진율(%)은?
3) 만약 직렬로 연결한 집진장치의 집진율이 첫 번째 집진장치의 80[%]일 경우, 첫 번째 집진장치의 집진율(%)은?

해답

1) 총집진율, $\eta_t = \dfrac{10-0.25}{10} \times 100 = 97.5[\%]$

2) $\eta_t = 1 - (1-\eta_1)(1-\eta_1) = 1 - (1-\eta_1)^2$ 에서 $0.975 = 1 - (1-\eta_1)^2$
 $\therefore \eta_1 = 84.2[\%]$

3) $0.975 = 1-(1-\eta_1)(1-0.8\times\eta_1)$에서 $0.8\eta_1^2 - 1.8\eta_1 + 0.975 = 0$
(이 방정식에서 근의 공식을 이용한다. $ax^2 + bx + c = 0 (a \neq 0)$일 경우
$x = \dfrac{-b \pm \sqrt{b^2 - 4ac}}{2a}$)

$\therefore \eta_1 = \dfrac{1.8 \pm \sqrt{1.8^2 - 4\times 0.8 \times 0.975}}{2\times 0.8}$ 에서 $\eta_1 = 0.9085 = 90.85[\%]$

019 그림과 같이 집진효율이 95[%]인 전기집진기(EP)와 99[%]인 여과집진기(BF)를 병렬로 연결하여 사용하는 어떤 공정이 있다. 여과집진기를 통과하는 처리가스유량은 10,000[m³/h]이고, 전기 집진기를 통과하는 처리가스유량은 30,000[m³/h]이다. 입구농도가 3[g/m³]일 경우, 시간당 배출되는 분진량(g)은?

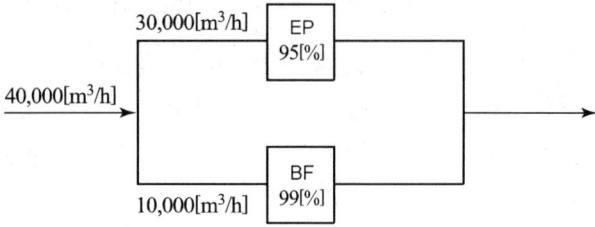

해답

입구 분진량 $= 40,000[\text{m}^3/\text{h}] \times 3[\text{g}/\text{m}^3] = 120,000[\text{g}/\text{h}]$
출구 분진량은
1) 전기집진기의 경우, $30,000[\text{m}^3/\text{h}] \times 3[\text{g}/\text{m}^3] \times (1-0.95) = 4,500[\text{g}/\text{h}]$
2) 여과집진기의 경우, $10,000[\text{m}^3/\text{h}] \times 3[\text{g}/\text{m}^3] \times (1-0.99) = 300[\text{g}/\text{h}]$
$\therefore$ 시간당 배출되는 분진량(g) $= 4,500 + 300 = 4,800[\text{g}/\text{h}]$

020 두 종류의 집진장치를 직렬로 연결하였다. 1차 집진기의 입구 먼지농도는 13[g/m³]이고, 최종 출구농도는 0.4[g/m³]이다. 1차 집진장치의 효율이 60[%]일 경우 2차 집진장치의 효율(%)과 총 포집된 먼지량(g/m³)을 구하시오.

해답

1) η_T(총합효율) $= 1-(1-\eta_1)\times(1-\eta_2)$

$$\eta_T = \left(1-\frac{C_o}{C_i}\right)\times 100 = \left(1-\frac{0.4}{13}\right)\times 100 = 96.92[\%]$$

따라서 $0.9692 = 1-(1-0.6)\times(1-\eta_2)$, $\therefore \eta_2 = 0.923 = 92.3[\%]$

2) 총 포집된 먼지량(g/m³)

$= C_i(\text{입구농도})\times\eta(\text{총합효율}) = 13[\text{g/m}^3]\times 0.9692 = 12.60[\text{g/m}^3]$

참고 제거된 먼지량(g/m³)

$= C_i(\text{입구먼지농도})\times(1-\eta) = 13[\text{g/m}^3]\times(1-0.9692) = 0.40[\text{g/m}^3]$

기사·산업 출제빈도 ★★★★

021 어떤 시멘트 공장의 소성로에서 배출되는 먼지를 사이클론으로 전처리한 후, 전기집진기로 집진하고 있다. 함진가스량과 분진농도의 측정결과가 다음과 같을 경우, 이 두 집진장치의 총집진율(%)은?

구분	사이클론 입구	전기집진기 입구	전기집진기 출구
함진가스량(m³/h)	50,000	60,000	60,000
분진농도(g/m³)	65.5	9.8	0.42

해답

$$\eta = \left(1-\frac{C_o\times Q_o}{C_i\times Q_i}\right)\times 100 = \left(1-\frac{60,000\times 0.42}{50,000\times 65.5}\right)\times 100 = 99.23[\%]$$

기사·산업 출제빈도 ★★★☆

022 입경 범위가 넓고, 분진농도가 높은 함진가스를 멀티사이클론 집진장치와 전기집진기가 결합된 집진장치로 집진하고자 한다. 이 경우 멀티사이클론의 집진율을 70[%], 전기집진기의 집진율을 96[%]로 하여 결합된 집진장치를 가동시켰을 때, 총집진율(%)은?

해답

$$\eta_t = \eta_1 + \eta_2\times\left(1-\frac{\eta_1}{100}\right) = 70+96\times\left(1-\frac{70}{100}\right) = 98.8[\%]$$

멀티사이클론 (multi-cyclone)

다수의 소형 축류식 사이클론을 병렬로 배치하여 단식 사이클론보다 높은 집진효율을 발휘할 수 있도록 만든 장치로 원통이 소형일수록 더 미세한 분진을 포집할 수 있다.

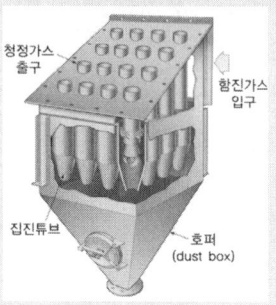

023 다음 설명 중 괄호 속에 들어갈 수치는?

함진농도가 10[g/Sm³]인 분진을 처리하는 집진장치 2가지를 직렬로 설치하였다. 1차 집진기의 집진율이 90[%]인 경우, 집진율 ( )[%]의 2차 집진기를 사용하였더니 출구의 함진농도를 0.2[g/Sm³]로 할 수가 있었다.

해답

$\eta_t = 1-(1-\eta_1)(1-\eta_2)$ 에서 $\eta_t = \left(1-\dfrac{0.2}{10}\right) \times 100 = 98[\%]$

$0.98 = 1-(1-0.9) \times (1-\eta_2)$, $\eta_2 = 0.8 = 80[\%]$

∴ 80

024

10,000의 배출가스 중 5[g/Sm³]의 분진이 함유되어 있는 함진가스를 배출하는 A 공장에서 집진장치로 효율이 50[%]인 침강실을 전처리 시설로 사용하고 있다. 그 다음에 효율이 70[%]인 사이클론을 직렬로 연결하여 함진가스 중 분진을 집진하였으나 배출허용기준인 50[mg/Sm³]을 만족시킬 수가 없어 집진기 시스템에 여과집진장치를 연결하였다. 이때, 여과 집진장치의 효율은 몇 [%] 이상이 되어야 하는가?

침강실(settling chamber)의 효율향상 조건
1) 침강실 내의 배출가스 기류는 균일하여야 한다.
2) 침강실의 높이가 낮고 길이가 길수록 집진효율이 높아진다.
3) 침강실 입구 폭이 클수록 유속이 느려져 미세입자가 포집된다.
4) 침강실 내의 처리가스속도가 느릴수록 미세입자를 포집할 수 있다.

해답

총집진율, $\eta_t = \dfrac{5-0.05}{5} \times 100 = 99[\%]$

$\eta_t = 1-(1-\eta_1)(1-\eta_2)(1-\eta_3)$ 에서

$0.99 = 1-(1-0.5) \times (1-0.7) \times (1-\eta_3)$

∴ $\eta_3 = 93.33[\%]$

여과집진기는 93.33[%] 이상이어야 한다.

025 어떤 공장의 함진가스 중 분진농도가 2,200[mg/Sm³]이었다. 이 함진가스를 처리하기 위해 침강실, 사이클론, 백필터, 벤튜리 스크러버를 차례대로 직렬 연결하였다. 각 집진장치의 효율이 50[%], 75[%], 80[%], 90[%]일 경우, 총집진율(%)과 벤튜리 스크러버의 출구에서 나오는 분진농도(mg/Sm³)는?

해답

총집진율, $\eta_t = 1-(1-\eta_1)(1-\eta_2)(1-\eta_3)$
$= 1-(1-0.5)\times(1-0.75)\times(1-0.8)\times(1-0.9)$
$= 99.75[\%]$

최종 출구에서 분진농도 $= C_i \times P = 2,200\times(1-0.9975) = 5.5[mg/Sm^3]$

026 어떤 공장의 함진가스 중 분진농도가 2,200[mg/Sm³]이었다. 이 함진가스를 처리하기 위해 침강실, 사이클론, 백필터, 벤튜리 스크러버를 차례대로 직렬 연결하여 사용해 왔다. 각 집진장치의 효율은 50[%], 75[%], 80[%]이다. 여기에 집진율이 80[%]인 여과집진장치를 하나 더 직렬로 연결할 경우 다음 물음에 답하시오.

1) 총집진율(%)은?
2) 이때, 출구의 분진농도(mg/Sm³)는?

해답

1) 총집진율, $\eta_t = 1-(1-\eta_1)(1-\eta_2)(1-\eta_3)$
$= 1-(1-0.5)\times(1-0.75)\times(1-0.8)\times(1-0.8)$
$= 99.5[\%]$
2) 출구농도 = 입구농도×통과율 $= 2,200[mg/Sm^3]\times(1-0.995)$
$= 11[mg/Sm^3]$

027 어떤 공장의 함진가스 중 분진농도가 2,200[mg/Sm³]이었다. 이 함진가스를 처리하기 위해 침강실, 사이클론, 벤튜리 스크러버를 차례

대로 직렬 연결하였다. 연결된 각 집진장치의 효율은 각각 50[%], 75[%], 80[%]이었다. 여기에 백필터를 첨가하여 분진농도를 11[mg/Sm³] 이하로 줄이려고 할 때, 나중에 첨가된 백필터의 집진율은 최소한 몇 [%] 이상이어야 하는가?

해답

총집진율, $\eta_t = \left(1 - \dfrac{11}{2,000}\right) \times 100 = 99.5[\%]$

$0.995 = 1 - (1-\eta_1)(1-\eta_2)(1-\eta_3)(1-\eta_4)$
$ = 1 - (1-0.5) \times (1-0.75) \times (1-0.8)(1-\eta_4)$

∴ $\eta_4 = 0.8 = 80[\%]$, 백필터의 집진율은 최소한 80[%] 이상이 되어야 한다.

028 99[%]의 효율을 나타내는 어떤 집진기에서 배출되는 입자상 물질의 농도가 집진기의 운전상태 불량으로 원래 농도의 3배가 되었다. 운전 상태 불량인 상태의 집진기 집진효율(%)은?

해답

통과율 $= \dfrac{\text{통과된 양}}{\text{원래의 양}} = \dfrac{(1-0.99) \times C_i \times 3}{C_i} = \dfrac{(1-\eta) \times C_i}{C_i}$

∴ $\eta = 0.97 = 97[\%]$

029 어떤 제조업 공장에서 집진장치로 원심력, 세정, 여과집진장치를 순서대로 직렬로 연결해서 가동하고 있다. 이 집진장치들의 집진율은 각각 60[%], 80[%], 90[%]이며, 원심력으로 들어가는 함진가스의 온도는 527[℃], 1기압 상태이고, 분진농도가 60[g/m³]이다. 여과집진장치 출구 가스의 온도가 57[℃], 1기압 상태일 때, 출구 가스의 분진농도(mg/m³)는?

해답

통과율, $P_t = (1-\eta_1) \times (1-\eta_2) \times (1-\eta_3) = (1-0.6) \times (1-0.8) \times (1-0.9)$
$= 8 \times 10^{-3}$

∴ 출구 분진농도 $= \dfrac{60 \times 10^3}{1 \times \dfrac{273+57}{273+527}} \times 8 \times 10^{-3} = 1,163.64 [mg/m^3]$

기사·산업 출제빈도 ★★★

030 어떤 집진장치에서 집진해야 할 함진가스 중 입자의 입경범위별 중량분포와 부분집진율을 다음 표에 나타내었다. 이 집진장치의 함진가스에 대한 총집진율(%)은?

입경범위(μm)	0~5	5~10	10~15	15~20	20~25	25~30
중량분포(%)	5	25	30	20	15	5
부분집진율(%)	92	94	96	98	99	99

해답

$\eta_t = \Sigma(\eta_f \times f_n)$
$= 5 \times 0.92 + 25 \times 0.94 + 30 \times 0.96 + 20 \times 0.98 + 15 \times 0.99 + 5 \times 0.99$
$= 96.3[\%]$

기사·산업 출제빈도 ★★

031 1,000[MW]의 전력을 생산하는 어떤 화력발전소에서 재함량은 10[%]이고, 발열량이 26,700[kJ/kg]인 석탄을 연소시킨다. 이때, 열효율은 40[%]이며, 재의 50[%]가 배출가스 내의 분진으로 배출된다. 배출가스 중 분진의 무게분포와 분진의 집진율을 위해 설치된 전기집진기의 부분집진율을 다음 표에 나타내었다.

입경범위(μm)	0~5	5~10	10~20	20~40	40 이상
무게분포(%)	14	17	21	23	25
부분집진율(%)	70	93	96	99	100

1) 이 집진장치의 함진가스에 대한 총집진율(%)은?
2) 처리되어 대기로 배출되는 분진의 양(kg/s)은? (단, 1[W · s] = 1[J]이다.)

해답

1) $\eta = \dfrac{14 \times 0.7 + 17 \times 0.93 + 21 \times 0.96 + 23 \times 0.99 + 25 \times 1}{14 + 17 + 21 + 23 + 25} \times 100 = 93.54 [\%]$

2) $\eta = \dfrac{Q}{G_f \times H_L} \times 100$ 에서

$G_f = \dfrac{Q}{\eta \times H_L} = \dfrac{1,000[\text{MW}] \times 10^6 [\text{W/MW}] \times 1 \dfrac{[\text{J/s}]}{[\text{W}]}}{0.4 \times 26,700[\text{kJ/kg}] \times 10^3 [\text{J/kJ}]} = 10.13[\text{kg/s}]$

기사·산업 출제빈도 ★★

032 1,000[MW]의 전력을 생산하는 어떤 화력발전소에서 재함량은 12[%]이고, 발열량이 26,700[kJ/kg]인 석탄을 연소시킨다. 석탄의 가연성분은 완전 연소되며, 이때, 열효율은 40[%]이며, 재의 50[%]가 배출가스 내의 분진으로 배출된다. 배출가스 중 분진의 무게분포와 분진의 집진율을 위해 설치된 전기집진기의 부분집진율을 다음 표에 나타내었다. 이때, 처리되지 않고 굴뚝 밖으로 배출되는 분진량(kg/s)은? (단, 1[kW] = 1[kJ/s]이다.)

입경범위(μm)	0~5	5~10	10~20	20~40	40 이상
무게분포(%)	12	16	22	27	23
부분집진율(%)	70	92.5	96	99	100

해답

$\eta = \dfrac{12 \times 0.7 + 16 \times 0.925 + 22 \times 0.96 + 27 \times 0.99 + 23 \times 1}{12 + 16 + 22 + 27 + 23} \times 100 = 94.05\%$

열효율(%) $= \dfrac{Q}{G_f \times H_L} \times 100$ 에서

$G_f = \dfrac{Q}{\eta \times H_L} = \dfrac{1,000[\text{MW}] \times 10^6 \times 10^{-3}[\text{kW}] \times 1[\text{kJ/s}]}{0.4 \times 26,700[\text{kJ/kg}]} = 93.63[\text{kJ/s}]$

∴ 제거되지 않는 분진량 $= 93.63 \times 0.12 \times 0.5 \times (1 - 0.9405) = 0.334[\text{kg/s}]$

기사·산업 출제빈도 ★★

033 어떤 집진장치로 함진가스를 입경별 부분집진율로 나타내어 총집진율을 구한 결과, 총집진율이 97.12[%]이었다. 채취된 분진의 입경분포 및 입경분포에 따른 부분집진율을 측정한 결과는 다음 표와 같다. 표 중의 $25[\mu m] \sim 30[\mu m]$의 부분집진율이 기록과정 중 지워져 알 수 없었다. 지워진 이 입경범위의 부분집진율인 $X[\%]$은?

입경범위 (μm)	0~10	10~15	15~20	20~25	25~30	30~35	35~40	40~45	45~50
먼지중량분포 (%)	0	1	2	5	12	50	15	10	5
부분집진율 (%)	94	90	90	92	X	99	98	95	92

해답

$\eta_t = \sum_{i=1}^{n} \eta_{f_i} f_i$ 에서

$$0.9712 = \frac{0.9 + 2 \times 0.9 + 5 \times 0.92 + 12 \times X + 50 \times 0.99 + 15 \times 0.98 + 10 \times 0.95 + 5 \times 0.92}{1 + 2 + 5 + 12 + 50 + 15 + 10 + 5}$$

$\therefore X = 0.96 = 96[\%]$

기사·산업 출제빈도 ★★

034 어떤 집진장치의 입구와 출구에서 분진농도, 배출가스 온도, 분진의 입경분포를 측정하여 다음과 같은 결과를 얻었다. 이 집진장치의 입경 $1 \sim 5[\mu m]$ 범위의 입자에 대한 부분집진율(%)은? (단, 이 집진장치의 공기누출은 없고, 입구와 출구에 있어서 배출가스의 압력은 같다.)

구분	입구 측	출구 측
배출가스 온도(℃)	237	186
분진농도(g/m³)	12.3	0.025

입경범위 (μm)	0~1	1~5	5~10	10~20	20~40	40~80	80~160	160 이상
입구의 입경분포(%)	3	12	23	29	17	8	4	4
출구의 입경분포(%)	29	58	11	1.5	0.5	0	0	0

해답

입구 배출가스의 표준상태에서 입경 1~5[μm] 범위의 분진농도는

$C_i = 12.3 \times \dfrac{273}{273+237} \times 0.12 = 0.79 [\text{g/Sm}^3]$

출구 배출가스에 함유된 같은 입경 범위의 분진농도는

$C_o = 0.025 \times \dfrac{273}{273+186} \times 0.58 = 0.0862 [\text{g/Sm}^3]$

∴ 이 집진장치의 입경 1~5[μm]에 대한 부분집진율(%)은

$\eta_f = \left(1 - \dfrac{C_o}{C_i}\right) \times 100 = \left(1 - \dfrac{0.0862}{0.79}\right) \times 100 = 98.91 [\%]$

기사·산업 출제빈도 ☆☆

035 어떤 집진장치에서 집진해야 할 함진가스 중 입자의 입경범위별 중량분포와 부분집진율을 다음 표에 나타내었다. 이 집진장치의 함진가스에 대한 통과율(%)은?

입경범위(μm)	0~5	5~10	10~15	15~20	20~25	25~30
중량분포(%)	5	25	30	20	15	5
부분집진율(%)	92	94	96	98	99	99

해답

통과율, $P = 1 - \eta_t$,

주어진 표에서 총집진율(%)은

$\eta_t = \Sigma(\eta_f \times f_n)$
$= 5 \times 0.92 + 25 \times 0.94 + 30 \times 0.96 + 20 \times 0.98 + 15 \times 0.99 + 5 \times 0.99$
$= 96.3 [\%]$

∴ $P = 1 - \eta_t = 1 - 0.963 = 0.037 = 3.7 [\%]$

036 어떤 직렬로 연결된 집진장치의 입구 분진농도가 30[g/Sm³]에서 다음 표와 같은 입구의 입경과 그 입경에 따른 부분집진율을 갖는 분진을 1차로 멀티사이클론으로 처리하고, 2차로 전기집진기로 집진하였다. 여기서, 전기집진기로부터 배출되는 배출가스 중 분진농도 (g/Sm³)는?

입경범위(μm)	0~5	5~10	10~20	20~40	40~60	60~100
입구 분진의 입경분포(%)	7	18	20	30	20	5
멀티사이클론의 부분집진율(%)	0	1	5	50	90	95
전기집진기의 부분집진율(%)	85	95	97	99	99.5	99.9

해답

1) 멀티사이클론의 집진율(η_s)
   (1) 입경(0~5[μm]): $\eta_{s1} = 0.07 \times 0 = 0$
   (2) 입경(5~10[μm]): $\eta_{s2} = 0.18 \times 0.01 = 0.0018$
   (3) 입경(10~20[μm]): $\eta_{s3} = 0.20 \times 0.05 = 0.01$
   (4) 입경(20~40[μm]): $\eta_{s4} = 0.30 \times 0.50 = 0.15$
   (5) 입경(40~60[μm]): $\eta_{s5} = 0.20 \times 0.90 = 0.18$
   (6) 입경(60~100[μm]): $\eta_{s6} = 0.05 \times 0.95 = 0.047$

   $\therefore \sum_{i=1}^{6} n_i = 0.3888 = 38.88[\%]$

2) 전기집진기의 집진율(η_e)
   (1) 입경(0~5[μm]): $\eta_{e1} = 0.07 \times 0.85 = 0.0595$
   (2) 입경(5~10[μm]): $\eta_{e2} = 0.18 \times 0.95 = 0.171$
   (3) 입경(10~20[μm]): $\eta_{e3} = 0.20 \times 0.97 = 0.194$
   (4) 입경(20~40[μm]): $\eta_{e4} = 0.30 \times 0.99 = 0.297$
   (5) 입경(40~60[μm]): $\eta_{e5} = 0.20 \times 0.995 = 0.199$
   (6) 입경(60~100[μm]): $\eta_{e6} = 0.05 \times 0.999 = 0.04995$

   $\therefore \sum_{i=1}^{6} n_i = 0.97045 = 97.05[\%]$

$\eta_t = \eta_s + (1-\eta_s) \times \eta_e = 38.88 + (1-0.3888) \times 97.05 = 98.2[\%]$

분진의 출구농도 $= 100 - 98.2 = 1.8[\%]$

$\therefore 30[g/Sm^3] \times 0.018 = 0.54[g/Sm^3]$

037 어떤 직렬로 연결된 집진장치의 입구 분진농도가 30[g/Sm³]에서 다음 표와 같은 입구의 입경과 그 입경에 따른 부분집진율을 갖는 분진을 1차로 멀티사이클론으로 처리하고, 2차로 전기집진기로 집진하였다. 여기서, 전기집진기로부터 배출되는 배출가스 중 분진농도(g/Sm³)는?

입경범위(μm)	0~5	5~10	10~20	20~40	40~60	60~100
입구 분진의 입경분포(%)	3	10	12	20	30	25
멀티사이클론의 부분집진율(%)	0	0	4	55	89	95
전기집진기의 부분집진율(%)	87	96	98	98	99.5	99.9

해답

1) 멀티사이클론의 집진율(η_s)
    $= 3 \times 0 + 10 \times 0 + 12 \times 0.04 + 20 \times 0.55 + 30 \times 0.89 + 25 \times 0.95$
    $= 61.93 [\%]$
2) 전기집진기의 집진율(η_e)
    $= 3 \times 0.87 + 10 \times 0.96 + 12 \times 0.98 + 20 \times 0.985 + 30 \times 0.995 + 25 \times 0.999$
    $= 98.50 [\%]$

$\eta_t = \eta_s + (1 - \eta_s) \times \eta_e = 61.93 + (1 - 0.6193) \times 98.50 = 99.43 [\%]$

∴ 분진의 출구농도 $= 30 [\text{g/Sm}^3] \times (1 - 0.9943) = 0.17 [\text{g/Sm}^3]$

038 그림과 같이 1차 집진장치가 농축조 역할을 하고, 2차 집진장치에서 집진되지 않는 분진을 재순환시켜 새로 유입되는 분진량과 같이 처리하는 농축조 집진시설에서 전집진율(%)은?

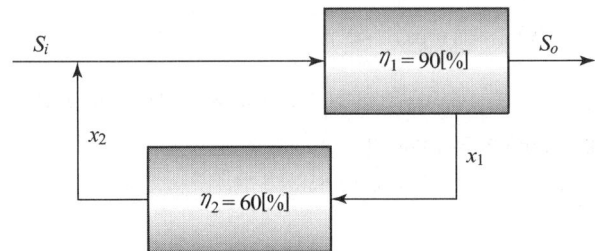

해답
$$\eta_t = \frac{\eta_1 \times \eta_2}{1 - \eta_1 + \eta_1 \times \eta_2} = \frac{0.9 \times 0.6}{1 - 0.9 + 0.9 \times 0.6} = 0.8438 = 84.38[\%]$$

039 어떤 집진장치에서 입구와 출구의 분진농도를 측정한 결과, 각각 60[g/m³], 0.11[g/m³]이었다. 집진장치 입구와 출구에서의 온도 및 압력은 각각 250[℃]와 200[℃] 및 23[mmH₂O]와 3[mmH₂O]이다. 입구에서의 배출가스량이 1.23×10⁶[m³/h]일 경우, 이 집진장치의 1일당 집진된 분진량(ton/day)은?

해답
입구와 출구의 온도와 압력이 다르므로, 출구에서의 배출가스량을 구하면
$$\frac{(10,336+23) \times 1.23 \times 10^6}{(273+250)} = \frac{(10,336+3) \times Q_o}{(273+200)}$$ 에서

$Q_o = 1.11456 \times 10^6 [\text{m}^3/\text{h}]$

$$\therefore \eta = \left(1 - \frac{C_o \times Q_o}{C_i \times Q_i}\right) \times 100 = \left(1 - \frac{0.11 \times 1.11456 \times 10^6}{60 \times 1.23 \times 10^6}\right) \times 100 = 99.834[\%]$$

1일당 집진된 분진량(ton/day)은
$S_i \times \eta = C_i \times Q_i \times \eta$
$= 60[\text{g/m}^3] \times 1.23 \times 10^6 [\text{m}^3/\text{h}] \times 24[\text{h/day}] \times 10^{-6}[\text{ton/g}] \times 0.99834$
$= 1,768.25[\text{ton/day}]$

040 어떤 집진장치의 함진가스량이 3,000[m³/h]인 공장에서 분진의 입구농도가 20[g/m³]이다. 이 집진장치의 1일 분진 제거량(kg/day)은? (단, 집진장치의 집진율은 80[%]이다.)

해답
1일 분진 제거량(kg/day)
$= 20[\text{g/m}^3] \times 3,000[\text{m}^3/\text{h}] \times 0.8 \times 24[\text{h/day}] \times 10^{-3}[\text{kg/g}] = 1,152[\text{kg/day}]$

041 어떤 집진장치의 입구 유입가스량이 50,000[m³/h], 분진농도가 2[g/m³]일 경우, 출구에서 배출되는 1일 분진량을 60[kg]으로 유지하기 위해 집진율(%)은 얼마로 하여야 하는가?

해답

입구 및 출구의 분진량을 각각 S_i, S_o[g/h]라고 하면

$S_i = 50,000[\text{m}^3/\text{h}] \times 2[\text{g/m}^3] = 100,000[\text{g/h}] = 100[\text{kg/h}]$

$S_o = 60[\text{kg/day}] \times \dfrac{[\text{day}]}{24[\text{h}]} = 2.5[\text{kg/h}]$

$\therefore \eta = \left(1 - \dfrac{S_o}{S_i}\right) \times 100 = \left(1 - \dfrac{2.5}{100}\right) \times 100 = 97.5[\%]$

042 어떤 집진장치의 입구 및 출구의 분진농도가 12[g/Sm³], 0.1[g/Sm³]로 측정되었는데, 이 분진농도의 측정오차가 입구에서 ±20[%], 출구에서 ±15[%]로 나타났다. 이 집진장치의 집진율 허용차(최댓값 – 최솟값)은 몇 [%]인가?

해답

$\eta_{\max} = \dfrac{12 \times 1.2 - 0.1 \times (1 - 0.15)}{12 \times 1.2} = 0.994$

$\eta_{\min} = \dfrac{12 \times (1 - 0.2) - 0.1 \times 1.15}{12 \times (1 - 0.2)} = 0.988$

$\therefore$ 집진율 허용치 $= \eta_{\max} - \eta_{\min} = 0.994 - 0.988 = 0.006 = 0.6[\%]$

043 분진농도 50[g/Sm³]인 함진가스를 정상적인 운전상태에서 집진율이 80[%]로 처리되는 사이클론이 있다. 이 사이클론의 원주 부하에서 처리가스의 5[%]에 해당되는 외부 공기의 유입이 발생될 경우, 분진 통과율은 외부 공기의 유입이 없는 정상 운전 시의 2배에 달한다. 이때, 사이클론의 출구 배출가스의 분진농도(g/Sm³)는?

해답

$$C_o = P \times C_i = (1-0.8) \times \left(\frac{50}{1+0.05}\right) \times 2 = 19.05[\text{g/Sm}^3]$$

기사·산업 출제빈도 ☆☆☆

044 사이클론의 원추 하부에 처리가스량의 10[%]에 상당하는 외부 공기가 새어 들어갈 때의 집진율이 78[%]이다. 이때 통과율은 공기가 새지 않을 때의 2.5배가 된다고 할 때 공기가 새지 않을 때의 집진율(%)을 계산하시오.

해답

사이클론이 비정상일 때의 집진율이 78[%]이므로 통과율은 22[%]이다.
비정상 시의 통과율은 정상 시 통과율의 2.5배이므로

정상 시 통과율 = 비정상 시 통과율 $\times \frac{1}{2.5} = \frac{22}{2.5} = 8.8[\%]$

따라서 정상 시(공기가 새지 않을 때) 집진율(%) = 100[%] − 정상 시 통과율(%)
= 100[%] − 8.8[%] = 91.2[%]

기사·산업 출제빈도 ☆☆☆

045 어떤 공장의 굴뚝에서 배출가스 중 분진농도가 3.0[g/Sm³]이었다. 이 분진농도를 200[mg/Sm³] 이하로 처리하여 배출하려고 할 경우 다음 물음에 답하시오.

1) 200[mg/Sm³] 이하로 배출할 경우, 여기에 사용하는 집진장치의 효율(%)은?
2) 기존의 설비로 효율이 60[%]인 사이클론 2대가 직렬로 설치되어 있다. 이 사이클론을 통과한 출구의 분진농도(mg/Sm³)는?
3) 집진효율 60[%]인 사이클론 2대로는 제거효율을 만족시키지 못하기 때문에, 제거효율을 만족시키기 위해 세정집진장치를 추가로 설치하려고 한다. 추가로 설치된 세정집진장치의 효율(%)은 얼마 이상이 되어야 하는가?

해답

1) $\eta = \left(1 - \dfrac{C_o}{C_i}\right) \times 100 = \left(1 - \dfrac{0.2}{3}\right) \times 100 = 93.3[\%]$

2) $\eta_t = 1 - (1-\eta_1)^2 = 1 - (1-0.6)^2 = 0.84 = 84[\%]$

   ∴ 출구의 분진농도 = $3,000 \times (1-0.84) = 480[\text{mg/Sm}^3]$

3) $0.933 = 1 - 0.4^2 \times (1-\eta_3)$

   ∴ $\eta_3 = 58.1[\%]$

   ∴ 세정집진장치의 효율은 58.1[%] 이상이 되어야 한다.

기사·산업 출제빈도 ★★

046 어떤 집진장치에서 입구 분진농도가 16[g/Sm³]이고, 출구 분진농도가 0.1[g/Sm³]이었다. 현재 분진농도 측정치의 오차가 입구에서 ±20[%], 출구에서 ±15[%]일 경우, 집진율의 최대치와 최소치는 각각 몇 [%]인가?

해답

$$\eta_{\max} = 1 - \dfrac{(1-\theta_o) \times C_o}{(1+\theta_i) \times C_i} = 1 - \dfrac{(1-0.15) \times 0.1}{(1+0.2) \times 16} = 0.99557 = 99.56[\%]$$

$$\eta_{\min} = 1 - \dfrac{(1+\theta_o) \times C_o}{(1-\theta_i) \times C_i} = 1 - \dfrac{(1+0.15) \times 0.1}{(1-0.2) \times 16} = 0.99105 = 99.11[\%]$$

기사 출제빈도 ★★★

047 중유 연소용 집진장치의 성능시험에 있어서 채취 분진의 건조를 130[℃], 1[h]로 행할 경우, 입구 분진농도가 0.14[g/Sm³], 출구 분진농도가 0.056[g/Sm³]로 집진율이 60[%]이다. 분진의 건조 조건을 변경하여 250[℃], 1[h]으로 건조를 행할 경우, 분진에 함유되었던 황산구리의 휘발성분이 소실되어 집진율이 84[%]가 되었다. 이때, 입구 및 출구에서 채취한 분진에 함유되어 있는 휘발분의 절대량이 같은 경우, 그 휘발분의 양(mg/Sm³)은?

📝 **황산구리(copper(II) sulfate, $CuSO_4 \cdot 5H_2O$)**
구리이온과 황산이온의 이온결합 물질로 황산동이라고도 하며 자연 광물로서는 담반이라고도 한다. 이 화합물은 알코올에 물분자가 존재하는지에 대한 간단한 테스트, 다양한 표면의 곰팡이 건조 및 제거, 가죽 및 다양한 표면용 함침제로 사용되고 있다.

해답

집진장치의 입구 및 출구에서 가스량의 변화가 없을 때, $\eta = \left(1 - \dfrac{C_o}{C_i}\right) \times 100 [\%]$

∴ 휘발성분의 농도를 $x[\text{g/Sm}^3]$라고 하면, $84 = \left[1 - \left(\dfrac{0.056 - x}{0.14 - x}\right)\right] \times 100$

∴ $x = 0.04 [\text{g/Sm}^3] = 40 [\text{mg/Sm}^3]$

기사·산업 출제빈도 ★★

048 어떤 화학 플랜트에서 집진기를 설치한 후, 다음과 같은 자료를 얻었다. 이 표를 보고 설치된 집진기 효율(%)을 질량 단위를 근거로 구하시오. 단, 입자는 구형 입자로 가정한다.

입경(μm)	5	20
입자밀도(g/cm³)	5	1
집진 전 입자수(개/Sm³)	104	1,000
집진 후 입자수(개/Sm³)	5,000	800

구(球, sphere)의 부피와 표면적

- 부피, $V = \dfrac{4}{3}\pi r^3$
- 표면적, $S = 4\pi r^2$

해답

1) 집진 전, 부피 1[Sm³]에 포함된 입자의 총 질량(g)을 구한다.

$\dfrac{4}{3}\pi \times (2.5 \times 10^6 [\text{m}])^3 / 개 \times 5[\text{g/cm}^3] \times \dfrac{10^6 [\text{cm}^3]}{[\text{m}^3]} \times 10^4 [개/\text{Sm}^3]$

$+ \dfrac{4}{3}\pi \times (10 \times 10^6 [\text{m}])^3 / 개 \times 1[\text{g/cm}^3] \times \dfrac{10^6 [\text{cm}^3]}{[\text{m}^3]} \times 1,000 [개/\text{Sm}^3]$

$= 7.46 \times 10^{-6} [\text{g/Sm}^3]$

2) 집진 후, 부피 1[Sm³]에 포함된 입자의 총 질량(g)을 구한다.

$\dfrac{4}{3}\pi \times (2.5 \times 10^6 [\text{m}])^3 / 개 \times 5[\text{g/cm}^3] \times \dfrac{10^6 [\text{cm}^3]}{[\text{m}^3]} \times 5,000 [개/\text{Sm}^3]$

$+ \dfrac{4}{3}\pi \times (10 \times 10^6 [\text{m}])^3 / 개 \times 1[\text{g/cm}^3] \times \dfrac{10^6 [\text{cm}^3]}{[\text{m}^3]} \times 800 [개/\text{Sm}^3]$

$= 4.99 \times 10^{-6} [\text{g/Sm}^3]$

∴ $\eta = \dfrac{(7.46 \times 10^{-6} - 4.99 \times 10^{-6})}{7.46 \times 10^{-6}} \times 100 = 33.1 [\%]$

기사 출제빈도 ★★

049 어떤 공장의 보일러 시설에서 연료로 석탄을 사용하고 있다. 이 석탄의 조성비는 C 82[%], S 3[%], 나머지는 회분이다. 이 보일러의

연료 소모량은 1,000[kg/day]이고, S와 C는 공기비 1.4로 완전 연소되고, 재의 80[%]가 분진 형태로 배출가스에 함유되어 다음에 나타난 자료를 제공하는 어떤 집진장치까지 도달된다고 할 경우, 다음 물음에 답하시오. (단, 입자의 입경분포 및 집진효율은 다음 표와 같다.)

입경범위(μm)	0~5	5~10	10~20	20~40	40 이상
집진율(%)	70	92.5	96	99	100
질량분포(f_i, %)	14	17	21	23	25

1) 보일러에서 배출가스 중 분진농도(g/Sm³)는?
2) 굴뚝으로 배출되는 분진량(kg/day)은?
3) 제거된 분진량(kg/day)은?

해답

1) 석탄이 연소될 때 소요되는 이론공기량, 연소가스량을 구한다.

$$A_o = \frac{1}{0.21}(1.867C + 0.7S) = \frac{1}{0.21} \times (1.867 \times 0.82 + 0.7 \times 0.03)$$
$$= 7.39[\text{Sm}^3/\text{kg}]$$

$$G_w = (m - 0.21)A_o + 1.867C + 0.7S$$
$$= (1.4 - 0.21) \times 7.39 + 1.867 \times 0.82 + 0.7 \times 0.03 = 10.35[\text{Sm}^3/\text{kg}]$$

분진량 $= \frac{(100 - 82 - 3)}{100} \times 1,000[\text{g/kg}] \times 0.8 = 120[\text{g/kg}]$

∴ 분진농도 $= \frac{\text{분진량}}{G_w} = \frac{120[\text{g/kg}]}{10.35[\text{Sm}^3/\text{kg}]} = 11.59[\text{g/Sm}^3]$

2) $\eta_t = 14 \times 0.7 + 17 \times 0.925 + 21 \times 0.96 + 23 \times 0.99 + 25 \times 1 = 93.46[\%]$

∴ 굴뚝으로 배출되는 분진량(kg/day)

$$S_i = C_i \times Q \times G_f \times (1 - \eta_t)$$
$$= 11.59 \times 10.35 \times 1,000 \times (1 - 0.9346) \times 10^{-3} = 7.85[\text{kg/day}]$$

3) 제거된 분진량(kg/day)

$$S_c = C_i \times Q \times G_f \times \eta_t = 11.59 \times 10.35 \times 1,000 \times 0.9346 \times 10^{-3}$$
$$= 112.11[\text{kg/day}]$$

참고 각 집진장치로 유입되는 함진가스 중 적당한 분진농도의 분포

1) 중력, 관성력, 원심력집진장치는 입구의 함진가스 중 분진농도가 높을수록 집진율이 높아진다.
2) 백필터: 10[g/Sm³] 이하
3) 전기집진장치: 30[g/Sm³] 이하
4) 벤튜리 스크러버, 제트 스크러버: 10[g/Sm³] 이하

050 1일 8시간씩 24일 동안 가동하는 공장이 있다. 이 공장에는 집진율 90[%]인 사이클론으로 함진가스량 2,500[Sm³/h], 분진농도 400[mg/Sm³]인 함진가스를 처리하고 있다. 이 기간 동안에 제거된 분진량(kg)은?

해답 제거 분진량

$L_o \times Q \times \eta$
$= 400[\text{mg/Sm}^3] \times 10^{-6}[\text{kg/mg}] \times 2,500[\text{Sm}^3/\text{h}] \times 0.9 \times 8[\text{h/day}] \times 24[\text{day}]$
$= 172.8[\text{kg}]$

석회석(limestone)

석회석은 광물학적으로는 대부분 방해석(calcite)으로 형성되는 석회암의 상품명이며 탄산염 광물을 50[%] 이상 함유하는 퇴적암의 일종이다. 화학식은 $CaCO_3$로 탄산칼슘이라고 부르며 용도는 대부분 시멘트, 철강, 생석회, 골재, 배연 탈황용, 사료용 등으로 쓰이고 있다.

---

051 어떤 공장의 석회석 공정에서 배출되는 분진을 원심력집진기로 집진하고자 한다. 입구 측 분진농도는 5[g/m³], 입구 함진가스량이 4,250[m³/min]일 때, 하루에 집진되는 분진량(t/day)은? (단, 분진의 분석 자료는 다음 표와 같다.)

입경범위 (μm)	0~5	5~10	10~20	20~30	30~50	50~75	75~100	100~200	200 〈
중량 (%)	2	8	13	26	12	11	9	8	11
부분집진율 (f_i, %)	4	6	20	32	78	89	95	98	89

해답

$$\eta_t = \frac{2 \times 0.04 + 8 \times 0.06 + 13 \times 0.2 + 26 \times 0.32 + 12 \times 0.78 + 11 \times 0.89 + 9 \times 0.95 + 8 \times 0.98 + 11 \times 0.89}{2 + 8 + 13 + 26 + 12 + 11 + 9 + 8 + 11}$$

$= 0.5681 = 56.81[\%]$

∴ 집진되는 분진량

$= 5[\text{g/m}^3] \times 0.5681 \times 4,250[\text{m}^3/\text{min}] \times 24[\text{h/day}] \times 60[\text{min/h}] \times 10^{-6}[\text{t/g}]$
$= 17.38[\text{t/day}]$

052 어떤 침강실의 길이가 3[m]이고, 입구 폭이 1[m], 높이가 10[cm]이다. 이 침강실에 상온, 상압의 함진가스가 1[m/s]의 수평속도로 유입될 때, 함진가스의 처리량(m³/s)과 5[μm], 10[μm], 15[μm], 20[μm] 입경별 부분집진율(%)의 곡선 그래프를 그리시오. (단, 입자의 진밀도는 3[g/cm³]이고, 함진가스의 점성계수는 0.00018[g/cm·s]이다.)

해답

함진가스 유량, $Q = A \times V = B \times H \times V = 1 \times 0.1 \times 1 = 0.1 [\text{m}^3/\text{s}]$

$$\eta = \frac{g \times \rho_p \times d_p^2 \times L}{18 \mu \times V \times H} = \frac{980 \times 3 \times 300 \times d_p^2}{18 \times 0.00018 \times 100 \times 10} = 0.272 \times 10^6 \times d_p^2$$

∴ 입경 5[μm]일 때,

부분집진율, $\eta_1 = 0.272 \times 10^6 \times (5 \times 10^{-4})^2 \times 100 = 6.8 [\%]$

입경 10[μm]일 때,

부분집진율, $\eta_2 = 0.272 \times 10^6 \times (10 \times 10^{-4})^2 \times 100 = 27.2 [\%]$

입경 15[μm]일 때,

부분집진율, $\eta_3 = 0.272 \times 10^6 \times (15 \times 10^{-4})^2 \times 100 = 61.2 [\%]$

입경 20[μm]일 때,

부분집진율, $\eta_4 = 0.272 \times 10^6 \times (20 \times 10^{-4})^2 \times 100 = 108.8 [\%]$

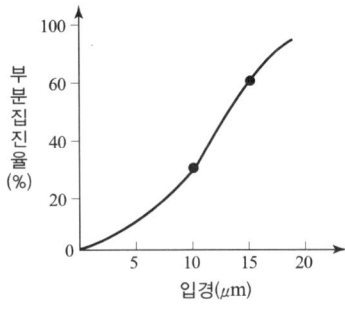

053 침강실의 길이가 3[m], 높이가 6[m]인 중력 침강실에 등간격으로 2개의 중간 침전판을 넣어 다단 침강실을 제작하였다. 침강실의 함진가스 평균 유속이 0.5[m/s]일 때, 집진효율 80[%]인 입자의 침강속도(m/s)는? (단, 침전판의 두께는 무시하고, 기류는 균일하며 재비산은 일어나지 않는다.)

다단 침강실

보다 미세한 입자를 집진하기 위하여 침강실 내에 몇 개의 단을 설치한 것으로 길이에 대하여 높이를 낮게 한 것이다.

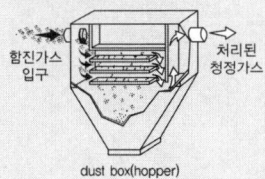

해답

집진율, $\eta_f = \dfrac{L \times v_s}{h \times v}$ 에서 $h = \dfrac{H}{n+1} = \dfrac{6}{2+1} = 2[\text{m}]$

$\therefore v_s = \dfrac{\eta_f \times h \times v}{L} = \dfrac{0.8 \times 2 \times 0.5}{3} = 0.27[\text{m/s}]$

기사·산업 출제빈도 ★★★

054 입경이 12[μm], 비중량이 2,200[kg/m³]인 구형 분진이 점성계수 1.8×10⁻⁴[poise]인 정지 대기 중에서 1[m]를 중력 침강하는 데 걸리는 시간(s)은? (단, 중력 침강 시 Stokes의 법칙이 성립되고, 기타 조건은 무시한다.)

해답

침강속도, $V_g = \dfrac{d_p^2 \times g \times (\rho_p - \rho_g)}{18\,\mu_g}$ 에서

$V_g = \dfrac{(12 \times 10^{-6})^2 \times 9.8 \times 2,200}{18 \times 1.8 \times 10^{-5}} = 9.58 \times 10^{-3}[\text{m/s}]$

$\therefore$ 침강시간, $t = \dfrac{L}{V_g} = \dfrac{1[\text{m}]}{9.58 \times 10^{-3}[\text{m/s}]} = 104.36[s]$

참고 1[poise] = 1[g/cm·s] = 0.1[kg/m·s]

기사 출제빈도 ★★★

055 어떤 침강실에서 밀도가 5[g/m³], 입경 5[μm]인 입자가 0.4[cm/s]의 속도로 침강하고 있다. 동일 조건하에서 밀도가 2[g/m³], 입경 20[μm]인 입자의 침강속도(cm/s)를 구하고, 또 하루에 10시간씩 30일 침강실이 가동한다면 총 분진제거량(kg)은? (단, 침강실의 길이: 2.25[m], 침강실로 유입되는 배출가스 속도: 0.1[m/s], 침강실 입구의 높이: 1[m], 유입되는 분진농도: 20[g/m³], 함진가스량: 2,000[m³/h] 이다.)

해답

1) 침강속도, $V_g = \dfrac{d_p^2 \times g \times (\rho_p - \rho_g)}{18\mu_g}$ 에서 $V_g \propto K \times \rho_p \times d_p^2$ 이므로

$0.4 \times 10^{-2}[\text{m/s}] = K \times 5 \times 10^3 \times (5 \times 10^{-6})^2$ …… (식 1)

$V_{g2} = K \times 2 \times 10^3 \times (20 \times 10^{-6})^2$ ………………… (식 2)

(식 2) ÷ (식 1)에서 $V_{g2} = 0.0256[\text{m/s}] = 2.56[\text{cm/s}]$

2) 침강실 효율, $\eta = \dfrac{V_g \times L}{u \times H} = \dfrac{0.0256 \times 2.25}{0.1 \times 1} = 0.576 = 57.6[\%]$

∴ 분진 제거량 $= 20[\text{g/m}^3] \times 2{,}000[\text{m}^3/\text{h}] \times 10[\text{h/day}] \times 30[\text{day}] \times 0.576$
$= 6{,}912{,}000[\text{g}] = 6{,}912[\text{kg}]$

기사 출제빈도 ★★★

056 분진을 배출하는 어떤 공장의 함진가스량은 1,000[m³/h]이고, 분진농도는 10[g/Sm³]이며 입경분포는 다음 표와 같다. 입자의 모양은 모두 구형으로 밀도는 200[kg/m³]이다. 함진가스의 점성계수는 8.5×10⁻⁶[kg/m·s], 밀도는 0.06[kg/m³]이며, 이 함진가스를 침강실로 집진하려고 한다. 침강실의 함진가스 수평 유속은 10[cm/s], 길이가 0.6[m], 높이가 1.0[m]일 때, 집진율(%)과 하루에 10시간씩 30일 가동할 경우, 분진 집진량(kg)은?

입경(μm)	30	50	70	90	100 이상
질량분포(%)	5	25	40	20	10

해답

1) 평균입경을 구한다.

$30 \times 0.05 + 50 \times 0.25 + 70 \times 0.4 + 90 \times 0.2 + 100 \times 0.1 = 70[\mu\text{m}]$

$v_s = \dfrac{d_p^2 \times (\rho_p - \rho_g) \times g}{18\mu_g} = \dfrac{(70 \times 10^{-6})^2 \times (200 - 0.06) \times 9.8}{18 \times 8.5 \times 10^{-6}} = 0.063[\text{m/s}]$

∴ $\eta = \dfrac{L \times v_s}{H \times u} = \dfrac{0.6 \times 0.063}{1.0 \times 0.1} \times 100 = 37.8[\%]$

2) 분진 집진량
$= 10[\text{g/Sm}^3] \times 1{,}000[\text{m}^3/\text{h}] \times 10[\text{h/day}] \times 30[\text{day}] \times 0.378 \times 10^{-3}[\text{kg/g}]$
$= 1.134[\text{kg}]$

057 어떤 침강실의 입구 폭이 5[m], 높이가 0.2[m], 길이가 10[m]이다. 이 침강실로 0.4[m³/s]의 함진가스가 유입될 경우, 함진가스 내 입경 10[μm]인 입자의 침강 집진율(%)은? (단, ρ_p = 1.10[g/cm³], ρ_a = 1.2[kg/m³], 공기의 점성계수, μ = 1.84×10⁻⁴[poise]이다.)

해답 1[poise] = 0.1[kg/m · s]이므로

$$\eta = \frac{d_p^2 \times g \times (\rho_p - \rho_a) \times B \times L}{18\mu \times Q}$$

$$= \frac{(10 \times 10^{-6})^2 \times 9.8 \times (1,100 - 1.2) \times 5 \times 10}{18 \times 1.84 \times 10^{-5} \times 0.4}$$

$$= 0.4064 = 40.64[\%]$$

058 입경 10[μm]인 기름 액적을 침강실 공기 중에서 침강하려고 한다. 이 기름 액적의 비중은 0.95이고, 공기는 25[℃], 1기압하에 있다. 2분 동안에 이 기름 액적을 침강시키려면 침강실의 높이가 몇 [m]가 되어야 하는가? (단, 기름 액적은 Stokes' law 범위 내에서 자유 침강한다고 가정하며, 공기의 밀도는 0.08[lb/ft³], 점성계수는 0.018[cP]이다.)

해답

$$0.08[\text{lb/ft}^3] \times \frac{0.4536[\text{kg}]}{[\text{lb}]} \times \left(\frac{\text{ft}}{0.3048[\text{m}]}\right)^3 = 1.281[\text{kg/m}^3]$$

1[cP] = 1×10⁻²[g/cm · s]이므로 0.018[cP] = 0.018×10⁻³[kg/m · s]

$$V_s = \frac{d_p^2 \times g \times (\rho_p - \rho_g)}{18\mu_g} = \frac{(10 \times 10^{-6})^2 \times 9.8 \times (950 - 1.281)}{18 \times 0.018 \times 10^{-3}}$$

$$= 2.87 \times 10^{-3}[\text{m/s}]$$

침강실 체류 시간, $t = \dfrac{H}{V_s}$ 에서

$$H = t \times V_s = 2 \times 60 \times 2.87 \times 10^{-3} = 0.344[\text{m}]$$

059 중력 침강실에서 집진율이 70[%], 침강실 길이 3[m], 폭이 1[m]일 때, 침강실의 높이(m)는? (단, 가스의 점성계수는 1.85×10^{-5} [kg/m·s], 처리 입경은 30[μm], 입자밀도 320[kg/m³], 함진가스 밀도 0.11[kg/m³], 침강실 내의 풍속 1[m/s]이다.)

해답

$$\eta = \frac{L \times v_s}{H \times v} = \frac{L \times \dfrac{d_p^2 \times g \times (\rho_p - \rho_g)}{18\,\mu_g}}{H \times v} = \frac{L \times d_p^2 \times g \times (\rho_p - \rho_g)}{18\,\mu_g \times H \times v}$$ 에서

$$H = \frac{3 \times (30 \times 10^{-6})^2 \times 9.8 \times (320 - 0.11)}{0.7 \times 18 \times 1.85 \times 10^{-6} \times 1} = 0.36[\text{m}]$$

060 입경 90[μm] 이상이 되는 분진을 제거하기 위해 설계한 중력 침강실을 다시 입경 60[μm] 이상의 분진을 제거하기 위하여 침강실의 높이를 조절하려고 한다. 침강실의 높이를 몇 [m]로 조절하면 되겠는가? (단, 침강실 길이는 변함없고, 침강실의 처음 높이는 2[m]이었다.)

해답

$$\frac{H}{v_s} = \frac{L}{v}$$ 에서 $v_s = \frac{H \times v}{L} = \frac{d_p^2 \times g \times (\rho_p - \rho_g)}{18\,\mu_g}$, 이 식에서 $d_p \propto \sqrt{H}$

$$\therefore\ 90 : \sqrt{2} = 60 : \sqrt{H},\ H = 0.89[\text{m}]$$

061 함진가스량이 130[m³/min]인 어떤 침강실에서 입경 60[μm]를 집진하려고 한다. 입자밀도 2[g/cm³], 함진가스 점성계수 2×10^{-3} [g/cm·s]이고, 침강실의 폭이 3[m], 길이 6[m], 높이 2.5[m]일 경우, 다음 물음에 답하시오. (단, 함진가스의 밀도는 1[kg/m³]이다.)

1) 이 입자의 침강속도(m/s)는?
2) 입경 70[μm]인 입자의 집진율(%)은?

해답

1) Stokes 법칙에서

$$V_s = \frac{d_p^2 \times g \times (\rho_p - \rho_g)}{18 \times \mu_g} = \frac{(60 \times 10^{-6})^2 \times 9.8 \times (2,000-1)}{18 \times 2 \times 10^{-4}} = 0.0196 [\text{m/s}]$$

2) $\eta = \frac{L \times V_s}{H \times u} \times 100$ 에서 $u = \frac{130[\text{m}^3/\text{min}]}{3[\text{m}] \times 2.5[\text{m}] \times 60[\text{s/min}]} = 0.289 [\text{m/s}]$

$$V_s = \frac{(70 \times 10^{-6})^2 \times 9.8 \times (2,000-1)}{18 \times 2 \times 10^{-4}} = 0.0267 [\text{m/s}]$$

$$\therefore \eta = \frac{L \times V_s}{H \times u} \times 100 = \frac{6 \times 0.0267}{2.5 \times 0.289} \times 100 = 22.17 [\%]$$

기사 출제빈도 ★☆☆

062 어떤 침강실의 입구 폭이 5[m], 높이가 2[m]이다.

1) 이 침강실에서 입자밀도가 2[g/cm³], 입경 80[μm]인 분진을 완전히 제거하기 위한 침강실의 최소 길이(m)는?
2) 밀도는 같고 입경이 40[μm]인 분진에 대한 이 침강실의 집진율(%)은? (단, 함진가스량은 10[m³/s], 점성계수는 0.02[cP]이다.)

해답

1) $1[\text{cP}] = 1 \times 10^{-2} [\text{g/cm} \cdot \text{s}]$ 이므로 $0.02[\text{cP}] = 0.02 \times 10^{-3} [\text{kg/m} \cdot \text{s}]$

$$u = \frac{Q}{A} = \frac{10[\text{m}^3/\text{s}]}{5[\text{m}] \times 2[\text{m}]} = 1.0 [\text{m/s}]$$

$$v_s = \frac{d_p^2 \times \rho_p \times g}{18\mu} = \frac{(80 \times 10^{-6})^2 \times 2,000 \times 9.8}{18 \times 0.02 \times 10^{-3}} = 0.35 [\text{m/s}]$$

$$\therefore \text{침강실의 길이, } L = \frac{H \times u}{v_s} = \frac{2[\text{m}] \times 1[\text{m/s}]}{0.35[\text{m/s}]} = 5.71 [\text{m}]$$

2) $v_s \propto d_p^2, (\rho_p - \rho_g)$ 에서 $80^2 : 0.35 = 40^2 : v_s$

$$\therefore v_s = 0.0875 [\text{m/s}]$$

$$\therefore \eta = \frac{L \times v_s}{H \times u} \times 100 = \frac{5.74 \times 0.0871}{2 \times 1} \times 100 = 25 [\%]$$

기사·산업 출제빈도 ★★★★☆

063 어떤 중력집진장치에 입경 50[μm]인 입자의 종말침강속도가 16[cm/s]일 때, 침강실의 높이가 1.5[m]이면 이 입자를 제거하기 위해 소요되는 이론적인 침강실의 길이(m)는? (단, 침강실에서 함진가스의 유속은 2[m/s]이다.)

종말침강속도

입자에 작용하는 3가지의 힘, 즉 중력, 부력, 항력이 균형을 이루어 침강하는 속도를 말한다. 이에 따른 힘의 평형식은 중력(F_g) = 부력(F_b) + 항력(F_d)에서

$$\frac{\pi}{6} d_p^3 \rho_p g = \frac{\pi}{6} d_p^3 \rho_g g + 3\pi\mu_g v_s,$$

$$3\pi\mu_g v_s = \frac{\pi}{6} d_p^3 \rho_p g - \frac{\pi}{6} d_p^3 \rho_g g$$

$$\therefore v_s = \frac{d_p^2 (\rho_p - \rho_g) g}{18\mu_g}$$

해답

$$\frac{H[\text{m}]}{v_s[\text{m/s}]} = \frac{L[\text{m}]}{u[\text{m/s}]} \text{에서 } L = H \times \left(\frac{u}{V_s}\right) = 1.5 \times \frac{2}{0.16} = 18.75[\text{m}]$$

기사 출제빈도 ★★★

064 높이 0.15[m], 폭 1[m]인 어떤 평형벽 침강실 내에 15[℃], 1[atm]의 함진가스가 유입될 때, 입경 15[μm]인 입자의 부분집진율을 60[%]로 하려고 할 경우, 침강실의 길이(m)를 흐름의 형태가 층류인 경우와 난류인 경우로 나누어 계산하시오. (단, 함진가스 유속 1.3[m/s], 15[℃]에서 함진가스 밀도 0.15[kg/m³], 입자밀도 350 [kg/m³], 함진가스 점성계수 1.85×10⁻⁶[kg/m · s]이다.)

해답

Stokes 법칙에서

$$v_s = \frac{d_p^2 \times g \times (\rho_p - \rho_g)}{18 \times \mu_g} = \frac{(15 \times 10^{-6})^2 \times 9.8 \times (350 - 0.15)}{18 \times 1.85 \times 10^{-6}} = 0.023[\text{m/s}]$$

1) 층류인 경우, $\eta = \frac{L \times v_s}{H \times u} \times 100$에서

$$L = \frac{\eta \times H \times u}{v_s} = \frac{0.6 \times 0.15 \times 1.3}{0.023} = 5.09[\text{m}]$$

2) 난류인 경우, $\eta = 1 - e^{\left(-\frac{L \times W \times v_s}{Q_i}\right)}$에서 $Q_i = 0.15 \times 1 \times 1.3 = 0.195[\text{m}^3/\text{s}]$

$$0.6 = 1 - e^{\left(-\frac{L \times 1 \times 0.023}{0.195}\right)}, \therefore L = 7.77[\text{m}]$$

기사·산업 출제빈도 ★★★

065 높이 2.5[m], 폭 4[m]인 침강실에 바닥을 포함하여 20개의 평행판을 설치하였다. 이 침강실에 점성계수가 0.0748[kg/m · h]인 함진가스를 2.0[m³/s]의 유량으로 유입시킬 때, 밀도가 1,200[kg/m³]이고, 입경이 40[μm]인 분진을 완전히 처리하는 데 필요한 침강실의 길이(m)는? (단, 침강실의 가스흐름은 층류이다.)

해답

$$v_s = \frac{d_p^2 \times g \times \rho_p}{18\mu_g} = \frac{(40\times 10^{-6})^2 \times 9.8 \times 1{,}200}{18 \times 0.0748 \times \frac{1}{3{,}600}} = 0.05[\text{m/s}]$$

단, ρ_a는 무시함

$$\therefore L = \frac{Q}{n \times W \times v_s} = \frac{2}{20 \times 4 \times 0.05} = 0.5[\text{m}]$$

기사 출제빈도 ☆☆☆

066 어떤 중력집진장치에 입경 50[μm], 밀도 2,000[kg/m³]인 입자를 함유한 표준상태의 배출가스가 유량 10[m³/s]로 유입되고 있다. 이 중력집진장치는 침강실의 폭 1.5[m], 높이 1.5[m]이고 바닥면을 포함한 수평단이 10단의 다단일 경우, 이론적으로 100[%] 집진을 하기 위해 필요한 침강실의 길이(m)는? (단, 침강실의 가스 흐름은 층류이고, 공기의 점도는 1.75×10^{-5}[kg/m·s]로 가정한다.)

해답

침강실의 길이, $L = h \times \left(\dfrac{u}{v_s}\right)$ 이고

침강실 한 단의 높이, $h = \dfrac{H}{n} = \dfrac{1.5}{10} = 0.15[\text{m}]$

$u = \dfrac{Q}{A} = \dfrac{Q}{H \times W} = \dfrac{10[\text{m}^3/\text{s}]}{1.5[\text{m}] \times 1.5[\text{m}]} = 4.44[\text{m/s}]$

$v_s = \dfrac{d_p^2 \times (\rho_p - \rho_g) \times g}{18\mu} = \dfrac{(50\times 10^{-6})^2 \times (2{,}000 - 1.29) \times 9.8}{18 \times 1.75 \times 10^{-5}} = 0.16[\text{m/s}]$

$\therefore L = 0.15 \times \left(\dfrac{4.44}{0.16}\right) = 4.16[\text{m}]$

기사 출제빈도 ☆☆

067 주어진 입경이 d_p인 입자의 집진율을 계산하기 위해서 침강실 안의 거리 X에 대한 침강된 입경 d_p인 입자의 수, N_p의 관계식에서 구하는 것이 바람직하다. 즉, 입구($X = 0$)에서 $N_p = N_{po}$, $X = L$에서 $N_p = N_{pL}$로 나타낼 경우 관계식은 $N_{pL} = N_{po} \times e^{\left(-\frac{V_s \times L}{u \times H}\right)}$과 같다. 또한,

d_p와 $d_p + d(d_p)$ 사이의 입경에 따른 부분집진율은 $\eta_f = 1 - \dfrac{N_{pL}}{N_{po}}$ 로 나타낸다. 이상의 이론적인 배경을 근거로 입자밀도 2.0[g/cm³], 입경 50[μm]인 입자를 집진율 90[%] 이상이 되게 하려면, 침강실의 길이(m)를 얼마 이상으로 해야 하는가? (단, 함진가스 유속은 0.5[m/s]이고, 침강실 높이는 3[m], 함진가스 점성계수는 0.067[kg/m·h]이며, 공기의 밀도는 무시한다.)

해답 위 두 식의 관계에서

$\eta_f = 1 - e^{\left(-\frac{v_s \times L}{u \times H}\right)}$, 양변에 ln을 취하면 $\ln(1-\eta_f) = -\dfrac{v_s \times L}{u \times H}$

여기서, $v_s = \dfrac{d_p^2 \times g \times \rho_p}{18 \times \mu_g} = \dfrac{(50 \times 10^{-6})^2 \times 9.8 \times 2,000}{18 \times 0.067 \times \dfrac{1}{3,600}} = 0.146[\text{m/s}]$

$\therefore \ln(1-0.9) = -\dfrac{0.146 \times L}{0.5 \times 3}$, $L = 23.66[\text{m}]$

068 20[℃], 1기압에서 중력 침강실 입구의 유속이 1.3[m/s]이고 장치의 높이가 15[cm], 폭이 1[m]일 때, 입경 15[μm]에 대한 집진율을 60[%]로 유지하기 위한 침강실의 길이(m)는? (단, 20[℃]에서 함진가스의 점성계수와 밀도는 각각 1.85×10^{-6}[kg/m·s], 0.15[kg/m³]이고, 먼지의 밀도는 350[kg/m³]이다.)

해답 종말침강속도

$v_s = \dfrac{d_p^2 \times g \times (\rho_p - \rho_g)}{18 \times \mu_g} = \dfrac{(15 \times 10^{-6})^2 \times 9.8 \times (350-0.15)}{18 \times 1.85 \times 10^{-6}} = 0.023[\text{m/s}]$

$\eta = \dfrac{L \times v_s}{H \times u}$에서 $L = \dfrac{\eta \times H \times u}{v_s} = \dfrac{0.6 \times 0.15 \times 1.3}{0.023} = 5.09[\text{m}]$

기사 출제빈도 ★★

069 단양의 F시멘트 공장에서 배출되는 함진가스량은 1,000 $[m^3/h]$이고, 이 함진가스 중 분진농도는 30$[g/m^3]$이다. 입경분포에 따른 집진율을 측정하여 아래의 표에 나타내었다. 이 공장에서 전처리 집진시설로 길이 3$[m]$, 높이 0.8$[m]$인 침강실을 사용하고 있다. 입자의 형태는 모두 구형이며, 입자의 밀도 400$[kg/m^3]$, 함진가스의 점성계수 $8.2 \times 10^{-5}[kg/m \cdot s]$, 밀도 0.03$[kg/m^3]$, 침강실을 흐르는 가스의 수평 평균 유속이 5$[cm/s]$일 때 다음 물음에 답하시오. (단, 중력가속도는 10$[m/s^2]$으로 계산하고, 재비산은 일어나지 않으며 각 입자 및 배기상태는 균질하며, 완전 집진된 입경 이하의 집진율은 무시한다.)

1) 주어진 조건에서 이 침강실의 집진율(%)은?
2) 집진율 95[%]로 하기 위한 침강실의 길이(m)는?

입경(μm)	30	50	70	90	100 이상
질량분포(%)	5	20	45	20	10

해답

1) $d_{p,\,min} = \left(\dfrac{18 \times \mu_g \times H \times u}{L \times g \times (\rho_p - \rho_g)} \right)^{\frac{1}{2}} = \left(\dfrac{18 \times 8.2 \times 10^{-5} \times 0.8 \times 0.05}{3 \times 10 \times (400 - 0.03)} \right)^{\frac{1}{2}}$

$= 7.015 \times 10^{-5}[m] = 70.15[\mu m]$

∴ 입경 70$[\mu m]$ 이상인 분진이 집진되므로 표에서 (45 + 20 + 10) = 75[%]가 집진된다.

2) 집진율이 95[%]인 경우, 입경이 50$[\mu m]$ 이상이므로

$\dfrac{H}{v_s} = \dfrac{L}{u}$ 에서 $v_s = \dfrac{H \times u}{L} = \dfrac{d_p^2 \times g \times (\rho_p - \rho_g)}{18 \times \mu_g}$

∴ $L = \dfrac{18 \times \mu_g \times H \times u}{g \times (\rho_p - \rho_g) \times d_p^2} = \dfrac{18 \times 8.2 \times 10^{-5} \times 0.8 \times 0.05}{10 \times (400 - 0.03) \times (5 \times 10^{-5})^2} = 5.90[m]$

기사 · 산업 출제빈도 ★★

070 중력 침강실을 사용하여 입자상물질을 제거할 경우, 침강실의 높이를 H, 기체 진행 방향의 길이를 L, 단면적을 A라고 할 때, 이론적으로 100[%] 제거되는 입자의 최소 입경은 $d_p = \left(\dfrac{18 \times \mu_g \times H \times u}{L \times g \times (\rho_p - \rho_g)} \right)^{\frac{1}{2}}$ 이다. 여기서, 침강실의 길이가 2$[m]$, 높이가 2$[m]$, 입자의 밀도가 2$[g/cm^3]$이고, 점성계수가 $2.0 \times 10^{-4}[g/cm \cdot s]$인 매연을 처리할

경우, 완전히 제거될 수 있는 분진의 최소입자(μm)는? (단, 침강실에서 가스 유속은 1.5[m/s]이다.)

해답

$1[\text{g/cm} \cdot \text{s}] = 0.1[\text{kg/m} \cdot \text{s}]$ 이므로

$2.0 \times 10^{-4}[\text{g/cm} \cdot \text{s}] = 2.0 \times 10^{-5}[\text{kg/m} \cdot \text{s}]$

$\therefore d_p = \left(\dfrac{18 \times 2.0 \times 10^{-5} \times 2 \times 1.5}{10 \times 9.8 \times 2 \times 1,000} \right)^{\frac{1}{2}} = 7.42 \times 10^{-5}[\text{m}] = 74.2[\mu\text{m}]$

071 25[℃]의 염산 미스트를 함유한 함진가스량 1.4[m³/s]을 폭 9[m], 높이 6[m], 길이 15[m]인 어떤 침강실을 사용하여 염산 미스트를 집진하려고 한다. 이때, 이 침강실의 집진 가능한 최소 입경(μm)은? (단, 염산 비중 = 1.6, 함진가스의 점성계수 = 1.85×10^{-5}[kg/m · s]로 하며 입자의 침강속도는 Stokes의 법칙을 따른다.)

해답

중력 침강실의 치수로부터 $\dfrac{v_s}{u} = \dfrac{H}{L}$

$v_s = \dfrac{u \times H}{L} = \dfrac{\dfrac{Q}{w \times H} \times H}{L} = \dfrac{Q}{w \times L} = \dfrac{d_p^2 \times \rho_p \times g}{18 \mu_g}$ 에서

$d_{p,\min} = \left(\dfrac{18 \mu_g \times v_s}{(\rho_p - \rho_g) \times g} \right)^{\frac{1}{2}} = \left(\dfrac{18 \times Q \times \mu_g}{w \times L \times g \times \rho_p} \right)^{\frac{1}{2}} = \left(\dfrac{18 \times 1.4 \times 1.85 \times 10^{-5}}{9 \times 15 \times 9.8 \times 1,600} \right)^{\frac{1}{2}}$

$= 1.484 \times 10^{-5}[\text{m}] = 14.84[\mu\text{m}]$

072 길이 10[m], 폭 5[m], 높이 2[m]인 중력 침강실에서 점성계수가 0.02[cP]이고, 함진가스 유량이 15[m³/s]인 배출가스를 처리하고 있다. 완전히 제거 가능한 분진의 최소 입경(μm)을 계산하고, 또 침강실 내에 2개의 판(tray)을 설치하여 다단으로 하였을 경우, 37[μm] 입경을 가진 입자의 집진율(%)을 계산하시오. (단, 분진의 밀도는 2[g/cm³]이다.)

해답

1) $u = \dfrac{Q}{w \times H} = \dfrac{15}{5 \times 2} = 1.5 [\text{m/s}]$

$\eta = \dfrac{L \times v_s}{H \times u}$ 에서 η가 100[%]이므로, $v_s = \dfrac{H \times u}{L}$ ...... (식 1)

$v_s = \dfrac{d_p^2 \times (\rho_p - \rho_g) \times g}{18 \mu_g}$ .... (식 2)

(식 1)과 (식 2)로부터 $\dfrac{H \times L}{u} = \dfrac{d_p^2 \times (\rho_p - \rho_g) \times g}{18 \mu_g}$ 에서

$d_p = \left(\dfrac{18 \times \mu_g \times H \times u}{g \times (\rho_p - \rho_g) \times L}\right)^{\frac{1}{2}} = \left(\dfrac{18 \times 0.02 \times 10^{-3} \times 2 \times 1.5}{9.8 \times 2,000 \times 10}\right)^{\frac{1}{2}}$

$= 7.42 \times 10^{-5} [\text{m}] = 74.2 [\mu\text{m}]$

2) 입경 37[μm], 2단 설치 시

$\eta = \dfrac{L \times d_p^2 \times (\rho_p - \rho_s) \times g}{18 \mu_g \times H \times u}$ .... (식 3)

즉, 집진율은 $\eta \propto d_p^2 \times \dfrac{1}{H}$

입경이 74[μm]에서 37[μm]로 1/2배 감소하고, 2개의 단을 설치했으므로 높이가 1/3로 감소한다.

$\therefore \eta \propto \left(\dfrac{1}{2}\right)^2 \times \dfrac{1}{\left(\dfrac{1}{3}\right)} = \dfrac{3}{4} = 0.75 = 75[\%]$

즉, 효율은 100[%]에서 75[%]로 감소한다.

기사 출제빈도 ★★

073 유량이 70,000[L/min]이고, 점성이 0.3×10^{-3}[g/cm·s]인 배출가스를 중력집진기를 사용하여 분진을 제거하려고 한다. 밀도가 1.5[g/cm^3]이고, 입경이 50[μm]인 입자의 침강속도(m/s)와 집진효율(%)을 구하시오. (단, 침강실의 폭은 3[m], 높이는 4[m], 길이는 5[m]이다.)

해답

1) 침강속도$(v_s) = \dfrac{d^2(\rho_s - \rho_w)g}{18\mu} = \dfrac{(50 \times 10^{-6})^2 \times 1.5 \times 10^3 \times 9.8}{18 \times 0.3 \times 10^{-4}}$

$= 0.068 [\text{m/s}]$

2) 집진효율계산

$\eta = \left(1 - \exp\left[\dfrac{-N \cdot B \cdot L \cdot v_s}{Q}\right]\right) \times 100[\%]$

$= \left(1 - \exp\left[\dfrac{-1 \times 3[\text{m}] \times 5[\text{m}] \times 0.068[\text{m/s}]}{70,000[\text{L/min}] \times 10^{-3}[\text{m}^3/\text{L}] \times 1/60}\right]\right) \times 100 = 58.28[\%]$

[상태판별]
$$R_e = \frac{DV\rho}{\mu} = \frac{3.43[\text{m/s}] \times 0.097[\text{m/s}] \times 1.3[\text{kg/Sm}^3]}{0.3 \times 10^{-4}[\text{kg/m} \cdot \text{s}]} = 14417.43 \text{(난류)}$$

$$D_o(\text{환산직경}) = \frac{2 \times 가로(W) \times 세로(H)}{가로(W) + 세로(H)} = \frac{2 \times 3[\text{m}] \times 4[\text{m}]}{3[\text{m}] + 4[\text{m}]} = 3.43[\text{m}]$$

$$V = \frac{Q(\text{가스량})}{A(\text{단면적})} = \frac{70,000[\text{L/min}] \times 10^{-3}[\text{m}^3/\text{L}] \times 1/60}{3[\text{m}] \times 4[\text{m}]} = 0.097[\text{m/s}]$$

기사 출제빈도 ★★★

074 길이 9[m], 높이 1.54[m]인 어떤 중력 침강실을 배출가스가 50[cm/s]의 속도로 유입되는 경우, 100[%] 집진되는 입자의 입경(μm)은? (단, 배출가스의 온도 27[℃], 입자의 밀도 2.50[g/cm³], 공기의 점성계수는 27[℃]에서 0.067[kg/m · h]이다.)

해답
중력 침강실이 100[%] 집진효율을 갖기 위한 입경($d_{p,100}$)은 Stokes 법칙을 이용하여 구할 수 있다.

즉, $d_{p,100} = \sqrt{2} \times d_{p,\min} = \left(\frac{36 \times \mu_g \times v_s}{(\rho_p - \rho_g) \times g}\right)^{\frac{1}{2}} = \left(\frac{36 \times \mu_g \times u \times H}{\rho_p \times g \times L}\right)^{\frac{1}{2}}$ 으로 구한다.

$$\therefore d_{p,100} = \left(\frac{36 \times 0.067[\text{kg/m} \cdot \text{h}] \times \frac{1,000[\text{g}]}{[\text{kg}]} \times \frac{\text{m}}{100[\text{cm}]} \times \frac{\text{h}}{3,600[\text{s}]}}{2.50[\text{g/cm}^3] \times 980[\text{cm/s}^2] \times 9[\text{m}] \times \frac{900[\text{cm}]}{\text{m}}}\right)^{\frac{1}{2}}$$

$= 4.837 \times 10^{-3}[\text{cm}] = 48.37[\mu\text{m}]$

기사·산업 출제빈도 ★★★

075 길이 7[m], 높이 1.2[m]인 어떤 중력 침강실이 있다. 이 침강실을 통과하는 가스의 유속이 30[cm/s]이고, 가스 온도가 30[℃], 입자의 밀도가 2.50[g/cm³]일 경우, 분진의 부분집진효율이 100[%]인 입자의 입경(μm)은? (단, 공기의 점성계수는 0.067[kg/m · h]이고, 중력 침강실에서 낙하하는 입자의 속도는 이론적인 종말침강속도의 약 0.5배에 해당한다.)

$$d_{p,\,100} = \left(\frac{36 \times \mu_g \times u \times H}{\rho_p \times g \times L}\right)^{\frac{1}{2}} = \left(\frac{36 \times 0.067 \times \frac{1}{3,600} \times 0.3 \times 1.2}{2.5 \times 1,000 \times 9.8 \times 7}\right)^{\frac{1}{2}} \times 10^6$$
$$= 37.50 [\mu m]$$

076 공기의 수평 유속이 0.3[m/s], 입자의 비중이 2, 침강실의 길이가 7.5[m], 높이가 1.5[m]인 경우, 입자제거율이 100[%]가 되는 최소 입경(μm)은? (단, 가스 온도가 77[℃], 공기의 점성계수는 2.1×10^{-5} [kg/m·s]이고, 커닝험(Cunningham) 보정인자는 2이다.)

커닝험 보정계수

입자가 미세한 경우 기체분자가 입자에 충돌할 때 입자표면에서 미끄러지는 현상이 일어나는 현상 때문에 실제 입자에 작용하는 항력이 적어져 이에 대한 보정을 행할 경우 항상 1보다 큰 값을 사용하는 것을 말한다.

해답 커닝험(Cunningham) 보정계수가 2일 때,

$$d_{p,\,100} = \left(C_C \times \frac{18\,\mu_g \times v_s}{\rho_p \times g}\right)^{\frac{1}{2}} = \left(\frac{36 \times \mu_g \times u \times H}{\rho_p \times g \times L}\right)^{\frac{1}{2}}$$
$$= \left(\frac{36 \times 2.1 \times 10^{-5} \times 0.3 \times 1.5}{2,000 \times 9.8 \times 7.5}\right)^{\frac{1}{2}} \times 10^6 = 48.11 [\mu m]$$

077 온도 25[℃], 유량 14[m³/s]인 염산액적을 함유한 함진가스가 폭 9[m], 높이 6[m], 길이 15[m]인 침강실을 통과하면서 염산액적이 제거되고 있다. 염산의 밀도가 1.2[g/cm³]일 경우, 이 침강실에서 제거되는 입자에 대한 물음에 답하시오. (단, Stokes 법칙을 이용하고, 25[℃]에서 공기의 점성계수는 0.0185[cP]이다.)

1) 집진되는 최소 입경(μm)은?

2) 100[%] 처리효율로 제거될 수 있는 처리입경(μm)은?

해답 단위 환산

$1 [P](Poise) = 1[g/cm \cdot s] = 1 \times 10^{-1} [kg/m \cdot s]$

$1 [cP](centi\ Poise) = 10^{-2} [P] = 1 \times 10^{-3} [kg/m \cdot s]$

1) $d_{p,\,min} = \left(\dfrac{18 \times \mu_g \times Q}{n \times W \times L \times (\rho_p - \rho_g) \times g}\right)^{\frac{1}{2}} = \left(\dfrac{18 \times 0.0185 \times 10^{-3} \times 14}{9 \times 15 \times 1,200 \times 9.8}\right)^{\frac{1}{2}}$

$= 5.42 \times 10^{-5}\,[\text{m}] = 54.2\,[\mu\text{m}]$

2) $d_{p,\,100} = \left(\dfrac{36 \times \mu_g \times Q}{n \times W \times L \times (\rho_p - \rho_g) \times g}\right)^{\frac{1}{2}} = \left(\dfrac{36 \times 0.0185 \times 10^{-3} \times 14}{9 \times 15 \times 1,200 \times 9.8}\right)^{\frac{1}{2}}$

$= 7.663 \times 10^{-5}\,[\text{m}] = 76.63\,[\mu\text{m}]$

기사 출제빈도 ★★

078 침강실 폭이 1[m], 길이 4[m]인 침강실에서 입자의 밀도가 2,500[kg/m³]이고, 유입되는 함진가스량이 10[m³/s]이었다. 입자의 종말 침강속도를 $v_s = 29,609 \times \rho_p \times d_p^2$로 할 경우, 집진율을 80[%]로 달성하기 위한 중간판 설치 개수는? (단, 하워드 침강실이며, 처리입경은 50[μm]이고, 함진가스의 점성계수는 4.185×10⁻³[cP], 가스의 흐름 상태는 층류라고 가정한다.)

> **하워드 침강실(Howard settling chamber)**
> 다단 침강실로 침강실 내 처리가스의 이동 방향과 수평으로 평판을 설치하여 침강에 필요한 수직 침강거리를 감소시킨 침강실을 말한다. 집진효율은 향상되지만 침강 퇴적하는 분진의 청소가 힘들고 처리가스의 온도가 고온일 경우 고온팽창에 의해 침강실이 폐쇄될 수 있다.

해답

$v_s = 29,609 \times \rho_p \times d_p^2 = 29,609 \times 2,500 \times (50 \times 10^{-6})^2 = 0.185\,[\text{m/s}]$

흐름 상태가 층류일 경우 집진율, $\eta = \dfrac{n \times L \times v_s}{Q_i}$에서 $0.8 = \dfrac{n \times 1 \times 4 \times 0.185}{10}$

∴ n = 10.81, 따라서, 80[%]의 집진율을 얻기 위해서는 11단이 필요한데, 문제에서 요구하는 중간판의 설치 개수는 10단이다.

기사 출제빈도 ★★★

079 침강실 폭이 3[m], 길이 10[m]이고 바닥을 포함하여 10단의 단수를 가진 하워드 침강실이 있다. 판과 판 사이의 거리가 15[cm], 판의 두께는 3[mm]이고, 3[cm]의 두께를 가진 분진층이 각 판 위에 쌓여 있다. 입자의 밀도가 2,500[kg/m³]이고, 유입되는 함진가스량이 0.4[m³/s]이고, 입자의 종말 침강속도가 $v_s = 29,609 \times \rho_p \times d_p^2$, 함진가스의 점성계수는 1.55×10⁻⁵[kg/m·s]일 경우 다음 물음에 답하시오.

1) 이 하워드 침강실을 흐르는 함진가스의 흐름은 어떤 종류인지 계산식으로 판단하시오.

2) 집진율이 50[%]일 경우, 입경(μm)은?

해답

1) $N_{Re} = \dfrac{2 \times Q_i}{\nu \times (n \times W + \Delta H - n \times H_d)}$

$= \dfrac{2 \times 0.4}{\dfrac{1.55 \times 10^{-5}}{1.3} \times (10 \times 3 + 0.15 - 10 \times 0.03)} = 2,247.80$

$N_{Re} < 2,300$이므로 층류이다.

2) 층류 시 $\eta = \dfrac{n \times L \times W \times v_s}{Q_i}$ 에서 $0.5 = \dfrac{10 \times 10 \times 3 \times v_s}{0.4}$

$\therefore v_s = 6.67 \times 10^{-4} \, [\text{m/s}]$

$v_s = 29,609 \times \rho_p \times d_p^2$ 에서 $6.67 \times 10^{-4} = 29,609 \times 2,500 \times d_p^2$

$\therefore d_p = 1.87 \times 10^{-6} \, [\text{m}] = 1.87 \, [\mu\text{m}]$

기사·산업 출제빈도 ★★★★

080 입경 5[μm]의 구형 입자의 종말침강속도가 0.5[cm/s]이다. 같은 밀도, 같은 공기 조건하에서 입경 20[μm]인 구형 입자의 종말침강속도(cm/s)는?

해답

$v_s = \dfrac{d_p^2 \times g \times (\rho_p - \rho_g)}{18 \mu_g}$ 에서 $v_s \propto d_p^2$

$\therefore 5^2 : 0.5[\text{cm/s}] = 20^2 : x[\text{cm/s}]$, $x = 8[\text{cm/s}]$

기사·산업 출제빈도 ★★★

081 폭이 2[m], 높이가 2.5[m], 길이가 6[m]인 침강실에서 점성계수가 0.2×10^{-3}[g/cm·s]이고, 유량이 300[m³/min]인 함진가스를 처리할 경우, 다음 물음에 답하시오.

1) 밀도가 2[g/cm³]이고, 입경이 60[μm]인 입자의 침강속도(m/s)는?
2) 입경이 70[μm]인 입자의 집진율(%)은?

해답

1) $v_s = \dfrac{d_p^2 \times (\rho_p - \rho_g) \times g}{18 \mu_g} = \dfrac{(60 \times 10^{-6})^2 \times 2,000 \times 9.8}{18 \times 0.2 \times 10^{-4}} = 0.196[\text{m/s}]$

2) $v_s = \dfrac{d_p^2 \times (\rho_p - \rho_g) \times g}{18\mu_g} = \dfrac{(70\times 10^{-6})^2 \times 2{,}000 \times 9.8}{18 \times 0.2 \times 10^{-4}} = 0.267[\mathrm{m/s}]$

$\therefore \eta = \dfrac{L \times v_s}{H \times u} = \dfrac{6 \times 0.267}{2.5 \times \dfrac{300}{2.5 \times 2 \times 60}} \times 100 = 64.08[\%]$

082 밀도가 2,000[kg/m³]이고, 입경 50[μm]인 입자를 집진하기 위한 침강실이 있다. 이 침강실에 유입되는 함진가스량이 10[m³/s]이고, 침강실 폭이 1.5[m], 높이가 1.5[m], 바닥을 포함하여 9단으로 되어 있는 Howard식 침강실로 가정하면, 이 조건하에 집진율을 70[%]로 달성하기 위한 침강실의 길이(m)는? (단, $v_s = 29{,}609 \times \rho_p \times d_p^2$ 이다.)

해답 침강실 내에 수평판이 설치되어 n개의 단으로 나누어져 있는 경우 부분집진율의 산출식은 $\eta_f = 1 - e^{-\left(\dfrac{n \times L \times W \times v_s}{Q_i}\right)}$ 에서 $L = -\dfrac{Q_i}{n \times W \times v_s} \times \ln(1-\eta_f)$

$v_s = 29{,}609 \times \rho_p \times d_p^2 = 29{,}609 \times 2{,}000 \times (50 \times 10^{-6})^2 = 0.148[\mathrm{m/s}]$

$\therefore L = -\dfrac{Q_i}{n \times W \times v_s} \times \ln(1-\eta_f) = -\dfrac{10}{9 \times 1.5 \times 0.148} \times \ln(1-0.7)$

$= 6.03[\mathrm{m}]$

083 길이가 4[m], 높이가 1.5[m]인 어떤 중력 침강실 안에 바닥을 포함하여 9개의 평행판을 가로질러 설치하였다. 이 침강실에 0.3[m/s]의 유속으로 분진이 함유된 가스를 유입할 경우, 분진입자를 완전히 침강·제거할 수 있는 입자의 최소 입경(μm)은? (단, 가스의 흐름은 층류라고 가정하고, 입자의 비중량은 2.0[g/cm³], 처리가스의 점성계수는 0.0748[kg/m·h]라고 한다.)

해답 $d_{p,\min} = \left(\dfrac{18\mu \times u \times H}{n \times \rho_p \times g \times L}\right)^{\frac{1}{2}} = \left(\dfrac{18 \times 0.0748 \times 0.3 \times 1.5}{9 \times 9.8 \times 2{,}000 \times 4 \times 3{,}600}\right)^{\frac{1}{2}} \times 10^6$

$= 15.44[\mu\mathrm{m}]$

기사 출제빈도 ☆

084 어떤 중력 침강실의 집진효율이 85[%], 배출가스 중 분진농도가 155[g/m³], 배출가스 유량이 10[m³/s], 침전된 분진의 밀도가 800[kg/m³]이다. 이 중력 침강실에 쌓인 분진의 부피가 0.55[m³]이 될 경우, 청소를 해야 한다면 청소하는 시간의 간격은?

해답

집진된 분진량 $= 155[\text{g/m}^3] \times 10[\text{m}^3/\text{s}] \times 10^{-3}[\text{kg/g}] \times 0.85 = 1.32[\text{kg/s}]$

집진된 분진량을 부피로 환산하면,

$$V = 1.32[\text{kg/s}] \times \frac{1}{800[\text{kg/m}^3]} = 1.65 \times 10^{-3}[\text{m}^3/\text{s}]$$

∴ 청소하는 시간 간격, $t = \dfrac{0.55[\text{m}^3]}{1.65 \times 10^{-3}[\text{m}^3/\text{s}]} = 333[\text{s}] = 5[\text{min}]\ 33[\text{s}]$

다른 풀이

침강된 분진의 부피를 구하는 공식, $V = \dfrac{Q \times C_i \times \eta \times t}{\rho_p}$ 에서

$$t = \frac{\rho_p \times V}{Q \times C_i \times \eta} = \frac{800[\text{kg/m}^3] \times 0.55[\text{m}^3]}{10[\text{m}^3/\text{s}] \times 155[\text{g/m}^3] \times \dfrac{\text{kg}}{1,000[\text{g}]} \times 0.85}$$

$= 334[s] = 5[\min]\ 34[s]$

기사 출제빈도 ☆☆

085 다음 그림은 U자 모양의 관에서 가스의 흐름을 나타낸 것이다. 여기서, 외부 선회류의 내측 반경(R_i)이 0.25[m], 외측 반경(R_o)이 0.5[m]일 경우, 장치의 중심에서 0.45[m]인 곳(R)으로 유입된 입자의 속도(m/s)는? (단, 이 사이클론으로 유입되는 함진가스량(Q_i)은 1.0[m³/s]이다.)

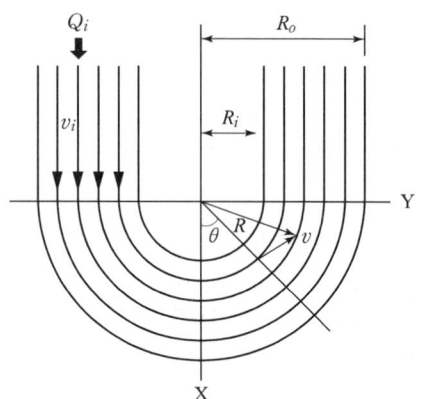

해답

$$v = \frac{Q_i}{R \times W \times \ln\frac{R_o}{R_i}} \text{에서 } W = R_o - R_i = 0.5 - 0.25 = 0.25[\text{m}]$$

$$\therefore v = \frac{Q_i}{R \times W \times \ln\frac{R_o}{R_i}} = \frac{1.0}{0.45 \times 0.25 \times \ln\frac{0.5}{0.25}} = 12.82[\text{m/s}]$$

기사·산업 출제빈도 ★★

086 처리가스량이 9.6[m³/min]인 FeS 배소로가 있다. 이 처리가스량을 원심력집진기인 사이클론으로 처리할 경우, 입구 유속을 10[m/s]으로 하고, 입구의 긴 변과 짧은 변의 길이비를 2:1로 하고자 한다. 이 경우, 긴 변의 길이(cm)는?

> **배소로(焙燒爐, roasting furnace)**
> 배소는 철광석을 융점 이하의 온도로 가열하여 다음 공정에 유리한 물리·화학적 상태로 만드는 것으로 제련의 전처리 성격의 공정이며, 이러한 배소를 행하는 화로를 배소로라고 한다.

해답

$$v_i = \frac{Q}{a \times b} \text{에서 } 10[\text{m/s}] = \frac{9.6[\text{m}^3/\text{min}] \times \frac{\text{min}}{60[\text{s}]}}{a \times \frac{a}{2}}$$

$$\therefore a = 0.1789[\text{m}] = 17.89[\text{cm}]$$

기사·산업 출제빈도 ★★

087 유입구 폭이 24[cm]인 원심력집진장치로 점성계수 0.0748 [kg/m·h]인 함진가스를 집진하고자 한다. 이때, 원심력집진장치 내의 유효회전수를 4회로 유지하였더니 입경이 5.92[μm]인 입자가 50[%]가 집진되었다. 이 경우, 함진가스의 원심력집진장치로의 유입 속도(m/s)는? (단, 입자의 밀도는 1.7[g/cm³]이다.)

해답 Lapple의 식을 이용한다. ρ_g는 무시한 상태에서

$$d_{p,\,50} = \left(\frac{9 \times \mu_g \times w_i}{2\pi \times N_e \times v_i \times \rho_p}\right)^{\frac{1}{2}}$$

$$\therefore 5.92 \times 10^{-6} = \left(\frac{9 \times 0.0748 \times 0.24}{2 \times 3.14 \times 4 \times 3{,}600 \times v_i \times 1.7 \times 10^3}\right)^{\frac{1}{2}}$$

$$\therefore v_i = 29.99[\text{m/s}]$$

> **Lapple의 식**
> Lapple은 원심력집진기의 집진 효율이 분진 입경별로 다르다고 가정하여 이를 경험을 통하여 입증한 후, 효율과 입경과의 관계를 선도(線圖)화하고 이를 사용하여 원심력집진기의 집진효율을 예측할 수 있는 방법을 고안하였다.

기사 출제빈도 ★★★

088 원심력집진기인 사이클론에서 유입구 폭이 12[cm], 유효회전수가 5일 때, 분진밀도 1.7[g/cm³], 온도 350[K]인 함진가스가 15[m/s]의 속도로 유입된다. 이 경우, 절단입경(cut diameter, 집진율이 50[%]인 입경) [μm]은? (단, 공기의 점도는 350[K]에서 0.0748 [kg/m·h]이고, 함진가스는 모두 공기로 가정한다.)

해답

$$d_{p,50} = \left(\frac{9\mu_g W}{2\pi N_e \rho_p v_i}\right)^{\frac{1}{2}}$$

$$= \left(\frac{9\times 0.0748[\text{kg/m}\cdot\text{h}]\times 10^3[\text{g/kg}]\times 10^{-2}[\text{m/cm}]\times \frac{\text{h}}{3,600[\text{s}]}\times 12[\text{cm}]}{2\pi\times 5\times 1.7[\text{g/cm}^3]\times 15[\text{m/s}]\times 10^2[\text{cm/m}]}\right)^{\frac{1}{2}}$$

$$= 5.29\times 10^{-4}[\text{cm}] = 5.29[\mu\text{m}]$$

기사 출제빈도 ★★

089 원심력집진기인 사이클론에서 유입구 폭이 12[cm], 유효회전수가 4회이며, 배출가스의 접선 유입속도가 15[m/s], 분진 밀도 1.7[g/cm³]이었다. 이 사이클론으로 집진율 50[%]가 되는 이론적인 입경(μm)을 구하고, 또 배출가스 처리용량을 0.3로 증가시킬 경우 유효회전수가 5회가 된다. 이때의 집진율이 50[%]가 되는 입경(μm)은? (단, 배출가스의 점성계수는 0.0748[kg/m·h]이다.)

해답

1) $d_{p,50} = \left(\frac{9\mu_g W}{2\pi N_e \rho_p v_i}\right)^{\frac{1}{2}}$

$$= \left(\frac{9\times 0.0748[\text{kg/m}\cdot\text{h}]\times 10^3[\text{g/kg}]\times 10^{-2}[\text{m/cm}]\times \frac{\text{h}}{3,600[\text{s}]}\times 12[\text{cm}]}{2\pi\times 4\times 1.7[\text{g/cm}^3]\times 15[\text{m/s}]\times 10^2[\text{cm/m}]}\right)^{\frac{1}{2}}$$

$$= 5.92\times 10^{-4}[\text{cm}] = 5.92[\mu\text{m}] \text{ (단, 여기서 } \rho_g \text{는 무시하였음)}$$

2) $Q = A\times V$에서 $0.3 = 0.785\times 0.12^2 \times V_i$

$\therefore V_i = 26.54[\text{m/s}]$

$$d_{p,50} = \left(\frac{9\,\mu_g\,W}{2\,\pi\,N_e\,\rho_p\,v_i}\right)^{\frac{1}{2}}$$

$$= \left(\frac{9 \times 0.0748[\text{kg/m}\cdot\text{h}] \times 10^3[\text{g/kg}] \times 10^{-2}[\text{m/cm}] \times \dfrac{\text{h}}{3,600[\text{s}]} \times 12[\text{cm}]}{2\pi \times 5 \times 1.7[\text{g/cm}^3] \times 26.54[\text{m/s}] \times 10^2[\text{cm/m}]}\right)^{\frac{1}{2}}$$

$$= 3.98 \times 10^{-4}[\text{cm}] = 3.98[\mu\text{m}] \quad (\text{단, 여기서 } \rho_g \text{는 무시하였음})$$

기사·산업 출제빈도 ★★

090 표준 원심력집진기를 이용하여 처리가스 내에 함유된 분진을 제거하고자 한다. 표준 원심력집진기는 높이 0.5[m], 폭 0.25[m]인 직사각형 입구 덕트(유입구)로 제작되었으며, 가스 유량은 150[m³/min], 점성계수는 0.075[kg/m·h]이다. 유입된 처리가스가 원심력집진기를 통과하여 3회 회전할 경우, 이론적으로 제거할 수 있는 임계입경(critical diameter, 집진율이 100[%]인 입자) [μm]은? (단, 분진의 밀도는 4,000[kg/m³], 공기의 밀도는 1[kg/m³]이다.)

원심력집진기(cyclone dust collector)
원심력집진기는 비교적 적은 비용으로 효과적인 집진이 가능한 대기오염 정화설비의 하나이다. 처리가스를 사이클론의 입구로 유입시켜 선회류를 형성시키면 처리가스 내의 분진은 원심력을 얻어 선회류를 벗어나 원심력집진기 본체 내벽에 충돌하여 집진되며 가동부가 없는 것이 기계적 특징이다.

해답 Lapple의 식에서 임계입경(critical diameter)

$$d_{p,\,crit} = d_{p,\,50} \times \sqrt{2} = \left(\frac{9\,\mu_g\,W}{\pi\,N_e\,(\rho_p - \rho_g)\times v_i}\right)^{\frac{1}{2}}$$

$$\therefore\ d_{p,\,50} = \left(\frac{9 \times 0.075[\text{kg/m}\cdot\text{h}] \times \dfrac{\text{h}}{3,600[\text{s}]} \times 0.25[\text{m}]}{\pi \times 3 \times (4,000-1)[\text{kg/m}^3] \times 20[\text{m/s}]}\right)^{\frac{1}{2}}$$

$$= 7.89 \times 10^{-6}[\text{m}] = 7.89[\mu\text{m}]$$

기사 출제빈도 ★★

091 어떤 사이클론의 유입구 직경이 12[cm]이고 내부 유효회전수가 4회이며, 함진가스 유입속도가 15[m/s], 분진 밀도가 1.7[g/cm³]일 경우 다음 물음에 답하시오. (단, 함진가스의 점성계수는 0.0748 [kg/m·h]이다.)

1) 이 사이클론으로 집진효율이 50[%]가 되는 이론적인 입경(μm)은?
2) 함진가스 처리량을 0.3[m³/s]로 하여 유효회전수가 1회 늘어났을 경우, $d_{p,\,50}[\mu\text{m}]$은?

해답

1) $d_{p,50} = \left(\dfrac{9\mu_g W}{2\pi N_e \rho_p v_i}\right)^{\frac{1}{2}} = \left(\dfrac{9 \times 0.0748 \times 0.12}{2\pi \times 4 \times 15 \times 1.7 \times 10^3 \times 3{,}600}\right)^{\frac{1}{2}}$

$= 5.92 \times 10^{-6}[\text{m}] = 5.92[\mu\text{m}]$

2) $v_i = \dfrac{0.3}{\dfrac{\pi}{4} \times 0.12^2} = 26.54[\text{m/s}]$, $N_e = 5$회

$\therefore d_{p,50} = \left(\dfrac{9\mu_g W}{2\pi N_e \rho_p v_i}\right)^{\frac{1}{2}} = \left(\dfrac{9 \times 0.0748 \times 0.12}{2\pi \times 5 \times 26.5 \times 1.7 \times 10^3 \times 3{,}600}\right)^{\frac{1}{2}}$

$= 3.98 \times 10^{-6}[\text{m}] = 3.98[\mu\text{m}]$

유효회전수

유효회전수는 원심력집진기의 분진 제거효율에 영향을 끼치기 때문에 적절한 유효회전수로 설계하는 것이 중요하며 사이클론 내에서 함진가스가 회전하는 횟수는 약 5~6회이다.

기사 출제빈도 ☆

092 원심력집진기의 사이클론에서 집진되는 입자의 절단입경(cut diameter)이 5.5[μm]이고, 밀도가 1,500[kg/m³]인 분진을 함유한 가스가 120[m³/min]의 속도로 배출되고 있다. 이 가스를 유효회전수가 6인 사이클론을 제작하여 전처리시킬 경우, 사이클론의 유입구 폭(W)과 높이(H), 그리고 외통경(D) 사이에는 다음과 같은 식이 성립된다고 한다면 이 사이클론의 외통경(m)은?

$$W^2 \times H = 0.03125 \times D^3$$

(단, 배출가스의 밀도는 1.0[kg/m³]이고, 가스의 점성계수는 0.07[kg/m·h]이다.)

해답

$d_{p,50} = \left(\dfrac{9\mu_g W}{2\pi N_e \rho_p v_i}\right)^{\frac{1}{2}}$ 에서 $v_i = \dfrac{9\mu_g W}{2\pi N_e \rho_p d_{p,50}^2}$

$\dfrac{v_i}{W} = \dfrac{Q}{W^2 \times H} = \dfrac{9\mu_g}{2\pi N_e \rho_p d_{p,50}^2} = \dfrac{Q}{0.03125 \times D^3}$

$\therefore D = \left(\dfrac{Q \times 2\pi \times N_e \times (\rho_p - \rho_g) \times d_{p,50}^2}{0.03125 \times 9 \times \mu_g}\right)^{\frac{1}{3}}$

$= \left(\dfrac{120 \times 2 \times 3.14 \times 6 \times (1{,}500 - 1) \times (5.5 \times 10^{-6})^2}{0.03125 \times 9 \times \dfrac{0.07}{60}}\right)^{\frac{1}{3}}$

$= 0.86[\text{m}]$

093. 원심력집진장치에서 50[%] 제거입경(절단입경)일 때 가스유속을 4배로 증가시키면 50[%] 제거입경(절단입경)은 어떻게 되는지 계산하시오.

해답

$$dp_{50} = \sqrt{\frac{9\mu B}{2\pi v N(\rho_s - \rho)}} \times 10^6 [\mu\text{m}]$$

여기서, $dp_{50} \propto \sqrt{\frac{1}{v}}$ 이므로 $dp_{50} = \sqrt{\frac{1}{4}} = \frac{1}{2}$ 이 된다.

094. A 공장 보일러의 배출가스량은 200[m³/min]이고, 온도는 300[℃]이다. 이 배출가스를 처리하기 위해 그림과 같은 사양을 지닌 사이클론을 제작하려고 한다. 이때, 사이클론의 몸통경(외통경)(m)은? (단, 집진기로 들어오는 함진가스의 유입속도는 17[m/s]이다.)

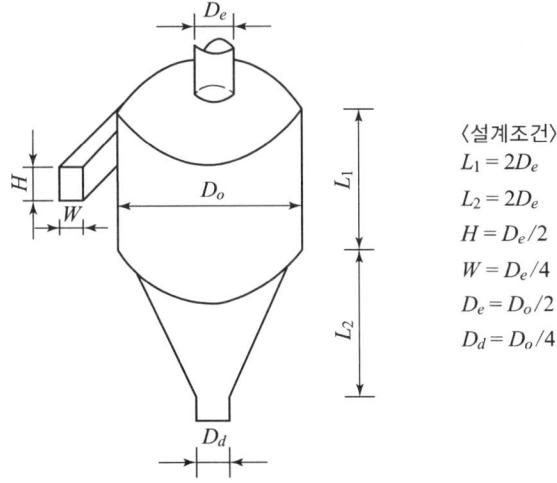

〈설계조건〉
$L_1 = 2D_e$
$L_2 = 2D_e$
$H = D_e/2$
$W = D_e/4$
$D_e = D_o/2$
$D_d = D_o/4$

해답

$Q = A \times v_i$ 에서 $200[\text{m}^3/\text{min}] = A[\text{m}^2] \times 17[\text{m/s}] \times 60[\text{s/min}]$

$\therefore A = 0.196[\text{m}^2]$

$A = H \times W = \frac{D_e}{2} \times \frac{D_e}{4} = \frac{D_e^2}{8} = 0.196,\ \therefore D_e = 1.252[\text{m}]$

$\therefore$ 몸통경$(D_o) = 2D_e = 2 \times 1.252 = 2.50[\text{m}]$

CHAPTER 3

기사·산업 출제빈도 ★★★

095 분진농도 50[g/m³]인 배출가스를 집진율 93[%]인 사이클론으로 정상 운전되고 있다. 그러나 이 사이클론의 원통하부 근처에서 처리가스량의 10[%]에 상당하는 외부로부터의 공기 누입이 발생하여 집진기 출구의 분진 통과율이 외기의 누입이 없는 정상 운전 시 통과율의 2배가 되었다. 이때 출구 가스의 분진농도(g/m³)는?

해답

통과율, $P_1 = 100 - \eta = 100 - 93 = 7[\%]$

외부로부터의 공기 누입이 발생하여 통과율이 2배가 되므로, $P_2 = 14[\%]$

이때, 분진농도는 50[g/m³]로부터 가스량이 10[%] 증가하기 때문에

$\dfrac{50}{1.1} = 45.45[\text{g/Sm}^3]$

∴ 출구의 분진농도 $= 45.45 \times 0.14 = 6.36[\text{g/Sm}^3]$

기사·산업 출제빈도 ★★★★

096 사이클론의 반지름이 22[cm], 유입 함진가스의 접선속도가 5.5[m/s]일 경우, 이 사이클론의 분리계수는?

📘 **분리계수**

입자에 작용하는 원심력과 중력의 관계로 원심력을 중력으로 나눈 값으로 사이클론의 잠재적인 효율(분리능력)을 나타내는 지표이다.

📘 **분리계수의 특징**

1) 원심력이 클수록 분리계수가 커져 집진율이 증가한다.
2) 중력 가속에 반비례하고 입자의 접선 방향 속도의 제곱에 비례한다.
2) 사이클론의 원추 하부의 반경(입자의 회전반경)이 클수록 분리계수는 작아진다.

해답

분리계수, $S = \dfrac{\text{원심력}}{\text{중력}} = \dfrac{v^2}{R \times g} = \dfrac{5.5^2\,[\text{m}^2/\text{s}^2]}{0.22\,[\text{m}] \times 9.8\,[\text{m/s}^2]} = 14$

기사·산업 출제빈도 ★★

097 어떤 사이클론의 외통경이 1.2[m], 내통경이 0.6[m], 입구의 폭이 0.3[m], 입구의 높이가 0.6[m], 전체 높이가 2.4[m]이었다. 이 사이클론으로 밀도 1.2[kg/m³]인 함진가스가 144[m³/min]으로 유입되어 분진을 집진할 경우, 발생되는 압력손실(mmH₂O)은?

(단, $\Delta P = \dfrac{0.1 \times Q^2}{0.5 \times D_e^2 \times B_c \times H_c \times \left(\dfrac{Z_c}{D_c}\right)^{\frac{1}{3}}}$ 이다.)

해답

$$\Delta P = \frac{0.1 \times Q^2}{0.5 \times D_e^2 \times B_e \times H_c \times \left(\frac{Z_c}{D_c}\right)^{\frac{1}{3}}}$$

$$= \frac{0.1 \times \left(\frac{144}{60}\right)^2}{0.5 \times 0.6^2 \times 0.3 \times 0.6 \times \left(\frac{2.4}{1.2}\right)^{\frac{1}{3}}}$$

$$= 14.4 [\mathrm{mmH_2O}]$$

기사 출제빈도 ☆

098 직사각형 입구 면적이 0.067[m²]인 어떤 접선식 사이클론의 원통 직경이 0.74[m], 원통부의 길이가 0.74[m], 원추부의 높이가 1.5[m]이고, 이 사이클론으로 유입되는 함진가스의 온도는 200[℃], 유입속도는 15[m/s]이다. 여기서 처리된 가스의 배출구 직경이 36[cm]일 때, 배출가스의 속도변화와 가스흐름의 방향전환으로 발생하는 압력손실(mmH₂O)은? (단, 압력손실을 구하는 식은 일본의 대기학자인 고이치 이이노야(井伊谷, Koichi linoya) 박사가 제시한 식, $\Delta P = \frac{30 \times W \times H \times \sqrt{D}}{D_o^2 \times \sqrt{H_b + H_c}} \times \frac{\gamma_g \times v_i^2}{2 \times g}$ 을 사용한다.)

해답

$$\gamma_g = 1.29 \times \frac{273}{273 + 200} = 0.75 [\mathrm{kg/m^3}]$$

$$\Delta P = \frac{30 \times W \times H \times \sqrt{D}}{D_o^2 \times \sqrt{H_b + H_c}} \times \frac{\gamma_g \times v_i^2}{2 \times g}$$

$$= \frac{30 \times 0.067 \times \sqrt{0.74}}{0.36^2 \times \sqrt{(0.74 + 1.5)}} \times \frac{0.75 \times 15^2}{2 \times 9.8}$$

$$= 76.75 [\mathrm{mmH_2O}]$$

099 밀도 1.2[kg/m³]인 함진가스 144[m³/min]를 다음 주어진 표에 제시된 크기의 사이클론으로 분진을 집진하였다. 이 함진가스를 집진율을 증가시키기 위해 직경 0.15[m]인 고효율 멀티클론으로 대치하려고 한다. 이 멀티클론 내에 설치된 고효율 소형 집진기는 몇 개가 필요한가? (단, 이 두 사이클론은 같은 압력손실에서 운영된다고 가정하며, 사이클론에서 발생되는 압력손실(mmH₂O)은

$$\Delta P = \frac{0.1 \times Q^2}{0.5 \times D_e^2 \times B_c \times H_c \times \left(\frac{Z_c}{D_c}\right)^{\frac{1}{3}}}$$ 이다.)

구분	직경 1.2[m]인 사이클론(m)	직경 0.15[m]인 사이클론(m)
D_c(외통경)	1.2	0.15
B_c(입구 폭)	0.3	0.037
H_c(입구 높이)	0.6	0.075
D_e(내통경)	0.6	0.075
Z_c(총 길이)	2.4	0.3

해답

$$\Delta P = \frac{0.1 \times Q^2}{0.5 \times D_e^2 \times B_c \times H_c \times \left(\frac{Z_c}{D_c}\right)^{\frac{1}{3}}} = \frac{0.1 \times \left(\frac{144}{60}\right)^2}{0.5 \times 0.6^2 \times 0.3 \times 0.6 \times \left(\frac{2.4}{1.2}\right)^{\frac{1}{3}}}$$

$$= \frac{0.1 \times Q_2^2}{0.5 \times 0.075^2 \times 0.037 \times 0.075 \times \left(\frac{0.3}{0.15}\right)^{\frac{1}{3}}}$$ 에서 ∴ $Q_2 = 0.0372[\text{m}^3/\text{s}]$

∴ 멀티사이클론 내의 필요한 사이클론 개수 $= \frac{\left(\frac{144}{60}\right)}{0.0372} = 64.52$

즉 65개의 사이클론이 필요하다.

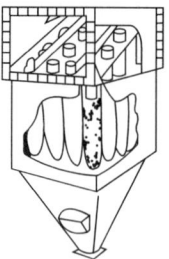

▲ 멀티클론(multiclone)

100 입구 분진농도가 10[g/m³] 이하이고, 함진가스의 입구 유속이 15[m/s]에서 대응하는 길이의 비가 일정한 기하학적 상사(geometrical similarity)를 갖는 어떤 사이클론의 분리한계입경(d_c)은 $a \times \sqrt{\dfrac{D_c}{S}}$, 즉 외통경의 제곱근에 비례하고 분진 비중의 제곱근에 반비례한다. 여기서, 비중 3인 분진에 대하여 외통경이 300[mm], 입구 유속이 15[m/s]일 때, 분리한계입경이 3[μm]이라면 분진의 비중이 2이고, 외통경이 1,200[mm]인 대형 사이클론의 분리한계입경(μm)은?

해답

$3 = a \times \sqrt{\dfrac{300}{3}}$ 에서 $a = 0.3$

∴ 주어진 조건으로부터 $d_c = 0.3 \times \sqrt{\dfrac{1,200}{2}} = 7.35[\mu m]$

101 사이클론 집진장치에서 입구 함진가스량이 1,000[m³/h], 출구 함진가스량이 1,050[m³/h]이었고, 장치의 입구와 출구에서 분진농도는 각각 20[g/m³]와 500[mg/m³]이었다. 이 조건에서, 처리효율을 향상시키기 위해 배출가스량의 10[%]로 블로우다운(blow-down) 형식을 취하였을 경우, 사이클론의 집진율(%)은?

해답

$\eta = \left(1 - \dfrac{C_o \times Q_o}{C_i \times Q_i}\right) \times 100$

$= \left(1 - \dfrac{500 \times 1,050 \times (1-0.1)}{20,000 \times 1,000 \times (1+0.1)}\right) \times 100$

$= 97.85[\%]$

기사 출제빈도 ★

102 입구 폭이 12.0[cm]이고, 처리가스의 유효회전수가 4인 사이클론이 있다. 이 사이클론에 밀도가 1.70[g/cm³]인 분진 입자를 함유하는 함진가스가 15.0[m/s]의 유입속도로 처리되고 있을 경우, 다음 그림을 보고 물음에 답하시오. (단, 100[%] 집진효율 공식은 $\eta = \dfrac{\pi \times N_e \times \rho_p \times d_p^2 \times v_g}{9 \times \mu_g \times W}$ 이고, 함진가스의 점성계수는 0.0748[kg/m·h]이다.)

1) 50[%] 집진효율로 처리될 수 있는 입경(μm)은?
2) 입경 12[μm]인 입자를 처리할 수 있는 집진효율을 그림에서 구하시오.
3) 입경 16[μm]인 입자를 처리할 수 있는 집진효율을 그림에서 구하시오.

📎 **Lapple의 효율예측곡선을 이용한 집진율을 구하는 순서**

1) 절단입경을 구한다.
2) 효율곡선을 이용하여 입경비 ($d_p/d_{p,50}$)를 종축에서 구한다.
3) 종축의 입경비에 따른 횡축의 부분집진율을 구한다.
4) 부분집진율과 중량분포를 이용하여 총집진율을 구한다.

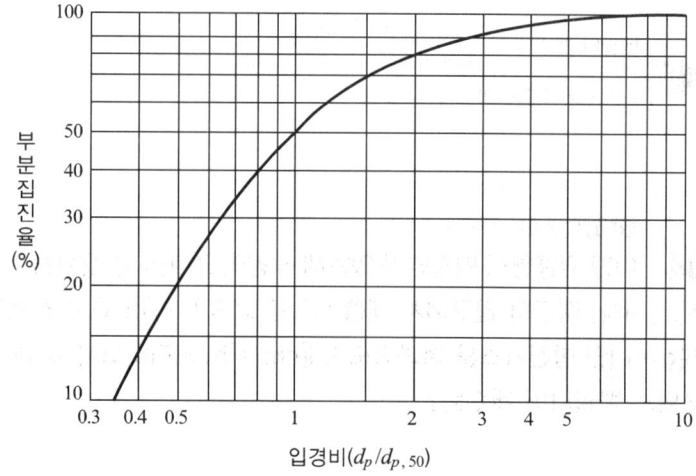

▲ Lapple의 집진효율 예측곡선

해답

1) $\eta = \dfrac{\pi \times N_e \times \rho_p \times d_p^2 \times v_g}{9 \times \mu_g \times W}$ 에서 $0.5 = \dfrac{3.14 \times 4 \times 1,700 \times d_p^2 \times 15}{9 \times 0.0748 \times \dfrac{1}{3,600} \times 0.12}$

∴ $d_p = 5.92[\mu m]$

2) $\dfrac{d_p}{d_{p,50}} = \dfrac{12}{5.92} = 2.03$, 그림에서 집진효율은 80[%]

3) $\dfrac{d_p}{d_{p,50}} = \dfrac{16}{5.92} = 2.703$, 그림에서 집진효율은 90[%]

103 어떤 원통형의 백필터가 있는데 직경이 350[mm], 유효높이가 3[m]이다. 백필터 입구에서 배출가스량 300[m³/min], 분진농도가 5[g/m³]인 함진가스를 겉보기 여과속도 1.3[cm/s]로 처리하고자 할 경우, 최소로 필요한 백필터의 개수는?

원통형 백필터(bag filter) 집진기

각종 설비나 분진 배출 장소에서 발생하는 분진을 제거하는 설비로 주머니형 필터를 사용하여 비교적 크기가 작은 분진을 제거할 수 있는 집진기이다. 필터의 재질은 글라스 솜, 양모, 합성 섬유, 테플론 등이 있으며 배출가스 특성, 특히 온도에 따라 다르게 적용된다. 필터 표면에 부착된 분진은 에어펄스 방식으로 자동 탈리되며 필터 수명은 사용 조건에 따라 다르나, 일반적으로 1~2년 정도 사용할 수 있다.

해답

백필터 1개당 유효 단위 여과면적,
$a = \pi \times D \times H = 3.14 \times 0.35 \times 3 = 3.297[m^2]$

백필터의 단위용량,
$3.297[m^2] \times 0.013[m/s] = 0.04286[m^3/s]$

∴ 백필터 개수, $n = \dfrac{300[m^3/min]}{0.04286[m^3/s] \times 60[s/min]} = 116.7$

∴ 소요되는 백필터의 개수 = 117개

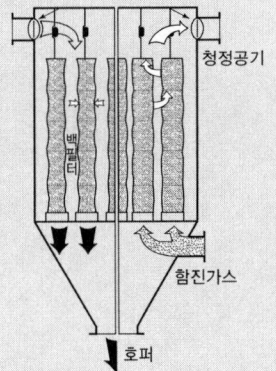

104 어떤 원통형의 백필터가 있는데 직경이 292[mm], 유효높이가 11.6[m]이다. 백필터 입구에서 배출가스량 1,180[m³/min], 분진농도가 5[g/m³]인 함진가스를 여과속도 1.3[cm/s]로 처리하고자 할 경우, 소요되는 백필터의 개수는?

해답

주어진 함진농도를 처리할 백필터의 면적,
$A = \dfrac{Q}{V_f} = \dfrac{1,180}{60 \times 1.3 \times 10^{-2}} = 1,513[m^2]$

백필터 1개당 유효여과면적,
$a = \pi \times D \times H = 3.14 \times 0.292 \times 11.6 = 10.64[m^2]$

백필터 개수, $n = \dfrac{A}{\pi \times D \times H} = \dfrac{A}{a} = \dfrac{1,513}{10.64} = 142.20$

∴ 소요되는 백필터의 개수 = 143개

기사 출제빈도 ★★★

105 직경이 300[mm], 유효높이가 10[m]인 원통형 백필터를 설치하여 입구 함진가스의 농도가 10.2[g/Sm³]인 가스를 여과속도 1.5[cm/s]로 가동하여 출구 가스의 함진농도를 0.2[g/Sm³]로 유지하려고 한다. 처리해야 할 함진가스량이 2,000[m³/min]일 경우, 다음 물음에 답하시오.

1) 필요한 백필터 개수는?
2) 만일 이 백필터의 부하가 400[g/m²]일 때마다 부착된 먼지를 탈진시켜야 한다면 탈착시간의 간격(분)은?

해답

1) $n = \dfrac{Q}{\pi D H V_f}$

$= \dfrac{2,000[\text{m}^3/\text{min}]}{3.14 \times 0.3[\text{m}] \times 10[\text{m}] \times 1.5[\text{cm/s}] \times 10^{-2}[\text{m/cm}] \times 60[\text{s/min}]} = 235.91$

∴ 236개의 백필터가 필요하다.

2) 백필터의 집진율 $= \left(1 - \dfrac{0.2}{10.2}\right) \times 100 = 98[\%]$

$400[\text{g/m}^2] = (10.2 - 0.2)[\text{g/m}^3] \times 1.5[\text{cm/s}] \times 10^{-2}[\text{m/cm}] \times t[\text{s}] \times 0.98$ 에서

∴ $t = 2,720[\text{s}] = 45.33[\text{min}]$

기사·산업 출제빈도 ★★★

106 직경이 0.3[m], 길이가 6.0[m]인 여과포(bag)을 사용하여 직물여과지(bag house)를 제작하려고 한다. 이 백하우스에는 공기가 10[m³/s]로 도입되며, 여과속도는 2[m/min]가 적절한 것으로 판단되었다. 이 백하우스에 필요한 백의 개수는?

해답

필요한 백의 면적, $A = \dfrac{Q}{V_f} = \dfrac{10[\text{m}^3/\text{s}] \times \dfrac{60[\text{s}]}{\text{min}}}{2[\text{m/min}]} = 300[\text{m}^2]$

원통형인 백 한 개의 면적, $A_f = \pi \times D \times H = \pi \times 0.3[\text{m}] \times 6[\text{m}] = 5.65[\text{m}^2]$

∴ 전체 백의 개수 $= \dfrac{300[\text{m}^2]}{5.65[\text{m}^2/\text{개}]} = 53.05$

∴ 54개의 백이 필요하다.

107 상온, 상압하에서 함진공기 180[m³/min]을 직경 20[cm], 유효길이 6[m]가 되는 원통형 백필터를 사용하여 집진하려고 한다. 입구농도가 8[g/m³], 출구농도가 1.5[g/m³], 함진가스 처리속도 1.5[m/min]으로 할 때, 소요되는 백필터의 개수는?

해답

$$\eta = \left(1 - \frac{1.5}{8}\right) = 0.8125 = 81.25[\%]$$

백필터 1개의 표면적 $= \pi \times D \times H = 3.14 \times 0.2 \times 6 = 3.768[\text{m}^3]$

$$\therefore n = \frac{180[\text{m}^3/\text{min}]}{3.768[\text{m}^2/\text{개}] \times 1.5[\text{m/min}] \times 0.8125} = 39.2$$

∴ 백필터의 개수는 40개

108 함진가스 중 분진농도가 23[g/m³], 온도 95[℃]이고, 유량이 200[m³/min]이었다. 이 함진가스를 여과집진기로 처리하려고 할 때, 필요한 여과재의 면적(m²)은? (단, 이 장치에서 공기여재비는 $0.8 \frac{\text{m}^3/\text{min}}{\text{m}^2\,\text{cloth}}$ 로 한다.)

공기여재비 (air/cloth ratio)
여과재를 통과하는 처리가스의 겉보기 여과속도(V_f)를 말한다.
$$V_f = \frac{Q}{A} = \frac{\text{처리가스량(m}^3/\text{s)}}{\text{여과재의 총유효면적(m}^2)}$$

해답

공기여재비 $= 0.8 \frac{\text{m}^3/\text{min}}{\text{m}^2\,\text{cloth}}$ 에서

여과재 면적 $= \frac{\text{처리 유량}}{\text{공기여재비}} = \frac{200[\text{m}^3/\text{min}]}{0.8 \frac{\text{m}^3/\text{min}}{\text{m}^2\,\text{cloth}}} = 250[\text{m}^2]$

109 함진가스의 유량이 $4.72 \times 10^6[\text{cm}^3/\text{s}]$인 배출가스를 공기 여재비 = 4 : 1로 처리하는 여과집진기의 여과 자루수는 몇 개인가? (단, 여과 자루수는 직경이 0.203[m]이고, 높이가 3.66[m]인 백을 사용한다.)

해답

여과 자루 1개의 부피 $= \frac{\pi}{4} \times 0.203^2 \times 3.66 = 0.1185[\text{m}^3] = 118,500[\text{cm}^3]$

공기 여재비 = 4 : 1이므로, 자루 수를 n개라 하면

$n \times 118,500 : 4.72 \times 10^6 = 1 : 4$

∴ $n = 9.96$, 즉 10개의 자루를 사용하여야 한다.

기사·산업 출제빈도 ★★★★

110 함진가스의 유량이 $4.72 \times 10^6[\text{cm}^3/\text{s}]$인 배출가스를 여과속도 4[cm/s], 여과 자루 직경 0.203[m], 높이 3.66[m]인 여과 자루를 사용하여 처리할 경우, 이 여과집진기에서 필요한 여과 자루 수는?

해답

필요한 여과 자루의 면적,

$A = \frac{Q}{V_f} = \frac{4.72 \times 10^6 [\text{cm}^3/\text{s}]}{4[\text{cm/s}]} = 1.18 \times 10^6 [\text{cm}^2] = 118[\text{m}^2]$

원통형인 여과 자루 한 개의 면적,

$A_f = \pi \times D \times H = \pi \times 0.203[\text{m}] \times 3.66[\text{m}] = 2.333[\text{m}^2]$

∴ 필요한 여과 자루 수 $= \frac{118[\text{m}^2]}{2.333[\text{m}^2/\text{개}]} = 50.58$

∴ 51개의 백이 필요하다.

기사·산업 출제빈도 ★★★

111 함진가스의 유량이 $100[\text{m}^3/\text{min}]$, 분진부하가 $5[\text{g/m}^3]$인 어떤 합판공장에 여과집진기를 설치하려고 한다. 사용할 수 있는 여과백은 직경이 20[cm], 길이가 4[m]이다. 이 합판공장에서 함진가스 중 분진을 제거하기 위해 필요한 여과백의 개수는? (단, 여과속도는 0.5[m/min]이다.)

해답

필요한 여과 자루의 면적, $A = \frac{Q}{V_f} = \frac{100[\text{m}^3/\text{min}]}{0.5[\text{m/min}]} = 200[\text{m}^2]$

원통형인 여과 자루 한 개의 면적,

$A_f = \pi \times D \times H = 3.14 \times 0.2[\text{m}] \times 4[\text{m}] = 2.512[\text{m}^2]$

∴ 필요한 여과 자루 수 $= \dfrac{200[\text{m}^2]}{2.512[\text{m}^2/\text{개}]} = 79.62$

∴ 80개의 백이 필요하다.

112
여포의 먼지 부하가 850[g/m²]에 달하면 여포에 흡착된 먼지를 탈진(소제)을 하게 되는데 여과집진장치의 이론적인 겉보기 여과속도는 4[cm/s]이고, 이때 입구농도는 0.5[g/m³]이다. 전체 유량이 시간당 120[m³]이고 여과포의 직경이 0.40[cm]이고 길이가 12[m], 여과포 개수가 430개이다. 집진율을 85[%]로 운전할 때 탈진을 요하는 시간(h)을 계산하시오.

여과집진장치의 탈진방법
탈진과정은 필터 표면에 포집된 분진을 탈리하는 과정으로 여과집진장치에 적용되고 있는 탈진방법은 크게 진동방식, 역기류방식 및 충격기류 방식이 있다. 중소형 집진설비의 경우는 대부분 충격기류 방식이 사용되고 있다.

해답
여포의 먼지 부하, $L_d = (C_i - C_o) \times V_f \times t \times \eta$ 에서
$850[\text{g/m}^2] = 0.5[\text{g/m}^3] \times 0.04[\text{m/s}] \times t \times 0.85$
∴ $t = 50,000[\text{s}] = 13.89[\text{h}]$

113
백필터에서 입자를 관성력에 의해 집진할 경우, 입자의 겉보기 여과속도가 20[cm/s], 함진가스의 점성계수가 1.5×10^{-5}[poise], 입자의 직경이 20[μm]이고 밀도가 4.5[g/cm³], 백필터의 섬유 직경이 1[mm]일 때, 입자와 섬유 사이에 발생하는 관성충돌 분리계수(충돌수 또는 분리수, S)를 구하시오.

해답
함진가스의 점성계수
$\mu_g = 1.5 \times 10^{-5}[\text{poise}] = 1.5 \times 10^{-5}[\text{g/cm}\cdot\text{s}] = 1.5 \times 10^{-6}[\text{kg/m}\cdot\text{s}]$

충돌수(분리수), $S = \dfrac{d_p^2 \times \rho_p \times V_f}{18 \times \mu_g \times d_f} = \dfrac{(20 \times 10^{-6})^2 \times 4.5 \times 10^3 \times 0.2}{18 \times 1.5 \times 10^{-6} \times 1 \times 10^{-3}} = 13.33$

∴ 입자와 섬유 사이의 충돌은 14번 발생하였다.

> [참고] 분리수(S)는 세정집진장치에서 입자와 액적 간의 충돌에서도 마찬가지로 적용된다. 세정집진장치에서 관성력에 의한 집진율은 충돌 효율로 나타낼 수 있는데, 충돌 효율식에서 분리수(S)가 클수록 관성력에 위한 충돌 효율은 증가하여 집진율이 좋아진다. 충돌 효율식은 $\eta_t = \dfrac{1}{1+\dfrac{0.65}{S}}$ 이다.

기사·산업 출제빈도 ★★★★

114 어떤 제조공장에서 배출되는 분진을 백필터를 이용하여 처리하려고 한다. 직경 290[mm], 유효 높이 11.5[m]인 원통형 백을 사용하여 함진농도 5[g/m³]의 처리가스 1,150[m³/min]를 처리함에 있어 겉보기 여과속도가 1.5[cm/s]이고, 백의 분진 부하량이 350[g/m²], 집진율 100[%]라고 할 경우, 다음 물음에 답하시오. (단, 입구 및 출구에서의 처리가스유량은 같다.)

1) 백필터의 소요 개수를 구하시오.
2) 제시된 부하량에 도달할 경우 분진을 탈락시킨다고 할 때, 그 탈진주기(h)를 구하시오.

> **해답**
> 1) $n = \dfrac{Q}{A_b \times V_f} = \dfrac{Q}{\pi D H V_f}$
>
> $= \dfrac{1,150[\text{m}^3/\text{min}] \times \dfrac{\text{min}}{60[\text{s}]}}{\pi \times 0.29[\text{m}] \times 11.5[\text{m}] \times 0.015[\text{m/s}]} = 121.96$
>
> ∴ 122개의 백이 필요하게 된다.
>
> 2) 분진 부하량, $L_d = C_i \times V_f \times t$ 에서
>
> $t = \dfrac{L_d}{C_i \times V_f} = \dfrac{350[\text{g/m}^2]}{5[\text{g/m}^3] \times 0.015[\text{m/s}]} = 4,666.7[\text{s}] = 1.3[\text{h}]$
>
> ∴ 탈진주기는 1시간 18분이다.

기사·산업 출제빈도 ★★

115 어떤 제조공장에서 배출되는 분진을 백필터를 이용하여 처리하려고 한다. 함진농도가 10[g/m³]인 배출가스를 1,200[m³/min]를 처리함에 있어 겉보기 여과속도가 3[m/min], 집진율이 95[%]이다. 또한 여과집진기의 압력강하가 다음과 같을 때, 물음에 답하시오.

$$\Delta P = 59.8 \times V_f + 127 \times C_c \times V_f^2 \times t \, [\text{mmH}_2\text{O}]$$

여기서, V_f: 여과속도(m/min), C_c: 집진된 분진농도(kg/m³), t: 시간(h)이다.

1) 이 여과집진기에 직경 30[cm], 높이 4.5[m]의 여과백을 사용할 경우, 여과백의 개수는?
2) 압력강하가 200[mmH₂O]에 이를 때 분진을 탈락시킬 경우, 탈락주기(min)는?

해답

1) 필요한 여과백의 면적, $A = \dfrac{Q}{V_f} = \dfrac{1,200[\text{m}^3/\text{min}]}{3[\text{m/min}]} = 400[\text{m}^2]$

여과백 한 개의 면적, $A_f = \pi \times D \times H = \pi \times 0.3[\text{m}] \times 4.5[\text{m}] = 4.239[\text{m}^2]$

∴ 필요한 여과백 수 $= \dfrac{400[\text{m}^2]}{4.239[\text{m}^2/\text{개}]} = 94.36$개

∴ 95개의 여과백이 필요하게 된다.

2) $\Delta P = 59.8 \times V_f + 127 \times C_c \times V_f^2 \times t \, [\text{mmH}_2\text{O}]$ 에서

$200 = 59.8 \times 3 + 127 \times 10 \times 10^{-3} \times 0.95 \times 3^2 \times t$

∴ $t = 1.9[\text{h}] = 114[\text{min}]$

참고 여과집진장치의 겉보기 여과속도는 역기류에 의한 탈진 방식에서 0.5~15[cm/s], 보통 진동식의 여과백 내경은 15~45[cm], 여과백 길이는 12[m], 겉보기 여과속도는 2.5~7.5[cm/s]이고, 탈락주기는 20[min] 정도이다.

기사 출제빈도 ☆

116 어떤 합판제조공장에 여과집진기를 설치하려고 한다. 다음 물음에 답하시오.

1) 이 합판제조공장의 함진가스량은 200[m³/min], 분진부하가 4.5[g/m³]일 경우, 직경 20[cm], 길이 4[m]의 여과백을 사용할 때, 이 함진가스를 집진하기 위해서는 몇 개의 여과백이 필요한가?
2) 여과집진기에서 분진 부하 시 총 압력손실은 여과재 자체에 의한 압력손실($\Delta P_{clean\,fabric}$)과 포집 분진층의 저항으로 인한 압력손실($\Delta P_{dust\,cake}$)의 합으로 주어진다. 즉, $\Delta P = \Delta P_{clean\,fabric} + \Delta P_{dust\,cake}$이다. 또한 여과재의 저항계수, $K_1 = 70[\text{mmH}_2\text{O}/\text{m}\cdot\text{min}]$이고, 포집 분진층의 저항계수, $K_2 = 50[\text{mmH}_2\text{O}/(\text{kg}/\text{m}^2)\cdot(\text{m/min})]$일 때, 집진기 가동 4시간 후의 압력강하(mmH₂O)는? (단, 이때 겉보기 여과속도는 0.6[m/min]이다.)

해답

1) $n = \dfrac{Q}{\pi \times D \times H \times V_f} = \dfrac{200[\text{m}^3/\text{min}]}{3.14 \times 0.2[\text{m}] \times 4[\text{m}] \times 0.6[\text{m/min}]} = 132.7$

   즉, 138개

2) $\Delta P = \Delta P_{clean\ fabric} + \Delta P_{dust\ cake} = K_1 \times V_f + K_2 \times C \times V_f \times t$ 에서

   $\therefore \Delta P = 70 \times 0.6 + 50 \times 4.5 \times 10^{-3} \times 0.6^2 \times 4 \times 60 = 61.44[\text{mmH}_2\text{O}]$

기사·산업 출제빈도 ★★

117 백필터에서 간헐적으로 분진부하가 360[g/m²]일 때마다 부착 분진을 탈락시키고 있다. 이 백필터의 입구 함진가스 중 분진농도가 10[g/m³]이고, 겉보기 여과속도가 1[cm/s]로 가동될 경우, 분진의 탈락 시간 간격(h)은?

해답

분진부하량, $L_d = C_i \times V_f \times t$ 에서

$t = \dfrac{L_d}{C_i \times V_f} = \dfrac{360[\text{g/m}^2]}{10[\text{g/m}^3] \times 0.01[\text{m/s}]} = 3,600[\text{s}] = 1[\text{h}]$

∴ 탈진주기는 1시간이다.

기사 출제빈도 ★★

118 어떤 여과집진장치에서는 백필터의 분진부하가 200[g/m²]에 달하면 탈진을 하게 된다. 이 여과집진장치의 입구 분진농도가 2.2[g/m³]이며, 출구 분진농도는 0.2[g/m³]이고, 여과속도 3[cm/s]로 운전할 때, 분진의 탈락 시간 간격(min)은?

해답

분진 부하량, $L_d = (C_i - C_o) \times V_f \times t$ 에서

$t = \dfrac{L_d}{(C_i - C_o) \times V_f} = \dfrac{200[\text{g/m}^2]}{(2.2 - 0.2)[\text{g/m}^3] \times 3 \times 10^{-2}[\text{m/s}]}$

$= 3,333.33[\text{s}] = 56[\text{min}]$

119 어떤 백필터(bag filter)의 여과면적을 $A[\text{m}^2]$, 여포상에 포집된 먼지량을 $G_d[\text{g}]$라고 할 때, $\dfrac{G_d}{A}[\text{g/m}^2]$을 분진부하($m$)라고 한다. 백필터의 입구 함진농도를 $C_i[\text{g/m}^3]$, 여과속도를 $V_f[\text{m/s}]$, 경과시간이 $t[\text{s}]$일 때, 집진율이 100[%]라고 가정하면 분진부하, $m = C_i \times V_f \times t$의 관계식이 성립된다. 분진부하, m값이 360[g/m²]에 도달할 경우, 탈진이 진행된다면 C_i = 10[g/m³], V_f = 1[cm/s]인 가동상태에 있어서 탈진에 필요한 시간 간격(h)은?

해답

$$t = \frac{m}{C_i \times V} = \frac{360}{10 \times 1 \times 10^{-2}} = 3{,}600[\text{s}] = 1[\text{h}]$$

∴ 탈진에 필요한 시간 간격(h) = 1[h]

120 내면 여과식 집진기에서 백필터(bag filter)의 분진 부하가 325[g/m²]에 도달하면 탈진이 시작된다. 입구 분진농도가 3.0[g/m³], 여과 속도 6[cm/s]로 가동될 경우, 탈진 간격(min)은? (단, 집진율은 100[%]이다.)

해답

여과 면적 1[m²]당 처리가스량

$$Q = A \times V_f = 1[\text{m}^2] \times 6[\text{cm/s}] \times \frac{\text{m}}{100[\text{cm}]} = 0.06[\text{m}^3/\text{s}]$$

1[s]당 집진되는 분진량 $= 3.0[\text{g/m}^3] \times 0.06[\text{m}^3/\text{s}] = 0.18[\text{g/s}]$

∴ 탈진시간, $t = \dfrac{325[\text{g/m}^2]}{0.18[\text{g/s}]} = 1{,}805.6[\text{s/m}^2] = 30[\text{min/m}^2]$

즉, 30분간에 분진부하가 325[g/m²]이므로 탈진 간격은 30분에서 31분이다.

121 직물 여과집진기에서의 허용 압력손실이 100 [mmH₂O]이고, 예비 실험결과 이미 결정된 장치 및 운전조건에서 이 압력손실에 해당하는 분진 부하(L_d)는 0.8[kg(분진)/m²(여포)]임을 알게 되었다. 또한, 이상적인 겉보기유속(filtering rate)이 2[cm/s]라면 분진농도가 0.5[g/m²], 처리가스유량이 1,500[m³/min]이고, 직경 25[cm], 유효길이 3[m]인 여과포(bag)를 400개 설치하는 여과집진기의 효율이 90[%]인 경우, 분진의 털어내기 시간 간격(h)은? (단, 압력손실이 여포와 그 위에 쌓인 분진층에 의해 발생한다고 가정한다.)

해답

분진부하, $L_d = C_i \times V_f \times \eta \times t = C_i \times \dfrac{Q}{n \times \pi D \times L} \times \eta \times t$

$0.8 \times 10^3 [\text{g(분진)}/\text{m}^2(\text{여포})] = 0.5[\text{g/m}^3] \times \dfrac{1,500[\text{m}^3/\text{min}] \times \dfrac{\text{min}}{60[\text{s}]}}{400 \times \pi \times 0.25[\text{m}] \times 3[\text{m}]} \times 0.9 \times t$

∴ $t = 66,986[\text{s}] = 18.61[\text{h}]$

122 어떤 필터백에서 함진가스의 온도 120[℃], 유량 80[m³/min]이고, 분진농도 0.3[kg/m³], 분진밀도 1.80[g/cm³], 분진의 평균입경 10[μm], 여과포의 유효 여과면적 20[m²], 허용 압력손실 150 [mmH₂O], 분진의 겉보기 분진밀도 1.1[g/cm³], 백필터의 집진효율이 95[%]이었다. 다음 물음에 답하시오.

1) 주어진 조건에서 공극률은?
2) 분진의 탈진주기(h)는?

공극률
입자의 전체 부피(입자의 부피와 공극(입자와 입자 사이의 공간) 부피의 합) 중에서 공극이 차지하는 부피의 비를 백분율로 나타낸 것을 공극률이라고 한다. 공극률이 크다는 것은 입자의 크기가 고르다는 것을 뜻한다.

해답

1) 공극률, $\varepsilon = 1 - \dfrac{S_B}{S} = 1 - \dfrac{\text{겉보기 밀도}}{\text{분진 밀도}} = 1 - \dfrac{1.1}{1.8} = 0.389$

2) $L_d = C_i \times V_f \times \eta \times t$ 에서

$150[\text{kg/m}^2] = 0.3[\text{kg/m}^3] \times \dfrac{80[\text{m}^3/\text{min}]}{20[\text{m}^2]} \times 0.95 \times t$

∴ $t = 131.58[\text{min}] = 2.20[\text{h}]$

123 어떤 공장에서 배출하는 함진가스 중 분진농도 10[g/Sm³], 함진가스량 20[m³/s]인 배출가스를 여과집진장치로 집진할 경우, 집진율은 99[%]이었다. 여기에 사용하는 백필터는 직경 20[cm], 높이 5[m]인 여과백이 10개가 설치되어 있고, 탈진은 여과백에 1.89[kg/m²]의 분진이 쌓이면 자동적으로 실시된다. 이때의 압력손실은 200[mmH₂O]이며, 탈진 후 압력손실은 50[mmH₂O]로 감소되며, 깨끗한 여과백의 압력손실은 20[mmH₂O]이었다. 탈진 주기를 계산하고 이 백필터의 시간에 대한 총 압력손실에 대한 변화를 주어진 그래프에 나타내시오. (단, 여과백에 대한 분진의 초층은 가동 2분 후에 형성되었다.)

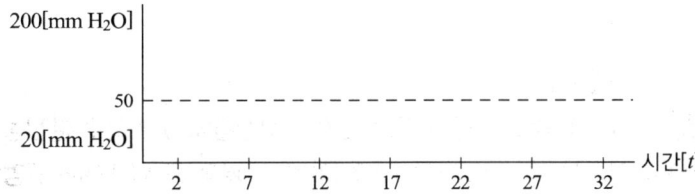

해답

1) 분진부하, $L_d = C_i \times V_f \times \eta \times t = C_i \times \dfrac{Q}{n \times \pi\, D \times L} \times \eta \times t$

$1.89[\text{kg(분진)/m}^2(\text{여포})] = 10[\text{g/m}^3] \times \dfrac{20[\text{m}^3/\text{s}] \times 10^{-3}[\text{kg/g}]}{10 \times 3.14 \times 0.2[\text{m}] \times 5[\text{m}]} \times 0.99 \times t$

∴ $t = 300[\text{s}] = 5[\min]$, 탈진주기는 5분 간격이다.

2) 총 압력손실의 변화를 그래프에 나타낸다.

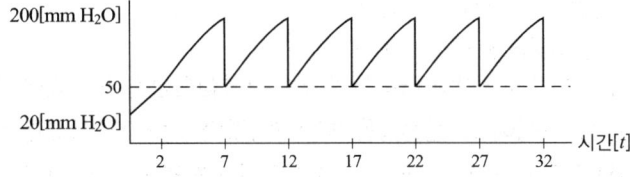

124 10개의 백(bag)을 사용하는 여과집진장치에서 입구 분진농도가 25[g/Sm³]이고, 집진율은 96[%]이었다. 가동 중 백 1개에 구멍이 생겨서 처리가스량이 1/3이 그대로 통과되었을 경우, 출구의 분진농도(g/Sm³)는?

해답 출구의 분진농도(g/Sm³)는 백의 개수와는 무관하다.

$$\text{출구의 분진농도} = \frac{1}{3} \times 25[\text{g/Sm}^3] + \left\{\left(1 - \frac{1}{3}\right) \times 25[\text{g/Sm}^3] \times (1 - 0.96)\right\}$$
$$= 9[\text{g/Sm}^3]$$

125 10개의 백(bag)을 사용하는 여과집진장치에서 입구 분진농도가 20[g/Sm³]이고, 집진율은 95[%]이었다. 가동 중 백 1개에 구멍이 생겨서 처리가스량이 1/10이 그대로 통과되었을 경우, 출구의 분진농도(g/Sm³)는?

해답
$$\text{출구의 분진농도} = \frac{1}{10} \times 20[\text{g/Sm}^3] + \left\{\left(1 - \frac{1}{10}\right) \times 20[\text{g/Sm}^3] \times (1 - 0.95)\right\}$$
$$= 2.9[\text{g/Sm}^3]$$

126 15개의 백(bag)을 사용하는 여과집진장치에서 입구 분진농도가 10[g/Sm³]이고, 집진율은 95[%]이었다. 가동 중 백 2개에 구멍이 생겨서 처리가스량이 30[%]가 그대로 통과되었을 경우, 출구의 분진농도(g/Sm³)는?

해답
출구의 분진농도 $= 10[\text{g/Sm}^3] \times 0.3 + 10 \times (1 - 0.95) \times 0.7 = 3.35[\text{g/Sm}^3]$

기사 출제빈도 ★★★

127 어떤 공장의 연소로에서 배출되는 미세분진을 집진하기 위해 백필터를 설치하였다. 백필터 입구의 분진농도가 300[g/m³]이고, 함진가스량이 2,000[m³/h]일 때, 입경별로 측정한 입자의 분포율(%)과 부분집진율(%)을 표로 작성하였다. 다음 물음에 답하시오.

입경(μm)	0~5	5~10	10~30	30~40	40~80	80 이상
f_i(%)	2	8	30	42	12	6
η_i(%)	15	30	95	92	80	75

1) 운전 중 부주의로 인해 처리가스량의 20[%]가 그대로 방출되었고, 백필터의 파손 개수가 전체의 15[%]이었다. 이때, 집진율(%)과 분진 통과율(%)은? (단, 출구의 처리가스량 2,100[m³/h], 여재비 100[m²/h·m²]이다.)

2) 만약 표에 나타낸 대로 정상 가동 시 분진 통과율은 누출 시 통과율의 몇 배인가?

3) 미세먼지를 배출허용기준까지 낮추기 위해 2차 집진기로 전기집진장치를 설치하여 처리할 경우, 총집진율을 95[%]까지 상승시키려고 할 때, 전기집진장치의 집진율(%)은?

해답

1) 장치가 정상상태로 가동될 경우
$\eta_t = 0.02 \times 15 + 0.08 \times 30 + 0.3 \times 95 + 0.42 \times 92 + 0.12 \times 80 + 0.06 \times 75$
$= 0.8394 = 83.94[\%]$

통과율, $P_t = \dfrac{C_o \times Q_o}{C_i \times Q_i}$ 에서

출구 분진농도, $C_o = 300 \times 0.2 + 300 \times (1 - 0.8394) \times 0.8 = 98.54[\text{g/m}^3]$

∴ 주어진 조건에서의 통과율, $P_t' = \dfrac{98.54 \times 2,100}{300 \times 2,000} = 0.3449 = 34.49[\%]$

2) $\dfrac{1 - \text{정상 시 집진율}}{\text{통과율}} = \dfrac{1 - 0.8394}{0.3449} = 0.47$배

3) $\eta_t = 1 - (1 - \eta_1) \times (1 - \eta_2)$ 에서 $0.95 = 1 - (1 - 0.6551) \times (1 - \eta_2)$
∴ $\eta_2 = 0.851 = 85.1[\%]$

128 여과포의 면적이 2[m²]인 여과집진장치로 분진농도가 3[g/m³]인 가스가 100[m³/min]로 통과하고 있다. 분진이 모두 여과포에서 제거되었고, 집진된 분진층의 밀도가 1[g/cm³]일 경우, 1시간 후 여과된 분진층의 두께(mm)를 구하시오.

해답 분진층의 두께를 구하는 공식

$D_p = \dfrac{L_d \times V_f \times t}{\rho_L}$ 여기서, L_d: 분진 부하량, ρ_L: 분진층의 밀도, t: 운전시간

$D_p = \dfrac{L_d \times V_f \times t}{\rho_L} = \dfrac{L_d \times \dfrac{Q}{A} \times t}{\rho_L} = \dfrac{3[\text{g/m}^3] \times \dfrac{100[\text{m}^3/\text{min}] \times \dfrac{60[\text{min}]}{\text{h}}}{2[\text{m}^2]} \times 1[\text{h}]}{1[\text{g/cm}^3] \times \dfrac{10^6[\text{cm}^3]}{\text{m}^3}}$

$= 9 \times 10^{-3} [\text{m}] = 9 [\text{mm}]$

129 백필터(bag filetr)에서 여과포의 여과막 표면에 붙은 분진층 두께(mm)를 다음에 주어진 조건을 이용하여 구하시오.

- 백필터 입구 분진농도: 200[g/m³]
- 백필터 출구 분진농도: 10[g/m³]
- 백필터 운전시간: 8시간
- 여과재비: $\dfrac{0.16[\text{m}^3/\text{min}]}{\text{여과백 면적}(\text{m}^2)}$
- 분진 밀도: 3[g/cm³]
- 공극률: 39[%]
- 함진가스 점성계수: 3.04×10^{-4}[P]

해답 제거 분진농도 $= 200[\text{g/m}^3] - 10[\text{g/m}^3] = 190[\text{g/m}^3] = 0.19[\text{kg/m}^3]$

분진층의 두께를 구하는 공식은

$D_p = \dfrac{G \times V_f \times t}{\rho_g \times g \times (1-\varepsilon)} = \dfrac{0.19 \times 0.16 \times \dfrac{1}{60} \times 8 \times \dfrac{3{,}600}{1}}{3 \times 1{,}000 \times 9.8 \times (1-0.39)}$

$= 8.14 \times 10^{-4} [\text{m}] = 0.814 [\text{mm}]$

130 입구 분진농도가 10[g/m³]인 배출 가스를 4,000[m³/min] 처리하는 5개의 집진실로 구성된 여과집진기가 있다. 단위 집진실이 탈진 후, 다시 분진을 걸리는 시간이 4분일 경우, 60분간 운전하는 동안 최대 분진 면적밀도(g/m²)는? (단, 단위 집진실의 여과면적은 400[m²]이다.)

해답 먼저 운전시간을 계산한다.

$$t_r = \frac{(t_f + t_c)}{n} - t_c = \frac{60 + 4}{5} - 4 = 8.8[\min]$$

운전 시 여과면적 = $400[\text{m}^2/\text{실}] \times 5\text{실} = 2,000[\text{m}^2]$
탈진 시 여과면적 = $400[\text{m}^2/\text{실}] \times 4\text{실} = 1,600[\text{m}^2]$
(∵ 4개의 여과실만이 작동되므로)

$$\therefore V_n = 4,000[\text{m}^3/\min] \times \frac{1}{2,000[\text{m}^2]} = 2.0[\text{m}/\min]$$

$$V_{n-1} = 4,000[\text{m}^3/\min] \times \frac{1}{1,600[\text{m}^2]} = 2.5[\text{m}/\min]$$

최대 분진 면적밀도

$$W_j[\text{g}/\text{m}^2] = 4 \times 10[\text{g}/\text{m}^3] \times (2.0[\text{m}/\min] \times 8.8[\min] + 2.5[\text{m}/\min] \times 4[\min])$$
$$= 1,104[\text{g}/\text{m}^2]$$

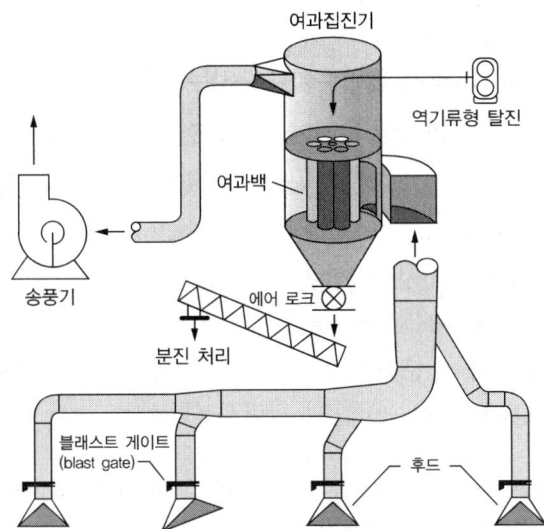

▲ 여과집진기 시스템의 개략도

기사 출제빈도 ☆

131 여과재의 저항계수(K_1)이 30,000[N/m^2]이고, 포집 분진층의 저항계수(K_2)가 75,000[s^{-1}]인 어떤 여과집진장치가 있다. 이 여과재의 면적이 8,000[m^2]이고, 가스 유량이 120[m^3/s], 그리고 분진의 농도가 0.02[kg/m^3]일 경우, 탈진 직후 여재를 통한 압력강하(N/m^2)와 3시간 운전 후 압력강하(N/m^2)를 계산하시오. (단, $\Delta P = (K_1 + K_2 \times C_{ma}) \times V_f$이고, 여기서 C_{ma}는 여재의 단위면적당 부착된 분진의 질량, V_f는 여과속도이다.)

해답

1) 탈진 직후, $C_{ma} = 0$이므로 $\Delta P = K_1 \times V_f$, $V_f = \dfrac{Q}{A_f}$

$$\therefore \Delta P = K_1 \times \dfrac{Q}{A_f} = 30,000 \times \dfrac{120}{8,000} = 450 [\text{N/m}^2]$$

2) 3시간 후, $C_{ma} = \dfrac{Q \times C_{mv} \times t}{A_f} = \dfrac{120 \times 0.02 \times 3 \times 60 \times 60}{8,000} = 3.24 [\text{kg/m}^2]$

$$\therefore \Delta P = (K_1 + K_2 \times C_{ma}) \times \dfrac{Q}{A_f} = (30,000 + 75,000 \times 3.24) \times \dfrac{120}{8,000}$$
$$= 4,095 [\text{N/m}^2]$$

기사 출제빈도 ☆☆

132 백필터의 총 압력손실을 구하는 식은 $\Delta P = 30 \times V_f + 75 \times C_i \times V_f^2 \times t$로 나타낸다. 여기서, 여재면적이 5,000[m^2], 함진가스량이 50[m^3/s], 분진농도가 20[kg/m^3]일 경우, 5시간 운전한 후 다음 물음에 답하시오.

1) 총 압력손실(mmH$_2$O)은?
2) 여재항력(mmH$_2$O/m · h)은?
3) 24시간 가동 시 분진 탈락 횟수는? (단, 여재에 쌓인 분진은 압력손실이 40,000[mmH$_2$O]일 때 탈락시킨다.)

해답

1) 겉보기 여과속도(V_f) = $\dfrac{\text{함진가스량}}{\text{여재면적}}$ = $\dfrac{50[\text{m}^3/\text{s}] \times 60[\text{s/min}]}{5,000[\text{m}^2]}$

   = $\dfrac{0.6[\text{m}^3/\text{min}]}{\text{m}^2 \text{ of fabric}}$ 이므로

   ∴ $\Delta P = 30 \times V_f + 75 \times C_i \times V_f^2 \times t$

   $= 30 \times 0.6 + 75 \times 20 \times 0.6^2 \times 5 \times 60 = 162,018[\text{mmH}_2\text{O}]$

2) 여재항력(S) = $\dfrac{\text{총 압력손실}}{\text{겉보기 여과속도}}$ = $\dfrac{162,018[\text{mmH}_2\text{O}]}{0.6[\text{m/min}] \times 60[\text{min/h}]}$

   $= 4500.5[\text{mmH}_2\text{O/m} \cdot \text{h}]$

3) $\Delta P = 30 \times V_f + 75 \times C_i \times V_f^2 \times t$ 에서

   $40,000 = 30 \times 0.6 + 75 \times 20 \times 0.6^2 \times t$

   ∴ $t = 74[\text{min}]$, 탈락 횟수 = $\dfrac{24[\text{h}] \times 60[\text{min/h}]}{74[\text{min/회}]}$ = 19.45 ≒ 20회

   그러므로, 24시간 가동 시 분진 탈락 횟수는 20회이다.

기사 출제빈도 ★★★

133 여과 집진기의 설계에 필요한 기초 자료 실험을 위해 규격 30[cm]×30[cm]의 여과지를 사용하였다. 이 여과지에 처리가스유량 0.08[m³/min], 먼지농도 3[g/m³]인 배출가스를 통과시킨 결과, 135[mmH₂O]의 압력강하가 생겼을 경우, 다음 물음에 답하시오.

1) 위 결과를 기초로 하여 집진기 설계 후, 처리가스량을 176[m³/min]로 처리할 경우, 필요한 동력(kW)은? (단, 이 장치에 사용하는 송풍기의 효율은 60[%], 여유율은 5[%]로 한다.)
2) 백필터의 규격을 15[cm]×3[m]로 설치할 경우, 필요한 개수는?

해답

1) 필요한 동력,

   kW = $\dfrac{Q \times \Delta P}{102 \times 60 \times \eta} \times \alpha$ = $\dfrac{176 \times 135}{102 \times 60 \times 0.6} \times 1.05 = 6.79[\text{kW}]$

2) $V_f = \dfrac{0.08[\text{m}^3/\text{min}]}{0.3[\text{m}] \times 0.3[\text{m}]} = 0.89[\text{m}^3/\text{m}^2 \cdot \text{min}]$

   ∴ $176[\text{m}^3/\text{min}] = \pi \times 0.15[\text{m}] \times 3[\text{m}] \times 0.89[\text{m}^3/\text{m}^2 \cdot \text{min}] \times n$

   ∴ $n = 139.9$

   ∴ 백필터는 140개가 필요하다.

유수식 세정집진장치

집진기 내에 일정량의 물을 채워 놓고 처리가스의 유입에 의하여 다량의 액적, 액막, 액포를 형성시켜 함진가스를 세정시킨다. 압력손실은 120~200[mmH$_2$O]이고, 포집 입자는 1~100[μm] 정도이다. 종류로는 가스선회형, 임펠러형, 로터형, 분수형 등이 있다.

134 저수량이 2[m^3]인 유수식 세정집진장치에서 입구 분진농도가 2[g/m^3]이 함유되어 있는 가스를 1,000[m^3/h]로 처리하려고 한다. 이 세정집진장치의 집진율을 70[%]로 하고, 유수 중 분진의 농도가 10[g/L]일 때 배수를 하려고 한다면, 몇 시간 간격으로 배수를 하여야 하는가?

해답

1시간당 세정집진기에서 집진해야 할 분진량 $= 2[\text{g/m}^3] \times 1,000[\text{m}^3/\text{h}] \times 0.7$
$= 1,400[\text{g/h}]$

유수 중 분진농도 $= 1,400[\text{g/h}] \times \dfrac{1}{2[\text{m}^3]} \times \dfrac{\text{m}^3}{1,000[\text{L}]} = 0.7[\text{g/L} \cdot \text{h}]$

∴ 배수해야 할 시간 간격 $= \dfrac{10[\text{g/L}]}{0.7[\text{g/L} \cdot \text{h}]} = 14.29[\text{h}]$

즉, 14시간 17분 간격으로 배수가 진행되어야 한다.

벤튜리 스크러버

함진가스를 벤튜리관의 목(throat)부에 60~90[m/s]로 빠르게 공급하여 목부 주변 노즐로부터 세정액을 흡입 분사되게 함으로써 입자를 포집하는 방식이다.

135 상온, 상압의 함진공기 150[m^3/min]를 내부가 매끈한 벤튜리 스크러버(venturi scrubber)로 집진하려고 한다. 수량이 50[L/min], 목(throat)부 속도가 90[m/s]일 경우, 압력손실(mmH$_2$O)은? (단, 함진가스의 비중량은 1.25[kg/m^3]이다.)

해답

액가스비(L) $= \dfrac{50[\text{L/min}]}{150[\text{m}^3/\text{min}]} = 0.33[\text{L/m}^3]$

내부가 매끈한 벤튜리 스크러버(Venturi scrubber)인 경우

$\Delta P = (0.25 + 0.80 \times L) \times \dfrac{\rho \times V_t^2}{2\,g_c} = (0.25 + 0.8 \times 0.33) \times \dfrac{1.25 \times 90^2}{2 \times 9.8}$
$= 265.52[\text{kg/m}^2] = 265.52[\text{mmH}_2\text{O}]$

참고
- 내부가 거친 벤튜리 스크러버

$\Delta P = (0.5 + L) \times \dfrac{\rho \times V_t^2}{2\,g_c}$

- 벤튜리 스크러버 다음에 디미스터(dimister)를 사용할 경우

$\Delta P = (1 + L) \times \dfrac{\rho \times V_t^2}{2\,g_c}$

136 미립자의 분진 집진율을 높이기 위해서는 큰 압력손실이 요구된다. 벤튜리 스크러버를 설치한 어느 공장에서 스크러버의 목(throat)부에서 배출가스 1[m³]에 대해 2[L]의 물을 주입시키고 있다. 배출가스는 유속이 80[m/s], 밀도가 1.3[kg/Sm³], 온도가 100[℃]이다. 목부의 직경은 30[cm], 입자 밀도가 2[g/cm³], 입경은 1.0[μm]이다. 이 경우, 압력손실(cm H₂O)은? (단, $\Delta P[\text{cm H}_2\text{O}] = 1.03 \times 10^{-6} \times V_t^2 \times L$ 이다.)

벤튜리 스크러버의 특징

1) 입자와 가스의 동시 제거가 가능하다.
2) 물방울 입경과 입자의 입경비가 150 : 1 정도이다.
3) 먼지부하 및 가스유량에 민감하고 대량의 세정액을 필요로 한다.
4) 압력손실이 300~800[mmH₂O]로 전체 집진장치 중에서 가장 높다.
5) 액가스비는 입경이 작고 소수성일 때 크다(친수성: 0.3~0.5 [L/m³], 소수성: 0.5~1.5[L/m³]).
6) 가압수식 중에서 집진율이 가장 높아 광범위하게 사용되며 소형으로도 대용량의 가스처리가 가능하다.

해답

$\Delta P[\text{cm H}_2\text{O}] = 1.03 \times 10^{-6} \times V_t^2 \times L$ 에서

V_t: 배출가스 유속(cm/s), L: 주수율(L/L = m³/m³)

액가스비, $L = \dfrac{2[\text{L}]}{1[\text{m}^3]} = 2 \times 10^{-3} [\text{m}^3/\text{m}^3]$

$\therefore \Delta P[\text{cm H}_2\text{O}] = 1.03 \times 10^{-6} \times V_t^2 \times L$
$= 1.03 \times 10^{-6} \times 8{,}000^2 \times 2 \times 10^{-3}$
$= 0.13 [\text{cm H}_2\text{O}]$

137 상온, 상압의 함진공기 100[m³/min]를 내부가 거친 벤튜리 스크러버(venturi scrubber)로 집진하려고 한다. 수량이 60[L/min], 목(throat)부 속도가 50[m/s]일 경우, 압력손실(mmH₂O)은? (단, 함진가스의 비중량은 1.2[kg/m³]이다.)

해답

액가스비(L) $= \dfrac{60[\text{L/min}]}{100[\text{m}^3/\text{min}]} = 0.6 [\text{L/m}^3]$

내부가 거친 벤튜리 스크러버의 경우

$\Delta P = (0.5 + L) \times \dfrac{\rho \times V_t^2}{2 g_c} = (0.5 + 0.6) \times \dfrac{1.2 \times 50^2}{2 \times 9.8} = 168.37 [\text{mmH}_2\text{O}]$

기사 출제빈도 ☆☆

138 어떤 공장의 연소로에서 배출되는 함진가스를 처리하기 위해 벤튜리 스크러버를 설계하였다. 함진가스와 장치에 대한 제원이 다음과 같을 경우, 주어진 물음에 답하시오.

- 함진가스 온도 150[℃]
- 분진농도 15[g/m³]
- 입구의 가스밀도 1.1[kg/m³]
- 벤튜리관 목부 속도 90[m/s]
- 수압 2.5[atm]
- 유량 200[m³/min]
- 처리할 목표입경 1[μm] 이상
- 압력수의 노즐 직경 6[mm]
- 세정액 사용량 200[L/min]

1) 벤튜리관 목부 직경은 몇 [mm]로 설계해야 하는가?
2) 압력수의 노즐 개수는 몇 개로 하여야 하는가?
3) 디미스터(demister)로 사이클론을 사용한 경우, 발생하는 압력손실(mmH₂O)은?

디미스터(demister)
처리된 가스 중에 포함되어 있는 미스트 또는 먼지를 분리, 제거하는 일종의 필터인 동시에 반응작용을 효과적으로 일으켜주는 반응촉진기라고도 한다.

해답

1) $Q = A \times V$ 에서

$$200[\text{m}^3/\text{min}] = \frac{\pi}{4} \times D_t^2[\text{m}^2] \times 90[\text{m/s}] \times \frac{60[\text{s}]}{\text{min}}$$

$\therefore D_t = 0.217[\text{m}] = 217[\text{mm}]$

2) 노즐 직경과 개수의 관계식

$n \times \left(\dfrac{d}{D_t}\right)^2 = \dfrac{v_t \times L}{100\sqrt{P}}$ 에서 $L = \dfrac{200[\text{L/min}]}{200[\text{m}^3/\text{min}]} = 1[\text{L/m}^3]$

$\therefore n \times \left(\dfrac{0.006}{0.217}\right)^2 = \dfrac{90 \times 1}{100\sqrt{2.5 \times 10^4}}$, $\therefore n = 7.45$

∴ 압력수의 노즐 개수는 8개

3) $a = 1.0$, $b = 1.0$이므로 $\Delta P = (a + b \times L) \times \dfrac{\gamma_g \times v_t^2}{2g}$ [mmH₂O] 에서

$\gamma_g = 1.3 \times \dfrac{273}{273 + 150} = 0.84[\text{kg/m}^3]$

$\therefore \Delta P = (1.0 + 1.0 \times 1) \times \dfrac{0.84 \times 90^2}{2 \times 9.8} = 694.29[\text{mmH}_2\text{O}]$

139 20[℃]에서 평균 입경 1[μm]인 분진을 함유한 함진가스 200[m³/min]를 벤튜리 스크러버로 집진하려고 한다. 이때, 액가스비는 1.5[L/m³], 목부의 유속은 50[m/s], 목부의 직경은 0.3[m], 함진가스의 밀도는 1.2[kg/m³]일 경우, 벤튜리 스크러버에 걸리는 압력손실(mmH₂O)은? (단, 일본 학자 기무라(木村)의 식에 의하면 $\Delta P = \left(\dfrac{0.033}{\sqrt{R_{HT}}} + 3.0 \times R_{HT}^{0.30} \times L \right) \times \dfrac{\gamma_g \times V_t^2}{2g}$ 이다.)

해답

$\Delta P = \left(\dfrac{0.033}{\sqrt{R_{HT}}} + 3.0 \times R_{HT}^{0.30} \times L \right) \times \dfrac{\gamma_g \times V_t^2}{2g}$ 에서

R_{HT}는 목부의 상당수력반경 = $\dfrac{\text{목부의 단면적}}{\text{목부 둘레의 길이}}$

$= \dfrac{\frac{\pi}{4} \times D_t^2}{\pi \times D_t} = \dfrac{D_t}{4} = \dfrac{0.3}{4} = 0.075[\text{m}]$

∴ $\Delta P = \left(\dfrac{0.033}{\sqrt{0.075}} + 3.0 \times 0.075^{0.30} \times 1.5 \right) \times \dfrac{1.2 \times 50^2}{2 \times 9.8} = 335.11[\text{mmH}_2\text{O}]$

140 상온·상압의 함진가스 100[m³/min]을 벤튜리 스크러버로 집진할 경우, 세정액량이 50[L/min], 목부의 속도가 60[m/s]이었다. 벤튜리 스크러버에서 발생한 압력손실은 베르누이 정리로부터 유도한 식, $\Delta P = (a + b \times L) \times \dfrac{\gamma_g \times V_t^2}{2g}[\text{mmH}_2\text{O}]$ 으로 구할 수 있는데, 다음 주어진 목부의 상태에 따른 압력손실 값을 구하시오. (단, 함진가스의 비중량은 1.2[kg/m³]이다.)

1) 목부의 내부가 매끈한 경우, 압력손실(mmH₂O)은?
2) 목부의 내부가 거친 경우, 압력손실(mmH₂O)은?
3) 디미스터(demister)로 사이클론을 사용한 경우, 압력손실(mmH₂O)은?

해답

1) 액가스비, $L = \dfrac{50[\text{L/min}]}{100[\text{m}^3/\text{min}]} = 0.5[\text{L/m}^3]$

$\therefore \Delta P = (a + b \times L) \times \dfrac{\gamma_g \times V_t^2}{2g}[\text{mmH}_2\text{O}]$에서 $a = 0.25$, $b = 0.8$이므로

$\Delta P = (0.25 + 0.8 \times 0.5) \times \dfrac{1.2 \times 60^2}{2 \times 9.8} = 143.27[\text{mmH}_2\text{O}]$

2) $a = 0.5$, $b = 1.0$이므로

$\Delta P = (0.5 + 1.0 \times 0.5) \times \dfrac{1.2 \times 60^2}{2 \times 9.8} = 220.41[\text{mmH}_2\text{O}]$

3) $a = 1.0$, $b = 1.0$이므로

$\Delta P = (1.0 + 1.0 \times 0.5) \times \dfrac{1.2 \times 60^2}{2 \times 9.8} = 330.61[\text{mmH}_2\text{O}]$

기사 출제빈도 ★★

141 벤튜리 스크러버(venturi scrubber)의 목(throat) 부분 직경이 0.22[m], 수압이 20,000[mmH$_2$O], 목부의 가스유속이 90[m/s]이고, 노즐의 개수가 6개이다. 이 세정집진기에서 분진 함유 처리가스 2.0[m^3/s]를 처리할 때, 요구되는 액가스비(주수율)는 0.3117[L/m^3]이다. 이 장치에 사용하는 노즐의 직경(mm)은? (단, 노즐 직경과 개수의 관계식은 $n \times \left(\dfrac{d}{D_t}\right)^2 = \dfrac{v_t \times L}{100\sqrt{P}}$ 이다.)

해답

주어진 식에서 $n = 6$, $D_t = 0.22[\text{m}]$, $v_t = 90[\text{m/s}]$, $L = 0.3117[\text{L/m}^3]$, $P = 20,000[\text{mmH}_2\text{O}]$

$\therefore 6 \times \left(\dfrac{d}{0.22}\right)^2 = \dfrac{90 \times 0.3117}{100\sqrt{20,000}}$, $d = 4 \times 10^{-3}[\text{m}] = 4[\text{mm}]$

기사 출제빈도 ★★★

142 벤튜리 스크러버(venturi scrubber)의 목(throat) 부분 직경이 0.25[m], 수압이 2[atm], 목부의 가스유속이 60[m/s]이고, 노즐의 개수가 6개이다. 이 벤튜리 스크러버에서 분진 함유 처리가스 2.0[m^3/s]를 처리할 때, 요구되는 액가스비(주수율)는 0.6[L/m^3]이다. 이 장치에 사용하는 노즐의 직경(mm)은?

해답 노즐 직경과 개수의 관계식은

$n \times \left(\dfrac{d}{D_t}\right)^2 = \dfrac{v_t \times L}{100\sqrt{P}}$ 이므로

주어진 식에서 $n = 6$, $D_t = 0.25[\text{m}]$, $V_t = 60[\text{m/s}]$, $L = 0.6[\text{L/m}^3]$,
$P = 2[\text{atm}] \times 10,332[\text{mmH}_2\text{O/atm}] = 20,664[\text{mmH}_2\text{O}]$

$\therefore 6 \times \left(\dfrac{d}{0.25}\right)^2 = \dfrac{60 \times 0.6}{100\sqrt{20,664}}$, $d = 5.1 \times 10^{-3}[\text{m}] = 5.1[\text{mm}]$

기사 출제빈도 ☆

143 벤튜리 스크러버(venturi scrubber)의 목(throat) 부분 직경이 0.2[m], 수압이 20,000[mmH₂O], 노즐의 직경은 약 3.8[mm]이었다. 목부의 가스유속이 60[m/s]이고, 노즐의 개수가 6개로 할 경우, 이 세정집진기에서 분진 함유 처리가스 1.6[m³/s]를 처리할 때, 요구되는 물의 유량(L/s)은? (단, 노즐 직경과 개수의 관계식은 $n \times \left(\dfrac{d}{D_t}\right)^2 = \dfrac{v_t \times L}{100\sqrt{P}}$ 이다.)

해답 $n \times \left(\dfrac{d}{D_t}\right)^2 = \dfrac{V_t \times L}{100\sqrt{P}}$ 에서 $6 \times \left(\dfrac{3.8 \times 10^{-3}}{0.2}\right)^2 = \dfrac{60 \times L}{100 \times \sqrt{20,000}}$

$\therefore L = 0.51[\text{L/m}^3]$

$\therefore 0.51[\text{L/m}^3] \times 1.6[\text{m}^3/\text{s}] = 0.816[\text{L/s}]$

기사·산업 출제빈도 ☆☆☆

144 벤튜리 스크러버(venturi scrubber)에서 발생하는 물방울 하나의 함진가스 중 입자 제거율이 2[%]일 경우, 이 물방울 200방울이 함진가스의 입자를 제거할 수 있는 집진율(%)은?

해답 $\eta = 1 - (1-\eta_1)^n = 1 - (1-0.02)^{200} = 0.9824 = 98.24[\%]$

145 어떤 입경 $x[\mu m]$에 대한 벤튜리 스크러버의 부분집진율은 $1-e^{-(k \times x)}$로 나타낼 수 있고, 여기서 k가 입자의 운동조건이 동일할 경우 주어진 상수이다. 이러한 조건에서 $4[\mu m]$에 대한 부분집진율이 99[%]일 경우, $1[\mu m]$에 대한 부분집진율(%)은?

해답
$\eta_f = 1-e^{-(k \times x)}$에서 $0.99 = 1-e^{-(k \times 4)}$, ∴ $k = 1.15$
$1[\mu m]$에 대한 부분집진율(%), $\eta_f = 1-e^{-(1.15 \times 1)} = 0.6834 = 68.34[\%]$

146 입경 $5[\mu m]$인 입자를 함유한 함진가스를 5단의 스프레이를 설치한 분무탑(spray tower)으로 제거하고자 한다. 입자밀도는 $2[g/cm^3]$이고, 액가스비는 1단 기준으로 $1 \times 10^{-3}[L/m^3]$이며, 함진가스 흐름속도는 5[m/s]이다. 분무 노즐을 Stokes 정지거리를 3[m]가 되도록 설치하여 효율을 측정한 결과, 각 단의 부분집진율이 40[%]이었을 경우 다음 물음에 답하시오.
1) 총집진효율(%)은?
2) 집진율 95[%]를 달성하기 위한 필요단수는?
3) 집진율 95[%]일 때, 함진가스에 대한 액가스(L/m^3)는?

분무탑(spray tower)
분무탑(살수탑)은 액분산형 흡수장치로 탑 내에 몇 개의 살수 노즐을 사용하여 함진가스와 향류 접촉시켜 분진을 제거하는 방식이다. 장점은 압력손실 (동력) 이 적고 구조가 간단하여 비용이 적게 든다.

해답
1) $\eta_t = 1-(1-\eta_i)^n = 1-(1-0.4)^5 = 0.92 = 92[\%]$
2) $n = \dfrac{\ln(1-\eta_t)}{\ln(1-\eta_i)} = \dfrac{\ln(1-0.95)}{\ln(1-0.4)} = 5.86 ≒ 6$단
3) $1 \times 10^{-3}[L/m^3] \times 6$단 $= 0.006[L/m^3]$

147 먼지를 집진하는 어떤 분무탑에서 $1,500[kg/m^3]$의 밀도를 갖는 입자를 포함한 함진가스를 처리한다. 이 분무탑에서 함진가스의 유량은 $10[m^3/s]$이고, 물 유량은 $0.01[m^3/s]$, 평균 액적의 직경은

1.0[mm], 탑의 직경은 2[m], 높이는 5[m]이다. 확산은 무시하고 레이놀즈수가 279.5이고, 한 개의 액적이 입자를 집진할 수 있는 효율이 3×10^{-2}일 경우, 이 분무탑의 집진율(%)은? (단, 부착계수는 1×10^{-3}, 커닝험 보정계수는 1, 함진가스의 동점성계수는 $1.55\times 10^{-5}[m^2/s]$이며, 집진율, $\eta_t = 1-(1-\eta_o)^{n\times k}$이고, 여기서 액적수($n$)는

$$\frac{\text{부착계수}\times 10^3 \times \text{탑의 높이}}{\text{노즐 직경}} \times \left\{ \text{액가스비} + \frac{\text{물 분사량}}{\text{함진가스 통과면적}\times \text{함진가스 상대속도}} \right\}$$

로 나타낸다.)

> **분무탑의 특징**
> 1) 흡수가 잘되는 기체에 효과적이다.
> 2) 충전탑에 비해 설치비나 유지비가 저렴하다.
> 3) 분무노즐이 막히기 쉽고 많은 동력을 필요로 한다.
> 4) 구조가 간단하고 압력손실이 2~20[mmH₂O] 정도로 적다.
> 5) 충전재를 사용하지 않아 압력손실의 증가가 발생하지 않는다.
> 6) 액가스비는 0.5~1.5[L/m³], 가스겉보기속도는 0.2~1[m/s]이다.

해답

함진가스 상대속도, u_o = 분무탑 내 물의 하강속도 – 함진가스의 상승 속도
물의 하강 속도는 레이놀즈수로부터 구한다.

$N_{Re} = \dfrac{v\times D}{\nu}$ 에서 $v_L = \dfrac{N_{Re}\times \nu}{D} = \dfrac{279.5\times 1.55\times 10^{-5}[m^2/s]}{1[mm]\times 10^{-3}[m/mm]} = 4.33[m/s]$

함진가스의 상승 속도, $v_g = \dfrac{Q}{A} = \dfrac{10[m^3/s]}{0.785\times 2^2[m^2]} = 3.19[m/s]$

∴ 함진가스 상대속도, $u_o = 4.33 - 3.19 = 1.14[m/s]$

∴ 액적수, $n = \dfrac{1\times 10^{-3}\times 10^3\times 5}{1\times 10^{-3}} \times \left\{ \dfrac{0.01}{10} + \dfrac{0.01}{0.785\times 2^2\times 1.14} \right\}$
$= 18.99 = 19$개

∴ 분무탑의 집진율(%) $= 1-(1-3\times 10^{-2})^{19\times 1} = 0.44 = 44[\%]$

148 어떤 공장의 연소로에서 20[℃]에서 평균 입경이 1[μm]이고, 밀도가 2[g/cm³]인 분진을 함유한 함진가스가 200[m³/min]로 배출되고 있다. 이 함진가스를 최적수적경 150[μm], 액적 충돌 효율 30[%], 세정액량 0.3[m³/min], 함진가스 기류에 대한 액적이동 상대거리 0.9[m]의 조건을 가진 벤튜리 스크러버로 집진할 경우, 벤튜리 스크러버의 집진율(%)은? (단, 상대기류가 난류흐름으로 충돌 효율 η_t의 함수로 구한 집진율을 구하는 공식은 $\eta = 1 - e^{-\left(\frac{3\times 10^{-3}\times \eta_t\times x_s\times L}{2\times d_w}\right)}$ 이다.)

해답

$\eta = 1 - e^{-\left(\frac{3 \times 10^{-3} \times \eta_t \times x_s \times L}{2 \times d_w}\right)}$ 에서 $\eta_t = 0.3$, $x_s = 0.9[m]$, $d_w = 150 \times 10^{-6}[m]$

$L = \dfrac{\text{세정액량}}{\text{함진가스량}} = \dfrac{0.3[m^3/min]}{200[m^3/min]}$

$= 1.5 \times 10^{-3}[m^3 \text{ water}/m^3 \text{ gas}] \times \dfrac{1{,}000[L \text{ water}]}{m^3 \text{ water}}$

$= 1.5[L/m^3]$

$\therefore \eta = 1 - e^{-\left(\frac{3 \times 10^{-3} \times 0.3 \times 0.9 \times 1.5}{2 \times 150 \times 10^{-6}}\right)} = 0.9826 = 98.26[\%]$

기사·산업 출제빈도 ★★★

149 함진가스 중 입자를 제거하는 벤튜리 스크러버에서 입자와 액적이 부딪히는 충돌수(분리수)가 7.5이고, 함진가스량이 400[m³/min], 세정액량이 400[L/min], 장치계수가 1일 경우, 집진율(%)은? (단, 상대기류가 층류일 경우로 가정한다.)

해답

액가스비, $L = \dfrac{\text{세정액량}}{\text{함진가스량}} = \dfrac{50[L/min]}{100[m^3/min]} = 0.5[L/m^3]$

$\therefore \eta = 1 - e^{-(k \times L \times \sqrt{S})}$ 이므로 $\eta = 1 - e^{-(1 \times 0.5 \times \sqrt{5})} = 0.673 = 67.3[\%]$

기사 출제빈도 ★

150 150[℃], 200[m³/min]의 함진가스를 액가스비 1[L/m³]으로 벤튜리 스크러버에서 처리한다. 처리된 함진가스가 디미스터(demister)의 입구로 들어갈 때, 함진가스량(m³/min)은? (단, 공기의 열용량은 0.313[kcal/Sm³ · ℃]이고, 물의 열용량은 1[kcal/kg · ℃], 액적의 온도는 10[℃]이다.)

해답

액가스비 1[L/m³]이므로 세정액 사용량은

$200[m^3/min] \times 1[L/m^3] = 200[L/min] = 200[kg/min]$

발열량, $Q = G \times C_p \times t$에서

$200[\text{m}^3/\text{min}] \times 0.313[\text{kcal/Sm}^3 \cdot ℃] \times (150-t)[℃]$
$= 200[\text{kg/min}] \times 1[\text{kcal/kg} \cdot ℃] \times (t-10)[℃]$

∴ $t = 43.4[℃]$, 즉 43.4[℃]의 공기 온도가 내려간다.

150[℃]의 공기 200[m³/min]을 (150 − 43.4)[℃] = 106.6[℃]의 온도로 보정하면
$200[\text{m}^3/\text{min}] \times \dfrac{273 + 106.6}{273 + 150} = 179.48[\text{m}^3/\text{min}]$

151 벤튜리 스크러버의 목부 직경이 0.2[m], 수압이 2[kg/cm²], 유속이 60[m/s], 노즐의 직경이 약 3.8[mm]이다. 노즐의 개수를 6개로 설계할 경우, 유량 1.6[m³/s]인 함진가스를 처리할 때, 요구되는 물의 유량(L/s)은? (단, 노즐 직경과 노즐수 사이에는 성립되는 관계식은 다음과 같다.)

$$n \times \left(\dfrac{D}{D_t}\right)^2 = \dfrac{V_t \times L}{100 \times \sqrt{P}}$$

해답

$n \times \left(\dfrac{D}{D_t}\right)^2 = \dfrac{V_t \times L}{100 \times \sqrt{P}}$ 에서 $6 \times \left(\dfrac{3.8 \times 10^{-3}}{0.2}\right)^2 = \dfrac{60 \times L}{100 \times \sqrt{2 \times 10^4}}$

∴ $L = 0.51[\text{L/m}^3]$

세정액량 = 액가스비 × 함진가스량 = $0.51[\text{L/m}^3] \times 1.6[\text{m}^3/\text{s}] = 0.82[\text{L/s}]$

152 분진농도가 3[g/Sm³]인 배출가스를 액가스비 1[L/Sm³]의 분무수로 집진하는 스크러버가 있다. 입경 5[μm]에서 분무수의 액적경이 300[μm]일 경우, 분진의 입자수(N_d)와 액적수(N_w)의 비, $\dfrac{N_d}{N_w}$는? (단, 분진의 진비중은 2이다.)

해답

배출가스 1[Sm³]당 분진 3[g], 분무수 1[L]의 비율이므로,

입자 1개의 체적, $V = \dfrac{m}{\rho} = \dfrac{3}{2 \times 10^6} = 1.5 \times 10^{-6}\,[\text{m}^3]$

($\because$ 진비중 $2[\text{g/cm}^3] = 2 \times 10^6\,[\text{g/Sm}^3]$)

$\therefore$ 입자수, $N_d = \dfrac{V}{\dfrac{4}{3}\pi r^3} = \dfrac{1.5 \times 10^{-6}}{\dfrac{4}{3} \times 3.14 \times (2.5 \times 10^{-6})^3} = 2.293 \times 10^{10}$ 개

액적수, $N_w = \dfrac{V}{\dfrac{4}{3}\pi r^3} = \dfrac{1 \times 10^{-3}}{\dfrac{4}{3} \times 3.14 \times (150 \times 10^{-6})^3} = 70{,}771{,}409$ 개

$\therefore \dfrac{N_d}{N_w} = \dfrac{2.293 \times 10^{10}}{70{,}771{,}409} = 324$

기사 출제빈도 ☆☆

153 벤튜리(venturi) 유량계를 사용하여 물의 사용량을 측정하고자 한다. 관의 직경이 3.6[cm], 벤튜리 직경(오리피스 직경)이 1.8[cm]인 벤튜리(venturi) 유량계의 눈금을 읽었더니 수은마노미터에서 55[mmHg]로 나타났을 경우 다음 물음에 답하시오. (단, $Q = \dfrac{C_o}{\sqrt{1-m^2}} \times A \times \sqrt{\dfrac{2 \times g \times (\gamma' - \gamma_o) \times H}{\gamma_o}}\,[\text{m}^3/\text{s}]$ 이고, 유량계수는 0.98이다.)

1) 이때의 유량(m^3/h)은?
2) 유량이 30[m^3/h]으로 감소되었을 경우, 나타나는 동력절감률(%)은?

벤튜리 유량계

차압식 유량계로 액체 및 기체 등의 유체 유량을 측정하는 경우 유체가 흐르고 있는 관로 중에 벤튜리관(venturi tube)을 설치하여 전후 발생하는 압력의 차로부터 유량을 검출하는 방식이다.

해답

1) $Q = \dfrac{C_o}{\sqrt{1-m^2}} \times A \times \sqrt{\dfrac{2 \times g \times (\gamma' - \gamma_o) \times H}{\gamma_o}}$ 에서 $m = \dfrac{A_2}{A_1}$ 이므로

$Q = \dfrac{0.98}{\sqrt{1 - \left(\dfrac{0.018}{0.036}\right)^4}} \times \dfrac{\pi}{4} \times (1.8 \times 10^{-2})^2 \times \sqrt{\dfrac{2 \times 9.8 \times (13.6 - 1) \times 50}{1}}$

$\times 3{,}600 = 102.98\,[\text{m}^3/\text{h}]$

2) 소요동력, $\text{kW} = \dfrac{\Delta P \times Q}{102 \times \eta} \times a$ 에서 $\text{kW} \propto Q$ 이므로

동력절감률(%) $= \dfrac{102.98 - 30}{102.98} \times 100 = 70.87\,[\%]$

154 그림과 같이 벤튜리(venturi) 유량계를 사용하여 물의 유량을 측정하고자 한다. 이 벤튜리관을 통과하는 물의 유량(m^3/s)은?

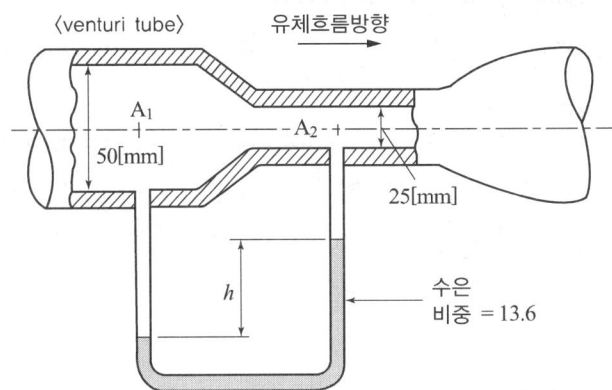

(단, $V = \dfrac{C_o}{\sqrt{1-\left(\dfrac{d_2}{d_1}\right)^4}} \times \sqrt{2 \times g \times \left(\dfrac{\gamma}{\gamma_o}-1\right) \times \Delta h}$ [m^3/s]이고, 유량계수는 0.95이다.)

해답

$$Q = A_2 \times V_2 = \dfrac{C_o \times A_2}{\sqrt{1-\left(\dfrac{d_2}{d_1}\right)^4}} \times \sqrt{2g \times \left(\dfrac{\gamma}{\gamma_o}-1\right) \times \Delta h}$$

$$= \dfrac{0.95 \times \dfrac{\pi}{4} \times 0.025^2}{\sqrt{1-\left(\dfrac{0.025}{0.05}\right)^4}} \times \sqrt{2 \times 9.8 \times \left(\dfrac{13.6}{1}-1\right) \times 0.25}$$

$$= 3.782 \times 10^{-3} \, [m^3/s]$$

155 함진가스의 처리량이 800[m^3/h], 액가스비가 4[L/m^3], 압력손실이 800[mmH$_2$O]인 벤튜리 스크러버(venturi scrubber)의 소요동력(kW)은? (단, 전동기의 효율은 80[%]이고, 여유율은 20[%]이다.)

해답 소요동력

$$L = \frac{\Delta P \times Q}{102 \times \eta} \times \alpha = \frac{800 \times \frac{1}{3,600} \times 800}{102 \times 0.8} \times 1.2 = 2.61[\text{kW}]$$

156 어떤 공장의 옥상에 세정집진장치를 설치하였다. 관경이 40[mm]인 전체 배관의 길이가 450[m]이고, 함진가스의 처리량이 150,000[m³/h], 액가스비가 1.5[L/m³]로 가동될 경우, 세정 집진장치에 세정액을 공급하는 펌프의 동력(kW)은? (단, 펌프의 효율은 80[%]이다.)

해답

$$\text{kW} = \frac{\Delta P \times Q}{102 \times \eta} = \frac{\gamma \times H \times Q}{102 \times \eta}$$

$$= \frac{1,000[\text{kg/m}^3] \times 450[\text{m}] \times 150,000[\text{m}^3/\text{h}] \times 1.5[\text{L/m}^3] \times \frac{\text{m}^3}{10^3[\text{L}]}}{\frac{102[\text{kg} \cdot \text{m/s}]}{\text{kW}} \times 0.8 \times 3,600[\text{s/h}]}$$

$$= 344.67[\text{kW}]$$

157 벤튜리 스크러버에서 목부로 함진가스의 분무 시 기류에 의해 세정 분무액이 미립화 될 경우, 세정액의 온도가 20[℃]이고, 함진가스의 유속이 60[m/s], 액가스비가 1.5[L/m³]인 조건하에서 발생된 액적의 직경(μm)은? (단, 일본에서 사용하고 있는 누게야마 식을 적용한다.)

해답 누게야마 식

$$d_w = \frac{5,000}{v_t} + 29 \times L^{1.5} = \frac{5,000}{60} + 29 \times 1.5^{1.5} = 136[\mu\text{m}]$$

참고 위 식에서 액적의 직경은 목부의 처리가스속도가 클수록, 액가스비가 적을수록 미세하게 된다.

158 세정집진장치에서 회전원판을 이용하여 분무액을 미립화할 경우, 반경이 5[cm], 회전수가 3,600[rpm]인 회전원판을 사용하여 입자 집진용 액적을 만들었을 때, 생성되는 액적의 직경(μm)은?

> **회전원판을 이용한 세정집진장치**
> 원판을 회전시켜서 발생되는 원심력을 이용하여 물방울을 고속으로 운동시킴과 동시에 가스를 회전시켜 흡수하는 장치로 압력손실이 적고 소형화가 가능하지만 고속으로 가동되기 때문에 전력비가 많이 들고 설비비가 비싼 단점이 있다.

해답

$$d_w = \frac{200}{N \times \sqrt{R}} = \frac{200}{3,600 \times \sqrt{5}} = 0.0248[\text{cm}] = 248.5[\mu\text{m}]$$

159 분진농도 3.0[g/Sm³]인 배출가스를 액가스비 1[L/Sm³]의 물로 세정하는 세정집진장치가 있다. 입자의 직경이 5[μm]이고, 물방울의 직경이 300[μm]일 때, 입자수(N_d)와 물방울(N_w)의 비($\frac{N_d}{N_w}$)는? (단, 입자는 구형 입자이고, 비중은 2이다.)

해답

직경 d인 입자의 체적은 $\frac{\pi}{6}d^3$이고, 입자의 비중 2, 물의 비중 1이므로, 분진농도 C와 액가스비 L의 비를 취하면,

$$\frac{C}{L} = \frac{3.0[\text{g/Sm}^3]}{1,000[\text{mL/Sm}^3]} = \frac{\frac{\pi}{6} \times 5^3 \times 2\, N_d}{\frac{\pi}{6} \times 300^3 \times 1\, N_w}$$

$$\frac{3.0}{1,000} = 9.26 \times 10^{-6} \times \left(\frac{N_d}{N_w}\right)$$

$$\therefore \frac{N_d}{N_w} = 324$$

160 어떤 화학 공정에서 배출가스의 유량은 10,000[m³/h](25[℃], 1기압)이었고, 이 공장의 조업시간이 증가하면서 액적제거기의 성능 저하로 100[g/m³](25[℃], 1기압)의 액적이 추가로 배출되었다. 미스트만을 분리하여 액적에 포함된 HCl 농도를 UV측정기를 이용하여 측정하였더니 50[mg/kg-mist]이었다. 액적이 배출되기 이전의 HCl 농도는 건조 배출가스를 기준으로 10[ppm]이었다면 액적이 유입되었을 때, HCl의 배출농도(mg/m³)는 얼마로 증가하는가? (단, 액적에 의한 수분농도의 변화는 무시한다.)

해답

액적이 존재하지 않을 경우 HCl 농도는 10[ppm]

$$10 \times \frac{36.5}{24.45} = 14.93 [\text{mg/m}^3]$$

추가된 HCl 농도 $= 100[\text{g/m}^3] \times 50[\text{mg/kg}-\text{mist}] \times \dfrac{\text{kg}}{1,000[\text{g}-\text{mist}]}$

$= 5[\text{mg/m}^3]$

∴ 변화된 HCl 농도 $= 14.93 + 5 = 19.93 [\text{mg/m}^3]$

161 220[ppm]의 염화수소를 함유한 300[Sm³/h]의 배출가스를 처리하기 위해 액가스비가 1[L/Sm³]인 세정탑을 사용하였다. 세정탑의 폐수를 중화시키는 데 0.5[N] NaOH 용액을 사용할 경우, 이 세정수의 소요량(L/h)은? (단, 염화수소는 세정탑에 100[%] 흡수된다.)

해답

배출가스 중 염화수소농도 $= 220 \times \dfrac{36.5}{22.4} = 358.48 [\text{mg/Sm}^3]$

이 염화수소량을 N 농도로 바꾸면,

$$\dfrac{358.48[\text{mg/Sm}^3] \times \dfrac{\text{g}}{1,000[\text{mg}]}}{1[\text{L/Sm}^3]} \times \dfrac{1}{36.5[\text{g/N}]} = 9.82 \times 10^{-3} [\text{N}]$$

중화반응식, $NV = N'V'$ 에서

$9.82 \times 10^{-3}[\text{N}] \times 300[\text{Sm}^3/\text{hr}] \times 1[\text{L/Sm}^3] = 0.5[\text{N}] \times V'$

∴ $V' = 5.89 [\text{L/h}]$

162 250[ppm]의 HCl를 함유한 300[Sm³/h]의 배출가스를 처리하기 위해 액가스비가 4[L/Sm³]인 세정탑을 사용하였다. 세정탑의 폐수를 중화시키는 데 0.5[N] NaOH 용액을 사용할 경우, 이 세정수의 소요량(L/h)은? (단, 염화수소는 세정탑에 95[%] 흡수된다.)

해답

배출가스 중 염화수소농도 $= 250 \times \dfrac{36.5}{22.4} = 407.37 \, [\text{mg/Sm}^3]$

이 염화수소량을 N 농도로 바꾸면,

$\dfrac{407.37 \, [\text{mg/Sm}^3] \times \dfrac{\text{g}}{1{,}000 \, [\text{mg}]}}{4 \, [\text{L/Sm}^3]} \times \dfrac{1}{36.5 \, [\text{g/N}]} = 2.79 \times 10^{-3} \, [\text{N}]$

중화반응식, $NV = N'V'$에서

$2.79 \times 10^{-3} \, [\text{N}] \times 300 \, [\text{Sm}^3/\text{hr}] \times 4 \, [\text{L/Sm}^3] = 0.5 \, [\text{N}] \times V'$

∴ $V' = 6.35 \, [\text{L/h}]$

163 어떤 화학공장에서 배출되는 유해오염물질을 제거하기 위해 유동층 반응기(FBR, Fluidized Bed Reactor)를 최소 유동화 조건으로 운전하면서 다음과 같은 측정값을 얻었다. 유동층 내의 압력강하(N/m²)는?

- 유동층 높이(최소 유동화 조건 시): 1.0[m]
- 공극률(최소 유동화 조건 시): 0.55
- 입자 밀도: 4,000[kg/m³]
- 처리가스 밀도: 1.0[kg/m³]

📝 **유동층 반응기**

유동층 반응기의 원리는 유체를 고속으로 통과시켜 고체 입상물질(일반적으로 촉매)을 유체(기체 또는 액체)에 현탁시키는 것을 기반으로 한다. 이렇게 하면 고체물질이 유체처럼 작동하여 광범위한 다상 화학 반응이 일으켜 유해화학물질을 제거한다.

해답

$\Delta P = L_{mf} \times (1 - E_{mf}) \times (\rho_p - \rho_g) \times \dfrac{g}{g_c}$

$= 1.0 \, [\text{m}] \times (1 - 0.55) \times (4{,}000 - 1) \, [\text{kg/m}^3] \times \dfrac{9.8 \, [\text{m/s}^2]}{1 \, [\text{kg} \cdot \text{m/N} \cdot \text{s}^2]}$

$= 17{,}636 \, [\text{N/m}^2] \, (\fallingdotseq 17{,}636 \, [\text{Pa}])$

겉보기 전기저항

비저항(resistivity) 또는 저항률이라고도 하며 물질이 전류의 흐름에 얼마나 세게 맞서는지를 측정한 물리량으로 도전율의 역수다. 비저항이 낮다는 것은 물질이 전하의 움직임을 덜 방해한다는 뜻이다. 저항률의 SI 단위는 옴미터($\Omega \cdot m$)이다. 전기집진장치에서는 옴센티미터($\Omega \cdot cm$) 단위를 사용한다.

역전리(back corona)

전기집진장치의 집진극 표면에 부착된 분진의 비저항이 10^{11} [$\Omega \cdot cm$] 이상으로 극도로 높은 경우 먼지층에 흐르는 전류에 의해 집진극 전계가 강화되고 방전극 전계가 약화되어 분진층 내에서 절연파괴점으로부터 분진의 얇은 틈을 통한 대량의 이온이 발생하여 음이온을 중화시켜 전기집진장치의 집진효율을 저하시키는 것을 말한다.

Deutsch-Enderson 식

전기집진기술에 의한 분진포집 조작에서의 집진효율에 미치는 운전변수의 영향에 대한 연구를 수행한 Anderson과 Deutsch가 제시한 효율식이다. 연구자 Deutsch는 아래와 같은 가정을 토대로 관형(tubula type) 전기집진기에 관한 효율 산출식을 유도하였다.
1) 장치의 단면에서 분진의 농도는 일정하다.
2) 분진입자들은 완전하게 충전되어 장치 내로 유입된다.
3) 포집된 분진 입자들은 손실과 재비산이 발생되지 않는다.

164 1단식 전기집진장치에서 집진극 위에 퇴적된 먼지층 중간의 전계강도를 E_d[V/cm], 그곳을 흐르는 전류밀도를 i [A/cm^2], 먼지층 내의 겉보기 전기저항을 ρ_d[$\Omega \cdot cm$]라고 하면, $E_d = i \times \rho_d$[V/cm]이다. 여기서, i는 먼지층 표면 부근의 이온전류 밀도와 같다. 지금 어떤 1단식 전기집진장치의 $i = 2 \times 10^{-8}$[A/cm^2]이고, 먼지층의 절연파괴 전계강도가 5×10^3[V/cm]라면 이 전기집진장치의 먼지층 겉보기 전기저항($\Omega \cdot cm$)은 얼마이며 이 경우 역전리가 발생하는지를 파악하고, 역전리가 일어나기 시작하는 겉보기 전기저항값을 나타내시오.

해답

$$\rho_d = \frac{E_d}{i} = \frac{5 \times 10^3}{2 \times 10^{-8}} = 2.5 \times 10^{11} [\Omega \cdot cm]$$

∴ 역전리가 발생한다.

겉보기 전기저항(비저항)값이 10^{11} [$\Omega \cdot cm$] 이상이면 분진을 대전시키기가 어렵고, 일단 대전된 분진도 탈진 시 쉽게 제거되지 않게 된다. 이 경우 쌓인 분진층이 절연체 역할을 하여 전기적으로 음전하가 되고, 분진층 내부는 중성, 집진극은 양극이 되어 역전리(back ionization) 현상이 일어나게 된다.

165 집진면적비(A/Q)가 20[m^2]/40[m^3]인 전기집진기의 총집진율이 97[%]이다. A/Q 값을 25[m^2]/40[m^3]로 할 경우, 총집진율(%)이 얼마인지 Deutsch 식으로 구하시오.

해답

Deutsch 식은 $\eta = 1 - e^{\left(-\frac{A w_e}{Q}\right)}$이므로 $\frac{A}{Q} = \frac{20[m^2]}{40[m^3]}$일 때, w_e[m/s]를 구한다.

$0.97 = 1 - e^{(-0.5 \, V)}$, ∴ $w_e = 7.01$[m/s]

∴ $\eta = 1 - e^{\left(-\frac{25 \times 7.01}{40}\right)} = 98.75[\%]$

166 $\dfrac{\text{집진극 면적}(A)}{\text{처리가스량}(Q)} = 200\,[\text{s/m}]$로 운전되는 건식 전기집진장치의 입구 분진농도(C_i)는 100[g/m³], 출구 분진농도(C_o)는 0.3[g/m³]이다. 이 건식 전기집진장치 내 분진의 겉보기 이동속도(w_e, cm/s)는?

(단, 집진장치의 효율, $\eta = 1 - e^{-\frac{A}{Q}w_e}$ 이다.)

해답

$$\eta = \left(1 - \dfrac{C_o}{C_i}\right) \times 100 = \left(1 - \dfrac{0.3}{100}\right) \times 100 = 99.7[\%]$$

$\eta = 1 - e^{-\frac{A}{Q}w_e}$ 에서 $0.997 = 1 - e^{-(200\,s/m \times w_e)}$

항을 옮기고 양변에 ln을 취하면 $-200 \times w_e = \ln 0.03$

∴ $w_e = 0.029[\text{m/s}] = 2.9[\text{cm/s}]$

---

167 면적이 42[m²]인 두 개의 집진판을 갖는 어떤 전기집진장치의 입구 분진농도(C_i)가 6.5[g/m³], 출구 분진농도(C_o)가 0.75[g/m³]이다. 함진가스량이 120[m³/min]일 경우, 방전극에서 집진극으로 이동하는 입자의 이동속도(cm/s)는?

해답

$$\eta = \left(1 - \dfrac{C_o}{C_i}\right) \times 100 = \left(1 - \dfrac{0.75}{6.5}\right) \times 100 = 88.46[\%]$$

$\eta = 1 - e^{-\frac{A}{Q}w_e}$ 에서 $0.8846 = 1 - e^{-\left(\frac{2 \times 42 \times w_e}{\frac{120}{60}}\right)}$ 에서

$w_e = 0.05[\text{m/s}] = 5[\text{cm/s}]$

📝 방전극과 집진극

1) 방전극: 코로나 방전을 왕성하게 발생시켜 함진가스 중 입자가 대전되도록 하고 집진극과 함께 집진전계를 형성하는 역할을 한다.
2) 집진극: 방전극과 함께 집진전계를 형성하여 대전된 입자를 쿨롬(Coulomb)력에 의해 포집하는 역할을 한다.

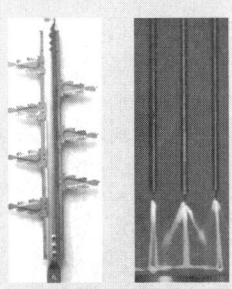

▲ 방전극   ▲ 코로나 방전

168 전기집진장치 입구의 분진농도가 10[g/Sm³], 출구의 분진농도가 0.1[g/Sm³], 분진의 이동속도가 10[cm/s]이다. 360,000[m³/h]의 함진가스량을 처리하는 경우, 요구되는 집진극의 전체 면적(m²)은?
(단, $\eta = 1 - e^{-\left(\frac{A}{Q} \times w_e\right)}$, 여기서 w_e = 이동속도, A = 집진면적, Q = 처리가스량이다.)

해답

$\eta = \left(1 - \frac{C_o}{C_i}\right) \times 100 = \left(1 - \frac{0.1}{10}\right) \times 100 = 99[\%]$

$\eta = 1 - e^{-\frac{A}{Q} w_e}$ 에서 $0.99 = 1 - e^{-\left(\frac{A \times 0.1[\text{m/s}]}{360,000[\text{m}^3/\text{h}] \times \frac{[\text{h}]}{3,600[\text{s}]}}\right)}$

항을 옮기고, 양변에 ln을 취하면 $-\left(\frac{0.1 \times A}{100}\right) = \ln 0.01$

∴ $A = 4,605.17[\text{m}^2]$

169 반지름이 5[cm], 길이가 1[m]인 원통형 집진극을 가진 전기집진기에서 처리되는 함진가스의 유속이 2[m/s], 집진극으로 입자가 이동하는 속도 25[cm/s]일 경우, 이 전기집진기의 집진효율(%)은?

해답

$\eta = 1 - e^{-\frac{2VL}{Ru}} = 1 - e^{-\frac{2 \times 0.25 \times 1}{0.05 \times 2}} = 0.993 = 99.3[\%]$

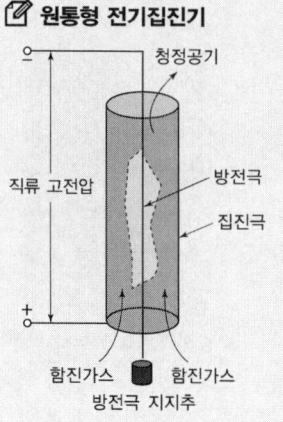

원통형 전기집진기

170 반지름이 5[cm], 길이가 1[m]인 원통형 집진극을 가진 전기집진기가 있다. 입구 분진농도가 8[g/m³], 출구 분진농도가 0.05[g/m³]가 되도록 운전하려고 한다. 함진가스의 배출 유속을 2[m/s]로 할 경우, 입자가 집진극에서 방전극으로 이동하는 속도(m/s)는?

> **해답**
> $\eta = 1 - e^{-\frac{2w_e L}{Ru}}$ 에서 $\frac{8-0.05}{8} = 1 - e^{\left(-\frac{2\times 1\times w_e}{0.05\times 2}\right)}$
>
> 양변에 ln을 취하고 w_e에 대해서 풀이하면
> ∴ $w_e = 0.25 \, [\text{m/s}]$

171 어떤 평판형 전기집진기에 규격이 3.64[m]×3.64[m]인 3개의 평판이 집진극 판으로 사용되었고, 방전극과 집진극 사이의 거리는 20[cm]이었다. 이 전기집진기의 입자의 분리속도가 0.12[m/s]일 경우 다음 물음에 답하시오.

📝 **평판형 전기집진기**

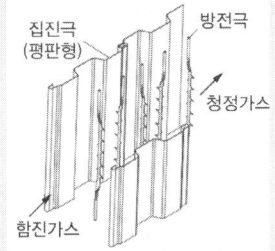

1) 함진가스량이 113.2[m³/min]일 때, 집진율(%)은?
2) 함진가스량의 50[%]가 하나의 평판에서 집진되고, 나머지가 두 평판으로 각각 25[%]씩 집진될 경우, 이때의 집진율(%)은?

> **해답**
> 1) $\eta = 1 - e^{-\frac{A}{Q}w_e} = 1 - e^{-\left(\frac{6\times 3.64[\text{m}]\times 3.64[\text{m}]\times 0.12[\text{m/s}]}{113.2[\text{m}^3/\text{min}]\times \frac{\text{min}}{60[\text{s}]}}\right)} = 0.994 = 99.4[\%]$
>
> 2) 함진가스가 50[%] 통과하는 평판의 집진율,
> $\eta = 1 - e^{-\left(\frac{2\times 3.64[\text{m}]\times 3.64[\text{m}]\times 0.12[\text{m/s}]}{113.2[\text{m}^3/\text{min}]\times \frac{\text{min}}{60[\text{s}]}\times 0.5}\right)} = 0.9656 = 96.56[\%]$
>
> 함진가스가 25[%] 통과하는 평판의 집진율,
> $\eta = 1 - e^{-\left(\frac{4\times 3.64[\text{m}]\times 3.64[\text{m}]\times 0.12[\text{m/s}]}{113.2[\text{m}^3/\text{min}]\times \frac{\text{min}}{60[\text{s}]}\times 0.25}\right)} = 0.9999 = 99.99[\%]$
>
> ∴ $\eta_t = (0.5\times 0.9656) + 2\times (0.25\times 0.9999) = 0.9828 = 98.28[\%]$

172 정전집진장치를 제작하여 처리가스량 10[m³/s]인 배출가스로부터 비산재를 제거하려고 한다. 이와 비슷한 시스템을 분석한 결과 집진극으로 이동하는 입자의 이동속도(w_e)는 $3.0\times 10^5 d_p$ [m/s]이었다. 이 경우 0.5[μm]인 입자를 90[%] 집진율까지 제거할 때, 필요한 집진판의 면적(m²)은?

해답

$$w_e = 3.0 \times 10^5 \times 5.0 \times 10^{-7} = 0.15[\text{m/s}]$$

$\eta = 1 - e^{-\frac{A}{Q}w_e}$ 에서 $0.9 = 1 - e^{-\left(\frac{A \times 0.15[\text{m/s}]}{10[\text{m}^3/\text{s}]}\right)}$

$\therefore A = 153[\text{m}^2]$

173 어떤 석탄 화력발전소에서 함진가스량 70[m³/min]를 전기집진기로 처리한다. 입자의 이동속도가 10[cm/s]일 때, 이 전기집진기의 효율을 99.78[%]로 하기 위한 집진판의 면적(m²)은?

해답

$\eta = 1 - e^{-\frac{A}{Q}w_e}$ 에서 $0.9978 = 1 - e^{-\left(\frac{A \times 0.1[\text{m/s}]}{70[\text{m}^3/\text{min}] \times \frac{\text{min}}{60[\text{s}]}}\right)}$

$\therefore A = 71.41[\text{m}^2]$

174 전기집진기에서 분진의 집진율을 90[%]에서 99[%]로 증가시키려면 집진판의 면적을 어떻게 하여야 하는가? (단, 동일한 전기집진기로 다른 조건은 변화가 없는 것으로 한다.)

해답

$\eta = 1 - e^{-\left(\frac{A \times w_e}{Q}\right)}$ 에서

90[%]일 때, 면적을 A_1이라고 하면, $0.9 = 1 - e^{-\left(\frac{A_1 \times w_e}{Q}\right)}$ 에서 $\frac{A_1 \times w_e}{Q} = 2.303$

99[%]일 때, 면적을 A_2이라고 하면, $0.99 = 1 - e^{-\left(\frac{A_2 \times w_e}{Q}\right)}$ 에서 $\frac{A_2 \times w_e}{Q} = 4.605$

$\therefore \frac{A_2}{A_1} = \frac{4.605}{2.303} = 2$, 따라서 집진극의 면적을 2배로 늘리면 된다.

175 어떤 전기집진장치에서 입구의 분진농도가 0.5[g/Sm³], 출구의 분진농도가 0.1[g/Sm³]이다. 이 집진장치를 가스가 흐르는 방향으로 집진극의 길이를 2배로 늘렸을 경우, 출구의 분진농도(mg/Sm³)는? (단, 집진율, $\eta = 1 - e^{-\frac{A}{Q}w_e}$ 이다.)

해답

$\eta = 1 - \dfrac{C_o}{C_i} = 1 - e^{-\left(\frac{A}{Q}w_e\right)}$ 에서 $\dfrac{C_o}{C_i} = e^{-\left(\frac{A}{Q}w_e\right)}$

$-\dfrac{A}{Q} \times w_e = \ln\left(\dfrac{0.1}{0.5}\right) = -1.6$ ················· (식 1)

여기서, 집진장치의 길이가 2배로 되면 $A = 2 \times A$가 되어,

$-\dfrac{2A}{Q} \times w_e = \ln\left(\dfrac{C_o}{0.5}\right)$ ················· (식 2)

∴ (식 2) ÷ (식 1)을 하면, $2 = \dfrac{\ln\left(\dfrac{C_o}{0.5}\right)}{-1.6}$, $\ln\left(\dfrac{C_o}{0.5}\right) = -3.2$, 양변에 e를 취하면

$\dfrac{C_o}{0.5} = e^{-3.2} = 0.04$, ∴ $C_o = 0.02[\text{g/Sm}^3] = 20[\text{mg/Sm}^3]$

176 전기집진장치의 입구 분진농도가 23[g/m³]이고, 출구 분진농도가 0.25[g/m³]이었다. 출구의 분진농도를 0.025[g/m³]까지 낮추기 위해서는 집진실의 유효 길이를 함진가스의 흐름 방향으로 현재의 몇 배를 연장하여야 하는가? (단, 집진율, $\eta = 1 - e^{-k \times w_e}$이고, 여기서 w_e는 분진의 겉보기 이동속도, k는 비집진면적($\dfrac{\text{총집진면적}}{\text{함진가스 유량}}$)이다.)

해답

현재의 비집진 면적을 k_1, 연장 후의 비집진 면적을 k_2로 하면

$\left(1 - \dfrac{0.25}{23}\right) = 1 - e^{-k_1 \times w_e}$ 에서 $k_1 \times w_e = -\ln\left(\dfrac{0.25}{23}\right) = 4.522$

$\left(1 - \dfrac{0.025}{23}\right) = 1 - e^{-k_2 \times w_e}$ 에서 $k_2 \times w_e = -\ln\left(\dfrac{0.025}{23}\right) = 6.824$

∴ $\dfrac{k_2 - k_1}{k_1} \times 100 = \dfrac{6.824 - 4.522}{4.522} \times 100 = 51[\%]$

집진극의 길이를 현재보다 1.51배 정도 연장하면 된다.

177 전기집진기의 집진효율이 Deutsch-Anderson 식으로 주어질 경우, 집진극의 면적, 분진의 이동속도, 처리가스량과 제거할 분진의 입경관계식은 $\frac{A}{Q} \times w_e = 2.23 \times d_p$ 로 주어진다. 여기서, d_p는 입자의 입경(μm)이다. 분진의 입경이 2[μm]인 경우, 처리가스량만 20[%] 증가시킨다면 집진되지 않고 배출되는 분진량은 처음의 몇 배가 되는지를 계산하시오.

해답

입경이 2[μm]인 경우 집진효율, $\eta_1 = 1 - e^{-(2.23 \times 2)} = 0.988 = 98.8[\%]$

처리가스량이 20[%] 증가하였을 때, 집진효율

$\eta_1 = 1 - e^{-\left(\frac{2.23 \times 2}{1 + 0.2}\right)} = 0.976 = 97.6[\%]$

∴ 배출되는 분진량의 증가는 $\frac{1 - 0.976}{1 - 0.988} = 2$, 즉 2배가 증가한다.

178 처리가스량 120,000[m³/h]을 99.5[%]의 집진효율로 입자상 물질을 처리하는 전기집진장치를 설계하려고 한다. 유효 표류속도(w_e)가 10[m/min]이고, 집진판의 높이가 5[m], 길이가 2[m]일 경우, 필요한 집진판의 개수는? (단, Deutsch-Anderson 식을 적용하고, 모든 내부 집진판은 양면을 사용하며, 두 개의 외부 집진판은 각 하나의 집진면으로만 집진이 가능하다.)

해답

Deutsch-Anderson 식, $\eta = 1 - e^{-\frac{A}{Q} w_e}$ 에서

$\eta = 0.995$, $w_e = 10[\text{m/min}]$, $Q = 120,000[\text{m}^3/\text{h}] = 2,000[\text{m}^3/\text{min}]$

∴ $0.995 = 1 - e^{-\left(\frac{A \times 10}{2,000}\right)}$

항을 옮기고 양변에 ln을 취하면 $-A = 200 \times \ln 0.005$

∴ $A = 1,060[\text{m}^2]$, $A = A_p \times (n-1)$ 에서 $1,060 = (5 \times 2) \times 2 \times (n-1)$

∴ $n = 54$개

179 처리가스량 7,500[m³/min], 입구 분진농도 15[g/m³], 출구 분진농도 0.3[g/m³]으로 운전되고 있는 전기집진장치에서 집진극의 면적이 4,500[m²]일 경우, 집진장치 내 분진의 이동속도(m/s)를 계산하시오. (단, 집진율은 Deutsch-Anderson 식을 적용한다.)

해답

Deutsch-Anderson 식, $\eta = 1 - e^{-\frac{A}{Q}w_e}$ 에서 $\ln(1-\eta) = -\frac{A \times w_e}{Q}$

$\therefore w_e = -\frac{Q}{A} \times \ln(1-\eta) = -\frac{7,500}{4,500} \times \ln(1-0.98)$

$= 6.52 [\text{m/min}] = 0.11 [\text{m/s}]$

180 집진율 96[%]를 나타내는 어떤 평판형 전기집진장치의 치수가 다음과 같을 경우, 입자의 겉보기 이동속도(cm/s)를 구하시오. (단, 단, 집진율은 Deutsch-Anderson 식으로 $\eta = 1 - e^{-(f \times w_e)}$이며, $f = \dfrac{\text{집진극의 전체 표면적}(\text{m}^2)}{\text{함진가스 유량}(\text{m}^3/\text{s})} = $ 비집진면적(s/m), w_e = 입자의 겉보기 이동속도(m/s)이다.)

(1) 집진극의 높이(H): 12[m]
(2) 집진극의 함진가스 흐름 길이(B): 2[m]
(3) 집진극의 두께(C): 5[cm]
(4) 함진가스 흐름 방향의 직렬 집진실 수(N): 3
(5) 집진극 중심 간격(D): 0.35[m]
(6) 하나의 집진실당 집진극의 병렬장수(n): 31
(7) 집진실 내 집진극 사이의 평균 함진가스 유속(V): 1.2[m/s]

해답

집진극 전체 표면적, $A = H \times B \times n \times N \times 2 = 12 \times 2 \times 31 \times 3 \times 2 = 4,464 [\text{m}^2]$

함진가스량, $Q = D \times V \times H \times n = 0.35 \times 1.2 \times 12 \times 31 = 156.24 [\text{m}^3/\text{s}]$

$\eta = 1 - e^{-(f \times w_e)}$ 에서 $e^{-(f \times w_e)} = 1 - \eta$, $\ln(1-\eta) = -f \times w_e$

$\therefore w_e = \dfrac{\ln(1-\eta)}{-f} = \dfrac{\ln(1-0.96)}{-\left(\dfrac{4,464}{156.24}\right)} = 0.1127 [\text{m/s}] = 11.27 [\text{cm/s}]$

기사·산업 출제빈도 ★★★★

181 건식 전기집진기의 집진율에서 집진극의 전체 면적이 $A[\text{m}^2]$, 처리가스량이 $Q[\text{m}^3/\text{s}]$일 경우, 집진율은 $\eta = 1 - e^{\left(-\dfrac{A \times w_e}{Q}\right)}$이다. 이 집진기는 $\dfrac{A}{Q} = 100[\text{s/m}]$ 되는 상태에서 운전되고 있다. 입구의 함진농도가 50[g/Sm³], 출구의 함진농도가 0.2[g/Sm³]이고, 입구와 출구 사이에 가스의 누출이 전혀 없다고 할 경우, 입자의 분리속도(m/s)는?

해답

$\eta = 1 - e^{\left(-\dfrac{A \times w_e}{Q}\right)}$ 에서 $1 - \dfrac{0.2}{50} = 1 - e^{(-100 \times w_e)}$

$\therefore w_e = 0.055 [\text{m/s}]$

기사·산업 출제빈도 ★★★

182 넓이 6[m]×7[m]인 두 개의 집진판을 갖는 전기집진장치의 입구농도가 6.5[g/m³]인 먼지를 처리하여 출구농도가 0.75[g/m³]가 되도록 하였다. 함진가스량이 120[m³/min]일 때, 먼지 입자의 이동속도(m/s)는?

해답

$\eta = 1 - e^{\left(-\dfrac{A \times w_e}{Q}\right)} = \left(1 - \dfrac{C_o}{C_i}\right)$ 에서 양변에 ln을 취하면 $\ln\left(\dfrac{C_o}{C_i}\right) = -\dfrac{A \times w_e}{Q}$

$\therefore w_e = \left(\dfrac{-120}{60 \times 2 \times 6 \times 7}\right) \times \ln\left(\dfrac{0.75}{6.5}\right) = 0.05 [\text{m/s}]$

183 어떤 평판형 전기집진기에 8[m]×10[m]인 집진판이 2개가 있다. 이 전기집진기의 집진율은 99[%]이고, 함진가스량은 200[m³/min], 입구 분진농도가 2[g/m³]일 경우, 표류속도(입자의 이동 속도)[m/min]는?

해답

$\eta = 1 - e^{-\left(\frac{A \times w_e}{Q}\right)}$ 에서 $0.99 = 1 - e^{-\left(\frac{2 \times 8 \times 10 \times w_e}{200}\right)}$

양변에 자연로그 ln을 취하면

$\ln(1 - 0.99) = -\left(\frac{2 \times 8 \times 10 \times w_e}{200}\right)$

∴ $w_e = 5.76 [\text{m/min}]$

184 어떤 평판형 전기집진기로 분진을 집진하려고 한다. 집진판의 높이가 2[m], 길이가 4[m], 집진판의 간격이 20[cm], 입자의 표류속도가 0.25[m/s], 함진가스의 집진기 내로 흐르는 속도가 3.0[m/s]일 경우, 다음 물음에 답하시오.

1) Deutsch 식으로 집진율(%)을 계산하시오.
2) 집진극의 면적을 2배로 할 경우 집진율(%)은?

> **입자의 이동속도(표류속도, drift velocity 또는 migration velocity)**
> 전기집진장치 내에서 방전극으로부터 하전된 입자가 집진극으로 끌려가는 속도를 말한다. 집진효율이 허락하는 범위(3~20[cm/s]) 내에서 가급적 빠르게 하는 것이 좋다.

해답

$\eta = 1 - e^{-\left(\frac{A \times w_e}{Q}\right)}$ 에서

$A = 2 \times L \times H = 2 \times 4 \times 2 = 16 [\text{m}^2]$

$Q = D \times H \times V = 0.2 \times 2 \times 3 = 1.2 [\text{m}^3/\text{s}]$

1) $\eta = 1 - e^{-\left(\frac{A \times w_e}{Q}\right)} = 1 - e^{-\left(\frac{16 \times 0.25}{1.2}\right)} = 0.9643 = 96.43[\%]$

2) $\eta = 1 - e^{-\left(\frac{2A \times w_e}{Q}\right)} = 1 - e^{-\left(\frac{2 \times 16 \times 0.25}{1.2}\right)} = 0.9987 = 99.87[\%]$

185 처리가스량 $3.6 \times 10^5 [m^3/h]$, 입구 분진농도 $1.2[g/Sm^3]$, 출구 분진농도 $0.02[g/Sm^3]$으로 운전되고 있는 전기집진장치에서 집진극의 면적이 $8 \times 10^3 [m^2]$일 경우, 이 전기집진장치의 출구 분진농도를 현재의 반으로 감소시키기 위해서는 집진면적을 현재의 몇 배로 할 필요가 있는가? (단, 집진율은 Deutsch-Anderson 식으로 $\eta = 1 - e^{-(f \times w_e)}$이며, $f = \dfrac{\text{집진극의 전체 표면적}(m^2)}{\text{함진가스 유량}(m^3/s)} = \text{비집진면적}(s/m)$, w_e = 입자의 겉보기 이동속도(m/s)이다.)

해답

현재의 집진율, $\eta = 1 - \dfrac{0.02}{1.2} = 0.983 = 98.3[\%]$

$f = \dfrac{\text{집진극의 전체 표면적}(m^2)}{\text{함진가스 유량}(m^3/s)} = \dfrac{8 \times 10^3}{3.6 \times 10^5 \times \dfrac{1}{3,600}} = 80[s/m]$

$0.983 = 1 - e^{-(80 \times w_e)}$ 에서 $e^{-(80 \times w_e)} = 1 - 0.983 = 0.017$

$\therefore w_e = 0.0512[m/s]$

비집진면적을 현재의 A배로 할 경우, 출구 분진농도가 현재의 반으로 감소되므로

$e^{-(80 \times 0.0512 \times A)} = \dfrac{0.017}{2} = 8.5 \times 10^{-3}$

$-(80 \times 0.0512 \times A) = \ln(8.5 \times 10^{-3})$

$\therefore A = 1.16$배

186 집진극 사이의 간격이 23[cm]인 평판형 전기집진기가 있다. 이 집진기로 유입되는 전압은 50[kV]이고, 평균 처리가스속도는 1.5[m/s], 집진극을 통과하는 가스 중 입자의 입경은 $0.5[\mu m]$, 처리가스온도는 420[K]일 경우 다음 물음에 답하시오.

1) 이때 집진극으로 끌려가는 입자의 이동속도(m/s)는?
2) 100[%] 집진효율을 얻기 위해 집진극의 길이를 14.4[m]로 할 때, 방전극과 집진극 사이의 거리를 처음의 몇 배로 늘려야 하는가?
(단, 표류속도(입자의 이동속도), $w_e = \dfrac{1.1 \times 10^{-14} \times p \times E^2 \times d_p}{\mu_g}$이고, 여기서 유전율 $p = 2$, $\mu_g = 0.0863[kg/m \cdot h]$이다.)

1) 전기장의 세기

$$E = \frac{V_e}{r}$$

여기서, $V_e = 50 \times 1{,}000 = 50{,}000 [\text{V}]$

r은 방전극과 집진극 사이의 거리(집진극과 집진극 사이에 방전극이 있음)이므로 $r = \dfrac{23[\text{cm}] \times \dfrac{\text{m}}{100[\text{cm}]}}{2} = 0.115[\text{m}]$

$\therefore E = \dfrac{50{,}000}{0.115} = 434{,}782.6 [\text{V/m}]$

$\therefore w_e = \dfrac{1.1 \times 10^{-14} \times 2 \times (434{,}782.6)^2 \times 0.5}{0.0863} = 0.024 [\text{m/s}]$

2) $14.4[\text{m}] : 1.5[\text{m/s}] = x : 0.024[\text{m/s}]$ 에서

방전극과 집진극 사이의 거리, $x = \dfrac{14.4 \times 0.024}{1.5} = 0.2304[\text{m}]$

$\therefore \dfrac{0.2304}{0.115} = 2$

즉, 방전극과 집진극 사이의 거리를 처음의 2배로 늘려야 한다.

기사·산업 출제빈도 ★★★★★

187 집진극 사이의 간격이 25[cm]인 평판형 전기집진기가 있다. 이 집진기로 유입되는 전압은 50[kV]이고, 장치 내 평균 처리가스속도는 1.3[m/s], 처리가스온도는 420[K]이다. 입경 0.5[μm]인 입자를 100[%]의 효율로 집진하기 위한 집진극의 길이(m)는? (단, 이 온도에서 함진가스의 점성계수는 0.0863[kg/m·h], 표류속도(입자의 이동속도)는 0.02[m/s]이다.)

$L \times w_e = d \times u$ 에서 $L = \dfrac{d \times u}{w_e} = \dfrac{\dfrac{0.25}{2}[\text{m}] \times 1.3[\text{m/s}]}{0.02[\text{m/s}]} = 8.125[\text{m}]$

기사·산업 출제빈도 ★★★★★

188 평판형 정전집진기에서 방전극과 집진극 사이의 거리가 4[cm], 함진가스의 유속이 2.5[m/s], 입자가 집진극으로 이동하는 이동속도가 6[cm/s]일 때, 이 입자를 100[%] 집진하기 위한 이론적인 집진극의 길이(m)는?

해답

$$L \times w_e = d \times u \text{에서 } L = \frac{d \times u}{w_e} = \frac{0.04[\text{m}] \times 2.5[\text{m/s}]}{0.06[\text{m/s}]} = 1.67[\text{m}]$$

기사 출제빈도 ★★

189 집진극 사이의 간격이 20[cm]인 평판형 전기집진기가 있다. 이 집진기로 유입되는 전압은 40,000[V]이고, 집진극 사이를 통과하는 처리가스유속이 1.5[m/s]일 경우, 입자의 입경은 0.5[μm]를 100[%] 제거하기 위해 요구되는 집진극의 길이(m)는? (단, 배출가스의 점성계수 $\mu_g = 8.63 \times 10^{-2}$[kg/m · h], 유전율 $p = 2$, 방전극에서 전기장의 세기와 집진극에서 전기장의 세기는 같기 때문에, 집진극으로 이동하는 입자의 이동속도 $w_e = \dfrac{1.1 \times 10^{-14} \times p \times E^2 \times d_p}{\mu_g}$ 이다.)

해답

$$w_e = \frac{1.1 \times 10^{-14} \times 2 \times \left(\dfrac{40,000}{0.1}\right)^2 \times 0.5}{8.63 \times 10^{-2}} = 0.02[\text{m/s}]$$

집진율이 100[%]가 되는 데 소요되는 집진극의 길이(L)를 구한다.

$L \times w_e = r \times v_g$ 에서 $L = \dfrac{r \times v_g}{w_e}$

여기서 r: 방전극과 집진극 사이의 거리, v_g: 배출가스 유속

$\therefore L = \dfrac{0.1 \times 1.5}{0.02} = 7.5[\text{m}]$

기사·산업 출제빈도 ★★★★

190 어떤 시멘트 공장에서 분진을 제거하기 위해서 단단 전기집진기를 설치하려고 한다. 이 공장의 함진가스량은 60[m³/min]이고, 함진농도가 10.5[g/m³]이다. 사용하는 평행판 집진극은 폭이 4.5[m], 높이가 5.0[m]이고, 집진판의 간격은 20[cm]로 평행하게 설치하였다. 하루 동안에 하나의 평행판에 집진되는 분진량(kg/day)은? (단, 집진기 내에서 방전극에서 집진극으로 이동하는 입자의 속도는 10[cm/s]이다.)

해답

집진율, $\eta = 1 - e^{\left(-\frac{A}{Q}w_e\right)} = 1 - e^{\left(-\frac{2 \times 4.5 \times 5.0 \times 0.1}{1}\right)} = 0.99 = 99[\%]$

∴ 분진 집진량 = $60[\text{m}^3/\text{min}] \times 24[\text{h/day}] \times 60[\text{min/h}] \times 10.5[\text{g/m}^3]$
$\times 10^{-3}[\text{kg/g}] \times 0.99 \times \frac{1}{2} = 449.06[\text{kg/day}]$

기사 출제빈도 ★★

191 어떤 원통형 전기집진기의 집진원통 길이가 1[m], 반경이 20[cm], 유효전압이 100[kV]이었다. 집진극 사이의 간격이 20[cm]인 평판형 전기집진기가 있다. 이 집진원통 안으로 온도 100[℃]인 함진가스가 0.5[m/s]로 통과할 때, 입경 1[μm] 입자의 집진효율(%)은? (단, 배출가스의 점성계수 $\mu_g = 8.6 \times 10^{-2}$[kg/m·h], 유전율 $p = 2$, 방전극에서 전기장의 세기와 집진극에서 전기장의 세기는 같고, 집진극으로 이동하는 입자의 이동속도(표류속도) $w_e = \dfrac{1.1 \times 10^{-14} \times p \times E_c \times E_p \times d_p}{\mu_g}$이다.)

해답

$\eta = 1 - e^{-\frac{2 \times L \times w_e}{R \times v_g}}$

여기서, v_g : 함진가스 유속(m/s), w_e : 입자 이동속도(표류속도), L : 원통 길이(m), R : 원통 반경(m)

$E_c = E_p = \dfrac{V}{R} = \dfrac{100 \times 1,000[\text{V}]}{20[\text{cm}] \times \dfrac{\text{m}}{100[\text{cm}]}} = 500,000[\text{V/m}]$

$w_e = \dfrac{1.1 \times 10^{-14} \times p \times E_c \times E_p \times d_p}{\mu_g} = \dfrac{1.1 \times 10^{-14} \times 2 \times 500,000^2 \times 1}{8.6 \times 10^{-2}}$

$= 0.064[\text{m/s}]$

∴ $\eta = 1 - e^{-\frac{2 \times L \times w_e}{R \times v_g}} = 1 - e^{-\left(\frac{2 \times 1 \times 0.064}{0.2 \times 0.5}\right)} = 0.7219 = 72.19[\%]$

전기적 구획

전기집진기로 들어오는 입자상 물질의 입·출구농도가 다르기 때문에 집진율과 효율적인 전력 사용을 위해 독립적인 하전설비를 가진 구획을 나누어 전력을 공급한다.

기사 출제빈도 ☆

192 다음 그림은 전기집진장치 집진실의 전기적 구획 중 일련의 Field가 Cell이라고 부르는 두 개의 섹션(section)으로 전기적으로 분할된 평행구획을 나타내는 것이다. 1섹션을 No.1 계통, 2섹션을 No.2 계통으로 추타한 경우, 입구의 분진농도가 16[g/Sm³]이고, 출구의 분진농도가 무추타 시에는 0.05[g/Sm³], No.1 계통 추타 시에는 0.3[g/Sm³], No.2 계통 추타 시에는 0.15[g/Sm³]이었다. 전기집진장치의 필드(field)를 구분시키는 이유와 1일 평균 집진율(%)은 얼마인가? (단, 추타 간격은 No.1 계통이 1시간에 1회, No.2 계통이 3시간에 1회이고, 추타 시간은 두 계통 모두 1회에 8분 간격으로 하였다.)

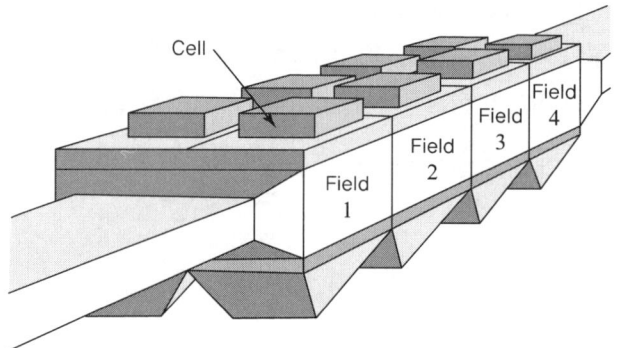

▲ 전기집진장치의 평행구획(two parallel sections, eight cells, and four fields)

해답

1) 필드(field)를 구분시키는 이유는 집진기 내부의 각 위치별로 전력요구량이 다르기 때문이다. 즉, 입구 쪽에는 분진농도가 높아서 적정 전하를 주기 위해서는 많은 전력이 필요하지만, 출구 쪽은 분진 함량이 적으므로 코로나 전류에 여유가 있기 때문이다.

2) 1일 입구 분진량
$= Q[\text{Sm}^3/\text{min}] \times 16[\text{g/Sm}^3] \times 24[\text{hr}] \times 60[\text{min/hr}] = 23{,}040 \times Q$

No.1 계통이 1일 24회, No.2 계통이 1일 8회 추타를 행하므로, 입구와 출구 배출가스량을 $Q[\text{Sm}^3/\text{min}]$라 하면,

1일 출구 분진량 = 무추타 시 분진량 + No. 1 계통 분진량 + No.2 계통 분진량
$= Q[\text{m}^3/\text{min}] \times 0.05[\text{g/Sm}^3] \times \{1[\text{day}] \times 24[\text{h/day}] \times 60[\text{min/h}] - 8[\text{min/회}]$
$\times (24+8)\text{회}\} + Q[\text{m}^3/\text{min}] \times 0.3[\text{g/Sm}^3] \times 24\text{회} \times 8[\text{min/회}]$
$+ Q[\text{m}^3/\text{min}] \times 0.15[\text{g/Sm}^3] \times 8\text{회} \times 8[\text{min/회}] = 126.4 \times Q$

$\therefore$ 1일 평균 집진율 $= \left(\dfrac{23{,}040 \times Q - 126.4 \times Q}{23{,}040 \times Q}\right) \times 100 = 99.5[\%]$

193 1단식(high voltage single stage) 전기집진기에서 집진극 상에 누적된 분진층 중의 전계강도를 $E_d[\text{V/cm}]$, 이것에 흐르는 전류밀도를 $i[\text{A/m}^2]$, 분진층의 겉보기 전기저항을 $\rho_d[\Omega \cdot \text{cm}]$라고 할 때, $E_d = i \times \rho_d[\text{V/cm}]$로 주어진다. i는 분진층 표면 부근의 이온 전류밀도와 같으며, 양호한 집진작용이 행하여질 경우, 그 값은 $2 \times 10^{-8}[\text{A/cm}^2]$이다. 분진층 중 절연 파괴강도를 $5 \times 10^3[\text{V/cm}]$로 할 경우, 분진층의 겉보기 전기저항($\Omega \cdot \text{cm}$)이 얼마 이상이면 역전리가 일어나겠는가?

1단 전기집진기와 2단 전기집진기

전기집진기에는 1단식과 2단식이 있다. 1단식은 방전극부와 집진극부가 일체로 된 것으로 코트렐(Cottrel) 장치라고 불리며, 석탄화력 발전소 등의 대형집진장치로 사용되고, 2단식은 방전극부와 집진극부가 별도로 되어 있는 것으로 유해가스 성분의 발생이 적어 주로 공기조화용으로 쓰이고 있다.

해답

$$\rho_d = \frac{E_d}{i} = \frac{5 \times 10^3}{2 \times 10^{-8}} = 2.5 \times 10^{11}[\Omega \cdot \text{cm}]$$

참고 전기집진장치의 집진성능에 가장 큰 영향을 미치는 인자는 겉보기 전기저항(비저항, resistivity)이다.

1) 비저항이 $10^4[\Omega \cdot \text{cm}]$ 이하에서는 분진이 쉽게 대전되어 집진극에 부착되지만 낮은 비저항으로 곧 전하를 방전하여 중화된다. 그 결과 재비산(jumping 현상)이 일어나 집진율이 저하되는데, 이를 방지하기 위해 습식 또는 반습식 집진기를 사용하는 것이 좋다.
2) 비저항이 $10^4 \sim 10^{11}[\Omega \cdot \text{cm}]$에서는 정상적인 집진이 일어난다.
3) 비저항이 $10^{11}[\Omega \cdot \text{cm}]$ 이상에서는 집진극 면에 분진층은 절연체 역할을 함으로써 전기적으로 음전하가 되고, 분진층 내부는 중성, 집진극 자체는 양극이 형성되어 전위차가 높아져 이 경우 절연파괴를 일으킨다. 즉, 집진극 자체에서 (+) 코로나가 발생하여 역코로나(back corona)와 역전리 현상(back ionization)이 일어나는데, 이는 결과적으로 집진극이 방전극 역할을 하게 되는 것이다. 이때, 정상적인 코로나 방전이 불가능하게 되어 집진율은 급속도로 저하된다. 이를 방지하기 위해 함진가스에 물 또는 수증기를 주입하여 습도를 높이거나 온도를 내리는 것이 좋다.

기사·산업 출제빈도 ★★

194 처리가스량이 10,000[Sm³/h], 압력손실 800[mmH₂O]인 어떤 집진장치가 1일 16시간 운전하여 연간 1,160만 원의 동력비가 들었다. 이 경우 가동시간은 동일한데, 처리가스량이 70,000[Sm³/h], 압력손실이 400[mmH₂O]인 같은 형식의 다른 집진장치의 연간 동력비(원)는? (단, 송풍기의 총괄효율은 변하지 않는 것으로 한다.)

해답
송풍기 동력을 구하는 공식

$kW = \dfrac{Q \times \Delta P}{102 \times \eta} \times \alpha$ 에서 $kW \propto Q \times \Delta P$ 이므로

$10,000 \times 800 : 1,160$만 원 $= 70,000 \times 400 : x$ 만 원

∴ $x = 4,060$만 원

기사·산업 출제빈도 ★

195 어떤 집진장치에 6[HP] 짜리 전동기(motor)가 장착되어 있다. 이 집진장치를 하루 8시간씩 주 5일 가동하면 1년분 전력사용에 따른 전기료(원)는? (단, 단위 전기료는 50[원/kWh], 1년은 52주로 한다.)

해답
전력요금 $= \dfrac{76}{102} \times 6 \times 8 \times 5 \times 52 \times 50 = 464,942$[원/yr]

CHAPTER 4 대기오염 측정 및 관리

1 시료채취방법 이해하기

학습 개요 기사·산업기사 공통

1. 시료채취를 위한 일반적인 사항과 가스상물질 및 입자상물질의 시료채취방법을 파악할 수 있다.

기사·산업 출제빈도 ★★

001 질소 79[%], 산소 20[%], 이산화탄소 1[%]가 구성 성분으로 이루어져 있는 건조공기의 평균분자량은?

해답
평균분자량 = 0.79×28 + 0.20×32 + 0.01×44 = 28.96

기사·산업 출제빈도 ★★★

002 부피비로 CO 35[%], H_2 65[%]인 어떤 기체연료의 평균분자량과 CO의 중량비[%]를 구하시오.

해답
1) 평균분자량 = 28×0.35 + 2×0.65 = 11.1
2) CO 중량비(%) = $\dfrac{28 \times 0.35}{11.1} \times 100 = 88.29[\%]$

기사·산업 출제빈도 ★★

003 해면에서 평균 대기압은 1[atm], 지구의 반경이 6.38×10^8[m]라고 할 경우, 대기의 총질량(kg)은? (단, 1[atm] = 10^5[N/m²]이다.)

해답

지구의 표면적 $= \pi \times D^2 = 3.14 \times (6.38 \times 10^8 \times 2)^2 = 5.11 \times 10^{18} [m^2]$

1[kg]의 질량은 지구 표면에서 9.8[N]의 무게를 갖기 때문에,

1[atm] = 10^5[N/m^2]에서

대기의 총질량(kg) $= \dfrac{10^5 [\text{N/m}^2]}{9.8 [\text{N/kg}]} \times 5.11 \times 10^{18} [m^2] = 5.21 \times 10^{22} [kg]$

기사·산업 출제빈도 ★★★

004 최근 지구 온난화 문제의 원인 물질인 CO_2의 지표면 평균농도가 350[ppm]일 때, 표준상태에서 지표면과 지상 100[m] 사이에 존재하는 CO_2량(톤)은? (단, 지구의 반지름은 6,400[km]이다.)

해답

지표면과 지상 100[m] 사이의 부피

$V = \dfrac{4\pi}{3}(r+dr)^3 - \dfrac{4\pi}{3}r^3$

$= \dfrac{4\pi}{3}r^3 + \dfrac{4\pi}{3}(3r^2 dr) + \dfrac{4\pi}{3}(3r dr^2) + \dfrac{4\pi}{3}(dr^3) - \dfrac{4\pi}{3}r^3$

$= \dfrac{4\pi}{3}(3r^2 dr + 3r dr^2 + dr^3)$

$= \dfrac{4\pi}{3}\{3 \times (6,400)^2 \times 0.1 + 3 \times (6,400) \times 0.1^2 + 0.1^3\}$

$= 51,446,563.86 [km^3]$

∴ 지표면과 지상 100[m] 사이에 존재하는 CO_2량(톤)은

$350 \times 10^{-6} \times 51,446,563.86 [km^3] \times \left(\dfrac{1,000[m]}{[km]}\right)^3 \times \left(\dfrac{44[kg]}{22.4[Sm^3]}\right)$

$\times \left(\dfrac{1톤}{1,000[kg]}\right) = 3.537 \times 10^{10}$ 톤

기사·산업 출제빈도 ★★

005 지표면 근처 이산화탄소의 평균농도는 350[ppm]이다. 지구의 반지름을 6,380[km]라고 할 때, 표준상태에서 지표면과 지상 150[m] 사이에 존재하는 이산화탄소의 질량(톤)은?

> **해답**
>
> 구의 체적(V) = $\frac{4\pi}{3}r^3$, 지표면과 지상 150[m] 사이의 부피
>
> $\Delta V = \frac{4\pi}{3}\{(6,380,000[\text{m}]+150[\text{m}])^3 - (6,380,000[\text{m}])^3\}$
>
> $= 7.66889 \times 10^{16}[\text{m}^3]$
>
> 표준상태에서 $\text{mg/m}^3 = \text{ppm} \times \frac{M}{22.4}$ 이므로,
>
> 350[ppm]은 $350 \times \frac{44}{22.4} = 687.5[\text{mg/m}^3]$
>
> ∴ 이산화탄소의 총질량(톤)은
>
> $\frac{687.5[\text{mg}]}{\text{m}^3} \times 7.66889 \times 10^{16}[\text{m}^3] \times \frac{\text{톤}}{10^9[\text{mg}]} = 5.27236 \times 10^{10}$ 톤

기사·산업 출제빈도 ★★★

006 면적이 200[km²]인 어떤 도시에서 3×10^5대의 자동차가 대당 4[L/day]의 가솔린을 소비하고 있고, 이 자동차에서 배출되는 가스 중 CO 가스가 1.5[%]를 차지하고 있다고 할 경우, 이 도시에서는 연간 몇 ton의 CO 가스가 자동차에서 배출되고 있는지를 계산하시오. (단, 연료의 비중은 0.85, 연료 1[kg]당 15[kg]의 공기가 소요되며, 연소공기량은 연소가스량과 같다. 1년은 365일로 한다.)

> **해답**
>
> 3×10^5대 $\times 4[\text{L/day} \cdot \text{대}] \times 0.85[\text{kg/L}] \times 15[\text{kg/kg}] \times \frac{1.5}{100} \times 365[\text{day}] \times \frac{\text{톤}}{10^3[\text{kg}]}$
>
> $= 83,767.5[\text{톤/yr}]$

기사·산업 출제빈도 ★

007 달(moon)의 어떤 높이 H에서 질소 가스(N_2)의 농도는 달 표면의 1/20이고, 높이에 따른 압력과의 변화는 $H - H_o = -\frac{RT}{M \cdot g}\ln\left(\frac{P}{P_o}\right)$ 식으로 나타낸다. 기체의 온도가 -40[℃], 달의 중력가속도가 167[cm/s²]일 때, 높이 H(km)를 구하시오. (단, 이 식에서 $R = 8.31 \times 10^7$ [g·cm²/kmol·s²], g는 중력가속도, P는 압력, H는 고도이고, 기체는 이상기체 상태방정식을 따른다.)

해답

$$H - 0 = -\frac{(8.31 \times 10^7) \times (273-40)}{(28) \times (167)} \ln\left(\frac{1}{2}\right) = 2,870,172 [cm] \fallingdotseq 28.7 [km]$$

008 가시한계도가 0.02이고, 소광계수값이 0.86[km^{-1}]일 때 가시한계거리(km)는?

해답

가시한계도, $\left(\dfrac{I}{I_o}\right) = 0.02$, 소광계수$(\sigma) = 0.86[km^{-1}]$일 때, 램버트 비어의 법칙에 따라 $I = I_o e^{-\sigma \cdot d}$

∴ $0.02 = e^{-0.86 \cdot d}$, 양변에 자연로그를 취하면 $\ln 0.02 = -0.86 \times d$

∴ 가시한계거리, $d = 4.55 [km]$

소광계수

대기 소광계수는 대기를 통과할 때 별이 어느 정도 어두워지는가를 나타내는 수치로써 빛의 파장과 대기의 기압, 상태에 따라 조금씩 달라진다. 사람의 눈에 가장 민감하게 반응하는 녹색 빛의 경우 평균적으로 0.28 정도이다.

009 공기 중 아세톤(CH$_3$COCH$_3$)의 농도가 2,000[ppm]일 경우, 아세톤이 혼합된 혼합기체의 유효비중은? (단, 공기의 비중은 1, 아세톤의 비중은 2이다.)

해답

공기 1[kmol]이 차지하는 부피 22.4[Sm^3]에 포함된 아세톤의 체적은
$2,000 \times 10^{-6} \times 22.4 = 0.0448 [Sm^3]$

∴ 혼합기체의 비중 $= \dfrac{22.4 + 0.0448}{22.4} = 1.002$

다른 풀이

아세톤이 2,000[ppm] (0.2[%])이 있는 혼합기체는 공기가 998,000[ppm] (99.8[%])이 존재한다.

∴ 혼합기체의 유효비중 $= 0.998 \times 1 + 0.002 \times 2 = 1.002$

유효비중(effective specific gravity)

증기나 가스의 비중으로 상대적인 물질 간의 무거움을 비교하는 것으로 공기와 증기의 혼합기체에 대한 유효비중은 증기와 혼합되지 않은 순수한 공기의 비중과 거의 동일하게 나타난다. 따라서 공기보다 오염물질이 무거운 중기더라도 공기 중에서 자유롭게 확산이 이루어지므로 국소배기장치에서 후드를 설치할 경우 무거운 증기라고 하방형 후드를 설치하면 안 된다.

010 대기압이 735[mmHg]일 때, 진공도 95[%]의 절대압력은 몇 [kg/cm^2]인가?

해답

760[mmHg] = 1.0332[kg/cm²]이므로

760 : 1.0332 = 735×(1 − 0.95) : x

∴ $x = 0.05$ [kg/cm²]

다른 풀이

절대압력 = 대기압 − 진공압

$$= \frac{735}{760} \times 1.0332 - \frac{735}{760} \times 1.0332 \times 0.95 = 0.05 \,[\text{kg/cm}^2]$$

011 대기 중 고도에 따른 압력 변화는 $\frac{dP}{dH} = -\rho \times g$로 나타낼 수 있다. 여기서 ρ: 공기의 밀도, P: 대기 압력, H: 고도, g: 중력가속도이다. 이 주어진 식과 이상기체 상태방정식을 이용하여 다음 식을 유도하시오. (단, T: 절대온도, R: 기체상수, P_a, H_a: 특정 장소, a에서 대기 압력 및 고도이다.)

$$\ln \frac{P}{P_a} = -\frac{M \times g}{R \times T}(H - H_a)$$

해답

$$\frac{dP}{dH} = -\rho \times g \quad \cdots\cdots\cdots\cdots (\text{식 1})$$

여기서, −는 고도에 따른 기온의 감소를 나타낸다.

이상기체 상태 방정식, $PV = \frac{m}{M}RT$에서 $P = \frac{m}{V \times M}RT = \frac{\rho}{M}RT$

$$\therefore \rho = \frac{PM}{RT} \quad \cdots\cdots\cdots\cdots (\text{식 2})$$

(식 1)에 (식 2)를 대입하면,

$$\frac{dP}{dH} = -\frac{PM}{RT} \times g, \text{ 즉, } \frac{dP}{P} = -\frac{M \times g}{R \times T} \times dH \quad \cdots\cdots (\text{식 3})$$

온도 T, 어떤 장소 a에서의 대기 압력을 P_a, 고도 H에서 대기 압력을 P라고 하여 (식 3)을 a에서 H까지 적분하면,

$$\int_a^H \frac{1}{P}dP = -\frac{M \times g}{R \times T}\int_a^H dH, \ \ln P - \ln P_a = -\frac{M \times g}{R \times T}(H - H_a)$$

$$\therefore \ln \frac{P}{P_a} = -\frac{M \times g}{R \times T}(H - H_a)$$

012 사람의 혈액 중 CO와 O_2의 농도가 대기에서 흡입한 CO와 O_2의 분압과 밀접한 관계가 있다고 할 경우, 그 관계식은 $\dfrac{CO\,Hb}{O_2\,Hb} = M \times \dfrac{P_{CO}}{P_{O_2}}$로 정의된다. 여기서, P_{CO}와 P_{O_2}는 CO와 O_2의 분압이고, M은 상수이다. 만약 어떤 사람의 혈액 중 CO에 대한 포화율(saturation ratio)이 20[%]일 경우, 대기 중 CO 농도(ppm)는? (단, 대기 중 O_2의 농도는 20[%]이고, M이 200이다.)

해답 혈액 중 CO 포화율

$$0.2 = \frac{CO\,Hb}{CO\,Hb + O_2\,Hb} = \frac{\left[\dfrac{CO\,Hb}{O_2\,Hb}\right]}{\left[\dfrac{CO\,Hb}{O_2\,Hb}+1\right]} = \frac{M\dfrac{P_{CO}}{P_{O_2}}}{M\dfrac{P_{CO}}{P_{O_2}}+1}$$

$$= \frac{200 \times \dfrac{P_{CO}[\text{ppm}]}{20 \times 10^4[\text{ppm}]}}{200 \times \dfrac{P_{CO}[\text{ppm}]}{20 \times 10^4[\text{ppm}]}+1}$$

$\therefore P_{CO} = 250[\text{ppm}]$

013 사람의 혈액 중 CO와 O_2의 농도가 대기에서 흡입한 CO와 O_2의 분압과 밀접한 관계가 있다고 할 경우, 그 관계식 $\dfrac{CO\,Hb}{O_2\,Hb} = M \times \dfrac{P_{CO}}{P_{O_2}}$로 정의된다. 여기서, P_{CO}와 P_{O_2}는 CO와 O_2의 분압이고, M은 상수이다. 만약 공기 중 포함된 CO의 농도가 200[ppm]일 경우, 사람의 혈액 중 CO Hb의 포화 값은? (단, $M = 200$, $O_2 = 21[\%]$이다.)

해답 $\dfrac{CO\,Hb}{O_2\,Hb} = M \times \dfrac{P_{CO}}{P_{O_2}} = 200 \times \dfrac{200}{21 \times 10^4} = 0.19$

014 25[℃], 750[mmHg] 상태에서 수은(Hg) 0.5[kg]을 기화시키면 수은 증기가 몇 [m³]가 되는가? (단, 수은의 원자량은 200.59이다.)

해답

$$수은\ 증기(m^3) = 0.5[kg] \times \frac{22.4[Sm^3] \times \frac{273+25}{273}}{200.59[kg]} = 0.06[m^3]$$

015 공기를 이상기체로 가정하고, 21[℃], 1[atm]일 때, 공기의 밀도(g/L)를 구하시오. (단, 공기의 조성은 질소 79[%], 산소 21[%]이다.)

해답

$$\rho_{N_2} = \frac{PM}{RT} = \frac{1 \times 28}{0.082 \times (273+21)} = 1.16[g/L]$$

$$\rho_{O_2} = \frac{1 \times 32}{0.082 \times (273+21)} = 1.33[g/L]$$

$$\therefore \rho_{air} = 0.79 \times 1.16 + 0.21 \times 1.33 = 1.20[g/L]$$

016 표준상태에서 공기의 비중량이 1.293[kg/Sm³]이다. 공기 온도가 150[℃]로 높아졌을 경우, 공기의 비중량(kg/m³)은?

해답

$$비중량,\ \gamma = \gamma_o \times \frac{273}{273+t} = 1.293 \times \frac{273}{273+150} = 0.83[kg/m^3]$$

017 대기압이 700[mmHg]인 기상 조건에서 어떤 공장의 굴뚝에서 배출되는 배출가스의 온도는 225[℃], 부피는 150[m³]이었다. 이 배출가스의 표준상태일 때 부피(Sm³)는?

보일-샤를의 법칙

기체의 압력·온도·부피 사이의 관계를 나타내는 기체법칙으로, 보일의 법칙, 샤를의 법칙, 게이뤼삭의 법칙을 종합한 것이다.

$$\frac{P_1 V_1}{T_1} = \frac{P_2 V_2}{T_2}$$

해답

$$V_2 = V_1 \times \frac{T_2}{T_1} \times \frac{P_1}{P_2} = 150 \times \frac{273}{273+225} \times \frac{700}{760} = 75.74[\text{Sm}^3]$$

기사·산업 출제빈도 ☆☆☆

018 어떤 용액 중 수소이온농도를 측정한 결과 pH = 2.5이었다. 수소이온농도의 mol/L, 중량(%), ppm을 계산하시오. (단, 용액의 비중은 1이다.)

해답

1) 수소이온농도[H^+]의 mol/L = $10^{-\text{pH}} = 10^{-2.5} = 3.16 \times 10^{-3}[\text{mol/L}]$

2) 수소이온농도[H^+]의 중량(%)은 [H^+] 1[mol] = 1[g]이므로

$$\frac{3.16 \times 10^{-3}[\text{g}]}{L} = \frac{3.16 \times 10^{-3}[\text{g}]}{10^3[\text{g}]} \times 100 = 3.16 \times 10^{-4}[\%]$$

3) $1[\%] = 10^4[\text{ppm}]$이므로, $3.16 \times 10^{-4} \times 10^4 = 3.16[\text{ppm}]$

기사·산업 출제빈도 ☆☆☆

019 어떤 용액(비중 1.1) 중 수소이온이 60[ppm] 함유되어 있다. 이 용액의 pH와 수산이온([OH^-])의 몰농도(mole/L)는?

해답

용액 1[L]를 기준으로 $1,000[\text{mL/L}] \times 1.1[\text{g/mL}] = 1,100[\text{g/L}]$

이 용액 중 [H^+]의 질량 = $1,100[\text{g/L}] \times 60 \times 10^{-6} = 0.066[\text{g/L}]$

[H^+] 1[mole]은 1[g]이므로, [H^+] = 0.066[mole/L]

∴ pH = $-\log[H^+] = -\log 0.066 = 1.18$

$$[OH^-][\text{mole/L}] = \frac{k_w}{[H^+]} = \frac{1 \times 10^{-14}}{0.066} = 1.52 \times 10^{-13}[\text{mole/L}]$$

(∵ H_2O의 이온적은 1×10^{-14}이다.)

기사·산업 출제빈도 ☆☆

020 13,000[m^3/min]인 공기를 450[℃]에서 150[℃]로 식히기 위해 125[L/min]의 물을 공기 중에 혼합하여 증발시켰다. 식힌 후 공기의 유량(m^3/min)은? (단, H_2O의 분자량은 18이다.)

> **해답**
>
> H_2O는 비중이 1이므로 125[L/min] = 125[kg/min]이다.
>
> 이 H_2O가 STP에서 차지하는 부피 = $125 \times \dfrac{22.4}{18} = 155.56[\text{Sm}^3/\text{min}]$
>
> 보일–샤를의 법칙 $\dfrac{PV}{T} = \dfrac{P_1 V_1}{T_1}$ 에서
>
> 압력 P는 일정하므로 $\dfrac{13{,}000}{273 + 450} = \dfrac{V_1}{273 + 150}$
>
> ∴ $V_1 = 7{,}605.81[\text{m}^3/\text{min}]$
>
> 0[℃], 155.56[Sm^3/min]을 150[℃]로 환산한 부피를 V_2로 두면
>
> $\dfrac{155.56}{273} = \dfrac{V_2}{273 + 150}$
>
> ∴ $V_2 = 241.03[\text{m}^3/\text{min}]$
>
> ∴ 총부피 = $V_1 + V_2 = 7{,}605.81 + 241.03 = 7{,}846.84[\text{m}^3/\text{min}]$

기사·산업 출제빈도 ★★

021 상온, 735[mmHg]에서 500[mL]인 기체는 같은 온도, 760[mmHg]에서는 몇 [mL]인가?

> **해답**
>
> 온도가 같으므로 압력에 따른 가스 부피의 변화, 즉 보일의 법칙에서
>
> PV = 일정, 735[mmHg] × 500[mL] = 760[mmHg] × V[mL]
>
> ∴ V = 483.55[mL]

기사·산업 출제빈도 ★★★

022 1,000[℃]인 배출가스 200[m^3/min]를 100[℃]로 냉각시키기 위해 0[℃]의 물을 분사시킨 후 그 기화열을 이용하여 냉각하였다. 1,000[℃] 배출가스의 엔탈피가 280[kcal/kg], 100[℃] 배출가스의 엔탈피가 20[kcal/kg], 물 1[kg] 증발 시 흡수열량이 600[kcal/kg]이며, 배출가스의 평균밀도가 80[kg/m^3]일 경우 다음 물음에 답하시오.

1) 냉각에 필요한 흡수열량(kcal/min)은?
2) 냉각 시 소요되는 물의 양(kg/min)은?
3) 냉각 후 배출가스의 총량(m^3/min)은?

엔탈피(enthalpy)

열역학계의 성질로 계의 내부 에너지에 압력 곱하기 부피를 더한 값으로 정의된다. 대기압과 같이 일정한 압력에 둘러싸인 계를 다룰 때 유용하게 사용되는 상태함수이다. 국제단위계상에서 줄(J)이 엔탈피를 나타내기 위한 단위로 사용된다.

해답

1) $200[\text{m}^3/\text{min}] \times 80[\text{kg/m}^3] \times (280-20)[\text{kcal/kg}] = 4,160,000[\text{kcal/min}]$

2) $4,160,000[\text{kcal/min}] \times 4,160,000 \times \dfrac{1}{600[\text{kcal/kg}]} = 6,933.33[\text{kg/min}]$

3) $200[\text{m}^3/\text{min}] \times \dfrac{273+100}{273+1,000} + 6,933.33[\text{kg/min}] \times \dfrac{22.4[\text{Sm}^3]}{18[\text{kg}]}$
   $\times \dfrac{273+100}{273} = 11,847.24[\text{m}^3/\text{min}]$

기사·산업 출제빈도 ★★★★

023 온도와 압력이 각각 130[℃], 730[mmHg]인 배출가스 중 분진농도가 80[mg/m³]이었다. 이 농도를 표준상태에서의 분진농도(mg/Sm³)로 환산하시오.

해답

$$C = \dfrac{80[\text{mg}]}{1[\text{m}^3] \times \dfrac{273[\text{K}]}{(273+130)[\text{K}]} \times \dfrac{730[\text{mmHg}]}{760[\text{mmHg}]}} = 92.44[\text{mg/Sm}^3]$$

기사·산업 출제빈도 ★★★

024 0[℃], 1[atm] 상태에서 10[ppm]의 CO를 함유하는 공기의 CO 농도를 [μg/m³]로 나타내시오.

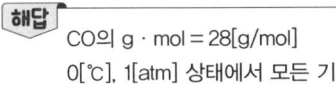

단위 환산(ppm과 mg/m³)
$\text{mg/m}^3 = \text{ppm} \times \dfrac{M}{22.4}$
(0[℃], 1기압)

해답

CO의 g·mol = 28[g/mol]
0[℃], 1[atm] 상태에서 모든 기체의 부피는 22.4[L/mol]이므로

$\mu\text{g/m}^3 = \text{ppm} \times \dfrac{\text{g·mol}}{\text{L/mol}} \times 10^3[\text{L/m}^3]$

$= 10 \times 10^{-6} \times \dfrac{28[\text{g/mol}] \times 10^3[\text{L/m}^3] \times 10^6[\mu\text{g/g}]}{22.4[\text{L/mol}]} = 12,500[\mu\text{g/m}^3]$

025 공기 중 오존 가스농도가 0.5[ppm]으로 존재한다. 표준상태에서 이 오존은 몇 [mg/m³]인가?

해답
$$mg/Sm^3 = ppm \times \frac{분자량}{22.4} = 0.5 \times 10^{-6} \times \frac{48[kg]}{22.4[Sm^3]} \times 10^6 [mg/kg]$$
$$= 1.07 [mg/Sm^3]$$

026 어떤 대기오염 배출원에서 배출되는 가스 중 SO_2의 함유량이 760[mmHg], 50[℃] 상태에서 5[ppm]이었다. 이 아황산가스 농도를 [μg/m³]로 나타내시오.

해답
$$\mu g/m^3 = 5 \times \frac{64}{22.4 \times \frac{273+50}{273}} \times 10^3 = 12{,}074 [\mu g/m^3]$$

027 어떤 배출원에서 배출되는 배출가스의 온도는 150[℃], 압력 1.2기압일 때, SO_2 농도가 250[ppm]일 경우, 이 아황산가스 농도를 [mg/Sm³]로 나타내시오.

해답
$$mg/m^3 = 250 \times \frac{64}{22.4 \times \frac{273+150}{273} \times \frac{760}{760 \times 1.2}} = 724.46 [mg/m^3]$$

028 배출가스 중 SO_2 농도가 500[ppm]이고, 배출가스량이 2,000[Sm³/h]일 경우, 1일 배출되는 SO_2량(kg/day)은?

> **해답**
> SO_2 1[kmol]의 무게가 64[kg], 부피가 22.4[Sm^3]이므로
> 64[kg] : 22.4[Sm^3] = x[kg/day] : 500×10^{-6}×2,000[Sm^3/h]×24[h/day]
> ∴ x = 68.57[kg/day]

기사·산업 출제빈도 ★★★

029 어떤 보일러에서 배출되는 가스 중 질소산화물의 농도는 350[ppm]이었다. 질소산화물을 전부 NO$_2$라고 할 경우, NO$_2$의 농도(mg/Sm^3)는?

> **해답**
> $$\text{mg/Sm}^3 = \text{ppm} \times \frac{\text{분자량}}{22.4} = 350 \times \frac{46}{22.4} = 718.75 [\text{mg/Sm}^3]$$

기사·산업 출제빈도 ★★

030 200[℃], 0.9[atm]의 기상 조건에서 배출되는 발전소 배출가스 1[m^3] 안에 3[g]의 아황산가스가 포함되어 있을 경우, 20[℃], 1[atm]의 기상 조건에서 운전되는 분석기기에 나타나는 농도(ppm)는?

> **해답**
> 200[℃], 0.9[atm]의 기상 조건에서 배출되는 발전소 배출가스 1[m^3] 안에 3[g] 아황산가스의 몰수는 $\frac{3[g]}{64[g/mol]} = 0.047[\text{mol}]$ SO_2, 이 값은 20[℃], 1[atm]의 기상 조건으로 바꾸어도 질량은 변하지 않는다.
> 200[℃], 0.9[atm]의 기상 조건에서 아황산가스의 부피는, $PV = nRT$에서
> 0.9[atm] × V = 0.047[mol] × 0.082[L·atm/mol·K] × (273+200)[K]
> ∴ V = 2.02[L], 아황산가스 농도 = $\frac{2.02[L]}{1,000[L]} \times 10^6 = 2,020[\text{ppm}]$

기사·산업 출제빈도 ★★★

031 굴뚝 배출가스 중 암모니아가 10[ppm] 농도로 배출되고 있다. 배출가스량이 1[m^3/s]일 때, 하루 중 배출되는 암모니아량(kg/d)은?

해답

$$Q = 1[\text{m}^3/\text{s}] \times \frac{10[\text{mL}]}{\text{Sm}^3} \times 10^{-6}[\text{Sm}^3/\text{mL}] \times \frac{17[\text{kg}]}{22.4[\text{Sm}^3]} \times 60[\text{s/min}]$$
$$\times 60[\text{min/h}] \times 24[\text{h/d}] = 0.66[\text{kg/d}]$$

기사·산업 출제빈도 ★★★

032 CO_2 350[ppm]은 20[℃], 1.2기압하에서 몇 [mg/m³]인가?

해답

$$\text{mg/m}^3 = \frac{\text{ppm} \times M[\text{kg/kmol}] \times P[\text{atm}]}{0.0821[\text{atm} \cdot \text{m}^3/\text{kmol} \cdot \text{K}] \times (273+t)[\text{K}]} = \frac{350 \times 44 \times 1.2}{0.0821 \times 293}$$
$$= 768.23[\text{mg/m}^3]$$

기사·산업 출제빈도 ★★★

033 표준상태에서 NO 농도가 0.5[ppm]일 경우, 30[℃], 750[mmHg]에서 몇 [μg/m³]인가?

해답

$$\text{NO 농도}(\mu\text{g/m}^3) = 0.5 \times \frac{30}{22.4 \times \frac{273+30}{273} \times \frac{760}{750}} \times 10^3 = 595.4[\mu\text{g/m}^3]$$

기사·산업 출제빈도 ★★★

034 표준상태에서 CO_2의 농도가 0.05[%]일 경우, 이 값을 [mg/m³]로 환산하면 얼마가 되는가?

해답

$$CO_2\text{의 농도}(\text{mg/m}^3) = 0.05[\%] \times 10^4[\text{ppm}/\%] \times \frac{44}{22.4} = 982.14[\text{mg/Sm}^3]$$

기사·산업 출제빈도 ☆☆☆

035 어떤 공업지역 대기 중 기온이 25[℃]이고, 대기압이 760 [mmHg]일 때, HCl 가스의 농도가 0.1[ppm]으로 측정되었다. 이 농도를 [μg/m^3] 단위로 환산하시오.

해답

$$\text{HCl 농도}(\mu g/Sm^3) = ppm \times \frac{\text{분자량}}{22.4} \times 10^3 = 0.1 \times \frac{36.5}{22.4 \times \frac{273+25}{273}} \times 10^3$$

$$= 149.28[\mu g/m^3]$$

기사·산업 출제빈도 ☆☆☆

036 250[℃], 0.9 기압의 기상 조건에서 배출되는 화력발전소 배출가스의 SO_2 농도는 1,850[ppm]이었다. 이 배출가스가 25[℃], 1기압 기상 조건에서는 몇 [mg/m^3]인가?

해답

$$SO_2\ \text{농도}(mg/m^3) = 1,850 \times \frac{64}{22.4 \times \frac{273+25}{273+200} \times \frac{0.9}{1}} = 9,321.93[mg/m^3]$$

기사 출제빈도 ☆☆

037 굴뚝으로 배출되는 200[℃]의 굴뚝 배출가스 성분이 부피비로 다음과 같았다. 이 배출가스를 25[℃]로 냉각하여 수분을 모두 제거하였을 경우, 배출가스 중 SO_2 농도(mg/m^3)는?

- 질소(N_2): 85[%]
- 이산화탄소(CO_2): 5[%]
- 산소(O_2): 4[%]
- 수분(H_2O): 5[%]
- 일산화탄소(CO): 0.9[%]
- 아황산가스(SO_2): 0.1[%]
- 분진농도: 10[mg/m^3](at 20[℃])

해답

200[℃]에서 0.3 V[%] SO_2의 질량을 구한다.

$PV = nRT$ 에서 $1[\text{atm}] \times 1[\text{m}^3] \times \dfrac{1,000[\text{L}]}{\text{m}^3} \times 0.001$

$= n \times 0.082[\text{L} \cdot \text{atm/mol} \cdot \text{K}] \times (273+200)[\text{K}]$

$\therefore n = 0.026[\text{mol}] = 0.026[\text{mol}] \times \dfrac{64[\text{g}]}{\text{mol}} = 1.664[\text{g}]$

200[℃]에서 수분을 제외한 배출가스의 부피 = 0.95[m³]

이 값을 25[℃]로 냉각하면 $0.95[\text{m}^3] \times \dfrac{273+25}{273+200} = 0.60[\text{m}^3]$

∴ 배출가스 중 SO_2 농도(mg/m³)

$= \dfrac{1.664[\text{g}] \times \dfrac{1,000[\text{mg}]}{\text{g}}}{0.60[\text{m}^3]} = 2,773.33[\text{mg/m}^3]$

기사·산업 출제빈도 ☆☆☆

038 어떤 공장에서 배출되는 연소가스 10[Sm³] 중 연소가스(Cl_2)가 0.5[g]이 들어 있을 경우, 이 연소가스 중 염소농도(ppm)는? (단, 염소의 분자량은 71이다.)

해답

염소가스 농도(ppm) = $\dfrac{0.5[\text{g}] \times 10^3[\text{mg/g}]}{10[\text{Sm}^3]} \times \dfrac{22.4}{71} = 15.77[\text{ppm}]$

기사·산업 출제빈도 ☆☆☆

039 25[℃], 1[atm]에서 프로페인 가스의 밀도(kg/m³)와 비용적(m³/kg)을 구하시오.

해답

기체밀도의 보정식

$\gamma = \gamma_o[\text{kg/Sm}^3] \times \dfrac{273[\text{K}]}{(273+t)[\text{K}]} \times \dfrac{P_a[\text{mmHg}]}{760[\text{mmHg}]}$

$= \dfrac{M(\text{분자량})}{22.4} \times \dfrac{273}{273+t} \times \dfrac{P_a}{760}$ 에서 프로페인(C_3H_8) 가스의 밀도(비중량)

$\gamma = \dfrac{44[\text{kg}]}{22.4[\text{Sm}^3]} \times \dfrac{273}{273+25} \times \dfrac{760}{760} = 1.80[\text{kg/m}^3]$

비용적 = $\dfrac{1}{\text{비중량}} = \dfrac{1}{1.80[\text{kg/m}^3]} = 0.56[\text{m}^3/\text{kg}]$

040 어떤 공장 굴뚝에서 배출되는 연기의 배출가스 온도가 200[℃], 대기압 740[mmHg]인 상태에서 배출가스의 조성을 분석한 결과, N_2 80[%], CO_2 15[%], O_2 5[%]이었다. 이 굴뚝에서 배출되는 가스의 단위체적당 질량(비중량)[kg/m³]은?

해답
비중량,
$$\gamma = \frac{1}{22.4}(28 \times 0.8 + 44 \times 0.15 + 32 \times 0.05) \times \frac{273}{273+200} \times \frac{740}{760} = 0.77 [kg/m^3]$$

041 1.5[%](무게비)의 황을 함유하는 기름(oil)을 사용하여 시간당 10^6[kJ]의 에너지를 생산하는 화력발전소가 있다. 사용하는 기름의 열량은 4,000[kJ/kg]이고, 밀도가 1[g/cm³]일 때, 이 화력 발전소에서 배출되는 연간 NO_x의 배출량(kg/y)은? (단, 화력발전소는 1년간 80[%] 가동되고, 열효율은 45[%], 사용되는 기름에 대하여 1.06×10^9[kJ]의 열량이 305[kg]의 NO_x을 생성한다고 가정한다.)

해답
연간 총에너지 $= 10^6[kJ/h] \times 8,760[h/y] \times 0.8 = 7,008 \times 10^6[kJ/h]$
연간 총 NO_x 배출량 $= \dfrac{305[kg] \times 7,008 \times 10^6[kJ/y]}{1.06 \times 10^9[kJ]} = 2,016.45[kg/y]$

042 용적 100[m³]인 밀폐된 실내에서 황(S) 0.05[%]를 함유하는 등유 500[g]을 완전 연소시켰을 때, 실내에 존재하는 SO_2 가스의 평균 농도(ppm)는?

> **해답**
> 황의 연소반응식: S + O₂ → SO₂
> 　　　　　　　32[g]　　22.4[L]
> 　　　　　　$\frac{0.05}{100}\times 500$　　x
>
> 연소반응에서 발생하는 SO₂ 가스의 양(Sm³),
>
> $x = \dfrac{\dfrac{0.05}{100}\times 500 \times 22.4}{32} = 0.175[\text{L}] = 1.75\times 10^{-4}[\text{Sm}^3]$
>
> ∴ ppm $= \dfrac{1.75\times 10^{-4}}{100}\times 10^6 = 1.75[\text{ppm}]$

043 SO₂ 0.05[ppm]을 포함하는 대기를 20[℃]에서 유량 1.5[L/min]으로 과산화수소수(H₂O₂) 흡수액 20[mL]에 한 시간 동안 흡수시켰을 경우, 황산의 규정농도(N)는?

> **해답**
> 황산의 규정농도(N)
> $= \dfrac{C[\text{ppm}]\times 10^{-6}\times q[\text{L/min}]\times t[\text{min}]}{22.4[\text{L}]}\times \dfrac{273}{273+\theta}\times 2 \times \dfrac{1{,}000}{V[\text{mL}]}$
>
> 여기서, C: SO₂ 농도, q: 흡입유량(L/min), t: 흡입시간(min), θ: 기온(℃)
> 　　　　2: SO₂ 당량 수, V: 흡수액의 부피(mL)
>
> ∴ 황산 규정농도(N)
> $= \dfrac{0.05[\text{ppm}]\times 10^{-6}\times 1.5[\text{L/min}]\times 60[\text{min}]}{22.4[\text{L}]}\times \dfrac{273}{273+20}\times 2 \times \dfrac{1{,}000}{20[\text{mL}]}$
> $= 1.87\times 10^{-5}[\text{N}]$

044 어떤 노즐(nozzle) 구멍의 단면적이 50[cm²]인 연료 이송 덕트로 프로페인(C₃H₈) 가스를 1시간에 30[kg]의 비율로 확산연소를 행하고 있다. 이 경우 노즐의 분출속도(cm/s)는?

해답

프로페인(C_3H_8) 가스의 분자량 = 44

프로페인 30[kg]의 가스량 = $22.4 \times \dfrac{30}{44} = 15.27[Sm^3/h]$

분출속도, $v = \dfrac{Q}{A} = \dfrac{15.27}{5 \times 10^{-3} \times 3,600} = 0.85[m/s] = 85[cm/s]$

---

045 배출가스 온도 250[℃], 배출속도 7[m/s]인 어떤 굴뚝에서 배출되는 배출가스의 유량이 시간당 6,000[Sm^3]일 때, 배출가스가 나오는 굴뚝 상단의 단면적(m^2)은?

해답

$Q = Av$ 에서 $6,000[Sm^3] \times \dfrac{(273+250)[K]}{273[K]} = A \times 7[m/s] \times 3,600[s/h]$

∴ $A = 0.46[m^2]$

다른 풀이

$F = \dfrac{Q(1+0.0037 \times t)}{3,600 \times W} = \dfrac{6,000 \times (1+0.0037 \times 250)}{3,600 \times 7} = 0.46[m^2]$

---

046 직경 20[cm]인 원형 덕트 안에 절대압력이 2.0[kgf/cm^2], 온도가 20[℃]인 공기가 1.5[kg/s]로 흘러가고 있다. 이때 덕트 내 유동을 균일분포 유동으로 간주하고 덕트 내를 흐르는 공기의 유속(m/s)을 구하시오. (단, 0[℃], 1기압에서 공기 밀도는 1.293[kg/m^3]이다.)

해답

절대압력 2.0[kgf/cm^2]일 때, 온도 20[℃]인 공기의 밀도

$\gamma_a = 1.293 \times \dfrac{273}{(273+20)} \times \dfrac{2.0}{1.0332} = 2.33[kg/m^3]$

덕트 내를 흐르는 공기의 유속(m/s)

$v = \dfrac{M}{\gamma_a \times A} = \dfrac{1.5[kg/s]}{2.33[kg/m^3] \times \dfrac{3.14}{4} \times 0.3^2[m^2]} = 9.11[m/s]$

기사·산업 출제빈도 ★★★☆

047 질소산화물의 배출허용기준에는 중유의 연소 시 배출가스 중 NOx 농도는 배출가스 중 표준산소농도를 4[%]로 보정하도록 되어 있다. 중유를 공기비 1.4로 연소하고 있는 어떤 보일러에서 배출되는 가스를 처리하여 굴뚝을 통하여 대기 중으로 배출하였다. 굴뚝의 측정공에서 측정한 가스상물질 NOx(NO2로서) 측정값이 200[ppm]이었다면, 표준산소농도로 보정된 NOx(NO2로서) 농도(ppm)는? (단, 연료 중 질소는 함유되지 않고, 연료는 완전 연소하는 것으로 한다.)

해답

공기비, $m = \dfrac{21}{21-O_2}$ 에서 $1.4 = \dfrac{21}{21-O_2}$

∴ 실측산소농도, $O_a = 6[\%]$, 표준산소농도, $O_s = 4[\%]$

오염물질 농도 보정식, $C = C_a \times \dfrac{21-O_s}{21-O_a} = 200 \times \left(\dfrac{21-4}{21-6}\right) = 226.67[\text{ppm}]$

기사·산업 출제빈도 ★★★☆

048 어떤 공장의 굴뚝에서 200[℃]인 배출가스 중 A 오염물질의 농도가 400[mg/am³](실측 산소농도: 11[%])로 배출되고 있다. 이 시설에 대한 A 오염물질의 배출허용기준이 표준산소농도 4[%] 기준으로 60[mg/Sm³]이라고 할 경우, 배출허용기준을 만족하기 위한 그 공장의 유해가스 처리장치의 최저 집진효율(%)은? (단, A 오염물질은 처리가 가능하며 표준산소농도의 적용을 받는 오염물질이다.)

해답

먼저 400[mg/am³]을 표준상태로 환산한다.

$C_a = 400 \times \dfrac{273+200}{273} = 693.04[\text{mg/Sm}^3]$

오염물질 농도 보정식,

$C = C_a \times \dfrac{21-O_s}{21-O_a} = 693.04 \times \left(\dfrac{21-4}{21-11}\right) = 1,178.17[\text{mg/Sm}^3]$

∴ $\eta = \dfrac{1,178.17-60}{1,178.04} \times 100 = 94.91[\%]$

049 질소산화물의 배출허용기준에는 중유의 연소 시 배출가스 중 질소산화물(NO_2) 농도는 배출가스 중 표준산소농도를 4[%]로 보정하도록 되어 있다. 중유를 공기비 1.4로 연소하고 있는 연소실에서 질소산화물(NO_2) 농도가 300[ppm]이라면 환산치는 몇 [ppm]인가? (단, 연료 중 질소는 함유되어 있지 않고, 연료는 완전 연소한다.)

해답

공기비, $m = \dfrac{21}{21 - O_2}$ 에서 $1.4 = \dfrac{21}{21 - O_2}$

∴ $O_2 = 6[\%]$

배출가스 중 O_2 농도가 6[%]인 경우 환산치는 $300 \times \dfrac{21-4}{21-6} = 340[ppm]$

050 어떤 기체크로마토그래프에서 이론단수 1,800인 분리관이 있다. 보유시간이 10분인 피크 폭(피크의 좌우 변곡점에서 접선이 자르는 바탕선의 길이, [mm])을 계산하시오. (단, 기록지의 이동속도는 1.5[cm/min]이고, 이론단수는 모든 성분에 대하여 동일하다.)

해답

이론단수$(n) = 16 \times \left(\dfrac{t_R}{W}\right)^2$

여기서, t_R : 시료 도입점으로부터 피크 최고점까지의 길이(보유시간)
W : 피크 좌우 변곡점에서 접선이 자르는 바탕선의 길이

∴ $1,800 = 16 \times \left(\dfrac{1.5[cm/min] \times 10[min] \times 10[mm/cm]}{W}\right)^2$

∴ $W = 14.14[mm]$

기사 출제빈도 ★★

051 CO, CO_2, CH_4의 혼합기체를 기체크로마토그래프로 분석하여 다음 그림과 같은 형태의 결과를 기록지에 얻었다. 곡선 아랫부분의 면적은 시료 중에 함유된 각 성분의 몰수와 비례한다. 이러한 자료로 혼합기체 속에 들어있는 CO, CO_2, CH_4의 몰분율과 질량분율을 구하시오.

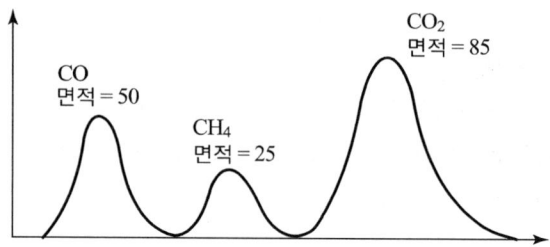

해답

1) 몰분율 계산: 혼합기체에 대한 각각 기체의 몰수를 구한다.

   CO : 50[mol], CH_4 : 25[mol], CO_2 : 85[mol]

   ∴ $m_t = 50 + 25 + 85 = 160$[mol]

   ∴ CO 몰분율 $= \dfrac{50}{160} = 0.31$

   CH_4 몰분율 $= \dfrac{25}{160} = 0.16$

   CO_2 몰분율 $= \dfrac{85}{160} = 0.53$

2) 질량분율 계산: 이 혼합기체의 평균분자량을 구한다.

   $M_t = (0.31 \times 28) + (0.16 \times 16) + (0.53 \times 44) = 34.56$

   ∴ CO 질량분율 $= \dfrac{0.31 \times 28}{34.56} = 0.251$

   CH_4 질량분율 $= \dfrac{0.16 \times 16}{34.56} = 0.074$

   CO_2 질량분율 $= \dfrac{0.53 \times 44}{34.56} = 0.675$

기사·산업 출제빈도 ★★★★

052 자외선/가시선분광법으로 오염물질을 측정할 경우, 흡광계수(ε)가 90이고, 오염물질의 농도가 0.02[mol], 흡수 셀의 길이가 0.2[mm]일 경우 투과도와 흡광도를 각각 구하시오.

해답

1) 램버트 비어의 법칙

$I_t = I_o \times 10^{-\varepsilon CL}$ 에서 투과도,

$t = \dfrac{I_t}{I_o} = 10^{-\varepsilon CL} = 10^{(-90 \times 0.02 \times 0.2)} = 0.44$

2) 흡광도

$A = \varepsilon \times C \times L = 90 \times 0.02 \times 0.2 = 0.36$

기사·산업 출제빈도 ☆☆☆

053 비중이 1.1인 어떤 용액 중에 수소이온이 50[ppm] 들어있다. 이 용액의 pH와 OH⁻(수산이온) 몰농도(mol/L)는?

해답

1) 용액 1[L]를 기준으로 수소이온[H⁺] 농도는

$1.1[\text{g/mL}] \times 1{,}000[\text{mL/L}] \times 50 \times 10^{-6} = 0.055[\text{g/L}] = 0.055[\text{mol/L}]$

$\therefore \text{pH} = \log \dfrac{1}{\text{H}^+} = -\log \text{H}^+ = -\log 0.055 = 1.26$

2) $\text{OH}^- = 10^{\text{pH}-14} = 10^{1.26-14} = 1.82 \times 10^{-13}[\text{mol/L}]$

산업 출제빈도 ☆☆☆

054 용액 1[L] 중에 NaOH 0.04[g]이 녹아있다면 이 용액의 pH는?

해답

1[L]에 NaOH 40[g]이 녹아 있는 상태가 1[mole]이므로

$0.04[\text{g/L}] \times \dfrac{1}{40[\text{g/mol}]} = 1 \times 10^{-3}[\text{mole/L}]$

$\text{pOH} = \log \dfrac{1}{[\text{OH}^{-1}]} = -\log[\text{OH}^{-1}] = -\log 1 \times 10^{-3} = 3$

$\therefore \text{pH} = 14 - \text{pOH} = 14 - 3 = 11$

램버트 비어(Lambert-Beer)의 법칙

흡광도를 이용한 램버트 비어의 법칙을 식으로 표시하면 $A = \varepsilon C \ell$ 이 되므로 농도를 알고 있는 표준용액에 대하여 흡광도를 측정하고 흡광계수(ε)를 구해 놓으면 시료액에 대해서도 같은 방법으로 흡광도를 측정함으로써 정량을 할 수가 있다. 그러나 실제로는 ε를 구하는 대신에 농도가 다른 몇 가지 표준용액을 사용하여 시료액과 똑같은 방법으로 조작하여 얻은 검정곡선으로부터 시료 중의 목적 성분을 정량하는 것이 보통이다.

055 4W/V[%] NaOH 용액을 제조하려고 한다. NaOH 42[g]을 물 몇 [mL]에 녹여야 하는가?

해답

$$4 = \frac{42[g]}{(42+x)[mL]} \times 100 \text{에서 } x = 1,008[mL]$$

056 NaOH 30[g]을 증류수에 녹여 600[mL]로 하였을 때, 이 용액의 규정도와 pH는?

해답

mole과 규정도(N)는 용액 1[L]를 기준으로 한다.

$$\therefore 30[g] \times \frac{1,000[mL/L]}{600[mL]} \times \frac{1[L]}{40[g/mole]} = 1.25[mole] = 1.25[N]$$

$NaOH \rightarrow Na^+ + OH^-$ 에서 $[OH^-] = 1.25[mole]$

$pOH = -\log[OH^-] = -\log 1.25 = -0.0969$

$\therefore pH = 14 - pOH = 14 - (-0.0969) = 14.0969$

즉, 강알칼리성을 지닌 용액이다.

057 어떤 염산용액의 농도는 30[%]이고, 비중이 1.152이었다. 이 용액은 몇 [N]인가? 또 1[N] - HCl 1[L]를 제조하려면 주어진 염산 용액이 몇 [mL]가 필요한가?

해답

HCl 1[L]의 무게 $= 1,000[mL/L] \times 1.15[g/mL] \times 0.3 = 345.6[g/L]$

$\therefore$ 이 용액의 규정도(N) $= 345.6[g/L] \times \frac{1[L]}{36.5[g/N]} = 9.47[N]$

또 1[N] HCl 1[L] 중에는 HCl이 36.5[g]이 함유되어 있으므로

$345.6 : 1,000 = 36.5 : x, \ x = 105.6[mL]$

즉, 이 용액 105.6[mL]를 취하여 1[L]의 용량플라스크에 넣고 증류수로 표선까지 채우면 1[N] – HCl 1[L]가 된다.

다른 풀이

$NV = N'V'$에서 $9.47 \times V = 1 \times 1,000$[mL]

$\therefore V = 105.6$[mL]

058 0.1[N] – H_2SO_4 용액 1,000[mL]를 95[%] H_2SO_4(비중 1.84)로 제조할 경우, 몇 [mL]가 필요한가?

해답

H_2SO_4 49[g/L]가 1[N]이므로 95[%] H_2SO_4(비중 1.84)의 N 농도

$= 1,000[mL] \times 0.95 \times 1.84[g/mL] \times \dfrac{1}{49[g/N]} = 35.67[N]$

$\therefore NV = N'V'$에서 $0.1[N] \times 1,000[mL] = 35.67[N] \times x[mL]$,

$\therefore V = 2.8[mL]$

059 2.5W/V[%] 과산화수소수 85[mL]가 이론적으로 흡수할 수 있는 SO_2 가스의 양은 몇 [L]인가? (단, H_2O_2의 비중은 1.1이다.)

해답

흡수 반응식

$H_2O_2 + SO_2 \rightarrow H_2SO_4$에서

$34[g] : 22.4[L] = \dfrac{2.5}{100} \times 1.1 \times 85 : x[L]$,

$\therefore x = 1.54[L]$

060 3W/V[%] 과산화수소수 50[mL]는 SO_2 가스를 이론적으로 몇 [L]를 흡수할 수 있는가? 또한 이것을 중화시키는 데 필요한 NaOH량 (g)은 얼마인가?

해답

1) 흡수 반응식

$$H_2O_2 + SO_2 \rightarrow H_2SO_4$$

$$34[g] : 22.4[L] = \frac{3}{100} \times 50 : x[L]$$

$$\therefore x = 0.988[L] \fallingdotseq 1[L]$$

2) 중화 반응식

$$2\,NaOH + H_2SO_4 \rightarrow Na_2SO_4 + 2\,H_2O$$

$$80[g] : 22.4[L] = x_1(g) : 1[L]$$

$$\therefore x_1 = 3.57[g]$$

기사 출제빈도 ★★

061 SO₂ 0.02[ppm]을 포함하는 대기를 20[℃]에서 유량 1[L/min]으로 과산화수소수(H₂O₂) 흡수액 20[cm³]에 한 시간 동안 흡수시켰을 경우, 황산의 규정농도(N)는?

해답

황산 규정농도(N)

$$= \frac{C[\text{ppm}] \times 10^{-6} \times q[\text{L/min}] \times t[\text{min}]}{22.4[L]} \times \frac{273}{273+\theta} \times 2 \times \frac{1{,}000}{V[\text{mL}]}$$

여기서, C: SO₂ 농도, q: 흡인유량(L/min), t: 흡인시간(min), θ: 기온(℃),
2: SO₂ 당량수, V: 흡수액의 부피(cm³)

∴ 황산 규정농도(N)

$$= \frac{0.02[\text{ppm}] \times 10^{-6} \times 1[\text{L/min}] \times 60[\text{min}]}{22.4[L]} \times \frac{273}{273+20} \times 2 \times \frac{1{,}000}{20[\text{mL}]}$$

$$= 4.99 \times 10^{-6}[N]$$

기사 출제빈도 ★★★

062 황 성분 1.6[%]인 중유를 연소시켜 배출가스 20[L]를 100[mL]의 3[%] H₂O₂ 용액에 흡수하여 황산화물이 생성될 때, 이것을 중화하는 데 N/10 NaOH 용액은 몇 [mL]가 소비되는가? (단, 중유 중 S는 100[%] SO₂가 되고, H₂O₂에 100[%] 흡수된다. 그리고 배출 연소가스량은 12.5[Sm³/kg]이다.)

해답 배출가스 20[L]를 발생시키는 중유의 양,

$12.5[Sm^3] : 1[kg] = 20[L] : x[g]$ 에서 $x = 1.6[g]$

∴ 배출가스 20[L] 중 S의 양, $1.6[g] \times \dfrac{1.6}{100} = 0.0256[g]$

반응식 : $S + O_2 \rightarrow SO_2$ ··· (식 1) $SO_2 + H_2O_2 \rightarrow H_2SO_4$ ··· (식 2)
              32[g]   22.4[L]
              0.0256[g] x[L]

∴ $x = 0.01792[L] = 17.92[mL]$

$2\,NaOH + H_2SO_4 \rightarrow Na_2SO_4 + 2\,H_2O$ ··· (식 3)

반응식 (1)과 (3)에서 NaOH 1[N]은 SO_2 $\dfrac{1}{2}$[mole]에 상당한다.

즉, $\dfrac{N}{10}$ NaOH 1[mL]에 해당하는 SO_2 가스의 부피는

$11.2 \times \dfrac{1}{10} \times \dfrac{1,000}{1,000} = 1.12[mL]$

∴ 중화하는 데 필요한 $\dfrac{N}{10}$ NaOH 용액 = $\dfrac{17.92[mL]}{1.12[mL/mL]} = 16[mL]$

기사·산업 출제빈도 ★★

063 SO_2 농도가 0.02[ppm], 기온 20[℃]인 대기를 유량 1[L/min]으로 H_2O_2 흡수액 20[cm³]에 한 시간 흡수시켰을 경우, 이 흡수액의 황산농도(규정농도, N)는?

해답 H_2O_2 흡수액에 SO_2를 흡수시켰을 경우, 생성되는 황산농도(N)는 다음식으로 나타낸다.

$$S[N] = \dfrac{C \times 10^{-6} \times q \times t}{22.4} \times \dfrac{273}{273+\theta} \times 2 \times \dfrac{1,000}{V}$$

여기서, C: SO_2 농도(ppm), q: 흡인유량(L/min), t: 흡인시간(min), θ: 기온(℃), 2: SO_2 당량수, V: 흡수액의 체적(cm³)

∴ $S[N] = \dfrac{0.02 \times 10^{-6} \times 1 \times 60}{22.4} \times \dfrac{273}{273+20} \times 2 \times \dfrac{1,000}{20} = 4.99 \times 10^{-6}[N]$

> **규정농도**
> 당량농도라고도 하며 용액 1[L] 속에 녹아 있는 용질의 g당량수를 나타낸 농도를 말한다. 기호 [N]으로 표시하고 산·알칼리의 중화반응 또는 산화제와 환원제의 산화환원반응의 계산 등에 널리 이용된다.

기사·산업 출제빈도 ★★★

064 어떤 액체연료를 공기를 이용하여 연소하였을 때, 배출가스 온도가 150[℃], 정압이 100[mmH₂O]일 경우, 이 습한 배출가스의 단위 체적당 질량(kg/m³)은?

CHAPTER 4. 대기오염 측정 및 관리   **511**

해답

$$\gamma [\text{kg/m}^3] = \gamma_o [\text{kg/Sm}^3] \times \frac{273}{273+t} \times \frac{P_a + P_s}{760}$$

$$= 1.3 \times \frac{273}{273+150} \times \frac{760 + \frac{100}{13.6}}{760} = 0.85 [\text{kg/m}^3]$$

기사·산업 출제빈도 ★★★★

065 온도 180[℃], 압력 750[mmHg]인 어떤 굴뚝 배출가스의 조성을 측정한 결과, N_2 80[%], CO_2 15[%], O_2 5[%]이었다. 이 굴뚝 배출가스의 단위 체적당 질량(kg/Sm^3)은? (단, N, C, O의 원자량은 각각 14, 12, 16이다.)

해답

$$\gamma [\text{kg/m}^3] = \frac{1}{22.4 \times 100} \{(M_1 X_1 + M_2 X_2 + \cdots + M_n X_n)\} \times \frac{273}{273+t} \times \frac{P_a}{760}$$

$$= \frac{1}{22.4 \times 100} \{(44 \times 15 + 28 \times 80 + 32 \times 25)\} \times \frac{273}{273+180} \times \frac{750}{760}$$

$$= 0.812 [\text{kg/m}^3]$$

기사 출제빈도 ★★

066 어떤 굴뚝 배출가스의 조성을 측정한 결과, N_2 79[%], CO_2 13[%], O_2 8[%]이었고, 수분량은 건조배출가스 $1[\text{Sm}^3]$당 96[g]이었다. 이 경우 습한 배출가스의 단위 체적당 질량(kg/Sm^3)은?

해답

$$X_w [\%] = \frac{\text{수증기 체적}}{\text{건조시료가스량}} \times 100 = \frac{\frac{22.4}{18} \times 96 \times 10^{-3}}{1 + \frac{22.4}{18} \times 96 \times 10^{-3}} \times 100 = 10.7 [\%]$$

$$\gamma [\text{kg/m}^3] = \gamma_o [\text{kg/Sm}^3] \times \frac{273}{273+t} \times \frac{P_a + P_s}{760} \text{에서}$$

$$\gamma_o [\text{kg/m}^3] = \frac{1}{22.4 \times 100} \left\{ (M_1 X_1 + M_2 X_2 + \cdots + M_n X_n) \times \left(\frac{100 - X_w}{100} \right) + 18 X_w \right\}$$

$$= \frac{1}{22.4 \times 100} \left\{ (44 \times 13 + 32 \times 8 + 28 \times 79) \times \left(\frac{100 - 10.7}{100} \right) + 18 \times 10.7 \right\}$$

$$= 1.30 [\text{kg/Sm}^3]$$

067 15[%] NaCl 200[lb]가 있다. 이 용액을 20[%]로 농축할 경우, 증발시켜야 할 수분량(lb)은?

해답

15[%] NaCl 200[lb] 중 NaCl량 = 0.15×200 = 30[lb]

증발시킬 수분량을 x라고 하면, $\dfrac{30}{200-x} \times 100 = 20[\%]$ 에서 $x = 50[\text{lb}]$

∴ 15[%] NaCl 200[lb]에서 50[lb]를 농축한다.

068 굴뚝에서 배출되는 가스 중 수분량을 측정한 결과, 흡입 건조 가스량이 표준상태로 환산하여 20.4[L], 흡수한 수분량은 1.8[g]이었다. 습한 배출가스 중 수증기의 부피는 표준상태에서 몇 [%]인가?

해답

수분량 1.8[g]의 수증기 부피 $= \dfrac{22.4 \times 1.8}{18} = 2.24[\text{L}]$

습한 배출가스량 = 20.4 + 2.24 = 22.64[L]

∴ 수증기의 부피 백분율(%) $= \dfrac{2.24}{22.64} \times 100 = 9.89[\%]$

069 수증기로 포화된 20[℃]의 공기를 10[℃]로 냉각시킬 때, 공기 속에 응축된 수증기량(g/Sm³)은? (단, 0[℃], 10[℃], 20[℃]에서 포화 수증기압은 각각 6.1, 12.2, 23.3[hPa]이다.)

해답

1[atm] = 760[mmHg] = 1,013[hPa]

∴ 응축된 수증기량(g/Sm³)

$= \left(\dfrac{23.3-12.2}{1,013}\right) \times \dfrac{18 \times 10^3 [\text{g}]}{\text{Sm}^3} \times \dfrac{273+10}{273+20} = 8.5[\text{g/Sm}^3]$

070 굴뚝 배출가스 중 수분을 측정한 결과, 건조배출가스 1[Sm³]당 60[g]이었다. 건조 배출가스에 대한 수분의 용량비(%)는?

해답

$$X_w[\%] = \frac{\text{수증기 체적}}{\text{건조시료가스량}} \times 100 = \frac{\frac{22.4}{18} \times 60}{1,000} \times 100 = 7.47[\%]$$

흡습관법
배출가스 중의 수분량을 측정하는 방법을 말한다.

071 굴뚝 배출가스 중 수분량을 흡습관법으로 측정하였더니, 측정 전 흡습관의 질량이 96.35[g], 측정 후 질량이 97.83[g]이었다. 표준상태로 환산한 건조시료가스의 양이 20[L]일 경우, 습한 배출가스 중 수증기의 백분율(%)은?

해답

흡습된 수분량 = 97.83[g] − 96.35[g] = 1.48[g]

18[g] : 22.4[L] = 1.48[g] : x[L]   ∴ $x = 1.842$[L]

∴ $X_w[\%] = \dfrac{\text{수증기 체적}}{\text{건조시료가스 체적} + \text{수증기 체적}} \times 100$

$= \dfrac{1.84}{20 + 1.84} \times 100 = 8.43[\%]$

072 굴뚝에서 배출되는 가스의 수분을 측정하였더니 건조 배출가스 1[Sm³]당 100[g]의 수분이 함유되어 있었다. 건조 배출가스에 대한 수증기의 부피 백분율(%)과 습한 배출가스에 대한 수증기의 부피 백분율(%)을 구하시오.

> **해답**
>
> H_2O 1[kmol]은 18kg
>
> ∴ $18[kg] : 22.4[Sm^3] = 0.1[kg] : x[Sm^3]$ 에서 $x = 0.124[Sm^3]$
>
> ∴ 건조 배출가스에 대한 수증기 부피백분율 $= \dfrac{0.124[Sm^3]}{1[Sm^3]} \times 100 = 12.4[\%]$
>
> 습한 배출가스에 대한 수증기 부피백분율
> $= \dfrac{수증기\ 체적}{건조\ 배출가스 + 수증기\ 체적} \times 100 = \dfrac{0.124[Sm^3]}{(1+0.124)[Sm^3]} \times 100$
> $= 11.03[\%]$

073 굴뚝 배출가스 중 수분량을 측정하기 위해 흡습관에 10[L]의 배출가스를 흡인하여 유입시킨 결과, 흡습관의 중량 증가는 0.93[g]이었다. 온도는 70[℃], 가스미터의 게이지압 650[mmHg], 대기압은 765[mmHg], 70[℃]의 포화수증기압은 233.7[mmHg]일 때, 이 배출가스 중 수증기 용량비(%)는?

> **해답**
>
> $X_w = \dfrac{\dfrac{22.4}{18}m_a}{V_m \times \dfrac{273}{273+\theta_m} \times \dfrac{P_a + P_m - P_v}{760} + \dfrac{22.4}{18}m_a} \times 100$
>
> $= \dfrac{\dfrac{22.4}{18} \times 0.93}{10 \times \dfrac{273}{273+70} \times \dfrac{765+650-233.7}{760} + \dfrac{22.4}{18} \times 0.93} \times 100 = 8.55[\%]$

074 굴뚝 배출가스 중 수분량을 측정하기 위해 흡습관에 10[L]의 배출가스를 흡인하여 유입시킨 결과, 흡습관의 중량 증가는 0.85[g]이었다. 이때 가스의 흡인을 위하여 건식가스미터로 측정하였으며, 그 가스미터의 게이지압은 4[mmH_2O]이고, 온도는 270[℃], 측정 시 대기압은 770[mmHg]이었다. 이 배출가스 중 수분량은 몇 [%]인가?

해답 수분 함유량 공식,

$$X_w = \frac{\frac{22.4}{18}m_a}{V_m \times \frac{273}{273+\theta_m} \times \frac{P_a+P_m-P_v}{760} + \frac{22.4}{18}m_a} \times 100$$

$$= \frac{\frac{22.4}{18} \times 0.85}{10 \times \frac{273}{273+270} \times \frac{770+\frac{4}{13.6}}{760} + \frac{22.4}{18} \times 0.85} \times 100 = 17.2[\%]$$

기사 출제빈도 ★★★

075 배출가스량을 측정하기 위해 습식가스미터를 사용하였다. 측정 시 흡습 수분의 질량이 0.6280[g], 흡인가스량이 7.5[L]이고, 가스미터에서의 흡인가스온도 25[℃], 대기압 760[mmHg]이며, 25[℃]에서 포화수증기압 23.8[mmHg], 가스미터의 가스게이지압 0[mmHg]일 경우, 측정된 배출가스 중 수분 함유량(%)은?

습식가스미터

기준 부피의 공간으로 구획되어 있는 드럼을 바탕으로 하는 체적식 정배출량(positive displacement) 유량계로서, 비교적 작은 유량에도 높은 정밀도와 정확성을 보여준다.

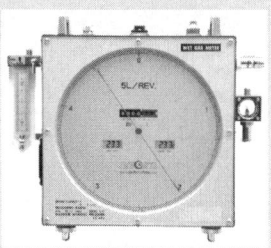

해답 수분 함유량 공식

$$X_w = \frac{\frac{22.4}{18}m_a}{V_m \times \frac{273}{273+\theta_m} \times \frac{P_a+P_m-P_v}{760} + \frac{22.4}{18}m_a} \text{에서}$$

여기서, $m_a = 0.628[g]$, $V_m = 7.5[L]$, $\theta_m = 25[℃]$, $P_a = 760[mmHg]$
$P_m = 0[mmHg]$, 25[℃]에서 포화수증기압, $P_v = 23.8[mmHg]$이므로

$$X_w = \frac{\frac{22.4}{18} \times 0.628}{7.5 \times \frac{273}{273+25} \times \frac{760+0-23.8}{760} + \frac{22.4}{18} \times 0.628} \times 100 = 10.51[\%]$$

기사 출제빈도 ★★★

076 어떤 굴뚝 배출가스의 습한 배출가스 측정결과가 체적 백분율로 수분이 10[%]이었다. 이때 습한 배출가스 온도는 70[℃], 시료채취량은 10[L], 대기압(P_a)은 0.8기압, 가스미터 게이지압(P_m)은 22[mmHg], 70[℃]에서 포화수증기압(P_v)은 250[mmHg]일 경우, 흡수된 수분량(g)은?

해답 수분 함유량 공식

$$X_w = \frac{\frac{22.4}{18}m_a}{V_m \times \frac{273}{273+\theta_m} \times \frac{P_a+P_m-P_v}{760} + \frac{22.4}{18}m_a} \text{에서}$$

$$10 = \frac{\frac{22.4}{18} \times m_a}{10 \times \frac{273}{273+70} \times \frac{0.8 \times 760 + 22 - 250}{760} + \frac{22.4}{18} \times m_a} \times 100$$

$\therefore m_a = 0.36[g]$

077 굴뚝에서 배출되는 가스 중 수분량을 측정한 결과 건조한 배출가스 1[Sm³]당 60[g]이었다. 건조가스 및 습한 가스 중 수증기의 부피 백분율, 즉 수분의 용량비(%)는?

해답
1) 건조 가스의 경우

$$X_w = \frac{\text{수증기의 체적}}{\text{건조 가스량}} \times 100 = \frac{\frac{22.4}{18} \times 60}{1,000} \times 100 = 7.5[\%]$$

2) 습한 가스의 경우

$$X_w = \frac{\text{수증기의 체적}}{\text{건조 가스량} + \text{수증기의 체적}} \times 100 = \frac{\frac{22.4}{18} \times 60}{1,000 + \frac{22.4}{18} \times 60} \times 100$$

$= 6.9[\%]$

078 온도가 150[℃]인 배출가스가 연도를 8[m/s]의 유속으로 흐르고 있다. 이 배출가스 중 먼지농도를 측정하기 위해 직경 6[mm]의 원통형 여지를 사용할 경우, 등속흡입을 위한 배출가스 흡입량(L/min)은? (단, 배출가스 중 수분량은 10[%], 가스미터에서의 가스온도는 17[℃], 가스미터의 흡입가스 게이지압 및 측정점의 정압 0[mmHg], 17[℃]에서 포화수증기압 14.5[mmHg]이다.)

해답

$$Q = \frac{\pi}{4} \times D^2 \times V \times \left(1 - \frac{X_w}{100}\right) \times \left(\frac{273 + \theta_m}{273 + \theta_s}\right) \times \left(\frac{P_a + P_s}{P_a + P_m - P_v}\right) \times 60 \times 10^{-3}$$

$$= \frac{\pi}{4} \times 6^2 \times 8 \times \left(1 - \frac{10}{100}\right) \times \left(\frac{273 + 17}{273 + 150}\right) \times \left(\frac{760 + 0}{760 + 0 - 14.5}\right) \times 60 \times 10^{-3}$$

$$= 8.53 [\text{L/min}]$$

등속흡입
배출가스 시료를 굴뚝 내 실제 배출가스의 유속과 동일한 속도로 흡입하는 것을 의미한다.

기사·산업 출제빈도 ★★★

079 어떤 굴뚝 배출가스를 직경 4[mm]의 노즐을 사용하여 등속흡입하기 위해서는 가스미터의 흡입량을 5[L/min]로 유지해야 한다고 가정한다. 직경 8[mm]의 노즐을 사용할 경우, 등속흡입(4[mm] 노즐일 때와 같은 속도로 흡입)을 하기 위해서 흡입량(L/min)을 얼마로 유지하여야 하는가?

해답

$Q = AV = 0.785 \times D^2 \times V$ 에서 $Q \propto D^2$ 이므로

$4^2 : 5 = 8^2 : x, \therefore x = 20[\text{L/min}]$

기사 출제빈도 ★★★

080 A 공장의 대기환경기사가 작성한 자가 측정기록부을 근거로 다음 물음에 답하시오. (단, 270[℃]에서 배출가스 비중량 1.3[kg/m³], 17[℃]에서 물의 포화수증기압은 14.5[mmHg]이다.)

▼ A 공장의 자가측정 기록부

굴뚝직경: 5[m]	여과지	채취 전: 0.8030[g]
배출가스 온도: 270[℃]		채취 후: 0.9520[g]
경사 마노미터(수액은 물) • 확대율: 10 • 경사각: 30° • 액주이동거리: 20[cm]	습식가스미터	지시흡입량: 1,200[L] 온도: 17[℃] 게이지압: 0[mmHg]
피토관 계수: 0.85	대기압	1[atm]

1) 이 공장의 배출가스량(m³/s)은?
2) 이 공장의 배출가스 중 분진농도(mg/Sm³)는?

해답

1) 속도압, $H = x \times \sin\theta = 200[\text{mmH}_2\text{O}] \times \sin 30° = 100[\text{mmH}_2\text{O}]$

확대율이 10이므로 실질적인 속도압은 $100 \times \dfrac{1}{10} = 10[\text{mmH}_2\text{O}]$

$\therefore V = C \times \sqrt{\dfrac{2gH}{\gamma}} = 0.85 \times \sqrt{\dfrac{2 \times 9.8 \times 10}{1.3}} = 10.44[\text{m/s}]$

$Q = A \times V = 0.785 \times 5^2 \times 10.44 = 204.89[\text{m}^3/\text{s}]$

2) $m_a = 0.9520 - 0.8030 = 0.149[\text{g}] = 149[\text{mg}]$

$V_s = 1,200 \times \dfrac{273}{273+17} \times \dfrac{760+0-14.5}{760} = 1,108.1[\text{L}] = 1.1081[\text{Sm}^3]$

$\therefore C_N = \dfrac{149[\text{mg}]}{1.1081[\text{Sm}^3]} = 134.46[\text{mg/Sm}^3]$

기사·산업 출제빈도 ★★★★★

081 어떤 굴뚝 배출가스 중 먼지를 측정하였더니 먼지 포집량이 0.1081[g]이었고, 흡입가스량은 1,300[L], 가스미터에서의 가스온도는 17[℃], 가스미터의 압력 0[mmHg], 17[℃]에서 포화수증기압 14.5[mmHg]이었다. 이때, 먼지농도(mg/Sm³)는?

해답

$V_s = 1,300[\text{L}] \times \dfrac{273}{273+17} \times \dfrac{760+0-14.5}{760} = 1,200.4[\text{L}] = 1.2004[\text{Sm}^3]$

$\therefore C_N = \dfrac{m_d}{V_s} = \dfrac{0.1081[\text{g}] \times \dfrac{1,000[\text{mg}]}{\text{g}}}{1.2004[\text{Sm}^3]} = 90.05[\text{mg/Sm}^3]$

기사·산업 출제빈도 ★★★★★

082 단면이 정사각형인 굴뚝을 등면적으로 4등분하여 먼지농도를 측정하였더니 각 구분면의 유속은 4.8, 5.0, 5.2, 4.5[m/s]이고, 각 유속에 따른 구분마다 먼지농도는 0.5, 0.48, 0.52, 0.55[g/Sm³]이었다. 이 경우, 총 평균 먼지농도(g/Sm³)는?

해답

전체 단면의 평균 먼지농도

$$\overline{C_N} = \frac{C_{n1} \cdot A_1 \cdot V_1 + C_{n2} \cdot A_2 \cdot V_1 + \cdots C_{nn} \cdot A_n \cdot V_n}{A_1 \cdot V_1 + A_2 \cdot V_2 + \cdots + A_n \cdot V_n} \text{에서}$$

구분한 각 단면의 넓이는 같으므로

$$\overline{C_N} = \frac{C_{n1} \cdot V_1 + C_{n2} \cdot V_1 + \cdots C_{nn} \cdot V_n}{V_1 + V_2 + \cdots + V_n}$$

$$= \frac{0.5 \times 4.8 + 0.48 \times 5.0 + 0.52 \times 5.2 + 0.55 \times 4.5}{(4.8 + 5.0 + 5.2 + 4.5)} = 0.51 [\text{g/Sm}^3]$$

기사·산업 출제빈도 ☆☆☆

083 어떤 굴뚝의 측정구에서 배출가스 중 먼지농도를 측정하기 위하여 굴뚝 단면을 6개의 등단면적으로 구분하여 Stack Sampler로 측정하여 다음과 같은 결과를 얻었다. 이 굴뚝에서 배출되는 가스 중 평균 먼지농도(mg/Sm³)는? (단, 측정점에서 평균 배출가스의 온도는 156[℃], 압력은 1기압이었다.)

측정점	1	2	3	4	5	6
유속(m/s)	8.9	9.2	9.3	9.6	9.2	9.0
먼지농도(mg/m³)	365	382	373	385	371	370

해답

$$\overline{C_N} = \frac{C_{n1} \cdot V_1 + C_{n2} \cdot V_1 + \cdots C_{nn} \cdot V_n}{V_1 + V_2 + \cdots + V_n}$$

$$= \frac{8.9 \times 365 + 9.2 \times 382 + 9.3 \times 373 + 9.6 \times 385 + 9.2 \times 371 + 9.0 \times 370}{(8.9 + 9.2 + 9.3 + 9.6 + 9.2 + 9.0)}$$

$$= 374.47 [\text{mg/m}^3]$$

374.47[mg/m³]을 STP로 환산하면, $374.47 \times \frac{273 + 156}{273} = 588.45 [\text{mg/Sm}^3]$

기사·산업 출제빈도 ☆☆☆

084 전체 단면의 평균 먼지농도가 1.0[g/Sm³]인 습한 배출가스의 유량이 20,000[Sm³/h]이고, 이 중에 수증기의 체적 백분율이 10[%]일 경우, 그 단면을 지나가는 먼지의 총 질량(kg/h)은?

> **해답**
>
> $$S = C_n \times V_m \times \left(1 - \frac{X_w}{100}\right) \times 10^{-3}$$
> $$= 1[\text{g/Sm}^3] \times 20,000[\text{Sm}^3/\text{h}] \times \left(1 - \frac{10}{100}\right) \times 10^{-3}[\text{kg/g}]$$
> $$= 18[\text{kg/h}]$$

085 굴뚝으로 배출되는 배출가스 중 먼지를 측정하기 위해 측정공에 원통여지를 사용한 스택샘플러 프로브를 삽입하여 먼지를 채취하였다. 측정점에서 측정한 측정값이 다음과 같을 경우, 배출가스 중 먼지농도(mg/Sm^3)는?

- 흡입한 습한 배출가스량: 50[L]
- 대기압: 762[mmHg]
- 습식가스미터의 흡입가스온도: 27[℃]
- 가스미터의 게이지압: 4[mmAq]
- 27[℃]의 포화수증기압: 13.63[mmHg]
- 먼지 포집 전 원통여지의 무게: 6.3721[g]
- 먼지 포집 후 원통여지의 무게: 6.3851[g]
- 먼지 포집 후 가스온도: 127[℃]
- 측정점에서의 정압: 18[mmHg]
- 습한 배출가스 중 수증기 백분율: 5[%]

> **해답**
>
> 표준상태로 환산한 건조시료 가스량은
>
> $$V_s = 50[\text{L}] \times \frac{100}{100-5} \times \frac{273+127}{273+27} \times \frac{762 + \frac{4}{13.6} - 13.63}{762+18} \times 10^{-3}$$
> $$= 0.06736[\text{Sm}^3]$$
>
> 먼지의 포집 중량(mg) = $(6.3851 - 6.3721)[\text{g}] \times 1,000 = 13[\text{mg}]$
>
> 먼지농도(mg/Sm^3)
> $$= \frac{(W_e - W_s)[\text{g}]}{V_s[\text{Sm}^3]} \times 1,000[\text{mg/g}] = \frac{13[\text{mg}]}{0.06736[\text{Sm}^3]} = 193[\text{mg/Sm}^3]$$

기사·산업 출제빈도 ★★★

086 1일 8시간 10일 동안 가동하는 먼지 배출공정이 3곳인 A 공장이 있다. 3곳에서 배출되는 함진가스의 유량은 각각 550[Sm³/h], 750[Sm³/h], 1,200[Sm³/h]이며, 각각의 먼지농도는 450[mg/Sm³], 300[mg/Sm³], 20[mg/Sm³]이었다. 다음 물음에 답하시오.

1) 각 부분의 함진가스가 함께 모여 한 곳의 굴뚝으로 배출될 경우, 이 배출가스의 먼지농도(mg/Sm³)는?
2) 만약 이 공장에서 발생되는 먼지를 집진효율 85[%]인 사이클론으로 제거할 경우, 사이클론의 호퍼에서 나오는 먼지량(kg)은?

해답

1) 먼지농도 $= \dfrac{\Sigma 유량 \times 농도}{\Sigma 유량} = \dfrac{550 \times 450 + 750 \times 300 + 1,200 \times 20}{550 + 750 + 1,200}$

$= 198.6[\mathrm{mg/Sm^3}]$

2) 제거량 $=$ 농도 $\times$ 유량 $\times$ 집진율

$= 198.6[\mathrm{mg/Sm^3}] \times (550+750+1,200)[\mathrm{Sm^3/h}] \times 8[\mathrm{h/day}]$
$\times 10[\mathrm{day}] \times 0.85 \times 10^{-6}[\mathrm{kg/mg}] = 33.762[\mathrm{kg}]$

기사 출제빈도 ★

087 배출가스 유량이 1,000[m³/min](200[℃], 0.9기압)인 직경 2[m] 굴뚝에서 먼지농도를 측정하려고 한다. 먼지 채취를 위해 펌프를 35[L/min](25[℃], 1기압)의 용량으로 흡입한다면 사용되어야 하는 노즐의 크기(mm)는? (단, 굴뚝 내의 속도구배는 없다고 가정한다.)

해답

$35[\mathrm{L/min}] \times \dfrac{(273+200)[\mathrm{K}]}{(273+25)[\mathrm{K}]} \times \dfrac{1[\mathrm{atm}]}{0.9[\mathrm{atm}]} = 61.73[\mathrm{L/min}]$

굴뚝에서 나가는 배출가스의 토출속도

$V_s = \dfrac{1,000[\mathrm{m^3/min}] \times \dfrac{\min}{60[\mathrm{s}]}}{\dfrac{\pi}{4} \times (2[\mathrm{m}])^2} = 5.308[\mathrm{m/s}]$

$\dfrac{\pi}{4} \times d^2 \times 5.308[\mathrm{m/s}] = 61.73[\mathrm{L/min}] \times \dfrac{\min}{60[\mathrm{s}]} \times \dfrac{\mathrm{m^3}}{1,000[\mathrm{L}]}$

$\therefore d = 0.0157[\mathrm{m}] = 15.7[\mathrm{mm}]$

088 링겔만 매연 농도표(Ringelmann Smoke Chart)를 이용하여 어떤 굴뚝의 연기 농도를 240회 측정한 결과, 5도가 6회, 4도가 8회, 3도가 28회, 2도가 33회, 1도가 54회, 0도가 111회였다. 굴뚝에서 배출되는 연기의 농도(%) 구하고, 이 값은 매연의 검은 정도로 몇 도와 몇 도 사이인가?

링겔만 매연 농도표
굴뚝에서 배출되는 매연 농도를 측정할 때 사용하는 기준표를 의미한다. 완전 백색에서 완전 흑색까지 6단계로 구분하여, 매연 농도와 비교하여 도수를 결정한다. 이 방법은 매연의 색을 비교하는 것이 아니라 태양 광선이 매연에 흡수되는 상태를 비교하는 것이다. 도표를 이용한 측정은 다음의 기준을 따라한다.
1) 굴뚝에서 약 40m 떨어져 연기의 흐름에 직각으로 선다.
2) 굴뚝의 출구로부터는 30~45[m]에 위치한다.
3) 연기의 배경은 하늘로 하되, 태양 쪽으로는 향하지 않도록 한다.

해답 연기의 농도(%)
$$= \frac{5\times6+4\times8+3\times38+2\times33+1\times54+0\times111}{240}\times 20 = 22.17[\%]$$
∴ 매연의 검은 정도는 1도와 2도 사이이다.

089 굴뚝에서 배출되는 배출가스 중 암모니아 가스를 자외선/가시선분광법(인도페놀법)으로 분석하여 다음과 같은 자료를 얻었다. 배출가스 중 암모니아 농도(ppm)를 계산하시오.

1) 분석용 시료용액의 암모니아 부피: 10[μL]
2) 현장바탕 시료용액의 암모니아 부피: 0.5[μL]
3) 표준상태 건조가스 시료채취량: 200[L]

인도페놀법(Indophenol method)
배출가스 중 암모니아를 붕산 용액으로 흡수하여 페놀-나이트로프루시드소듐 용액과 하이포아염소산소듐 용액을 첨가하고 암모늄 이온과 반응하여 생성하는 인도페놀류의 흡광도를 측정하여 암모니아를 정량하는 방법이다.

해답 암모니아 농도
$$C = \frac{(a-b)\times 25}{V_s} = \frac{(10-0.5)\times 25}{200} = 1.19[\text{ppm}]$$

오르토톨리딘법
(ortho toulidine method)
오르토톨리딘을 함유하는 흡수액에 시료를 통과시켜 얻어지는 발색액의 흡광도를 측정하여 염소를 정량하는 방법이다.

기사 출제빈도 ★★★

090 굴뚝에서 배출되는 배출가스 중 염소가스를 오르토톨리딘법으로 분석하기 위해 차아염소산소듐 용액을 제조하여, 이 용액 10[mL]를 $N/10$ 싸이오황산소듐 표준액으로 적정한 값들을 다음과 같이 나타내었다. 이 경우, 차아염소산소듐 용액 $\dfrac{89.3}{(a-b) \times f}$[mL]에 상당하는 염소가스량(mL)은 표준상태에서 몇 [mL]인가?

> a : 실제 시험에 있어서 적정량(mL)
> b : 바탕시험(blank test)에 있어서 적정량(mL)
> f : $N/10$ 싸이오황산소듐 용액의 역가(factor)

해답

적정 반응식: $NaOCl + HCl \rightarrow NaOH + Cl_2$, $Cl_2 + 2KI \rightarrow 2KCl + I_2$
$I_2 + 2Na_2S_2O_3 \rightarrow 2NaI + Na_2S_4O_6$ 에서 $Na_2S_2O_3$ 1[mol]은 $\dfrac{1}{2}$[mol]의 Cl_2와 반응한다.

즉, Cl_2 1[mol]은 표준상태의 가스 22.4[L]이므로 $Na_2S_2O_3$ 1[mol]은 $\dfrac{22.4}{2}$[L]의 Cl_2 가스와 반응한다.

여기서, 적정에 사용된 $N/10$ $Na_2S_2O_3$ 1[mL]에 상당하는 Cl_2 가스는 $\dfrac{22.4}{2} \times \dfrac{1}{10}$[mL] = 1.12[mL]가 된다.

$NaOCl$ 용액 10[mL]의 적정에 소비된 $N/10$ $Na_2S_2O_3$ 용액은 $(a-b) \times f$[mL]이므로 $NaOCl$ 용액 10[mL] 중에 포함되는 Cl_2 가스의 양은 $1.12 \times (a-b) \times f$[mL]이다.

∴ 차아염소산소듐 용액 $\dfrac{89.3}{(a-b) \times f}$[mL]에 상당하는 염소가스량(mL)은

$NaOCl : Cl_2 = \dfrac{89.3}{(a-b) \times f} : x = 10 : 1.12 \times (a-b) \times f$

∴ $x = 10$[mL]

기사 출제빈도 ★★

091 배출되는 아황산가스의 농도변화를 자동측정기를 이용하여 연속적으로 측정하려고 한다. 배출되는 아황산가스의 농도변화가 심하게 나타나 굴뚝에서 배출되는 아황산가스의 농도를 최저 5분 이내에 분석하고자 한다. 굴뚝에 설치된 채취장치(sampling probe)에서 분석기

내부의 측정센서까지 직선거리가 100[m]이고, 채취관(sampling line)의 내경은 10[mm]일 경우, 분석기에 설치된 펌프로 흡인하는 유량(L/min)은 얼마로 하여야 하는가? (단, 배출가스 온도는 150[℃]이고, 펌프는 150[℃]에서 작동한다고 가정한다.)

해답 채취관의 체적

$$V = 100[\text{m}] \times \frac{100[\text{cm}]}{\text{m}} \times \frac{\pi}{4} \times \left(10[\text{mm}] \times \frac{\text{cm}}{10[\text{mm}]}\right)^2 = 7,850[\text{cm}^3] = 7.85[\text{L}]$$

채취시간, $t = \dfrac{V}{q}$ 에서 $5[\text{min}] = \dfrac{7.85[\text{L}]}{x[\text{L/min}]}$

∴ $x = 1.57[\text{L/min}]$

---

092 A 지점의 미세먼지(PM_{10})의 측정농도가 각각 46, 53, 48, 62, 57[$\mu g/m^3$]일 경우, 다음 물음에 답하시오. (단, 반드시 계산과정 및 미세먼지(PM_{10})의 대기환경기준(환경정책기본법상)의 연간 평균치를 제시하고, 여기서 계산된 값과 환경기준치에 대한 판단 여부를 적으시오.)

1) 기하학적 평균치로 산정할 경우, 평균농도가 미세먼지(PM_{10})의 연간 평균치를 상회하는지 여부를 판단하시오.
2) 산술평균치를 산정할 경우, 평균농도가 미세먼지(PM_{10})의 연간 평균치를 상회하는지 여부를 판단하시오.

해답 1) 기하학적 평균값

$$\overline{X_g} = (X_1 \times X_2 \times \cdots \times X_n)^{\frac{1}{n}} = (46 \times 53 \times 48 \times 62 \times 57)^{\frac{1}{5}} = 52.88[\mu g/m^3]$$

∴ 미세먼지(PM_{10})의 연간 평균치는 50[$\mu g/m^3$]이므로, 기하학적 평균치로 산정할 경우 A지점은 대기환경기준치를 상회한다.

2) 산술평균값

$$\overline{X} = \frac{(46+53+48+62+57)}{5} = 53.2[\mu g/m^3]$$

∴ 미세먼지(PM_{10})의 연간 평균치는 50[$\mu g/m^3$]이므로, 산술평균치로 산정할 경우도 A 지점은 대기환경기준치를 상회한다.

고용량공기시료채취기

대기 중에 부유하고 있는 입자상 물질을 고용량 공기시료채취기를 이용하여 여과지상에 채취하는 방법으로 입자상물질 전체의 질량농도(mass concentration)를 측정하거나 금속성분의 분석에 이용한다. 이 방법에 의한 채취 입자의 입경은 일반적으로 0.01~100[μm] 범위이다.

기사·산업 출제빈도 ★★★

093 고용량공기시료채취기(high volume air sampler)를 사용하여 하루 동안(24시간) 부유먼지를 채취하였다. 채취 전·후의 여과재 중량차가 2.0[g], 유량은 채취 시 0.2[m³/s], 채취 종료 직전에 0.18[m³/s]이었다. 부유분진의 농도(mg/m³)는?

해답

부유분진농도(mg/m³) = $\dfrac{w_e - w_s}{V}$ 에서 $V = Q \times t$ 이므로

평균유량, $Q = \dfrac{Q_1 + Q_2}{2} = \dfrac{0.2 + 0.18}{2} = 0.19 [\text{m}^3/\text{s}] = 11.4 [\text{m}^3/\text{min}]$

∴ 총 공기흡입량, $V = 11.4 \times 24 \times 60 = 16,416 [\text{m}^3]$

부유분진농도(mg/m³) = $\dfrac{2 \times 10^3}{16,416} = 0.12 [\text{mg/m}^3]$

비산먼지

대기 중에 부유하는 고체 및 액체의 입자상물질로서, 대기환경보전법에서는 굴뚝을 거치지 않고 대기 중에 직접 배출되는 경우를 말한다. 날림먼지라고도 한다.

기사·산업 출제빈도 ★★★★

094 측정 발생원에서 일정한 굴뚝을 거치지 않고 외부로 배출되는 비산먼지(fugitive dust)를 고용량공기시료채취법(High Volume air Sampler)로 측정하여 다음과 같은 결과를 얻었다. 이때의 비산먼지농도(mg/m³)를 구하시오.

- 채취 먼지량이 가장 많은 위치에서의 먼지농도: 65[mg/m³]
- 대조 위치에서의 먼지농도: 0.23[mg/m³]
- 풍향 변화범위: 전 시료채취 기간 중 주 풍향이 45 ~ 90° 변할 때
- 풍속 범위: 풍속이 0.5[m/s] 미만 또는 10[m/s] 이상되는 시간이 전 채취시간의 50[%] 미만일 때

해답

비산먼지농도: $C = (C_H - C_B) \times W_D \times W_S$ 에서

여기서, C_H: 채취 먼지량이 가장 많은 위치에서의 먼지농도(mg/m³)

C_B: 대조 위치에서의 먼지농도(mg/m³)

W_D, W_S: 풍향, 풍속 측정 결과로부터 구한 보정계수(단, 대조 위치를 선정할 수 없는 경우에 C_B는 0.15[mg/Sm³]로 한다.)

∴ $C = (65 - 0.23) \times 1.2 \times 1.0 = 77.72 [\text{mg/m}^3]$

095 굴뚝에서 배출되는 배출가스 중 황산화물을 침전적정법(아르세나조 Ⅲ법)으로 분석하여 다음과 같은 자료를 얻었다. 배출가스 중 황산화물 농도(ppm)를 계산하시오.

 **아르세나조 Ⅲ법**
시료를 과산화수소수에 흡수시켜 황산화물을 황산으로 만든 후 아이소프로필알코올과 아세트산을 가하고 아르세나조 Ⅲ을 지시약으로 하여 아세트산바륨 용액으로 적정한다.

1) 분석용 시료용액의 적정에 사용된 0.005[mol/L] 아세트산바륨 용액 부피: 3.5[mL]
2) 현장 바탕 시료용액의 적정에 사용된 0.005[mol/L] 아세트산바륨 용액 부피: 0.5[mL]
3) 0.005[mol/L] 아세트산바륨 용액의 역가: 1.002
4) 표준상태 건조가스 시료채취량: 19.7[L]

해답 황산화물 농도(ppm)

$$C = \frac{0.112 \times (a-b) \times f \times \frac{250}{10}}{V_s} \times 1,000$$

$$= \frac{0.112 \times (3.5-0.5) \times 1.002 \times 25}{19.7} \times 1,000$$

$$= 427.25 [\text{ppm}]$$

2 대기오염관리 실무 파악하기 및 기타 오염원 관리 이해하기

✎ 학습 개요   기사·산업기사 공통

1. 대기오염관리 및 방지실무를 파악하고 악취관리, 실내공기질관리, 이동오염원 관리, 기타 오염원 관리업무를 이해할 수 있다.

기사 출제빈도 ★

001 녹지지역에 있는 어떤 공장의 연소시설에서 SO_2 가스가 600[ppm]으로 배출되고 있다. 이 배출농도를 유해가스 처리장치로 제거하지 않고 그대로 굴뚝으로 관할 관청으로부터 배출하여 2개월간의 개선명령을 부여받았다. 다음 주어진 조건으로부터 배출허용기준 초과로 인한 초과부과금(원)은? (단, 이 공장의 대표는 시·도지사에게 배출허용기준 초과에 대한 개선계획서를 제출한 상태이다.)

(1) 굴뚝의 직경: 2[m]
(2) 연기 배출속도: 15[m/s]
(3) 1일 조업시간: 8시간
(4) SO_2(황산화물) 1[kg]당 부과금액: 500원
(5) 지역별 부과계수(녹지지역): 1.5
(6) SO_2(황산화물) 배출허용기준 초과율별 부과계수표

20[%] 미만	20[%] 이상 40[%] 미만	40[%] 이상 80[%] 미만	80[%] 이상 100[%] 미만	100[%] 이상 200[%] 미만
1.2	1.56	1.92	2.28	3.0

(7) 연도별 부과금 산정지수: 100/100
(8) SO_2(황산화물) 배출허용기준: 270(4)[ppm]

해답

굴뚝으로 배출되는 배출가스량 $= \dfrac{\pi}{4} \times 2^2 \times 15 \times 3{,}600 = 169{,}560 [m^3/h]$

개선계획서를 제출하고 개선하는 경우에 초과부과금 산정식은 (대기환경보전법 시행령 제24조(초과부과금 산정의 방법 및 기준) ①항에서 오염물질 1킬로그램당 부과금액×배출허용기준초과 오염물질 배출량×지역별 부과계수×연도별 부과금산정지수

여기서, SO₂(황산화물) 배출량은

$169,560[\text{m}^3/\text{h}] \times \dfrac{64[\text{kg}]}{22.4[\text{m}^3]} \times (600-270)[\text{ppm}] \times 10^{-6} \times 8[\text{h/day}]$
$\times 30[\text{day/month}] = 38,369[\text{kg}]$

배출허용기준의 초과율(%) = $\dfrac{(배출농도 - 배출허용기준)}{배출허용기준} \times 100$

$= \dfrac{(600-270)}{270} \times 100 = 122.2[\%]$

∴ 초과부과금 = $500[원/\text{kg}] \times 38,369[\text{kg}] \times 1.5 \times \dfrac{100}{100} = 28,776,750$원

참고 배출허용기준의 초과율(%)

$= \dfrac{(배출농도 - 배출허용기준)}{배출허용기준} \times 100 = \dfrac{(600-270)}{270} \times 100 = 122.2[\%]$

∴ 배출허용기준 초과율별 부과계수 = 3.0

이 값은 개선계획서를 제출하지 않은 경우에 초과부과금 산정식은(대기환경보전법 시행령 제24조(초과부과금 산정의 방법 및 기준) ①의 2) 다음과 같다.
(오염물질 1킬로그램당 부과금액 × 배출허용기준초과 오염물질배출량 × 배출허용기준 초과율별 부과계수 × 지역별 부과계수 × 연도별 부과금산정지수 × 위반횟수별 부과계수)

기사·산업 출제빈도 ★★

002 인조섬유 제조공정 작업장에서 CS₂ 가스가 배출되고 있다. 이 작업장에서 근로자가 활동하는 공간에서 채취한 공기 중 CS₂ 가스 분석농도가 다음과 같을 경우, CS₂ 가스의 TWA(시간가중 평균농도) [ppm]은?

시료채취시간(h)	2	2	2	1	1
CS₂ 가스 농도(ppm)	2.1	22	6.0	3.9	60

해답

$\text{TWA} = \dfrac{2 \times 2.1 + 2 \times 22 + 3 \times 6.0 + 1 \times 3.9 + 1 \times 60}{2+2+2+1+1} = 16.26[\text{ppm}]$

아이소아밀알코올
화학식 $C_5H_{12}O$의 무색 액체로 산업계에서 향료로도 생산되는 바나나 오일 생산에 사용되는 성분이다.

아이소부탈알데하이드
무색의 휘발성 액체로 화학식은 $(CH_3)_2CHCHO$이다.

메틸아이소프로필케톤 (MIPK)
메틸에틸케톤(MEK)와 비슷하지만 용해력이 낮고 가격이 더 비싸며 화학식은 $C_5H_{10}O$이다.

기사·산업 출제빈도 ★★★

003 어떤 화학공장에서 3가지의 유기용제가 혼합되어 작업장에 노출이 되었다. 이 혼합 유기용제의 노출기준치 초과 여부를 나타내시오. (단, 이 작업장에 노출된 유기용제는 가중작용(additive effect)을 하는 것으로 가정한다.)

노출된 유기용제명	유기용제의 측정치(ppm)	8시간 노출기준치(ppm)
아이소아밀알코올	25	100
아이소부틸알데하이드	10	100
메틸아이소프로필케톤	100	300

해답

등가 노출값 $= \dfrac{\text{TWA}}{\text{TLV}} = \dfrac{25}{100} + \dfrac{10}{100} + \dfrac{100}{300} = 0.683$

∴ 1을 초과하지 않았으므로 노출기준치를 초과하지 않았다.

기사 출제빈도 ★★

004 촉매연소기 설계에서 촉매층을 통과하는 가스의 온도가 600[℃], 가스밀도가 0.404[kg/m³]이다. 촉매연소기를 통과하는 유입 가스유량이 10[Sm³/s]이고, 유입되는 가스밀도는 1.185[kg/m³], 촉매의 충전밀도는 0.5, 촉매층 내 가스의 체류 시간은 0.25[s]일 경우, 촉매층 충전배드(bed)의 체적(m³)은?

해답

촉매층 내 가스량 = 촉매층 충전배드의 체적×(1 − 촉매 충전밀도)
　　　　　　　　×촉매층 내 가스밀도

$10[\text{m}^3/\text{s}] \times 1.185[\text{kg/m}^3] \times 0.25[\text{s}] = V[\text{m}^3] \times (1-0.5) \times 0.404[\text{kg/m}^3]$

∴ $V = 14.67[\text{m}^3]$

대기환경
기사·산업기사 실기
기출 및 예상문제집

2025 합격Easy 대기환경기사·산업기사[실기] 정오표

신은상 저_(2024.06.20 제1판 제1쇄 발행)

대기환경기사 기출복원문제

쪽수	위치	수정 전	수정 후
p.542	문 018	반응식: $Cl_2 + 2NaOH \rightarrow NaOCl + NaCl + H_2O$ 에서 $22.4[Sm^3]$: $74.5[kg]$ $250 \times 10^{-6} \times \boxed{750,000}$: $x[kg/h]$ $\therefore x = \frac{74.5 \times 250 \times 10^{-6} \times 75,000}{22.4} = 62.36[kg/h]$	반응식: $Cl_2 + 2NaOH \rightarrow NaOCl + NaCl + H_2O$ 에서 $22.4[Sm^3]$: $74.5[kg]$ $250 \times 10^{-6} \times \mathbf{75,000}$: $x[kg/h]$ $\therefore x = \frac{74.5 \times 250 \times 10^{-6} \times 75,000}{22.4} = 62.36[kg/h]$
p.542	문 020	$\boxed{H_l} = H_h - 480 \times (2CH_4) =$	$\mathbf{H_L} = H_h - 480 \times (2CH_4) =$
p.547	문 009 물음	~ 발열량, $H_L = \boxed{8,600}[kcal/Sm^3]$이다.) (6점)	~ 발열량, $H_L = \mathbf{8,500}[kcal/Sm^3]$이다.) (6점)
p.548	문 012	다른 풀이 $\boxed{} A_o - 5.6H = 10.74 - 5.6 \times 0.11 = 10.12[Sm^3/kg])$	다른 풀이 $\mathbf{G_{od}} = A_o - 5.6H = 10.74 - 5.6 \times 0.11 = 10.12[Sm^3/kg])$
p.550	문 014 해답	∴ 1,000[m]당 빛 전달률의 감소를 측정하여 결정되는 연무계수(Coh)는 1.91이다. 아래 표에 의해 Coh **1.19**값에 따른 대기오염도는 경미한 상태이다.	∴ 1,000[m]당 빛 전달률의 감소를 측정하여 결정되는 연무계수(Coh)는 1.91이다. 아래 표에 의해 Coh **1.91**값에 따른 대기오염도는 경미한 상태이다.
p.560	문 011 해답	∴ 습연소가스 조성 중 산소농도의 부피비(%) $= \frac{0.3}{3+4+0.3+\boxed{19.91}} \times 100 = 1.1[\%]$	∴ 습연소가스 조성 중 산소농도의 부피비(%) $= \frac{0.3}{3+4+0.3+\mathbf{19.92}} \times 100 = 1.1[\%]$
p.561	문 014 물음	014 순수한 빙정석(Na_3AlF_6)으로 1일 **200[kg]**의 알루미늄 금속을 생산하는 금속가열로에서 배출되는 배출가스의 유량은 1,500	014 순수한 빙정석(Na_3AlF_6)으로 1일 **150[kg]**의 알루미늄 금속을 생산하는 금속가열로에서 배출되는 배출가스의 유량은 1,500
p.565	문 002 해답	집진장치 1: $C_4 = \boxed{C_3} \eta_1$ ······················ (식 1)	집진장치 1: $C_4 = \mathbf{C_1} \eta_1$ ······················ (식 1)
p.568	문 007 해답	HF 부피 $= 3,000 \times 10^{-6} \times 22,400[Sm^3/h] = 67.2[Sm^3/h]$ $\boxed{SiF4}$ 부피 $= 1,500 \times 10^{-6} \times 22,400[Sm^3/h] = 33.6[Sm^3/h]$	HF 부피 $= 3,000 \times 10^{-6} \times 22,400[Sm^3/h] = 67.2[Sm^3/h]$ $\mathbf{SiF_4}$ 부피 $= 1,500 \times 10^{-6} \times 22,400[Sm^3/h] = 33.6[Sm^3/h]$
p.571	문 013 해답	1) Sutton의 확산식에 따른 최대지표농도(ppm) $C_{max} = \frac{2Q}{\pi \times e \times u \times H_e^2}\left(\frac{C_z}{C_y}\right)$ ······ 2) 최대착지거리(m) $X_{max} = \left(\frac{H_e}{C_z}\right)^{\frac{2}{2-n}} = \left(\frac{\boxed{140}}{0.07}\right)^{\frac{2}{2-0.35}} = \boxed{5,923.87}[m]$	1) Sutton의 확산식에 따른 최대지표농도(ppm) $C_{max} = \frac{\mathbf{2QC}}{\pi \times e \times u \times H_e^2}\left(\frac{C_z}{C_y}\right)$ ······ 2) 최대착지거리(m) $X_{max} = \left(\frac{H_e}{C_z}\right)^{\frac{2}{2-n}} = \left(\frac{\mathbf{150}}{0.07}\right)^{\frac{2}{2-0.35}} = \mathbf{6,409.87}[m]$
p.572	문 014 해답	100℃인 경우 $\boxed{Z_1} = 355 H_s\left(\frac{1}{273+27} - \frac{1}{273+100}\right) =$	100℃인 경우 $\mathbf{Z_2} = 355 H_s\left(\frac{1}{273+27} - \frac{1}{273+100}\right) =$
p.572	문 015 해답	입자의 크기에 따른 가시거리의 변화에 $V = \frac{5.2 \times \rho \times r}{K \times C}$	입자의 크기에 따른 가시거리의 변화에 $V = \frac{5.2 \times \rho \times r}{K \times C}\mathbf{[km]}$
p.574	문 018 해답	∴ NO와 NO_2의 합인 NO_x을 제거하기 위한 이론적인 NH_3량(kg/h) $= 5.06 + \boxed{1.10} = 6.16[kg/h]$	∴ NO와 NO_2의 합인 NO_x을 제거하기 위한 이론적인 NH_3량(kg/h) $= 5.06 + \mathbf{1.01 = 6.07[kg/h]}$

쪽수	위치	수정 전	수정 후
p.577	문 002 해답	3) 전압 전압(TP, Total Pressure)은 정압과 동압의 합으로 나타낸다. 다음 그림은 배출	3) 전압 전압(TP, Total Pressure)은 정압과 동압의 합으로 나타낸다. 배출
p.579	문 006 물음 5행	알게 되었다. 또한, 이상적인 겉보기유속(filtering rate)이 2[cm/s]라면 분진농도가 0.5[g/m²], 처리가스유량이 1,200[m³/min]이고, 직경	알게 되었다. 또한, 이상적인 겉보기유속(filtering rate)이 2[cm/s]라면 분진농도가 0.5[g/m³], 처리가스유량이 1,200[m³/min]이고, 직경
p.580	문 009 해답	농도, $C = 2.5 [kmol/m^3]$	농도, $C = 1.5 [kmol/m^3]$
p.581	문 011 물음 3행, 6행	100[μm]인 입자가 100개로 나타났으며, 밀도는 크기에 상관없이 모두 는 50개, 100[μm] 입자는 10개가 있었다. 집진장치의 입자제거율(%)	10[μm]인 입자가 100개로 나타났으며, 밀도는 크기에 상관없이 모두 는 50개, 10[μm] 입자는 10개가 있었다. 집진장치의 입자제거율(%)
p.581	문 011 해답	2) 질량기준 제거효율 $$\frac{\left[\left(\frac{\pi}{6} \times (1.0 \times 10^{-6}[m])^3\right) \times 20 + \left(\frac{\pi}{6} \times (5 \times 10^{-6}[m])^3\right) \times 50\right] \times 1,000[kg/m^3] + \left(\frac{\pi}{6} \times (10 \times 10^{-6}[m])^3\right) \times 90}{\left[\left(\frac{\pi}{6} \times (1.0 \times 10^{-6}[m])^3\right) + \left(\frac{\pi}{6} \times (5 \times 10^{-6}[m])^3\right)\right] \times 1,000[kg/m^3] + \left(\frac{\pi}{6} \times (10 \times 10^{-6}[m])^3\right)} \times 100$$ $= 85.5[\%]$	2) 질량기준 제거효율 $$\frac{\left[\left(\frac{\pi}{6} \times (1.0 \times 10^{-6}[m])^3\right) \times 20 + \left(\frac{\pi}{6} \times (5 \times 10^{-6}[m])^3\right) \times 50\right] \times 1,000[kg/m^3] + \left(\frac{\pi}{6} \times (10 \times 10^{-6}[m])^3\right) \times 90}{\left[\left(\frac{\pi}{6} \times (1.0 \times 10^{-6}[m])^3 \times 100\right) + \left(\frac{\pi}{6} \times (5 \times 10^{-6}[m])^3 \times 100\right)\right] \times 1,000[kg/m^3] + \left(\frac{\pi}{6} \times (10 \times 10^{-6}[m])^3 \times 100\right)} \times 100$$ $= 85.5[\%]$
p.582	문 012 해답	2) $C_{12}H_{26}$ 1[kg]을 기준으로 해서 석탄에 함유된 S은 1,000×0.01 = 10(g), 10[g]의 S을 포함한 경우를 생각하면 $C_{12}H_{26} + 18.5 O_2 \rightarrow 12 CO_2 + 13 H_2O$ 170　　　　　　−1,797 990　　　　　　x_2 $(\Delta H_f = (-94.5) \times 12 + (-57.80) \times 13 + 83 = -1,797 \text{ kcal})$ $x_2 = -1,797 \times \frac{990}{170} = -10,464.88 \text{ kcal}$ $C_{12}H_{26}$의 총 발열량 $= -10,464.88 + (-\Delta H_f(S + O_2 \rightarrow SO_2))$ 즉, 1[mole]의 $CO_{2(g)}$ 발생당 872.07 kcal의 열량이 발생한다. ∴ $C_{12}H_{26}$가 단위 열량당 CO_2 발생량이 적다.	2) $C_{12}H_{26}$ 1[kg]을 기준으로 해서 석탄에 함유된 S은 1,000×0.01 = 10(g), 10[g]의 S을 포함한 경우를 생각하면 $C_{12}H_{26} + 18.5 O_2 \rightarrow 12 CO_2 + 13 H_2O$ 170　　　　　　−1,802.4 990　　　　　　x_2 $(\Delta H_f = (-94.5) \times 12 + (-57.80) \times 13 + 83 = -1,802.4 \text{[kcal]})$ $x_2 = -1,802.4 \times \frac{990}{170} = -10,496.32 \text{[kcal]}$ $C_{12}H_{26}$의 총 발열량 $= -10,496.32 + (-\Delta H_f(S + O_2 \rightarrow SO_2))$ 즉, 1[mole]의 $CO_{2(g)}$ 발생당 874.69 kcal의 열량이 발생한다. ∴ $C_{12}H_{26}$가 단위 열량당 CO_2 발생량이 적다.
p.589	문 003 해답	4) 내부연소(자기연소) : 니트로글리세린 등이 공기 중 산소를 필요로 하지 않고, 분자 자신 안의 산소에 의한 연소를 말한다.	~ 나이트로글리세린 ~
p.592	문 012 물음	012 내경이 30[cm]인 원형 덕트에 20[℃], 1기압의 공기가 30[m³]	012 내경이 30[cm]인 원형 덕트에 20[℃], 1기압의 공기가 3,000[m³/h]
p.593	문 012 해답	해답 $V = \dfrac{30}{0.785 \times 0.03^2 \times 3,600} = 11.8 [m/s]$	해답 $V = \dfrac{3,000}{0.785 \times 0.3^2 \times 3,600} = 11.8 [m/s]$
p.596	문 018 해답	$6,000 \times 0.9 \times \dfrac{S}{100} [kg]$　42[Sm³/h]	$6,000 \times 0.9 \times \dfrac{S}{100} [kg]$　50[Sm³/h]
p.607	문 017 물음	압몰비열은 각각 13.6, 10.5, 8.0[kcal/K·mol]이고, 메테인의 저위발열량, $H_L = 8,500$[kcal/Sm³]이다.)　(6점)	압몰비열은 각각 13.6, 10.5, 8.0[kcal/kmol·℃]이고, 메테인의 저위발열량, $H_L = 8,500$[kcal/Sm³]이다.)　(6점)

PART III

기출복원문제
(대기환경기사)

- 2022년 제1회 기출복원문제
- 2022년 제2회 기출복원문제
- 2022년 제4회 기출복원문제
- 2023년 제1회 기출복원문제
- 2023년 제2회 기출복원문제
- 2023년 제4회 기출복원문제
- 2024년 제1회 기출복원문제

알리는 말씀

[대기환경기사] 기출문제의 복원에 참여해 주신 수험생분들께 감사드립니다.

'기출복원문제'의 복원 과정은 수험생분들이 제공해 주신 핵심단어(key word)를 기초로 재구성하였으므로 100% 일치하지 않으며, 실제 문제와 다를 수 있습니다.

'PART III. 기출복원문제'에서의 문제 배열은 본문과 같이 '서술형 문제'는 앞쪽으로, '계산형 문제'는 뒤쪽에 배치하였습니다.

또한, [대기환경산업기사] 문제는 본문 내용에서 충분히 반영하였으므로 본 단원에서는 별도로 수록하지 않았으며, 2022년부터 최근까지의 "기출복원문제"는 [대기환경기사] '2024년 2회 & 3회와 함께 추후 복원되는 대로 네이버 "산단기" 카페에서 제공할 수 있도록 하겠습니다.

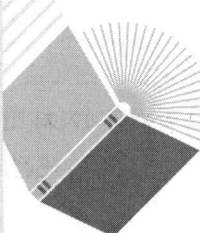

2022년 제1회 기출복원문제

001 광화학 스모그의 대표적인 원인물질과 기후조건 및 오염사례를 설명하시오. (2점)

> 📝 **퍼옥시아세틸 질산염(PAN)**
> 대기에만 존재하는 불안정하고 산소가 많이 함유된 화합물로 대기오염물질인 오존 형성의 핵심 중간체이다. 화학식은 $C_2H_3NO_5$ 이다.

해답
광화학 스모그는 주로 자동차 배출가스에서 많이 나오는 질소산화물, 탄화수소 등이 햇빛(자외선)과 작용하여 오존, 알데하이드, 팬(PAN, peroxyacetyl nitrate) 등과 같은 여러 가지 산화성 물질(옥시단트)을 생성하여 맑은 날에도 안개가 낀 것과 같은 상태를 말한다. 대표적인 오염사례는 로스엔젤레스 스모그로 1954년부터 로스앤젤레스의 거의 대부분의 시민이 눈, 코, 기도, 폐 등의 점막의 지속적이고 반복성 자극과 일상생활에 있어서 불쾌감을 호소하였으며 가축 및 농작물의 피해가 나타나고 고무제품의 노화 등 재산상의 피해가 크게 나타났다.

002 연소 시에 발생하는 질소산화물(NO_X)의 3가지 생성 기구(mechanism)에 대하여 그 종류를 나열하고 간단히 설명하시오. (6점)

해답
1) Thermal NO_X
   연소용 공기 중 산소가 고온에서 유리되어 공기 중의 질소 분자(N_2)를 산화시킴으로써 생성된 질소산화물, 즉 공기 중 질소를 기원으로 하며, 약 1,300[℃] 이상의 고온에서 생성된다. 이 반응을 Zeldovich mechanism이라고 한다.
2) Fuel NO_X
   연료 중의 탄화수소(HC)가 공기 중 질소와 반응하여 생성된다. 연소 온도는 영향은 낮으나, 산소 농도가 높을 경우 발생량이 비례적으로 증가한다.
3) Prompt NO_X
   연료 중에 포함된 질소가 연소과정에서 산화되어 발생한다. 그러나 실제 연소과정에서는 발생량이 낮아 고려되지 않는다.

003 평판형 전기집진장치의 집진성능 효율 향상 방법을 4가지 적으시오. (6점)

해답
1) 집진판의 면적을 크게 한다.
2) 배출가스의 유량을 적게 한다.
3) 집진판의 높이와 길이비를 1보다 크게 한다.
4) 겉보기 전기저항값을 $10^4 \sim 10^{11}[\Omega \cdot cm]$로 맞춰준다.
5) 효율이 허락되는 범위 내에서 겉보기 이동속도를 빠르게 한다.
6) 방전극의 단선 방지를 위해 진동에 대한 강도와 충격 등에 유의하며 방전극은 최대한 길고 가늘게 한다.

004 대도시에서 나타나는 탄화수소(HC) 화합물, 알데하이드(RCHO), NO_2, NO, O_3 농도가 하루 중, 즉 오전 4시부터 오후 6시까지 시간 변화에 대해서 대기 중에서 어떠한 농도변화 경향을 나타내는지 아래에 주어진 그래프에 표시하시오. (단, 위에서 언급한 물질 중 가장 농도가 높은 물질에 대하여 상대적으로 나타내 주어야 한다.) (6점)

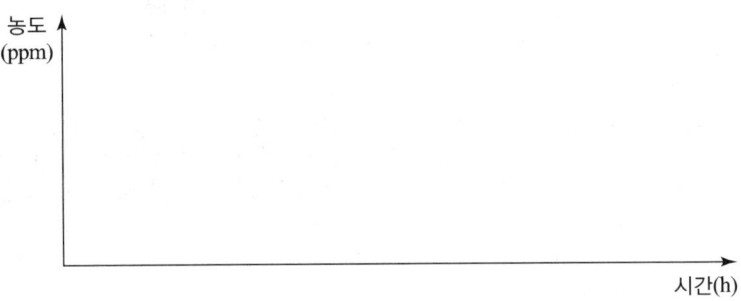

해답
표시방법: 하루 중 최고 피크가 NO → NO_2 → O_3 → 알데하이드(RCHO) 순으로 그려져야 하고, 이 중 탄화수소 화합물의 농도가 가장 높아야 한다.

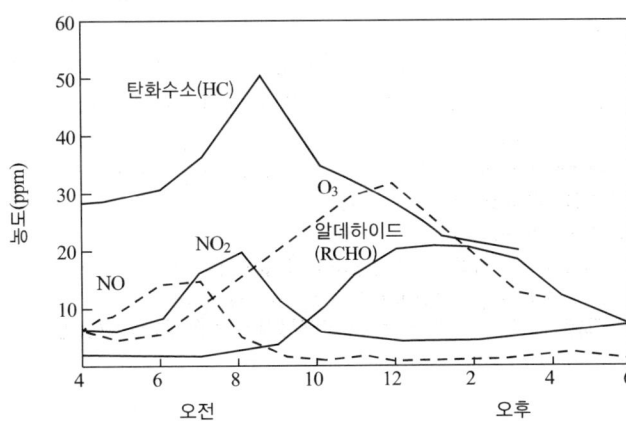

005 실내 대기오염물질 중 석면에 대한 다음 물음에 답하시오. (6점)

1) 청석면, 갈석면, 백석면을 사람의 몸에 독성이 강한 순서로 쓰시오.
   (단, 왼쪽 물질의 독성이 더 강함)
2) 석면으로 인하여 인체에 나타나는 증상을 2가지 이상 적으시오.

해답

1) 청석면(crocidolite), 갈석면(amosite), 백석면(chrysotile) 순으로 독성이 강하게 나타나고, 각종 제조업 및 건설업에 사용된 빈도는 백석면, 청석면, 갈석면 순이다.

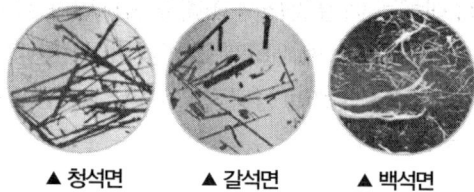

▲ 청석면   ▲ 갈석면   ▲ 백석면

2) 석면으로 인하여 인체에 나타나는 증상
   (1) 석면증: 석면 먼지를 흡입하여 발생되는 폐에 반흔이 형성되는 현상
   (2) 폐암: 평균적으로 처음 석면에 노출된 지 약 25년에서 40년 후에 발생하며 10년 정도 지나서부터 폐암 발암 위험도가 높아지기 시작한다. 석면노출 후 흡연을 하면 위험은 30 ~ 90배나 올라간다.
   (3) 악성중피종: 석면의 인체노출로 인해 심장을 싸고 있는 심막 표면을 덮는 중피에 발생하는 악성 종양을 말한다.

006 수용성 유해가스를 흡수제로서 중화 흡수하는 방법인 흡수법으로 유해가스를 처리할 때 흡수액의 구비조건 3가지를 적으시오. (3점)

해답

1) 용해도가 클 것
2) 부식성이 없을 것
3) 휘발성이 낮을 것
4) 점성이 낮고 화학적으로 안정하며 독성이 없을 것
5) 가격이 저렴하고 용매의 화학적 성질과 유사할 것

007 대기오염공정시험기준에서 환경대기 중의 미세먼지(PM_{10}) 자동측정법인 베타선법의 측정원리를 설명하시오. (4점)

해답
베타선법은 베타선(β線)을 방출하는 베타선원으로부터 조사된 베타선이 필터 위에 채취된 먼지를 통과할 때 흡수되는 베타선의 세기를 비교 측정하여 대기 중 미세먼지의 질량농도를 측정하는 방법이다.

008 질소산화물을 접촉환원법(SCR, Selective Catalytic Reduction)으로 NO를 N_2로 처리할 때 사용하는 환원성 기체(환원제) 3가지를 적으시오. (단, CO는 제외한다.) (3점)

SCR(선택적 촉매 환원 장치)
배출가스에 포함된 질소산화물(NO_x)을 환원제(NH_3)와 탈질 촉매를 이용하여 반응시킴으로써 인체에 무해한 질소(N_2)와 물(H_2O)로 환원시켜 배출하는 장치이다.

해답
해당 환원제와 반응식은 다음과 같다.
1) H_2, $2NO + 2H_2 \rightarrow N_2 + 2H_2O$
2) NH_3, $6NO + 4NH_3 \rightarrow 5N_2 + 6H_2O$
3) H_2S, $6NO + 2H_2S \rightarrow 3N_2 + 2H_2O + 2SO_2$

009 어떤 연소장치에서 배출되는 가스에 SO_2가 75,000[ppm]이 함유되어 있다. 탈황시설을 이용하여 SO_2 가스를 3개의 흡수탑을 직렬로 연결 처리하였다. 각 흡수탑의 처리율이 80[%]일 때, 오염물질의 출구농도(ppm)는? (4점)

해답
총효율
$\eta_t = 1 - (1-E_1) \times (1-E_2) \times (1-E_3) = 1 - (1-E)^3 = 1 - (1-0.8)^3 = 0.992$
∴ 출구농도 $= 75,000[\text{ppm}] \times (1-0.992) = 600[\text{ppm}]$

010 공기가 1[mole]의 산소와 3.76[mole]의 질소로 구성되었다고 가정할 때, 프로페인(C_3H_8) 1몰을 완전 연소할 경우 다음 물음에 답하시오. (단, 공기는 질소와 산소만 포함한다고 가정한다.) (6점)

1) C_3H_8의 완전 연소반응식을 적으시오. (단, 질소(N_2) 성분을 포함하여 작성하시오.)
2) 부피기준에 의한 프로페인의 이론적인 공연비(AFR)를 구하시오.
3) 질량기준에 의한 이론적인 공연비(AFR)를 구하시오. (단, 공기분자량은 28.95[g/mol]이다.)

> **해답**
>
> 1) C_3H_8(프로페인)의 연소반응식
>
> $C_3H_8 + 5O_2 + 5 \times 3.76 N_2 \rightarrow 3CO_2 + 4H_2O + 5 \times 3.76 N_2$
>
> 2) 부피기준에 의한 프로페인의 이론적인 공연비(AFR)
>
> $$AFR = \frac{5 + 5 \times 3.76}{1} = 23.8$$
>
> 3) 질량기준에 의한 프로페인의 이론적인 공연비(AFR)
>
> $$AFR = \frac{5 \times 32 + 18.8 \times 28}{12 \times 3 + 1 \times 8} = 15.6 \text{(또는 } AFR = \frac{23.8 \times 28.95}{12 \times 3 + 1 \times 8} = 15.7\text{)}$$

011 비중이 0.9이고, 황 함량 2.5[wt%]의 벙커C유를 시간당 2[kL] 연소할 경우, 시간당 발생하는 SO_2 부피(Sm^3/h)는? (단, 배출가스 온도 600[℃], 벙커C유에 함유된 황은 전량 SO_2로 전환한다.) (6점)

> **해답**
>
> 연소반응식: $S + O_2 \rightarrow SO_2$
>
> 　　　　　32[kg]　22.4[Sm^3]
>
> 　　　　　45[kg]　　x
>
> 중유 2[kL]의 중량: 2,000[L] × 0.9[kg/L] = 1,800[kg]
>
> 황(S)의 중량: $1,800[kg] \times \frac{2.5}{100} = 45[kg]$
>
> 생성되는 SO_2의 부피: $x = \frac{22.4}{32} \times 45 = 31.5[Sm^3]$
>
> 배출가스의 온도가 600[℃]이므로 $31.5 \times \frac{273 + 600}{273} = 100.73[m^3]$

012 공기를 사용하여 C_3H_8(프로페인) $1[Sm^3]$을 완전 연소시킬 경우, 건연소가스 중 $(CO_2)_{max}[\%]$는? (단, 연료 중 질소 성분은 무시한다.)
(4점)

해답

C_3H_8의 연소반응식

$C_3H_8 + 5\,O_2 + 5\times3.76\,N_2 \rightarrow 3\,CO_2 + 4\,H_2O + 5\times3.76\,N_2$ 에서

C_3H_8 $1[Sm^3]$당 이론산소량은 $5[Sm^3]$

$N_2 = 5\times\dfrac{79}{21} = 18.8[Sm^3]$, $CO_2 = 3[Sm^3]$

∴ 건연소가스량, $G_d = 3+18.8 = 21.8[Sm^3]$

∴ $(CO_2)_{max} = \dfrac{CO_2}{G_d}\times100 = \dfrac{3}{21.8}\times100 = 13.76[\%]$

013 직경 $220[mm]$, 유효높이 $2.5[m]$, 원통형 백필터인 여과집진 장치로 배출가스 유량 $360[m^3/min]$, 분진농도 $8[g/m^3]$인 함진가스를 겉보기 여과속도가 $1.5[cm/s]$로 처리하고자 할 경우, 소요되는 백필터의 개수는?
(4점)

해답

주어진 함진농도를 처리할 백필터의 면적

$A = \dfrac{Q}{V_f} = \dfrac{360}{60\times1.5\times10^{-2}} = 400[m^2]$

백필터 1개당 유효여과면적

$a = \pi\times D\times H = 3.14\times0.220\times2.5 = 1.727[m^2]$

백필터 개수

$n = \dfrac{A}{\pi\times D\times H} = \dfrac{A}{a} = \dfrac{400}{1.727} = 231.62$

∴ 소요되는 백필터의 개수 = 232개

014 어떤 굴뚝의 배출가스 중 NO 500[ppm], NO$_2$ 5[ppm]을 함유하고 있고, 시간당 10,000[Sm^3]씩 배출되고 있다. 이 배출가스를 CO에 의한 선택적 촉매환원법(SCR, Selective Catalytic Reduction)으로 처리할 경우 다음 물음에 답하여라. (8점)

1) 이론적인 CO의 필요량(m^3/h)을 구하시오.
2) 부산물로 생성된 이론적인 질소(N$_2$) 가스의 발생량(kg/h)을 구하시오.

해답

NO 제거량 $= 500 \times 10^{-6} \times 10,000 = 5[\mathrm{Sm^3\ NO/h}]$

반응식: $2\,\mathrm{NO} + 2\,\mathrm{CO} \rightarrow \mathrm{N_2} + 2\,\mathrm{CO_2}$
$\quad\quad\quad 2\times22.4 \quad 2\times22.4 \quad\quad 28$
$\quad\quad\quad\quad 5 \quad\quad\quad x_1 \quad\quad\quad\quad y_1$

$\therefore x_1 = 5[\mathrm{Sm^3/h}]$, $y_1 = \dfrac{28 \times 5}{2 \times 22.4} = 3.125[\mathrm{kg/h}]$

NO$_2$ 제거량 $= 5 \times 10^{-6} \times 10,000 = 0.05[\mathrm{Sm^3\ NO_2/h}]$

반응식: $2\,\mathrm{NO_2} + 4\,\mathrm{CO} \rightarrow \mathrm{N_2} + 4\,\mathrm{CO_2}$
$\quad\quad\quad 2\times22.4 \quad 4\times22.4 \quad\quad 28$
$\quad\quad\quad 0.05 \quad\quad x_2 \quad\quad\quad y_2$

$\therefore x_2 = 0.05 \times \dfrac{4}{2} = 0.1[\mathrm{Sm^3/h}]$, $y_2 = \dfrac{28 \times 0.05}{2 \times 22.4} = 0.03125[\mathrm{kg/h}]$

1) NO$_x$을 제거하기 위해 필요한 이론적인 총 CO량(Sm^3/h)
   $= 5 + 0.1 = 5.1[\mathrm{Sm^3/h}]$
2) 부산물로 생성된 이론적인 질소 가스의 발생량(kg/h)
   $= 3.125 + 0.03125 = 3.16[\mathrm{kg/h}]$

015 기상총괄 이동단위높이가 0.6[m]인 충전탑에서 HF를 처리하고자 한다. HF 농도를 200[ppm]에서 4[ppm]으로 감소할 경우, 필요한 충전탑의 높이(m)는? (단, HF 외에 흡수되는 물질은 존재하지 않는다.) (6점)

해답

기상총괄 이동단위높이, $H_{OG} = 0.6[\mathrm{m}]$

처리효율, $E = \dfrac{200 - 4}{200} = 0.98 = 98[\%]$

∴ 기상총괄 이동단위수, $N_{OG} = \ln\left(\dfrac{1}{1-E}\right) = \ln\left(\dfrac{1}{1-0.98}\right) = 3.912$

충전탑의 높이, $Z = H_{OG} \times N_{OG} = 0.6 \times 3.912 = 2.35 [\text{m}]$

016 원통형 백필터 10개를 사용하는 여과집진장치에서 입구 분진농도 10[g/m³]의 함진가스를 98[%] 효율로 처리하고 있다. 가동 중 백필터 1개에 구멍이 발생하여 처리가스량의 1/5이 그대로 통과되었을 경우, 출구의 분진농도(g/m³)는? (6점)

해답

출구의 분진농도(g/Sm³)는 백의 개수와는 무관하므로

출구의 분진농도

$= \dfrac{1}{5} \times 10[\text{g/Sm}^3] + \left\{\left(1 - \dfrac{1}{5}\right) \times 10[\text{g/Sm}^3] \times 0.02\right\} = 2.16[\text{g/Sm}^3]$

017 몸통경이 100[cm]인 표준 원심력집진장치를 이용하여 함진가스 유량 2[m³/s]를 처리할 때 다음 물음에 답하시오. (단, 분진의 밀도 1.8[g/cm³], 함진가스의 점성계수(점도) 1.85×10^{-5}[kg/m·s]이고 공기의 밀도는 무시한다.) (6점)

1) 표준 원심력집진장치의 성상이 아래과 같을 때 입구의 유속(m/s)은?

항목	유입구 폭 (W)	유입구 높이 (H)	원통부 직경 (D)	원통부 길이 (L_b)	원추부 길이 (L_c)	출구 관경 (D_e)
규격	0.25D	0.5D	100[cm]	1.5D	2.5D	0.5D

2) 유효회전수가 5, 50[%]의 효율로 제거되는 입자의 직경(μm)은?

해답

1) 유입속도, $v_i = \dfrac{Q}{A} = \dfrac{2[\text{m}^3/\text{s}]}{0.5[\text{m}] \times 0.25[\text{m}]} = 16[\text{m/s}]$

2) Lapple의 식을 이용한다. ρ_g는 무시한 상태에서

$d_{p,\,50} = \left(\dfrac{9 \times 1.85 \times 10^{-5} \times 0.25}{2 \times 3.14 \times 5 \times 16 \times 1,800}\right)^{\frac{1}{2}} = 6.78 \times 10^{-6}[\text{m}] = 6.78[\mu\text{m}]$

📝 **Lapple의 식**

$d_{p,\,50} = \left(\dfrac{9 \times \mu_g \times W_i}{2\pi \times N_e \times v_i \times \rho_p}\right)^{\frac{1}{2}}$

018 염소가스 250[ppm]을 함유하는 배출가스 75,000[Sm³/h]를 수산화소듐(NaOH) 수용액으로 흡수할 때, 생성되는 차아염소산소듐(NaOCl)의 양은 시간당 몇 [kg]인가? (단, 염소가스는 100[%] 반응을 하며 H₂와 HCl은 생성되지 않고, Na 및 Cl의 원자량은 각각 23 및 35.5 이다.) (6점)

해답

반응식: $Cl_2 \;+\; 2NaOH \;\rightarrow\; NaOCl + NaCl + H_2O$ 에서

$22.4[Sm^3] \;:\; 74.5[kg]$

$250 \times 10^{-6} \times 750,000 \;:\; x[kg/h]$

$\therefore x = \dfrac{74.5 \times 250 \times 10^{-6} \times 75,000}{22.4} = 62.36[kg/h]$

019 어떤 평판형 전기집진기에 10[m]×10[m]인 집진판이 2개가 있다. 이 전기집진기의 집진율은 99[%]이고, 함진가스량은 150 [m³/min], 입구 분진농도가 2[g/m³]일 경우, 표류속도(입자의 이동속도) [m/min]은? (4점)

해답

$\eta = 1 - e^{-\left(\frac{A \times w_e}{Q}\right)}$ 에서 $0.99 = 1 - e^{-\left(\frac{2 \times 10 \times 10 \times w_e}{150}\right)}$

양변에 자연로그 ln을 취하면 $\ln(1-0.99) = -\left(\dfrac{2 \times 10 \times 10 \times w_e}{150}\right)$

$\therefore w_e = 3.45[m/min]$

020 메테인의 고발열량이 9,500[kcal/Sm³]일 경우, 저발열량 (kcal/Sm³)은? (단, 수증기의 증발잠열은 480[kcal/m³]이다.) (4점)

해답

$H_l = H_h - 480 \times (2CH_4) = 9,500 - 480 \times 2 \times 1 = 8,540[kcal/Sm^3]$

기출복원문제

001 대도시 지역에서 주로 일어나는 열섬효과에 대해 간단히 쓰고, 영향을 주는 인자를 4가지 쓰시오. (6점)

해답

1) 열섬효과(heat island effect)는 도시화와 고도의 토지이용이 진행되면서 나타나는 기후적 특성으로서, 도시 안에서 발생하는 인공열과 대기오염, 건축물, 포장도로 등의 영향으로 도심이 주변의 교외지에 비해 고온의 공기가 섬 모양으로 뒤덮고 있는 상태를 말한다. 일반적으로 도시와 주변 지역 사이의 온도차는 보통 낮보다는 밤에, 여름보다는 겨울에 더 크게 나타나며 바람이 약할 때 가장 두드러진다.

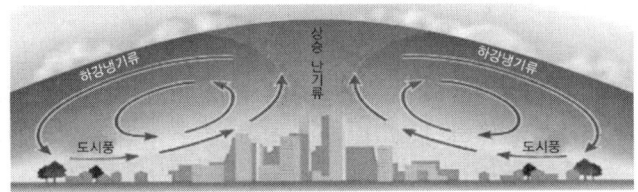

2) 대도시 내 열섬효과에 영향을 주는 인자
   (1) 공장의 매연이나 자동차 배출가스
   (2) 냉·난방기기의 사용에 의한 인공 열의 발산
   (3) 아스팔트나 콘크리트 면적 확대로 인한 지표면의 보온 효과, 녹지 면적 축소
   (4) 공기의 흐름을 방해하는 도심지 내부의 수직적으로 들어선 대형건물 및 빌딩과 불규칙적인 지면

002 대기오염물질 농도를 추정하기 위한 가우시안 모델(Gaussian model)이론을 전개할 때 필요한 가정을 5가지 기술하시오. (5점)

해답

1) 전반적인 확산 과정은 정상상태이다.
2) 지표면에 닿은 가스상물질은 모두 반사한다.
3) 대기오염물질 농도는 물질의 배출량에 비례한다.
4) 대기오염물질은 연속하는 점배출원에서 배출된다.
5) 연기기둥(plume)의 전단면에 걸쳐 동일한 풍속을 적용한다.

잔류성유기오염물질 (POPs, Persistent Organic Pollutants)

독성이 강하고 잘 분해되지 않아 환경 중에 오랫동안 잔류하면서, 생물에 고농도로 축적되어 인간과 생태계에 큰 위해를 주는 물질이다.

잔류성유기오염물질에 관한 스톡홀름협약

잔류성유기오염물질의 감소를 목적으로 지정 물질의 제조·사용·수출입 금지 또는 제한하는 협약이다. 2001년 5월에 채택되어, 2004년 5월 17일에 발효되었다.

수은에 관한 미나마타협약

장거리 이동과 생체 축적성이 높은 대표적인 유해물질인 수은의 사용과 배출을 줄여 수은이 사람의 건강과 환경에 끼치는 위해를 저감하기 위하여 무역, 수은첨가 제품 및 제조공정, 대기 중 배출, 수은 폐기물 처리까지 수은의 전과정(Life-cycle) 관리에 대한 포괄적 규제 방안을 국제사회가 동의·결성한 국제협약이다. 미나마타 협약은 2017년 5월 18일 50개국이 비준함으로써, 협약 규정에 따라 90일 경과 후인 2017년 8월 16일에 정식 발효되었다.

---

003 '잔류성오염물질 관리법'에 따른 잔류성오염물질의 공통된 특징을 4가지 서술하시오. (4점)

해답
1) 독성
2) 잔류성
3) 생물농축성
4) 장거리 이동성

참고 잔류성오염물질 관리법 제2조(정의)
잔류성오염물질이란 독성·잔류성·생물농축성 및 장거리이동성 등의 특성을 지니고 있어 사람과 생태계를 위태롭게 하는 물질로서「잔류성유기오염물질에 관한 스톡홀름협약」및「수은에 관한 미나마타협약」에서 정하는 것을 말하며, 그 구체적인 물질은 환경부장관이 정하여 고시한다.

004 대기오염물질 중 악취를 처리하는 대표적인 방법 5가지 열거하고 간단히 설명하시오. (5점)

해답
1) **흡수법**: 흡수탑을 이용하여 물 또는 흡수제를 이용하여 세정처리한다.
2) **흡착법**: 악취물질의 양이 적을 경우 활성탄, 실리카젤 등의 흡착제를 이용하여 흡착한다.
3) **통풍 및 희석법**: 굴뚝을 통하여 통풍시키거나 희석한다.
4) **고온연소법**: 악취물질을 600~800[℃]에서 완전 연소시켜 제거한다.
5) **촉매산화법**: 촉매를 사용하여 250~450[℃]의 온도에서 처리하는데 이 경우는 촉매표면 손실과 촉매독이 문제가 될 수 있다.
6) **화학적 산화법**: 강산화제인 O_3, $KMnO_4$, $NaOCl$, Cl_2 등으로 악취물질을 산화시켜 제거한다.
7) **중화 및 위장법**: 2가지 물질을 적당한 비율로 섞어 화학 반응을 일으키거나 강한 향료를 이용하여 냄새를 위장(masking)시킨다.

005 사이클론 집진장치의 집진율 향상 조건을 4가지 쓰시오. (예시: "블로우다운(Blow-down) 방식을 적용한다."라는 식으로 기재하되, 예시는 정답에서 제외한다.) (4점)

해답
1) 분진 박스(호퍼)의 모양은 적당한 크기와 형상을 갖춘다.
2) 프라그 효과(에디현상)를 방지하기 위해 돌출핀 및 스키머를 부착한다.
3) 배기 덕트의 직경이 작을수록 집진효율이 증가하고, 압력손실은 커진다.
4) 입구 유속이 적절하게 빠를수록 유효 원심력이 증가하여 효율이 향상된다.
5) 침강 분진과 미세분진의 재비산을 방지하기 위해 스키머, 회전깃, 살수설비 등을 이용한다.

006 흡착법으로 대기오염 유해 가스상물질을 처리하고자 한다. 다음 물음에 답하시오. (5점)
1) 흡착제 구비조건을 3가지 이상 쓰시오.
2) 파과점의 정의를 쓰시오.
3) 보전력의 정의를 쓰시오.

해답
1) 흡착제의 구비조건
  (1) 흡착률이 우수해야 한다.
  (2) 흡착제의 재생이 용이해야 한다.
  (3) 흡착물질의 회수가 용이해야 한다.
  (4) 어느 정도의 강도와 경도가 있어야 한다.
  (5) 온도 및 가스 조성에 대한 고려를 해야 한다.
  (6) 기체의 흐름에 대한 압력손실이 적어야 한다.
  (7) 흡착제는 일반적으로 단위질량당 표면적이 큰 것이 좋다.

2) 파과점(breakthrough point)의 정의
오염가스가 흡착제로 유입되는 동안 시간이 경과함에 따라 흡착제에 흡착되지 못한 오염가스가 일부 배출되는 시점에 이른다. 이 시점은 흡착제가 피흡착물질을 흡착 제거할 수 있는 한계에 이른 상태로서 이를 파과점이라고 한다(일반적으로 유출농도가 입구농도의 5~10[%]에 달하는 시점으로서 한다).

3) 보전력(retentivity)의 정의
일반적으로 흡착질로 포화된 흡착제를 주어진 온도와 압력 조건하에서 순수한 공기를 통과 시킬 때 흡착제로부터 탈착되지 않고 잔류하는 흡착질의 양을 말한다.

$$보전력 = \frac{흡착질의\ 무게}{흡착제의\ 무게}$$

흡착(adsorption)
활성탄이 어떤 성분을 흡착하고 있을 때, 흡착된 성분을 흡착질(adsorbate), 활성탄을 흡착제(adsorbent)라고 한다.

007 다음은 환경정책기본법령상 대기환경기준이다. ( ) 안을 채우시오. (6점)

종류	허용농도
아황산가스(SO_2)	1시간 평균치 (①)[ppm] 이하
일산화탄소(CO)	8시간 평균치 (②)[ppm] 이하
이산화질소(NO_2)	24시간 평균치 (③)[ppm] 이하
오존(O_3)	1시간 평균치 (④)[ppm] 이하
납(Pb)	연간 평균치 (⑤)[μg/m³] 이하
벤젠(C_6H_6)	연간 평균치 (⑥)[μg/m³] 이하

해답

① 0.15 ② 9 ③ 0.06 ④ 0.1 ⑤ 0.5 ⑥ 5

참고 환경정책기본법 시행령 [별표 1] 대기환경기준

항목	기준
아황산가스(SO_2)	• 연간 평균치 0.02[ppm] 이하 • 24시간 평균치 0.05[ppm] 이하 • 1시간 평균치 0.15[ppm] 이하
일산화탄소(CO)	• 8시간 평균치 9[ppm] 이하 • 1시간 평균치 25[ppm] 이하
이산화질소(NO_2)	• 연간 평균치 0.03[ppm] 이하 • 24시간 평균치 0.06[ppm] 이하 • 1시간 평균치 0.10[ppm] 이하
미세먼지(PM_{10})	• 연간 평균치 50[μg/m³] 이하 • 24시간 평균치 100[μg/m³] 이하
초미세먼지($PM_{2.5}$)	• 연간 평균치 15[μg/m³] 이하 • 24시간 평균치 35[μg/m³] 이하
오존(O_3)	• 8시간 평균치 0.06[ppm] 이하 • 1시간 평균치 0.1[ppm] 이하
납(Pb)	• 연간 평균치 0.5[μg/m³] 이하
벤젠(C_6H_6)	• 연간 평균치 5[μg/m³] 이하

008 중력 침강실에서 집진율이 60[%], 침강실 길이 3[m], 폭이 1[m]일 때, 침강실의 높이(m)는? (단, 가스의 점성계수는 1.85×10^{-5} [kg/m · s], 처리 입경은 15[μm], 입자밀도 320[kg/m³], 함진가스 밀도 0.11[kg/m³], 침강실 내의 풍속 [1m/s]이다.) (6점)

해답

$$\eta = \frac{L \times v_s}{H \times v} = \frac{L \times \dfrac{d_p^2 \times g \times (\rho_p - \rho_g)}{18\,\mu_g}}{H \times v} = \frac{L \times d_p^2 \times g \times (\rho_p - \rho_g)}{18\,\mu_g \times H \times v}$$ 에서

$$H = \frac{3 \times (15 \times 10^{-6})^2 \times 9.8 \times (320 - 0.11)}{0.6 \times 18 \times 1.85 \times 10^{-6} \times 1} = 0.1059 = 0.11\,[\text{m}]$$

---

009 메테인의 이론연소온도(℃)는? (단, 메테인과 공기는 18[℃]에서 공급되고 있고, 상온 ~ 2,100[℃] 사이에서 CO_2, $H_2O_{(g)}$, N_2의 정압몰비열은 각각 13.1, 10.5, 8.0[kcal/kmol · ℃]이고, 메테인의 저위발열량, H_L = 8,600[kcal/Sm³]이다.) (6점)

해답

CO_2의 부피비열: $13.1 \times \dfrac{1}{22.4} = 0.585\,[\text{kcal/m}^3 \cdot \text{℃}]$

$H_2O_{(g)}$의 부피비열: $10.5 \times \dfrac{1}{22.4} = 0.47\,[\text{kcal/m}^3 \cdot \text{℃}]$

N_2의 부피비열: $8.0 \times \dfrac{1}{22.4} = 0.36\,[\text{kcal/m}^3 \cdot \text{℃}]$

메테인의 연소반응식

$CH_4 + 2\,O_2 + 2 \times 3.76\,N_2 \rightarrow CO_2 + 2\,H_2O + 2 \times 3.76\,N_2$

메테인의 저위발열량, $H_L = G \times C_p \times (t - t_a)$ 에서

$8,500[\text{kcal/Sm}^3] = (1 \times 0.585 + 2 \times 0.47 + 2 \times 3.76 \times 0.36) \times (t - 18)$

∴ $t = 2,026.4\,[\text{℃}]$

---

010 어떤 물질 1[mol]이 반응하여 180분 뒤에 0.1[mol]이 된다. 이 물질이 99[%] 반응하여 0.01[mol]이 되었다면, 이때 소요된 시간(min)은? (단, 1차 반응식을 기준으로 한다.) (6점)

해답

1차 반응식, $\ln\left(\dfrac{C_t}{C_o}\right) = -k \times t$ 에서 $\ln\left(\dfrac{0.1[\text{mol}]}{1[\text{mol}]}\right) = -k \times 180$

∴ $k = 1.28 \times 10^{-2}\,(\text{min}^{-1})$

$\ln\left(\dfrac{0.01[\text{mol}]}{0.1[\text{mol}] \times 0.99}\right) = -1.28 \times 10^{-2} \times t$ ∴ $t = 179\,[\text{min}]$

011 어느 공장에서 열분해에 의해 생성된 아세트산(10[m³])을 연소시켜 가스 상태의 이산화탄소를 제조하고자 한다. 이때 필요한 이론공기량(Sm³)을 구하시오. (단, 반응식을 반드시 기재하시오.) (6점)

해답

아세트산의 연소반응식

$$CH_3COOH + 2O_2 \rightarrow 2CO_2 + 2H_2O$$
$$60[kg] \quad\quad 2 \times 22.4[Sm^3]$$

$$\frac{60 \times 10}{22.4} = 26.79[kg] \quad x(산소량)$$

$$\therefore x(산소량) = \frac{26.79[kg] \times 2 \times 22.4[Sm^3]}{60[kg]} = 20[Sm^3]$$

이론공기량(Sm³), $A_o = \dfrac{이론산소량(Sm^3)}{0.21} = \dfrac{20[Sm^3]}{0.21} = 95.24[Sm^3]$

012 어떤 중유 중 함유 원소의 부피 조성이 C = 87[%], H = 11[%], S = 2[%]일 경우, 이 중유의 $(CO_2)_{max}$를 계산하시오. (단, 표준상태 기준이다.) (6점)

해답

$$A_o = \frac{1}{0.21}(1.867C + 5.6H + 0.7S)$$
$$= \frac{1}{0.21}(1.867 \times 0.87 + 5.6 \times 0.11 + 0.7 \times 0.02)$$
$$= 10.74[Sm^3/kg]$$
$$G_{od} = (1 - 0.21)A_o + 1.867C + 0.7S$$
$$= 0.79 \times 10.74 + 1.867 \times 0.87 + 0.7 \times 0.02$$
$$= 10.12[Sm^3/kg]$$

다른 풀이

$A_o - 5.6H = 10.74 - 5.6 \times 0.11 = 10.12[Sm^3/kg]$

$\therefore (CO_2)_{max} = \dfrac{1.867C}{G_{od}} \times 100 = \dfrac{1.867 \times 0.87}{10.12} \times 100 = 16.05[\%]$

013 CO, CO₂, CH₄의 혼합기체를 기체크로마토그래프로 분석하여 다음 그림과 같은 형태의 결과를 기록지에 얻었다. 곡선 아랫부분의 면적은 시료 중에 함유된 각 성분의 몰수와 비례한다. 이러한 자료로 혼합기체 속에 들어있는 CO, CO₂, CH₄의 몰분율과 질량분율을 구하시오. (4점)

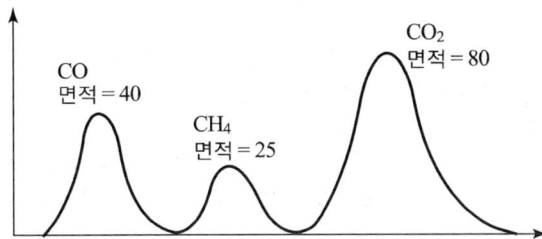

해답

1) **몰분율 계산**: 혼합기체에 대한 각각 기체의 몰수를 구한다.

$CO : 40[mol], \quad CH_4 : 25[mol], \quad CO_2 : 80[mol]$

$\therefore m_t = 40 + 25 + 80 = 145[mol]$

$\therefore$ CO 몰분율 $= \dfrac{40}{145} = 0.276$

CH_4 몰분율 $= \dfrac{25}{145} = 0.172$

CO_2 몰분율 $= \dfrac{80}{145} = 0.552$

2) **질량분율 계산**: 이 혼합기체의 평균분자량을 구한다.

$M_t = (0.276 \times 28) + (0.172 \times 16) + (0.552 \times 44) = 34.768$

$\therefore$ CO 질량분율 $= \dfrac{0.276 \times 28}{34.768} = 0.222$

CH_4 질량분율 $= \dfrac{0.172 \times 16}{34.768} = 0.079$

CO_2 질량분율 $= \dfrac{0.552 \times 44}{34.768} = 0.699$

014 분진의 농도측정을 위해 여과지를 통해 공기를 0.3[m/s] 속도로 6시간 여과시킨 결과 깨끗한 여과지에 비해 사용된 여과지의 빛 전달률이 75[%]이었다면 1,000[m]당 빛 전달률의 감소를 측정하여 결정되는 연무계수(Coh, Coefficient of haze)를 구하시오. 또한, 계산된 연무계수(Coh)를 토대로 대기오염도를 판정하시오. (6점)

해답

먼지가 채취된 여과지를 통과하는 빛 전달분율,

$\dfrac{I}{I_o}$ 의 역수인 불투명도(opacity) = $\dfrac{1}{빛\ 전달률}$ = $\dfrac{1}{0.75}$ = 1.33

광학적 밀도(O.D, Optical Density) = log (불투명도) = log 1.33 = 0.124

∴ 연무계수(C_{oh}) = $\dfrac{O.D.}{0.01}$ = $\dfrac{0.124}{0.01}$ = 12.4

(Coh = $\dfrac{O.D.}{0.01}$ = $\dfrac{\log(opacity)}{0.01}$ = $100 \log\left(\dfrac{I_o}{I}\right)$

여기서, I_o는 입사광의 강도, I는 투과광의 강도이다.)

여과지를 통과한 공기기둥의 길이 = 0.3[m/s] × 6[h] × 3,600[s/h] = 6,480[m]

∴ 6,480[m] : 12.4 = 1,000[m] : x Coh, ∴ x = 1.91

∴ 1,000[m]당 빛 전달률의 감소를 측정하여 결정되는 연무계수(Coh)는 1.91이다.
아래 표에 의해 Coh 1.19 값에 따른 대기오염도는 경미한 상태이다.

▼ Coh값에 따른 대기오염의 정도

$\dfrac{Coh}{1,000[m]}$	대기오염 정도	$\dfrac{Coh}{1,000[ft]}$	대기오염 정도
0 ~ 100	경미한 상태	0 ~ 3	경미한 상태
101 ~ 200	보통 상태	3.1 ~ 6.5	보통 상태
201 ~ 300	심한 상태	6.6 ~ 9.8	심한 상태
301 ~ 400	대단히 심한 상태	9.9 ~ 13.1	대단히 심한 상태
401 ~ 500	참기 어려울 정도로 심한 상태	13.2 ~ 16.4	참기 어려울 정도로 심한 상태

※ 주의: 헤이즈계수인 Coh의 값은 초기에 미국에서 $\dfrac{Coh}{1,000[ft]}$로 발표되었으나, 우리나라에서 번역되는 과정에서 그 값이 그대로 $\dfrac{Coh}{1,000[m]}$로 쓰였는데, 이는 잘못된 것이기 때문에 대기오염 정도의 값을 단위 환산하여 나타내어야 한다.

015 어떤 공장의 굴뚝에서 배출가스 중 먼지배출량은 3.25[g/Sm³]이었다. 0.10[g/m³]인 배출허용기준을 지켜야 할 경우 다음 물음에 답하시오. (6점)

1) 배출허용기준을 준수하기 위하여 한 대의 집진장치를 설치한다면 집진장치의 효율(%)은 최소 얼마인가?

2) 효율이 동일한 집진장치 두 대를 직렬로 연결한다면 한 대의 집진장치의 효율(%)은 최소 얼마인가?

3) 집진장치 두 대를 직렬연결한 집진장치의 두 번째 장치효율이 75[%]였다면 나머지 한 대의 효율(%)은 얼마 이상이 되어야 하는가?

해답

1) $\eta = \left(1 - \dfrac{C_o}{C_i}\right) \times 100 = \left(1 - \dfrac{0.10}{3.25}\right) \times 100 = 96.9[\%]$

2) $\eta = 1 - (1-\eta)^2$ 에서 $0.969 = 1 - (1-\eta)^2$
   ∴ $\eta = 0.824 = 82.4[\%]$

3) $\eta_t = 1 - (1-\eta_1)(1-\eta_2)$ 에서 $0.969 = 1 - (1-\eta_1) \times (1-0.75)$
   ∴ $\eta_1 = 0.876 = 87.6[\%]$

016 여과포의 면적이 1[m²]인 여과집진장치로 분진농도가 1[g/m³]인 가스가 100[m³/min]로 통과하고 있다. 분진이 모두 여과포에서 제거되었고, 집진된 분진층의 밀도가 1[g/cm³]일 경우, 1시간 후 여과된 분진층의 두께(mm)를 구하시오. (단, 먼지의 포집효율은 100[%]로 가정한다.) (6점)

해답

분진층의 두께를 구하는 공식

$D_p = \dfrac{L_d \times V_f \times t}{\rho_L}$

여기서, L_d: 분진 부하량, ρ_L: 분진층의 밀도, t: 운전시간

$D_p = \dfrac{L_d \times V_f \times t}{\rho_L} = \dfrac{L_d \times \dfrac{Q}{A} \times t}{\rho_L}$

$= \dfrac{1[\text{g/m}^3] \times \dfrac{100[\text{m}^3/\text{min}] \times \dfrac{60[\text{min}]}{[\text{h}]}}{1[\text{m}^2]} \times 1[\text{h}]}{1[\text{g/cm}^3] \times \dfrac{10^6[\text{cm}^3]}{[\text{m}^3]}}$

$= 6 \times 10^{-3}[\text{m}] = 6[\text{mm}]$

017 유효높이(H_e)가 60[m]인 굴뚝으로부터 H₂S 가스가 50[g/s]의 속도로 배출되고 있다. 지상 5.5[m]에서 풍속은 5[m/s]로 쾌청한 날씨의 경우, 500[m] 하류 지점에서 H₂S의 중심선상의 지표면 농도(μg/m³)를 계산하시오. (단, 풍속은 Deacon의 식을 따라 계산하며, 풍속지수 p는 0.25이고, σ_y= 37[m], σ_z= 18[m]이다.) (6점)

Deacon의 식
고도에 따른 풍속의 변화를 계산하는 식이다.

> **해답**
>
> 가우시안 모델 적용
>
> $$C(x, y, z, H_e) = \frac{q}{\pi \times \bar{u} \times \sigma_y \times \sigma_z} \exp\left[-\frac{1}{2}\left(\frac{H_e}{\sigma_z}\right)^2\right]$$
>
> 여기서, 지표중심축상 H₂S 농도($y=0$, $z=0$) $q=50[\text{g/s}] = 5 \times 10^7 [\mu\text{g/s}]$
> $H_e = 60[\text{m}]$, $X = 500[\text{m}]$, $u = 5[\text{m/s}]$이다.
>
> Deacon 식에서 지상 60[m]인 곳의 풍속
>
> $$\bar{u} = u \times \left(\frac{H_e}{z}\right)^P = 5 \times \left(\frac{60}{5.5}\right)^{0.25} = 9.09[\text{m/s}]$$
>
> $$\therefore C(500, 0, 0, 60) = \frac{5 \times 10^7}{\pi \times 9.09 \times 37 \times 18} \exp\left[-\frac{1}{2}\left(\frac{60}{18}\right)^2\right] = 10.17[\mu\text{g/m}^3]$$

018 황 함량이 3[%](Wt%)인 중유를 시간당 10,000[kg]씩 연소시키고 있다. 이때 생성되는 배출가스를 접촉산화법으로 탈황하여 황산(반응률 90[%])으로 회수할 경우의 양(kg/h)을 구하시오. (단, 연료 중의 황 성분은 전량 SO₂로 산화된다.) (4점)

> **해답**
>
> 중유 중 S의 양 $= 10,000[\text{kg/h}] \times \dfrac{3}{100} = 300[\text{kg/h}]$
>
> 접촉산화법에서 황 성분의 반응은
>
> S → SO₂ → H₂SO₄ 이므로
>
> 32[kg] 98[kg]
>
> 300[kg/h] $x \times 0.9$
>
> $\therefore x = \dfrac{98 \times 300}{32 \times 0.9} = 1,020.83[\text{kg H}_2\text{SO}_4/\text{h}]$

019 어느 공장에서 A 제품을 하루에 100[ton] 생산한다. 이때 생산된 A 제품 1톤당 20[kg]의 SO₂가 대기로 배출되고 있으며, 배출가스 중 SO₂는 SO₃로 80[%] 변환되고 변환된 SO₃는 H₂SO₄로 90[%] 변환된다면 이때의 황산의 양(kg/day)을 구하시오. (4점)

해답

A 제품 중 대기로 배출되는 SO_2의 양 $= 20 \times 100 = 2,000 [kg/day]$

대기 중으로 변환되는 아황산의 반응

$$SO_2 \quad \rightarrow \quad SO_3 \quad \rightarrow \quad H_2SO_4$$

64[kg]   98[kg]

2,000[kg/day] $x \times 0.9 \times 0.8$

$\therefore x = \dfrac{98 \times 2,000}{64 \times 0.8 \times 0.9} = 4,253.5 [kg/day]$

020 20[℃]에서의 아황산가스와 물이 일정한 온도 하에서 평형상태에 놓여 있다. 아황산가스의 용해도가 40[mL/mL]일 경우 헨리상수(atm · L/g)를 구하시오. (단, 압력은 1[atm]으로 가정한다.) (4점)

해답

Henry's law에서

$$H = \frac{P}{C} = \frac{1[atm]}{40[mL/mL] \times 10^3 [mL/L] \times \dfrac{64[g]}{22.4[L]} \times 10^{-3} [L/mL]}$$

$= 8.75 \times 10^{-3} [atm \cdot L/g]$

2022년 제4회 기출복원문제

001 대기 중으로 직접 배출되지 않으며, 질소산화물(NO_x), 탄화수소(HC) 등 대기오염물질이 햇빛과 광화학 반응을 일으켜 만들어지는 2차 오염물질인 광화학 옥시던트에 대한 다음 물음에 답하시오. (8점)

1) 광화학 옥시던트 종류 5가지를 기술하시오. (단, 오답이 섞여 있을 경우 0점 처리한다.)
2) 다음 조건 중 옥시던트류의 농도가 높은 경우를 선택하시오.

[조건]
(1) 낮과 밤   (2) 여름과 겨울   (3) 바람이 적을 때와 많을 때

📌 **광화학 옥시던트**
질소산화물과 탄화수소가 자외선에 의한 촉매반응을 하여 생성하는 물질로 O_3, 아크로레인, PAN, Acetyl Nitrate 등이 있다. 2차 오염물질에 속하며 산화력이 강한 것이 특징이다.

해답
1) 광화학 옥시던트 종류
  (1) 오존(O_3)
  (2) 과산화수소(H_2O_2)
  (3) 알데하이드(RCHO)
  (4) 염화나이트로실(NOCl)
  (5) 아크로레인(CH_2CHCHO)
  (6) PAN(Peroxyacetyl nitrate, $CH_3COOONO$)
2) 광화학 옥시던트는 태양 빛이 강한 한낮, 여름철, 바람이 적을 때 농도가 높아진다.

002 커닝험 보정계수에 대한 정의를 기술하고, 다음 설명에서 ( ) 안을 '클', '작을', '높을', '낮을'이라는 단어로 채우시오. (4점)

1) 커닝험 보정계수에 대한 정의를 쓰시오.
2) 전기집진장치에서 분진 입자의 겉보기 이동속도는 커닝험 보정계수(C_c)에 비례한다. C_c > 1이 되기 위해선 분진의 입경이 (①)수록, 가스의 온도가 (②)수록, 가스압력이 (③)수록, 가스분자가 (④)수록 커진다.

해답

1) 커닝험 보정계수의 정의
   입자가 미세하게 되면 기체분자가 입자에 충돌할 때 입자표면에서 미끄러지는 현상(slip)이 일어나 입자에 작용하는 항력이 적어져 입자의 종말침강속도가 Stokes 식으로 계산한 값보다 커지게 된다. 이와 같이 미끄러짐 현상으로 인해 입자에 작용하는 항력이 적어지는 것을 보정하기 위해 미끄럼 보정계수(Slip correction factor) 또는 커닝험 보정계수(C_c, Cunningham correction factor)라고 하며 그 값은 항상 1보다 크다.
2) ① 작을, ② 높을, ③ 낮을, ④ 작을

003 태양의 복사열량에 대한 내용에 대하여 다음 보기에 해당하는 내용을 간략히 서술하시오. (3점)

[보기]
1) 흑체(black body)
2) 키르히호프의 법칙(Kirchhoff's Law)
3) 스테판-볼츠만의 법칙(Stefan-Boltzmann's Law)

해답

1) 흑체(black body)
   진동수와 입사각에 관계없이 입사하는 모든 전자기 복사를 흡수하는 이상적인 물체이다. 예를 들면, 태양도 하나의 흑체라 생각하고 태양으로부터 오는 에너지를 측정하면 태양의 온도를 추정할 수 있다.
2) 키르히호프의 법칙(Kirchhoff's Law)
   흑체복사 개념을 도입하여 열역학적인 열 평형상태인 일정한 온도에서 같은 파장의 복사(전자기파)에 대한 물체의 흡수율과 반사율의 비는 물체의 성질에 관계없이 온도에 의한 일정한 값을 가진다는 열복사의 법칙이다. 복사를 흡수하는 성질이 있는 물체에는 반드시 복사를 방출하는 성질이 있다는 것과 또 복사를 완전히 흡수하는 물체는 그 온도에서 가능한 최대의 복사를 방출하는 물체라는 것을 나타낸다.
3) 슈테판-볼츠만의 법칙(Stefan-Boltzmann's Law)
   흑체의 단위 면적당 복사에너지가 절대온도의 4제곱에 비례한다는 법칙이다 ($E_b \propto T^4$).

흑체
에너지를 흡수만 하고 방출하지 않는 물체로 방사율을 1로 규정한다.

004 유해가스를 흡수 처리할 경우 용해도에 따라 장치를 분류할 수 있다. 용해도가 클 경우와 적을 경우 3가지씩 그 장치의 종류를 기술하시오. (3점)

> **해답**
>
> 1) 용해도가 큰 유해가스일 경우는 액분산형 처리장치(가압수형 흡수장치)가 필요하다.
>   (1) 분무탑(spray tower)
>   (2) 충전탑(packed tower)
>   (3) 제트 스크러버(jet scrubber)
>   (4) 벤튜리 스크러버(venturi scrubber)
>   (5) 사이클론 스크러버(cyclone scrubber)
> 2) 용해도가 적은 유해가스일 경우는 가스분산형 처리장치(유수식 흡수장치)가 필요하다.
>   (1) 기포탑(bubble tower)
>   (2) 포종탑(bubble cap tray tower)
>   (3) 단탑(다공판탑, sieve plate tower)
>   (4) S형 임펠러(S type impeller)
>   (5) 나선가이드 베인형(gyre guide vane type)

> **참고**
>
> 1) 용해도가 큰 유해가스일 경우, 헨리상수 H가 적으므로 위의 식에서 $\dfrac{H}{k_L}$은 무시할 수 있다. 따라서, $K_G \rightleftharpoons k_G$가 되어 가스 측 저항이 지배적이 된다. 이때 처리장치는 "액분산형 처리장치"가 필요하게 된다.
> 2) 용해도가 적은 유해가스일 경우, 헨리상수 H가 크게 되므로 위의 식에서 $K_G \rightleftharpoons \dfrac{k_L}{H}$ 및 $K_L \rightleftharpoons k_L$이 되어 액측 저항이 지배적이 된다. 이때 처리장치는 "가스분산형 처리장치"가 필요하게 된다.

005 대기오염물질의 분산은 평균풍속과 대기의 난류의 2가지 주요한 대기 순환에 의해 달성된다. 여기서 대기 난류는 다시 두 종류의 특별한 효과에 의해 발생하는데 이는 자연적인 대류를 일으키는 대기의 가열과 바람의 전단효과에 의해 발생하는 기계적인 난류이다. 이 대류난류와 기계적인 난류 중 어느 것이 더 지배적인 가를 판단하는 근거는 리차드슨 수(Richardson number, R_i)로 추정할 수 있다. 다음 물음에 대하여 답하시오. (6점)

1) 리차드슨 수 공식을 적고 설명하시오.
2) 리차드슨 수 크기와 대기의 혼합 간의 관계를 다음에 주어진 값에 따라 판단하시오.

> (1) 0.25 < R_i 일 경우   (2) 0 < R_i < 0.25일 경우
> (3) R_i = 0일 경우   (4) −0.03 < R_i < 0일 경우
> (5) R_i < −0.04일 경우

해답

1) 리차드슨 수(Richardson number) 공식

$$R_i = \frac{g\left(\dfrac{\Delta T}{\Delta z}\right)}{T\left(\dfrac{\Delta \bar{u}}{\Delta z}\right)^2}$$

여기서, $\dfrac{\Delta T}{\Delta z}$: 수직 방향 온도경사(자유 대류),

$\dfrac{\Delta \bar{u}}{\Delta z}$: 수직 방향 속도경사(강제 대류)

2) 리차드슨 수 크기와 대기의 혼합 간의 관계
   (1) 0.25 < R_i 일 경우: 수직 방향의 혼합이 없다(대기안정도는 안정).
   (2) 0 < R_i < 0.25일 경우: 성층에 의해 약화된 기계적 난류가 존재한다(대기안정도는 중립).
   (3) R_i = 0일 경우: 기계적 난류만 존재한다.
   (4) −0.03 < R_i < 0일 경우: 대류 난류와 기계적인 난류가 존재하지만 기계적 난류가 혼합을 주로 일으킨다.
   (5) R_i < −0.04일 경우: 대류에 의한 혼합이 지배적이다(대기안정도는 불안정).

006 다음은 환경정책기본법령상 대기환경기준이다. ( ) 안을 채우시오. (6점)

종류	허용농도		
이산화질소(NO_2)	연간 평균치 (①)[ppm] 이하	24시간 평균치 (②)[ppm] 이하	1시간 평균치 (③)[ppm] 이하
오존(O_3)	8시간 평균치 (④)[ppm] 이하	1시간 평균치 (⑤)[ppm] 이하	
일산화탄소(CO)	1시간 평균치 (⑥)[ppm] 이하		

해답
① 0.03 ② 0.06 ③ 0.10 ④ 0.06 ⑤ 0.1 ⑥ 25
※ '2022년 제2회 기출복원문제'의 문제 7. [참고]를 확인하시오.

007 원심력집진기인 사이클론에서 50[%] 효율을 나타내는 입경, 즉 절단입경($d_{p,50}$)을 결정하는 식은 $d_{p,50} = \left(\dfrac{9\,\mu_g\,W}{2\,\pi\,N_e\,(\rho_p - \rho_g)\,v_i} \right)^{\frac{1}{2}}$ 이다. 여기서, μ_g: 점성계수, W: 가스 입구부의 폭, N_e: 사이클론 내에서 기류의 겉보기 회전수, ρ_p 및 ρ_g: 각각 입자와 가스의 밀도, v_i: 입구부에서 가스의 유입속도이다. 다른 조건은 모두 동일한 조건에서 분진을 함유한 함진가스 온도가 올라간다면 집진효율은 어떻게 변화할 것인가에 대한 이유와 결과를 적으시오. (3점)

해답
효율은 감소한다. 왜냐하면 함진가스 온도가 높아지면 점성계수(μ_g)가 증가하고, ρ_g는 감소하며 ρ_p는 일정하지만, ρ_p에 비해 ρ_g는 비교가 되지 않을 정도로 적기 때문에 $(\rho_p - \rho_g)$항은 거의 일정하다. 따라서, $d_{p,50}$이 커지고 그 결과 효율은 감소한다.

008 석유계 연료의 탄수소비(C/H 비)는 연소용 공기량과 발열량, 그리고 연료의 연소특성에도 지대한 영향을 미치게 된다. 다음의 질문에 답하시오. (4점)
1) 경유, 등유, 중유, 휘발유를 C/H 비의 크기에 따라 분류하시오.
2) C/H 비가 클 경우 나타나는 특성 3가지를 간략히 기술하시오.

해답
1) 석유계 연료의 탄소수소비(C/H)는 중유 > 경유 > 등유 > 휘발유 순이다.
2) C/H 비가 클 경우 나타나는 특성 3가지
　(1) 휘도가 높다.
　(2) 방사율이 커진다.
　(3) 불꽃이 장염이 된다.
　(4) 이론공연비가 감소된다.
　(5) 비점이 높은 연료는 매연 발생이 쉽다.

방사율(emissivity)
같은 온도에서 흑체에서 방사되는 복사에너지에 대한 실제 표면에서 방사되는 복사에너지의 비율을 말한다.

009 이온크로마토그래피의 측정원리와 보기에 제시된 장치의 배치순서를 서술하시오. (4점)

1) 측정원리를 적으시오.
2) [보기]에 나타낸 이온크로마토그래프 장치의 배치순서를 적으시오.

[보기]
송액펌프, 시료주입장치, 검출기, 기록계, 써프렛서, 용리액조, 분리관

해답

1) **이온크로마토그래피의 측정원리**
   고성능 이온크로마토그래피에서는 저용량의 이온교환체가 충진되어 있는 분리관 중에서 강전해질의 용리액을 이용하여 용리액과 함께 목적이온 성분을 순차적으로 이동시켜 분리 용출한 다음 써프렛서(Suppressor)에 통과시켜 용리액에 포함된 강전해질을 제거시킨다. 이어서 강전해질이 제거된 용리액과 함께 목적이온 성분을 전기 전도도셀에 도입하여 각각의 머무름 시간에 해당하는 전기 전도도를 검출함으로써 각각의 이온 성분의 농도를 측정한다.

2) **이온크로마토그래프 장치의 개요**
   일반적으로 사용하는 이온크로마토그래프는 용리액조 → 송액펌프 → 시료주입장치 → 분리관 → 써프렛서 → 검출기 → 기록계로 구성되며 분리관에서 검출기까지는 측정목적에 따라 다소 차이가 있다.

010 질소산화물(NO_x) 처리방법 중 연소조절에 의한 질소산화물의 발생을 억제시키는 방법 3가지를 적으시오. (3점)

해답

1) 저온으로 연소시킨다.
2) 저공기로 연소시킨다.
3) 버너 및 연소실의 구조를 개선(연소구역 냉각법 등)한다.
4) 배출가스를 재순환하여 연소시킨다. 가장 실용적인 방법으로 연소용 공기에 일반 냉각된 배출가스를 혼합하여 연소실로 보내어 연소한다.
5) 2단연소를 행한다. 먼저 버너에 이론공기량의 88[%] ~ 95[%]의 공기를 넣어 불완전 연소하고 이를 다시 다른 연소실로 보내어 에어포트로 10[%] ~ 15[%]의 공기를 넣어 2단연소한다.

011
프로페인(C_3H_8) 기체연료 연소 시 6[%]의 과잉공기를 사용하여 완전 연소할 경우, 습연소가스 조성 중 산소농도의 부피비(%)를 구하시오. (6점)

해답

프로페인(C_3H_8)의 연소반응식
$$C_3H_8 + 5\,O_2 + (3.76 \times 5)\,N_2 \rightarrow 3\,CO_2 + 4\,H_2O + 18.8\,N_2$$
이 반응식에서 6[%]의 과잉공기를 더하면
$$C_3H_8 + 5.3\,O_2 + 19.92\,N_2 \rightarrow 3\,CO_2 + 4\,H_2O + 0.3\,O_2 + 19.92\,N_2$$
∴ 습연소가스 조성 중 산소농도의 부피비(%)
$$= \frac{0.3}{3 + 4 + 0.3 + 19.91} \times 100 = 1.1[\%]$$

012
20[℃], 1기압의 공기가 5V/V[%]의 H_2S 가스를 포함하고 있다. 이 공기를 물로 세정할 경우, 물에 대한 H_2S의 포화농도(mg/L)는? (단, 20[℃]에서 H_2S의 물에 대한 Henry 상수는 0.0483×10^4 [atm·m³/kmol]이며 물의 비중은 1.0, H_2S의 분자량은 34이다.) (6점)

해답

5V/V[%]의 H_2S 가스의 분압, $P = 0.05[atm]$

Henry's law에서 $C = \dfrac{P}{H} = \dfrac{0.05}{0.0483 \times 10^4} = 1.035 \times 10^{-4}\,[kmol/m^3]$

세정할 물 1[L]의 몰수 $\cong \dfrac{1,000}{18} = 55.6\,[g\,mols]$

물에 녹아들어 가는 H_2S의 몰수 $= 1.035 \times 10^{-4} \times 55.6 = 5.76 \times 10^{-3}\,[g\,moles]$

∴ 물 1[L]에 대한 H_2S의 포화농도(mg/L) $= 5.76 \times 10^{-3} \times 34 = 0.196\,[mg/L]$

013
어떤 분진의 입경 $x[\mu m]$인 분포를 사별분포상(篩別分布上) R(질량 %)로 표시하면 $R(\%) = 100 \times e^{(-0.058\,x^n)}$로 나타낼 수가 있다. 이 분진은 입경 44[μm] 이하의 분포가 전체의 몇 [%]를 차지하는가? (단, 입경지수(n)은 1이다.) (4점)

사별분포 (sieve distribution)
표준체분포라고도 하며 입자의 입경에 따른 분립이 일어나는 325메시(mesh)가 입경 44[μm]의 sieve size이다.

해답

$R[\%] = 100 \times e^{(-0.058\,x^n)} = 100 \times e^{-0.058 \times 44^1} = 7.79[\%]$

∴ 입경 44[μm] 이하의 분포는 전체의 100 − 7.79 = 92.21[%]를 차지한다.

참고 **사별분포(篩別分布)**: 표준체(standard sieve)를 사용하는 '체거름망법'으로 입경을 측정하는 방법으로서 측정범위는 입경 44[μm] 이상이다.

014 순수한 빙정석(Na_3AlF_6)으로 1일 200[kg]의 알루미늄 금속을 생산하는 금속가열로에서 배출되는 배출가스의 유량은 1,500[m³/min]이다. 온도 50[℃], 압력 760[mmHg]인 배출가스 중 플루오르의 배출허용기준이 F로서 10[ppm]일 경우, 이 공장의 플루오르 처리시설의 처리효율은 최소한 몇 [%]가 되어야 하는가? (단, 빙정석에 함유된 알루미늄은 전량 추출되며, F는 배출가스 중에 포함되고, 원자량 Al = 27, F = 19이다.)   (6점)

해답

빙정석(Na_3AlF_6)에서 알루미늄과 플루오르의 비율은 Al : 6F이므로
$27 : 6 \times 19 = 150[\text{kg/day}] : x[\text{kg/day}]$
∴ 플루오르(F) $x = 633.3[\text{kg/day}] = 0.44[\text{kg/min}]$

온도 50[℃], 압력 760[mmHg]인 배출가스 유량 1,500[m³/min]을 STP로 환산하면

$Q = 1,500[\text{m}^3/\text{min}] \times \dfrac{273[\text{K}]}{(273+50)[\text{K}]} \times \dfrac{760[\text{mmHg}]}{760[\text{mmHg}]} = 1,267.8[\text{Sm}^3/\text{min}]$

∴ 배출가스 중 플루오르 농도(mg/Sm³)

$= \dfrac{0.44 \times 10^6[\text{mg/min}]}{1,267.8\,[\text{Sm}^3/\text{min}]} = 347.06[\text{mg/Sm}^3]$

플루오르의 배출허용기준이 F로서 10[ppm]을 mg/Sm³ 단위로 환산하면

$10 \times \dfrac{19}{22.4} = 8.48[\text{mg/Sm}^3]$

∴ 처리효율, $\eta = \dfrac{347.06 - 8.48}{347.06} \times 100 = 97.56[\%]$

015 도시 대기 중 측정된 오존(O_3) 농도가 다음과 같다. 측정된 오존 농도에 대한 기하평균(mg/m³)을 구하시오.   (4점)

5ppb, 24ppb, 32ppb, 65ppb, 71ppb, 75ppb, 50ppb, 18ppb, 7ppb

4회 2022년 기출복원문제

해답 기하평균

$$G = \sqrt[n]{x_1 \times x_2 \times \cdots \times x_n} = (5 \times 24 \times 32 \times 65 \times 71 \times 75 \times 50 \times 18 \times 7)^{\frac{1}{9}}$$
$$= 27.28 [ppb]$$

∴ 오존 농도(mg/m³) $= 27.28 \times 10^{-3} \times \dfrac{48}{22.4} = 0.06 [mg/m^3]$

016 어떤 화력발전소의 유효굴뚝높이가 60[m]인 굴뚝에서 아황산가스가 유해처리장치의 고장으로 인해 160[g/s]의 유량으로 배출되고 있고, 배출지점에서의 풍속이 6[m/s]이었다. 이 경우 아황산가스 측정기를 이용하여 농도를 측정한 결과, 지표면에 있는 점 오염원으로부터 바람부는 방향(풍하 측)으로 500[m] 떨어진 연기의 중심축상 지표면에서의 아황산가스 농도가 66[μg/m³]이고, 풍하 방향 500[m] 및 y 방향으로 50[m] 떨어진 지점의 지표에서 23[μg/m³]이었다. 이러한 조건하에서 표준편차 σ_y[m]를 계산하시오. (단, 여기서 적용한 가우시안 모델 식은 다음과 같다. (6점)

$$C(x,y,z,H_e) = \dfrac{Q}{2\pi \times \bar{u} \times \sigma_y \times \sigma_z} \left[\exp\left(-\dfrac{y^2}{2\sigma_y^2}\right) \right]$$
$$\times \left[\exp\left(-\dfrac{(z-H_e)^2}{2\sigma_z^2}\right) + \exp\left(-\dfrac{(z+H_e)^2}{2\sigma_z^2}\right) \right]$$

📝 **표준편차(SD, Standard Deviation)**
통계집단의 분산의 정도 또는 자료의 산포도를 나타내는 수치로, 분산의 음이 아닌 제곱근 즉, 분산을 제곱근한 것으로 정의된다. 표준편차가 작을수록 평균값에서 변량들의 거리가 가깝다.

해답 주어진 조건에서 $H_e = 60[m]$, $Q = 160[g/s] = 1.6 \times 10^8 [\mu g/s]$, $u = 6.0[m/s]$

$$C(500, 0, 0, 60) = \dfrac{1.6 \times 10^8}{2\pi \times 6.0 \times \sigma_y \times \sigma_z} \times 2 \times \exp\left(-\dfrac{60^2}{2\sigma_z^2}\right)$$
$$= 66[\mu g/m^3] \quad \cdots\cdots \text{(식 1)}$$

$$C(500, 50, 0, 60) = \dfrac{1.6 \times 10^8}{2\pi \times 6.0 \times \sigma_y \times \sigma_z} \left[\exp\left(-\dfrac{50^2}{2\sigma_y^2}\right)\right]$$
$$\times \left[\exp\left(-\dfrac{60^2}{2\sigma_z^2}\right) + \exp\left(-\dfrac{60^2}{2\sigma_z^2}\right)\right]$$
$$= \dfrac{1.6 \times 10^8}{2\pi \times 6.0 \times \sigma_y \times \sigma_z} \left[\exp\left(-\dfrac{50^2}{2\sigma_y^2}\right)\right] \times 2 \times \exp\left(-\dfrac{60^2}{2\sigma_z^2}\right)$$
$$= 23[\mu g/m^3] \quad \cdots\cdots \text{(식 2)}$$

∴ (식 2) ÷ (식 1)은 $\exp\left(-\dfrac{50^2}{2\,\sigma_y^2}\right) = \dfrac{23}{66} = 0.3484$

$-\dfrac{50^2}{2\,\sigma_y^2} = \ln(0.3484) = -1.0544$

$2\,\sigma_y^2 = \dfrac{50^2}{1.0544} = 2{,}371$, ∴ $\sigma_y = \sqrt{\dfrac{2{,}371}{2}} = 34.4[\text{m}]$

017 어떤 공장의 굴뚝에서 배출하는 가스량이 시간당 500[Sm³]이고, 이 배출가스 중 염화수소의 농도가 800[ppm]이었다. 이 배출가스를 5[m³]의 물을 순환하여 사용하는 분무탑으로 수세 처리하여 염화수소 가스를 제거할 경우, 8시간 후 순환수 중에 흡수된 염화수소 농도는 몇 [mol]이며, 이때 순환수의 pH는? (단, HCl은 완전해리되고, 증발손실은 없고 HCl 제거효율은 85[%]이다.) (6점)

해답

배출가스 중 HCl의 부피(L)
= 800[mL/Sm³] × 500[Sm³/h] × 8[h] × 10⁻³[L/mL] = 3,200[L]

순환수 1[L]당 HCl 몰수 = $\dfrac{3{,}200[\text{L}]}{22.4[\text{L/mol}] \times 5[\text{m}^3] \times 10^3[\text{L/m}^3] \times 0.85}$

= 0.0336[mol]

HCl → H⁺ + Cl⁻ 에서 ∴ pH = −log[H⁺] = −log 0.0336 = 1.47

018 중력 침강실을 사용하여 입자상물질을 제거할 경우, 침강실의 높이를 H, 기체 진행 방향의 길이를 L, 단면적을 A라고 할 때, 이론적으로 100[%] 제거되는 입자의 최소 입경은 $d_p = \left(\dfrac{18 \times \mu_g \times H \times u}{L \times g \times (\rho_p - \rho_g)}\right)^{\frac{1}{2}}$이다. 여기서, 침강실의 길이가 10[m], 높이가 5[m], 입자의 밀도가 1[g/cm³]이고, 점성계수가 2.0×10⁻⁴[g/cm·s]인 매연을 처리할 경우, 완전히 제거될 수 있는 분진의 최소 입경(μm)은? (단, 침강실에서 가스 유속은 1.4[m/s], 공기 밀도는 1.3[kg/m³]이다.) (6점)

해답

$$1[\text{g/cm} \cdot \text{s}] = 0.1[\text{kg/m} \cdot \text{s}] \text{이므로}$$
$$2.0 \times 10^{-4}[\text{g/cm} \cdot \text{s}] = 2.0 \times 10^{-5}[\text{kg/m} \cdot \text{s}]$$
$$\therefore d_p = \left(\frac{18 \times 2.0 \times 10^{-5} \times 5 \times 1.4}{10 \times 9.8 \times (1,000 - 1.3)}\right)^{\frac{1}{2}} = 1.61 \times 10^{-4}[\text{m}] = 160.5[\mu\text{m}]$$

019 어떤 전기집진장치에서 입구의 분진농도가 0.5[g/Sm³], 출구의 분진농도가 0.1[g/Sm³]이다. 이 집진장치를 가스가 흐르는 방향으로 집진극의 길이를 2배로 늘렸을 경우, 출구의 분진농도(mg/Sm³)는? (단, 집진율을 구하는 공식은 Deutsch 식을 적용한다.) (6점)

해답

Deutsch 식, $\eta = 1 - \dfrac{C_o}{C_i} = 1 - e^{-\left(\frac{A}{Q}w_e\right)}$ 에서 $\dfrac{C_o}{C_i} = e^{-\left(\frac{A}{Q}w_e\right)}$

$-\dfrac{A}{Q} \times w_e = \ln\left(\dfrac{0.1}{0.5}\right) = -1.6$ ························ (식 1)

여기서, 집진장치의 길이가 2배로 되면 $A = 2 \times A$가 되어,

$-\dfrac{2A}{Q} \times w_e = \ln\left(\dfrac{C_o}{0.5}\right)$ ························ (식 2)

$\therefore$ (식 2) $\div$ (식 1)을 하면, $2 = \dfrac{\ln\left(\dfrac{C_o}{0.5}\right)}{-1.6}$, $\ln\left(\dfrac{C_o}{0.5}\right) = -3.2$

양변에 자연로그 지수 e를 취하면

$\dfrac{C_o}{0.5} = e^{-3.2} = 0.04$, $\therefore C_o = 0.02[\text{g/Sm}^3] = 20[\text{mg/Sm}^3]$

020 산세척 공정 중 발생하는 배출가스 중 NO_2 농도를 측정하였더니 50[ppm]이었다. 배출가스 온도 100[℃]에서 배출가스량이 500[Sm³/h]일 때, CO에 의한 비선택적 촉매환원법으로 NO_2를 N_2로 제거하려고 한다. 이때 필요한 CO의 양(Sm³/h)은? (6점)

해답

반응식: $NO_2 + CO \rightarrow NO + CO_2$, $4CO + 2NO_2 \rightarrow 4CO_2 + N_2$ 에서

배출가스 중 NO_2의 부피 $= 50 \times 10^{-6} \times 500[\text{Sm}^3/\text{h}] = 0.025[\text{Sm}^3/\text{h}]$

반응식에서 $4 \times 22.4 : 2 \times 22.4 = x[\text{Sm}^3/\text{h}] : 0.025[\text{Sm}^3/\text{h}]$

$\therefore$ CO의 양(Sm³/h), $x = 0.05[\text{Sm}^3/\text{h}]$

기출복원문제

001 기체크로마토그래피에서 사용하는 전자 포획 검출기(ECD, Electron Capture Detector)의 검출원리를 쓰시오. (4점)

해답

전자 포획 검출기(ECD, Electron Capture Detector)는 방사성 물질인 Ni-63 혹은 삼중수소로부터 방출되는 β선이 운반 기체를 전리하여 이로 인해 전자 포획 검출기 셀(cell)에 전자구름이 생성되어 일정 전류가 흐르게 된다. 이러한 전자 포획 검출기 셀에 전자친화력이 큰 화합물이 들어오면 셀에 있던 전자가 포획되어 이로 인해 전류가 감소하는 것을 이용하는 방법으로 유기 할로겐 화합물, 나이트로 화합물 및 유기 금속 화합물 등 전자 친화력이 큰 원소가 포함된 화합물을 수 ppt의 매우 낮은 농도까지 선택적으로 검출할 수 있다. 따라서 유기 염소계의 농약 분석이나 PCB(Poly Chlorinated Biphenyls) 등의 환경오염 시료의 분석에 많이 사용되고 있다.

002 2가지의 집진장치가 그림과 같이 직렬로 연결되어 있을 경우, 각 집진장치의 효율은 η_1과 η_2이고, C는 농도를 의미한다. 전집진율(η_t)의 식을 η_1, η_2만의 함수로 나타내시오. (6점)

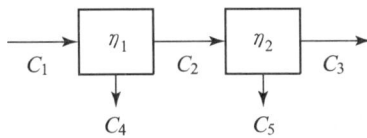

해답

집진장치 1: $C_4 = C_2 \eta_1$ ·· (식 1)
$C_2 = (1-\eta_1)C_1$ ································ (식 2)
집진장치 2: $C_3 = (1-\eta_2)C_2$ ································ (식 3)

$\eta_t = \dfrac{C_1 - C_3}{C_1} = \dfrac{C_1 - (1-\eta_1)(1-\eta_2)C_1}{C_1} = 1-(1-\eta_1)(1-\eta_2)$
$= \eta_1 + \eta_2 - \eta_1 \times \eta_2 = \eta_1 + \eta_2(1-\eta_1)$

003 산업생산 공정과 폐기물 저온 소각과정에서 발생하는 자연환경에서 분해되지 않고 먹이사슬을 통해 동식물 체내에 축적돼 면역체계 교란·중추신경계 손상 등을 초래하는 잔류성유기 오염물질(POPs: Persistent Organic Pollutants)인 다음 물질의 구조식을 그리시오. (6점)

1) 2,3,7,8-테트라클로로다이벤조-p-다이옥신(TCDD, 2,3,7,8-Tetrachlorodibenzo-p-dioxin)
2) 퓨란(furan)
3) 폴리염화 바이페닐(PCB, Poly Chlorinated Biphenyl)

해답

1) 2,3,7,8-테트라클로로다이벤조-p-다이옥신(TCDD, 2,3,7,8-Tetrachlorodibenzo-p-dioxin)
   (1) 화학식: $C_{12}H_4Cl_4O_2$
   (2) 구조식

2) 퓨란은 4개의 탄소 원자와 1개의 산소 원자로 구성된 5원자 방향족 고리로 이루어진 헤테로고리 유기화합물이다.
   (1) 화학식: C_4H_4O
   (2) 구조식

3) 폴리염화 바이페닐(PCB)
   (1) 화학식: $C_{12}H_{10-x}Cl_x$
   (2) 구조식

004 전기집진기 내에서 분진입자에 작용하는 전기력(기전력)의 종류 4가지를 기술하시오. (4점)

해답
1) 전기풍에 의한 힘
2) 전계강도에 의한 힘
3) 입자 간의 흡입력(입자 간의 인력, 자기력)
4) 대전입자의 하전에 의한 쿨롱(Coulomb)력

005 다음 보기에 나타난 화합물질 중 오존을 파괴하는 화합물질의 파괴 정도를 숫자로 표시한 오존파괴지수(ODP, Ozone Depletion Potential)가 큰 순서대로 나열하시오. (3점)

[보기]
1) Trichloethane($C_2H_3Cl_3$)
2) Halon 2402($C_2Br_2F_4$)
3) CFC-11($CFCl_3$)
4) Halon 1301($CBrF_3$)
5) Halon 1211($CBrClF_2$)

오존파괴지수
CFC로 통칭되는 염화불화탄소류의 화합물들은 대체로 긴 대기 체류 시간을 유지한다. 이러한 대기화학적 특성으로 인해, 다수의 CFC 화합물들은 성층권까지 용이하게 침투할 수 있는 특성을 유지한다. 따라서 이들은 오존의 순환에 직접적인 간섭을 하는 것이 가능하므로, 성층권 오존층 파괴의 원인물질로 작용한다. 이와 같이 오존 파괴에 직간접적으로 개입된 화합물들의 오존 파괴 잠재력을 숫자로 비교가능하게 분류한 것을 '오존파괴지수'라고 정의한다. 이때 ODP는 삼염화불화탄소($CFCl_3$)의 값을 1로 간주하고, 타 성분들의 상대적인 파괴능력을 수치로 제시한다. CFC의 대체물질로 개발 중인 수소염화불화탄소(HCFCs) 계열의 화합물은 0.05 수준을 유지한다.

해답
오존파괴지수(ODP, Ozone Depletion Potential)의 큰 순서: 4), 2), 5), 3), 1)

4) Halon 1301($CBrF_3$): 10
 (브로민화 삼플루오린화 메테인(Bromotrifluoromethane))
2) Halon 2402($C_2Br_2F_4$): 6
 (1,2-다이브로모-1,1,2,2-테트라플루오로에테인(Dibromotetrafluoroethane))
5) Halon 1211($CBrClF_2$): 3
 (브로모클로로나이플루오로메테인(Bromochlorodifluoromethane))
3) CFC-11($CFCl_3$): 1
 (삼염화 플루오린화 탄소 또는 트라이클로로플루오로메테인(Trichlorofluoromethane))
1) Trichloethane($C_2H_3Cl_3$): 0.14
 (트라이클로로에테인(trichloroethane))

006 벤튜리 스크러버를 이용하여 분진을 집진할 경우 액가스비를 크게 하는 요인을 4가지 적으시오. (4점)

소수성(疏水性) 입자
(hydrophobe particles)
물 분자와 쉽게 결합하지 못하는 성질을 갖은 입자를 말한다.

> **해답**
> 1) 분진 입경이 작을 때
> 2) 분진의 농도가 높을 때
> 3) 분진의 점착성이 클 때
> 4) 처리 함진가스의 온도가 높을 때
> 5) 친수성이 아닌 소수성 입자일 경우

007 HF 3,000[ppm], SiF₄ 1,500[ppm]을 함유하는 배출가스 22,400[Sm³/h]을 물에 흡수하여 H₂SiF₆(규불산)를 회수하려고 할 경우, 흡수율이 100[%]라면 이론적으로 회수할 수 있는 규불산의 양 (Sm³/h)은? (6점)

> **해답**
> HF 부피 $= 3,000 \times 10^{-6} \times 22,400 [\text{Sm}^3/\text{h}] = 67.2 [\text{Sm}^3/\text{h}]$
> SiF4 부피 $= 1,500 \times 10^{-6} \times 22,400 [\text{Sm}^3/\text{h}] = 33.6 [\text{Sm}^3/\text{h}]$
> 반응식: $2\,\text{HF} + \text{SiF}_4 \rightarrow \text{H}_2\text{SiF}_6$
> ∴ $2\,\text{HF} : \text{H}_2\text{SiF}_6$로 반응하므로 $2 \times 22.4 : 22.4 = 67.2 [\text{Sm}^3/\text{h}] : x [\text{Sm}^3/\text{h}]$
> ∴ $x = 33.6 [\text{Sm}^3/\text{h}]$

008 15개의 백(bag)을 사용하는 여과집진장치에서 입구 분진농도가 10[g/Sm³]이고, 집진율은 98[%]이었다. 가동 중 백 1개에 구멍이 생겨서 처리가스량이 20[%]가 그대로 통과되었을 경우, 출구의 분진농도(g/Sm³)는? (4점)

> **해답**
> 출구의 분진농도 $= 10[\text{g/Sm}^3] \times 0.2 + 10 \times (1-0.98) \times 0.8 = 2.16 [\text{g/Sm}^3]$

009 A 공장의 대기환경기사가 작성한 자가 측정기록부를 근거로 다음 물음에 답하시오. (단, 270[℃]에서 배출가스 비중량 1.3[kg/m³], 17[℃]에서 물의 포화수증기압은 14.5[mmHg]이다.) (6점)

▼ A 공장의 자가측정 기록부

굴뚝직경: 3[m]	여과지	채취 전: 0.8010[g]
배출가스 온도: 270[℃]		채취 후: 0.9210[g]
경사 마노미터(수액은 물) • 확대율: 10 • 경사각: 30° • 액주이동거리: 20[cm]	습식가스미터	지시흡입량: 1,200[L] 온도: 17[℃] 게이지압: 0[mmHg]
피토관 계수: 0.8614	대기압	1[atm]

1) 이 공장의 배출가스량(m^3/s)은?
2) 이 공장의 배출가스 중 분진농도(mg/Sm^3)는?

해답

1) 속도압, $H = x \times \sin\theta = 200[mmH_2O] \times \sin 30° = 100[mmH_2O]$

확대율이 10이므로 실질적인 속도압은 $100 \times \dfrac{1}{10} = 10[mmH_2O]$

$\therefore V = C \times \sqrt{\dfrac{2gH}{\gamma}} = 0.8614 \times \sqrt{\dfrac{2 \times 9.8 \times 10}{1.3}} = 10.58[m/s]$

$Q = A \times V = 0.785 \times 3^2 \times 10.58 = 74.75[m^3/s]$

2) $m_a = 0.9210 - 0.8010 = 0.12[g] = 120[mg]$

$V_s = 1,200 \times \dfrac{273}{273+17} \times \dfrac{760+0-14.5}{760} = 1,108.1[L] = 1.1081[Sm^3]$

$\therefore C_N = \dfrac{120[mg]}{1.1081[Sm^3]} = 108.3[mg/Sm^3]$

010 어떤 집진장치의 입구 가스량이 50,000[Sm^3/h], 분진농도가 2[g/Sm^3]일 경우, 출구에서 배출되는 1일 분진량을 60[kg]으로 하기 위해서는 집진율(%)을 얼마로 하면 되겠는가? (6점)

해답

입구 분진량(S_i) = $C_i \times Q_i$ = 2[g/Sm^3] × 50,000[Sm^3/h] × 10^{-3}[kg/g]
= 100[kg/h]

출구 분진량(S_o) = 60[kg/day] × $\dfrac{day}{24[h]}$ = 2.5[kg/h]

$\therefore \eta = \left(1 - \dfrac{S_o}{S_i}\right) \times 100 = \left(1 - \dfrac{2.5}{100}\right) \times 100 = 97.5[\%]$

011
기체연료(C_xH_y) 1[mol]을 이론공기량으로 완전 연소시켰을 경우, 이론습연소가스량(g)을 계산하시오. (단, 화학반응식까지 기재하시오.) (6점)

해답

C_xH_y의 연소반응식:

$$C_xH_y + \left(x + \frac{y}{4}\right)O_2 \rightarrow x\,CO_2 + \frac{y}{2}H_2O \text{에서 } A_o = \frac{1}{0.232} \times \left(x + \frac{y}{4}\right) \times 32$$

발생한 연소가스량 중

$$N_2 = (1 - 0.232) \times \frac{1}{0.232} \times \left(x + \frac{y}{4}\right) \times 32,\ O_2 = 0$$

$$CO_2 = 44 \times x,\ H_2O = 18 \times \frac{y}{2} \text{이므로}$$

$$\therefore G_{ow} = 0.768 \times A_o + CO_2 + H_2O$$
$$= 0.768 \times \frac{32}{0.232}\left(x + \frac{y}{4}\right) + 44 \times x + 9 \times y$$
$$= 149.93\,x + 35.48\,y\,(g)$$

012
맑은 날 어떤 공장의 유효굴뚝높이가 70[m]인 화학 공장에서 황화수소(H_2S)가 유해가스 처리장치의 고장으로 인해 80[g/s]의 유량으로 배출되고, 배출지점에서의 풍속이 10[m/s]이었다. 이 경우 지표면에 있는 점 오염원으로부터 바람부는 방향(풍하 측)으로 500[m] 떨어진 연기의 중심축상 지표면에서의 황화수소 농도($\mu g/m^3$)를 계산하고, 황화수소의 대기 중 악취한계농도를 0.47[ppb]라고 할 때, 이 농도값으로부터 악취가 감지되는지의 여부를 수치로 비교 판단하시오. (단, σ_y = 36[m], σ_z = 18.5[m]이며, 가우시안 모델의 확산방정식인

$$C(x, y, z, H_e) = \frac{Q_m}{2\pi \times \bar{u} \times \sigma_y \times \sigma_z}$$

$$\left[\exp\left(-\frac{y^2}{2\sigma_y^2}\right)\right] \times \left[\exp\left(-\frac{(z - H_e)^2}{2\sigma_z^2}\right) + \exp\left(-\frac{(z + H_e)^2}{2\sigma_z^2}\right)\right]$$

을 이용하여 계산하고, 다른 모든 조건은 표준상태로 가정한다.) (6점)

해답 지표의 중심축상 H₂S 농도($y=0, z=0$)에서 위 식은

$$C(x, 0, 0, H_e) = \frac{Q_m}{\pi \times u \times \sigma_y \times \sigma_z} \exp\left[-\frac{1}{2}\left(\frac{H_e}{\sigma_z}\right)^2\right]$$이므로,

$$C(500, 0, 0, 70) = \frac{8 \times 10^7}{\pi \times 10 \times 36 \times 18.5} \exp\left[-\frac{1}{2}\left(\frac{70}{18.5}\right)^2\right] = 2.98[\mu g/m^3]$$

$$\therefore\ 2.98 \times \frac{22.4}{34} = 1.96[ppb]$$

이 농도가 악취한계농도와 비교하여 1.96[ppb] > 0.47[ppb]이기 때문에 황화수소의 악취는 충분히 감지된다.

013 어떤 공장에서 유해가스 처리장치의 고장으로 아황산가스(SO_2)가 처리되지 않은 채 굴뚝으로 배출되고 있다. 이때 유효굴뚝높이가 140[m], 배출가스량 30,000[m³/h], 풍속 6[m/s]인 대기 중에 아황산가스가 500[ppm]으로 배출되고 있을 때, 다음 물음에 답하시오. (단, Sutton의 확산식을 이용하고, 수직 및 수평 방향의 확산계수는 모두 0.07, 대기안정도계수, $n = 0.25$이다.) (6점)

1) 굴뚝에서 배출되는 SO_2의 최대지표농도(ppb)는?
2) 굴뚝에서 배출되는 SO_2의 최대착지거리(m)는?

📝 **Sutton의 확산식**
Sutton의 확산식을 이용하여 굴뚝에서 배출되는 오염물질이 지표에 최대로 쌓일 수 있는 최대착지농도($C_{\max}$), 굴뚝에서 배출된 오염물질이 굴뚝으로부터 착지할 수 있는 최대착지거리($X_{\max}$), 굴뚝높이와 굴뚝 배출구에서 통풍력에 의한 높이를 더한 유효굴뚝높이(H_e)를 구할 수 있다.

해답
1) Sutton의 확산식에 따른 최대지표농도(ppm)

$$C_{\max} = \frac{2Q}{\pi \times e \times u \times H_e^2}\left(\frac{Cz}{Cy}\right)$$

여기서, Q: SO_2의 배출량(m³/s), C_y: 수평 방향의 확산계수,
C_z: 수직 방향의 확산계수, u: 풍속(m/s), H_e: 유효굴뚝높이(m)

$$\therefore\ C_{\max} = \frac{2 \times 30,000 \times \frac{1}{3,600} \times 500[ppm] \times 10^{-6}}{\pi \times 2.72 \times 6 \times 150^2}\left(\frac{0.07}{0.07}\right) \times 10^9$$

$$= 7.23[ppb]$$

2) 최대착지거리(m)

$$X_{\max} = \left(\frac{H_e}{Cz}\right)^{\frac{2}{2-n}} = \left(\frac{140}{0.07}\right)^{\frac{2}{2-0.25}} = 5,923.87[m]$$

통풍력
굴뚝 내외의 기압 차에 의해 일어나는 통풍의 정도로 굴뚝 내의 모든 통풍 저항을 이겨내고 필요한 양의 공기 또는 연소가스를 유동시킬 수 있을 정도의 힘을 말한다.

014 어떤 화력발전소의 굴뚝에서 배출되는 배출가스의 평균온도가 300[℃]에서 100[℃]로 하강할 경우, 통풍력은 300[℃]일 때보다 몇 [%]가 줄어드는가? (단, 굴뚝 주변의 대기 온도는 27[℃]이다.) (6점)

해답

통풍력을 구하는 공식

$$Z = 355 H_s \left(\frac{1}{273+t_a} - \frac{1}{273+t_s} \right) 에서$$

300[℃]인 경우

$$Z_1 = 355 H_s \left(\frac{1}{273+27} - \frac{1}{273+300} \right) = 355 H_s \left(\frac{573-300}{573 \times 300} \right) = 355 H_s \frac{273}{573 \times 300}$$

100℃인 경우

$$Z_1 = 355 H_s \left(\frac{1}{273+27} - \frac{1}{273+100} \right) = 355 H_s \left(\frac{373-300}{373 \times 300} \right) = 355 H_s \frac{73}{373 \times 300}$$

$$\therefore \frac{Z_2}{Z_1} = \frac{355 \times H_s \times \frac{73}{373 \times 300}}{355 \times H_s \times \frac{273}{573 \times 300}} \times 100 = 41.1[\%]$$

015 어떤 도시의 대기 중 입자의 크기에 따른 가시거리의 변화를 나타내려고 한다. 빛의 파장이 5,420[Å]인 빛 가운데 밀도 0.95[g/cm³], 입경 0.7[μm]인 기름 방울 입자의 분산면적비(입자에 작용하는 파면의 면적과 입자 면적 간의 비) K가 4.5, 먼지농도가 0.4[g/m³]일 경우 가시거리(m)는? (단, 빛은 분산에 의해서만 사라지고, 기름 방울 입자는 구형으로 균등하게 분포되어 있다.) (6점)

해답

입자의 크기에 따른 가시거리의 변화에 대한 가시거리를 $V[m]$라고 할 경우

$$V = \frac{5.2 \times \rho \times r}{K \times C}$$

여기서, ρ : 분진의 밀도(g/cm³), r : 구형 입자의 반경(μm), K : 분산면적비(분산계수), C : 분진의 농도(g/m³)이다.

$$\therefore 가시거리, \ V = \frac{5.2 \times \rho \times r}{K \times C} = \frac{5.2 \times 0.95 \times 0.35}{4.5 \times 0.4} = 0.96[km] = 960[m]$$

016 CH_4 84[%], O_2 9[%], N_2 7[%]의 조성을 지닌 혼합 기체연료 1[Sm^3]을 연소시키는 데 필요한 이론공기량(Sm^3)은? (4점)

해답

혼합 기체연료 중 가연성분인 CH_4의 연소반응식은
$CH_4 + 2O_2 \rightarrow CO_2 + 2H_2O$ 이다.

$\therefore A_o = \dfrac{1}{0.21}(2 \times 0.84 - 0.09) = 7.57[Sm^3/Sm^3]$

017 석탄 100[kg]에 대한 원소 조성을 분석한 결과, C 85[kg], H 5[kg], O 6[kg], S 2[kg]이고, 나머지는 회분이었다. 이 석탄을 공기비 1.3으로 완전 연소시키는 보일러에 매시 500[kg]씩 공급할 경우 다음 물음에 답하시오. (단, 이론공기량, A_o는 [Sm^3/kg]단위로 계산한다.) (6점)

1) 건연소가스 중 SO_2의 농도(ppm)는?
2) 하루에 소모되는 공기량(ton/일)은?

해답

1) $A_o = \dfrac{1}{0.21}\left(1.867 \times 0.85 + 5.6 \times \left(0.05 - \dfrac{0.06}{8}\right) + 0.7 \times 0.02\right)$

$= 8.76[Sm^3/kg]$

$G_d = mA_o - 5.6H = 1.3 \times 8.76 - 5.6 \times 0.05 = 11.11[Sm^3/kg]$

$\therefore$ 건연소가스 중 SO_2의 농도(ppm)

$= \dfrac{0.7S}{G_d} \times 10^6 = \dfrac{0.7 \times 0.02}{11.11} \times 10^6 = 1,260.13[ppm]$

2) 석탄 1[kg]에 소모되는 공기량(ton/일)

$= mA_o = 1.3 \times \dfrac{1}{0.232}\left(\dfrac{32}{12} \times 0.85 + \dfrac{16}{2} \times 0.05 + \dfrac{32}{32} \times 0.02 - 0.06\right)$

$= 14.7$[kg 공기/kg 석탄]

$\therefore$ 하루에 소모되는 공기량(ton/일)

$= 14.7$[kg 공기/kg 석탄] $\times 500$[kg/h] $\times 24$[h/day] $\times 10^{-3}$ [ton/kg]

$= 176.4$[ton/day]

018 NO 100[ppm], NO₂ 10[ppm]을 함유한 배출가스 100,000 [Sm³/h]를 NH₃에 의한 선택적 촉매환원법(SCR, Selective Catalytic Reduction)으로 처리할 경우, 배출가스 중 NOx을 제거하기 위한 이론적인 NH₃량(kg/h)은? (단, 각각의 화학반응식을 기재하여야 하며, 표준상태를 기준으로 하고, 반응 시 산소의 공존은 고려하지 않는다.)
(6점)

해답

환원반응식은 다음과 같다.

- $6\,NO + 4\,NH_3 \rightarrow 5\,N_2 + 6\,H_2O$
- $6\,NO_2 + 8\,NH_3 \rightarrow 7\,N_2 + 12\,H_2O$

1) NO 100[ppm] 환원에 필요한 NH₃량(kg/h)

$$\left\{\frac{100,000 \times 10^{-4}}{22.4}\right\} \times \left(\frac{4 \times 17}{6}\right) = 5.06\,[\text{kg/h}]$$

2) NO₂ 10[ppm] 환원에 필요한 NH₃량(kg/h)

$$\left\{\frac{100,000 \times 10^{-5}}{22.4}\right\} \times \left(\frac{8 \times 17}{6}\right) = 1.01\,[\text{kg/h}]$$

∴ NO와 NO₂의 합인 NOx을 제거하기 위한 이론적인 NH₃량(kg/h)
= 5.06 + 1.10 = 6.16[kg/h]

019 기상 성분인 A 물질을 제거하는 흡수장치에서 다음과 같은 자료를 확보하였다. 기액경계면에서 액상(液相)의 오염물질 A 성분의 흡수속도(kmol/m² · h)는?
(6점)

- 헨리상수: $H = 2.0\,[\text{kmol/m}^3 \cdot \text{atm}]$
- 기상물질이동계수: $k_G = 3.2\,[\text{kmol/m}^2 \cdot \text{atm} \cdot \text{h}]$
- 액상물질이동계수: $k_L = 0.7\,[\text{m/h}]$
- 기상의 A 성분 분압: $P_A = 0.15\,[\text{atm}]$
- 액상의 A 성분 농도: $C_A = 0.1\,[\text{kmol/m}^3]$

해답

액상 경막 내 단위 면적당 물질이동량(흡수속도),

$N_A = k_G(P_A - P_{Ai}) = k_L(C_{Ai} - C_A) = k_L(H \times P_{Ai} - C_A)[\text{kmol/m}^2 \cdot \text{h}]$

$3.2 \times (0.15 - P_{Ai}) = 0.7 \times (2 \times P_{Ai} - 0.1)$

$4.6 \times P_{Ai} = 0.55$

$P_{Ai} = 0.12[\text{atm}]$

∴ 오염물질 A 성분의 흡수속도,

$N_A = 3.2 \times (0.15 - 0.12) = 0.096[\text{kmol/m}^2 \cdot \text{h}]$

020 메테인 50[%], 에테인 30[%], 프로페인 20[%]가 혼합된 기체연료의 연소(폭발)상한값(%)을 구하시오. (단, 메테인의 연소범위: 5~15[%], 에테인의 연소범위: 3~12.5[%], 프로페인의 연소 범위: 2.1~9.5[%]이고, 르 샤틀리에의 식을 적용한다.) (4점)

해답

르 샤틀리에(Le Chatelier)의 혼합기체 연소(폭발)범위 상한치를 구하는 공식

$\dfrac{100}{\text{UEL}} = \left(\dfrac{V_1}{L_1}\right) \times \left(\dfrac{V_2}{L_2}\right) \times \left(\dfrac{V_3}{L_3}\right)$

여기서, UEL: 연소(폭발) 상한치(%), V: 각 성분의 기체체적(%)
L: 각 기체의 단독 연소(폭발) 한계치(상한치)

∴ $\dfrac{100}{\text{UEL}} = \left(\dfrac{50}{15}\right) + \left(\dfrac{30}{12.5}\right) + \left(\dfrac{20}{9.5}\right) = 7.84$

$\text{UEL} = \dfrac{100}{7.84} = 12.76$

> **르 샤틀리에의 원리**
> **(Le Chatelier's principle)**
> 가역 반응이 평형상태에 있을 때 농도, 압력, 온도의 조건을 변화시키면 화학계는 그 변화를 감소시키는 방향으로 평형이 이동하여 새로운 평형에 도달한다는 원리이다.

2023년 제2회 기출복원문제

001 전기집진장치의 집진실에 대한 전기적 구획(electrical sectionalization)을 행하는 이유를 설명하시오. (5점)

해답 전기집진기로 유입되는 분진농도의 차이로 인하여 코로나 방전을 위한 전력 요구량의 차이가 발생한다. 즉, 입구 쪽 집진실은 분진농도가 높아 코로나 전류가 억제되어 입자를 대전시키기 위해 많은 전력이 필요하지만, 출구 쪽 집진실은 분진농도가 낮아 입구와 동일한 조건으로 운전할 경우, 코로나 전류가 높아 상대적으로 불꽃 방전 회수가 증가하여 집진율이 감소하게 된다. 따라서, 효율적인 전력 사용을 위한 조치로 독립된 하전설비를 가진 전기적 구획이 필요하게 된다.

002 덕트 내에 흐르는 유체에 발생하는 정압, 속도압(동압), 전압을 정의하고, 피토관(pitot tube)을 이용한 유속의 측정원리를 설명하시오. (4점)

해답
1) 속도압(동압)

   덕트 내에서 어떤 속도로 운동하는 유체는 그 흐르는 속도에 의해 결정되는 압력이 나타나는데 이것을 속도압(동압, VP, Velocity Pressure)이라 한다. 속도압과 유체의 속도 사이에는 다음과 같은 관계식이 성립하며, 속도압은 유체가 흘러오는 쪽에서 가해진다고 하는 특징이 있다.

   $$v = C\sqrt{\frac{2 \times g \times h}{\gamma}}$$

   여기서, v: 유속(m/s), C: 피토관 계수, g: 중력가속도(9.8m/s^2)
   h: 피토관에 의한 속도압 측정값(mmH$_2$O)
   γ: 관(덕트) 내에 흐르는 유체의 밀도(kg/m^3)

2) 정압

   덕트(duct) 내에 있는 유체는 그것이 움직이든지 정지해 있든지 간에 관의 벽에 수직으로 작용하는 또 다른 형태의 압력을 나타낸다. 이 압력을 정압(SP, Static Pressure)이라 하며, 보통 유체의 속도에는 관계없는 독립적인 성질이다. 정압이 대기압보다 낮을 때 음(-)의 값을 갖고, 대기압보다 높을 때 양(+)의 값을 갖는다.

3) 전압

전압(TP, Total Pressure)은 정압과 동압의 합으로 나타낸다. 다음 그림은 배출가스의 유속을 측정하는 장치로 관(덕트) 내부의 피토관은 전압과 정압의 차인 속도압을 측정하는 장치이다. 마노미터의 안쪽에 있는 관(입구가 전압공)은 배출가스의 흐름에 평행하게 향하도록 하여, 마노미터에 전압이 작용하도록 하고, 바깥쪽에 있는 관(입구가 정압공)은 배출가스의 흐름에 수직하게 향하도록 하여 정압을 작용하게 한다. 이렇게 하여 마노미터(manometer)에는 전압과 정압의 차(h)인 속도압(동압)이 나타나 측정하게 된다. 측정된 속도압을 위의 식에 대입하여 배출가스의 속도가 얻어진다.

003 커닝험 보정계수의 정의와 조건변동에 따른 커닝험 계수 변화를 고르시오. (5점)

1) 커닝험 보정계수의 정의를 쓰시오.
2) 다음 보기 중 알맞은 것을 선택하시오.

[보기]
(1) 압력이 낮을수록, 커닝험 보정계수는 커진다.
(2) 압력이 높을수록, 커닝험 보정계수는 커진다.
(3) 온도가 낮을수록, 커닝험 보정계수는 커진다.
(4) 온도가 높을수록, 커닝험 보정계수는 커진다.
(5) 입자의 크기가 작을수록, 커닝험 보정계수는 커진다.
(6) 입자의 크기가 클수록, 커닝험 보정계수는 커진다.

해답

1) 커닝험 보정계수의 정의

입자가 미세하게 되면 기체분자가 입자에 충돌할 때 입자표면에서 미끄러지는 현상(slip)이 일어나 입자에 작용하는 항력이 적어져 입자의 종말침강속도가 Stokes 식으로 계산한 값보다 커지게 된다. 이와 같이 미끄러짐 현상으로 인해 입자에 작용하는 항력이 적어지는 것을 보정하기 위해 미끄럼 보정계수(slip correction factor) 또는 커닝험 보정계수(C_c, Cunningham correction factor)라고 하며 그 값은 항상 1보다 크다. 이 현상은 입경이 3 [μm]보다 작을 때부터 발생하고, 1 [μm] 이하부터 현저해진다. 커닝험 보정계수는 이 현상을 보정하기 위해 적용되는 계수이다.

2) (1), (4), (5)

004 어떤 연소장치 내에서 NO_x 생성이 화염 온도에 민감한 이유는? (5점)

해답 연소 시 NO_x을 생성하는 화학 반응이 높은 활성화 에너지를 갖고 있어서 연소 시 생성되는 대부분의 NO_x는 Thermal NO_x로 온도가 높아질수록 질소와 산소가 결합할 가능성이 높아져 NO_x 발생량은 증가하기 때문이다.

참고 활성화 에너지: 화학 반응이 진행되기 위해 필요한 최소한의 에너지로 화학 반응의 속도에 영향을 미친다.

005 A 공장의 배출가스 유량은 1,000[Sm³/h], SO_2 및 NO의 농도는 각각 2,000[ppm], 1,000[ppm]이다. 선택적 환원제로 H_2S를 사용하여 SO_2와 NO를 동시에 제거하고자 한다. 매월 요구되는 H_2S 가스량(Sm^3)과 생성되는 S(ton)는? (단, H_2S 반응률 및 처리효율은 모두 100[%]이다.) (6점)

해답

배출가스 중 SO_2량 $= 2{,}000 \times 10^{-6} \times 1{,}000 [Sm^3/h] = 2[Sm^3/h]$

배출가스 중 NO량 $= 1{,}000 \times 10^{-6} \times 1{,}000 [Sm^3/h] = 1[Sm^3/h]$

반응식: $SO_2 + 2\,H_2S \rightarrow 3\,S + 2\,H_2O$

$NO + H_2S \rightarrow S + \dfrac{1}{2} N_2 + H_2O$

$2\,H_2S : SO_2$이므로, $2[Sm^3] : 1[Sm^3] = x[Sm^3/h] : 2[Sm^3/h]$

∴ $x = 4[Sm^3/h]$

$H_2S : NO$이므로, $1[Sm^3] : 1[Sm^3] = y[Sm^3/h] : 1[Sm^3/h]$

∴ $y = 1[Sm^3/h]$

$SO_2 : 3\,S$이므로, $22.4[Sm^3] : 3 \times 32[kg] = 2[Sm^3/h] : x_1[kg/h]$

∴ $x_1 = 8.57[kg/h]$

$NO : S$이므로, $22.4[Sm^3] : 32[kg] = 1[Sm^3/h] : y_2[kg/h]$

∴ $y_2 = 1.43[kg/h]$

H_2S량 $= 5 \times 24 \times 30 = 3{,}600 [Sm^3/month]$

S량 $= 10 \times 24 \times 30 \times 10^{-3} = 7.2 [ton/month]$

006 직물 여과집진기(bag filter)에서의 허용 압력손실이 100 [mmH₂O]이고, 예비 실험결과 이미 결정된 장치 및 운전조건에서 이 압력손실에 해당하는 분진 부하(L_d)는 0.8[kg(분진)/m²(여포)]임을 알게 되었다. 또한, 이상적인 겉보기유속(filtering rate)이 2[cm/s]라면 분진농도가 0.5[g/m²], 처리가스유량이 1,200[m³/min]이고, 직경 25[cm], 유효길이 3[m]인 여과포(bag)를 424개 설치하는 여과집진기의 효율이 90[%]인 경우, 분진의 털어내기 시간 간격(h)은? (단, 압력 손실이 여포와 그 위에 쌓인 분진층에 의해 발생한다고 가정한다.) (5점)

해답 분진부하,

$$L_d = C_i \times V_f \times \eta \times t = C_i \times \frac{Q}{n \times \pi D \times L} \times \eta \times t$$

$$0.8 \times 10^3 [\text{g}(분진)/\text{m}^2(여포)] = 0.5[\text{g/m}^3] \times \frac{1,200[\text{m}^3/\text{min}] \times \frac{[\text{min}]}{60[\text{s}]}}{424 \times \pi \times 0.25[\text{m}] \times 3[\text{m}]} \times 0.9 \times t$$

$$\therefore t = 88,757[\text{s}] = 24.66[\text{h}]$$

007 에탄올(C_2H_5OH) 1[kg]을 공기비 1.2로 완전 연소시키는 데 필요한 공기량(Sm^3/kg)은? (4점)

해답 에탄올 분자식에서

$$C = \frac{24}{46} \times 100 = 52.2[\%], \quad H = \frac{6}{46} \times 100 = 13[\%], \quad O = \frac{16}{46} \times 100 = 34.8[\%]$$

$$\therefore A_o = \frac{1}{0.21} \left[1.867C + 5.6 \left(H - \frac{O}{8} \right) \right]$$

$$= \frac{1}{0.21} \left(1.867 \times 0.522 + 5.6 \times \left(0.13 - \frac{0.348}{8} \right) \right)$$

$$= 6.95[\text{Sm}^3/\text{kg}]$$

$$A = mA_o = 1.2 \times 6.95 = 8.34[\text{Sm}^3/\text{kg}]$$

008 NO를 처리하기 위하여 흡착제로 활성탄을 사용하였다. NO 56[ppm]인 배출가스에 활성탄을 20[ppm] 주입시켜 처리했더니, NO 농도가 16[ppm]이 되었고, 활성탄을 52[ppm] 주입시켰더니 NO 농도가 4[ppm]이 되었다. NO 농도를 5[ppm]으로 만들기 위해서는 활성탄(ppm)을 얼마나 주입시켜야 하는가? (6점)

해답

Freundlich의 등온흡착식

$\dfrac{X}{M} = K \times C^{\frac{1}{n}}$ 에서

$\dfrac{(56-16)[\text{ppm}]}{20[\text{ppm}]} = K \times 16^{\frac{1}{n}}$, $2 = K \times 16^{\frac{1}{n}}$ ······ (식 1)

$\dfrac{(56-4)[\text{ppm}]}{52[\text{ppm}]} = K \times 4^{\frac{1}{n}}$, $1 = K \times 4^{\frac{1}{n}}$ ········ (식 2)

(식 1) ÷ (식 2)는 $2 = 1 \times 4^{\frac{1}{n}}$, 양변에 ln를 취하면 $\ln 2 = \dfrac{1}{n} \ln 4$

∴ $n = 2$, 이 값을 (식 1)에 대입하면 $2 = K \times 16^{\frac{1}{2}}$ ∴ $K = 0.5$

$n = 2$와 $K = 0.5$를 이용하여 등온흡착식을 세우면 $\dfrac{X}{M} = 0.5 \times C^{\frac{1}{2}}$

∴ $\dfrac{(56-5)[\text{ppm}]}{M[\text{ppm}]} = 0.5 \times 5^{\frac{1}{2}}$ 이므로 NO 농도를 5[ppm]으로 하기 위해 주입해야 할 활성탄의 양(ppm), $M = 45.62[\text{ppm}]$

009 어떤 유해가스와 물이 일정한 온도하에서 평형상태에 놓여 있다. 기상(氣相)의 유해가스 분압이 60[mmHg]일 때, 수중의 유해가스 농도가 1.5[kmol/m³]이었다. 이 경우에 헨리상수(atm · m³/kmol)는? (단, 전압은 1[atm]이다.) (5점)

해답

분압, $P = \dfrac{60}{760} = 0.079[\text{atm}]$

농도, $C = 2.5[\text{kmol/m}^3]$

Henry's law에서 $H = \dfrac{P}{C} = \dfrac{0.079}{1.5} = 0.05[\text{atm} \cdot \text{m}^3/\text{kmol}]$

010 어떤 1차 반응에서 550초 동안 반응물의 1/2이 분해되었다. 동일한 조건에서 반응물 1/5이 남을 때까지 얼마의 시간(초)이 걸리겠는가? (4점)

해답

1차 반응식

$\ln\dfrac{a}{(a-x)} = k_1 \times t$ 에서

$k_1 = \dfrac{\ln\left(\dfrac{a}{\frac{a}{2}}\right)}{t} = \dfrac{\ln 2}{550} = 1.26 \times 10^{-3}\ (s^{-1})$

$\ln\left(\dfrac{a}{\frac{a}{5}}\right) = (1.26 \times 10^{-3}\ s^{-1}) \times t$

$\therefore t = \dfrac{\ln 5}{1.26 \times 10^{-3}\ s^{-1}} = 1,277.33[s]$

011 어떤 분체가 300개의 구형 입자로 이루어져 있다. 전자현미경으로 조사해 보니 입경이 $1[\mu m]$인 입자가 100개, $5[\mu m]$ 입자가 100개, $100[\mu m]$인 입자가 100개로 나타났으며, 밀도는 크기에 상관없이 모두 $1[g/cm^3]$이었다. 이 분체를 집진장치를 통과시킨 후, 다시 입자 크기에 따른 개수를 계수하여 보니 $1[\mu m]$ 입자는 80개가 남았고, $5[\mu m]$ 입자는 50개, $100[\mu m]$ 입자는 10개가 있었다. 집진장치의 입자제거율(%)을 질량기준과 개수기준으로 각각 나타내시오. (6점)

해답

1) 개수기준 제거효율 $= \dfrac{(20+50+90)}{300} \times 100 = 53.3[\%]$

2) 질량기준 제거효율

$\dfrac{\left[\left(\dfrac{\pi}{6} \times (1.0 \times 10^{-6}[m])^3\right) \times 20 + \left(\dfrac{\pi}{6} \times (5 \times 10^{-6}[m])^3\right) \times 50 + \left(\dfrac{\pi}{6} \times (10 \times 10^{-6}[m])^3\right) \times 90\right] \times 1,000[kg/m^3]}{\left[\left(\dfrac{\pi}{6} \times (1.0 \times 10^{-6}[m])^3\right) + \left(\dfrac{\pi}{6} \times (5 \times 10^{-6}[m])^3\right) + \left(\dfrac{\pi}{6} \times (10 \times 10^{-6}[m])^3\right)\right] \times 1,000[kg/m^3]} \times 100$

$= 85.5[\%]$

고정탄소
(FC, Fixed Carbon)

휘발분이 휘발되고 난 후 남는 가연성의 잔존물로 고정탄소는 석탄에서 휘발분, 수분 및 회분을 제외한 함량으로 대부분 탄소로 이루어져 있다. 석탄화도가 진행된 것일수록 고정탄소가 많고 발열량도 크다.

FC% = 100 − (수분% + 회분% + 휘발분%)

012 다음에 제시된 무게비로 황 성분이 각각 1[%] 포함되어 있는 석탄(고정탄소로만 이루어져 있다고 가정)과 액체연료 $C_{12}H_{26}$를 연료로 사용된다고 가정한다. 이 2가지 연료 중 단위열량당 CO_2 발생량이 적은 쪽을 밝히고 그 이유를 설명하시오. (단, 완전 연소가 이루어진다고 가정하며, 반응생성물은 $H_2O_{(g)}$, $CO_{2(g)}$, $SO_{2(g)}$이다.) (6점)

구분	ΔH_f[kcal/mol]
$C_{(s)}$	0
$C_{12}H_{26(L)}$	83
$CO_{2(g)}$	−94.05
$H_2O_{(g)}$	−57.80

해답

1) 석탄 1[kg]을 기준으로 해서 석탄에 함유된 S은 1,000×0.01 = 10(g)
   10[g]의 S을 포함한 경우를 생각하면

   C + O₂ → CO₂($\Delta H_f = -94.05$[kcal])
   12   −94.05
   990   x_1

   $x_1 = -94.05 \times \dfrac{990}{12} = -7,759.1$[kcal]

   석탄의 총 발열량 = $-7,759.1 + (-\Delta H_f(S + O_2 \rightarrow SO_2))$

   즉, 1[mole]의 $CO_{2(g)}$ 발생당 7,759.1[kcal]의 열량이 발생한다.

2) $C_{12}H_{26}$ 1[kg]을 기준으로 해서 석탄에 함유된 S은 1,000×0.01 = 10(g),
   10[g]의 S을 포함한 경우를 생각하면

   $C_{12}H_{26}$ + 18.5 O_2 → 12 CO_2 + 13 H_2O
   170   −1,797
   990   x_2

   ($\Delta H_f = (-94.5 \times 12 + (-57.80) \times 13 + 83 = -1,797$[kcal])

   $x_2 = -1,797 \times \dfrac{990}{170} = -10,464.88$[kcal]

   $C_{12}H_{26}$의 총 발열량 = $-10,464.88 + (-\Delta H_f(S + O_2 \rightarrow SO_2))$

   즉, 1[mole]의 $CO_{2(g)}$ 발생당 872.07[kcal]의 열량이 발생한다.

   ∴ $C_{12}H_{26}$가 단위 열량당 CO_2 발생량이 적다.

013 표준 원심력집진기를 이용하여 처리가스 내에 함유된 분진을 제거하고자 한다. 표준 원심력집진기는 높이 0.5[m], 폭 0.25[m]인 직사각형 입구 덕트(유입구)로 제작되었으며, 가스 유량은 150[m³/min], 점성계수는 0.075[kg/m·h]이다. 유입된 처리가스가 원심력집진기를 통과하여 5회 회전할 경우, 절단입경은 5[μm]이고, 분진의 밀도는 4,000[kg/m³], 공기의 밀도는 1[kg/m³]이다. 이 원심력집진장치의 효율은 몇 [%]인가? (4점)

해답

입구유입속도, $v_i = \dfrac{Q}{A} = \dfrac{150}{0.5 \times 0.25 \times 60} = 20[\text{m/s}]$

∴ Lapple의 효율식

$$\eta_f = \dfrac{\pi \times N_e \times d_p^2 \times (\rho_p - \rho_g) \times v_i}{9 \times \mu_g \times W}$$

$$= \dfrac{3.14 \times 5 \times (5 \times 10^{-6})^2 \times (4000-1) \times 20}{9 \times 2.08 \times 10^{-5} \times 0.25} = 0.67 = 67[\%]$$

014 빛의 소멸계수(σ)가 0.45[km^{-1}]인 대기에서, 시정거리의 한계를 빛의 강도가 초기 강도의 95[%]가 감소했을 때의 거리라고 정의할 경우 이때 시정거리 한계(m)는? (단, 광도는 Lambert-Beer 법칙을 따르며, 자연대수를 적용한다.) (4점)

해답

$I_t = I_o \times e^{(-\sigma \times x)}$

여기서, I_o: 입사광의 강도, I_t: 투사광의 강도, σ: 소멸계수(km^{-1}),
x: 시정한계거리(km)

∴ $(1 - 0.95) = 1 - e^{(-0.45 \times x)}$

양변에 자연대수를 취하면 $\ln 0.05 = -0.45[\text{km}^{-1}] \times x$

∴ $x = 6.657[\text{km}] = 6,657[\text{m}]$

2회 2023년 기출복원문제

015 어떤 입자의 진밀도를 알아내기 위해 비중병을 이용한 실험을 한 결과 다음과 같은 자료를 얻었다. 이 자료를 통한 얻은 입자의 진밀도는? (4점)

- 비중병의 질량: 12[g]
- 비중병 + 증류수의 질량: 40[g]
- 비중병 + 입자의 질량: 20[g]
- 비중병 + 입자 + 증류수의 질량: 45[g]
- 증류수의 밀도: 1

해답

$\rho_p = (1-\varepsilon) \times \rho_i$

여기서, ρ_p: 입자의 겉보기 비중, ρ_i: 입자의 진비중, ε: 입자의 공극률

$\rho_i = \dfrac{\rho_L \times M}{M + W - R}$

여기서, M: 입자의 질량, W: 증류수의 질량, R: (입자 + 증류수의 질량), ρ_L: 증류수의 밀도

$\therefore \rho_i = \dfrac{\rho_L \times M}{M + W - R} = \dfrac{1 \times (20-12)}{(20-12) + (40-12) - (45-12)} = 2.67$

016 처리가스량 120,000[m³/h], 집진율 95[%]인 전기집진장치를 99.5[%]의 집진효율로 입자상물질을 처리하는 전기집진장치를 설계하려고 한다. 유효 표류속도(w_e)가 10[m/min]이고, 집진판의 높이가 5[m], 길이가 2[m], 34개의 집진판을 사용하고 있다. 효율 99.5[%]에 필요한 집진판의 개수는 몇 개가 더 필요한가? (단, Deutsch-Anderson 식을 적용하고, 모든 내부 집진판은 양면을 사용하며, 두 개의 외부 집진판은 각 하나의 집진면으로만 집진이 가능하다.) (6점)

해답 Deutsch-Anderson 식

$\eta = 1 - e^{-\frac{A}{Q}w_e}$ 에서

$\eta = 0.995$, $w_e = 10[\text{m/min}]$, $Q = 120,000[\text{m}^3/\text{h}] = 2,000[\text{m}^3/\text{min}]$

∴ $0.995 = 1 - e^{-\left(\frac{A \times 10}{2,000}\right)}$, 이 식에서 항을 옮기고 양변에 ln을 취하면

$-A = 200 \times \ln 0.005$

∴ $A = 1,060[\text{m}^2]$, $A = A_p \times (n-1)$에서 $1,060 = (5 \times 2) \times 2 \times (n-1)$

∴ $n = 54$개

∴ 99.5[%]의 집진효율을 얻기 위해서는 집진판이 20개가 더 필요하다.

017
다음 표에 나타난 바와 같은 조성을 가진 중유를 15[Sm³ 공기/kg 중유]로 연소할 경우, 물음에 답하시오. (6점)

1) 연료 중 황 성분이 모두 SO_2로 전환된다면 습연소가스 중 SO_2 농도(ppm)는?
2) 재성분이 모두 분진으로 배출될 경우 건연소가스 중 분진농도(μg/Sm³)는?

성분	C	H	S	재(ash)	N
조성비	85.0[%]	12.0[%]	2.0[%]	0.2[%]	0.8[%]

해답
1) 습연소가스

$G_w = mA_o + 5.6\text{H} + 0.8\text{N} = 15 + 5.6 \times 0.12 + 0.8 \times 0.008 = 15.68[\text{Sm}^3/\text{kg}]$

SO_2량 $= 0.7\text{S} = 0.7 \times 0.02 = 0.014[\text{Sm}^3/\text{kg}]$

∴ $SO_2[\text{ppm}] = \frac{0.7 \times \text{S}}{G_w} \times 10^6 = \frac{0.014}{15.68} \times 10^6 = 892.95[\text{ppm}]$

2) 건연소가스

$G_d = G_w - 11.2\text{H} = 15.68 - 11.2 \times 0.12 = 14.33[\text{Sm}^3/\text{kg}]$

분진량 $= 10^3[\text{g/kg}] \times 0.002 \times 10^6[\mu\text{g/g}] = 2 \times 10^6[\mu\text{g/kg}]$

∴ $\frac{\text{분진량}}{G_d} = \frac{2 \times 10^6[\mu\text{g/kg}]}{14.33[\text{Sm}^3/\text{kg}]} = 139,524.50[\mu\text{g/Sm}^3]$

018 아황산가스 농도 2,000[ppm], 배출가스 유량 10,000[m³/h] (150[℃], 1[atm])을 처리하기 위해 습식 석회석 탈황공정을 설치하여 가동하였다. 이 공정은 SO_2 90[%]가 석고($CaSO_4 \cdot 2H_2O$, MW = 172)로 전환되어 제거된 후, 70[℃]로 배출된다. 굴뚝에서의 상대습도가 100[%]이고 유입 가스 내 수분농도가 부피비로 10[%]일 경우, 습식 탈황탑의 물 높이를 일정하게 유지하기 위하여 보충하여야 하는 물의 양 (kg/h)은? (단, 70[℃]에서의 절대습도는 0.3[kg/kg-dry gas], 건배출가스 밀도는 1.1[kg/m³], 반응 후 배출되는 가스 내 수분은 70[℃], 절대습도를 기준으로 하며 미반응 SO_2는 수분을 포함하지 않는 것으로 가정한다.) (6점)

해답

1) 유입되는 SO_2 mol수

$$= 10,000[\text{m}^3/\text{h}] \times 2,000[\text{ppm}] \times 10^{-6} \times \frac{1[\text{kmol}]}{22.4[\text{Sm}^3]} \times \frac{273[\text{K}]}{(273+150)[\text{K}]}$$

$$= 576[\text{mol/h}]$$

2) 유입 H_2O mol수

$$= 10,000[\text{m}^3/\text{h}] \times 0.1 \times \frac{1[\text{kmol}]}{22.4[\text{Sm}^3]} \times \frac{273[\text{K}]}{(273+150)[\text{K}]}$$

$$= 28,812[\text{mol/h}]$$

SO_2 제거율이 90[%]이므로 $576[\text{mol/h}] \times 0.9 = 518.4[\text{mol/h}]$

석고에 동반되는 수분량 $= 2 \times 518.4[\text{mol/h}] = 1,036.8[\text{mol H}_2\text{O/h}]$

∴ 유출 수분량은 $CaSO_4 \cdot 2H_2O$에 의하여 1,036.8[mol/h]

3) 150[℃] 배출가스 10,000[m³/h] 중 SO_2량(20[m³/h])과 수분량(배출가스의 10[%]이므로 1,000[m³/h])을 제외한 양은 8,980[m³/h], 이 값이 70[℃]로 내려가면 $8,980[\text{m}^3/\text{h}] \times \frac{(273+70)[\text{K}]}{(273+150)[\text{K}]} = 7,281.55[\text{m}^3/\text{h}]$가 된다.

여기에 절대습도와 밀도를 보정하여 H_2O mol수를 구하면,

$$7,281.55[\text{m}^3/\text{h}] \times 1.1[\text{kg/m}^3] \times 0.3[\text{kg/kg air}] \times \frac{1,000[\text{g}]}{18[\text{kg}]}$$

$$= 133,497[\text{mol H}_2\text{O/h}]$$

4) H_2O 수지식을 세우면

$28,812[\text{mol/h}] - 1,036.8[\text{mol/h}] - 133,497[\text{mol/h}] = -105,721.8[\text{mol/h}]$

즉, 105,721[mol/h]의 물을 보충하여야 한다.

∴ $105,721.8[\text{mol/h}] \times \frac{18[\text{g}]}{1[\text{mol}]} \times \frac{1[\text{kg}]}{10^3[\text{g}]} = 1,903[\text{kg H}_2\text{O/h}]$

즉, 약 1,903[kg/h]의 물을 습식 탈황탑에 공급하여야 한다.

019 옥테인(C_8H_{18}) 1[mol]을 완전 연소시키는 데 요구되는 부피기준과 무게기준 공기연료비(AFR)은? (5점)

해답

옥테인의 연소반응식

$C_8H_{18} + 12.5\,O_2 + 12.5 \times 3.76\,N_2 \rightarrow 8\,CO_2 + 9\,H_2O + 12.5 \times 3.76\,N_2$

∴ 부피기준 $AFR = \dfrac{12.5 \times (1+3.76)\,[\text{mol air}]}{1\,[\text{mol fuel}]} = 59.5\,[\text{mol air/mol fuel}]$

무게기준 $AFR = \dfrac{59.5\,[\text{mol air}] \times 29\,[\text{g/mol}]}{1\,[\text{mol fuel}] \times 114\,[\text{g/mol}]} = 15.14\,[\text{g air/g fuel}]$

020 A 지점의 미세먼지(PM_{10})의 측정농도가 각각 46, 53, 48, 62, 57[$\mu g/m^3$]일 경우, 다음 물음에 답하시오. (단, 반드시 계산과정 및 미세먼지(PM_{10})의 대기환경기준(환경정책기본법상)의 연간 평균치를 제시하고, 여기서 계산된 값과 환경기준치에 대한 판단 여부를 적으시오.) (4점)

1) 기하학적 평균치로 산정할 경우, 평균농도가 미세먼지(PM_{10})의 연간 평균치를 상회하는지 여부를 판단하시오.
2) 산술평균치를 산정할 경우, 평균농도가 미세먼지(PM_{10})의 연간 평균치를 상회하는지 여부를 판단하시오.

해답

1) 기하학적 평균값

$\overline{X_g} = (X_1 \times X_2 \times \cdots \times X_n)^{\frac{1}{n}} = (46 \times 53 \times 48 \times 62 \times 57)^{\frac{1}{5}} = 52.88\,[\mu g/m^3]$

∴ 미세먼지(PM_{10})의 연간 평균치는 50[$\mu g/m^3$]이므로, 기하학적 평균치로 산정할 경우 A 지점은 대기환경기준치를 상회한다.

2) 산술평균값

$\overline{X} = \dfrac{(46+53+48+62+57)}{5} = 53.2\,[\mu g/m^3]$

∴ 미세먼지(PM_{10})의 연간 평균치는 50[$\mu g/m^3$]이므로, 산술평균치로 산정할 경우도 A 지점은 대기환경기준치를 상회한다.

2023년 제4회 기출복원문제

001 충전탑에서 발생하는 편류현상의 정의와 방지대책을 쓰시오.
(5점)

해답

1) 편류현상(channeling effect)
   충전탑에서 흡수액의 최소유량으로 충전물 표면에 충분히 분배시키기에는 액의 양이 부족하여 흡수액이 균일하게 공급되지 못하고, 한쪽으로 쏠려서 흐르게 되는 현상을 말한다.

2) 방지대책
   (1) 높은 공극률을 갖는 충전재를 사용한다.
   (2) 충전탑의 높이를 적정하게 설계하여 장치한다.
   (3) 균일하고 저항이 적은 동일한 충전재를 사용한다.
   (4) 충전탑의 단면적당 액 주입구를 5개 이상으로 한다.
   (5) 충전탑의 직경과 충전물질 직경의 비를 8~10의 범위로 조절한다.

002 입자의 크기를 결정하는 방법으로 입자에 빛을 투영하여 생기는 그림자를 통해 그 크기를 결정하는 방법과 입자를 낙하시켜 떨어지는 침강속도를 구하여 측정하는 방법이 있다. 이 중 후자에 의한 입자의 크기를 결정하는 방법으로 스토크 직경(Stoke's diameter)과 공기역학적 직경(aerodynamic diameter)이 있는데, 이 2가지 입자의 직경을 비교 정의하시오.
(6점)

해답

1) 스토크 직경(Stokes경)
   측정하고자 하는 입자상물질과 동일한 밀도와 침강속도를 갖는 입자상물질의 직경을 말한다. 스토크 직경이 대상 입자의 밀도와 침강속도를 동시에 고려하여 측정하는 데 반하여, 공기역학적 직경은 침강속도만을 고려하여 측정한다.

2) 공기역학적 직경(공기역학경)
   측정하고자 하는 입자상물질과 동일한 공기역학적 성질, 즉 침강속도를 가지며, 이는 단위 밀도($1[g/m^3]$)를 가진 구형 입자상물질의 직경을 말한다. 입자상물질의 형태가 다르더라도 침강속도가 같으면 동일한 공기역학적 직경을 갖는다는 것을 의미한다.

참고 입자상물질이 낙하하여 그 침강속도에 의해 입경을 측정하는 방법은 형상에 관계없이 직경을 알고 있는 구형 입자와 같은 속도로 낙하하면 그 구형 입자와 같은 크기로 간주한다.

003 다음 각 연소의 종류에 대해 간단하게 설명하시오. (단, 연소별로 해당되는 연료를 반드시 1가지 이상 적으시오.) (4점)

1) 증발연소
2) 분해연소
3) 표면연소
4) 내부연소(자기연소)

해답

1) **증발연소**: 액체연료인 휘발유, 등유, 알코올, 벤젠 등이 기화하여 증기가 되면서 연소하는 반응을 말한다.
2) **분해연소**: 석탄, 목재, 타르 등이 열분해하여 발생한 증기와 함께 연소 초기에 불꽃을 내면서 반응하는 연소를 말한다.
3) **표면연소**: 고체연료인 목탄, 코크스 등이 고온 연소 시 고체표면이 빨갛게 빛을 내면서 반응하는 연소를 말한다.
4) **내부연소(자기연소)**: 니트로글리세린 등이 공기 중 산소를 필요로 하지 않고, 분자 자신 안의 산소에 의한 연소를 말한다.

004 분무탑(spray tower)의 장점 및 단점 3가지씩 적으시오. (6점)

해답

분무탑(spray tower): 액적, 액막, 기포 등에 의해 배출가스를 세정하여 입자에 부착하여 입자 상호 간의 응집을 촉진시켜 입자를 분리시키는 장치로 탑 상부에서 세정수를 고속 분사시켜 배출가스의 온도를 냉각시키면서 배출가스 중의 입자상물질인 분진과 가스상물질을 제거하는 습식 집진설비이다.

장점	단점
• 압력손실이 적다.	• 백연이 발생한다.
• 유지 및 보수가 용이하다.	• 분진의 처리효율이 떨어진다.
• 설치비용 및 유지관리 비용이 저렴하다.	• 분무노즐이 막힐 우려가 있다.
• 용해도가 큰 산성가스의 처리효율이 높다.	• 비말동반 및 폐수가 발생한다.

005 굴뚝에서 배출가스 시료채취 시 채취관을 보온 또는 가열하는 이유 3가지를 쓰시오. (4점)

해답
1) 여과재의 막힘 방지를 위하여
2) 분석 대상가스의 응축으로 인한 오차 방지를 위하여
3) 가스 중의 수분, 응축으로 인한 채취관의 부식 방지를 위하여

006 환경대기 중 시료채취 방법에서 인구비례에 의한 방법으로 시료채취 지점 수를 결정하고자 한다. 그 지역의 인구밀도가 1,500[명/km^2], 그 지역 가주지 면적이 2,500[km^2], 전국 평균 인구밀도가 6,800[명/km^2]일 때, 시료채취 지점 수는? (6점)

> **가주지 면적**
> 총면적에서 전답, 임야, 호수, 하천 등의 면적을 뺀 면적을 말한다.

해답
측정점 수 = $\dfrac{\text{그 지역 가주지 면적}}{25[\text{km}^2]} \times \dfrac{\text{그 지역 인구밀도}}{\text{전국 평균인구밀도}}$

= $\dfrac{2,500}{25} \times \dfrac{1,500}{6,800}$

= 22개소

007 어떤 시멘트 공장에서 분진을 제거하기 위해서 단단 전기집진기를 설치하려고 한다. 이 공장의 함진가스량은 60[m^3/min]이고, 함진 농도가 10.5[g/m^3]이다. 사용하는 평행판 집진극은 폭이 4.5[m], 높이가 5.0[m]이고, 집진판의 간격은 20[cm]으로 평행하게 설치하였다. 하루 동안에 하나의 평행판에 집진되는 집진율(%)과 분진량(kg/day)은? (단, 집진기 내에서 방전극에서 집진극으로 이동하는 입자의 속도는 10[cm/s]이다.) (7점)

해답

1) 집진율
$$\eta = 1 - e^{\left(-\frac{A}{Q}w_e\right)} = 1 - e^{\left(-\frac{2 \times 4.5 \times 5.0 \times 0.1}{1}\right)} = 0.99 = 99[\%]$$

2) 분진 집진량
$$= 60[\mathrm{m^3/min}] \times 24[\mathrm{h/day}] \times 60[\mathrm{min/h}] \times 10.5[\mathrm{g/m^3}] \times 10^{-3}[\mathrm{kg/g}]$$
$$\times 0.99 \times \frac{1}{2} = 449.06[\mathrm{kg/day}]$$

008 탄소 85[%], 수소 15[%]로 구성되어 있는 경유 1[kg]을 공기비 1.1로 연소할 경우, 탄소의 1[%]가 그을음으로 변화된다고 한다. 건연소가스 1[Sm³] 중 그을음의 농도(g/Sm³)는? (4점)

해답

$$A_o = \frac{1}{0.21}\left(\frac{22.4}{12}\mathrm{C} + \frac{11.2}{2}\mathrm{H}\right) = 8.89 \times 0.85 + 26.67 \times 0.15 = 11.56[\mathrm{Sm^3/kg}]$$

건연소가스, $G_d = mA_o - 5.6\mathrm{H} = 1.1 \times 11.56 - 5.6 \times 0.15 = 11.87[\mathrm{Sm^3/kg}]$

연료 1[kg]당 그을음의 양 $= 1,000 \times 0.85 \times 0.01 = 8.5[\mathrm{g}]$

$$\therefore \frac{8.5}{11.87} = 0.72[\mathrm{g/Sm^3}]$$

009 입경 1[μm]인 구형 입자의 밀도가 2,400[kg/m³]이라면, 이 입자의 비표면적(m²/kg)은? (4점)

해답

비표면적

$$S_V = \frac{\text{표면적}}{\text{부피}} = \frac{\pi d_p^2}{\left(\frac{\pi d_p^3}{6}\right)} = \frac{6}{d_p} = \frac{6}{1 \times 10^{-6}}[\mathrm{m^2/m^3}]$$

$$\therefore S_m = \frac{S_V}{\rho_p} = \frac{\frac{6}{1 \times 10^{-6}}[\mathrm{m^2/m^3}]}{2,400[\mathrm{kg/m^3}]} = 2,500[\mathrm{m^2/kg}]$$

참고 입자의 비표면적은 단위 체적당 입자의 표면적, $S_V[\mathrm{m^2/m^3}]$와 단위 질량당 입자의 표면적, $S_m[\mathrm{m^2/kg}]$으로 그 기준에 따라 2가지로 나누어진다.

010 전부 유기황으로 구성된 황 함량이 4[%]인 원유가 있다. 이 유기황에 수소를 첨가하여 황화수소(H_2S)로 환원시켜 유기황을 배출하려고 할 경우, 원유 1톤당 황화수소의 발생량(Sm^3)은? (4점)

해답

반응식 : S + H_2 → H_2S ↑
　　　　32[kg]　　　22.4[Sm^3]
1,000[kg]×0.04　　　x[Sm^3]

∴ $x = \dfrac{22.4 \times 1,000 \times 0.04}{32} = 28[Sm^3]$

011 LPG를 연료로 사용하는 어떤 연소시설에서 배출가스량 500,000[Sm^3/h]가 발생하였다. 이 배출가스를 암모니아 접촉 환원 배연 탈질법으로 처리하고자 하는 경우, 이론적으로 필요한 암모니아의 양(kg/h)은? (단, 탈질처리장치 입구의 배출가스 중 NO 농도는 100[ppm]이다.) (4점)

해답

배출가스 중 NO 부피 = $500,000 \times 100 \times 10^{-6} = 50[Sm^3/h]$
반응식 : $4\,NO + 4\,NH_3 + O_2 \rightarrow 4\,N_2 + 6\,H_2O$
∴ $4 \times 22.4[Sm^3] : 4 \times 17[kg] = 50[Sm^3/h] : x[kg/h]$
∴ $x = 37.95[kg/h]$

012 내경이 30[cm]인 원형 덕트에 20[℃], 1기압의 공기가 30[m^3] 흐르고 있다. 이 유체의 레이놀즈수를 구하고 흐름의 형태를 밝히시오. (단, 20[℃]에서 공기의 점성계수는 0.018[cP]이다.) (5점)

해답

$$V = \frac{30}{0.785 \times 0.03^2 \times 3{,}600} = 11.8\,[\text{m/s}]$$

$$\rho = 1.3 \times \frac{273}{273 + 20} = 1.206\,[\text{kg/m}^3]$$

$1[\text{P(poise)}] = 1[\text{g/cm} \cdot \text{s}] = 100[\text{cP}]$ 이므로

$$\mu = 0.018 \times 10^{-2}\,[\text{g/cm} \cdot \text{s}] = 0.018 \times 10^{-3}\,[\text{kg/m} \cdot \text{s}]$$

$$\therefore N_{Re} = \frac{D \times V \times \rho}{\mu} = \frac{0.3 \times 11.8 \times 1.206}{0.018 \times 10^{-3}} = 237{,}180\,(난류)$$

013 25[℃]의 염산 미스트를 함유한 함진가스량 1.5[m³/s]을 폭 9[m], 높이 6[m], 길이 15[m]인 어떤 침강실을 사용하여 염산 미스트를 집진하려고 한다. 이때, 이 침강실의 집진 가능한 최소 입경(μm)은? (단, 염산 비중 = 1.6, 함진가스의 점성계수 = 1.85×10^{-5}[kg/m · s]로 하며 입자의 침강속도는 Stokes의 법칙을 따른다.) (6점)

해답

중력 침강실의 치수로부터

$$\frac{v_s}{u} = \frac{H}{L},\ v_s = \frac{u \times H}{L} = \frac{\frac{Q}{w \times H} \times H}{L} = \frac{Q}{w \times L} = \frac{d_p^2 \times \rho_p \times g}{18\,\mu_g}\ \text{에서}$$

$$d_{p,\min} = \left(\frac{18\,\mu_g \times v_s}{(\rho_p - \rho_g) \times g}\right)^{\frac{1}{2}} = \left(\frac{18 \times Q \times \mu_g}{w \times L \times g \times \rho_p}\right)^{\frac{1}{2}} = \left(\frac{18 \times 1.5 \times 1.85 \times 10^{-5}}{9 \times 15 \times 9.8 \times 1{,}600}\right)^{\frac{1}{2}}$$

$$= 1.536 \times 10^{-5}\,[\text{m}] = 15.36\,[\mu\text{m}]$$

014 어떤 공장의 유효굴뚝높이가 90[m]이다. 최대지표농도를 1/3로 감소시키려면 유효굴뚝높이(m)를 얼마나 증가시켜야 하는가? (단, Sutton의 확산식에 따른 최대지표농도(ppm) 계산식은 $C_{\max} = \dfrac{2Q}{\pi \times e \times u \times H_e^2}\left(\dfrac{Cz}{Cy}\right)$ 이고, 굴뚝의 반경 및 유속은 일정하다고 가정한다.) (3점)

해답

주어진 Sutton의 확산식에서 $C_{\max} \propto \dfrac{1}{H_e^2}$

$\therefore C_{\max} : \dfrac{1}{90^2} = \dfrac{1}{3} C_{\max} : \dfrac{1}{H_e^2}$ 에서 $H_e = 155.88 [m]$

$\therefore$ 증가시킬 유효굴뚝높이 $= 155.88 - 90 = 65.88 [m]$

015 분진을 배출하는 어떤 공장의 함진가스량은 1,000[m³/h]이고, 분진농도는 10[g/Sm³]이며 입경분포는 다음 표와 같다. 입자의 모양은 모두 구형으로 밀도는 200[kg/m³]이다. 함진가스의 점성계수는 8.5×10⁻⁶[kg/m·s], 밀도는 0.06[kg/m³]이며, 이 함진가스를 침강실로 집진하려고 한다. 침강실의 함진가스 수평 유속은 10[cm/s], 길이가 0.6[m], 높이가 1.0[m]일 때, 집진율(%)과 하루에 10시간씩 30일 가동할 경우, 분진 집진량(kg)은? (5점)

입경(μm)	30	50	70	90	100 이상
질량분포(%)	5	30	35	20	10

해답

1) 평균입경을 구한다.

$30 \times 0.05 + 50 \times 0.3 + 70 \times 0.35 + 90 \times 0.2 + 100 \times 0.1 = 69 [\mu m]$

$v_s = \dfrac{d_p^2 \times (\rho_p - \rho_g) \times g}{18 \mu_g} = \dfrac{(69 \times 10^{-6})^2 \times (200 - 0.06) \times 9.8}{18 \times 8.5 \times 10^{-6}} = 0.061 [m/s]$

$\therefore \eta = \dfrac{L \times v_s}{H \times u} = \dfrac{0.6 \times 0.061}{1.0 \times 0.1} \times 100 = 36.6 [\%]$

2) 분진 집진량

$= 10[g/Sm^3] \times 1,000[m^3/h] \times 10[h/day] \times 30[day] \times 0.366 \times 10^{-3} [kg/g]$

$= 1.098 [kg]$

016 내경이 1[m], 길이가 10[m]인 수평 원형 덕트의 마찰계수는 0.12이다. 이 덕트에 유량 10[Sm³/s]으로 배출가스를 통풍시킬 경우, 다음 물음에 답하시오. (6점)

1) 송풍기의 소요전력(kW)은?
2) 이 계를 단열계로 가정할 때, 마찰에 의한 손실 에너지가 계에 축적되는데, 이 축적된 에너지에 의해 가열되어 1시간 후에 나타나는 배출가스 온도(℃)는? (단, 배출가스의 평균 비중량은 1.2[kg/m³], 송풍기 효율은 60[%], 압력손실을 나타내는 공식은 $\Delta P = \lambda \times \dfrac{L}{D} \times \dfrac{\gamma \times V^2}{2g}$ 이다. 또한, 유입가스의 온도는 25[℃]이고, 배출가스의 평균비열은 C_p [kcal/kg · ℃]이다.)

해답

1) $10[\text{Sm}^3/\text{s}\,℃] \times \dfrac{273+25}{273} = 10.92[\text{m}^3/\text{s}]$

$V = \dfrac{10.92}{\dfrac{\pi}{4} \times 1^2} = 13.91[\text{m/s}]$

$\Delta P = \lambda \times \dfrac{L}{D} \times \dfrac{\gamma \times V^2}{2g} = 0.12 \times \dfrac{10}{1} \times \dfrac{1.2 \times 13.91^2}{2 \times 9.8} = 14.22[\text{mmH}_2\text{O}]$

$\therefore \text{kW} = \dfrac{\Delta P \times Q}{102 \times \eta} = \dfrac{14.22 \times 10.92}{102 \times 0.6} = 2.54[\text{kW}]$

2) 1[kcal] = 427[kg · m] 이므로

$Q_1 = 2.54[\text{kW}] \times 102[\text{kg} \cdot \text{m/s}] \times \dfrac{3{,}600[\text{s}]}{\text{h}} \times \dfrac{1[\text{kcal}]}{427[\text{kg} \cdot \text{m}]} = 2{,}184.28[\text{kcal/h}]$

(또는 1[kWh] = 860[kcal/h], $2.54[\text{kW}] \times \dfrac{860[\text{kcal/h}]}{\text{kW}} = 2{,}184.4[\text{kcal/h}]$)

$Q_2 = 10.92[\text{m}^3/\text{s}] \times \dfrac{3{,}600[\text{s}]}{\text{h}} \times 1.3[\text{kg/Sm}^3] \times C_p[\text{kcal/kg} \cdot ℃] \times \Delta t$

$= 51{,}802.2 \times C_p \times \Delta t[\text{kcal/h}]$

$\therefore Q_1 = Q_2$ 에서 $2{,}184.28[\text{kcal/h}] = 51{,}802.2 \times C_p \times \Delta t[\text{kcal/h}]$

$\therefore \Delta t = \dfrac{2{,}184.28}{51{,}802.2 \times C_p} = \dfrac{0.042}{C_p}$

$\therefore$ 배출가스 온도, $t_1 = t_2 + \dfrac{0.042}{C_p} = 25 + \dfrac{0.042}{C_p}[℃]$

017 15개의 백(bag)을 사용하는 여과집진장치에서 입구 분진농도가 10[g/Sm³]이고, 집진율은 98[%]이었다. 가동 중 백 2개에 구멍이 생겨서 처리가스량이 40[%]가 그대로 통과되었을 경우, 출구의 분진농도(g/Sm³)는? (4점)

해답
출구의 분진농도 $= 10[\text{g/Sm}^3] \times 0.4 + 10 \times (1-0.98) \times 0.6 = 4.12[\text{g/Sm}^3]$

018 1시간당 중유 사용량이 6,000[L]를 연소시키는 보일러에서 다음 주어진 조건으로 연소할 경우, 황산화물(SO_2) 배출량이 50[Sm³/h]일 경우 중유 중 황 성분함량(%)은? (단, 중유의 비중은 0.90이다.) (7점)

해답
황의 연소반응식: S   + O_2 → SO_2

$\qquad\qquad\qquad$ 32[kg] $\qquad$ 22.4[Sm³]

$6,000 \times 0.9 \times \dfrac{S}{100}$[kg] $\qquad$ 42[Sm³/h]

$\therefore S = \dfrac{32 \times 50 \times 100}{6,000 \times 0.9 \times 22.4} = 1.32[\%]$

019 체적이 430[m³]인 어떤 실내에 페놀 증기의 농도가 부피비로 50[ppm]이었다. 이 실내를 100[m³/min]의 용량을 가진 환풍기로 환기를 시켜, 페놀 증기 농도를 10[ppm]으로 떨어뜨리기 위해 필요한 시간(min)은? (단, 실내의 환기는 완전 혼합되어 진행된다.) (4점)

해답
$C = C_o \times e^{-k \times t}$ 에서 $\ln \dfrac{C}{C_o} = -k \times t$

$k = \dfrac{Q}{V}$ 이므로 $\ln \dfrac{10}{50} = -\dfrac{100}{430} \times t$

$\therefore t = 6.92[\text{min}]$

020 공기 중 질소와 산소의 체적비는 각각 79[%]와 21[%]라고 한다. 어떤 석유 엔진에서 에틸알코올(C_2H_5OH)을 연소시킨다고 가정할 때, 화학양론적 $\frac{공기}{연료}$[A/F]비가 실제 $\frac{공기}{연료}$[A/F]의 90[%]라고 한다. 다음 물음에 답하시오. (단, $\frac{공기}{연료}$[A/F]비는 무게비이다.) (6점)

1) 화학양론적 연소반응식을 쓰시오.
2) 실제 $\frac{공기}{연료}$[AFR]를 구하시오.

해답

1) 공기 중 산소의 중량비

$$\frac{0.21 \times 32}{0.79 \times 28 + 0.21 \times 32} = 23.3[\%]$$ 이므로 화학양론적 연소반응식은

$$C_2H_5OH + 3\,O_2 + 3 \times \frac{79}{21}\,N_2 \rightarrow 2\,CO_2 + 3\,H_2O + 11.29\,N_2$$

2) 연소반응식에서 에틸알코올 연료 1[kg-mole] = 46[kg]

산소량 = 3 × 32 = 96[kg]

공기요구량 = 96[kg] × $\frac{1}{0.233}$ = 412[kg]

화학양론적 AFR = $\frac{412[kg]}{46[kg]}$ = 8.96

∴ 실제 AFR = $\frac{8.96}{0.9}$ = 9.96

2024년 제1회 기출복원문제

001 H₂: 20[%], CH₄: 80[%]의 부피 조성을 가진 기체연료를 연소할 경우, 건연소가스 중 (CO₂)max[%]는? (5점)

해답

$$A_o = \frac{1}{0.21}\{0.5 \times H_2 + 2\,CH_4\} = \frac{1}{0.21}(0.5 \times 0.2 + 2 \times 0.8) = 8.1\,[\text{Sm}^3/\text{Sm}^3]$$

$$G_{od} = (1-0.21)A_o + \text{연소 생성물} = (1-0.21) \times 8.1 + 1 \times 0.8 = 7.2\,[\text{Sm}^3/\text{Sm}^3]$$

$$\therefore (CO_2)_{max}[\%] = \frac{CO_2\,\text{량}}{G_{od}} \times 100 = \frac{0.8}{7.2} \times 100 = 11.11\,[\%]$$

002 접촉환원법에서 대기오염물질인 NO를 N₂로 제거하기 위한 반응식을 환원제별로 서술하시오. (단, 환원제는 H₂, CO, NH₃, H₂S이다.) (4점)

해답

1) 2NO + 2H₂ → N₂ + 2H₂O
2) 2NO + 2CO → N₂ + 2CO₂
3) 6NO + 4NH₃ → 5N₂ + 6H₂O
4) 6NO + 2H₂S → 3N₂ + 2H₂O + 2SO₂

003 다음 [보기]는 대기오염공정시험기준에서 굴뚝으로 배출되는 배출가스 중 황화수소(H₂S)에 대한 자외선/가시선 분광법(메틸렌블루법) 측정방법을 기술한 것이다. ( ) 안을 채우시오. (4점)

[보기]
배출가스 중 황화수소를 (1) (   )으로 흡수하여 (2) (   )과 (3) (   )을 첨가하고 황화 이온과 반응하여 생성하는 메틸렌블루의 흡광도(파장 (4) (   )[nm] 부근)를 측정하여 황화수소를 정량한다.

해답
(1) 아연아민착염 용액   (2) p-아미노다이메틸아닐린 용액
(3) 염화철(Ⅲ) 용액   (4) 670

004 산성비의 발생 원인 중에는 SO_2가 관여한다. 빗방울 반경이 0.1[cm], 비중 1[g/cm³]이고, SO_2는 0.1[μg]이 빗물에 흡수되었다. 해당 빗물의 pH는 얼마인가? (단, 빗물은 구형 입자이며 SO_2는 모두 HSO_3로 반응하고 HSO_3는 전량 해리한다.) (5점)

해답
반응식: $SO_2 + H_2O \rightarrow H^+ + HSO_3^-$, $HSO_3^{-1} \rightarrow H^+ + SO_3^{-2}$
위 반응식에서 SO_2의 몰수는 H^+의 몰수와 같다.

SO_2의 몰수 $= 0.1[\mu g] \times \dfrac{1[g]}{10^6[\mu g]} \times \dfrac{1[mol]}{64[g]} = 1.5625 \times 10^{-9}[mol]$

빗물 1방울의 체적 $= \dfrac{4}{3}\pi r^3 = \dfrac{\pi}{6}d^3 = \dfrac{3.14}{6} \times 0.002^3 \times \dfrac{1,000[L]}{m^3}$
$= 4.1867 \times 10^{-6}[L]$

∴ 빗물에 포함된 SO_2의 몰수 $= \dfrac{1.5625 \times 10^{-9}}{4.1867 \times 10^{-6}} = 3.732 \times 10^{-4}$

$pH = -\log[H^+] = -\log[SO_2] = -\log(3.732 \times 10^{-4}) = 3.43$

005 길이 11[m], 높이 2[m]인 중력집진장치에 1.5[m/s]의 유속으로 분진이 함유된 가스를 유입할 경우 분진입자를 완전히 침강·제거할 수 있는 입자의 최소제거 입경(μm)은? (단, 가스의 흐름은 층류라고 가정하고, 함진가스와 포함된 입자의 밀도는 각각 1.2[kg/m³], 2,000[kg/m³]이고, 처리가스의 점성계수는 2.0×10^{-5}[kg/m·s]라고 한다.) (5점)

해답
중력 침강실의 치수로부터 $\dfrac{v_s}{u} = \dfrac{H}{L}$, $v_s = \dfrac{u \times H}{L}$에서

$d_{p,min} = \left(\dfrac{18\mu_g \times v_s}{(\rho_p - \rho_g) \times g}\right)^{\frac{1}{2}} = \left(\dfrac{18 \times \mu_g \times u \times H}{(\rho_p - \rho_g) \times g \times L}\right)^{\frac{1}{2}}$

$= \left[\dfrac{18 \times 2 \times 10^{-5} \times 1.5 \times 2}{(2,000 - 1.2) \times 9.8 \times 11}\right]^{\frac{1}{2}} \times 10^6 = 70.8[\mu m]$

006 어떤 특정 장소에서 측정한 월평균 최대 지면온도가 20[℃]이었다. 어느 날 지면온도가 15[℃]인 경우 고도 1,000[m]에서 기온이 10[℃]일 경우 다음 물음에 답하시오. (5점)

1) 환경체감률을 구하고, 다음 표를 보고 대기안정도와 연기 모양을 선택하시오.

연기의 모양	대기안정도
환상형 또는 파상형(looping)	과단열 조건
부채형(fanning)	역전 조건
원추형(conning)	중립(등온) 조건 또는 미단열 조건
지붕형 또는 상승형(lofting)	• 지표: 역전 조건(안정) • 고공: 과단열 조건(불안정)
훈증형(fumigation)	• 지표: 과단열 조건(불안정) • 고공: 역전 조건(안정)
구속형(trapping)	• 지표: 복사성 역전 조건(안정) • 고공: 침강성 역전 조건(안정)

2) 이 장소의 최대혼합고도(MMD, Maximum Mixing Depth)[m]는? (단, 건조단열 체감률(γ_d)은 -0.98[℃]/100[m]이다.)

해답

1) 환경 체감률, $\gamma = \dfrac{\Delta T}{\Delta z} = \dfrac{(10[℃] - 15[℃])}{1,000[m]} \times 100 = -0.5[℃]/100[m]$

  (1) 대기안정도: 미단열 조건(약한 안정)
  (2) 연기 모양: 원추형(conning)

2) 최대혼합고도(MMD)를 구하기 위해 고도에 따른 기온 변화를 그림으로 나타내면 다음과 같다.

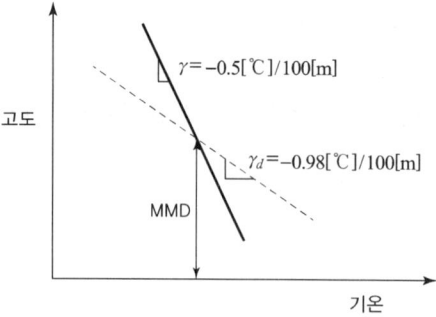

최대혼합고도(MMD)를 구하는 공식,

$\dfrac{\Delta T}{\Delta z} \times \text{MMD} + t[℃] = \gamma_d \times \text{MMD} + t_{max}[℃]$ 으로부터

$\dfrac{-0.5[℃]}{100[m]} \times \text{MMD} + 15[℃] = \dfrac{-0.98[℃]}{100[m]} \times \text{MMD} + 20[℃]$

∴ MMD $= 1,041.67[m]$

007 먼지농도가 3[g/Sm³]인 함진가스를 액가스비(주수율)가 1[L/Sm³]인 세정집진장치를 이용하여 처리하려고 한다. 함진가스에 함유된 입자의 직경이 5[μm]이고, 물방울의 직경이 300[μm]일 경우, 먼지 입자의 개수는 물방울 입자의 개수보다 몇 배 많이 존재하는가? (단, 먼지 입자는 구형이고 비중은 2이다.) (6점)

> **해답**
>
> 함진가스의 질량 = 입자수 × 비중 × 부피에서
>
> 먼지 입자수(n_1) = $\dfrac{\text{함진가스의 질량}}{\text{부피} \times \text{비중}}$ = $\dfrac{3}{\left[\dfrac{\pi}{6}(5 \times 10^{-6})^3 \times 2{,}000 \times 1{,}000\right]}$
>
> $= 7.2 \times 10^{10}$ 개
>
> 물방울 입자수(n_2) = $\dfrac{1}{\left[\dfrac{\pi}{6}(300 \times 10^{-6})^3 \times 1{,}000\right]}$ = 2.22×10^{8} 개
>
> $\therefore \dfrac{n_1}{n_2} = \dfrac{7.2 \times 10^{10}}{2.22 \times 10^{8}} = 324.3$배
>
> 입자의 개수가 물방울 입자의 개수보다 약 324배 많다.

008 몸통직경(D)이 100[cm]인 표준 원심력집진장치를 이용하여 350[K], 1[atm]인 함진가스 유량 150[m³/min]을 처리할 때 [표]에 표준원심력집진장치의 제원을 나타내었을 경우 다음 물음에 답하시오. (단, 분진의 밀도 1,600[kg/Sm³], 350[K]에서 함진가스의 점성계수(점도)는 0.075[kg/m·h]이고 공기의 밀도는 무시한다.) (4점)

▼ 표준원심력집진장치의 제원

항목	유입구 폭 (W)	유입구 높이(H)	몸통 직경(D)	원통부 길이(L_b)	원추부 길이(L_c)	출구 관경 (D_e)
규격	0.25D	0.5D	100[cm]	1.5D	2.5D	0.5D

1) 표준 원심력집진장치 입구의 유속(m/s)은?
2) 유효회전수를 구하시오. (단, 정수 첫째 자리까지 반올림한다.)
3) Lapple 식에 의한 절단입경($d_{p,50}$[μm])은?

> **해답**
>
> 1) 유입속도, $v_i = \dfrac{Q}{A} = \dfrac{\left(\dfrac{150[\text{m}^3/\text{min}]}{60[\text{s/min}]}\right)}{0.5[\text{m}] \times 0.25[\text{m}]} = 20[\text{m/s}]$
>
> 2) 유효회전수, $N_e = \dfrac{1}{H}\left(L_b + \dfrac{L_c}{2}\right) = \dfrac{1}{0.5 \times 1}\left(1.5 \times 1 + \dfrac{2.5 \times 1}{2}\right) = 5.5 ≒ 6$회
>
> 3) ρ_g는 무시한 상태에서 Lapple의 식을 이용한다.
>
> $$d_{p,50} = \left(\dfrac{9 \times \mu_g \times W_i}{2\pi \times N_e \times v_i \times \rho_p}\right)^{\frac{1}{2}}$$
>
> $$= \left[\dfrac{9 \times \left(\dfrac{0.075}{3,600}\right) \times 0.25 \times 1}{2 \times 3.14 \times 6 \times 20 \times 1,600 \times \left(\dfrac{273}{350}\right)}\right]^{\frac{1}{2}} \times 10^6 = 7.06[\mu m]$$

009 전기집진장치 내로 유입되는 함진가스 중에 함유된 분진의 비저항(겉보기 고유저항)이 정상영역($10^4 \sim 10^{11}[\Omega \cdot \text{cm}]$)을 벗어나 집진율이 떨어지는 장애 현상이 발생하였다. 다음 물음에 답하시오. (6점)

1) 비저항이 정상영역보다 낮은 경우($10^4[\Omega \cdot \text{cm}]$ 이하) 장애 현상과 해결방안을 쓰시오.
2) 비저항이 정상영역보다 높은 경우($10^{11}[\Omega \cdot \text{cm}]$ 이상) 장애 현상과 해결방안을 쓰시오.

> **해답**
>
> 1) • **장애현상**: 재비산
>   • **해결방안**: 암모니아(NH_3) 가스를 주입, 습도 및 온도 조절, 습식전기집진장치를 적용
> 2) • **장애현상**: 역전리
>   • **해결방안**: 비저항 조절제인 물, 수증기, SO_2, H_2SO_4, NaCl, 소다회($Ca(OH)_2$), TEA(triethylamine) 등을 주입
>
> **참고**
> • 비저항이 정상영역보다 낮은 경우에 NH_3를 주입하면 함진가스 중 H_2SO_4와 반응하여 황산암모늄(($NH_4)_2SO_4$)을 생성하는데 이 물질이 입자의 비저항을 높이는 역할을 한다.
> • 비저항이 정상영역보다 높은 경우의 조치사항은 다음과 같다.
>   1) 습식집진기를 사용하는 방법
>   2) 집진극의 면적을 증가시키는 방법
>   3) 탈진 시 타격빈도를 늘리는 방법
>   4) 함진가스의 유입 온도를 높이는 방법
>   5) 탈진 시 집진극의 타격을 강하게 하는 방법

010 어떤 액체연료를 연소하여 배출되는 가스의 습연소가스량을 계산하였더니 16.6[Sm³/kg]이었다. 이 액체연료를 연소할 때 공기비를 구하시오. (단, 이론공기량은 11.4[Sm³/kg], 이론습연소가스량은 12.2[Sm³/kg]이다.) (5점)

해답

- 이론습연소가스량

    $G_{ow} = (1-0.21) \times A_o + x$(연소가스 생성량)에서

    $12.2 = (1-0.21) \times 11.4 + x$

    ∴ $x = 3.194$

- 습연소가스량

    $G_w = (m-0.21) \times A_o + x$ 에서

    $16.6 = (m-0.21) \times 11.4 + 3.194$

    ∴ 공기비, $m = 1.39$

011 세정집진장치의 기본 집진원리와 분진 입자에 작용하는 포집 메커니즘(힘으로 나타냄)을 서술하시오. (6점)

해답

1) 세정집진장치의 기본 집진원리
    (1) 액적 등에 입자가 충돌하여 부착된다.
    (2) 액막 기포에 입자가 접촉하여 부착된다.
    (3) 가스의 증습에 의하여 액적과의 접촉을 좋게 한다.
    (4) 미세입자의 확산에 의하여 액적과의 접촉을 좋게 한다.
    (5) 입자를 핵으로 한 증기의 응결에 의하여 응집성을 증가시킨다.

2) 입자에 작용하는 포집메커니즘
    (1) 관성력
    (2) 확산력
    (3) 중력
    (4) 가스 증습에 의한 응집력

012

1,000[℃]인 배출가스 150[m³/min]을 100[℃]로 냉각시키기 위해 0[℃]의 물을 분사시킨 후 그 기화열을 이용하여 냉각하였다. 다음 [보기]의 주어진 조건을 보고 물음에 답하시오. (6점)

[보기]
- 1,000[℃] 배출가스의 엔탈피가 280[kcal/kg]
- 100[℃] 배출가스의 엔탈피가 20[kcal/kg]
- 물 1[kg] 증발 시 흡수열량이 600[kcal/kg]
- 배출가스의 밀도가 1.3[kg/m³]

1) 냉각 시 소요되는 물의 양(kg/min)은?
2) 냉각 후 혼합가스의 유량(m³/min)은?

해답

1) 엔탈피 흡수량은 $280 - 20 = 260[\text{kcal/kg}]$

물 1[kg] 증발 시 흡수열량이 600[kcal/kg]이므로 $\frac{260}{600} = 0.433$

∴ 냉각 시 소요되는 물의 양(kg/min) $= 150 \times 1.3 \times 0.433 = 84.44[\text{kg/min}]$

2) 냉각의 혼합가스의 유량 = 냉각 후 배출가스 유량 + 냉각 후 물의 유량이므로

냉각 후 배출가스 유량 $= 150 \times \frac{273 + 100}{273 + 1,000} = 43.95[\text{m}^3/\text{min}]$

냉각 후 물의 유량 $= 84.44 \times \frac{22.4}{18} \times \frac{273 + 100}{273} = 143.57[\text{m}^3/\text{min}]$

∴ 냉각 후 혼합가스의 유량 $= 43.95 + 143.57 = 187.52[\text{m}^3/\text{min}]$

013

어떤 제조업체의 생산시설에서 발생하는 염소가스를 제거하기 위해 유해가스 처리장치로 흡수탑 2개를 직렬로 연결하여 사용하였다. 흡수탑으로 유입되는 배출가스 중 염소가스의 농도는 7,000[ppm]이고, 1차 흡수탑의 제거효율이 78[%], 2차 흡수탑의 제거효율이 99.5[%]일 경우, 흡수탑에서 나가는 공기 중 염소가스 농도(ppm)는? (5점)

해답

통과율, $P_t = (1-E_1) \times (1-E_2)$, 여기서 E_1, E_2는 각 흡수탑의 제거율

∴ 출구농도 = 입구농도 × 통과율 = 7,000[ppm] × (1 − 0.78) × (1 − 0.995)
= 7.7[ppm]

014 화석연료(석탄)의 연소에서 배출되는 SO_2의 배출량을 규제하기 위해 연료의 연소 시 발생하는 발열량당 SO_2의 중량을 2.5[mg/kcal] 이하로 규제할 경우, 단위 중량당 발열량이 6,000[kcal/kg]인 석탄의 황(S) 함량은 몇 [%] 이하로 유지해야 하는가? (단, 황 함량은 중량비이며, 석탄 중 황은 전부 SO_2로 변환된다.) (5점)

해답

황의 연소반응식: $S + O_2 \rightarrow SO_2$
  32[kg]   64[kg]
  1[kg] x[kg]

∴ $x = \dfrac{64}{32} = 2[kg]$

석탄 중 황 함량 허용치를 x[%]라고 할 경우, 황 1[kg]은 2[kg]의 SO_2를 발생시켜

$\dfrac{x[\text{kg S/kg Coal}] \times 2[\text{kg SO}_2/\text{kg S}]}{6,000[\text{kcal/kg Coal}]} \leq 2.5 \times 10^{-6}[\text{kg SO}_2/\text{kcal}]$

$x = \dfrac{2.5 \times 10^{-6} \times 6,000}{2} \times 100 = 0.75[\%]$

즉, 석탄 중 황 함량은 0.75[%] 이하로 유지하여야 한다.

015 고용량공기시료채취기(High Volume Air Sampler)를 사용하여 부유먼지를 채취하였다. 채취 전 유량은 1.6[m³/min]이고, 채취 후 유량은 1.4[m³/min]일 때 흡입공기량(m³)은? (단, 채취시간은 25시간이다.) (4점)

해답

평균유량, $Q = \dfrac{Q_1 + Q_2}{2} = \dfrac{1.6 + 1.4}{2} = 1.5[\text{m}^3/\text{min}]$

∴ 총 공기흡입량, $V = 1.5 \times 25 \times 60 = 2,250[\text{m}^3]$

016 어떤 기체에 대한 흡착실험을 통해서 흡착제의 단위질량당 흡착된 용질의 양(x/M)에 대한 출구 기체농도의 데이터를 얻었다. 이 기체의 경우 Freundlich 등온흡착식을 만족할 때, 실험으로부터 얻은 데이터를 이용하여 등온상수 K와 n를 구하는 방법을 log 좌표를 이용하여 대해 서술하시오. (단, M은 흡착제의 질량이고, K, n은 실험상수이다.)
(4점)

해답

Freundlich 등온흡착식

$\dfrac{x}{M} = KC^{\frac{1}{n}}$ 의 양변에 대수를 취하면 $\log \dfrac{X}{M} = \log K + \dfrac{1}{n} \log C$ 이다.

log-log 그래프에 농도와 평형 흡착량의 관계를 나타내기 위해 종축(y축)에 $\log \dfrac{X}{M}$, 횡축(x축)에 $\log C$ 로 놓고 plot하면 직선이 얻어진다. $C=$ 1인 점에서 $\dfrac{X}{M}$로부터 K가, 또 직선의 구배(기울기)에서 정수 $\dfrac{1}{n}$ 이 구해진다. 여기서, $\dfrac{1}{n}$ 을 흡착지수라 한다. 다음 그림은 log-log 그래프로 그린 등온흡착선이다.

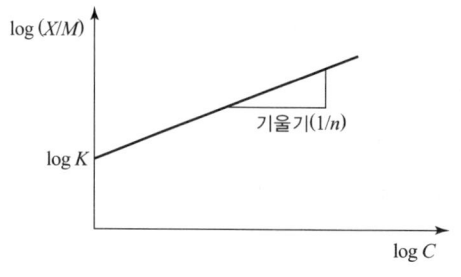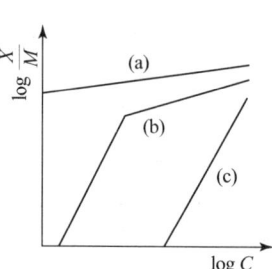

위 그림에서
(a): 직선의 구배가 적은 경우, 저농도로부터 고농도에 걸쳐 흡착이 잘 이루어진다.
(b): 중간에 꺾어진 등온흡착선이 구해질 수도 있다
(c): 고농도에서 흡착량이 커지는 반면에 저농도 영역에서는 흡착량이 현저하게 적어진다.

일반적으로 $\dfrac{1}{n}$ 이 0.1 ~ 0.5일 경우 흡착은 용이하고, $\dfrac{1}{n}$ 이 2 이상인 물질은 난흡착성이다.

017 메테인의 이론연소온도(℃)는? (단, 메테인과 공기는 18[℃]에서 공급되고 있고, 상온 ~ 2,100[℃] 사이에서 CO_2, $H_2O_{(g)}$, N_2의 정압몰비열은 각각 13.6, 10.5, 8.0[kcal/K·mol·℃]이고, 메테인의 저위발열량, H_L = 8,500[kcal/Sm³]이다.) (6점)

해답

- CO_2의 부피비열: $13.6 \times \dfrac{1}{22.4} = 0.607 [\text{kcal/m}^3 \cdot ℃]$
- $H_2O_{(g)}$의 부피비열: $10.5 \times \dfrac{1}{22.4} = 0.47 [\text{kcal/m}^3 \cdot ℃]$
- N_2의 부피비열: $8.0 \times \dfrac{1}{22.4} = 0.36 [\text{kcal/m}^3 \cdot ℃]$
- 메테인의 연소반응식
  $CH_4 + 2O_2 + 2 \times 3.76 N_2 \rightarrow CO_2 + 2H_2O + 2 \times 3.76 N_2$
- 메테인의 발열량
  $8,500 [\text{kcal/Sm}^3] = G \times C_p \times \Delta t$
  $= (1 \times 0.607 + 2 \times 0.47 + 2 \times 3.76 \times 0.36) \times (t - 18)$

$\therefore t = 2,016 [℃]$

018 어떤 국소배기장치에서 해당 송풍기의 정압이 200[mmH₂O]이고, 배출가스 처리량이 250[m³/min]인 경우, 송풍기의 효율이 80[%]일 때, 이 장치를 가동시키는 데 필요한 축동력(kW)은? (단, 여유율은 1.2이다.) (4점)

해답

송풍기 동력

$\text{kW} = \dfrac{Q \times \Delta P}{102 \times \eta} \times \alpha = \dfrac{250 \times 200}{102 \times 60 \times 0.8} \times 1.2 = 12.25 [\text{kW}]$

019

A 공장의 대기환경기사가 작성한 [표]에 나타낸 자가 측정기록부를 근거로 다음 물음에 답하시오. (단, 270[℃]에서 배출가스 비중량 1.3[kg/m³], 17[℃]에서 물의 포화수증기압은 14.5[mmHg]이다.) (6점)

▼ A 공장의 자가측정 기록부

굴뚝직경: 4[m]	여과지	채취 전: 0.805[g]
배출가스 온도: 270[℃]		채취 후: 0.95[g]
경사 마노미터(수액은 물) • 확대율: 10 • 경사각: 30° • 액주이동거리: 25[cm]	습식가스미터	지시흡입량: 1,200[L] 온도: 17[℃] 게이지압: 0[mmHg]
피토관 계수: 0.8614	대기압	1[atm]

1) 이 공장의 배출가스량(m³/s)은?
2) 이 공장의 배출가스 중 분진농도(mg/Sm³)는?

해답

1) 속도압, $H = x \times \sin\theta = 250[\text{mmH}_2\text{O}] \times \sin 30° = 125[\text{mmH}_2\text{O}]$

확대율이 10이므로 실질적인 속도압은 $125 \times \dfrac{1}{10} = 12.5[\text{mmH}_2\text{O}]$

$\therefore V = C \times \sqrt{\dfrac{2gH}{\gamma}} = 0.8614 \times \sqrt{\dfrac{2 \times 9.8 \times 12.5}{1.3}} = 11.83[\text{m/s}]$

$Q = A \times V = 0.785 \times 4^2 \times 11.83 = 148.58[\text{m}^3/\text{s}]$

2) $m_a = 0.95 - 0.805 = 0.145[\text{g}] = 145[\text{mg}]$

$V_s = 1,200 \times \dfrac{273}{273+17} \times \dfrac{760+0-14.5}{760} = 1,108.1[\text{L}] = 1.1081[\text{Sm}^3]$

$\therefore C_N = \dfrac{145[\text{mg}]}{1.1081[\text{Sm}^3]} = 130.85[\text{mg/Sm}^3]$

020 어떤 공장에서 유해가스 처리장치의 고장으로 아황산가스(SO_2)가 처리되지 않은 채 굴뚝으로 배출되고 있다. 유효굴뚝높이가 70[m]일 경우 SO_2의 최대지표농도가 25[$\mu g/m^3$]이었다. 다른 조건이 동일할 경우 유효굴뚝높이가 125[m]로 높아진다면 최대지표농도($\mu g/m^3$)는 얼마만큼 낮아지는가? (단, 최대지표농도 계산은 Sutton 식을 적용한다.) (5점)

> **해답**
> Sutton의 확산식에 따른 최대지표농도,
> $$C_{\max} = \frac{2Q}{\pi \times e \times u \times H_e^2}\left(\frac{Cz}{Cy}\right) 에서 \ C_{\max} \propto \frac{1}{H_e^2} 한다.$$
> $$\therefore \ 25 : \left(\frac{1}{70^2}\right) = x : \left(\frac{1}{125^2}\right)$$
> ∴ 유효굴뚝높이 125[m]에서 최대지표농도, $x = 7.84[\mu g/m^3]$

■ **저자 약력**

신은상 공학박사
• 대한산업보건평가원(주) 전문위원
• (전) 동남보건대학교 바이오환경보건과 정교수
• 한국대기환경학회 부회장(미래교육) 역임
• NCS 환경·에너지·안전 분야 대표 집필자
• 33년간 대기환경 관련 분야 전 과목 강의 및 문제 출제 경력

[문제집 관련 문의사항]
E-mail: sesang58@daum.net

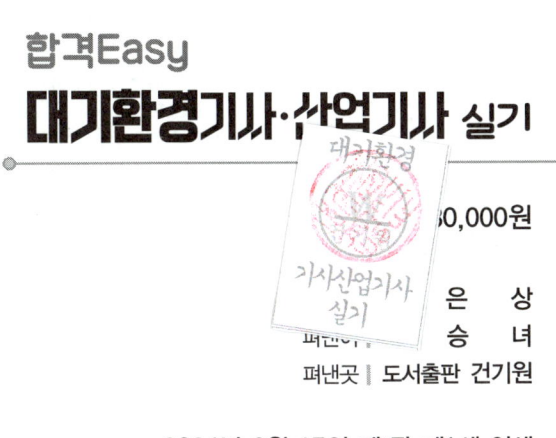

합격Easy
대기환경기사·산업기사 실기

30,000원

저자│신 은 상
펴낸이│박 승 녀
펴낸곳│도서출판 건기원

2024년 6월 17일 제1판 제1쇄 인쇄
2024년 6월 20일 제1판 제1쇄 발행

주소│경기도 파주시 연다산길 244(연다산동 186-16)
전화│(02)2662-1874~5
팩스│(02)2665-8281
등록│제11-162호, 1998. 11. 24

• 건기원은 여러분을 책의 주인공으로 만들어 드리며 출판 윤리 강령을 준수합니다.
• 본 수험서를 복제·변형하여 판매·배포·전송하는 일체의 행위를 금하며, 이를 위반할 경우 저작권법 등에 따라 처벌받을 수 있습니다.

ISBN 979-11-5767-844-0 13530